Organische Chemie in Einzeldarstellungen
Herausgegeben von
Hellmut Bredereck, Klaus Hafner und Eugen Müller

12

Klaus Scheffler · Hartmut B. Stegmann

Elektronenspinresonanz

Grundlagen und Anwendung in der organischen Chemie

Mit 145 Abbildungen

Springer-Verlag Berlin Heidelberg GmbH 1970

Klaus Scheffler, Dr., Dipl. Phys. CERN, Genf
Hartmut B. Stegmann, Dr., Dipl. Chem., Privatdozent
Organisch-Chemisches Institut der Universität Tübingen

ISBN 978-3-642-95171-8 ISBN 978-3-642-95170-1 (eBook)
DOI 10.1007/978-3-642-95170-1

Titel-Nr. 4294

Vorwort

Die ESR-Spektroskopie hat sich in den letzten Jahren einen festen Platz unter den physikalischen Untersuchungsmethoden der Chemie erobert. Da nur paramagnetische Substanzen für ESR-Messungen geeignet sind, schien die Anwendungsbreite des Verfahrens zunächst klein zu sein. Die Empfindlichkeit der Spektrometer gestattet es jedoch, auch Radikale in sehr geringen Konzentrationen zu beobachten. Somit können neben stabilen Radikalen auch vielfach kurzlebige paramagnetische Zwischenprodukte untersucht werden. Infolgedessen ist das experimentelle Material derart angewachsen, daß wir es vorgezogen haben, dieses Werk ausschließlich den Grundlagen und Ergebnissen der ESR-Spektroskopie auf dem Gebiet der organischen Chemie zu widmen.

Somit wendet sich dieses Buch in erster Linie an alle organischen Chemiker, deren Interessen über präparative Probleme hinausgehen. Es soll ihnen erstens die vielfältigen Anwendungsmöglichkeiten der ESR-Methode, wie Bestimmung der Spindichteverteilung, Aufklärung radikalischer Reaktionsmechanismen, Konformationsermittlung, Nachweis innermolekularer Beweglichkeit, Untersuchung der Elektronenkonfiguration stabiler Zwischenstufen etc. aufzeigen. Zweitens soll der organische Chemiker auch in die Lage versetzt werden, die ESR-Methode selbst anzuwenden. Bei der Beschreibung der theoretischen Grundlagen wurde deshalb besonderer Wert auf Anschaulichkeit gelegt. Dementsprechend sind auch die Kapitel über Dynamische Effekte, Kern-Elektronen-Wechselwirkungen, Einkristalle und Zweispinsysteme so abgefaßt, daß sie ohne tiefere Kenntnisse der Quantenmechanik verständlich sind. Darüber hinaus wurden theoretische Betrachtungen durch entsprechende experimentelle Ergebnisse verdeutlicht.

Die wichtigsten Klassen organischer Radikale werden im letzten Abschnitt des Buches detailliert behandelt. Er soll dem Leser einen raschen Überblick über die spezielle Problematik der einzelnen Radikaltypen verschaffen und somit eine Hilfe bei der Identifizierung unbekannter Substanzen sein. Aus diesem Grunde finden sich dort auch Angaben über Radikalerzeugungsmethoden, so daß erforderliche Vergleichsproben leicht dargestellt werden können.

Zahlreiche Hinweise auf die vorangegangenen theoretischen Kapitel gestatten es, auch von der experimentellen Seite Eingang in die physikalischen Probleme der ESR-Spektroskopie zu finden. Die Literatur wurde bis Anfang 1969 berücksichtigt.

Das Buch geht auf eine Anregung von Herrn Prof. Dr. EUGEN MÜLLER zurück. Ihm danken wir für sein stetes Interesse und für die weitgehende Entlastung von anderen Institutsverpflichtungen während der Abfassung des Manuskripts. Besondere Anerkennung möchten wir Frau HELGA SCHELLING aussprechen, die uns vorzüglich bei der Literaturarbeit und der Erstellung der Register unterstützt hat.

Tübingen, im Winter 1969

KLAUS SCHEFFLER

HARTMUT B. STEGMANN

Inhalt

A. Grundlagen der Elektronen-Paramagnetischen-Resonanz

I. Theoretische Grundbegriffe

Die Elektronenresonanz dient der Untersuchung paramagnetischer Verbindungen. Da der Paramagnetismus der Atome, Moleküle oder Kristalle von Elektronen verursacht wird, muß man sich zunächst mit den magnetischen und mechanischen Eigenschaften des Einzelelektrons vertraut machen.

I.a. Magnetische und mechanische Eigenschaften des Elektrons

Neben der Masse und der Ladung eines Elektrons ist für die Elektronenresonanz besonders der Drehimpuls des Elektrons wichtig. Jedem Elektron — gebunden an einen Atom- oder Molekülrumpf, quasifrei als Leitungselektron im Metall oder Kristall, ungebunden im Kathodenstrahl — muß ein *mechanischer Drehimpuls* $\vec{P}$ zugeordnet werden. Er ist der Ausdruck für eine Kreisbewegung bzw. Rotation des Elektrons. Die Größe des Drehimpulsvektors wird in der Elementareinheit des Planckschen Wirkungsquantums

$$\hbar = h/2\pi = 1{,}06 \cdot 10^{-27}\,\mathrm{erg \cdot sec}$$

ausgedrückt:

$$\vec{P} = \vec{J} \cdot \hbar \tag{1}$$

$\vec{J}$ gibt als dimensionsloser Vektor den *Gesamtdrehimpuls* des Elektrons in Einheiten von $\hbar$ an. Er setzt sich aus dem von einer Kreisbewegung herzuleitenden *Bahndrehimpuls* $\vec{L}$ und dem die *Eigenrotation* beschreibenden Drehimpuls $\vec{S}$ des Elektrons zusammen.

Die Beträge dieser Drehimpulse (immer in Einheiten von $\hbar$) ergeben sich gemäß der Quantenmechanik zu

$$\begin{aligned} |\vec{L}| &= \sqrt{L(L+1)} \\ |\vec{S}| &= \sqrt{S(S+1)} \\ |\vec{J}| &= \sqrt{J(J+1)} \end{aligned} \tag{2}$$

Beim Bahndrehimpuls kann L die Werte 0, 1, 2, ... annehmen. Die Elektronen mit den zugehörigen Bahndrehimpulsen sind als die *s*-, *p*-, *d*-Elektronen bekannt. Für den Eigendrehimpuls gilt $S = 1/2$, wobei diese Größe als *Spin* des Elektrons bezeichnet wird.

In dieser Darstellung entspricht dem Bahndrehimpuls $\vec{L}$ eine *Kreisbewegung des Elektrons um ein Zentrum*, wie sie durch die Bohrschen Kreis- und Ellipsenbahnen des Elektrons um den Atomkern beschrieben wird. Der so entstehende *Kreisstrom* bedingt ein *magnetisches Dipolmoment* $\vec{\mu}_L$, das parallel zur Achse des Bahndrehimpulses $\vec{L}$ angeordnet ist. Analog resultiert aus der *Eigenrotation* ein *magnetisches Dipolmoment* $\vec{\mu}_S$. Die magnetischen Dipolmomente kann man sich anschaulich als Elementarmagnete vorstellen.

Beide magnetischen Momente koppeln sich ähnlich wie die entsprechenden Drehimpulse zum *gesamten magnetischen Dipolmoment* $\vec{\mu}_J$ des Elektrons. Als Maßeinheit des magnetischen Moments bietet sich das Bohrsche Magneton

$$\mu_B = e\hbar/2mc = 9{,}27 \cdot 10^{-21}\ \text{erg/Gauß} \tag{3}$$

an. In diesen Einheiten kann der Betrag des Gesamtdipolmomentes des Elektrons mit Hilfe des Landéschen *g*-Faktors als

$$|\vec{\mu}_J|/\mu_B = g\,|\vec{J}| = \left\{1 + \frac{J(J+1) + S(S+1) - L(L+1)}{2J(J+1)}\right\}|\vec{J}| \tag{4}$$

geschrieben werden.

Da bei Elektronenresonanzuntersuchungen an organischen Molekülen der Bahndrehimpuls nur eine sehr untergeordnete Rolle spielt ($\vec{L} = 0$), können sich die Betrachtungen auf den *Eigendrehimpuls* $\vec{S}$ des Elektrons beschränken. Damit wird der Gesamtdrehimpuls $\vec{J}$ durch den Eigendrehimpuls $\vec{S}$ wiedergegeben, und entsprechend $J = S$ gilt mit den Gleichungen 1, 2, und 4 für ein bahnloses Elektron:

$$\vec{P} = \vec{S}\cdot\hbar\,; \quad g = 2\,; \quad |\vec{\mu}_J| = |\vec{\mu}_S| = 1{,}73\ \mu_B\,. \tag{5}$$

Die damit gewonnenen Ergebnisse für ein bahnloses Elektron ($\vec{L} = 0$) sind in Abb. 1 zusammengefaßt. Die skizzierte *Antiparallelität* von Dreh-

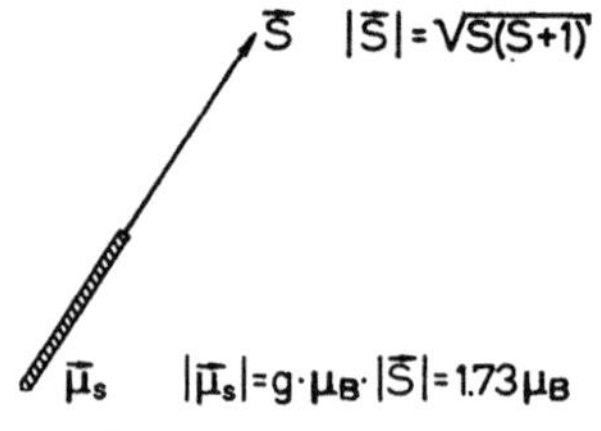

Abb. 1. Eigendrehimpuls $\vec{S}$ und magnetisches Moment $\vec{\mu}_S$ des Elektrons

impuls und magnetischem Dipolmoment ergibt sich aus dem negativen Vorzeichen der Elektronenladung.

I.b. Das einsame Elektron

Um über die magnetischen Eigenschaften eines Moleküls etwas aussagen zu können, muß die Gesamtheit aller zum Molekül gehörenden Elektronen betrachtet werden. Das sind erstens die Bindungselektronen zwischen den Atomen und zweitens die Elektronen in den gefüllten Schalen der jeweiligen Atomkerne. Die Elektronen der *gefüllten Schalen* zeichnen sich durch den *Gesamtdrehimpuls Null* aus und besitzen somit auch kein magnetisches Dipolmoment. Aber auch bei den *Bindungselektronen* kompensieren sich (bei der Mehrzahl der in der Natur vorliegenden Substanzen) die beschriebenen magnetischen Eigenschaften, da die beiden, die chemische Bindung bewirkenden Elektronen bezüglich ihres Spins antiparallel angeordnet sind. Somit verschwindet auch hier die Summe ihrer Drehimpulse und das magnetische Moment des Bindungspaares wird Null. Damit ist das ganze Molekül *diamagnetisch* und einer Untersuchung mit der Elektronenresonanz-Methode nicht zugänglich.

1900 gelang es aber M. GOMBERG[1], ein erstes organisches paramagnetisches Molekül, das Triphenylmethyl darzustellen. In der nachstehenden,

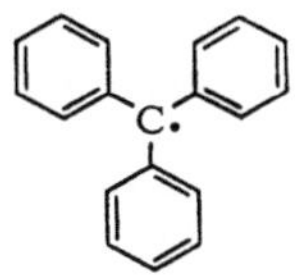

nur eine der möglichen mesomeren Formulierungen berücksichtigenden Schreibweise, fehlt dem durch einen Punkt angedeuteten Elektron am Methylkohlenstoff der spin-kompensierende Partner.

Das magnetische Moment dieses „einsamen“ Elektrons ist die Ursache für den *Paramagnetismus* der Verbindung. Da es noch eine Reihe weiterer, heute durch die Ergebnisse der Elektronenresonanz experimentell bestätigter Strukturformulierungen gibt, darf man dem einsamen Elektron *p*-Charakter zuordnen und die beobachtete Mesomerie als Wechselwirkung der benachbarten *p*-Elektronen deuten.

Das *Bahnmoment* dieses einsamen *p*-Elektrons, das sich gemäß seines π-Orbitals auf das Gesamtmolekül verteilt, ist *ausgelöscht* („quentched“), so daß nur das vom *Spin* des Elektrons herrührende magnetische Moment für den Paramagnetismus der Verbindung verantwortlich ist.

Die Auslöschung des Bahnmoments ist leicht zu verstehen, wenn man sich den Bahnmagnetismus durch die Rotation der Ladungsverteilung des

[1] M. GOMBERG: Ber. dtsch. chem. Ges. **33**, 3150 (1900).

p-Elektrons senkrecht zu seiner Symmetrieachse entstanden denkt (s. S. 219 u. Abb. 78, S. 220). Diese Rotation ist beim 2-atomigen •NO noch möglich und bedingt das Auftreten eines magnetischen Bahnmoments und damit in seinem paramagnetischen $^2\Pi 3/2$-Zustand die Abweichung des g-Faktors vom Wert 2. Bei vielatomigen Molekülen, also auch organischen Radikalen, ist die Symmetrieachse des einsamen p-Elektrons durch die Bindungsverhältnisse der übrigen Elektronen festgelegt. Die Ladungsverteilung des einsamen p-Elektrons ist „eingerastet" und eine Rotation unmöglich.

Die bei Bindungsproblemen verwendeten reellen p_x-, p_y- und p_z-Funktionen, die durch die „Doppelkeulen" symbolisiert werden, sind wohl Eigenfunktionen zu L^2 mit der Drehimpulsquantenzahl $L = 1$. Der Erwartungswert für das Bahndrehmoment ist jedoch gleich Null, da entweder der Eigenwert $m_L = 0$ vorliegt (p_z-Funktion), oder die Eigenfunktion sich aus gleichen Anteilen von $m_L = +1$ und $m_L = -1$ zusammensetzt (p_x- und p_y-Funktion).

Das Fehlen eines Bahnmoments bei den betrachteten Verbindungen führt dazu, daß ihr Paramagnetismus nur durch das magnetische Eigenmoment des Elektrons erzeugt wird. Ihr *g-Faktor* wird damit ziemlich genau gleich 2.

Für ein völlig freies, also bahnloses Elektron, liefert die Theorie einen g-Faktor von 2,002319[2]. Die Ergebnisse der Elektronenresonanzuntersuchungen an Tausenden von Verbindungen zeigen meist Abweichungen von weniger als 5‰ von diesem Wert.

Neben den organischen Radikalen gibt es eine Reihe anorganischer paramagnetischer Atome und Verbindungen. Die bekanntesten Beispiele sind H•, •NO, •NO_2 und •O—O•. Hinzu kommen viele Atome und Ionen der Übergangselemente mit ihren nur teilweise gefüllten d-bzw. f-Schalen. Ihre Elektronenresonanz-Untersuchung wird hier nicht behandelt.

Bezüglich der magnetischen Eigenschaften läßt sich der Grundzustand organischer Radikale spektroskopisch also als $^2S_{1/2}$-Zustand beschreiben. Da die dem Inhalt dieses Buches zugrunde liegende magnetische Resonanz des Elektrons ebenfalls allein auf das Spinmoment zurückgeführt werden kann, ist die einschränkende Bezeichnung der Untersuchungsmethode als *Elektronen-Spin-Resonanz* (ESR) gerechtfertigt.

I.c. Zeeman-Effekt

Es sei das Verhalten eines freien Elektrons bzw. eines quasifreien einsamen Molekülelektrons in einem äußeren, zeitlich konstanten und homogenen Magnetfeld H_0 betrachtet.

Die *Energie* dieses im Winkel ϑ zum Magnetfeld festgehaltenen magnetischen Dipols beträgt nach klassischen Gesetzen

$$E_{S,H_0} = -|\vec{\mu}_S| \cdot H_0 \cdot \cos\vartheta \tag{6}$$

[2] D. T. Wilkinson u. H. R. Crane: Phys. Rev. **130**, 852 (1963).

wobei ϑ den Winkel zwischen magnetischem Moment $\vec{\mu}_S$ des Elektrons und dem äußeren Feld H_0 (s. Abb. 2) bezeichnet. Abweichend von der

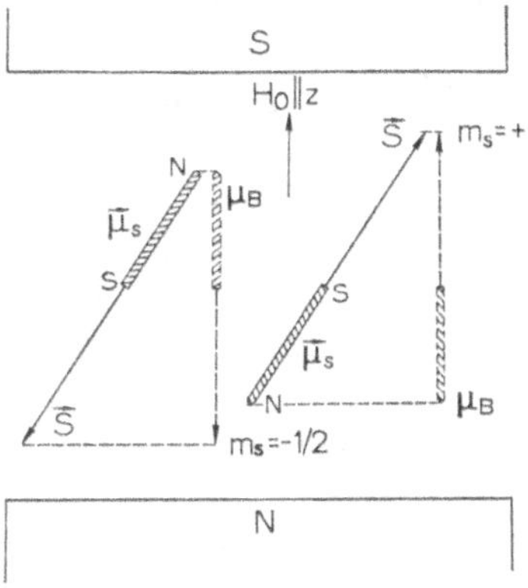

Abb. 2. Erlaubte Spin-Einstellungen des Elektrons im homogenen Magnetfeld H_0

klassischen Anschauung lehrt die Quantenmechanik, daß nicht jeder Winkel ϑ realisiert wird. Die Projektion des Elektronenspins $\vec{S}$ auf die H_0-Achse darf nur die Werte $m_S = +1/2$ oder $m_S = -1/2$ annehmen ($m_S = S, S-1, S-2, \ldots, -S$). m_S wird die *magnetische Quantenzahl* des Elektrons genannt. Die beiden erlaubten magnetischen Quantenzahlen entsprechen einer „parallelen" und „antiparallelen" Einstellung des Elektronenspins zum H_0-Feld. Für die Komponente des magnetischen Moments in Richtung des H_0-Feldes ergibt sich damit gerade ein Bohrsches Magneton, oder genauer, $1/2\, g \cdot \mu_B = 1{,}0012\, \mu_B$. Aus dieser Tatsache leitet sich ab, daß üblicherweise für das magnetische Moment des Elektrons 1 Bohrsches Magneton angegeben wird.

Mit $|\vec{\mu}_S| = g\, \mu_B |\vec{S}|$, (Gl. 4), kann der Ausdruck für die Energie als

$$E_{S,H_0} = g\, \mu_B\, H_0\, |\vec{S}| \cos\vartheta \tag{7}$$

geschrieben werden. Da die beiden letzten Faktoren nach Abb. 2 gerade die eingeführte magnetische Quantenzahl m_S bedeuten, gilt also

$$E_{S,H_0} = g \cdot \mu_B \cdot H_0 \cdot m_S \tag{8}$$

Diese Gleichung hat folgende sehr wichtige Bedeutung:

Besitzt das betrachtete Radikalmolekül in seinem Grundzustand ohne Magnetfeld die Energie E_0, so spaltet diese Energie in einem äußeren Magnetfeld H_0 gemäß den beiden erlaubten magnetischen Spinquantenzahlen $m_S = \pm 1/2$ in zwei Energieterme auf (Abb. 3).

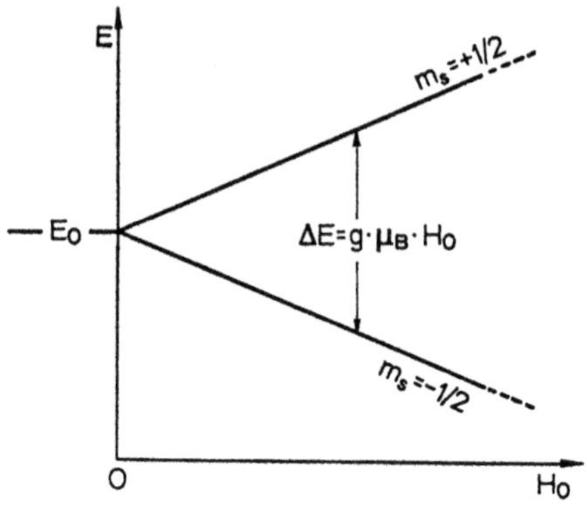

Abb. 3. Aufspaltung der Energieniveaus $m_S = \pm 1/2$ im äußeren Magnetfeld H_0

Die magnetischen Zusatzenergien betragen

$$\begin{aligned} E_+ &= +g \cdot \mu_B \cdot H_0 \cdot \frac{1}{2} \\ E_- &= -g \cdot \mu_B \cdot H_0 \cdot \frac{1}{2} \end{aligned} \tag{9}$$

Die *Energiedifferenz* der beiden Energieniveaus ergibt sich damit zu

$$\Delta E = g \cdot \mu_B \cdot H_0 \tag{10}$$

Die Größe der Aufspaltung ist also proportional dem von außen angelegten Magnetfeld H_0.

Zur Veranschaulichung des später zu erläuternden Resonanzphänomens soll sich dieser energetischen Betrachtung eine klassische, kinematische anschließen:

Wie das Erdfeld die Kompaßnadel beeinflußt, so versucht hier das H_0-Feld den Elementarmagneten auszurichten. Das heißt, auf das magnetische Moment des Elektrons wirkt ein *Drehmoment* der Größe

$$\vec{D} = [\vec{\mu}_S, \vec{H}_0] \tag{11}$$

Nach dem Drehimpulssatz der Mechanik

$$\vec{D} = -\frac{d\vec{P}}{dt} = [\vec{\mu}_S, \vec{H}_0]^* \tag{12}$$

ist mit diesem Drehmoment eine *Richtungsänderung* des Eigendrehimpulses $\vec{P}$ des Elektrons verknüpft.

* Da $\vec{S}$ und $\vec{\mu}_S$ antiparallel stehen, erscheint im Drehimpulssatz das negative Vorzeichen.

Da $\vec{D}$ senkrecht auf $\vec{\mu}_S$ und $\vec{H}_0$ steht, sind seine Komponenten in $\vec{\mu}_S$-Richtung und in $\vec{H}_0$-Richtung gleich Null. Nach dem Drehimpulssatz sind somit die Komponenten des Drehimpulses $\vec{P}$ in dieser Richtung konstant. Das bedeutet aber nach Abb. 2, daß der Betrag von $\vec{S}$ und $\vec{\mu}_S$, sowie die H_0- oder z-Komponente von $\vec{S}$ und $\vec{\mu}_S$ beim Einschalten eines Magnetfeldes konstant bleiben, also gerade die Komponenten, die zu der energetischen Betrachtung als einzige beitrugen. Die Änderung des Drehimpulses muß also so vonstatten gehen, daß der Elektronenspin und das magnetische Moment um das H_0-Feld präzessieren. Somit führt die „Spitze" des Spins eine Kreisbewegung um das H_0-Feld aus (Abb. 4).

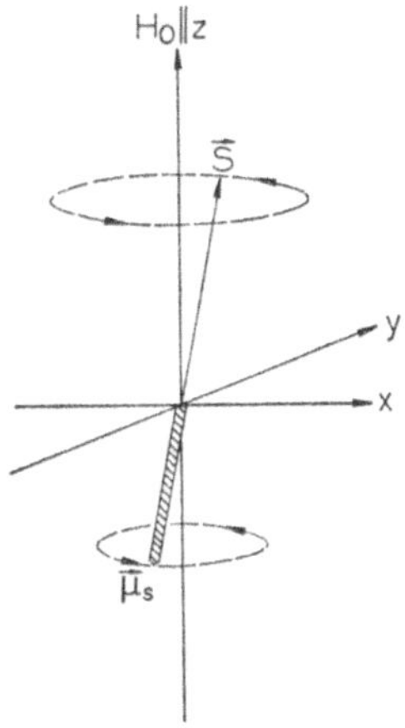

Abb. 4. Larmor-Präzession des Elektronenspins im Magnetfeld H_0

Die Ableitung ergibt, daß der Elektronenspin und sein magnetisches Moment um die H_0-Richtung mit der sog. Larmor-Frequenz *präzessieren.*

$$\nu_L = g\,\mu_B\,H_0/h \tag{13}$$

Die „Spitze" des Elektronenspins beschreibt den in Abb. 4 skizzierten Kreis, den sie pro sec ν_L mal durchläuft, wobei die Umlauffrequenz mit der Stärke des angelegten H_0-Feldes wächst.

Dieses Verhalten entspricht der Präzession eines Kreisels im Schwerefeld der Erde.

I.d. Die Elektronenresonanz

Mit dem Begriff der Larmor-Frequenz ist jetzt das Resonanzphänomen anschaulich zu verstehen:

Wird ein zweites Magnetfeld H_1 angenommen, das in der Ebene senkrecht zu H_0 mit der Larmor-Frequenz ν_L rotieren möge, so kann dessen Wirkung auf das im H_0-Feld befindliche Elektron am einfachsten in einem mit derselben Frequenz um die H_0-Achse mitrotierenden Koordinatensystem beschrieben werden. In diesem System ist H_1 zeitlich konstant und das in diesem System zuerst ebenfalls ruhende magnetische Moment beginnt um die H_1-Richtung zu präzessieren. Da H_1 sehr viel kleiner als H_0 ist, ist diese Präzession sehr viel langsamer als die Larmor-Präzession. Im ruhenden Koordinatensystem ergibt sich durch die Überlagerung der Kreisbewegung um H_0 und H_1 ein spiralförmiges Auf- und Abwandern der „Spitze" des Elektronenspins (Abb. 5).

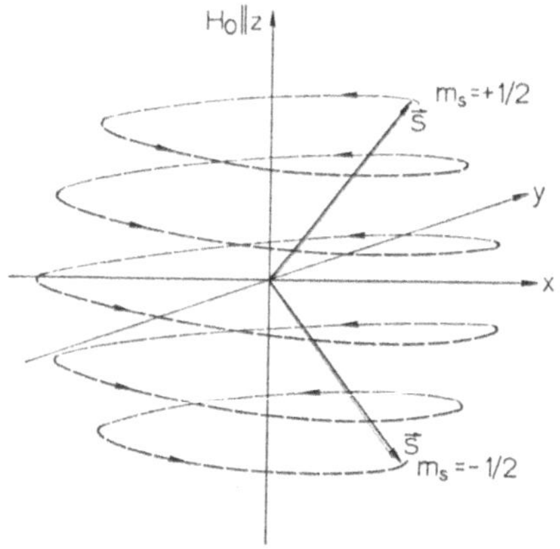

Abb. 5. Übergang vom Quantenzustand $m_S = +1/2 \rightarrow m_S = -1/2$ als Wirkung des rotierenden H_1-Feldes auf den Elektronenspin

Quantenmechanisch bedeutet diese Bewegung ein Umklappen der Spinrichtung von der magnetischen Quantenzahl

$$m_S = +\frac{1}{2} \longrightarrow m_S = -\frac{1}{2}$$

und umgekehrt, also *Übergänge zwischen den* diesen Quantenzahlen *entsprechenden Energieniveaus.*

Die so beschriebene *Elektronenresonanz* wird also erreicht durch *Einstrahlen einer zirkular polarisierten elektromagnetischen Welle, deren H_1-Vektor senkrecht zur H_0-Richtung liegt und deren Frequenz gleich der Larmor-Frequenz ν_L ist.* Dabei muß der H_1-Vektor denselben Umlaufsinn haben wie die „Spitze" des Elektronenspins.

Ohne den Vorzug der Anschaulichkeit der H_1-Feldwirkung kann diese Resonanzbedingung sofort aus Abb. 3 abgelesen werden: Wird die Energiedifferenz zwischen den beiden zur Diskussion stehenden Energietermen in Form von elektromagnetischen Lichtquanten

$$h\nu = g\mu_B H_0 \tag{14}$$

eingestrahlt, so werden *magnetische Dipolübergänge* zwischen den m_S-Termen induziert. Mit dieser Beziehung ist die *grundlegende Gleichung für die Elektronenresonanz* gefunden worden.

Der Vollständigkeit halber sei auch die quantenmechanische Beschreibung des Zeeman-Effekts angegeben.

Die Wechselwirkung eines bahnlosen Elektrons mit einem zeitlich konstanten Magnetfeld H_0 wird durch den Hamiltonoperator

$$\boldsymbol{H}_{S,H_0} = -(\vec{\boldsymbol{\mu}}_S \vec{H}_0) = g\mu_B(\vec{\boldsymbol{S}}\vec{H}_0) \tag{15}$$

beschrieben. Das kartesische Koordinatensystem kann so gewählt werden, daß H_0 parallel zur z-Achse angeordnet ist, damit vereinfacht sich der Hamilton-Operator zu

$$\boldsymbol{H}_{S,H_0} = g\mu_B \boldsymbol{S}_z H_0 \tag{16}$$

Da der Operator $\boldsymbol{S}_z$ nur auf den Spinanteil $\alpha(e)$ beziehungsweise $\beta(e)$ der Elektroneneigenfunktion wirkt, ergeben sich die Energieeigenwerte zu

$$E_{S,H_0} = g\mu_B H_0 m_S \quad \text{mit} \quad m_S = +\frac{1}{2} \quad \text{oder} \quad -\frac{1}{2} \tag{17}$$

Die Energiedifferenz der beiden auftretenden Terme ist demnach

$$\Delta E = g\mu_B H_0\,. \tag{18}$$

Bei dieser Ableitung wurde ein richtungsunabhängiger (isotroper) g-Faktor vorausgesetzt, wie er bei Radikalen in Lösung im allgemeinen vorliegt.

Die erste experimentelle Bestätigung des Resonanzphänomens gelang E. Zavoiski[3] im Jahre 1945.

Aus der Spin-umklappenden Wirkung des H_1-Feldes geht hervor, daß Übergänge sowohl in der $m_S = +1/2 \rightarrow m_S = -1/2$-Richtung als auch umgekehrt erfolgen. Somit kann die paramagnetische Substanz Strahlung *absorbieren* als auch *emittieren*. Die Anzahl der Emissions- bzw. Absorptionsprozesse N_E und N_A ist der Besetzungszahl des jeweiligen Ausgangsterms proportional. Es gilt also, wenn mit n_+ und n_- die Bevölkerung der Terme $m_S = +1/2$ und $m_S = -1/2$ bezeichnet wird,

$$N_A \sim n_- \quad \text{und} \quad N_E \sim n_+\,. \tag{19}$$

Da sich im thermischen Gleichgewicht mehr Teilchen im unteren Zustand der geringeren Energie befinden, ist $n_- > n_+$, und als Nettoeffekt resultiert bei den Übergängen eine *Absorption der eingestrahlten Energie*, die *proportional zur Besetzungszahldifferenz*

[3] E. Zavoiski: J. Phys. USSR **9**, 211, 245 (1945).

$$\Delta n = n_- - n_+ \tag{20}$$

ist. Die Besetzungszahlen werden durch die *Boltzmann-Verteilung* angegeben, die im Falle von nur zwei Energieniveaus mit dem Abstand ΔE durch die Beziehung

$$n_+ = n_- \exp\left(-\frac{\Delta E}{k\,T}\right) \tag{21}$$

gegeben ist. Hierbei bedeutet k die Boltzmann-Konstante und T bezeichnet die absolute Temperatur der Probe. Ist die Gesamtzahl der bei einem Experiment untersuchten paramagnetischen Zentren $n = n_- + n_+$, so gilt für die Besetzungszahldifferenz, also die der Absorption proportionalen Größe die Beziehung

$$\Delta n = n\,\frac{1 - \exp(-\Delta E/k\,T)}{1 + \exp(-\Delta E/k\,T)} \tag{22}$$

Da der Exponent der e-Funktion betragsmäßig sehr viel kleiner als 1 ist (ΔE beträgt bei maximalen Magnetfeldstärken von 10000 Gauß ca. $2 \cdot 10^{-16}$ erg, während $k\,T$ für Zimmertemperatur einen Wert um $4 \cdot 10^{-14}$ erg annimmt, so daß der Exponent etwa 1/200 wird), können die in Gl. 22 auftretenden Exponentialfunktionen entwickelt werden und es ergibt sich in sehr guter Näherung

$$\Delta n \approx n\,\frac{\Delta E}{2\,k\,T} = n\,\frac{g \cdot \mu_B \cdot H_0}{2\,k\,T} \tag{23}$$

Mit dieser Gleichung sind einige für die Absorption der Strahlung bei der Elektronenresonanz bedeutungsvolle Größen gefunden worden:

Die Absorption ist proportional der *Anzahl n der untersuchten Moleküle.* Damit sind grundsätzlich in bezug auf die *Radikalkonzentration* quantitative Messungen möglich.

Die Proportionalität zur Größe des H_0-Feldes bedeutet, daß es aus Intensitätsgründen günstig ist, die Untersuchungen bei *möglichst hohen Magnetfeldstärken* auszuführen.

Die bekannte Abhängigkeit des Paramagnetismus von der Temperatur läßt es im Hinblick auf die Größe des Absorptionseffektes vorteilhaft erscheinen, die Messungen bei *tiefer Temperatur* vorzunehmen.

I.e. Relaxation

Da bei einer Bestrahlung der paramagnetischen Probe mit der Resonanzfrequenz im H_0-Feld gleichzeitig Absorption und Emission stattfinden, wird durch die erzwungenen magnetischen Dipolübergänge eine *Gleichbesetzung* der m_S-Terme angestrebt. Diese Gleichbesetzung würde in kürzester Zeit erreicht und damit keine Absorption mehr zu beobachten sein, wenn das *thermische Gleichgewicht*, also die Boltzmann-Verteilung, nicht ständig wiederhergestellt würde.

Der Mechanismus dieser „Relaxation“ ist thermischer Natur. Er ist in den Wechselwirkungen der paramagnetischen Moleküle mit ihrer Umgebung begründet. Diese Wechselwirkungen werden, in Verallgemeinerung des Begriffs „Gitter“, als „*Spin-Gitter-Wechselwirkung*“ bezeichnet.

Im *Kristall* sind die Atome im wesentlichen ortsfest, doch bewirken die durch ihre Temperaturbewegung erzeugten fluktuierenden elektrischen Felder geringe zeitabhängige Verzerrungen der Elektronenbahnen. Die Magnetfelder, die durch die Elektronenbahnen hervorgerufen werden, sind durch die auch bei organischen Radikalen immer in geringem Maße vorhandene Spin-Bahn-Kopplung mit dem magnetischen Eigenmoment des einsamen Elektrons verknüpft. Über diese Spin-Bahn-Kopplung finden somit die magnetischen Momente der einsamen Elektronen Anschluß an das Temperaturbad ihrer Umgebung. Es besteht also für sie die Möglichkeit, ihre durch die Absorption aufgenommene Energie an das Gitter abzugeben und sich der Umgebungstemperatur anzupassen.

Bei *paramagnetischen Lösungen* ist der vorherrschende Relaxationsmechanismus ein anderer. Infolge der Brownschen Molekularbewegung tummeln sich in der Nähe jedes Radikalmoleküls ständig paramagnetische Nachbarmoleküle. Sie erzeugen am Ort des Radikalmoleküls ein kleines Magnetfeld, dessen Größe sich umgekehrt proportional zur dritten Potenz des Abstands ändert. Die Wechselwirkung zweier paramagnetischer Moleküle ist also nur in der sehr kurzen Zeit ihrer größten Annäherung wesentlich; es kann von einem „*magnetischen Stoß*“ gesprochen werden. Durch eine Fourierzerlegung kann gezeigt werden, daß während eines solchen Stoßes alle Frequenzen (mit verschiedener Intensität) vertreten sind. Somit wirkt auch ein Magnetfeld mit der Larmor-Frequenz auf das betrachtete Radikal ein und kann einen Übergang in einen anderen m_S-Zustand induzieren. Da solche Übergänge bei allen paramagnetischen Molekülen in der Lösung möglich sind, wird sich durch diesen Mechanismus das thermische Gleichgewicht wieder einstellen.

Eine genauere Diskussion der Relaxationserscheinungen findet sich S. 58ff..

II. Experimentelle Grundlagen

Zur Messung der Elektronenresonanz dürfte heute stets ein kommerzielles Gerät vorhanden sein. Es soll daher keine Anleitung zum Bau eines ESR-Spektrometers gegeben werden. Es wird nur das Zusammenwirken der wesentlichen Elemente einer Apparatur gezeigt*.

* Zur genaueren Information über Mikrowellenbauteile und deren Arbeitsweise siehe z. B. G. Klages: Einführung in die Mikrowellenphysik, Verlag Dr. D. Steinkopff, Darmstadt 1956 und die dort angegebene Spezialliteratur.

II.a. Mikrowellen

Durch die Resonanzbeziehung $\nu = g \cdot \mu_B \cdot H_0/h$ ist der Zusammenhang zwischen der für die Elektronenresonanz erforderlichen magnetischen Feldstärke und der gewählten Frequenz gegeben.

Werden in diese Gleichung die numerischen Werte der Naturkonstanten eingesetzt, so resultiert für ein freies Elektron ($g = 2$) die Beziehung

$$\nu\,[\text{MHz}] \triangleq 2{,}803 \cdot H_0\,[\text{Gauß}] \tag{24}$$

Einem Magnetfeld von 1 Gauß entspricht also eine Resonanzfrequenz des Elektrons von 2,8 MHz. Da die den ESR-Spektren entnommenen Daten in der Literatur meist in Einheiten des Magnetfeldes [Gauß], aber auch in Frequenzeinheiten [MHz] angegeben werden, ist dieser Umrechnungsfaktor wichtig. In diesem Buch werden die ESR-Daten wie Kopplungsparameter und Linienbreiten durchweg in Einheiten des Magnetfeldes angeführt.

Spezielle Untersuchungen sind schon bei Frequenzen von wenigen MHz durchgeführt worden[1,2]; die entsprechenden Magnetfelder betragen einige Gauß. Wegen des größeren Absorptionseffektes (Gl. 23, S. 10) und insbesondere wegen der besseren Übersichtlichkeit der durch Hyperfeinwechselwirkungen zustandekommenden Strukturen der ESR-Spektren bei größeren Feldern, werden jedoch vorwiegend Ultrahochfrequenzen (UHF), die im kMHz-Bereich liegen, benutzt. Die Radartechnik stellt Frequenzgeneratoren ausreichender Energie zur Verfügung, die bis zu Wellenlängen von Millimetern arbeiten.

Die meisten ESR-Spektrometer — kommerzielle und selbstgebaute — arbeiten mit sog. Klystronsendern im X-Band, d. h. mit einer Frequenz von ca. 10 kMHz, entsprechend einer Wellenlänge von 3 cm. Dieses hat seinen Grund in den Dimensionen der zur Energieübertragung erforderlichen Hohlleiterbauteile. Ihre Querschnitte sind von der Größenordnung der Wellenlänge und wären bei Verwendung kürzester Wellenlängen äußerst diffizil zu handhaben und für den Routinegebrauch unpraktisch. Auf den Vorteil der bei cm-Wellen ebenfalls relativ geringeren Nicht-Resonanz-Absorption der notwendigen Probenhalterungen wird bei der Beschreibung des Hohlraumresonators (S. 13) näher eingegangen.

Bei dem als Frequenzgenerator verwendeten *Reflexklystron* werden *Laufzeiteffekte* der Elektronen zur Erzeugung der Mikrowellen ausgenutzt. Seine *Frequenz*, die nur in kleinem Umfang durch Veränderung der Reflektorspannung oder durch geringe mechanische Deformation des Klystrons

[1] T. Cole, T. Kushida u. H. C. Heller: J. Chem. Phys. **38**, 2915 (1963).

[2] J. G. Kenworthy, G. F. Longster u. R. E. Richards: Trans. Faraday Soc. **62**, 534 (1966).

variiert werden kann, wird bei den ESR-Untersuchungen *konstant* gehalten (s. S. 14). Um die Resonanzbedingung (Gl. 14, S. 9) zu erfüllen, muß somit das *magnetische H_0-Feld variiert* werden.

Dem *Transport* der vom Klystron erzeugten Mikrowellenenergie dienen *Hohlleiter*, in denen die UHF-Energie als fortschreitende Welle weitergeführt wird. Die Leitung der elektromagnetischen Hochfrequenzstrahlung kann man sich anschaulich als fortgesetzte Spiegelung dieses „Lichtes" an den polierten Metallwänden des Hohlleiters vorstellen.

II.b. Hohlraumresonator

Einen Hauptteil der Mikrowellenanlage bildet der Hohlraumresonator oder Resonanztopf („cavity"). Er entspricht dem bekannten Schwingkreis bei kleineren Frequenzen und dient der *Energiespeicherung* und damit der Erzeugung eines starken magnetischen Hochfrequenzfeldes H_1. Einer der gebräuchlichsten Typen der Hohlraumresonatoren (H_{102}) ist in Abb. 6 wiedergegeben.

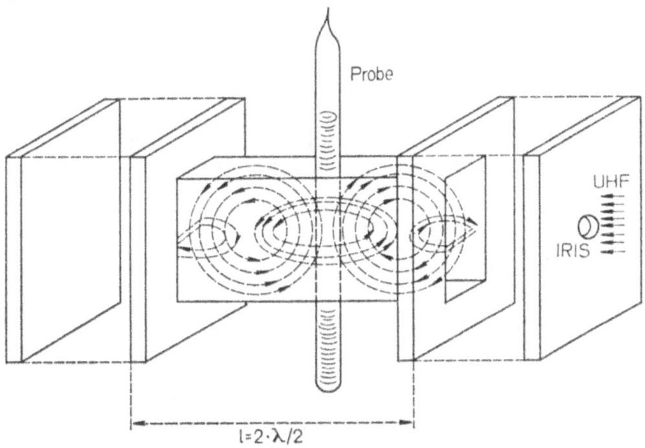

Abb. 6. Aufbau und Feldverteilung eines H_{102}-Hohlraumresonators. Magnetische Kraftlinien in der Zeichenebene, elektrische Kraftlinien senkrecht dazu

Der Querschnitt entspricht dem eines Rechteckhohlleiters. Die Stirnseiten werden durch Metallplatten abgeschlossen. Lediglich ein kleines in seinen Dimensionen veränderliches Loch, die Iris, vermittelt die magnetische Kopplung mit den durch einen Hohlleiter herangeführten elektromagnetischen Wellen.

Beträgt die Länge l des Resonanztopfes gerade ein ganzes Vielfaches der halben Wellenlänge, $l = n \cdot \lambda/2$, so bildet sich durch Reflexion an den Stirnseiten im Hohlraumresonator eine *stehende Welle* aus. Der Hohlraumresonator arbeitet jetzt mit seiner *Eigenfrequenz*. Die sich für $n = 2$, den H_{102}-Resonator einstellende Verteilung der elektrischen und magnetischen Felder der stehenden Welle ist in Abb. 6 wiedergegeben. Die Stärke dieser Felder hängt von der Anzahl der Reflexionen im Hohlraumresonator ab (Gütefaktor Q) und wird deshalb sichtlich auch von der Qualität der Oberflächenbeschaffenheit der Topfwände bestimmt.

Der Hohlraumresonator ist das System, welches das zur ESR-Untersuchung notwendige magnetische Wechselfeld H_1 liefert. Aus der Verteilung der elektrischen und magnetischen Felder ergibt sich für die Einführung der zu untersuchenden Probe als günstigster Ort der Bereich maximaler magnetischer Feldstärke H_1. Obwohl gerade in diesem Bereich die elektrische Feldstärke ihren kleinsten Wert aufweist, verursacht die Einführung der Probe dennoch eine Energieabsorption durch die Wechselwirkung ihrer elektrischen Dipolmomente mit dem elektrischen UHF-Feld. Um diesen unerwünschten *Energieverlust* gering zu halten, verwendet man gerne Solventien mit *kleiner Dielektrizitätskonstanten* wie Benzol, Tetrachlorkohlenstoff, Cyclohexan und ähnliche. Für stark polare Lösungsmittel, z. B. Alkohol und Wasser, gibt es besonders flache, in ihren Dimensionen optimierte Küvetten. Da die Gefäßwände am weitesten in die elektrischen Felder hineinragen, ist *Quarz* gewöhnlichen Gläsern vorzuziehen.

Bei kleineren Abmessungen des Resonanztopfes, wie sie für kürzere Wellenlängen notwendig wären, würde sich das Verhältnis von aktiver Substanzmenge zu elektrisch absorbierendem Küvettenmaterial verschlechtern und die Stärke des ESR-Signals ungünstig beeinflussen. Ein Sonderfall ist die Untersuchung kleiner Kristalle. Ihre Halterung im Hohlraumresonator kann so günstig gewählt werden, daß elektrische Verluste zu vernachlässigen sind und die Verwendung höherer Mikrowellenfrequenzen eine echte Empfindlichkeitssteigerung bedeutet.

Für den Spinumklappprozeß ist nach S. 8 ein *zirkular polarisiertes H_1-Feld* erforderlich. Das linear polarisierte H_1-Feld im Hohlraumresonator ist jedoch identisch mit zwei einander entgegengesetzt zirkularpolarisierten Wellen, deren Einzelamplituden gerade halb so groß sind wie die des linear-polarisierten Feldes. Der zirkulare Anteil von H_1, der die gleiche Umlaufrichtung wie die Präzession des Elektronenspins besitzt, bewirkt das Umklappen der Spins, während die entgegengesetzt umlaufende Komponente wirkungslos bleibt.

Die Eigenfrequenz eines Hohlraumresonators ist nur von seiner Geometrie und seiner Füllung (hier im wesentlichen dem Proberöhrchen) abhängig. Sie bleibt also nach einer Justierung während des Meßvorgangs weitgehend konstant. Diese Tatsache wird bei den ESR-Spektrometern benutzt, um die abgestrahlte Frequenz des Klystrons elektronisch auf die Eigenfrequenz des Hohlraumresonators zu stabilisieren (automatische Frequenzkontrolle).

II.c. Das H_0-Magnetfeld

Das H_0-Feld, das zum magnetischen UHF-Feld H_1 *senkrecht* steht (Abb. 7, S. 16), wird gewöhnlich von einem *Elektromagneten* erzeugt. Die erforderliche Feldstärke berechnet sich für 3 cm-Wellen mit einem g-Faktor von 2 zu ca. 3500 Gauß. Speziell konstruierte zylindrische Polschuhe bewirken ein über den Bereich der Probe etwa *homogenes* Feld. Bei Untersuchungen von ESR-Spektren kleinster Linienbreite von ca. 50 mGauß kann die Homogenität durch *Zusatzspulen* verbessert werden. Eine Homogenität von 35 mGauß bei 3500 Gauß setzt aber auch eine Konstanz des felderregenden Stromes von $10^{-3}\%$ voraus. Sie läßt sich durch elektronisch stabilisierte Netzgeräte erreichen.

Die Stabilität des H_0-Feldes kann ebenfalls mit Hilfe der *Protonenresonanz* erhöht werden. Als Detektor für die Stärke des H_0-Feldes dient hier das Signal einer äußerst scharfen Protonenresonanzlinie bei fest vorgegebener Protonenresonanzfrequenz (vgl. a. S. 263). Auch wird zur Verbesserung der Stabilität des H_0-Feldes und zur größeren Linearisierung des Vorschubes des Magnetfeldes der *Halleffekt* mit speziell konstruierten Hallsonden verwendet. Der Vorteil gegenüber den Erregerstrom-stabilisierten Geräten liegt vor allem in der direkten Messung des Magnetfeldes durch den Hallstrom. Somit werden auch Sättigungs- und Hystereseerscheinungen des Magnetmaterials kompensiert.

Durch eine definierte zeitliche Änderung des Erregerstromes kann das Magnetfeld so variiert werden, daß die Bedingung für das Auftreten der Elektronenresonanz, $h\nu = g \cdot \mu_B \cdot H_0$, erfüllt wird („Durchfahren der Resonanz").

II.d. Nachweis der Resonanz

Zur Messung der UHF-Energie, beziehungsweise deren Änderung bei der ESR-Absorption, kommen in erster Linie *Kristalldetektoren* in Frage. Sie haben die Eigenschaft, die elektrische Komponente des einfallenden UHF-Feldes gleichzurichten. Die am Kristall abgegriffene Gleichspannung ist dann ein Maß für die auf den Detektor einfallende Mikrowellenenergie (quadratische Kennlinie des Detektors) bzw. deren UHF-Feldstärke (lineare Kennlinie des Detektors).

Die einfachste Anordnung zur Messung der paramagnetischen Resonanz zeigt Abb. 7.

Die vom Klystron K gelieferte Energie gelangt durch einen Hohlleiter zum Hohlraumresonator C. Hier entsteht die stehende Welle, in deren H_1-Bauch sich die Probe S befindet. Der Hohlraumresonator besitzt bei dieser Meßanordnung in „Transmission" ebenfalls an seiner zweiten

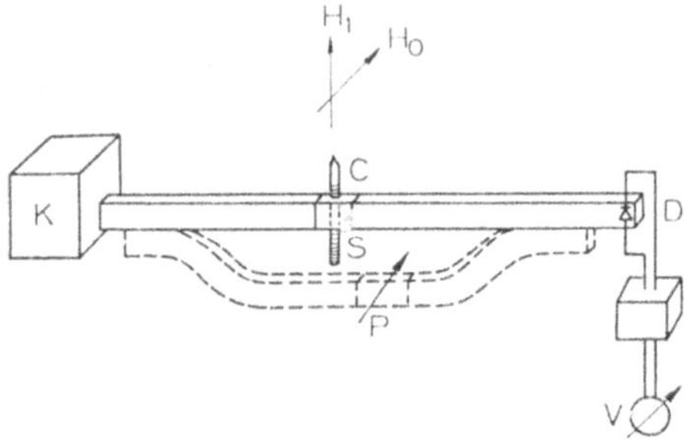

Abb. 7. Einfache ESR-Anordnung in „Transmission“
(gestrichelt: Brückenschaltung)

Stirnfläche eine Kopplungsöffnung, die es der Mikrowelle gestattet, in dem anschließenden Hohlleiter bis zum Detektor D zu gelangen. Die hier gleichgerichtete Hochfrequenz wird als Gleichspannung abgegriffen und ist nach Gleichspannungsverstärkung an einem Spannungsmeßgerät V abzulesen.

Durchläuft jetzt das sich zeitlich langsam vergrößernde H_0-Feld die Resonanz, erreicht seine Größe also den Wert $H_0 = h\nu/g\mu_B$, so absorbiert die paramagnetische Substanz durch die erzwungenen Spinumklappprozesse einen geringen Teil der UHF-Energie. Die beim Detektor einfallende Mikrowellenamplitude wird also kleiner werden und am Meßgerät V wird eine *Abnahme der Spannung* zu beobachten sein, die sich nach dem Durchlaufen der Resonanz wieder auf ihren alten Wert einstellt. Wird der Spannungsverlauf in Abhängigkeit vom Magnetfeld mit einem *Registriergerät* festgehalten, so ergibt sich ein *ESR-Spektrum*, wie es in Abb. 8, skizziert ist.

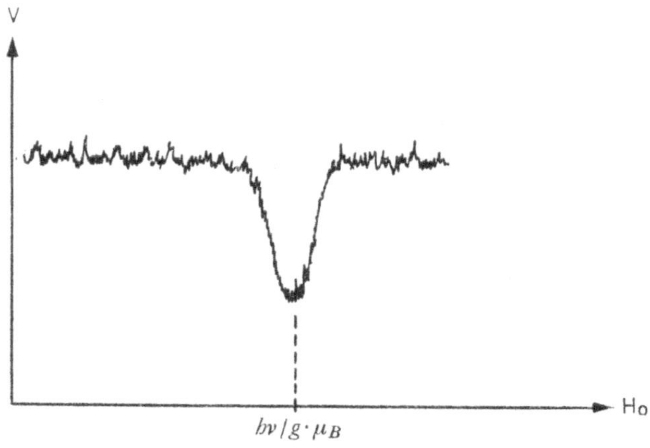

Abb. 8. Registrierte Detektorspannung V in Abhängigkeit vom H_0-Feld

Eine genauere Betrachtung des Resonanznachweises[3] zeigt, daß die Energieabsorption der Probe durch den Ausdruck $-2\,\omega\,H_1^2\,\chi''$ beschrieben werden kann (s. S. 78). Diese Absorption bewirkt als zusätzlicher Verlust im Resonanztopf eine Änderung des Gütefaktors, die proportional zur Hochfrequenzsuszeptibilität χ'' der paramagnetischen Probe ist und sich mit der Beziehung $\Delta Q \sim Q^2\,\chi''$ ausdrücken läßt. Bei Benutzung eines Detektors mit quadratischer Kennlinie (square law detector) wird als Meßausschlag $\chi''H_1^2$, also eine der absorbierten Energie proportionale Größe registriert, während ein linearer Detektor einen $\chi''H_1$ proportionalen Wert aufzeichnet. Für die quantitative Auswertung von ESR-Spektren (s. S. 128) sind diese Unterschiede wichtig.

Diese einfachste Apparatur hat noch Mängel. Die Schwankungen der vom Klystron abgestrahlten Energie müssen sich stark als Rauschen bemerkbar machen. Auch ist die Amplitude der auf den Kristall einfallenden Welle relativ zu der bei Absorption auftretenden Amplitudenänderung sehr groß; die Rauscheigenschaften des Detektors werden ungünstiger. Außerdem ist eine sehr gute Konstanz der Gleichspannungsverstärker nur schwer zu erreichen. Eine Änderung des Verstärkungsgrades macht sich schon als Anzeige am Meßgerät bemerkbar und könnte u. U. als Absorptionssignal gedeutet werden.

Die zuerst geschilderten Mängel lassen sich durch eine *Kompensationsschaltung* weitgehend beheben. Hierbei wird die Hälfte der Mikrowellenenergie durch den in Abb. 7, S. 16, gestrichelt skizzierten *Richtkoppler* abgezweigt und dem System zwischen Hohlraumresonator und Detektor wieder zugeführt. Durch den *Phasenschieber P* wird die Phase der abge-

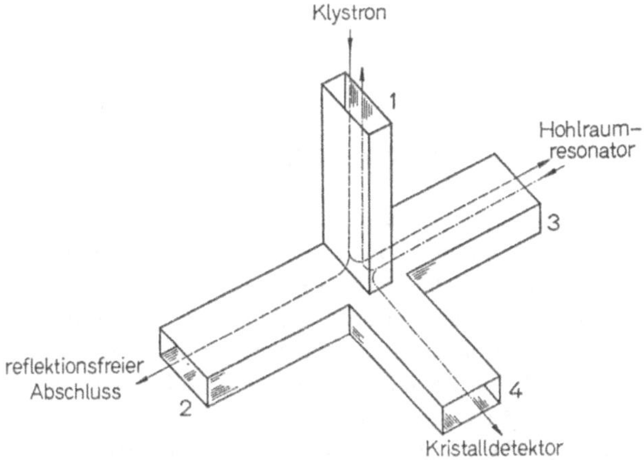

Abb. 9. Zur Funktion des „magischen T“

[3] G. Feher: Bell. Syst. Tech. J. **36**, 449 (1957).

zweigten UHF-Wellen so gewählt, daß sich die gleichintensiven Teilwellen bei Vereinigung durch Interferenz auslöschen. Durch Wahl der relativen Amplituden mit Hilfe von Dämpfungsgliedern ist es möglich, dem Kristall diejenige UHF-Energie zuzuführen, bei der sein günstigster Arbeitspunkt erreicht wird und das Signal-Rausch-Verhältnis maximal ist.

Die gebräuchlichsten Typen der ESR-Spektrometer arbeiten in „Reflexion“: Auch hier ist es durch Verwendung des „magischen *T*“ oder des „hybriden Rings“ möglich, *Brückenschaltungen* aufzubauen (Abb. 9). Die Ultrahochfrequenz des Klystrons wird in Arm 1 eingespeist und verteilt sich im magischen *T* gleichmäßig auf die Arme 2 und 3. Die Mikrowellenenergie in Arm 2 wird durch eine Dämpfung nahezu reflexionsfrei absorbiert. Arm 3 leitet die UHF-Energie zum Hohlraumresonator. Durch Veränderung seiner Irisöffnung kann der Resonanztopf so angekoppelt werden, daß die herangeführte Energie vollständig durch die Eigendämpfung verbraucht wird und auch in Arm 3 keine reflektierte Welle auftritt. Damit befindet sich die Brücke im Gleichgewicht. Wenn eine Elektronenresonanz auftritt, so verändert der Hohlraumresonator als Verbraucher der UHF-Energie seinen Widerstand. Somit ist die Anpassung nicht mehr optimal, und ein kleiner Teil der Mikrowellen wird in Arm 3 *reflektiert*. Diese reflektierte UHF-Energie teilt sich beim Erreichen des magischen *T* in Arm 1 und 4. Eine Kristalldiode im Arm 4 zeigt die jetzt auftretende Brückenspannung als *Elektronenresonanzsignal* an, während in Arm 1 ein Einwegleiter das Klystron vor Beeinflussung durch die reflektierte Welle isoliert. Ähnlich wie beim Transmissionstyp kann die Brückenspannung nach Gleichspannungsverstärkung registriert werden. Die in bezug auf das Signal-Rausch-Verhältnis günstigste Vorspannung des Detektorkristalls ist durch Einführung von reflektierenden Sonden in Arm 3 einstellbar.

II.e. Modulation des Absorptionssignals

Ein wesentlich besseres Signal-Rausch-Verhältnis, also eine größere Empfindlichkeit der Apparatur läßt sich durch eine Modulation des ESR-Absorptionssignals erreichen. Wird durch diese Modulation die Elektronenresonanz als Wechselspannungssignal an der Kristalldiode angezeigt, so kann nun auf den ungünstigen Gleichspannungsverstärker verzichtet werden. Die maßgebliche Steigerung der Empfindlichkeit ist jedoch durch die Frequenzabhängigkeit des Kristallrauschens gegeben, das etwa proportional zur Wurzel der Modulationsfrequenz abnimmt.

Neben der H_0-Feldmodulation ist im Prinzip eine Mikrowellenamplituden-Modulation möglich, doch wird wegen ihren größeren elektronischen Anforderungen durchweg die Magnetfeldmodulation angewandt.

Die H_0-Feldmodulation wird bei nicht zu hohen Modulationsfrequenzen durch mit Wechselspannung gespeisten Spulen an den Außenwänden des Hohlraumresonators erreicht. Die Spulen (Helmholtz-Anordnung) erzeugen so am Ort der Probe ein kleines homogenes magnetisches Wechselfeld, das dem H_0-Feld parallel gerichtet ist und die *Größe des H_0-Feldes periodisch verändert*. Der *Modulationshub*, die Amplitude des magnetischen Modulationsfeldes, ist durch Wahl der angelegten Wechselspannung variabel.

Bei der Vermessung des Resonanzsignals ist das Magnetfeld H_0 neben seiner zeitlich linearen Veränderung (dem Durchfahren der Resonanz), somit einer kleinen periodischen Änderung, seiner Modulation unterworfen. Das Entstehen des *Wechselspannungssignals* beim Auftreten der paramagnetischen Resonanz ist der Abb. 10, (s. u.) zu entnehmen. Hier ist für drei

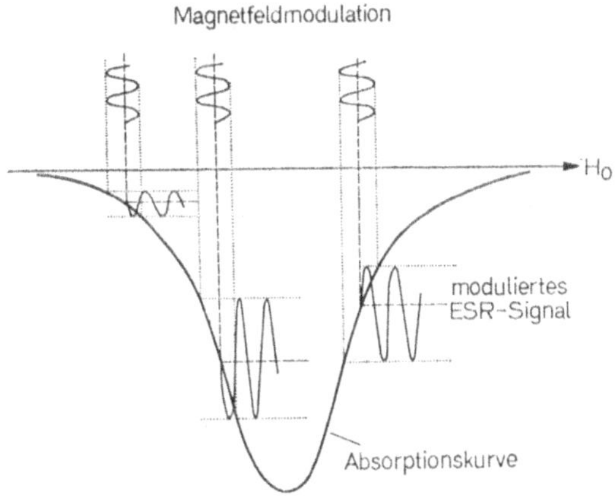

Abb. 10. Magnetfeldmodulation des ESR-Signals

Werte des H_0-Feldes innerhalb der Absorptionslinie des untersuchten Radikals die Magnetfeldmodulation skizziert. Aus der Abbildung ist ersichtlich, daß die Resonanzlinie in bezug auf das erhaltene periodische Detektorsignal wie eine Röhrenkennlinie wirkt.

Die Amplitude der am Kristall abgegriffenen Wechselspannung ist dem Betrag der *Steigung* der Resonanzlinie (Steilheit der Röhre) proportional. In der ersten Hälfte der Linie mit positiver Steigung ist die Phase des Signals mit der Phase der Modulation identisch, während bei negativer Steigung der Resonanzlinie die Phase um 180° verschoben ist. Da in den meisten Apparaturen die Gleichrichtung des verstärkten Detektorsignals *phasenempfindlich* durchgeführt wird, ändert sich nach Durchlaufen des Maximums der Absorptionslinie das Vorzeichen dieser Gleichspannung. Auf diese Weise wird auch das Vorzeichen der Steigung der Resonanzlinie aufgezeichnet und das ESR-Spektrum wird als die *differenzierte Kurve der Absorptionslinie*, als ihre 1. Ableitung (Abb. 11) erhalten:

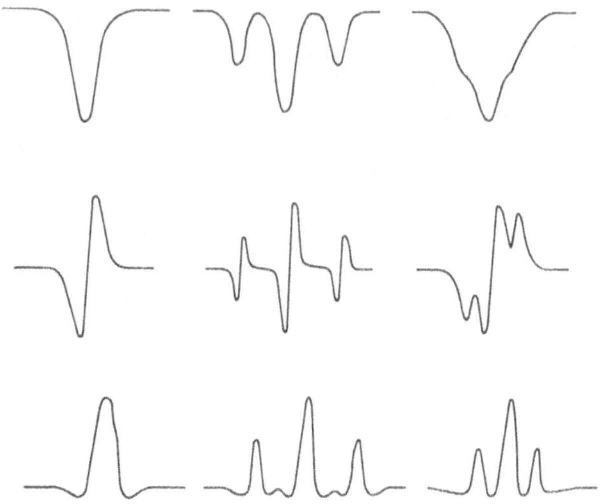

Abb. 11. ESR-Spektrum bei (a) einfacher Struktur, (b) gut getrennter und (c) schlecht getrennter Hyperfeinstruktur. Oben: Absorptionskurve, Mitte: 1. Ableitung bei einfacher Magnetfeldmodulation, unten: 2. Ableitung mit Doppelmodulationstechnik

Diese eben getroffene Feststellung muß dahingehend abgeschwächt werden, daß nur bei einem kleinen Modulationshub, der einen schmalen Bereich der Linie abtastet, die 1. Ableitung unverfälscht aufgezeichnet wird. Bei höherer Modulationsamplitude wird zwar das registrierte Resonanzsignal größer, die Steigung der Linie wird jedoch jetzt über einen breiteren Bereich der Linie gemittelt, so daß man ein verzerrtes Bild der 1. Ableitung erhält.

Diese Betrachtungen sind für den Fall besonders wichtig, wenn das Absorptionssignal eine Hyperfeinstruktur (HFS) zeigt (s. Kap. A. III, S. 30), also aus mehreren Einzelkomponenten besteht. Um diese auflösen, also sauber voneinander getrennt registrieren zu können, muß der *Modulationshub kleiner als der Komponentenabstand* gewählt werden, andernfalls wird die HFS weitgehend herausgemittelt.

Der Effekt, der durch die Veränderung der Modulationsamplitude hervorgerufen wird, kann mit dem Einfluß der Spaltbreite bei optischen Spektrographen verglichen werden. Bei großem Hub bzw. großer Spaltbreite resultiert ein relativ intensives Signal, dessen Auflösung jedoch gering ist. Bei Verkleinerungen von Hub bzw. Spaltbreite wird die Auflösung auf Kosten der Intensität immer besser, bis schließlich die Güte der Auflösung durch andere Parameter begrenzt wird (s. Kap. A. IV., S. 58).

Ebenfalls ist für die Vermessung der Linienbreite (s. S. 126, 131) die Wahl eines kleinen Modulationshubes erforderlich, weil nur so eine getreue Aufzeichnung der 1. Ableitung des Absorptionssignals gewährleistet ist.

Die *Intensität* des registrierten Signals ist proportional dem Modulationshub, sofern dieser klein gegen die Linienbreite gewählt wurde. Das maximale Signal wird bei einem Modulationshub mit etwa der Halbwertsbreite der Resonanzlinie erreicht.

Neben dem Hub ist die *Frequenz* eine für die Modulation charakteristische Größe. Da das Kristallrauschen mit der Wurzel der Frequenz kleiner wird, bedeutet eine Modulationsfrequenzsteigerung von 10 Hz auf 100 kHz eine Erhöhung des Signal-Rausch-Verhältnisses und damit der Empfindlichkeit der Apparatur um den Faktor 100. Hiernach erscheint es günstig, eine möglichst hohe Modulationsfrequenz anzuwenden.

Bei einer Frequenz von ca. 20 MHz ist hier aber eine Grenze erreicht, da dann andere Rauschquellen in den Vordergrund treten, so daß die Wahl einer noch höheren Modulationsfrequenz sinnlos wäre.

Die Frequenz wird im allgemeinen bewußt wesentlich niedriger als 20 MHz gehalten, da durch eine hohe Modulationsfrequenz die Resonanzlinien verbreitert werden. Diese „*Modulationsverbreiterung*" (s. a. S. 81) ist sehr einfach an Hand der Heisenbergschen Unschärferelation $\Delta \nu \cdot \Delta t \approx 1$ zu verstehen. Bei Benutzung einer Modulationsfrequenz ν_{mod} wird der Resonanzeffekt in der Zeit $\Delta t = 1/\nu_{\text{mod}}$ abgetastet. Es ergibt sich also eine Unsicherheit in der Energiebestimmung ($h\Delta\nu$) des Signals von $h\nu_{\text{mod}}$. Dieses gilt für jeden Punkt des Resonanzsignals, so daß die Linienbreite, gemessen in Frequenzeinheiten, nie kleiner als die Modulationsfrequenz ist.

Bei der Aufnahme von ESR-Spektren, deren Linienbreite einige Gauß betragen, können mit Intensitätsgewinn und ohne zusätzliche Verbreiterungseffekte befürchten zu müssen, Frequenzen im MHz-Bereich angewendet werden. Die Modulationsspule besteht hier lediglich aus einer Schleife, die im Innern des Hohlraumresonators angebracht ist.

Anders ist es bei den häufig sehr schmalen Hyperfeinstruktur-Komponenten, wie sie bei Untersuchungen von Lösungen organischer freier Radikale auftreten. Schmale, nicht modulationsverbreiterte Hyperfeinstruktur-Linien zeigen eine Breite von ca. 35 mGauß, so daß sich daraus mit Gl. 24, S. 12, für das Studium hochaufgelöster Spektren eine obere Modulationsfrequenz von 100 kHz ergibt.

Gelegentlich wird zur Aufzeichnung des ESR-Signals eine *Doppelmodulation* verwendet[4]. Hierbei wird das H_0-Feld gleichzeitig mit einer Hochfrequenz — etwa 100 kHz — und einer Niederfrequenz, z. B. 100 Hz, moduliert. Auf diese Weise entsteht am Detektorkristall eine mit 100 Hz amplituden-modulierte 100 kHz-Spannung. Nach aufeinanderfolgender Gleichrichtung der beiden Frequenzen erscheint das Gleichspannungsausgangssignal als die *zweifach differenzierte Kurve der Absorptionslinie* (Abb. 11,

[4] s. z. B. R. W. Fessenden u. R. H. Schuler: J. Chem. Phys. **39**, 2147 (1963).

unten, S. 20). Für die Wahl der beiden Modulationsamplituden gelten dieselben Betrachtungen, wie sie für die einfache Modulation skizziert wurden.

Die Modulationstechnik hat außer der Empfindlichkeitssteigerung der Elektronenresonanz-Apparatur noch einen grundlegenden Vorteil bei der Auswertung linienreicher ESR-Spektren. Oft sind die einzelnen Komponenten eines Spektrums so eng aneinander gerückt, daß sie sich in der Absorptionslinie lediglich durch eine Schulter oder geringe Änderung der Steigung andeuten. Hier erlaubt jetzt die mit der H_0-Feld-Modulation verbundene steigungsempfindliche Aufzeichnung des ESR-Signals eine deutliche Trennung von verschiedenen Komponenten. Noch ausgeprägter ist dieses Verhalten bei Anwendung der Doppelmodulation (Abb. 11, unten, S. 20). Ebenfalls konnte eine günstige Trennung von HFS-Komponenten durch elektronische Beimischung von höheren Ableitungen zum eigentlichen Resonanzsignal erzielt werden[5].

II.f. Superheterodyn Nachweis

Soll eine weitere Steigerung der Empfindlichkeit bei gleichbleibender Auflösung der Spektren angestrebt werden, so muß ein *Überlagerungsempfänger* benützt werden. Er erfordert den Einsatz eines *zweiten Klystronsenders*. Durch Überlagerung seiner Mikrowelle mit der bei der Elektronenresonanz reflektierten Welle des eigentlichen Resonanzsenders entsteht am Kristalldetektor die Summen- und Differenzfrequenz der beiden Mikrowellen. Die *Differenzfrequenz* wird wegen des hier günstigen Kristallrauschens zu etwa 20 MHz gewählt. Sie ist jetzt Träger der ESR-Information, die elektronisch weiterverstärkt werden kann. Die magnetische Niederfrequenzmodulation des ESR-Signals geschieht in der beschriebenen Weise (S. 18).

In den Superheterodyngeräten sind damit die Vorteile eines geringen Kristallrauschens bei 20 MHz mit denen einer Niederfrequenzmodulation kombiniert.

Mit ESR-Geräten dieser Art war es in einigen Fällen möglich, Spektren mit maximaler Auflösung bei Linienbreiten von ca. 17 mGauß zu erzielen[6].

II.g. Gesamtfunktion einer ESR-Anlage

An Hand der in Abb. 12 symbolisierten Schaltskizze soll die Gesamtfunktion einer mit 3 cm-Wellen in Reflexion arbeitenden Apparatur mit 100 kHz-Modulation gezeigt werden.

---

[5] L. C. Allen, H. M. Gladney u. S. H. Glarum: J. Chem. Phys. **40**, 3135 (1964).

[6] K. H. Hausser: Z. Naturforsch. **17a**, 158 (1962).

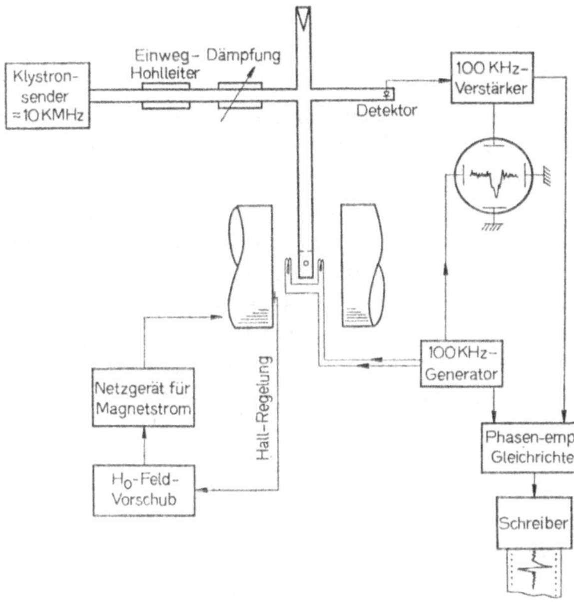

Abb. 12. Blockschaltbild einer in Reflektion arbeitenden 10 kMHz-Anlage mit Elektromagnet und 100 kHz-Magnetfeldmodulation

Der elektronisch auf die Eigenfrequenz des Hohlraumresonators stabilisierte Klystronsender liefert über einen Einweghohlleiter die Mikrowellenenergie. Durch das magische *T* wird sie gleichmäßig auf den „cavity-Arm" und den reflektionsfrei absorbierenden Arm aufgeteilt. Die Mikrowellenamplitude im Hohlraumresonator kann durch das Dämpfungsglied variiert werden. Die cavity mit der Probe befindet sich im Feld eines Elektromagneten, der durch ein Hallkristall-gesteuertes Netzgerät gespeist wird. Dieses H_0-Feld kann durch eine weitere Einheit zeitlich langsam verändert werden, um so ein „Durchfahren" der Resonanz zu ermöglichen. Ein 100 kHz-Generator erzeugt die zur Modulation des Magnetfeldes benötigte Wechselspannung, die den entsprechenden Spulen zugeführt wird. Gleichzeitig steuert diese Frequenz die Zeitablenkung eines Oszilloskops und liefert die Steuerspannung für den phasenempfindlichen Gleichrichter. Die bei einer paramagnetischen Absorption von dem Hohlraumresonator reflektierte Mikrowelle gelangt durch das magische *T* an den Kristalldetektor. Dieser führt die mit 100 kHz modulierte Spannung dem nachfolgenden Verstärker zu. Bei intensiven Signalen und genügendem Modulationshub kann der Absorptionseffekt direkt auf dem Oszilloskop als Absorptionslinie beobachtet werden. Ebenso ist es möglich, das Absorptionssignal nach phasenempfindlicher Gleichrichtung mit einem Schreiber in Form der ersten Ableitung aufzuzeichnen.

II.h. Nachweisempfindlichkeit

Die Nachweisempfindlichkeit einer ESR-Anlage bei Zimmertemperatur wird i. A. auf ein Signal-Rausch-Verhältnis von 1 : 1 bei *optimalen Versuchsbedingungen* extrapoliert. Optimale Versuchsbedingungen heißt einmal, ein solches *Probenvolumen* zu vermessen, bei dem das Verhältnis von dielektrischen Verlusten (S. 14) zu Resonanzabsorption möglichst klein ist. Dieses Volumen muß durch entsprechende Experimente ermittelt werden. Zum anderen sollte der *Modulationshub* H_{mod} etwa gleich der Halbwertsbreite ΔH des zu erwartenden ESR-Signals gewählt werden, um ein möglichst starkes Absorptionssignal zu erhalten (s. S. 21).

Wie auf S. 128 ff. gezeigt wird, ist die Intensität des ESR-Signals, also die Amplitude p eines Signals zwischen den beiden Extremwerten, bei festem Modulationshub proportional n, der Gesamtzahl der vermessenen Radikalzentren und umgekehrt proportional dem Quadrat der Linienbreite ΔH. Außerdem steigt die Signalhöhe mit der Größe des Modulationshubs H_{mod} an (S. 21).

Es gilt also die Beziehung

$$p \sim \frac{n}{\Delta H^2} H_{mod} \tag{25}$$

Für optimale Modulationsbedingungen, also $H_{mod} \approx \Delta H$, ergibt sich

$$p \sim \frac{n}{\Delta H} \tag{26}$$

Die Nachweisempfindlichkeit ist unter diesen Bedingungen also um so größer, je kleiner die *Linienbreite* des ESR-Signals ist. Als typische Nachweisgrenze kann für ein modernes ESR-Spektrometer bei einer Rauschintegrationszeit von 1 sec ein Wert von ca. $5 \cdot 10^{10}$ Radikalzentren pro Gauß Linienbreite angegeben werden.

Diese Empfindlichkeit bedeutet, daß das 1 Gauß breite Signal einer paramagnetischen Probe bei einem normalen Meßvolumen von ca. 0,3 cm^3 noch in einer stationären Konzentration von $2{,}5 \cdot 10^{-10}$ Mol/l mit dem Signal-Rausch-Verhältnis von 1 : 1 meßbar ist. Für den *praktischen Gebrauch* muß diese extrapolierte Empfindlichkeitsangabe jedoch wesentlich reduziert werden. Da das ESR-Signal der Probe *a priori* unbekannt ist, gelingt es nicht, das optimale Volumen experimentell zu bestimmen. Aus demselben Grunde ist es nicht möglich, den Modulationshub gleich der Linienbreite zu wählen. Für den Nachweis sollte ein Signal-Rausch-Verhältnis von mindestens 5 : 1 angestrebt werden. In den meisten Fällen besteht das ESR-Signal aus vielen Einzelkomponenten, auf die sich die Gesamtintensität der paramagnetischen Probe in einem für die Beobachtung aller Komponenten ungünstigen Verhältnis verteilt (s. S. 45). Dagegen sind die

ESR-Linienbreiten sehr häufig kleiner als 1 Gauß, womit nach Gl. 26, S. 24 eine Steigerung der ESR-Intensität p und damit eine günstige Verschiebung der Nachweisgrenze verbunden ist. Alles in allem ergibt sich für die erforderliche *stationäre Radikalkonzentration* ein Wert von ca. 10^{-7} Mol/l. Bei *Routinemessungen* zur Untersuchung — nicht zum bloßen Nachweis — von Radikalen mit reicher Hyperfeinstruktur werden die Konzentrationen noch größer, etwa 10^{-4} bis 10^{-5} molar gewählt werden müssen.

Bei einer Erhöhung der Empfindlichkeit einer Anlage zum Beispiel um den Faktor 10 muß der Rauschpegel entsprechend gesenkt werden. Das ist durch eine Vergrößerung der Integrationszeit um 100, also von 1 sec auf 100 sec zu erreichen. Ein solches Verfahren führt aber zwangsläufig zu entsprechend längeren Registrierzeiten. Diese verbieten sich jedoch oft durch die Instabilität der untersuchten Radikale. Schließlich setzt auch die Langzeitstabilität der Anlage der Registrierdauer eine Grenze[7]. Solche Schwierigkeiten lassen sich durch *elektronische Datenspeicher* umgehen: Das ESR-Spektrum wird mit einer sehr kleinen Zeitkonstanten schnell abgetastet und die Information in den Kanälen des „Computer of Average Transients", CAT, gespeichert. Nach mehrfacher Wiederholung liefert die Rechenmaschine die Summe aller Einzelmessungen[8]. So erhaltene ESR-Spektren zeichnen sich nach Maßgabe der Zahl der Einzelmessungen durch eine Verbesserung des Signal-Rausch-Verhältnisses aus.

Sind die Linienbreite-bestimmenden Relaxationsverhältnisse (s. Kap. A. IV.) der untersuchten Proben ungünstig, so können die Linienbreiten derart groß werden, daß ein Nachweis des Paramagnetismus mit der Elektronenresonanz bei Zimmertemperatur nicht möglich ist. Viele paramagnetische anorganische Salze der VIII. Gruppe des Periodensystems und der Übergangselemente zeigen dieses Verhalten. Erst bei extrem tiefen Temperaturen ist es hier möglich, den Paramagnetismus durch Resonanz nachzuweisen.

Trotz der relativ geringen Empfindlichkeit der statischen Gouyschen Methode ist hier ihre Anwendung zum bloßen Nachweis des Paramagnetismus von Vorteil, da dieses Verfahren von den Relaxationserscheinungen praktisch unabhängig ist.

II.i. Hilfsmittel für spezielle ESR-Untersuchungen

Für viele Untersuchungen bei Zimmertemperatur werden die beschriebene ESR-Apparatur und insbes. der Hohlraumresonator entspr. Abb. 6, S. 13 ausreichend sein. Das ist speziell dann der Fall, wenn es sich um die Vermessung eines *stabilen* Radikals handelt, das im Laboratorium aus seiner Stammverbindung hergestellt und in das ESR-Proberöhrchen übergeführt werden kann.

---

[7] siehe Fußnote 6, S. 22.

[8] s. z. B. L. C. Allen u. L. F. Johnson: J. Amer. chem. Soc. **85**, 2668 (1963).

Bei der Untersuchung von *kurzlebigen* paramagnetischen Molekülen ist es jedoch erforderlich, die Radikale direkt an der Meßstelle, im Hohlraumresonator fortlaufend zu erzeugen. Nur so kann die für den Nachweis erforderliche stationäre Konzentration (s. S. 25) erreicht werden. Sowohl bei stabilen als auch bei kurzlebigen Radikalen kann es notwendig werden, die Spektren bei *verschiedenen Temperaturen* zu vermessen.

Für Untersuchungen dieser und ähnlicher Art sind Zusatzgeräte erforderlich, die in den Hohlraumresonator eingeführt werden müssen. Die für diesen Zweck vorgesehenen Hohlraumresonatoren[9] sind mit entsprechend größeren Bohrungen versehen. Zur Vermeidung des Austritts der Mikrowellen und damit zur Erhaltung der Feldverteilung sind den Bohrungen Metallrohre aufgesetzt, die für die Mikrowellen einen Hochpaß bilden. Weiterhin können die Hohlraumresonatoren noch mit einer parallel zu den elektrischen Feldlinien geschlitzten Bodenplatte versehen werden, so daß auch eine *Belichtung* der Probe während der ESR-Messung möglich ist.

II.i.1. Temperaturvariation

Eine Beobachtung der ESR-Signale über einen weiten Temperaturbereich läßt sich durch Heizen bzw. Kühlen der Radikal-Probe mit einem Stickstoffstrom erreichen. Die Probe wird hierzu in einem wegen der Absorption der Mikrowellen unverspiegelten Dewargefäß aus Quarz im Hohlraumsresonator angeordnet (Abb. 13).

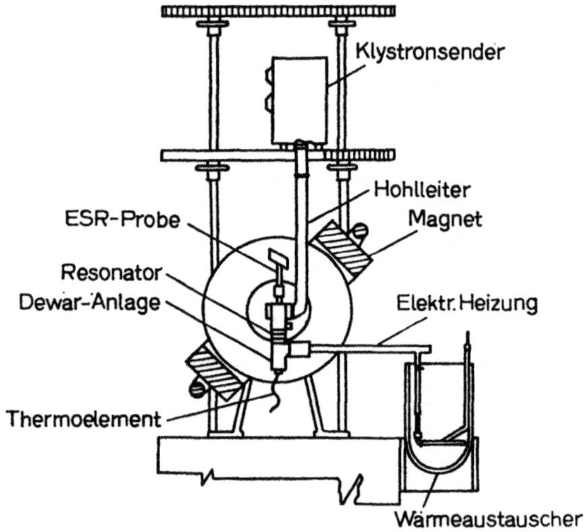

Abb. 13. Anlage zur Temperaturvariation[9] der ESR-Probe

[9] L. H. Piette u. W. C. Landgraf: J. Chem. Phys. **32**, 1107 (1960).

Durch das Dewargefäß wird ein Stickstoffstrom geführt, der vorher auf die gewünschte Temperatur gebracht wurde. Man arbeitet wie folgt: Das Gas wird zunächst unter die gewünschte Temperatur abgekühlt (flüssiger Stickstoff, Trockeneis). Danach kann es mit einer durch ein Widerstandsthermometer geregelten Heizspirale vor Eintritt in das Dewargefäß entsprechend erwärmt werden[10]. Somit sind *Probentemperaturen von etwa* —185° C *bis* +300° C zu erreichen. Die Temperaturen können mit Hilfe des Widerstandsthermometers abgelesen und über eine Automatik geregelt werden. Wird bei tieferen Temperaturen gearbeitet, so muß der Hohlraumresonator, um einer Wasserdampfkondensation vorzubeugen, mit trockenem Stickstoff gespült werden. Bei Temperaturen oberhalb 50°C kann auf das Abkühlen des Stickstoffs verzichtet werden.

Für Untersuchungen bei der Temperatur des *flüssigen Heliums* sind spezielle Dewareinsätze und Hohlraumresonatoren entwickelt worden, die im Handel erhältlich sind.

II.i.2. Durchflußmessungen

Bei der Untersuchung kurzlebiger Radikale in Lösung ist es notwendig, die Radikale in genügender Konzentration direkt an der Meßstelle, im Hohlraumresonator, zu erzeugen. Das gelingt durch Bestrahlung der Proben mit UV-Licht oder auch chemischen Methoden. Bei der sog. Durchflußmethode werden die Reaktionskomponenten getrennt zum Hohlraumresonator geleitet und treffen erst kurz vor der Meßstelle zusammen. Eine Anordnung mit kurzer Totzeit (Zeitspanne zwischen Mischung und Eintritt zur Meßstelle) geben W. T. Dixon und R. O. C. Norman[11] (s. Abb. 14)

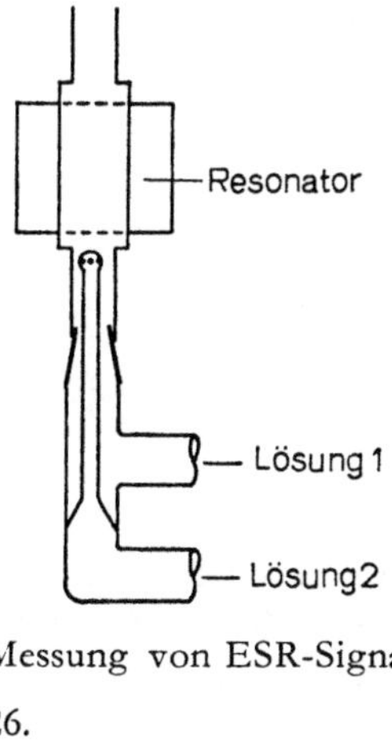

Abb. 14. Anordnung zur Messung von ESR-Signalen im Durchflußverfahren[11]

[10] siehe Fußnote 9, S. 26.
[11] W. T. Dixon u. R. O. C. Norman: J. Chem. Soc. 1963, 3119.

an. Bei einer maximalen Durchflußgeschwindigkeit von 5 cm^3/sec konnten sie Radikale mit einer Lebensdauer von 0,02 sec nachweisen. Es gelang ihnen, z. B. die Oxydation von Alkoholen mit Schwermetallionen zu verfolgen und entstehende kurzlebige Radikale durch ihre ESR-Spektren nachzuweisen (s. S. 309).

II.i.3. Elektrolyse-Einrichtung

Schon früh wurde versucht, die bei der Polarographie geeigneter Verbindungen auftretenden paramagnetischen Reaktionsprodukte ESR-spektroskopisch zu vermessen[12]. Nach bestimmten Reduktionszeiten wurde zunächst die Polarographieküvette schnell auf die Temperatur des flüssigen Stickstoffs abgekühlt und mit der *erstarrten Lösung* in den Hohlraumresonator überführt. Man fand ESR-Signale, die auf die Bildung von Radikalen während der polarographischen Reaktion schließen lassen. Wegen der bei festen Stoffen auftretenden Anisotropie der ESR-Spektren (s. S. 201 ff.) konnten die Radikale jedoch nicht genauer untersucht werden.

Um entsprechende Radikale *in Lösung* vermessen zu können, muß die Elektrolyseeinrichtung in den Hohlraumresonator verlegt werden.

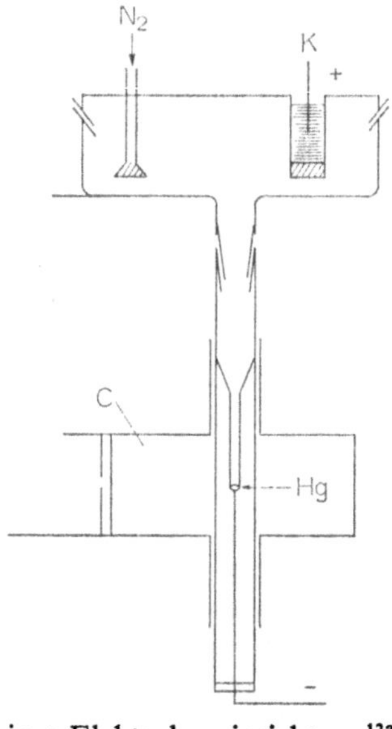

Abb. 15. Schema einer Elektrolyseeinrichtung[12a] zur Messung der Elektronenresonanz

[12] D. E. G. Austen, P. H. Given, D. J. E. Ingram u. M. E. Peover: Nature (London) **182**, 1784 (1958).

[12a] siehe Fußnote 14, S. 29.

Abb. 15 gibt die grundsätzliche Anordnung der von A. H. MAKI und D. H. GESKE[13,14] verwendeten Elektrolyseapparatur wieder. Die Kathode, ein Quecksilbertropfen Hg, befindet sich im Zentrum des Hohlraumresonators *C*. Er ist durch einen zentrisch angeordneten Draht mit der Spannungsquelle verbunden. Als Anode dient eine Kalomel-Elektrode K, so daß die Spannungsverhältnisse bei der Elektrolyse definiert sind.

Die Zelle wird mit der zu elektrolysierenden Lösung unter Zusatz von Leitsalzen (z. B. Tetrapropylammoniumperchlorat, Lithiumperchlorat, Kaliumchlorid) gefüllt und kann zum Ausschluß von Sauerstoff (s. S. 65, 69) mit N_2 gespült werden. Anwendung dieser Methode und ihre Vorteile gegenüber chemischen Reduktionen s. S. 375.

II.i.4. Bestrahlung der Proben

Die homolytische Spaltung organischer Verbindungen gelingt oft mit Strahlung ausreichender Energie. Da viele so entstehende Radikale nur eine sehr kurze Lebensdauer besitzen (für Äthylradikale in Lösung bei —170°C etwa 6,8 msec[15]), wurden meist *Kristalle* und in *Matrizen* und *Gläsern* eingefrorene Verbindungen außerhalb der ESR-Apparatur bestrahlt. Wegen ihrer beschränkten Beweglichkeit sind die Radikale in dieser diamagnetischen Umgebung i. A. so beständig, daß sie — eventuell bei tieferer Temperatur — bequem über längere Zeit ESR-spektroskopisch untersucht werden können.

Der Nachteil der Festkörperuntersuchungen, insbesondere bei pulverförmigen Proben, liegt wiederum in den durch die Anisotropieeffekte (s. S. 201 ff.) verbreiterten ESR-Linien.

Die Erzeugung von stabileren Radikalen durch UV-Bestrahlung ist auch im Hohlraumresonator möglich. Dabei wird das Licht mit Hilfe eines Linsensystems durch die geschlitzte Bodenplatte der cavity auf die Probe fokussiert[16].

Der Nachweis kurzlebiger Alkylradikale *in Lösung* gelang zuerst R. W. FESSENDEN und R. H. SCHULER[17]. Sie bestrahlten die verflüssigten Kohlenwasserstoffe im Hohlraumresonator mit Elektronen und erhielten gut aufgelöste und eindeutig zuzuordnende ESR-Spektren. Die von den Autoren beschriebene Anordnung[18] kann hier nur skizziert werden (Abb. 16).

---

[13] A. H. MAKI u. D. H. GESKE: J. Chem. Phys. **30**, 1356 (1959).
[14] D. H. GESKE u. A. H. MAKI: J. Amer. chem. Soc. **82**, 2671 (1960).
[15] R. W. FESSENDEN u. R. H. SCHULER: J. Chem. Phys. **39**, 2147 (1963).
[16] s. a. G. BENNET, R. C. SMITH u. T. M. WILMSHURST: Chem. Comm. **1967**, 513.
[17] R. W. FESSENDEN u. R. H. SCHULER: J. Chem. Phys. **33**, 935 (1960).
[18] siehe Fußnote 15.

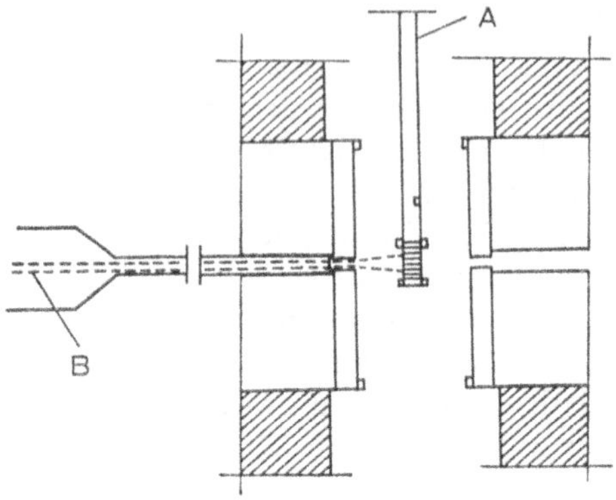

Abb. 16. Prinzip einer Anlage zum Elektronenbeschuß einer im Hohlraumresonator befindlichen Probe[18a]

Die von einem Van de Graaf-Generator gelieferten 2,8 MeV-Elektronen werden in einem Vakuumsystem durch den axial durchbohrten Polschuh des Magneten an den Hohlraumresonator herangeführt. Durch die Wahl der zu den magnetischen Kraftlinien parallelen Flugrichtung der Elektronen vermeidet man das Auftreten der Lorentzkraft, die sonst die Elektronen auf eine Kreisbahn mit einem Radius von ca. 4 cm zwingen würde. Die Elektronen treten durch das sehr dünne Messingfenster ins Freie und dringen durch die Wandung des Hohlraumresonators. Auch diese Wandung ist sehr dünn gehalten (0,4 g/cm^2), so daß die Elektronen mit ihrer Reichweite von 1,5 g/cm^2 auf den direkt in den Hohlraumresonator gefüllten Kohlenwasserstoff einwirken können. Der Hohlraumresonator ist vakuumdicht konstruiert und kann von außen gekühlt werden. Auf diese Weise läßt sich die Probe in die Anlage hineinkondensieren und auf das gewünschte Volumen bringen. Bei Äthan war ein Elektronenstrom von 0,1 μA (ca. 10^{12} Elektronen/sec) erforderlich, um eine stationäre Konzentration an Äthylradikalen von $7 \cdot 10^{-8}$ Mol/l zu erreichen.

III. Hyperfeinstruktur (HFS)

Nach den bisher entwickelten Vorstellungen wird bei der Elektronenresonanzuntersuchung einer paramagnetischen Probe eine Einzellinie erwartet. Das Zentrum dieser Linie sollte bei festgehaltener Mikrowellenfrequenz beim Magnetfeld $H_0 = h\nu/g\mu_B$ auftreten. Jedoch nur in Ausnahmefällen, z. B. bei Radikalproben konzentrierter Lösungen (s. S. 71), wird ein solches Verhalten beobachtet. I. allg. besitzt die beobachtete Resonanz eine Struktur, die sich aus mehr oder weniger gut voneinander aufgelösten Komponenten zusammensetzt.

Diese „Hyperfeinstruktur" — im Folgenden mit HFS abgekürzt — ist auf die *magnetische Wechselwirkung des ungepaarten Elektrons mit den magnetischen Momenten der Atomkerne* zurückzuführen.

[18a] siehe Fußnote 15, S. 29,

III.a. Kernmomente und Kern-Zeeman-Effekt

Ähnlich wie dem Elektron der Spin $S = 1/2$ und das magnetische Moment μ_B zuzuordnen ist, besitzen auch Atomkerne mit nicht abgeschlossenen oder halbgefüllten Protonen- oder Neutronenschalen* einen *Kernspin* $\vec{I}$ (in Einheiten von $\hbar$) und damit verbunden ein *magnetisches Moment* $\vec{\mu}_I$. Für den Betrag des Kernspins gilt wieder $|\vec{I}| = \sqrt{I(I+1)}$ (s. Gl. 2, S. 1), wobei I, der Kernspin schlechthin, bei den Kernen *ganz- oder halbzahlige Werte* annehmen kann. In einem äußeren Magnetfeld H_0 sind wieder nur *diskrete Spineinstellungen* (s. Kap. A.I.c., S. 4) erlaubt. Die kernmagnetischen Quantenzahlen laufen von

$$m_I = +I, I-1, I-2, \ldots, -I.$$

Damit sind insgesamt also $2 \cdot I + 1$ Orientierungen des Kernspins zum Magnetfeld H_0 möglich (s. Abb. 17).

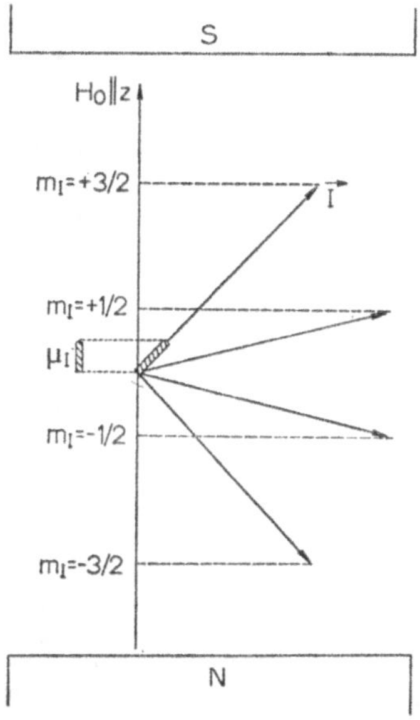

Abb. 17. Orientierungen des Kernspins $\vec{I}$ im Magnetfeld H_0 für $I = 3/2$

Mit den erlaubten Einstellungen des Kernspins gekoppelt, nimmt auch das magnetische Kernmoment im Magnetfeld diskrete Lagen ein. Die

* s. z.B. H. Kopfermann, Kernmomente, Akad. Verlagsgesellschaft mbH, Frankfurt/M. 1956.

Komponente parallel zum H_0-Feld erreicht ihre maximale Größe μ_I für $m_I = +I$. Dieser Wert μ_I wird in Tabellen als das magnetische Moment des Kerns angegeben.

Die Kernspins und die magnetischen Momente der für die Elektronenresonanz wichtigen Kerne sind in Tabelle 1 aufgeführt. Die magnetischen Momente sind in Einheiten des Kernmagnetons $\mu_K = \mu_B \cdot m_e/m_p = 5{,}0504 \cdot 10^{-24}$ erg/Gauß angegeben (m_e = Elektronenmasse, m_p = Masse des Protons). Außerdem ist die Häufigkeit, bei unmagnetischen Kernen die Summe ihrer Häufigkeiten im natürlichen Isotopengemisch der Elemente hinzugefügt.

Tabelle 1. *Momente und Häufigkeiten einiger Atomkerne*

Kern	I	μ_I/μ_K	%
n	1/2	−1,91298	—
^{1}H	1/2	+2,79270	99,986
^{2}H	1	+0,85738	0,014
^{6}Li	1	+0,82191	7,30
^{7}Li	3/2	+3,2560	92,70
^{10}B	3	+1,8006	18,83
^{11}B	3/2	+2,6880	81,17
^{12}C	0	0	98,892
^{13}C	1/2	+0,70216	1,108
^{14}N	1	+0,40357	99,635
^{15}N	1/2	−0,28304	0,365
^{16,18}O	0	0	99,9626
^{17}O	5/2	−1,8930	0,0374
^{19}F	1/2	+2,6273	100
^{23}Na	3/2	+2,2161	100
^{24,26}Mg	0	0	89,95
^{25}Mg	5/2	−0,85471	10,05
^{27}Al	5/2	+3,6385	100
^{28,30}Si	0	0	95,29
^{29}Si	1/2	−0,55476	4,71
^{31}P	1/2	+1,1305	100
^{32,34,36}S	0	0	99,250
^{33}S	3/2	+0,64274	0,750
^{35}Cl	3/2	+0,82089	75,40
^{37}Cl	3/2	+0,68329	24,60
^{39}K	3/2	+0,3909	93,08
^{40}K	4	−1,2964	0,0119
^{41}K	3/2	+0,21453	6,91
^{40,42,44,46,48}Ca	0	0	99,871
^{43}Ca	7/2	−1,3153	0,129
^{50}V	6	+3,3413	0,24
^{51}V	7/2	+5,1392	99,76
^{50,52,54}Cr	0	0	90,45
^{53}Cr	3/2	−0,4735	9,55
^{55}Mn	5/2	+3,4610	100

Tabelle 1 (Fortsetzung)

Kern	I	μ_I/μ_K	%
$^{54,56,58}Fe$	0	0	97,79
^{57}Fe	1/2	0,090	2,21
^{59}Co	7/2	+4,639	100
$^{58,60,62,64}Ni$	0	0	98,75
^{61}Ni	3/2	(0,30)	1,25
^{63}Cu	3/2	+2,2206	68,94
^{65}Cu	3/2	+2,3790	31,06
$^{64,66,68,70}Zn$	0	0	95,93
^{67}Zn	5/2	+0,87353	4,07
$^{70,72,74,76}Ge$	0	0	92,24
^{73}Ge	9/2	−0,8768	7,76
^{75}As	3/2	+1,4349	100
$^{74,76,78,80,82}Se$	0	0	92,42
^{77}Se	1/2	+0,5333	7,58
^{79}Br	3/2	+2,0990	50,53
^{81}Br	3/2	+2,2626	49,47
^{85}Rb	5/2	+1,3483	72,20
^{87}Rb	3/2	+2,7415	27,80
^{107}Ag	1/2	−0,1130	51,92
^{109}Ag	1/2	−0,1299	48,08
$^{112,114,116,118,120,122,124}Sn$	0	0	83,71
^{115}Sn	1/2	−0,9132	0,33
^{117}Sn	1/2	−0,9949	7,51
^{119}Sn	1/2	−1,0409	8,45
^{121}Sb	5/2	+3,3417	57,25
^{123}Sb	7/2	+2,5334	42,75
$^{120,122,124,126,128,130}Te$	0	0	92,17
^{123}Te	1/2	−0,7319	0,85
^{125}Te	1/2	−0,8824	6,98
^{127}J	5/2	+2,7939	100
^{133}Cs	7/2	+2,5642	100
^{197}Au	3/2	+0,136	100
$^{196,198,200,202,204}Hg$	0	0	69,78
^{199}Hg	1/2	+0,4993	17,04
^{201}Hg	3/2	−0,607	13,18
$^{204,206,208}Pb$	0	0	77,4
^{207}Pb	1/2	+0,5837	22,6

Die *Energie eines magnetischen Kerns* im Magnetfeld H_0 (der Kern-Zeeman-Effekt) berechnet sich analog zu den in A. I. c. aufgezeigten Verfahren:

$$E_{I,H_0} = -|\vec{\mu}_I|\, H_0 \cos\vartheta \tag{27}$$

Mit $|\vec{\mu}_I| = g_I \cdot \mu_K |\vec{I}|$ (s. Gl. 4, S. 2) gilt dann für positives magnetisches Kernmoment ($\vec{I}$ und $\vec{\mu}_I$ weisen in dieselbe Richtung)

$$E_{I,H_0} = -g_I \cdot \mu_K \cdot H_0 \cdot m_I \tag{28}$$

eine Gleichung entsprechend Gl. 8, S. 5. Da der Kern-g-Faktor g_I von der gleichen Größenordnung wie der entsprechende Elektronenfaktor g ist, bewirkt das gegenüber dem Elektron etwa 2000mal kleinere magnetische Kernmoment eine entsprechende kleinere Aufspaltung der Energieterme durch das Magnetfeld. Die der Elektronenresonanz analogen *Kernresonanzübergänge* liegen bei Magnetfeldern von ca. 3300 Gauß im MHz-Bereich.

III.b. Magnetische Wechselwirkung zwischen Elektronen- und Kernmoment

III.b.1. Qualitative Betrachtungsweise

Befindet sich das freie Elektron „in genügender Nähe" eines magnetischen Atomkerns — i. allg. kommen dafür die Atomkerne, die zum gleichen Molekül gehören, in Betracht —, so erzeugt das magnetische Kernmoment am Ort des ungepaarten Elektrons ein g_I proportionales *magnetisches Zusatzfeld, das sich dem äußeren Magnetfeld H_0 überlagert.* Dieses Zusatzfeld hängt in Größe und Richtung von der Einstellung des Kernmoments zum H_0-Feld ab.

Bei der Wechselwirkung des ungepaarten Elektrons mit einem Proton ($I = 1/2$, $m_I = +1/2$ oder $m_I = -1/2$) wirkt die Protonspinstellung $m_I = +1/2$ so, daß das H_0-Feld scheinbar um einen Betrag $a/4$ *vergrößert* wird, die m_s-Terme rücken etwas auseinander. Bei $m_I = -1/2$ wird das H_0-Feld um denselben Betrag *verkleinert,* die m_s-Aufspaltung entsprechend verringert. Das Elektron „sieht" also je nach der Orientierung „seines" Protons zwei verschiedene Felder und *die bisher einfachen m_s-Terme* der Abb. 18, b *werden je in zwei HFS-Niveaus aufgespalten* (Abb. 18, c), entsprechend den beiden verschiedenen Spinstellungen des Protons.

Diese übersichtlichen symmetrischen Verhältnisse sind nur in einem starken äußeren H_0-Feld gegeben (Paschen-Back-Gebiet), wobei „stark" bedeutet, daß die Aufspaltung in die beiden Elektronenniveaus groß gegen die zusätzliche HFS-Aufspaltung durch die Kerne ist. Diese beträgt bei der ESR an organischen Molekülen etwa 10 Gauß, so daß ein Magnetfeld von ca. 3000 Gauß für den Paschen-Back-Effekt ausreichend ist* (s. jedoch HFS-Effekte 2. Ordnung S. 53).

Der *Abstand der HFS-Terme* innerhalb eines m_S-Niveaus, $a/2$, ist ein Maß für die *Stärke der Wechselwirkung* zwischen Elektron und Kern, und ist als *a-Faktor* eine der wesentlichsten Größen bei der Bestimmung von Elektronenverteilungen im Molekül.

* Bzgl. Untersuchungen bei kleineren Feldern (Zeeman-Gebiet) oder Nullfeld s. z.B. J. V. Acrivos: J. Chem. Phys. **47**, 5389 (1967); M. Birkle u. G. Schoffa Z. Naturforsch. **23a**, 918 (1968); J. Chem. Phys. **49**, 3191 (1968).

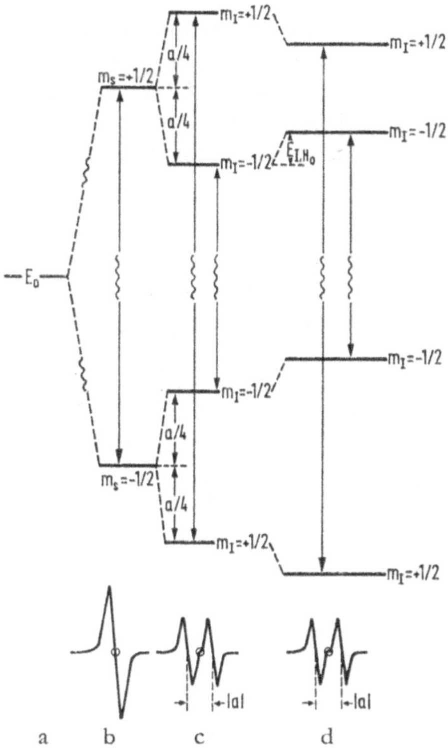

Abb. 18 a-d. Termschema eines Radikalelektrons (a) ohne Magnetfeld, (b) im Magnetfeld H_0, (c) Aufspaltung durch Wechselwirkung des Elektrons mit einem Wasserstoffkern ($a \approx 24$ Gauß), (d) Termschema bei $H_0 \approx 3300$ Gauß unter Berücksichtigung von $E_{I,H_0} \approx 2{,}5$ Gauß (s. Text). Unten die resultierenden ESR-Spektren, ○ markiert das Zentrum des Spektrums bei $H_0 = h\nu/g\mu_B$

III.b.2. Quantitative Beschreibung der Hyperfeinstruktur

Im Folgenden wird der quantitative Zusammenhang der HFS-Aufspaltung der m_s-Terme mit der magnetischen Wechselwirkung zwischen Elektron und Kern beschrieben.

Diese Wechselwirkungsenergie $\Delta E_{S,I}$ stellt sich als *Summe zweier Anteile* dar[1,2].

$$\Delta E_{S,I} = \Delta E^a_{S,I} + \Delta E^i_{S,I} \tag{29}$$

Einmal ist die klassische Wechselwirkung zwischen den magnetischen Dipolen zu berücksichtigen. So beschreibt der erste Term $\Delta E^a_{S,I}$ die Zusatzenergie, die ein magnetischer Dipol im Felde des anderen Dipols erfährt und die zu der *anisotropen* HFS führt.

[1] A. Abragam, and M. H. L. Pryce: Proc. Roy. Soc. A **205**, 135 (1951).

[2] s.a. S. M. Blinder: J. Mol Spec. **5**, 17 (1960) und die dort zitierte Literatur.

Der zweite Anteil $\Delta E^{i}_{S,I}$ ergibt sich durch die relativistische Behandlung des Problems[3]. Er tritt dann auf, wenn die Verteilung des freien Elektrons am Ort des Kerns nicht verschwindet. Diese Kontaktwechselwirkung gibt Anlaß zu einer *isotropen* Hyperfeinstruktur.

Beide Anteile sollen jetzt genauer diskutiert werden.

III.b.2.α. Anisotrope HFS

Die Energie der klassischen Wechselwirkung zwischen zwei magnetischen Dipolen $\vec{\mu}_e$ und $\vec{\mu}_I$ ist durch die Gleichung

$$\Delta E^{a}_{S,I} = \frac{(\vec{\mu}_e \vec{\mu}_I) - 3\,(\vec{\mu}_e \mathfrak{r})\,(\vec{\mu}_I \mathfrak{r})/r^2}{r^3} \tag{30}$$

gegeben.

Werden die auftretenden Skalarprodukte nach Abb. 19 durch die

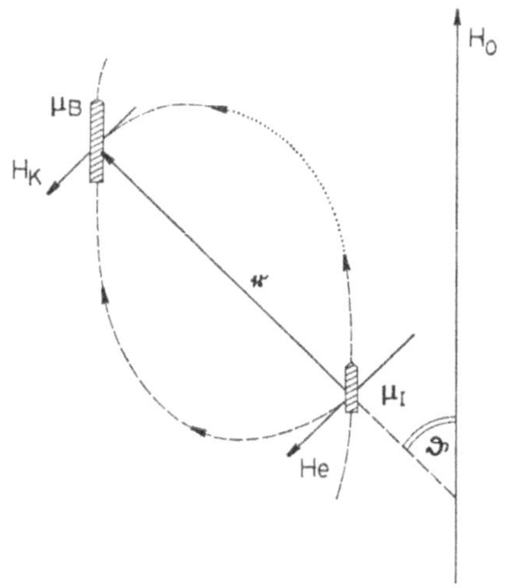

Abb. 19. Magnetische Dipolfelder des Elektrons und Kerns für eine durch $\mathfrak{r}$ und ϑ bestimmte räumliche Anordnung der Teilchen

Winkelfunktion $\cos\vartheta$ ausgedrückt, so ergibt sich die anschaulichere Gleichung

$$\Delta E^{a}_{I,S} = \underbrace{-g\cdot\mu_B\cdot m_s \left(\frac{1-3\cos^2\vartheta}{r^3}\right)}_{\text{Elektronenfeld am Kernort } H_e} \overbrace{}^{} g_I\,\mu_K\,m_I \tag{31}$$

Elektronenfeld am Kernort H_e — Kernfeld am Elektron H_K

[3] E. Fermi: Z. Physik **60**, 320 (1930).

Aus dieser Gleichung sind die magnetischen Zusatzfelder, die die magnetischen Dipole am Ort des anderen Dipols erzeugen, abzulesen. Das Produkt mit dem jeweiligen magnetischen Moment ergibt dann die Zusatzenergie für einen m_s-Term, der nach Maßgabe der magnetischen Kernquantenzahlen m_I aufgespalten wird.

Hierbei ist vorausgesetzt, daß die *Richtung des äußeren H_0-Feldes Quantelungsrichtung für Kern- und Elektronenspin* bleibt. Die durch die Dipolfelder verursachte Änderung der Quantelungsrichtung (die Spins stellen sich im aus H_0- und Dipolfeld resultierenden Magnetfeld ein) ist hier vernachlässigt und wird erst im Kap. C berücksichtigt. Damit gilt Gl. 31, S. 36 exakt für *Punktdipole.*

Während der Kernmagnet als lokalisierter Dipol aufgefaßt werden kann, ist das magnetische Moment des freien Elektrons nach Maßgabe seiner Eigenfunktion Ψ (s-, p-, d-Elektron oder Molekül-Orbital) über einen gewissen Bereich der Verteilung der Elektronenwolke *verschmiert.* Jeder Ort, durch die Winkelkoordinaten ϑ, ψ und den Abstand r zum Kern als Zentrum definiert, erhält bei der Berechnung der Wechselwirkungsenergie das Gewicht, das der Aufenthaltwahrscheinlichkeit $\Psi^2(r, \vartheta, \psi)$ des freien Elektrons entspricht. Die Gesamtenergie wird dann durch Integration über den ganzen Raum erhalten und damit *die klassische Wechselwirkungsenergie über die Eigenfunktion des freien Elektrons gemittelt* (Gl. 32).

$$\Delta E^a_{S,I} = g \cdot \mu_B \cdot g_I \cdot \mu_K \int \Psi^* \frac{3\cos^2\vartheta - 1}{r^3} \Psi \, d\tau \cdot m_s \cdot m_I \qquad (32)$$

Mit diesem Ausdruck ist die Formulierung für die magnetische Wechselwirkungsenergie zwischen Elektron und einem magnetischen Kern gewonnen. Durch die Winkelabhängigkeit wird diese Beziehung anisotrop. Die Aufspaltung der m_s-Terme und damit des ESR-Signals (s. S. 41) wird deshalb als „anisotrope HFS“ bezeichnet.

Der im Experiment für einen festen Wert von ϑ gefundene *anisotrope Kopplungsparameter A (ϑ)* beträgt bei Beachtung der Auswahlregeln (Gl. 38, S. 41) in Einheiten des magnetischen Feldes

$$A(\vartheta) = g_I \mu_K \int \Psi^* \frac{3\cos^2\vartheta - 1}{r^3} \Psi \, d\tau \qquad (33)$$

Tritt eine Wechselwirkung mit mehreren magnetischen Kernen j ein, so sind die Anteile entsprechend nachfolgender Gleichung zu summieren:

$$\sum_j \Delta E^a_{S,I_j} = g \cdot \mu_B \cdot \mu_K \cdot m_s \sum_j g_{I_j} m_{I_j} \int \Psi^* \frac{3\cos^2\vartheta_j - 1}{r_j^3} \Psi \, d\tau \qquad (34)$$

Zur praktischen Auswertung dieses Gleichungstyps, der die Grundlage für die Untersuchungen an Einkristallen bildet, sei auf Kap. C verwiesen.

Bei Untersuchungen von gelösten Radikalen bewirkt die Brownsche Molekularbewegung der Radikale eine *Mittelung* der Wechselwirkung über die verschiedenen geometrischen Lagen des Radikals in bezug auf das H_0-Feld[4]. Diese Mittelung ist dann vollständig, wenn sie in einer Zeit geschieht, die klein gegen die der Wechselwirkungsenergie entsprechenden Zeit ist (s. S. 89ff.).

Die Mittelung soll hier kurz angegeben werden. Die Brownsche Bewegung kann durch eine Translation und eine Rotation der Radikale beschrieben werden. Da die Translation die Wechselwirkung nicht beeinflußt, braucht nur die Rotation behandelt zu werden.

Da bei einer Rotationsbewegung der Abstand r zwischen Kern und Elektron nicht verändert wird, reicht es aus, für einen gegebenen Punkt $d\tau$ der Verteilung der freien Elektrons von dem Ausdruck $(3 \cos^2\vartheta - 1)$ den Mittelwert zu bilden. Wird der Kern als ruhend angenommen, so kann $d\tau$ die Oberfläche der Kugel mit dem Radius r überstreichen (vgl. Abb. 20).

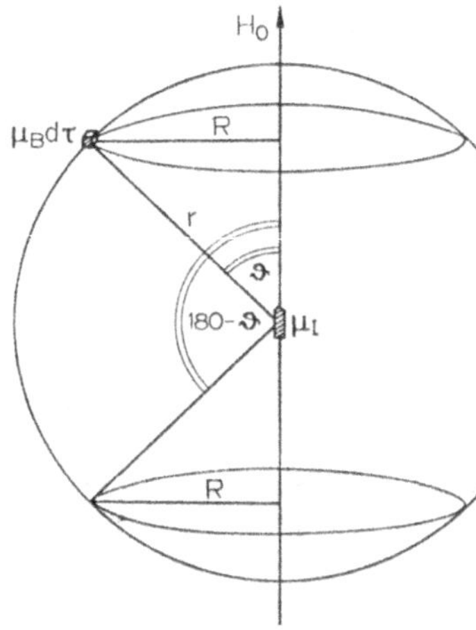

Abb. 20. Zur Mittelung der anisotropen Dipolfelder (s. Text)

Die Punkte mit gleichem ϑ können wegen ihrer gleichen Wechselwirkungsenergie bezüglich ihrer Intensität zusammengefaßt werden. Ebenfalls besitzt die Orientierung für $180° - \vartheta$ wegen des quadratischen cos-Terms dieselbe Energie. Die Anzahl s dieser äquivalenten Punkte ist proportional dem Umfang des Kreises mit dem Radius $R = r \sin \vartheta$. Damit ist jetzt nur die Mittelung des Ausdrucks $(1 - 3 \cos^2 \vartheta) \sin \vartheta$ für $0 \leqslant \vartheta \leqslant \pi/2$ durchzuführen.

[4] S. I. Weissman: J. Chem. Phys. **22**, 1378 (1954).

Das entsprechende Integral

$$\int_0^{\pi/2} (1 - 3\cos^2\vartheta)\sin\vartheta\, d\vartheta$$

ist jedoch gleich Null. Das bedeutet, daß bei hinreichend hoher thermischer Rotationsfrequenz der Moleküle — das ist bei Zimmertemperatur in Lösungsmitteln mit der Viskosität des Benzols, Äthanols etc. i. allg. immer der Fall — der Beitrag der anisotropen HFS verschwindet. *Die bei Radikalen in Lösung auftretende Aufspaltung des ESR-Signals ist damit ausschließlich auf eine isotrope HFS* (s. u.) *zurückzuführen.*

Wird, etwa durch Temperaturerniedrigung, die Molekularbewegung herabgesetzt, so ist die Mittelung schlechter, die anisotrope HFS beginnt sich in einer *Linienverbreiterung* bemerkbar zu machen. Das ist dann der Fall, wenn die Rotationsfrequenz auf die Größenordnung der HFS-Aufspaltung von ca. 10 MHz herabsinkt. Auf diese Verbreiterung wird bei den transversalen Relaxationserscheinungen (s. S. 65) hingewiesen.

Erst wenn die Molekularbewegung nahezu ausgeschaltet ist — bei Festkörpern und „eingefrorenen" Radikalen —, kann die anisotrope Wechselwirkung zur Ausbildung von anisotroper HFS führen.

III.b.2.β. Isotrope Hyperfeinstruktur

Neben der klassisch-anschaulichen magnetischen Dipol-Dipol-Energie liefert die relativistische Behandlung[5] für den zweiten Anteil der magnetischen Wechselwirkungsenergie (Gl 29, S. 35) den Ausdruck

$$\Delta E^i_{S,I} = \frac{8\pi}{3} g\cdot\mu_B\cdot g_I\,\mu_K \int \Psi^*\,\delta(r)\,\Psi\, d\tau\cdot m_s\cdot m_I \tag{35}$$

$\delta(r)$ ist die 3-dimensionale normierte Delta-Funktion, mit dem Koordinatenanfangspunkt am Ort des wechselwirkenden Kerns. Die Integration über den Raum liefert also gerade die Aufenthaltswahrscheinlichkeit $|\Psi^2(K)|$ des freien Elektrons am Ort des Kerns K. Der HFS-Kopplungsparameter ergibt sich dann in Einheiten des Magnetfeldes zu

$$a = \frac{8\pi}{3} g_I\cdot\mu_K\,|\Psi^2(K)| \tag{36}$$

Bei gegebener Elektronenverteilung Ψ ist damit die Kopplung proportional zum g_I-Faktor, oder mit Gl. 4, S. 2 proportional zu $\gamma_I = \mu_I/I\cdot\hbar$ des wechselwirkenden Kerns.

---

[5] Siehe Fußnote 3, S. 36.

Bei Berücksichtigung mehrerer magnetischer Kerne K_j ist wieder die Summe zu bilden

$$\sum_j \Delta E^i_{S,I_j} = \frac{8\pi}{3} g \cdot \mu_B \, \mu_K \cdot m_s \sum_j g_{I_j} m_{I_j} |\Psi^2(K_j)| \tag{37}$$

Da diese Wechselwirkung unabhängig von der Orientierung des Radikals zum H_0-Feld ist, führt sie zu einer „*isotropen HFS*". Ebenfalls sind die Bezeichnungen „*Kontakt-*" und „*Fermi-Wechselwirkung*" gebräuchlich.

Die isotrope Wechselwirkung zwischen dem freien Elektron und den Kernen nach der Beziehung (Gl. 37) tritt bei der Untersuchung fester Stoffe zusätzlich zur anisotropen HFS auf. Beim Studium von gelösten Radikalen ist sie in den meisten Fällen die einzige Quelle für die Aufspaltung der ESR-Signale.

Das Zusammenwirken der beiden Kopplungsmechanismen wird in dem Termschema der Abb. 21 für die Wechselwirkung des Elektrons mit einem Wasserstoffkern dargestellt.

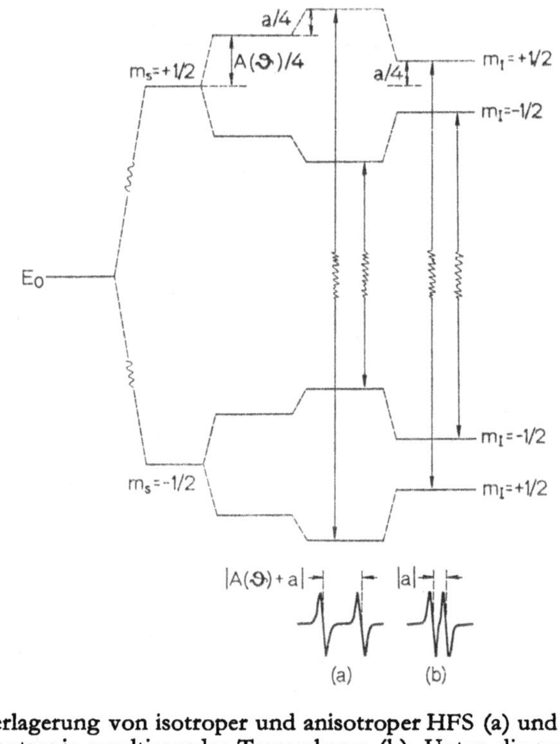

Abb. 21. Überlagerung von isotroper und anisotroper HFS (a) und durch Mittelung der Anisotropie resultierendes Termschema (b). Unten die zu erwartenden ESR-Spektren

Für einen ganz bestimmten Winkel ϑ resultiert dabei eine Aufspaltung der m_s-Terme in zwei Niveaus mit $m_I = \pm 1/2$, wobei der Energieabstand durch die Beziehung für die anisotrope HFS (Gl. 32, S. 37) gegeben ist. Das Auftreten einer isotropen HFS verursacht jetzt eine winkelunabhängige Termverschiebung, die den Abstand der Energieterme m_I entsprechend dem relativen Vorzeichen beider HFS-Anteile vergrößert oder verkleinert. Eine Vermessung ausgerichteter Moleküle (gleiches ϑ) würde also Spektrum (a) ergeben, während der Mittelungsprozeß in einer Lösung zum Termschema und Spektrum (b) führt, in dem lediglich der isotrope Anteil der Wechselwirkung auftritt.

III.c. Elektronenresonanzübergänge

Beim einfachsten Beispiel, der magnetischen Wechselwirkung des Elektrons mit einem Proton, befindet sich jedes Molekül der zu untersuchenden Probe in einem der vier möglichen Energieniveaus der Abb. 18, c, S. 35. Bei der großen Zahl der bei einem Experiment untersuchten Moleküle sind alle Terme, wenn man von dem relativ kleinen Boltzmann-Faktor (Gl. 21, S. 10) absieht, gleichmäßig besetzt. Damit sind Elektronenresonanzübergänge von jedem Niveau aus zu erwarten. Die *Auswahlregel für magnetische Dipolübergänge* erlaubt jedoch mit den in A. II angegebenen experimentellen Methoden nur Übergänge, bei denen sich der Gesamtdrehimpuls des Moleküls um eine Einheit ändert: $\Delta m_s = 0$ und $\Delta m_I = \pm 1$ oder der für die ESR zutreffende Fall

$$\Delta m_s = \pm 1, \qquad \Delta m_I = 0 \tag{38}$$

Diese Auswahlregel erlaubt zwischen den m_s-Termen nur solche Übergänge, bei denen die *Richtung des Kerndrehimpulses erhalten bleibt.* Diese erlaubten Übergänge (im Beispiel der Abb. 18, S. 35 deren zwei) sind bei fester Mikrowellenfrequenz symmetrisch zur Magnetfeldstärke $H_0 = h\nu/g \cdot \mu_B$ angeordnet. *Der g-Faktor des Radikals bestimmt* also auch weiterhin *die Lage des Zentrums des ESR-Spektrums im Magnetfeld. Der Abstand der beiden Resonanzlinien ist die Größe a, der Kopplungsparameter zwischen Elektron und Proton.*

Diese Betrachtungsweise gilt entsprechend beim Vorliegen einer zusätzlichen anisotropen HFS, der experimentell ermittelte Abstand der beiden ESR-Komponenten entspricht hier der Kopplung $A(\vartheta) + a$.

Das tatsächlich vorliegende Termschema wird noch durch die bislang vernachlässigte Wechselwirkungsenergie des Kerns mit dem H_0-Feld, E_{I,H_0} (Gl. 28, S. 33), modifiziert. Im Falle eines Wasserstoffkerns beträgt diese Energie bei einem ESR-Feld von 3300 Gauß in Einheiten des Magnetfeldes ca. 2,5 Gauß. Um diesen Betrag verschieben sich jetzt die Terme der

Abb. 18, c, S. 35, so daß die Energieniveaus schließlich die in Abb. 18, d, S. 35 skizzierte Lage einnehmen. Da sich jedoch die Terme mit gleichem m_I im oberen und unteren Elektronenniveau im gleichen Sinne verschieben, wird an den Übergangsenergien der ESR nichts geändert. Insbesondere ist der Kopplungsparameter a als Linienabstand in der beschriebenen Weise dem ESR-Spektrum zu entnehmen. Dieser Sachverhalt gilt auch für kompliziertere Spektren, so daß im Folgenden nur die vereinfachten Termschemata (entspr. Abb. 18, c, S. 35) angegeben werden.

Bei der quantenmechanischen Beschreibung der isotropen Wechselwirkung des Elektrons mit einem magnetischen Kern muß der Hamilton-Operator (Gl. 15, S. 9) entsprechend erweitert werden.

$$\boldsymbol{H} = \boldsymbol{H}_{S,H_0} + \boldsymbol{H}_{S,I} + \boldsymbol{H}_{I,H_0} \tag{39}$$

Bei Vernachlässigung der Kernenergie im H_0-Feld (*s. o.*) gilt bei einer Kopplung $g \cdot \mu_B \cdot a$ zwischen Elektron und Kern

$$\boldsymbol{H} = g\mu_B(\vec{S}H_0) + g\mu_B a(\vec{S}\vec{I}) \tag{40}$$

Für genügend starke Magnetfelder H_0 ($H_0 \gg a$) ist die Larmor-Präzession des Elektronenspins so schnell, daß seine magnetischen Querkomponenten in *x*- und *y*-Richtung bezüglich der Kernwechselwirkung herausgemittelt werden (s. jedoch A. III. f. S. 53). Damit genügt es in 1. Näherung, wiederum nur die *z*-Komponente des Elektronenspins S_z zu betrachten, so daß sich der Hamilton-Operator zu

$$\boldsymbol{H} = g\mu_B H_0 \boldsymbol{S}_z + g\mu_B a \boldsymbol{S}_z \boldsymbol{I}_z \tag{41}$$

vereinfacht. Die Eigenwerte lauten damit

$$E = g \cdot \mu_B \cdot H_0 \cdot m_s + g \cdot \mu_B \cdot a \cdot m_s \cdot m_I \tag{42}$$

Wenn H_0 das Zentrum der Resonanz bezeichnet, treten bei Beachtung der Auswahlregeln (Gl. 38, S. 41) Übergänge bei den Magnetfeldern

$$H = H_0 - a\,m_I \tag{43}$$

auf. Die Anzahl der Linien wird durch die Vielfalt der Orientierungsmöglichkeiten m_I des Kerns bestimmt. Der Linienabstand ist durch die Kopplung a gegeben.

Bei mehreren Kernen geht Gl. 41 in

$$\boldsymbol{H} = g\mu_B H_0 \boldsymbol{S}_z + g\mu_B \boldsymbol{S}_z \sum_j a_j \boldsymbol{I}_{z_j} \tag{44}$$

und Gl. 43 entsprechend in

$$H = H_0 - \sum_j a_j m_{I_j} \tag{45}$$

über.

Das Termschema der Abb. 18, S. 35, zeigt, daß durch Vermessung des Linienabstandes der ESR-Komponenten lediglich *der Betrag der Kopplung* $|a|$ gewonnen werden kann. Ein Vorzeichenwechsel der Kopplung würde sich zwar durch eine Vertauschung der magnetischen Kernquantenzahlen ($m_I \longleftrightarrow -m_I$) im Termschema bemerkbar machen, ist jedoch ohne Einfluß auf die Lage und damit den Abstand der beobachteten ESR-Übergänge. Alle in diesem Buch angegebenen Kopplungsparameter sind in diesem Sinne zu verstehen. Die angeführten Daten geben, wenn sie nicht ausdrücklich mit Vorzeichen versehen sind, die Beträge der Kopplungen wieder. Methoden zur Vorzeichenbestimmung der Kopplungsparameter werden auf den S. 81, 215 u. 266 diskutiert.

III.d. HFS äquivalenter Kerne

I. allg. wird eine Wechselwirkung des freien Elektrons mit mehreren magnetischen Atomkernen auftreten, und die ESR-Spektren werden sehr linienreich. Das ist z. B. bei mesomeren Systemen der Fall. Da der ^{12}C-Kern unmagnetisch ist, kommen für die HFS-Aufspaltung insbesondere Wasserstoffkerne in Frage.

Zuerst wird die HFS hinsichtlich Zahl und Intensität der ESR-Komponenten bei Wechselwirkung mit *äquivalenten Wasserstoffkernen* beschrieben. Die Äquivalenz ergibt sich aus eventuell vorliegenden *Symmetrieverhältnissen* des Moleküls, wie sie bei den Verbindungen a, b und c angedeutet sind.

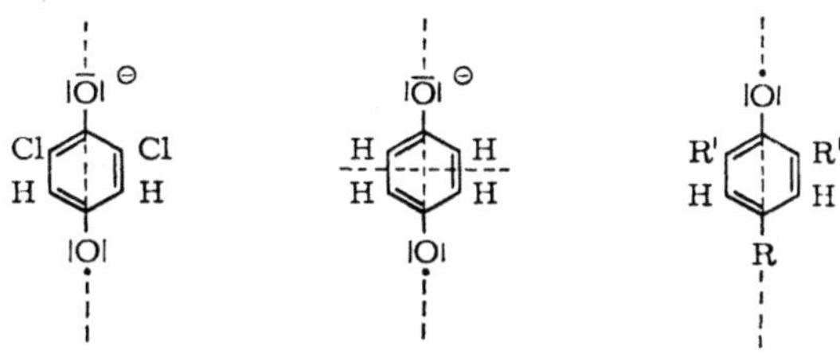

(a) (b) (c)

Da die π-Elektronen im Molekül auf Grund der Mesomerievorstellungen als nahezu frei beweglich anzusehen sind, ist bei den Symmetriebetrachtungen lediglich die Anordnung der Atomkerne zu berücksichtigen. Die Symmetrieebene, die bei (a) senkrecht auf dem Ring steht und die Sauerstoffatome des Semichinons verbindet, zeigt, daß die beiden H-Atome gleichwertig sind. Bei (b) existiert noch eine zusätzliche waagrechte Symmetrieebene, so daß hier alle vier Wasserstoffatome äquivalent sind. Ebenfalls ergibt sich bei (c) die Gleichwertigkeit der zum Sauerstoff meta-ständigen Protonen unter der Voraussetzung, daß der para-Rest R die Symmetrie nicht stört. Dazu ist lediglich eine genügend schnelle Rotation des Restes R um seine Bindung mit dem aromatischen Ring notwendig (s. S. 89ff.).

Wenn in diesen Fällen überhaupt eine Wechselwirkung zwischen Elektron und Wasserstoffkernen stattfindet, so sind in den Beispielen (a) und (c) zwei gleichwertige Protonen, bei (b) sogar vier äquivalente Protonen an der HFS beteiligt. Bei der magnetischen Wechselwirkung bedeutet diese Äquivalenz, daß jedes Proton eine gleichgroße Aufspaltung der m_s-Terme verursacht. Da, wie in Abb. 18, c, S. 35 gezeigt, die Aufspaltungen in den beiden m_s-Niveaus symmetrisch sind, genügt es, die resultierenden HFS-Niveaus für einen m_s-Term, etwa für $m_s = +1/2$, aufzuzeigen.

Abb. 22, a gibt die Verhältnisse ohne HFS wieder, Teil b zeigt den schon diskutierten Fall der Wechselwirkung mit einem Proton. Bei zwei

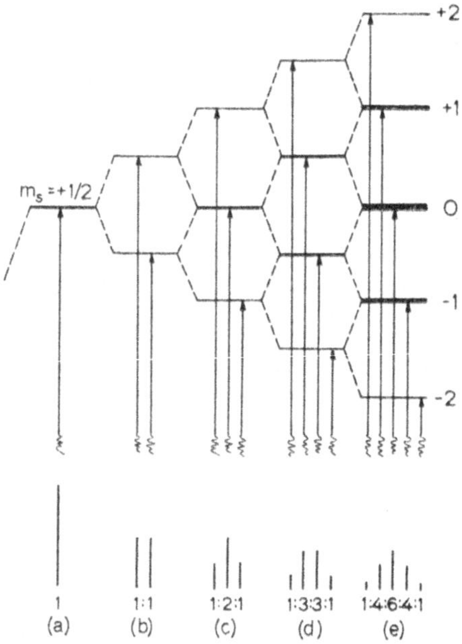

Abb. 22. HFS-Aufspaltung des $m_s = +1/2$-Terms durch 1, 2, 3 und 4 äquivalente Protonen. (Die magnetischen Kernquantenzahlen beziehen sich auf den Gesamtspin von vier gleichwertigen Protonen, $I_{ges} = 2$)

äquivalenten Protonen werden beide Terme, die durch das erste Proton entstanden sind, durch das zweite Proton nochmals in gleicher Weise aufgespalten. Dadurch fallen die mittleren Niveaus zusammen. Dieses ist jetzt doppelt besetzt, der zugehörige Übergang hat die doppelte Intensität der anderen Terme. Die drei Komponenten des Spektrums verhalten sich in ihren Intensitäten wie 1 : 2 : 1. Analog entstehen die Termschemata bei Wechselwirkung mit drei und vier äquivalenten Protonen. Die Intensitäten der ESR-Übergänge verhalten sich wie 1 : 3 : 3 : 1 bzw. 1 : 4 : 6 : 4 : 1.

Die auf Grund dieser Übergänge zu erwartenden 3-Linienspektren für die Radikale (a) und (c) (s. S. 437) und das aus 5 Komponenten bestehende Signal des p-Benzosemichinon (b) (s. S. 124) konnten experimentell bestätigt werden.

Da sich mit dem Auftreten einer HFS die Gesamtintensität der Elektronenresonanz auf mehrere Komponenten verteilt, ist die absolute Intensität der Einzelkomponenten natürlich kleiner als in dem Falle, bei dem die Gesamtintensität in einer Linie vereinigt ist.

Außer der symmetriebedingten Äquivalenz von Atomkernen, die vorausgesagt werden kann, ist eine *zufällige* mehr oder weniger genaue *Übereinstimmung* der Kopplungsparameter (genauer ihrer Beträge, s. S. 42) mehrerer magnetischer Kerne möglich. Ein Beispiel dafür ist das 4-Phenyl-2,6-di-tert.-butyl-phenoxyl[6]. Das Proton in 4-Stellung des Phenylsubstituenten zeigt im ESR-Spektrum den gleichen Kopplungsparameter von

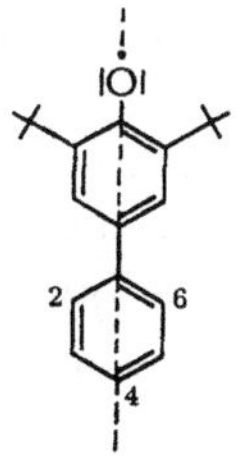

1,68 Gauß wie die symmetrieäquivalenten Wasserstoffkerne in 2- und 6-Stellung. Darüber hinaus weisen im ESR-Signal auch die beiden äquivalenten meta-Protonen des Aroxylrings die gleiche HFS von 1,68 Gauß auf. In diesem Fall sind im Molekül in bezug auf den Wechselwirkungsbetrag mit dem freien Elektron 5 gleiche Protonen vorhanden. Die relativen Intensitätsverhältnisse und die Zahl der zu erwartenden Komponenten lassen sich auch in solchen Fällen in der beschriebenen Weise ermitteln.

Die theoretischen Intensitäten für äquivalente Protonen, allgemein für Kerne mit dem Kernspin $I = 1/2$, folgen den Binomialkoeffizienten $\binom{n}{k}$; n bedeutet dabei die Anzahl der Kerne, k läuft von $0, 1, 2 \ldots$ bis n. Der Ausdruck $\binom{n}{k}$ gibt dann die relative Intensität der $(k+1)$-Komponente an.

$n = 0$								1							
$n = 1$							1		1						
$n = 2$						1		2		1					
$n = 3$					1		3		3		1				
$n = 4$				1		4		6		4		1			
$n = 5$			1		5		10		10		5		1		
$n = 6$		1		6		15		20		15		6		1	
$n = 7$	1		7		21		35		35		21		7		1

[6] A. Rieker u. K. Scheffler: Liebigs Ann. Chem. **689**, 78 (1965).

Die Intensitätsverhältnisse bis $n = 7$ sind in Form des Pascalschen Dreiecks vorstehend zusammengefaßt.

Für $n = 10$ beträgt das Intensitätsverhältnis der schwächsten zur stärksten Komponente 1 : 252. Hier sind die außen liegenden Komponenten schon so schwach, daß sie nur unter besonderen Bedingungen nachweisbar sind.

Abweichungen von den geforderten relativen Intensitäten können durch *spezielle Relaxationsverhältnisse* (s. S. 81) bedingt sein oder auch durch *ungenügende Übereinstimmung der Kopplungen* zufällig „äquivalenter" Kerne hervorgerufen werden. Die betroffenen Komponenten zeigen dann eine entsprechend *größere Linienbreite.*

Für die Ermittlung der Anzahl sich ergebender HFS-Komponenten bei Wechselwirkung des Elektrons mit n äquivalenten Kernen K mit dem Kernspin I_K kann eine einfache Beziehung hergeleitet werden. Da sich die Kerne im Magnetfeld H_0 und in ihrer Wechselwirkung mit dem Elektron wegen ihrer vorausgesetzten Äquivalenz völlig gleichartig verhalten, kann, anstatt wie in Abb. 22 von den Einzelkernen auszugehen, auch der *Gesamtspin* der gleichwertigen Kerne betrachtet werden. Dieser ergibt sich zu $I_{\text{gesamt}} = n \cdot I_K$, die daraus folgende Anzahl der Spineinstellungen zum Magnetfeld ist also $(2 \cdot n \cdot I_K + 1)$. Für z.B. vier äquivalente Protonen ($n = 4, I_K = 1/2$) ergibt sich der Gesamtspin zu $I_{\text{gesamt}} = 2$, die Zahl der Orientierungs-

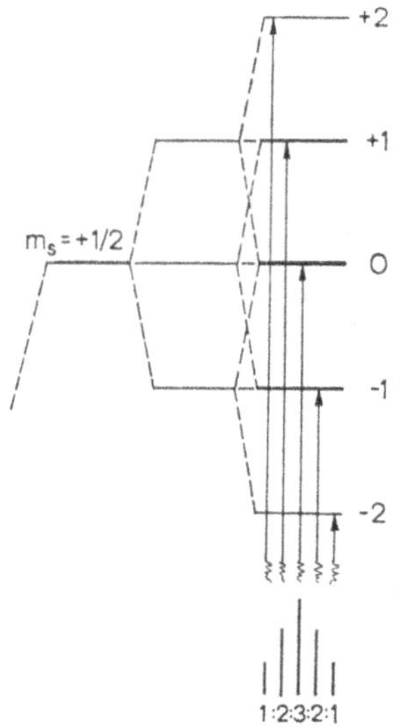

Abb. 23. Termschema für $m_s = +1/2$ und Kopplung mit zwei gleichwertigen Kernen $I = 1$. Magnetische Kernquantenzahlen sind für Gesamtspin $I_{\text{gesamt}} = 2$ angegeben

möglichkeiten und damit die Anzahl der im Experiment zu beobachtenden Komponenten zu $(2 \cdot 2 + 1) = 5$. Bei zwei gleichwertigen Stickstoffkernen, wie sie näherungsweise im Diphenylpikrylhydrazyl (DPPH) vorliegen, folgt mit $n = 2$, $I_K = 1$, daß 5 HFS-Komponenten beobachtbar sind. Beim DPPH wurde auf Grund der in einer etwa 10^{-3} molaren benzolischen Lösung experimentell beobachteten fünf Komponenten (innerhalb der Meßgenauigkeit) auf die Äquivalenz der beiden Stickstoffkerne geschlossen. Die Intensitätsverhältnisse der Komponenten beim DPPH waren 1 : 2 : 3 : 2 : 1. Ihr Zustandekommen ist aus dem in Abb. 23 skizzierten Termschema zu entnehmen.

Die sich bei äquivalenten Kernen ergebenden Typen des ESR-Spektrums wurden mit *Dublett*, *Triplett*, *Quartett* und so fort bezeichnet. Die Kopplungsparameter werden einmal mit dem Symbol der Kerns, zum anderen mit der Zahl der äquivalenten Kerne indiziert, so daß für den angeführten Fall des DPPH's die Stickstoffkopplung durch $a_N^{(2)}$ zu kennzeichnen wäre.

III.e. HFS nicht-äquivalenter Kerne

Die Aufspaltung, die durch verschiedene Kernsorten oder durch nicht-äquivalente Kerne des gleichen Elements verursacht wird, ist ebenfalls leicht verständlich. Im Termschema sind lediglich die jetzt verschiedenen Kopplungsparameter zu berücksichtigen.

In der Praxis muß man aus dem erhaltenen Spektrum an Hand der Anzahl der gefundenen Komponenten und ihrer Intensitätsverhältnisse auf das Termschema und damit auf die Kopplungsfaktoren schließen. Das ist oft nur möglich, wenn die Komponenten voneinander getrennt, das Spektrum also gut aufgelöst ist.

Einige Beispiele sollen Auffinden und Zuordnen der Kopplungsparameter erläutern.

Das ESR-Spektrum eines phosphorhaltigen Phenoxyl-Radikals besteht (Abb. 24) aus zwei Tripletts mit den relativen Intensitäten von 1 : 2 : 1 : 1 : 2 : 1[7,8].

Die größere Aufspaltung in die beiden gleichstarken Hauptgruppen ist einem Kern mit $I = 1/2$ zuzuschreiben; da alle Wasserstoffkerne im Molekül mindestens doppelt vorkommen, ist diese Aufspaltung dem Phosphorkern mit dem Kernspin $I = 1/2$ und dem magnetischen Moment $\mu_P = 1{,}1306\ \mu_K$ zuzuordnen. Der Kopplungsparameter, der Abstand der Triplettzentren, beträgt $a_P = 20{,}0$ Gauß.

[7] K. Scheffler u. H. B. Stegmann: Ber. Bunsenges. Physik. Chem. **67**, 864 (1963).

[8] H. B. Stegmann, K. Scheffler u. E. Müller: Liebigs Ann. Chem. **677**, 59 (1964).

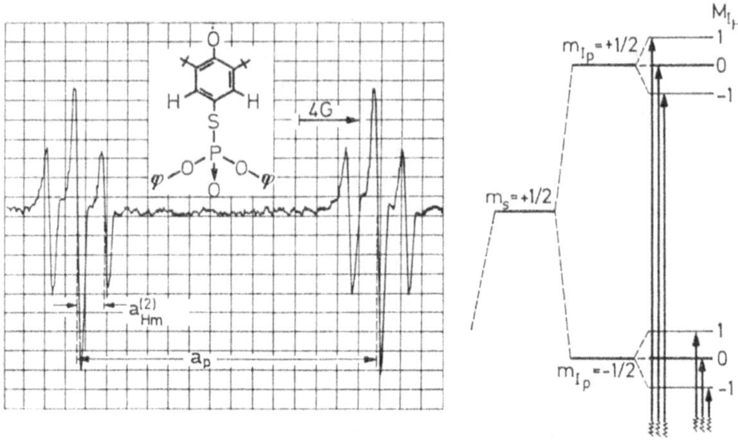

Abb. 24. ESR-Spektrum und Termschema des Phosphorsäurediphenyl-S-[1-oxyl-2,6-di-tert.-butyl-phenyl-(4)]-esters[8a]

Jedes der Phosphor-HFS-Niveaus ist jetzt nochmals in drei Terme aufgespalten. Auf Grund der Intensitäten der Triplettlinien von 1 : 2 : 1 sind dafür zwei äquivalente Kerne mit dem Kernspin von $I = 1/2$ verantwortlich. Dafür kommen im Molekül nur die beiden meta-Protonen in Frage[9]. Der Kopplungsparameter beträgt $a_{Hm}^{(2)} = 1{,}8$ Gauß. Aus diesen Überlegungen ergibt sich dann das in Abb. 24 (s. o.) wiedergegebene Termschema.

Bei der Untersuchung des Coppinger-Radikals werden neun Linien mit den relativen Intensitäten von 1 : 4 : 6 : 4 : 2 : 4 : 6 : 4 : 1 (Abb. 25, s. u.)

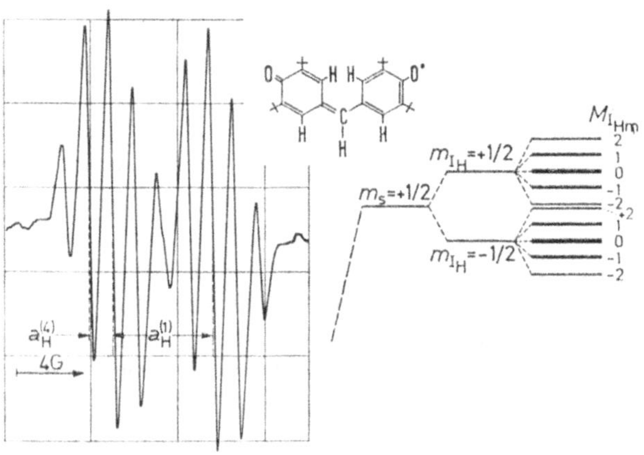

Abb. 25. ESR-Spektrum und Termschema des Coppinger-Radikals

[8a] siehe Fußnote 7, S. 47.
[9] siehe Fußnote 7, S. 47.

gefunden[10–13]. Es ist zu erkennen, daß es sich um zwei Quintetts handelt, bei denen die beiden inneren Komponenten zufällig innerhalb der Linienbreite von 0,4 Gauß aufeinanderfallen, die entstehende Linie also die relative Intensität 2 aufweist. Die größere Aufspaltung in die beiden Quintetts mit dem Kopplungsparameter von 5,7 Gauß ist dem Einzelwasserstoffkern am Methylenkohlenstoff zuzuschreiben, während das Quintett von den 4 äquivalenten Protonen in den Metastellungen der beiden Ringe mit dem Kopplungsparameter $a_{Hm}^{(4)} = 1{,}3$ Gauß hervorgerufen wird.

Bei den Beispielen ist aus dem Vergleich der HFS-Niveaus z. B. im $m_s = +1/2$-Zustand mit der Anordnung der resultierenden ESR-Komponenten ersichtlich, daß sich beide sowohl in bezug auf relative Lage als auch Intensität bzw. Entartung völlig entsprechen. Daraus resultiert die Möglichkeit, das „*Strichspektrum*" eines Radikals ohne den Umweg über das vollständige Termschema zu konstruieren.

Zahllos sind die Fälle, bei denen eine Zuordnung der Kopplungsparameter nicht so einfach möglich ist. Ein noch übersichtliches Beispiel ist das 4-Amino-2,6-di-tert.-butyl-phenoxyl, dessen ESR-Spektrum (Abb. 26, a) in äthanolischer Lösung im wesentlichen aus 19 Komponenten besteht[14].

Die Interpretation des Spektrums gelingt mit drei Kopplungsparametern $a_N = 4{,}25$ G, $a_H^{(2)} = 3{,}85$ G und $a_H^{(2)} = 0{,}61$ G, wobei die Protonenkopplungen jeweils zwei äquivalenten Wasserstoffkernen zuzuordnen sind. Es ist durch das ESR-Spektrum der Abb. 26, a, S. 50 aber keine Unterscheidung zwischen den beiden gleichwertigen Protonen der meta-Stellung des Aroxylrings und den beiden ebenfalls äquivalenten Aminoprotonen möglich. Eine eindeutige Zuordnung gelingt, wenn man ein Protonenpaar durch Deuterium ersetzt. Bei gleicher Elektronenverteilung im Molekül bewirkt dann das kleinere magnetische Moment des Deuteriumkerns eine Verkleinerung des entsprechenden Kopplungsparameters um den Faktor $I_D \cdot \mu_H / I_H \cdot \mu_D = 6{,}514$ (s. Gl. 36, S. 39). Wird das Radikal in einer Lösung von CH_3CH_2OD untersucht, so werden die Aminoprotonen gegen Deuterium ausgetauscht und man erhält das ESR-Spektrum der Abb. 26, b, S. 50. Es lassen sich nun drei Gruppen im Intensitätsverhältnis 1 : 1 : 1 mit dem Kopplungsparameter des N-Kerns von $a_N = 4{,}25$ G erkennen. Jede Gruppe besteht aus einem Septett, dessen Komponenten einen Abstand von 0,61 G aufweisen. Am Zustandekommen des Septetts sind einmal die meta-Protonen, $a_H^{(2)} = 0{,}61$ G, zum anderen die beiden Aminodeuteronen, $a_{ND_2}^{(2)} = a_{NH_2}^{(2)}/6{,}514 = 0{,}59$ G, beteiligt. Die innerhalb

[10] J. J. Windle, and W. H. Thurston: J. Chem. Phys. **27**, 1429 (1957).
[11] K. Ley, E. Müller u. K. Scheffler: Angew. Chem. **70**, 74 (1958).
[12] E. Müller, K. Ley, K. Scheffler u. R. Mayer: Chem. Ber. **91**, 2682 (1958).
[13] J. Pannel: Chem. and Ind. **41**, 1797 (1962).
[14] K. Scheffler u. H. B. Stegmann: Z. Phys. Chem. (Neue Folge) **44**, 353 (1965).

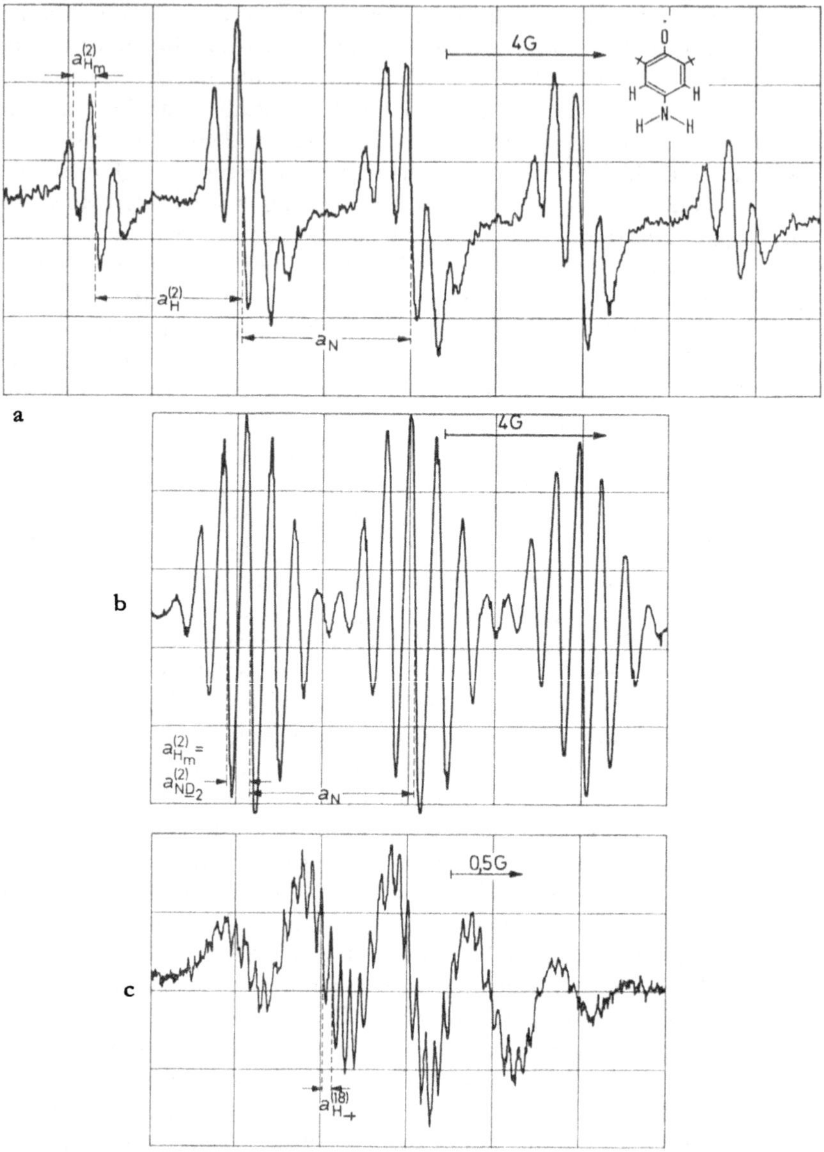

Abb. 26a–c. ESR-Spektrum des 4-Amino-2,6-di-tert.-butyl-phenoxyls (a) in CH_3CH_2OH, (b) in CH_3CH_2OD, (c) mittlere Gruppe bei erhöhter Auflösung

der Linienbreite gleichen Kopplungsparameter lassen mit einem Gesamtspin $I = 2I_D + 2I_H = 3$ rechnen, der zu den beobachteten $2I + 1 = 7$ Komponenten im Intensitätsverhältnis 1 : 4 : 8 : 10 : 8 : 4 : 1 führt.

Bei höherer Auflösung des Spektrums gelingt es, die schon in Abb. 26, a, S. 50 angedeutete Struktur der einzelnen ESR-Komponenten noch weiter in eine Vielzahl von Linien aufzuspalten. Die mittlere Gruppe des so gewonnenen Signals ist in Abb. 26, c, S. 50 wiedergegeben. Die hieraus zu entnehmende zusätzliche Kopplung von 60 mG ist den 18 gleichwertigen Protonen der beiden tert.-Butylgruppen zuzuordnen. Hier sind die Intensitätsverhältnisse der geforderten 19 Komponenten so ungünstig (s. S. 46), daß nur die mittleren, intensivsten Linien registriert werden.

Zur Zuordnung des ESR-Spektrums dieser Substanz wäre es, experimentell allerdings wesentlich schwieriger, auch möglich gewesen, die metaständigen Protonen durch Deuterium zu ersetzen. Die dann resultierende Deuterium-HFS von $0{,}61/6{,}514 \approx 0{,}1$ G wäre kaum mehr aufzulösen gewesen. In diesen Fällen, wo die Kopplung der Protonen von vornherein schon klein ist, bedeutet also der *Ersatz eines Protons durch Deuterium* praktisch den *Austausch mit einem unmagnetischen Kern, der das ESR-Spektrum dann überzeugend vereinfacht.*

Insbesondere auf Grund der ESR-Spektren von definiert deuterierten Verbindungen konnte auch ein so kompliziertes Spektrum, wie das des Triphenyl-phenoxyls (Abb. 27. s. u.), gedeutet und die Kopplungsparameter eindeutig zugeordnet werden[15].

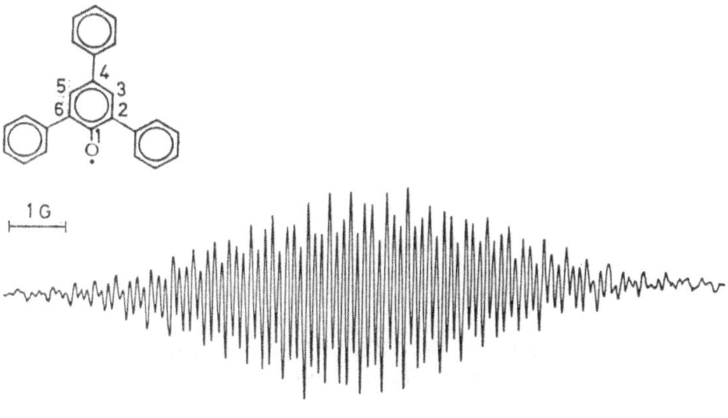

Abb. 27. ESR-Spektrum des 2,4,6-Triphenylphenoxyls in Benzol bei 50°C[15]

Ähnlich lassen sich auch HFS anderer Elemente aufklären. Eine ^{14}N—HFS kann z. B. durch definierten Einbau von ^{15}N eindeutig zugeordnet werden[16].

Die Substitution von Elementen durch ihre selteneren Isotope ist insbesondere dann von Wichtigkeit, wenn eine Aussage über die Beziehung

[15] K. Dimroth, A. Berndt, F. Bär, R. Volland u. A. Schweig: Angew. Chem. **79**, 69 (1967).

[16] M. M. Chen, K. V. Sane, R. I. Walter, and J. A. Weil: J. Phys. Chem. **65**, 713 (1961).

eines unmagnetischen Kerns zum freien Elektron gewonnen werden soll. Der Einbau eines kernmagnetischen Isotops führt u. U. zu einer zusätzlichen HFS des ESR-Spektrums. In zahllosen Experimenten wurden durch Ersatz des unmagnetischen ^{12}C durch das kernmagnetische ^{13}C-Atom die Kopplungen mit dem wichtigsten Element der organischen Chemie, dem Kohlenstoff bestimmt. In einigen Fällen wurden auch ^{17}O [17–26] und ^{33}S [27] benutzt. Da bei diesen Beispielen lediglich mit einem an dem betreffenden

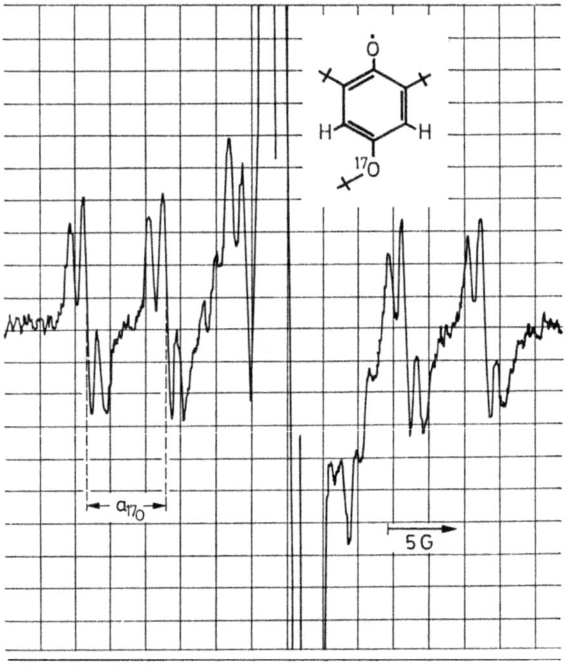

Abb. 28. ^{17}O-HFS im ESR-Spektrum des 2,6-Di-tert.-butyl-4-butoxy-phenoxyls [24]

[17] J. C. Baird: J. Chem. Phys. **37**, 1879 (1962).
[18] E. Müller, H. Eggensperger, A. Rieker, K. Scheffler, H.-D. Spanagel, H. B. Stegmann, and B. Teissier: Tetrahedron **21**, 227 (1965).
[19] K. Dimroth, F. Bär u. A. Berndt: Angew. Chem. **77**, 217 (1965).
[20] A. Rieker, and K. Scheffler: Tetrahedron Letters **19**, 1337 (1965).
[21] W. M. Gulick jr., and D. H. Geske: J. Amer. chem. Soc. **87**, 4049 (1965).
[22] B. L. Silver, Z. Luz, and C. Eden: J. Chem. Phys. **44**, 4258 (1966).
[23] W. M. Gulick jr., and D. H. Geske: J. Amer. chem. Soc. **88**, 4119 (1966).
[24] A. Rieker: Z. Naturforsch. **21b**, 647 (1966).
[25] M. Broze, Z. Luz, and B. L. Silver: J. Chem. Phys. **46**, 4891 (1967).
[26] W. M. Gulick, jr., W. E. Geiger jr., and D. H. Geske: J. Amer. chem. Soc. **90**, 4218 (1968).
[27] W. Rundel u. K. Scheffler: Angew. Chem. **77**, 220 (1965).

Isotop angereicherten Material gearbeitet werden konnte, resultiert als ESR-Spektrum die Überlagerung der Signale der unmarkierten und der markierten Verbindungen.

So zeigt Abb. 28, S. 52, das ESR-Signal des 2,6-Di-tert.-butyl-4-butoxy-phenoxyls, dessen Äthersauerstoff zu ca. 11% mit ^{17}O angereichert ist [24]. Von den zu erwartenden 6 Komponenten des ^{17}O ($I_{^{17}O} = 5/2$) sind die jeweils außen liegenden beiden Gruppen deutlich erkennbar, während sich die inneren beiden Linien gerade noch von dem sehr starken zentralen Signal der unmarkierten Verbindung (89%) abheben.

Unter günstigen Bedingungen können auch die ESR-Signale der im natürlichen Isotopengemisch vertretenen magnetischen Kerne ^{13}C (Häufigkeit 1%), ^{15}N [28,29] (Häufigkeit 0,37%), ^{33}S [28,30] (Häufigkeit 0.75%) und sogar ^{17}O [29] mit seiner geringen Häufigkeit von nur 0,037% beobachtet werden.

III.f. Kopplung 2. Ordnung

Bei der Diskussion der Termaufspaltung und HFS der ESR-Spektren durch die magnetische Elektron-Kern-Wechselwirkung wurde ein im Vergleich zu den Kopplungsparametern sehr hohes H_0-Feld vorausgesetzt. In diesem Feld sind die Kerne vom Elektron völlig entkoppelt (Paschen-Back-Effekt), gleichbedeutend mit der Herausmittelung der x- und y-Komponenten des Elektronenspins bzw. seines magnetischen Moments. Quantenmechanisch bedeutet diese Annahme die Vernachlässigung von $\boldsymbol{S}_x$ und $\boldsymbol{S}_y$ im Energieoperator (s. a. Gl. 41, S. 42).

Beim Auftreten von großen Kopplungsparametern wird diese Näherung schlechter, und experimentell konnten in einigen Fällen sowohl Verschiebungen als auch weitere Aufspaltungen der ESR-Linien beobachtet werden. Beide Effekte lassen sich quantenmechanisch durch *Benutzung des vollständigen Hamilton-Operators* (Gl. 40, S. 42), also unter Beibehaltung von $\boldsymbol{S}_x$ und $\boldsymbol{S}_y$ beschreiben. Zur Berechnung sei auf die Literatur verwiesen [31,32]. Hier sollen die Effekte an Hand des Termschemas der Abb. 29 lediglich qualitativ skizziert werden.

III.f.1. Verschiebung 2. Ordnung

Abb. 29 zeigt das Termschema eines freien Elektrons mit Kernwechselwirkung in Abhängigkeit vom äußeren Magnetfeld. Liegt etwa eine Kopplung mit einem Stickstoffkern, $I = 1$, vor, so resultieren ohne Magnetfeld

[28] J. J. Windle, and A. K. Wiersema: J. Chem. Phys. **39**, 1139 (1963).
[29] R. J. Faber, F. W. Markley, and J. A. Weil: J. Chem. Phys. **46**, 1652 (1967).
[30] P. D. Sullivan: J. Amer. chem. Soc. **90**, 3618 (1968).
[31] G. K. Fraenkel: J. Chem. Phys. **42**, 4275 (1965).
[32] R. W. Fessenden: J. Chem. Phys. **37**, 747 (1962).

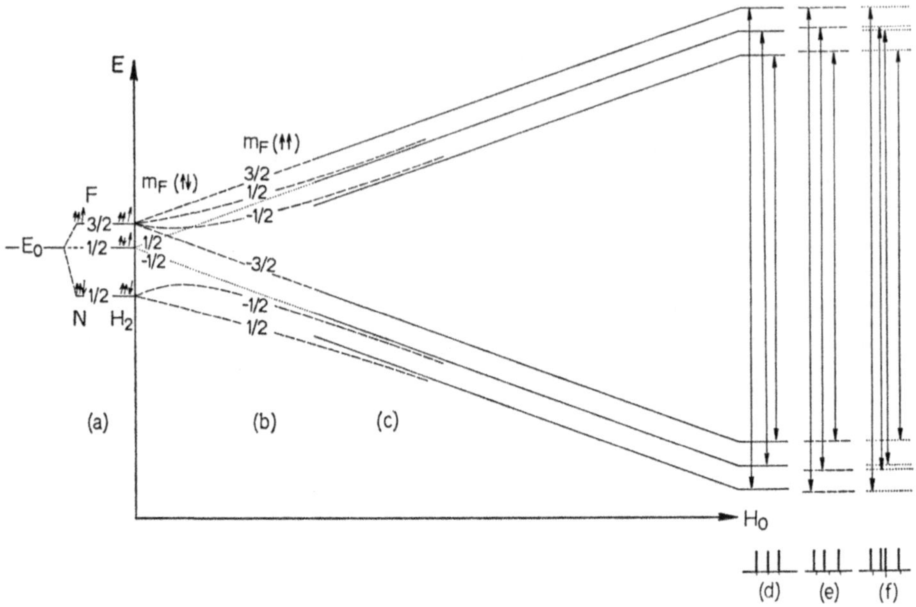

Abb. 29. Schematische Termlage in Abhängigkeit vom Magnetfeld. (a) N, Energieverschiebung bei Kopplung des Elektrons mit einem Kern $I = 1$ (↑↑), H_2, mit zwei gleichwertigen Kernen $I = 1/2$ (↑↑ und ↑↓). Aufspaltung der Terme bei (b) kleinen und (c) mittleren Magnetfeldern. (d) HFS-Terme und ESR-Spektrum für einen Kern $I = 1$ im Paschen-Back-Gebiet. (e) Verschiebung der Terme und ESR-Übergänge durch Effekte 2. Ordnung. (f) Verschiebung und Aufspaltung der HFS-Niveaus und ESR-Übergänge beim Vorliegen von zwei äquivalenten $I = 1/2$-Kernen

zwei gegenüber E_0 verschobene Energieniveaus mit den Drehimpulsquantenzahlen $F = I + S = 3/2$ und $F = I - S = 1/2$* (Abb. 29, a). Nur diese beiden Terme seien im Folgenden betrachtet. Beim Anlegen eines Magnetfeldes spalten die einzelnen Niveaus entsprechend ihrer magnetischen Quantenzahlen m_F* (Abb. 29, b) auf und schmiegen sich (gestrichelte Linien) bei steigendem Magnetfeld dem nach dem Paschen-Back-Effekt zu erwartenden Energieverlauf (ausgezogene Linien) an (Abb. 29, c).

Daraus ist ersichtlich, daß die symmetrischen Energieniveaus (Abb. 29, d), die der völligen Entkopplung von Elektron und Kern entsprechen, erst bei unendlich hohem Feld erreicht werden. Bei den gebräuchlichen H_0-Feldern wird bei den HFS-Termen noch die in Abb. 29, e schematisierte Verschiebung vorliegen, so daß auch im ESR-Spektrum die drei auftretenden Komponenten gegenüber der Paschen-Back-Theorie (Gl. 43,

* s. z.B. H. Kopfermann, Kernmomente, Akad. Verlagsgesellschaft mbH, Frankfurt/M. 1956.

45, S. 42) geringfügig *zu kleineren Feldern verschoben* sind. Die Verschiebung liegt in der Größenordnung a^2/H_0 und beträgt damit z. B. für eine Kopplung von $a = 10$ G etwa 30 mG. Die Lage der ESR-Linie ist von der magnetischen Kernquantenzahl m_I abhängig und wird in dieser 2. Näherung durch die Beziehung[33]

$$H = H_0 - a\,m_I - \frac{a^2}{2\,H_0}\,(I^2 + I - m_I^2) \tag{46}$$

beschrieben*. Bei Kopplung mit mehreren nicht-äquivalenten Kernen ist analog Gl. 45, S. 42 zu summieren.

Die Verschiebung 2. Ordnung kann bei der Auswertung der ESR-Spektren wichtig werden, da die Linienabstände und das Zentrum der Resonanz nur noch näherungsweise die Kopplungsparameter und g-Faktor wiedergeben.

Gl. 46 zeigt jedoch, daß der Abstand der beiden äußeren zu einer HFS des Kerns gehörenden Komponenten ($m_I = \pm I$) exakt durch 2 a I bestimmt wird. Damit wird durch Vermessung dieses Abstands eine einfache Auswertung der HFS möglich.

Da mit den Verschiebungen 2. Ordnung auch das symmetrische Bild des ESR-Spektrums gestört wird, ist das Zentrum der Resonanz, und damit der *g-Faktor nicht unmittelbar dem Spektrum zu entnehmen.* Wird jedoch der Punkt des Spektrums, der in der Mitte zwischen den beiden äußeren HFS-Komponenten liegt, als scheinbares Zentrum definiert, so kann sein Abstand ΔH zum wahren Zentrum durch

$$\Delta H = \frac{a^2}{2\,H_0}\,I \tag{47}$$

angegeben werden. Der im scheinbaren Zentrum vermessene (s. S. 120ff.) durch die Störung vergrößerte g-Faktor kann somit *korrigiert* werden. Beispielsweise beträgt bei Resonanzfeldern von $H_0 = 3300$ G und einer Kopplung von $a = 10$ G mit $I = 1$ die g-Faktor-Korrektur $\Delta g \approx -0{,}00001$.

Ein Beispiel für die diskutierte Verschiebung ist das ESR-Spektrum des [4-Oxyl-3,5-di-tert.-butyl-phenyl-(4)]-tri-phenylstannan[34] (vgl. Abb. 123, S. 358). Neben dem „Hauptspektrum" treten durch die im natürlichen Isotopengemisch vorhandenen magnetischen ^{117}Sn- (7,51%) und ^{119}Sn- (8,45%) Kerne (jeweils $I = 1/2$) verursachten „Isotopen-Spektren" auf. Aus ihnen wird eine Kopplung von $a_{^{117}Sn} = 58{,}13$ G und $a_{^{119}Sn} = 61{,}00$ G erkennbar. Wegen der relativ großen Kopplungsparameter ist hier eine leicht meßbare Verschiebung der Komponenten

* Der in Gl. 46 auftretende Zusatzterm ist die Entwicklung eines Wurzelausdrucks, gibt selbst also nur bis auf Glieder 3. Ordnung die Verschiebung wieder.

33 s. z.B. R. N. Rogers, and G. E. Pake: J. Chem. Phys. 33, 1107 (1960).

34 H. B. Stegmann, and K. Scheffler, Tetrahedron Letters 46, 3387 (1964).

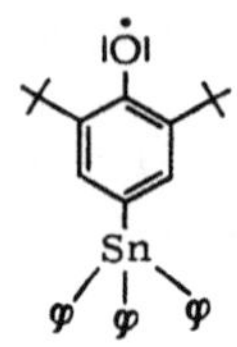

von $\Delta H = a^2/4H_0$, also $\Delta H_{^{117}Sn} = 0{,}252$ G und $\Delta H_{^{119}Sn} = 0{,}278$ G zu erwarten. Die in bezug auf das unverschobene Hauptsignal mit Protonenresonanz vermessenen Werte[35] ergaben in guter Übereinstimmung $\Delta H_{^{117}Sn} = 0{,}254$ G und $\Delta H_{^{119}Sn} = 0{,}279$ G.

Die Verringerung der Verschiebung 2. Ordnung und damit der Unsymmetrie des ESR-Spektrums mit der Höhe der verwendeten Resonanzfelder zeigt auch Abb. 37, S. 86. Bei genauer Betrachtung der Linienabstände dieses N-Tripletts ist die Verschiebung für $H_0 = 120$ G deutlich sichtbar, während der Effekt bei 3400 G dem Spektrum gerade noch zu entnehmen ist, um schließlich für $H_0 = 12500$ G praktisch verschwunden zu sein.

Auf die bei dynamischen Effekten auftretende Verschiebung[36] der ESR-Linien wird in Kap. A.V., S. 89 eingegangen.

III.f.2. HFS-Aufspaltung 2. Ordnung

Sind in dem untersuchten Radikalmolekül mehrere äquivalente Kerne, i. allg. Protonen, vorhanden, so kann die Verschiebung 2. Ordnung eine Aufspaltung der entarteten HFS-Niveaus bewirken. Anschaulich wird dieser Effekt mit dem Termschema der Abb. 29. Werden z. B. zwei äquivalente Protonen betrachtet, so können sie im Molekül mit parallelem Kernspin ↑↑ (Triplett) vorliegen und bei Abwesenheit eines äußeren Magnetfeldes mit dem Elektron analog dem ^{14}N-Kern zum Gesamtdrehimpuls $F = 3/2$ oder $F = 1/2$ koppeln. Daneben ist mit gleicher Wahrscheinlichkeit auch die antiparallele Spinstellung der Kerne ↑↓ (Singulett) möglich. Dieses unmagnetische System bildet mit dem freien Elektron einen gegenüber E_0 unverschobenen Term, der ebenfalls mit $F = 1/2$ zu charakterisieren ist. Bei der weiteren Aufspaltung im Magnetfeld zeigt dieser Term keine Abweichung vom Paschen-Back-Verlauf, eben weil wegen des Protonen-Singulett-Systems keine Wechselwirkung mit dem Elektron vorliegt. Die anderen Niveaus werden in der S. 54 aufgezeigten Weise verschoben, so daß schließlich das in Abb. 29, f, S. 54 wiedergegebene Termschema resultiert. Da ESR-Übergänge nur bei Erhalt des Protonen-

[35] Unveröffentlichte Beobachtungen der Autoren.
[36] siehe Fußnote 31, S. 53.

Spinsystems erlaubt sind, spaltet jetzt die bisher entartete mittlere Komponente des 1 : 2 : 1-Triplettspektrums in zwei Komponenten gleicher Intensität auf.

Die Aufspaltungen und Verschiebungen wurden für äquivalente Protonen von R. W. FESSENDEN[37] berechnet und sind in Tab. 2 zusammengestellt.

Als Beispiel der Aufspaltung soll das von R. W. FESSENDEN untersuchte ESR-Spektrum des Äthylradikals[37] (Abb. 30) dienen. Die Kopp-

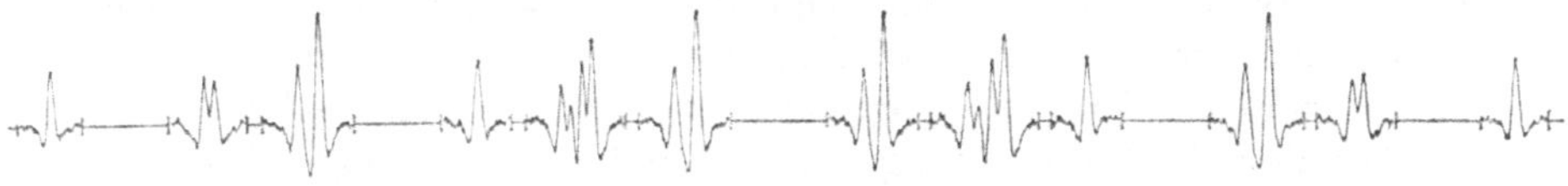

Abb. 30. ESR-Spektrum des Äthylradikals in flüssigem Äthan bei −170°C (zweite Ableitung). Die Abstände der einzelnen Liniengruppen sind verkürzt wiedergegeben[37]

Tabelle 2. *HFS-Aufspaltung 2. Ordnung für Radikale mit n äquivalenten Protonen. Die in 1. Näherung entarteten Linien sind nach der magnetischen Quantenzahl des Gesamtspins M zusammengefaßt. Unter den M-Werten sind die Verschiebungen gegenüber der Position in 1. Näherung in Einheiten von* $\frac{a^2}{4H_0}$ *angeführt. Die Tabellenwerte geben die relativen Intensitäten der ESR-Komponenten wieder. Die Linien zeigen für M′ = −M dasselbe Bild, sind also ebenfalls nach kleinerem Magnetfeld verschoben*[38]

	$M = 4$	$M = 3$		$M = 2$			$M = 1$				$M = 0$				
n	8	22	6	32	16	4	38	22	10	2	40	24	12	4	0
0															1
2										1				1	1
4						1			1	3			1	3	2
6			1		1	5		1	5	9		1	5	9	5
8	1	1	7	1	7	20	1	7	20	28	1	7	20	28	14

	$M = 9/2$	$M = 7/2$		$M = 5/2$			$M = 3/2$				$M = 1/2$				
n	9	25	7	37	19	5	45	27	13	3	49	31	17	7	1
1															1
3										1				1	2
5						1			1	4			1	4	5
7			1		1	6		1	6	14		1	6	14	14
9	1	1	8	1	8	27	1	8	27	48	1	8	27	48	42

[37] siehe Fußnote 32, S. 53.
[38] siehe Fußnote 32, S. 53.

lung des freien Elektrons mit den α- und β-Protonen beträgt 22,38 beziehungweise 26,87 G, so daß für $\frac{a^2}{4 H_0}$ die Werte von 37,5 und 54,1 mG resultieren. Die damit verbundenen Aufspaltungen stimmten mit den experimentellen Befunden außerordentlich gut überein.

Aus den Verschiebungen und Intensitäten der in Tabelle 2, S. 57 angeführten HFS 2. Ordnung ist ersichtlich, daß innerhalb eines Spektrums der Schwerpunkt aller einzelnen strukturierten HFS-Komponenten um den gleichen Betrag nach kleinem Magnetfeld verlagert wird. Bei Nichtauflösung der HFS 2. Ordnung wird der Kopplungsparameter durch die Abstände zwischen den Einzelkomponenten korrekt wiedergegeben.

Bezüglich der Einbeziehung von noch höheren Näherungen bei extrem großen Kopplungen sei auf die Literatur verwiesen[39].

IV. Linienbreite

Eine Voraussetzung für die Interpretation linienreicher ESR-Spektren ist eine möglichst gute Auflösung. Die einzelnen HFS-Komponenten müssen gut voneinander getrennt sein. Ist das nicht der Fall, so sinkt die Aussagekraft der Spektren erheblich. Da die Kopplungsparameter und damit die Abstände der Einzellinien durch die Struktur der untersuchten Moleküle vorgegeben sind, kann nur durch Herabsetzung der Linienbreite versucht werden, eine genügende Auflösung zu erhalten.

Darüber hinaus können aus der Linienbreite häufig Aussagen über kinetische und dynamische Eigenschaften der Radikalproben gewonnen werden (Diskussion dieser Effekte im Kap. A.V.).

IV.a. Definition und formale Beschreibung der Linienbreite

Die Intensität eines ESR-Absorptionsübergangs ist bei vorgegebener Mikrowellenfrequenz von der Größe des Magnetfeldes H_0, oder bei konstantem H_0 von der eingestrahlten Frequenz ν abhängig. Die Absorption, also der Ausschlag des schreibenden Meßinstruments, ist damit eine Funktion einer Variablen ω. Der Verlauf dieser Funktion $g(\omega)$ wird als die *Linienform* bezeichnet.

Im Zusammenhang mit der Diskussion der Linienbreiten ist es zweckmäßig, die Variable ω mit der Kreisfrequenz des Mikrowellensenders $2\pi\nu$

---

[39] R. W. Fessenden, and R. H. Schuler: J. Chem. Phys. **43**, 2704 (1965).

zu identifizieren. Eine Umrechnung aus den experimentell vorliegenden Einheiten des Magnetfeldes ist mit der Beziehung $2\pi \cdot 2{,}8\ \omega\,[\mathrm{G}] = \omega\,[\mathrm{MHz}]$ (s. Gl. 24, S. 12) möglich. Unter der Linienbreite oder Halbwertsbreite $\Delta\omega$ wird hier die Gesamtbreite der Absorption beim halben Wert des Linienmaximums (Abb. 31) verstanden.

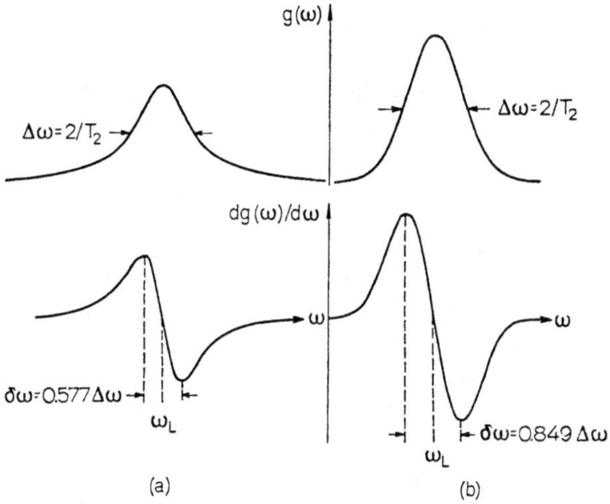

Abb. 31a u. b. Linienformen. Lorentz-Verteilung (a) und Gauß-Kurve (b) und ihre 1. Ableitungen

Die *Linienbreite* einer einzelnen ESR-Komponenten ist Ausdruck einer *Energieunschärfe* der HFS-Niveaus des Radikals, und/oder einer experimentell bedingten *Meßungenauigkeit*. Beide können mit der Unschärferelation $\Delta E \cdot \Delta t \geqslant \hbar$ oder mit $\Delta E = h\Delta\nu$ und $2\pi\Delta\nu = \Delta\omega$ durch

$$\Delta\omega \cdot \Delta t \geqslant 1 \tag{48}$$

beschrieben werden.

$\Delta\omega$ ist die Unsicherheit in der Bestimmung der Absorptionskreisfrequenz, also die in Einheiten der Kreisfrequenz gemessene Linienbreite. Diese ist durch die Unschärferelation mit einem Zeitabschnitt Δt korreliert, der die Meßdauer angibt, in der der Absorptionsvorgang vermessen wird, oder vermessen werden kann.

Ist z. B. bei einem optischen Übergang eines Atoms die Meßzeit durch die Lebensdauer τ des angeregten Atomterms gegeben, so gilt für die Linienbreite der ausgestrahlten Linie die Beziehung $\Delta\omega \geqslant 1/\tau$. Wenn keine anderen Verbreiterungsursachen vorliegen, gilt das Gleichheitszeichen $\Delta\omega_\tau = 1/\tau$. Hier hat die Linienbreite den Index τ erhalten, weil sie nur durch die Lebensdauer τ des angeregten Atomniveaus verursacht wurde.

Treten noch andere Verbreiterungsursachen auf, so ergibt sich die *experimentell gemessene Linienbreite* $\Delta\omega$ näherungsweise als *Summe der Einzelbreiten* $\Delta\omega_i$. Da, zumindest formal, jeder Verbreiterungsquelle nach der Unschärferelation eine charakteristische Zeit zugeordnet werden kann, resultiert für die experimentell gefundene Breite die Beziehung

$$\Delta\omega = \sum_i \Delta\omega_i = \frac{1}{T_1} + \frac{2}{T_2'} + \frac{1}{\tau} + \frac{1}{\tau'} + \cdots = \frac{2}{T_2} \tag{49}$$

T_1, T'_2 usw. sind die für die Einzelbreiten charakteristischen Zeiten, T_2 ist die Zeit, die der vermessenen Gesamtbreite entspricht.

IV.b. Linienformen

Bevor auf die einzelnen Verbreiterungsursachen näher eingegangen wird, soll auf den Zusammenhang der Linienbreite $2/T_2$ mit den wichtigsten Linienformen hingewiesen werden.

Die beiden mathematisch am einfachsten zu behandelnden und auch im Experiment am häufigsten auftretenden Linienkurven sind Lorentz- oder Gauß-Funktionen. Für sie gelten folgende Beziehungen.

$$g(\omega) = \frac{T_2/\pi}{1 + (\omega - \omega_L)^2\, T_2^2} \qquad \text{Lorentzkurve} \tag{50}$$

$$g(\omega) = T_2 (\ln 2/\pi)^{1/2}\, e^{-(\omega - \omega_L)^2 T_2^2 \ln 2} \qquad \text{Gaußkurve} \tag{51}$$

Das Maximum der Absorption findet sich jeweils bei $\omega = \omega_L$, der Larmor-Kreisfrequenz. Die Linienbreite bei halber Höhe des Maximums beträgt definitionsgemäß $\Delta\omega = 2/T_2$. Die Flächen unter den Absorptionskurven sind auf 1 normiert, es gilt also

$$\int_0^\infty g(\omega)\, d\omega = 1\,.$$

Die beiden Kurvenformen sind in Abb. 31, S. 59 wiedergegeben. Sie entsprechen gleicher Signalintensität (gleiche Flächen) und zeigen dieselbe Halbwertsbreite.

Da im Experiment meistens die differenzierte Absorptionskurve $\frac{dg(\omega)}{d\omega}$ registriert wird, (Abb. 31, S. 59), läßt sich die Linienbreite $\Delta\omega$ und damit T_2 nicht direkt aus dem erhaltenen ESR-Signal ablesen. Experimentell zugänglich ist jedoch der Abstand der Extremwerte $\delta\omega$ der differenzierten Kurve. Dieser Abstand, oft als Linienbreite angegeben, ist der wirklichen Linienbreite $\Delta\omega$ proportional. Der Proportionalitätsfaktor hängt jedoch von der Form der vorliegenden Absorptionskurve ab.

Für die angegebenen Linienformen errechnen sich die Beziehungen

$$\delta\omega = \frac{2}{\sqrt{3}} \frac{1}{T_2} = 0{,}577\,\Delta\omega \quad \text{(Lorentz-Verteilung)} \tag{52}$$

$$\delta\omega = \sqrt{\frac{2}{\ln 2}} \frac{1}{T_2} = 0{,}849\,\Delta\omega \quad \text{(Gauß-Verteilung)} \tag{53}$$

Nach Identifizierung der experimentell gefundenen Linienform können somit die Größe T_2 und die wirkliche Linienbreite bestimmt werden. Insbesondere bei der Lorentz-Verteilung ist die wahre Linienbreite also erheblich größer als der Abstand der Extrema der differenzierten Kurve. Für Absolutangaben ist diese Tatsache von einiger Wichtigkeit.

Bei anderen als den angeführten Linienformen führt schließlich die erste Integration durch graphische oder elektronische Methoden (s. S. 134) zur eigentlichen Absorptionskurve, die dann zur Bestimmung der Linienbreite dienen kann.

IV.c. Longitudinale Relaxationszeit T_1

Es wird das Termschema eines Elektrons im Magnetfeld ohne HFS bzw. es werden die beiden Energieniveaus einer isoliert liegenden Einzellinie eines ESR-Übergangs zugrunde gelegt. (Zur Beschreibung der Relaxationsabhängigkeit von der magnetischen Kernquantenzahl m_I s. S. 81).

Ohne Magnetfeld sind die Richtungen der Elektronenspins einer Radikalprobe isotrop im Raum verteilt. Beim Einschalten eines Magnetfeldes H_0 beginnt die Präzession der Elementarmagnete um die H_0-Richtung. Da jedoch, beginnend mit der isotropen Verteilung, gleichviel Spins parallel wie antiparallel zur H_0-Richtung stehen, sind die Besetzungszahlen der beiden m_s-Niveaus gleich. Die Differenz der Besetzungszahlen

$$\Delta n = n \frac{g \cdot \mu_B \cdot H_0}{2kT}$$

ist gleich Null, entsprechend einer unendlich hohen „*Spin-Temperatur*" der Radikalprobe.

Erst der thermische Kontakt des Spinsystems mit seiner Umgebung, etwa dem Lösungsmittel, stellt die Boltzmann-Verteilung (Gl. 21, S. 10) entsprechend der vorliegenden Probentemperatur ein. Es befinden sich jetzt mehr Radikale im tieferen Energieniveau; die Überschußenergie wurde in Form von Wärme an die Umgebung abgegeben.

Dieses Einstellen der Boltzmann-Verteilung erfordert je nach Temperatur und Umgebung eine gewisse Zeit. Die Zeit, die das System braucht, die von der Boltzmann-Verteilung geforderte Differenz der Besetzungszahlen bis auf $1/e$ herzustellen, wird *longitudinale Relaxationszeit* T_1 genannt.

Makroskopisch bedeutet die Relaxation das *Auftreten einer longitudinalen zum H_0-Feld parallelen Magnetisierung der Probe* mit einem bei „$S=1/2$-Teilchen“ magnetischen Moment von

$$M_0 = \Delta n \cdot \frac{1}{2} g \cdot \mu_B = n \frac{g^2 \cdot \mu_B^2 \cdot H_0}{4 k T} \tag{54}$$

Diese makroskopische Magnetisierung beim Anlegen eines konstanten H_0-Feldes wird bei den statischen magnetischen Untersuchungsmethoden[1] gemessen und führt bei den Monoradikalen zur Suszeptibilität

$$\chi_0 = \frac{M_0}{H_0} = n \cdot \frac{g^2 \cdot \mu_B^2}{4 k T} \tag{55}$$

Das zeitliche Anwachsen der longitudinalen Magnetisierung nach dem Einschalten des Magnetfeldes kann mit der „longitudinalen“ Relaxationszeit T_1 durch die Gleichungen

$$M_z = M_0 (1 - e^{-t/T_1}) \tag{56}$$

bzw.

$$\frac{d M_z}{d t} = - \frac{M_z - M_0}{T_1} \tag{57}$$

beschrieben werden.

Wird bei einer Störung, z. B. durch Mikrowellenabsorption im ESR-Experiment, die der Boltzmann-Verteilung entsprechende Besetzungszahldifferenz und damit die Längsmagnetisierung geändert, so stellt sich nach dem Abschalten der Störquelle die ursprüngliche Verteilung wieder in der charakteristischen Zeit T_1 ein.

Da, molekular betrachtet, durch einen Umklappeffekt

$$m_s = +\frac{1}{2} \longrightarrow m_s = -\frac{1}{2}$$

die Besetzungszahldifferenz um zwei Einheiten vergrößert wird, ist das Doppelte der longitudinalen Relaxationszeit, $2\,T_1$, eine *obere Grenze der Lebensdauer* eines m_s-Terms. Da bei der Elektronenresonanz beide Terme, $m_s = +1/2$ und $m_s = -1/2$, diese mittlere Lebensdauer zeigen, ist der Zusammenhang der Relaxationszeit mit der Linienbreite in der Form $\Delta\omega = 1/T_1$ offensichtlich.

Der *thermische Kontakt des Spinsystems mit seiner Umgebung* und damit die Relaxationszeit T_1 wird für Radikale in Lösung, dem bei der Elektronenresonanz häufigsten Fall, durch die schon diskutierten *magnetischen Stöße* (s. S. 11) der paramagnetischen Umgebung (Elektronen- und Kernmo-

[1] Z. B. HOUBEN-WEYL-MÜLLER: Meth. d. organ. Chemie, Bd. III, 2. Stuttgart: Georg Thieme 1955.

mente) bestimmt. Für die Abhängigkeit der Intensität S des resultierenden elektromagnetischen Rauschspektrums von der Frequenz ω kann eine Verteilung der Form

$$S(\omega) = C \frac{t_c}{1 + \omega^2 t_c^2} \tag{58}$$

angenommen werden[2]. Die Größen t_c und C sind für die Intensität des Rauschens und damit für die Relaxationszeit und die hierdurch hervorgerufene Linienbreite bestimmend.

IV.c.1. Korrelationszeit t_c

Die Korrelationszeit t_c ist eine bei der Untersuchung statistischer Bewegungen auftretende Größe. Sie gibt die Zeit an, bei der ein augenblicklicher Bewegungszustand des Teilchens noch mit dem des vor t_c sec vorhandenen korreliert ist. Anders formuliert ist der momentane Bewegungszustand für eine Zeit $t \gg t_c$ unabhängig vom Zustand des Teilchens vor t sec. In dieser Zeitspanne t wirken auf das Molekül so viele Kräfte ein, daß keine Beziehungen zwischen dem Anfangs- und Endzustand mehr vorliegen. Wegen des Zusammenhangs der Korrelationszeit mit der Temperatur- und Viskositäts-abhängigen Brownschen Molekularbewegung gilt näherungsweise die Beziehung[3]

$$t_c = \frac{4 \pi \eta a^3}{3 k T} \tag{59}$$

η = Viskosität des Lösungsmittels,
T = absolute Temperatur der Probe,
a = „Radius“ des betrachteten Moleküls.

Da η mit steigender Temperatur abnimmt, ergibt sich bei hohen bzw. tiefen Temperaturen für t_c ein sehr kleiner bzw. ein sehr großer Wert, so daß die Lorentz-Verteilung des Rauschspektrums für diese Temperaturen schematisch sofort anzugeben ist (Abb. 32).

Da nur die Frequenzen des magnetischen Stoßfeldes zur Relaxationszeit T_1 beitragen, die in der *unmittelbaren Nähe der Larmor-Frequenz* ω_L liegen — nur sie können ein Umklappen des Spins, also eine Relaxation bewirken —, kann aus diesem Bild auf den qualitativen Verlauf der longitudinalen Relaxationszeit in Abhängigkeit von der Temperatur geschlossen werden.

So haben bei tiefen Temperaturen nur die „Nahe-Null-Frequenzen“ eine merkliche Intensität (bei Annäherung an den absoluten Nullpunkt der Temperatur verschwindet die Brownsche Molekularbewegung und

---

[2] H. Kopfermann: Kernmomente, Frankfurt (Main): Akad. Verlagsgesellschaft mbH 1956.

[3] A. Abragam: Principles of Nuclear Magnetism. Oxford: Clarendon Press, 1961.

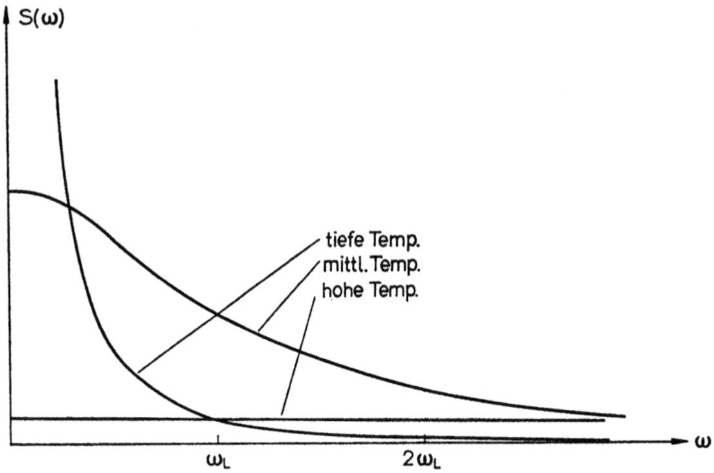

Abb. 32. Amplitude des magnetischen Rauschens für verschiedene Temperaturen in Abhängigkeit von der Frequenz (schematisch)

damit auch die longitudinalen Relaxationserscheinungen). Bei der Larmor-Frequenz ist die Intensität bei tiefen und hohen Temperaturen klein, so daß T_1 sehr lang wird. In diesen Gebieten ist also die Verbreiterung eines Übergangs bei der Elektronenresonanz auf Grund von T_1-Effekten gering. Bei einer mittleren Temperatur, die wegen η vom Lösungsmittel abhängig ist, wird ein Maximum der Rauschintensität $S(\omega_L)$ und damit auch ein Maximum der von der Relaxationszeit T_1 hervorgerufenen Linienbreite erwartet.

Auf Grund der Spin-Gitter-Relaxationszeit T_1 erscheint es also zur Herabsetzung der Linienbreite vorteilhaft, die *Experimente bei hohen oder tiefen Temperaturen auszuführen bzw. nieder- oder hochviskose Lösungsmittel zu wählen.* Während sich die Anwendung hoher Temperaturen oft durch die Zersetzungserscheinungen der untersuchten Radikale verbietet, konnte K. H. Hausser[4,5] durch Verwendung hochviskoser Solventien, wie Paraffin, Glykol und Glyzerin, und Untersuchung bei tieferen Temperaturen die Linienbreiten der ESR-Spektren wesentlich herabsetzen.

IV.c.2. Einfluß der Radikalkonzentration

Die zweite in der Gleichung des Rauschspektrums (Gl. 58, S. 63) auftretende Größe C ist ein Normierungsfaktor und hängt, da sich mit zunehmender Konzentration die Zahl der magnetischen Stöße vergrößert

[4] K. H. Hausser: Naturwissenschaften **45**, 158 (1958).
[5] K. H. Hausser: Z. Naturforsch. **14a**, 425 (1959).

und so eine Intensitätserhöhung des magnetischen Rauschens bewirkt, von der Radikalkonzentration der Probe ab. Eine *Verdünnung der Meßprobe* vergrößert deshalb die longitudinale Relaxationszeit und verkleinert damit die hierdurch hervorgerufene Linienbreite.

Eine Grenze ist hier durch das magnetische Rauschen der Kerne (i. allg. Protonen des Lösungsmittels) gegeben. Die Rauschamplitude der einzelnen Protonen ist zwar um den Faktor $\mu_H^2/\mu_B^2 \approx 10^{-6}$ gegenüber den paramagnetischen Molekülen verringert, jedoch ist ihre Zahl durch das Lösungsmittel fest vorgegeben und beträgt z. B. bei Benzol etwa 75 Mol/l. Bei benzolischen Lösungen ist es daher nur sinnvoll, die Radikalkonzentration auf etwa 10^{-4} Mol/l zu reduzieren.

Ungleich wichtiger als die Wechselwirkung mit den Protonen des Lösungsmittels ist der *Einfluß des gelösten Sauerstoffs*. Die Löslichkeit des im Grundzustand als paramagnetisches Triplettmolekül vorliegenden Sauerstoffs ist in den gebräuchlichen Solventien so groß, daß das magnetische Rauschen beträchtlich erhöht und somit die ESR-Linienbreite wesentlich vergrößert werden kann[6–8]. Für die Entfernung des Sauerstoffs aus den Proben hat sich das *Spülen mit Reinststickstoff* vielfach bewährt.

Die Absolutwerte der Spin-Gitter-Relaxationszeit T_1 sind bei organischen Radikalen in Lösung im Vergleich zu denen der paramagnetischen Metallionen sehr lang. Bei letzteren wird der Relaxationsmechanismus zur Hauptsache durch die Spin-Bahnkopplung bewirkt. Hier treten Relaxationszeiten in der Größenordnung von $T_1 = 10^{-8}$ sec auf, während bei den organischen Radikalen infolge der äußerst kleinen Spin-Bahn-Kopplung die longitudinale Relaxationszeit wesentlich länger ist, in Extremfällen sogar die Größenordnung von sec erreichen kann. In diesen Fällen ist der direkte T_1-Beitrag zur Linienbreite natürlich zu vernachlässigen. Durch die sehr lange Relaxationszeit ist es hier jedoch möglich, daß auf Grund zu großer Mikrowelleneinstrahlung *Sättigungserscheinungen* auftreten, die ihrerseits eine Linienverbreiterung bewirken können. (Darauf wird S. 74ff. eingegangen.)

IV.d. Transversale Relaxationszeit T_2

Beschreibt die Relaxationszeit T_1 die Effekte, bei der die makroskopische Magnetisierung in z-Richtung, die longitudinale Magnetisierung geändert wird, so werden durch die transversale Relaxationszeit T_2 die Mechanismen erfaßt, die eine vorhandene makroskopische *Quermagnetisierung*, die senkrecht

[6] K. H. Hausser: Naturwissenschaften **47**, 251 (1960).
[7] K. H. Hausser: Z. Elektrochem., Ber. Bunsenges. **65**, 636 (1961).
[8] W. Müller-Warmuth: Z. Naturforsch. **18a**, 1001 (1963).

zur z-Achse steht, verändert. Entsprechend Gl. 57, S. 62, gilt für den Abbau der Quermagnetisierung

$$\frac{dM_x}{dt} = -\frac{M_x}{T_2} \quad \text{und} \quad \frac{dM_y}{dt} = -\frac{M_y}{T_2} \tag{60}$$

Die Größe der Querkomponenten M_x und M_y der makroskopischen Magnetisierung ist ähnlich wie bei der longitudinalen Komponenten M_z durch Summation über alle vorhandenen magnetischen Momente der Radikalmoleküle zu ermitteln. Während sich im H_0-Feld wegen der Nichtgleichbesetzung der m_s-Terme für die M_z-Komponente ein endlicher Wert ergibt, resultiert für die Quermagnetisierung wegen der isotropen Verteilung der einzelnen Spinkomponenten in der x—y-Ebene (vgl. Abb. 33a, s. u.) der Wert Null. Erst das H_1-Feld bewirkt (vgl. S. 77) das Auftreten einer rotierenden Quermagnetisierung.

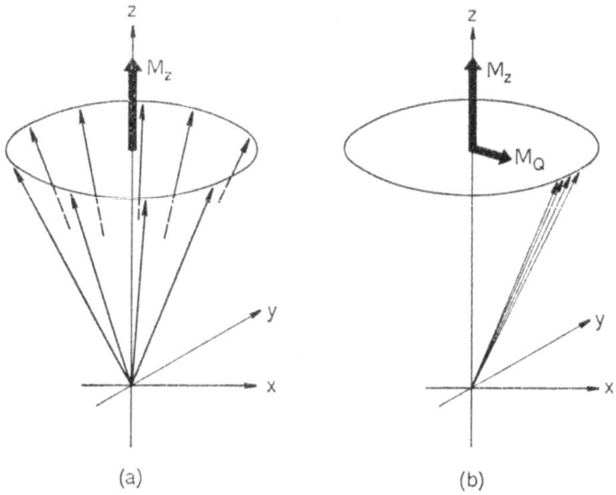

Abb. 33 (a) Isotrope Spinverteilung und (b) gleiche Phasenlage der Spins mit daraus resultierender Quermagnetisierung

Wie man sich die Situation vorzustellen hat, zeigt Abb. 33b. Den einzelnen Spins gibt man im Gedankenexperiment eine einheitliche Lage im Raum und erhält so eine von Null verschiedene Quermagnetisierung M_Q. Da die Spins mit der Larmor-Frequenz ω_L präzessieren, bewirkt diese Spinverteilung eine rotierende, in ihrem Betrag vorerst konstante Quermagnetisierung. Wird ein im gleichen Sinne mitrotierendes Koordinatensystem u, v, z benutzt, so ist in diesem die Magnetisierung durch eine konstante Längs- und Quermagnetisierung beschrieben.

An diesem Bild können die Mechanismen, die zum Abbau der Quermagnetisierung führen, einfach erfaßt werden. *Alle Effekte, die die vor-*

handene Phasenbeziehung der Spins (Abb. 33b) *stören*, also wieder zu einer Gleichverteilung der Spins in der x—y-Ebene nach Abb. 33a führen, *bauen die Quermagnetisierung ab. Die dafür erforderliche Zeit ist die transversale Relaxationszeit* T_2.

Die transversale Relaxationszeit T_2 setzt sich aus verschiedenen Anteilen zusammen, vgl. Gl. 49. Man kann zwei Gruppen unterscheiden. Bei der ersten Gruppe wird die Phasenbeziehung der Spins durch unterschiedliche Larmor-Frequenzen der einzelnen magnetischen Momente gestört. Die unterschiedlichen Larmor-Frequenzen werden durch örtlich verschiedene effektive H_0-Felder bewirkt. Diese Effekte führen zu der sog. *inhomogenen Verbreiterung* einer Resonanzlinie. Bei der anderen, eine *homogene Verbreiterung* bewirkenden Gruppe, sind die Larmor-Frequenzen der einzelnen Spins einheitlich. Die Gleichverteilung wird nun durch eine statistische Änderung der Phasenlage einzelner Spins erzeugt. Für beide Typen der transversalen Relaxation sollen jetzt die wichtigsten Ursachen angegeben werden.

IV.d.1. Inhomogene Verbreiterung

Zur inhomogenen Verbreiterung tragen alle Abweichungen der lokalen Magnetfelder innerhalb der Probe vom idealen homogenen äußeren Feld H_0 bei, die sich, verglichen mit der Dauer eines Larmor-Umlaufs, nur langsam ändern.

IV.d.1.α. H_0-Feld-Inhomogenität

Als sehr einfaches und anschauliches Beispiel der Verbreiterung eines isolierten paramagnetischen Elektronenresonanzübergangs durch einen transversalen Relaxationseffekt sei die Inhomogenität des äußeren H_0-Feldes angeführt. Bei einem über die ganze Meßprobe streng homogenen Magnetfeld H_0 präzessieren die einzelnen Spins, wenn von später zu beschreibenden Effekten abgesehen wird, alle mit derselben Frequenz, der Larmor-Frequenz ω_L, um die Richtung des H_0-Feldes. Ihre einmal vorgegebene Phasenbeziehung bleibt erhalten. Bei einem inhomogenen H_0-Feld haben die Spins eine der Inhomogenität entsprechende Verteilung der Larmor-Frequenz, die sich dann als Linienbreite des Spektrums wiederfindet.

Durch die Unschärfe der Larmor-Frequenz ändern sich die Phasenbeziehungen zwischen den präzessierenden Spins stetig und es kann anschaulich von einer *Phasengedächtniszeit* gesprochen werden. Diese Zeit wird mit T_2' bezeichnet und ist ein Teil der transversalen Relaxationszeit T_2.

Die Inhomogenität guter für die Elektronenresonanz üblicher Magnete beträgt über den Bereich der Probe etwa 10 mG, die einer Relaxationszeit von 10^{-5} sec entspricht.

IV.d.1.β. Magnetische Dipol-Felder

In der Mehrzahl aller Fälle ist die direkte Dipol-Dipol-Wechselwirkung der magnetischen Zentren untereinander für die transversale Relaxation von größter Wichtigkeit. Wegen des sehr viel höheren magnetischen Moments des Elektrons gegenüber den Kernmomenten sind vor allem die magnetischen Wechselwirkungen zwischen den ungepaarten Elektronen in Betracht zu ziehen. Die für T_1 unwichtigen „*Nahe-Null-Frequenzen*" geben für T_2' den Ausschlag. *Sie bewirken ein quasi-stationäres Zusatzfeld* am Ort des betrachteten paramagnetischen Moleküls, dessen Spin auf Grund dieser Störfelder seiner nächsten Nachbarn mit einer etwas geänderten Larmor-Frequenz präzessiert und so die Linie verbreitert.

An Hand der Temperaturabhängigkeit des Rauschspektrums (Abb. 32, S. 64) ist auch der Einfluß der Temperatur auf die T_2'-Verbreiterung zu erkennen. *Bei höheren Temperaturen sinkt die Intensität der „Nahe-Null-Frequenzen"* ab, die Relaxationszeit T_2' wird entsprechend vergrößert und die Schärfe der Elektronenresonanzübergänge nimmt auf Grund dieser Effekte zu. Ebenso kann *bei Temperaturerniedrigung ein Steigen der Linienbreite* erwartet werden. Eine entsprechende Überlegung läßt sich auch auf den *Einfluß der Viskosität des Lösungsmittels* übertragen.

Analog den T_1-Betrachtungen ist die *Radikalkonzentration* maßgeblich für die Größe der Zusatzfelder verantwortlich. Um diese Verbreiterung quantitativ zu fassen, sei die Größe des Zusatzfeldes betrachtet, das von einem im Abstand r befindlichen paramagnetischen Molekül erzeugt wird. Sie beträgt, wenn die Brownsche Bewegung völlig ausgeschaltet wird (also bei sehr tiefer Temperatur) $\pm\ \mu_B/r^3$. Weil das Zusatzfeld seinen Einfluß mit der 3. Potenz des Abstandes verringert, ist es gerechtfertigt, nur die unmittelbar benachbarten Moleküle zu berücksichtigen. Ihr Abstand hängt von der Konzentration ab. Somit ist gezeigt, wie stark die Linienbreite von der Konzentration der Radikale abhängt. Ein Beispiel: Der mittlere Abstand zweier Moleküle in einer 10^{-2} mol Lösung beträgt etwa $r = 30$ Å. Somit wird ein Zusatzfeld wirksam, daß einer Linienbreite von etwa 700 mG entspricht. Bei einer 10^{-3} mol Lösung beträgt der Effekt nur noch rund 70 mG. Bei 10^{-4} mol Lösungen mit einer Dipol-Dipol-Breite von etwa 7 mG ist er zu vernachlässigen.

Zur Erziehung einer gut aufgelösten HFS — die Abstände der Einzelkomponenten liegen oft in der Größenordnung von 10 mG — *ist es daher notwendig, die Konzentration der Radikale zu etwa 10^{-4} Mol/l zu wählen.* Zumindest ist eine Konzentration von 10^{-3} mol erforderlich, jedoch erreicht hier die Dipol-Dipol-Verbreiterung oft schon den Wert der HFS-Aufspaltung, bei noch höheren Konzentrationen wird die Auflösung immer schlechter, schließlich resultiert eine einzelne, breite Linie, bei der höchstens noch die Komponenten mit entsprechend großem Kopplungsparameter als Schultern angedeutet sind.

Hiernach lassen sich auch die i. allg. recht undifferenzierten ESR-Spektren der in Lösung untersuchten Doppel- und Triradikale verstehen[9,10]. Bei einem, durch keine Verdünnung zu unterschreitenden intramolekularen Abstand der Radikalzentren von z.B. 10 Å sollten Linienbreiten von etwa 20 G resultieren (vgl. S. 258 und Abb. 90, S. 261).

Als wichtige verbreiternde Ursache ist wiederum der in den Lösungsmitteln *gelöste Sauerstoff*[11] zu erwähnen. Ähnlich wie sein Einfluß auf die longitudinale Relaxationszeit T_1 ist auch seine Verkürzung der transversalen Relaxationszeit T_2' zu verstehen.

Die Dipol-Dipol-Verbreiterung durch die *magnetischen Kerne des Lösungsmittels* ist wegen des kleineren magnetischen Kernmoments von geringerer Bedeutung. Hier sind jedoch die Abstände zwischen den wechselwirkenden Molekülen kleiner. Als mittleren Abstand zwischen paramagnetischem Molekül und Lösungsmittelmolekül können etwa 5 Å angenommen werden, so daß die Wasserstoffatome der üblichen Lösungsmittel eine T_2'-Breite von etwa 50 mG bewirken.

Ungleich wichtiger als die Wechselwirkung des freien Elektrons mit den Kernmomenten der das Lösungsmittel aufbauenden Atome bleibt aber die magnetische Wechselwirkung mit den *moleküleigenen Kernmomenten*. I. allg. führt diese magnetische Wechselwirkung zu einer Aufspaltung der Resonanzlinie, zur Ausbildung einer HFS (s. Kap. A. III., S. 30). Oft tritt jedoch der Fall ein, daß die Linienbreite der isolierten Resonanzlinie durch andere Effekte schon so vergrößert wurde, daß eine isotrope HFS mit kleinen Kopplungsparametern nicht mehr aufgelöst werden kann. Diese *unaufgelöste HFS* wirkt sich dann ihrerseits nochmals verbreiternd auf den Elektronenresonanzübergang aus.

Ebenfalls kann eine *anisotrope HFS* auf die Phasengedächtniszeit und damit auf die Linienbreite einwirken. Bei der anisotropen HFS (s. S. 36) ist die Kopplung Kern—Elektron von der Lage des Moleküls relativ zur z-Achse abhängig. Die von dem wechselwirkenden Kern beeinflußte Larmor-Frequenz des Elektrons ändert sich also mit der geometrischen Lage des Moleküls. Eine Herausmittelung der anisotropen HFS kann nur durch schnelle Bewegung des Moleküls, also in niederviskosen Lösungsmitteln und/oder Messung bei höheren Temperaturen erreicht werden.

---

[9] E. A. CHANDROSS: J. Amer. chem. Soc. **86**, 1263 (1964).

[10] R. KUHN, F. A. NEUGEBAUER u. H. TRISCHMANN: Angew. Chem. **77**, 43 (1965).

[11] siehe Fußnoten 6—8, S. 65.

Ähnliches gilt für die *Anisotropie des g-Faktors*. Hier ist schon die Lage eines isolierten Elektronenresonanzübergangs von der relativen Richtung des H_0-Feldes zum Molekülgerüst abhängig (s. S. 216), d. h. die Resonanzlinie tritt für verschieden orientierte Moleküle bei verschiedenen Werten des H_0-Feldes auf. Wiederum kann die Mittelung durch genügend schnelle Brownsche Bewegung der Radikale erzwungen werden.

IV.d.2. Homogene Verbreiterung

Die homogenen Verbreiterungen werden durch solche Abbaumechanismen der Quermagnetisierung hervorgerufen, die einem *sprunghaften Wechsel der Phasenlage* zugrunde liegen, bei denen also die Larmor-Frequenz der einzelnen Spins einheitlich sein kann.

IV.d.2.α. Spin-Spin-Wechselwirkung

Die Wechselwirkung zweier magnetischer Dipole paramagnetischer Moleküle erzeugt einmal ein quasi-stationäres magnetisches Feld, das zu der inhomogenen Verbreiterung führt. Zum anderen bewirkt der eine Spin durch seine Präzession am Ort des anderen Spins zusätzlich ein *magnetisches Wechselfeld* mit der Frequenz der Larmor-Präzession. Dieses magnetische Wechselfeld liegt in der Ebene senkrecht zu H_0 und kann demnach die gleichen Resonanzerscheinungen hervorrufen wie das H_1-Feld, nämlich ein Umklappen der Spins.

Unter Erhaltung der Energie ist das möglich, wenn die beiden Spins antiparallel zueinander stehen und ihre *Energie austauschen* können. Während der eine Spin seine magnetische Quantenzahl von $m_s = +1/2 \rightarrow m_s = -1/2$ ändert, wird die Quantenzahl des anderen Spins von $m_s = -1/2$ nach $m_s = +1/2$ angehoben.

Eine solche Spin-Spin-Wechselwirkung ändert einmal die Phasen der beteiligten Spins und setzt zum anderen auch die Lebensdauer der Spinniveaus $m_s = \pm 1/2$ herab. Durch Verkürzung der Lebensdauer ist der Zusammenhang dieses Effektes mit der Linienbreite aufgezeigt. Da die relativen Besetzungszahlen der beteiligten Niveaus durch diesen Vorgang nicht geändert werden, hat der beschriebene Mechanismus keinen Einfluß auf die longitudinale Relaxationszeit T_1.

IV.d.2.β. Spin-Gitter-Relaxation

Ähnlich wie die bisher beschriebenen Prozesse der homogenen und inhomogenen Verbreiterung trägt auch die *longitudinale Relaxation* zum Abbau der Quermagnetisierung bei. Die mit der charakteristischen Zeit T_1 verlaufende Spin-Gitter-Relaxation verkleinert mit jedem Einzelakt der

Einstellung der Boltzmann-Verteilung die Quermagnetisierung, da durch die Umklappprozesse die Phasenlage der Spins statistisch geändert wird. Die hierdurch verursachte Linienbreite kann, wie S. 62 diskutiert, durch die endliche Lebensdauer der m_s-Terme charakterisiert werden. Durch die Spin-Gitter-Relaxation ist für die Lebensdauer mit $2\,T_1$ eine obere Grenze gesetzt, so daß die entsprechende Linienbreite durch $\frac{1}{2\,T_1}$ gegeben ist.

Wenn von weiteren speziellen Verbreiterungsursachen abgesehen wird (endliche Lebensdauer der Radikale, Modulation der Kopplungsparameter durch intramolekulare Bewegung, Sättigungsverbreiterung etc.), setzt sich also die transversale Relaxationszeit T_2 bzw. die durch sie bewirkte Breite einer isolierten Resonanzlinie von Radikalen in Lösung aus den beschriebenen Mechanismen zusammen, für die die pauschale Beziehung

$$\frac{1}{T_2} = \frac{1}{T_2'} + \frac{1}{2\,T_1} \tag{61}$$

angegeben werden kann.

Zur Erzielung kleiner Linienbreiten läßt sich also zusammenfassend sagen:

Als günstige *Radikalkonzentration* sollte eine etwa 10^{-4} molare Lösung gewählt werden, wobei auf die *Sauerstoff-Freiheit der Meßlösung* zu achten ist. Oft reagieren die untersuchten Radikale selbst sehr empfindlich mit Sauerstoff zu diamagnetischen Folgeprodukten. In diesen Fällen liegt eine bequeme Selbstreinigung der Proben vor, die aber u. U. nur bis zu einem Gleichgewicht Radikal—Sauerstoff führt. Eine *optimale Meßtemperatur* läßt sich wegen der unterschiedlichen Viskosität der Solventien und ihrer uneinheitlichen Temperaturabhängigkeit nicht angeben. Sie muß empirisch bestimmt werden, zumal die Korrelationszeiten ebenfalls von der Geometrie des vorliegenden Radikals abhängen (vgl. Gl. 59, S. 63). Erniedrigen der Temperatur oder Wahl eines hochviskosen Lösungsmittels bedeutet zwar eine T_1-Verlängerung, jedoch treten jetzt die T_2'-Effekte stärker in Erscheinung. Ebenso tritt bei Erhöhung der Temperatur der T_2'-Erhöhung die Verkürzung von T_1 entgegen. Die optimale Bedingung wird jedoch bei einer bestimmten Temperatur erreicht, die experimentell als Temperatur der kleinsten Linienbreite bestimmt werden muß. (Zur Vermeidung von meßtechnisch bedingten Verbreiterungen s. S. 78.)

IV.e. Austauschverschärfung

Bei großer Annäherung der Radikalzentren, also bei sehr hohen Konzentrationen in Lösungen und kristallinen Proben, wird auf Grund der Dipol-Dipol-Wechselwirkung ein sehr kleines T_2' erwartet. Bei festen Proben errechnet sich die entsprechende Linienbreite wegen des geringen Abstands von Molekül zu Molekül zu etwa 100 G. Die experimentell gefundenen Breiten variieren jedoch von 1 G bis 2 G.

Infolge des kleinen Abstandes zwischen den paramagnetischen Molekülen tritt jetzt ein weiterer, linienverschmälernder Effekt auf, die Austauschverschärfung.

Bei den hier gewählten Konzentrationen wird die Zahl der Stöße zwischen den Radikalen stark heraufgesetzt. Damit haben die Radikalmoleküle im Mittel eine so große Nähe, daß sich die *p-Eigenfunktionen der Einzelelektronen der benachbarten Moleküle überlappen* können. Die Überlappung ist einerseits so gering, daß noch von keiner Bindung gesprochen werden kann. Andererseits genügt die Überlappung, um einen Austausch der Elektronen zu ermöglichen. Ist die Austauschfrequenz zwischen den Molekülen groß gegen die inhomogene Linienbreite (in Frequenzeinheiten), so wirken auf das betrachtete Elektron sehr schnell hintereinander verschiedene durch die Nachbardipole erzeugte Zusatzfelder. Dadurch stellt sich für das Elektron eine mittlere Larmor-Frequenz ein. Die sehr starken Dipolfelder werden also durch genügend schnellen Austausch der Elektronen herausgemittelt und *die Dipol-verbreiterte Resonanzlinie zur beobachteten Linienbreite verschmälert* (exchange-narrowed).

Der Mechanismus der Austauschverschärfung ist etwa mit der Mittelung der inhomogenen Verbreiterung durch die Brownsche Bewegung der Radikalmoleküle zu vergleichen. Durch die Temperaturbewegung der Radikale werden hier die Werte der anisotropen HFS-Kopplung am Ort des „ruhenden" Elektrons sehr schnell verändert. Bei der Austauschverschärfung können die Kopplungsparameter konstant bleiben, jedoch wechselt das Elektron ständig seinen Ort und „sein" Molekül. Vom Standpunkt des Elektrons aus werden damit die Kernspinkonfigurationen des Moleküls ständig geändert. Verläuft dieser Prozeß genügend schnell, so werden damit auch *die isotropen Kopplungen zu Null gemittelt.* Quantitativer wird dieser Effekt im Rahmen der dynamischen Prozesse (s. S. 89ff.) behandelt.

Die Austauschwechselwirkung wird mit größer werdendem Abstand der Radikale wegen der geringeren Überlappung der Molekülorbitale sehr schnell, etwa mit e^{-r} kleiner. I. allg. nimmt also bei Verdünnung der Probe die Austauschverschmälerung schneller ab als die mit r^{-3} fallende Dipolverbreiterung, so daß bei stetiger Verdünnung einer konzentrierten Probe zuerst eine Verbreiterung der Resonanzlinie eintritt.

Als Folge von Stoßprozessen ist der Elektronenaustausch von der *Viskosität* des benutzten Lösungsmittels η und der *Temperatur* T abhängig. Beide Faktoren sind für die Zahl der Stöße zwischen den austauschenden Partnern mitbestimmend und haben auf diese Weise direkten Einfluß auf die Austauschfrequenz der Elektronen. Qualitativ besteht zwischen der Austauschwechselwirkung und der Temperatur der Lösung eine direkte, hinsichtlich der Viskosität der Lösung eine umgekehrte Proportionalität.

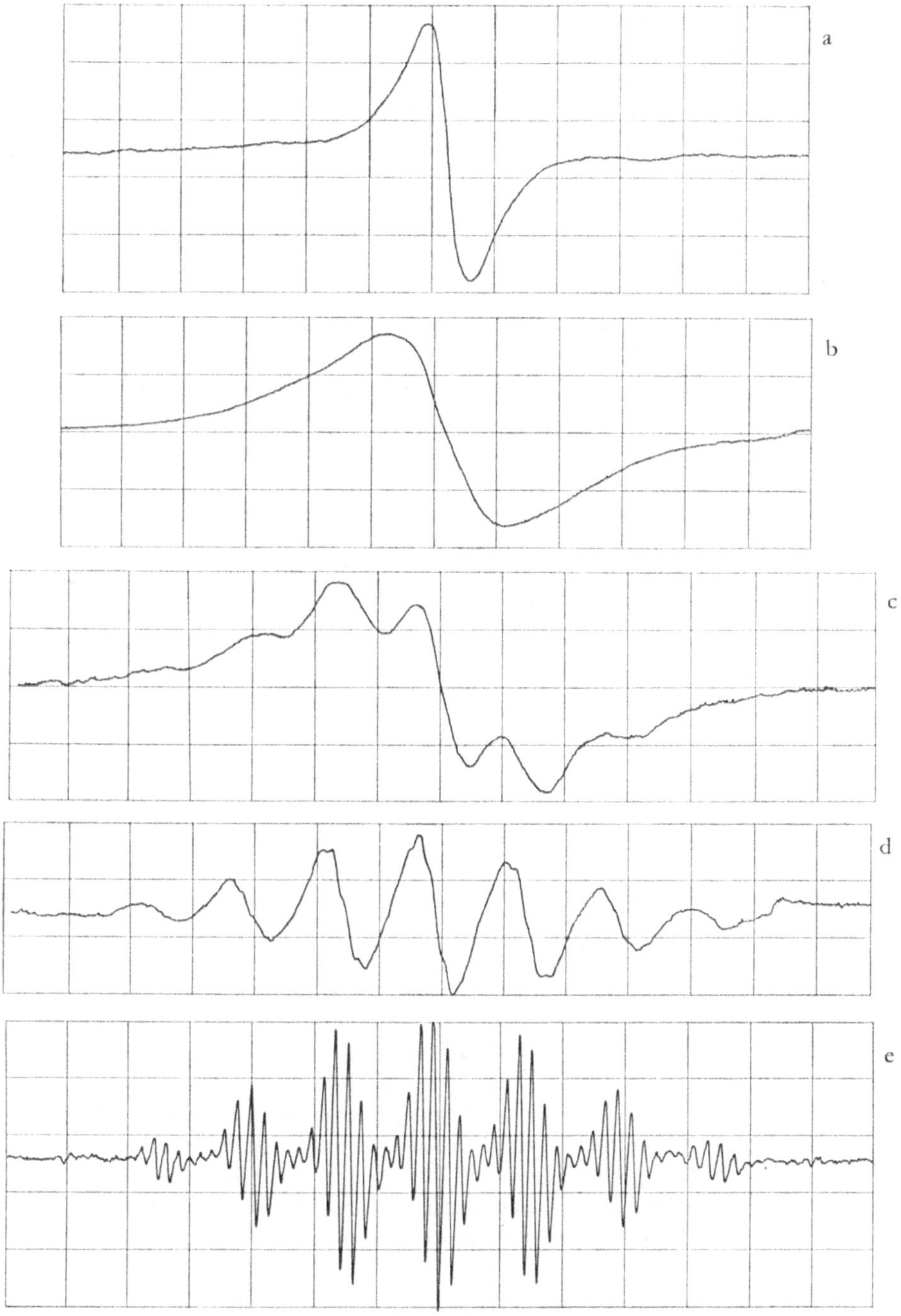

Abb. 34a–e. ESR-Spektrum des Perylen-Anionradikals in THF mit (a) – (e) steigender Verdünnung der Probe

Da nur die günstigen Stöße einen Elektronenaustausch zwischen den Radikalen gestatten, ist es verständlich, daß die Austauschfrequenz und damit die Verschmälerung der ESR-Linien bei gleicher Konzentration vom Radikalmolekül selbst abhängt. So können eine *unterschiedliche Verteilung des freien Elektrons*, die *Größe des Moleküls* und auch *sterische Einflüsse* die Austauschwechselwirkung mitbestimmen[12].

Der Einfluß der Radikalkonzentration auf die Linienbreite der ESR-Spektren soll zusammenfassend am Perylen-Anionradikal (Abb. 34, S. 73), vermessen in Tetrahydrofuran bei Zimmertemperatur, gezeigt werden. Bei hoher Konzentration (Abb. 34a) verhindert die starke Austauschwechselwirkung das Auftreten einer HFS. Es resultiert eine austauschverschmälerte Einzellinie, die bei Erniedrigung der Radikalkonzentration schnell breiter wird (Abb. 34b), um schließlich eine durch die großen Kopplungsparameter bedingte Struktur des Spektrums erkennen zu lassen (Abb. 34c). Hier ist die dipolare Verbreiterung jedoch noch so groß, daß feinere Strukturen der Einzelkomponenten verschmiert werden. Die Detailstrukturen werden erst bei weiterer Verdünnung sichtbar (Abb. 34d), so daß schließlich (Abb. 34e) ein ESR-Spektrum mit vollständig getrennten Einzellinien resultiert. Der mittlere Abstand der Radikale ist groß genug, um die Effekte der dipolaren Verbreiterung vernachlässigbar klein zu halten.

IV.f. Sättigungsverbreiterung

Die Linienbreiten, die apparativer und meßtechnischer Art sind, können als *Apparatebreite* zusammengefaßt werden. Einige sind davon schon behandelt worden. So wurde der Effekt der *H_0-Feld-Inhomogenität* bei der transversalen Relaxationszeit (S. 67) ausführlich beschrieben. Ebenfalls wurde die Verbreiterung bei der Wahl einer zu großen *Modulationsamplitude* und zu hoher *Modulationsfrequenz* (S. 20, 21) hervorgehoben.

Eine weitere Verbreiterungsursache ist eine *zu starke Mikrowelleneinstrahlung*. Die dadurch bedingte Sättigungsverbreiterung tritt dann auf, wenn die Spin-Gitter-Relaxation nicht mehr ausreicht, um die durch die H_1-Einstrahlung angestrebte Gleichbesetzung der beiden m_s-Niveaus zu kompensieren. Im Falle einer Sättigung ist die longitudinale Relaxation nicht mehr in der Lage, die Boltzmann-Verteilung aufrechtzuerhalten.

Die Gefahr einer Sättigung der Resonanzlinie ist danach bei langen Relaxationszeiten T_1 oder bei starker Hochfrequenzeinstrahlung, also großen H_1-Feldern gegeben. Der Zusammenhang dieser Größen mit der Linienbreite und der Gesamtabsorption sei an Hand der Blochschen Gleichungen gezeigt.

---

[12] F. Lambert u. G. Klages: Z. Naturforsch. **20a**, 726 (1965).

IV.f.1. Die Blochschen Gleichungen

Die Beziehungen, die das Verhalten der Magnetisierung im Magnetfeld H_0 und H_1 beschreiben, werden durch eine makroskopische Betrachtung, also Berücksichtigung der in der Probe vorliegenden Radikale in ihrer Gesamtheit und Anwendung des Drehimpulssatzes gewonnen.

Die für ein einzelnes magnetisches Moment aufgestellte Drehimpulsgleichung $\frac{d\vec{P}}{dt} = -[\vec{\mu}_S, \vec{H}]$ (Gl. 12, S. 6) oder unter Benutzung de Abkürzung $\gamma = -\frac{g \cdot \mu_B}{\hbar}$

$$\frac{d\vec{\mu}_S}{dt} = \gamma\,[\vec{\mu}_S, \vec{H}] \tag{62}$$

liefert bei Übertragung auf die makroskopische Magnetisierung $\vec{M} = \sum_i \mu_{S_i}$ die Ausgangsdifferentialgleichung

$$\frac{d\vec{M}}{dt} = \gamma\,[\vec{M}, \vec{H}]\,. \tag{63}$$

Liegt das H_0-Feld in der z-Richtung und das Hochfrequenzfeld der Frequenz ω und der Amplitude $2\,H_1$ in der x-Richtung, so gilt für das Gesamtfeld $\vec{H}$

$$\vec{H} = \{2H_1 \cos\omega\, t,\ 0,\ H_0\}\,. \tag{64}$$

Wird die linear polarisierte H_1-Schwingung durch zwei zueinander entgegengesetzt zirkular-polarisierte Wellen ersetzt (s. S. 14) und dabei nur die Komponente mit der für die Elektronenresonanz maßgeblichen Umlaufrichtung berücksichtigt, so wird

$$\vec{H} = \{H_1 \cos\omega\, t,\ H_1 \sin\omega\, t,\ H_0\}\,. \tag{65}$$

Mit dem makroskopischen Magnetisierungsvektor $\vec{M} = \{M_x, M_y, M_z\}$ lautet dann die Ausgangsgleichung (Gl. 63) in Komponentenform

$$\begin{aligned}
\frac{dM_x}{dt} &= \gamma\,(M_y H_0 - M_z H_1 \sin\omega\, t) - \frac{M_x}{T_2}\\
\frac{dM_y}{dt} &= \gamma\,(M_z H_1 \cos\omega\, t - M_x H_0) - \frac{M_y}{T_2}\\
\frac{dM_z}{dt} &= \gamma\,(M_x H_1 \sin\omega t - M_y H_1 \cos\omega t) - \frac{M_z - M_0}{T_1}
\end{aligned} \tag{66}$$

Diese Gleichungen, in denen die durch die Relaxation verursachten Dämpfungsglieder (Gl. 57, S. 62; Gl. 60, S. 66) berücksichtigt sind, hat erstmals F. Bloch angegeben[13]. Die nachstehend skizzierte Lösung dieser Gleichungen führt schließlich zu der Energieabsorption der Probe in Abhängigkeit von der Frequenz und dem eingestrahlten Feld H_1 und damit zu der gesuchten *Linienform*.

Zur Lösung dieser Gleichungen ist es vorteilhaft, das rotierende Koordinatensystem u, v, z (vgl. Abb. 35) zu benutzen.

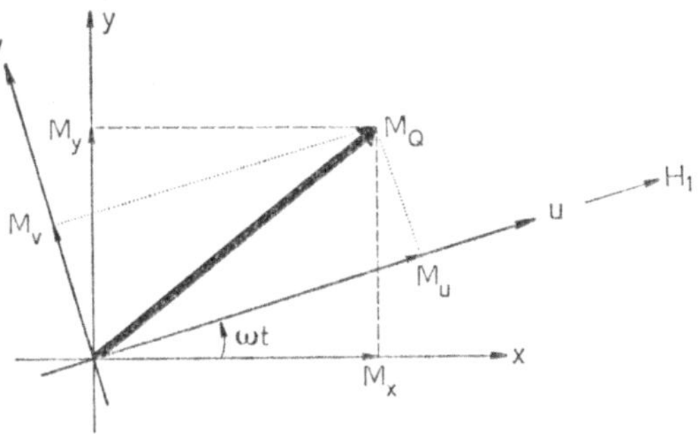

Abb. 35. Komponenten der Quermagnetisierung im Laborkoordinatensystem x, y, z und im rotierenden Koordinatensystem u, v, z

Wenn das zirkular polarisierte H_1-Feld mit der u-Richtung zusammenfällt, gelten die Transformationsgleichungen

$$\begin{aligned} M_u &= M_x \cos\omega t + M_y \sin\omega t \\ M_v &= -M_x \sin\omega t + M_y \cos\omega t \\ M_z &= M_z \end{aligned} \tag{67}$$

oder

$$\begin{aligned} M_x &= M_u \cos\omega t - M_v \sin\omega t \\ M_y &= M_u \sin\omega t + M_v \cos\omega t \\ M_z &= M_z \end{aligned} \tag{68}$$

Unter Benutzung dieser Gleichungen und den Abkürzungen

$$|\gamma|\, H_0 = \omega_L\,, \quad |\gamma|\, H_1 = \omega_1\,, \quad \gamma = -\frac{g\,\mu_B}{\hbar} \tag{69}$$

[13] F. Bloch: Phys. Rev. **70**, 460 (1946).

gehen die Blochschen Gleichungen (Gl 66, S. 75) über in

$$
\begin{aligned}
\frac{dM_u}{dt} &= (\omega - \omega_L)\, M_v - \frac{M_u}{T_2} \\
\frac{dM_v}{dt} &= -\,(\omega - \omega_L)\, M_u - \omega_1\, M_z - \frac{M_v}{T_2} \\
\frac{dM_z}{dt} &= \omega_1 M_v - \frac{M_z - M_0}{T_1}
\end{aligned}
\tag{70}
$$

Wird die Larmor-Frequenz des Elektrons durch eine magnetische Kopplung mit einem Kern um den Kopplungsparameter $\hat{\omega}_k = \gamma a_k m_k$ verschoben, so ist in den ersten beiden Gleichungen ω_L durch $\omega_L - \hat{\omega}_k$ zu ersetzen.

Durch Einführung einer komplexen Schreibweise für die Quermagnetisierung $M_Q = M_u + i M_v$ können diese Gleichungen auch in

$$\frac{dM_Q}{dt} + \eta\, M_Q = -\, i\, \omega_1\, M_z \quad \text{mit} \tag{71}$$

$$\eta = \frac{1}{T_2} + i\,(\omega - \omega_L + \hat{\omega}_k) \tag{72}$$

zusammengefaßt werden.

Im Experiment wird die eingestrahlte Frequenz ω (oder das H_0-Feld) im Vergleich zu den Relaxationszeiten sehr langsam variiert. Ist überdies $\hat{\omega}_k$ zeitlich unabhängig *, so kann zu jedem Zeitpunkt mit einer konstanten Magnetisierung gerechnet werden. Damit verschwinden die zeitlichen Ableitungen auf der linken Seite der Gl. 70, und es ergeben sich für die Komponenten der makroskopischen Magnetisierung die Beziehungen

$$
\begin{aligned}
M_u &= -\, M_0 \frac{\omega_1 T_2^2 (\omega - \omega_L)}{1 + \omega_1^2 T_1 T_2 + T_2^2 (\omega - \omega_L)^2} \\
M_v &= -\, M_0 \frac{\omega_1 T_2}{1 + \omega_1^2 T_1 T_2 + T_2^2 (\omega - \omega_L)^2} \\
M_z &= M_0 \frac{1 + T_2^2 (\omega - \omega_L)^2}{1 + \omega_1^2 T_1 T_2 + T_2^2 (\omega - \omega_L)^2}\,.
\end{aligned}
\tag{73}
$$

Aus diesen Gleichungen ist abzulesen, daß das H_1-Feld ($|\gamma| H_1 = \omega_1$) eine Quermagnetisierung M_u und M_v aufbaut. Im Laborkoordinatensystem x, y, z rotiert diese Quermagnetisierung mit dem H_1-Feld in Phase (M_u) bzw. um $\pi/2$ phasenverschoben (M_v) mit der Frequenz ω_L.

Die Energieänderung der Probe durch die HF-Einstrahlung $dE = H_1 dM$ beträgt über die Dauer einer Periode gemittelt

$$P = \frac{\omega}{2\pi} \int_0^{2\pi/\omega} \frac{dE}{dt}\, dt = \frac{\omega}{2\pi} \int_0^{2\pi/\omega} 2\, H_1 \cos \omega t \cdot \frac{dM_x}{dt}\, dt \tag{74}$$

* Effekte, die mit zeitlich veränderlichen Kopplungsparametern verbunden sind, werden S. 89ff. behandelt.

Unter Berücksichtigung des langsamen Resonanzdurchgangs ($d\vec{M}/dt = 0$) gilt für

$$\frac{dM_x}{dt} = -\omega M_u \sin\omega t - \omega M_v \cos\omega t \tag{75}$$

und für die von der Probe absorbierte Energie

$$P = -\omega H_1 M_v = -2\omega H_1^2 \chi'' \tag{76}$$

$\chi'' = \dfrac{M_v}{2H_1}$ ist dabei die Hochfrequenzsuszeptibilität der Probe, die analog dem Ausdruck $\chi_0 = \dfrac{M_0}{H_0}$ gebildet wird. Nach Gl. 73, S. 77 resultiert für χ'' die Beziehung

$$\chi'' = -\chi_0\, \omega_L \frac{T_2/2}{1 + \omega_1^2 T_1 T_2 + T_2^2(\omega - \omega_L)^2} \tag{77}$$

Die Abhängigkeit der absorbierten Energie P von der eingestrahlten Frequenz ω wird also durch M_v, der in bezug auf H_1 phasenverschobenen Quermagnetisierung bestimmt. Bei Benützung der komplexen Formulierung (Gl. 71, S. 71) wird die Absorption der ESR-Probe durch den imaginären Anteil der Quermagnetisierung angegeben.

Die Kombination der Gl. 73, S. 77 mit der Beziehung $M_0 = n\cdot g^2\cdot\mu_B^2\cdot H_0/4kT$ (Gl. 54, S. 62) liefert für die absorbierte Hochfrequenzenergie schließlich

$$P = \frac{n\cdot\hbar^2\cdot\gamma^3\cdot H_1^2\cdot\omega\cdot H_0}{4kT}\cdot\frac{T_2}{1 + \omega_1^2 T_1 T_2 + T_2^2(\omega - \omega_L)^2} \tag{78}$$

Wegen der Schmalheit der ESR-Übergänge kann im Zähler der ersten Faktors ω durch $\omega_L = |\gamma| H_0$ ersetzt werden.

Es resultiert für die absorbierte Energie die endgültige Beziehung

$$P = \frac{n\cdot\hbar^2\,\gamma^4\, H_1^2 H_0^2}{4kT}\cdot\frac{T_2}{1 + \omega_1^2 T_1 T_2 + T_2^2(\omega - \omega_L)^2} \tag{79}$$

IV.f.2. Folgerungen für die Linienbreite

Die Gl. 79, welche die Form der UHF-Absorption beschreibt, wurde für eine einheitliche Larmor-Frequenz ω_L der paramagnetischen Moleküle innerhalb des Meßvolumens abgeleitet. Sie gilt also für Resonanzlinien, die keine inhomogene Verbreiterung zeigen. Bis auf den Summanden $\omega_1^2 T_1 T_2$ im Nenner des zweiten Faktors ergibt sich somit bei diesen Fällen für die Absorption eine *Lorentz-Verteilung* (vgl. Gl. 50, S. 60).

Das Auftreten von *inhomogenen* Wechselwirkungen bewirkt eine Streuung der bislang einheitlichen Larmor-Frequenz. Die inhomogen verbreiterte Linie kann als Summe von Lorentz-Linien verstanden werden, deren einzelne Zentren sich um ω_L gemäß der Streuung gruppieren. Die resultierende Linienform entspricht der Streufunktion und ist i. allg. eine *Gauß-verteilung* (Gl. 51, S. 60).

Da die inhomogenen Verbreiterungen bei Untersuchungen in Lösung sehr oft vernachlässigt werden können, soll für die einzelnen Linien im Weiteren eine Lorentz-Form angenommen werden.

Die ***Intensität der Absorption*** wird im wesentlichen durch den ersten Faktor der Gl. 79, S. 78 gegeben. Sie ist einmal der ***eingestrahlten Energie*** und damit H_1^2 proportional. Die Abhängigkeit von der *Temperatur* wird durch den Boltzmann-Faktor bedingt. Die Intensitätssteigerung mit dem *Quadrat des H_0-Feldes* ist einmal durch den Boltzmann-Faktor gegeben, zum anderen wächst mit größerem H_0-Feld auch die Größe der absorbierten UHF-Quanten. Schließlich ermöglicht die lineare Proportionalität der Absorption zu der *Zahl der Radikalmoleküle n* eine quantitative Auswertung der Spektren (Kap. A. VI., S. 119).

Die *Linienform* wird durch den zweiten Faktor, die Verteilungsfunktion, bestimmt. Ihre *Breite* $\Delta\omega$ kann jetzt direkt in Abhängigkeit vom eingestrahlten H_1-Feld angegeben werden. Es ergibt sich:

$$\Delta\omega = \frac{2}{T_2}\sqrt{1+\gamma^2 H_1^2 T_1 T_2}\ . \tag{80}$$

Somit gilt für die Linienbreite bei den Extremfällen schwacher bzw. starker Mikrowelleneinstrahlung, also $\gamma^2 H_1^2 T_1 T_2 \ll$ bzw. $\gg 1$

$$\Delta\omega = \frac{2}{T_2} \qquad \text{(schwache UHF-Energie)} \tag{81}$$

$$\Delta\omega = 2\gamma H_1 \sqrt{\frac{T_1}{T_2}} \qquad \text{(starke UHF-Energie)} \tag{82}$$

Während für schwache Einstrahlung die ungestörte natürliche Linienbreite resultiert, wird bei starker Einstrahlung die Breite durch das H_1-Feld bestimmt.

Bei etwa gleichen Relaxationszeiten T_1 und T_2 gilt in diesem Fall $\Delta\omega = 2\gamma H_1$, eine Beziehung, die sich anschaulich deuten läßt. Für die Frequenz ω_S des Umklappens der Spins von einem Niveau in das andere läßt sich analog der eigentlichen Resonanzbeziehung die Gleichung $\omega_S = \gamma H_1$ aufstellen. Durch diese vom H_1-Feld erzwungenen Umklappprozesse wird die Lebensdauer der Spinniveaus gerade auf $T_S = 1/\omega_S$ beschränkt, und die sich daraus ergebende Linienbreite beträgt $2/T_S = 2\gamma H_1$, genau den Wert, der sich aus Gl. 80, für starke UHF-Einstrahlung ermittelt.

Der *Verbreiterungsfaktor* $(1 + \omega_1^2 T_1 T_2)^{1/2}$ steht mit der Sättigung in direktem Zusammenhang, wie an Hand der dritten Gleichung 73, S. 77 leicht gezeigt werden kann. Diese gibt die Magnetisierung in z-Richtung an. Für verschwindendes H_1-Feld, also sehr kleine UHF-Energie, wird $M_z = M_0$, der maximalen longitudinalen Magnetisierung, die einer ungestörten Boltzmann-Verteilung der Spins entspricht. Die Abnahme der longitudinalen Magnetisierung und damit die Störung der Boltzmann-Verteilung wird dann durch den *Sättigungsparameter* $Z = (1 + \omega_1^2 T_1 T_2)$ bestimmt, derselbe Parameter, der auch für die Breitenzunahme der Resonanzlinie verantwortlich ist.

Um im Experiment eine störende Sättigungsverbreiterung zu vermeiden, muß offenbar die Bedingung

$$\gamma^2 H_1^2 T_1 T_2 \ll 1 \tag{83}$$

erfüllt werden. Um die statthafte, also noch keine zusätzliche Verbreiterung bewirkende Größe von H_1 abzuschätzen, sei T_2 durch die natürliche Linienbreite ΔH bzw. $\Delta \omega$ bestimmt und $T_1 \approx T_2$. Mit $\Delta \omega = \gamma \Delta H$ ergibt sich

$$2 H_1 \ll \Delta H \tag{84}$$

Diese Beziehung besagt, daß das *eingestrahlte Mikrowellenfeld* $2H_1$ *klein gegen die Linienbreite* sein muß, um eine Sättigungsverbreiterung zu vermeiden. Oder, mit Gl. 82, S. 79: *die Linienbreite ist nie kleiner als das eingestrahlte* H_1*-Feld.*

Die im Experiment vorliegende Größe des H_1-Feldes im Hohlraumresonator läßt sich in Abhängigkeit von der dem Resonator zugeführten Energie (der halben Klystronenergie bei Brückenanordnungen nach Abb. 7, S. 16 und Abb. 12, S. 23) angeben. Das Klystron liefert bei einer Leistung von U [Watt] pro sec die Energie E an das Hohlleitersystem. Sind Leitungsverluste zu vernachlässigen, so wird die (halbe) Energie dem Hohlraumresonator zugeführt. In seinem Volumen V wird durch Reflexion der Wellen, ausgedrückt durch den Gütefaktor Q (s. S. 14), eine mittlere Energiedichte $Q \cdot E / V$ aufgebaut. Das damit verbundene H_1-Feld ist nach elektromagnetischen Gesetzen durch

$$\frac{1}{4\pi} (2 H_1)^2 \cos^2 \omega t = \frac{Q \cdot E}{V}$$

gegeben. Die zeitliche Mittelung liefert

$$\frac{1}{8\pi} (2 H_1)^2 \omega = \frac{Q \cdot U}{V}.$$

Durch die räumliche cos-Verteilung der magnetischen Komponenten im H_{102}-Resonator (s. Abb. 6, S. 13) ergibt sich schließlich für das UHF-Feld im Zentrum der Probe (point-sample)

$$H_1 = 6{,}3 \sqrt{\frac{Q \cdot U}{V \cdot \nu}} \tag{85}$$

Dabei bedeuten U die (halbe) Klystronleistung in Watt, ν die Klystronfrequenz in MHz, V das Volumen des Hohlraumresonators in cm^3 und Q den Gütefaktor der cavity mit Probe außerhalb der Resonanz.

Werden in diese Formel Anhaltswerte für den H_{102}-Resonator eingesetzt ($V = 10\ \mathrm{cm}^3$, $\nu = 10^4$ MHz, $Q = 6000$), so entspricht einer Klystronleistung von 100 mW ein UHF-Feld von $H_1 = 0{,}5$ G. Erst bei Einstrahlung von 1 mW werden H_1-Feldstärken von ca. 50 mG erreicht. Selbst diese relativ schwache Einstrahlung kann bei sehr scharfen Resonanzlinien noch eine Sättigungsverbreiterung verursachen.

Zur *Vermeidung von apparativ bedingten Breiten* sind also folgende Punkte zu beachten.

Sofern möglich, ist eine *niedrige Modulationsfrequenz* zu wählen. Aus Gründen des Signal-Rausch-Verhältnisses ist damit u. U. die Benutzung eines Superheterodynzusatzes (S. 22.) erforderlich. Der *Modulationshub* sollte unbedingt wesentlich kleiner als die experimentelle Linienbreite gehalten werden. Auch damit ist natürlich ein Intensitätsverlust verbunden. Schließlich ist auch *die UHF-Energie durch Dämpfung* entsprechend den letzten Ausführungen *so niedrig zu halten, daß keine Sättigungsverbreiterung zu befürchten ist.*

In der Praxis sollte deshalb, nachdem das ESR-Signal gefunden ist, nacheinander Modulationshub und UHF-Energie variiert werden, um experimentell die in bezug auf Intensität und Linienbreite optimale Wahl dieser Parameter zu treffen.

IV.g. Variation der Linienbreite einzelner HFS-Komponenten

Elektronenresonanzspektren von Radikalen in Lösung sollten nach den bisherigen Betrachtungen in allen Komponenten die gleiche Linienbreite zeigen. Tatsächlich unterscheiden sich aber die einzelnen HFS-Linien bei vielen Proben merklich in ihrer Breite. Die inneren Komponenten zeigen oft eine größere Schärfe als die außen liegenden Linien. Auch tritt eine systematische Vergrößerung oder Verkleinerung der Linienbreite eines Multipletts vom tiefen zum hohen Feld hin ein. *Die Linienbreite einzelner HFS-Komponenten kann somit von der Orientierung des Kerns zum Magnetfeld, also von der magnetischen Quantenzahl* m_I *abhängen.*

Die Theorie dieser Effekte wurde zuerst von H. M. McConnell[14] untersucht. Er zeigte, daß das freie Elektron eines Radikalmoleküls während seiner Brownschen Bewegung zeitlich veränderlichen magnetischen Feldern ausgesetzt ist, wenn die moleküleigenen magnetischen Kerne eine anisotrope HFS (S. 201 ff.) zeigen oder das Radikal einen anisotropen *g*-Faktor (S. 216 ff.) besitzt. Beide Effekte mitteln sich bezüglich der Lage der HFS-Komponenten heraus (s. S. 38). Diese zeitabhängige Störung verursacht jedoch eine zusätzliche Relaxation des Elektronenspins, die von den fluktuierenden magnetischen Kernfeldern und damit von der Kernquantenzahl abhängt.

[14] H. M. McConnell: J. Chem. Phys. **25**, 709 (1956).

Diese Theorie wurde mehrfach[15–21] erweitert und ausführlich diskutiert. Hier kann nur auf das Ergebnis der teilweise recht komplizierten Berechnungen der Relaxationsverhältnisse eingegangen werden.

Die übersichtlichste Formulierung der Linienbreite verschiedener HFS-Komponenten eines Radikals liegt im Falle der Wechselwirkung des Elektrons mit einer Gruppe von *n äquivalenten Kernen* des Kernspins I vor. Wird die magnetische Quantenzahl des Gesamtspins $n \cdot I$ mit M_I bezeichnet (s. a. S. 46), so gilt für die *natürliche Linienbreite*, d. h. ohne Sättigungsverbreiterung, die formale Beziehung

$$\frac{1}{T_2} = K M_I^2 + L M_I + \left(\frac{1}{T_2}\right)_0 \tag{86}$$

Die Koeffizienten K und L sind unabhängig von der magnetischen Quantenzahl M_I. Nach dieser Gleichung setzen sich die Linienbreiten der ungesättigten HFS-Komponenten eines ESR-Spektrums aus *drei Anteilen* zusammen.

Ein Anteil $(1/T_2)_0$ *ist unabhängig von der speziellen HFS-Linie*, er wurde in den vorigen Abschnitten diskutiert. Enthält das Spektrum eine Komponente mit $M_I = 0$, so wird durch ihre Breite der Anteil $(1/T_2)_0$ wiedergegeben.

Ein weiterer Anteil (KM_I^2) *verbreitert die Komponenten symmetrisch um das Zentrum* des ESR-Spektrums, so daß die außenliegenden Komponenten die größte Breite aufweisen. Die positive Größe K ist ein Maß für die intramolekulare Dipol-Wechselwirkung des Kerns mit dem freien Elektron und wird im wesentlichen durch die Elemente der anisotropen HFS (s. S. 201 ff) beschrieben[22].

Der dritte Anteil (LM_I) *bewirkt eine Unsymmetrie des ESR-Spektrums* bezüglich der Breite seiner Komponenten. Der Koeffizient L ist auf einen kombinierten Effekt der anisotropen HFS und des anisotropen g-Faktors zurückzuführen. Bei Kenntnis von L, oder zumindest seines Vorzeichens, ist es möglich, den HFS-Komponenten die zugehörigen magnetischen Kernquantenzahlen auch hinsichtlich ihres Vorzeichens zuzuordnen, also *das absolute Termschema des Radikals zu ermitteln*. Auf diese, auch für den Chemiker wichtige Anwendung der Linienbreitenanalyse wird unten gesondert eingegangen.

[15] J. W. H. Schreurs, G. E. Blomgren, and G. K. Fraenkel: J. Chem. Phys. **32**, 1861 (1960).
[16] M. J. Stephen, and G. K. Fraenkel: J. Chem. Phys. **32**, 1435 (1960).
[17] D. Kivelson: J. Chem. Phys. **33**, 1094 (1960).
[18] M. J. Stephen: J. Chem. Phys. **34**, 484 (1961).
[19] J. W. H. Schreurs, and G. K. Fraenkel: J. Chem. Phys. **34**, 756 (1961).
[20] A. Carrington, and H. C. Longuet-Higgins: J. Mol. Phys. **5**, 447 (1962).
[21] J. W. H. Schreurs, and D. Kivelson: J. Chem. Phys. **36**, 117 (1962).
[22] siehe Fußnoten 16 und 20.

Die Beziehung (Gl. 86) konnte von J. W. H. SCHREURS und G. K. FRAENKEL[23] durch eine genaue Analyse der einzelnen HFS-Komponenten des ESR-Spektrums des p-Benzosemichinons bestätigt werden. Darüber hinaus konnten die Autoren die longitudinale Relaxationszeit T_1, bzw. die entsprechenden Sättigungsparameter für die einzelnen HFS-Komponenten experimentell bestimmen. Für $1/T_1$ ergab sich dabei die auch theoretisch geforderte Abhängigkeit von den magnetischen Quantenzahlen in ähnlicher Form wie Gl. 86 (S. 82). Auf die experimentelle Technik zur Ermittlung der natürlichen Linienbreite $1/T_2$ und $1/T_1$ wird in Kap. A. VI. eingegangen.

IV.g.1. Einfluß auf die Intensitätsverhältnisse der HFS-Linien

Die Unterschiedlichkeit der Relaxationszeiten für verschiedene HFS-Komponenten wirkt sich insbes. auf die Intensitätsverhältnisse der ESR-Linien aus. Wie in Kap. A. III. auseinandergesetzt wurde, sollten sich die Intensitäten der HFS-Komponenten wie die Multiplizitäten der entsprechenden Terme verhalten. Beim p-Benzosemichinon (Abb. 22e, S. 44) sind demnach fünf Linien mit dem Intensitätsverhältnis 1 : 4 : 6 : 4 : 1 zu erwarten.

Die Intensität einer Komponente i wird durch die Fläche unter der Absorptionskurve wiedergegeben (s. A. VI. a. 2. γ., S. 133). Mit $Z = (1 + \omega_1^2 T_1 T_2)$, dem Sättigungsparameter, resultiert (vgl. Gl. 144, S. 129) für die bezüglich der Entartung normierte Fläche der i-ten Komponente

$$F_i = B \cdot Z^{-1/2} \tag{87}$$

B ist eine Konstante, die von der Konzentration der Probe und apparativen Größen abhängt. In der Praxis ist die Flächenbestimmung (sie würde eine 2fache Integration des ESR-Spektrums erfordern) schwierig und ungenau. Die Fläche F_i wird jedoch durch die Beziehung

$$F_i \sim p_i \, \delta\omega_i^2 \quad \text{(vgl. Gl. 145, S. 129) mit} \tag{88}$$

$$p_i \sim T_2^2 \, Z^{-3/2} \quad \text{(vgl. Gl. 143, S. 129) und} \tag{89}$$

$$\delta\omega_i \sim \frac{1}{T_2} Z^{1/2} \quad \text{(vgl. Gl. 142, S. 129)} \tag{90}$$

wiedergegeben.

p_i ist dabei der Schreiberausschlag zwischen den Extremwerten der differenzierten Kurve der i-ten Komponente, $\delta\omega_i$ ist der Abstand der Extremwerte, praktisch also die Linienbreite (Gl. 52, 53, S. 61 und Gl. 80, S. 79) der i-ten Komponente.

[23] siehe Fußnote 19, S. 82.

Bei gleichen Relaxationsverhältnissen der Komponenten i und j, also gleichen Breiten $\delta\omega_i = \delta\omega_j$ läßt sich das normierte Intensitätsverhältnis einfach durch

$$\frac{F_i}{F_j} = \frac{p_i}{p_j} = 1 \tag{91}$$

ausdrücken. Diese Beziehung wird in der Praxis auch normalerweise angewandt, wenn die Intensitätsverhältnisse durch die Verhältnisse der peak-Höhen der Komponenten dargestellt werden.

Sind jedoch für verschiedene Komponenten eines ESR-Spektrums die Relaxationszeiten T_1 und T_2 analog Gl. 86, S. 82 verschieden, so resultieren für die Intensitätsverhältnisse durch Anwendung des zuletzt beschriebenen Verfahrens falsche Werte, die zudem noch mit der eingestrahlten Mikrowellenenergie variieren.

Die Verhältnisse sind nach J. W. H. Schreurs et al[24]. in Abb. 36, s. u.,

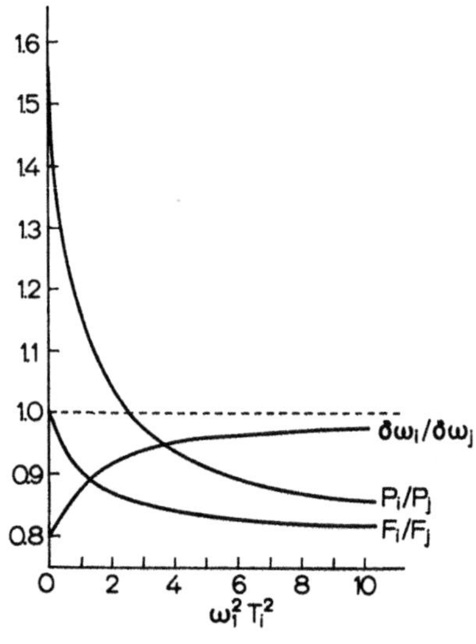

Abb. 36. Verhältnis der Linienbreiten $\delta\omega$, peak-Höhen p und Flächen F zweier HFS-Komponenten i und j für $T_j/T_i = 0{,}8$ in Abhängigkeit von der eingestrahlten Mikrowellenenergie[24]

für die vereinfachte Beziehung $T_1 = T_2$ und die Relaxationszeit $T_j/T_i = 0{,}8$ in Abhängigkeit von dem Dämpfungsglied $\omega_1^2 T_i^2$, das der eingestrahlten Mikrowellenenergie proportional ist, angegeben.

Für das gewählte Verhältnis der Relaxationszeit von $T_j/T_i = 0{,}8$ ist daraus abzulesen, daß bei sehr kleiner UHF-Einstrahlung ($\omega_1^2 T_j^2 \to 0$) die

[24] siehe Fußnote 15, S. 82.

Linienbreite der *i*-Komponente wegen ihrer längeren Relaxationszeit kleiner als die der *j*-Komponente ist. Die peak-Höhe ist dafür etwa 1,5 mal größer, als es dem Entartungsgrad entsprechen würde. Bei großer UHF-Einstrahlung werden die Breiten beider Komponenten gleich, sie werden jetzt durch die UHF-Einstrahlung (Gl. 82, S. 79) bestimmt; das Verhältnis der peak-Höhen fällt dagegen auf 0,8 ab. Auch das Flächenverhältnis, bzw. der Ausdruck $(p_i/p_j)\,(\delta\omega_i^2/\delta\omega_j^2)$ nimmt mit steigender Mikrowelleneinstrahlung ab. *Das Entartungsverhältnis der Terme wird nur bei kleiner UHF-Einstrahlung und nur durch das Flächenverhältnis richtig wiedergegeben.*

Die Übertragung dieser Verhältnisse auf ein ESR-Spektrum mit den auf Grund der Entartung geforderten Intensitäten von 1 : 2 : 1, kann für die beobachteten peak-Höhen je nach dem Grad der UHF-Sättigung die relativen Meßwerte von 1 : 3 : 1 bis 1 : 1,6 : 1 liefern. Die Kenntnis solcher Effekte ist wichtig bei der Interpretation von ESR-Spektren, die alle auf Grund der experimentellen Intensitätsverhältnisse und Anzahl der Komponenten vorgenommen werden.

Entsprechende Beobachtungen konnten z. B. am ESR-Spektrum des 2,5-Di-tert.-butyl-semichinon gemacht werden[25]. Das Verhältnis der Relaxationszeiten der äußeren zur inneren Komponente betrug hier $T_1^i/T_1^j = 0{,}65$ und $T_2^i/T_2^j = 0{,}86$. Diese Effekte, die durch die m_I-Abhängigkeit der Relaxationszeiten bewirkt werden, können wahrscheinlich die oft gefundenen, im allg. allerdings geringen Abweichungen der ESR-Spektren von den „geforderten" Intensitätsverhältnissen erklären.

Einen Einblick in die linienbreiten-bestimmenden Effekte durch die Anisotropie des g-Faktors Δg (vgl. S. 216ff.) und den Elementen der anisotropen HFS A (vgl. S. 203ff.) wird durch die Gl. 86, S. 82 entsprechende Formulierung[26]

$$\begin{aligned} \Delta H &= \alpha(\Delta g H_0 + A M_I)^2 + (\Delta H)_0 \\ &= \alpha(A^2 M_I^2 + 2\Delta g A H_0 M_I) + \alpha \Delta g^2 H_0^2 + (\Delta H)_0 \end{aligned} \qquad (92)$$

gegeben. Da α eine nur von der Korrelationszeit abhängige Konstante bedeutet, ist die Analogie dieser Beziehung mit der Gl. 86 (S. 82) ersichtlich. Interessant ist die Abhängigkeit der relativen Verbreiterung vom zweiten, in M_I linearen Term von der Größe des Magnetfeldes H_0. Der Grund hierfür ist in der Magnetfeld-abhängigen Verschiebung des Resonanzzentrums durch die *g*-Anisotropie (vgl. S. 216) zu suchen.

Dieser Effekt konnte bei N-Oxyden von A. Rassat et al.[27] eindrucksvoll (s. Abb. 37, S. 86) gezeigt werden. Die relativen Intensitätsverhältnisse der drei durch den N-Kern verursachten HFS-Komponenten erfüllen dabei

[25] siehe Fußnote 15, S. 82.

[26] siehe Fußnote 14, S. 81.

[27] R. Brière, H. Lemaire, et A. Rassat: Bull. Soc. Chim. France **1965**, 3273.

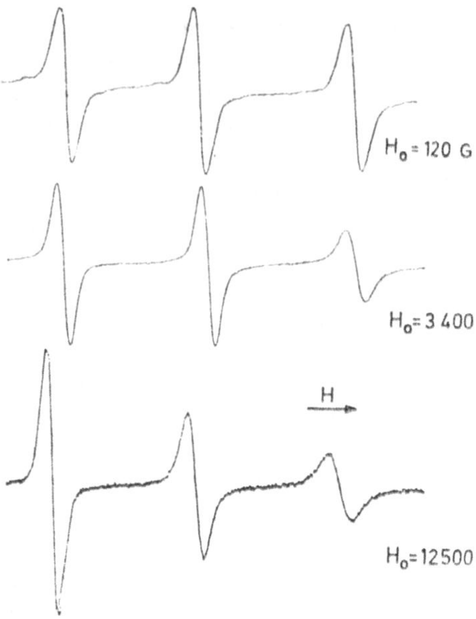

Abb. 37. Abhängigkeit der Linienbreite von der Größe des Resonanzfeldes beim ESR-Spektrum des 2,2,6,6-Tetramethyl-4-piperidon-N-oxyds[27a]

für kleines H_0-Feld mit 1 : 1 : 1 die Theorie, während bei den gebräuchlichen Feldern von 3400 G und insbes. bei Feldern, die Wellenlängen von 1 cm entsprechen, erhebliche Abweichungen auftreten.

IV.g.2. Vorzeichenbestimmung von Kopplungsparametern

Für den Chemiker sehr wichtig ist die *Unsymmetrie der Linienbreite zum Zentrum eines Multipletts*, die durch das Zusammenwirken von *g*-Faktor- und HFS-Anisotropie zustande kommt. Durch Analyse der Linienbreite ist es nämlich in einigen Fällen möglich, auf das *Vorzeichen der isotropen Kopplungsparameter a* zu schließen.

Die beiden Termschemen der Abb. 38 (S. 87) unterscheiden sich im Vorzeichen des Kopplungsparameters *a* und damit in der Lage der einzelnen Terme. Die HFS der resultierenden ESR-Spektren sind jedoch identisch. Der durch den Abstand der HFS-Komponenten ermittelte Kopplungsparameter *a* eines magnetischen Kerns kann also nur bezüglich seines Betrages angegeben werden (s. a. A. III. c. S. 41).

Treten die geschilderten Linienbreiteneffekte auf, so kann Gl. 86 (S. 82) zur Absolutbestimmung des Termschemas und damit zur Ermittlung des

[27a] siehe Fußnote 27, S. 85

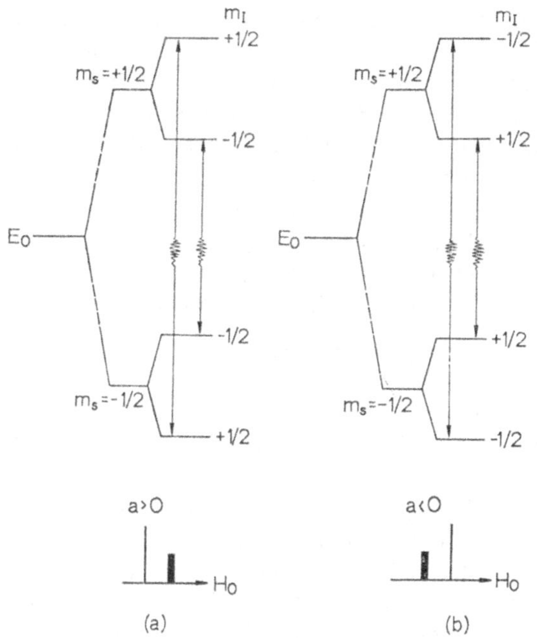

Abb. 38. Termschema für (a) positives und (b) negatives Vorzeichen der Kopplung des Elektrons mit einem $I = 1/2$-Teilchen. Variation der Linienbreite der ESR-Spektren für $L < 0$

Vorzeichens von a herangezogen werden. Bei negativem L besitzt die Komponente $m_I = -1/2$ (Abb. 38, s. o.) die größere Breite. Wird im ESR-Spektrum gemäß Abb. 38a die breitere Komponente bei hohem Feld gefunden, so gilt das linke Termschema mit $a > 0$. Erscheint die breitere Linie bei tiefem Feld, so ist die Deutung des ESR-Spektrums mit dem Termschema Abb. 38b richtig, der Kopplungsparameter ist negativ.

Zur Ermittlung des absoluten Termschemas eines Radikals ist die *Kenntnis des Vorzeichens von L* ausschlaggebend. Nach Carrington u. Longuet-Higgins[28] wird der zweite Summand ($L\,M_I$) der Formel 86 (S. 82) (diese bezog sich auf den vereinfachten Fall von äquivalenten Kernen) bezüglich des Vorzeichens durch den allgemein anwendbaren Ausdruck

$$\sum_{(i)} M_I^{(i)} \, (G'_{\alpha\beta} \, R^{(i)}_{\alpha\beta}) \qquad (93)$$

bestimmt. Das Symbol (i) kennzeichnet dabei die einzelnen Gruppen symmetrisch-äquivalenter Kerne im Radikalmolekül, $R^{(i)}$ ist der HFS-Tensor $A^{(i)} + a^{(i)} E$ (Summe aus anisotroper und isotroper Wechselwirkung,

[28] siehe Fußnote 20, S. 82.

s. S. 206) eines beliebigen Kerns aus der Gruppe (i) in einem festen moleküleigenen Koordinatensystem. G' ist der anisotrope Anteil des g-Tensors (s. S. 217) im gleichen Koordinatensystem. Die Klammer in Gl. 93 symbolisiert das innere Produkt der beiden Tensoren. $M_I^{(i)}$ ist wieder die magnetische Quantenzahl des Gesamtspins I der (i)-ten Gruppe.

Zur Anwendung dieser Gleichung kann immer das Koordinatensystem zugrunde gelegt werden, in dem der g-Tensor Diagonalgestalt besitzt, also außer den Diagonalelementen g_1-g, g_2-g, g_3-g nur Nullen auftreten. g bedeutet dabei den isotropen g-Faktor. Dann vereinfacht sich Gl. 93 unter Benutzung von Gl. 208, S. 207, und Gl. 220, S. 219, zu

$$\sum_{(i)} M_I^{(i)} [g_1 A_{11}^{(i)} + g_2 A_{22}^{(i)} + g_3 A_{33}^{(i)}] \qquad (94)$$

A_{11}, A_{22} und A_{33} sind die Diagonalelemente des reinen anisotropen HFS-Tensors eines Kerns der Gruppe (i) (vgl. Gl. 198, S. 204), g_1, g_2 und g_3 die Hauptelemente des g-Tensors (vgl. S. 217ff.). *Der in eckigen Klammern stehende Ausdruck gibt jetzt das gesuchte Vorzeichen von L an.*

Während die Elemente der HFS-Tensoren für einige Beispiele in zufriedenstellender Übereinstimmung mit dem Experiment errechnet werden konnten (s. Tab. 11, S. 213), ist die Ermittlung der Hauptelemente des g-Tensors schwieriger. Es konnte jedoch gezeigt werden, daß für aromatische Radikale der g-Faktor für die H_0-Feldrichtung senkrecht zur Ebene des Moleküls, g_z, i. allg. nur unwesentlich von dem des freien Elektrons g_f abweicht, g_x und g_y dagegen geringfügig erhöht werden[29,30].

Unter der zusätzlichen Annahme einer Zylindersymmetrie des Radikals, $g_x = g_y = g_\perp$ und $g_z = g_\parallel$, vereinfacht sich dann Gl. 94, s. o., nochmals. Bei Betrachtung eines HFS-Multipletts von nur einer Gruppe von Kernen wird das Vorzeichen von L durch das Vorzeichen von

$$(g_\parallel - g_\perp)\, C \qquad (95)$$

bestimmt. C ist dabei die reine anisotrope HFS-Konstante, wie sie mit parallel zur Symmetrieachse des p-Orbitals des freien Elektrons oder senkrecht zur Molekülebene des Radikals angeordnetem H_0-Feld vermessen wird. Da $g_\parallel - g_\perp < 0$, hat L also das entgegengesetzte Vorzeichen von C.

Ebenfalls bestimmt der Absolutbetrag von C die Größe des Linienbreiteneffekts. Für einige Konfigurationen sind die Werte der anisotropen HFS-Tensoren in Tab. 11, S. 213 angeführt.

Hiernach sind die zu erwartenden Linienbreiteneffekte bei Protonen ($C_{C-H} = -1.7$ G) nur gering, während die Einflüsse bei Kernen, die wie Kohlenstoff und Stickstoff selbst Träger des freien Elektrons sein

[29] H. M. McConnell, and R. E. Robertson: J. Phys. Chem. **61**, 1018 (1957).
[30] A. J. Stone: Mol. Phys. **6**, 509 (1963).

können, mit $C_{^{13}C} \approx +51$ G und $C_{^{14}N} \approx +27$ G ($\varrho = 1$) stärker ins Gewicht fallen. Hier ergibt sich unter den obigen Voraussetzungen, daß $L < 0$ ist. Damit zeigen die ESR-Übergänge mit $M_I > 0$ eine geringere Breite als die mit $M_I < 0$.

Als einfaches Beispiel sei das *Naphthalin* angeführt. In α-Stellung ^{13}C-angereichert, sind die äußeren ^{13}C-Komponenten im ESR-Spektrum ungestört beobachtbar[31]. Die in Abb. 39 (s. u.) wiedergegebenen low-

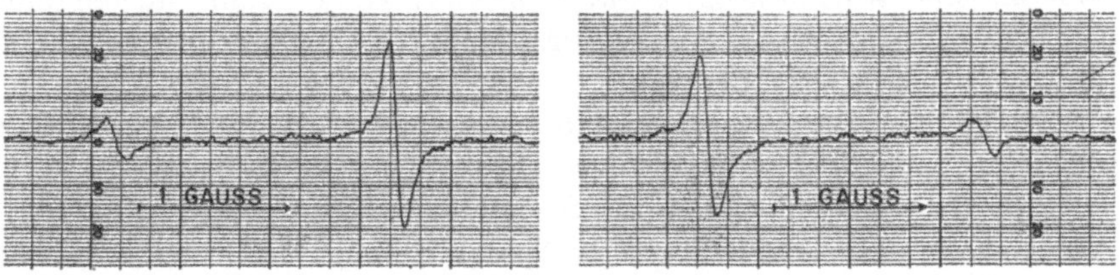

Abb. 39. Die ersten und letzten beiden $^{13}C_\alpha$ ESR-Linien des Naphthalin-Anions bei -70°C. Die Komponenten bei tiefem Feld zeigen wegen ihrer kleineren Linienbreite eine größere peak-Höhe[31]

und high-field-Komponenten zeigen einen deutlichen Intensitätsunterschied, der auf die kleinere Linienbreite der low-field-Linien zurückzuführen ist. Somit entsprechen die Übergänge bei kleinem Feld der magnetischen Quantenzahl des Kohlenstoffs von $m_I = +1/2$. Das Vorzeichen des Kopplungsparameters der α-^{13}C-Kopplung ist damit positiv (vgl. Termschema der Abb. 38a). Entsprechend ergibt sich für die β-^{13}C-Kopplung ein negatives Vorzeichen der HFS-Wechselwirkung.

V. Dynamische Effekte

Im letzten Kapitel wurde durch Lösung der Blochschen Gleichungen ein Ausdruck für die Quermagnetisierung M_V (Gl. 73) und damit für die Absorptionskurve, ihre Lage und ihre Breite (Gl. 79) gefunden. Diese Beziehungen wurden unter der explizit formulierten Voraussetzung abgeleitet, daß die Lage der betrachteten Komponente zeitlich unverändert bleibt (s. S. 77).

Durch dynamische Effekte, Beispiele werden weiter unten angegeben, *kann die Lage einer bestimmten ESR-Linie jedoch zeitlich veränderlich sein.* Damit müssen die Blochschen Gleichungen unter den neuen Bedingungen behandelt werden. Die Lösung führt zu *Linienbreiteneffekten*, deren experimentelle Auswertung wertvolle Aufschlüsse über die Dynamik des untersuchten Radikals geben kann.

[31] E. deBoer, and E. L. Mackor: J. Chem. Phys. **38**, 1450 (1963).

In Einheiten der Kreisfrequenz wird der Abstand $\hat{\omega}$ einer bestimmten Komponente vom Zentrum des Spektrums ω_L und damit die Lage dieser Linie durch

$$\hat{\omega} = \gamma \sum_K a_K m_{I_K}, \qquad \left(|\gamma| = \frac{g \cdot \mu_B}{\hbar}\right) \tag{96}$$

gegeben. Eine *zeitliche Änderung von* $\hat{\omega}$ kann einmal durch *zeitliche Variation eines oder mehrerer Kopplungsparameter* a_K bewirkt werden. Zum anderen führt auch eine *zeitliche Umordnung des Kernspinzustandes des Moleküls*, gegeben durch die m_{I_K}, zu einer Zeitabhängigkeit von $\hat{\omega}$.

Zeitlich variable Kopplungsfaktoren können z. B. durch periodische oder statistische Lageveränderungen (Schwingungen, Rotation u. ä.) von magnetischen Kernen bezüglich des Grundgerüstes des Radikalmoleküls auftreten. Einmal kann dadurch die Spinverteilung im Molekül zeitlichen Schwankungen unterworfen sein und so die von den Spindichten abhängige Kopplung moduliert werden. Zum anderen kann der Kopplungsparameter direkt von der Lage des Kerns abhängen (s. S. 167) und auf diese Weise zeitlichen Änderungen unterworfen sein. Weitere Ursachen zeitabhängiger Kopplungsparameter werden S. 99ff. beschrieben.

Zur Veranschaulichung diene als Beispiel das *p*-Nitroacetophenon-Anionradikal[1].

I

$a_5 = 2{,}66$ G
$a_3 = 2{,}93$ G
$a_2 = a_6 = 0{,}52$ G

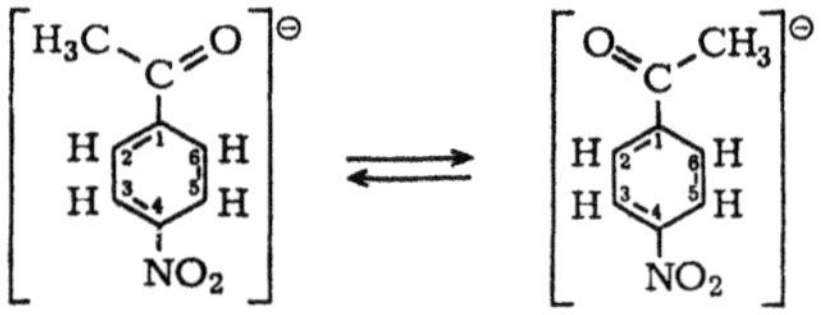

I II

II

$a_5 = 2{,}93$ G
$a_3 = 2{,}66$ G
$a_2 = a_6 = 0{,}52$ G

Aus Gründen der Mesomerie rotiert die Carbonylgruppe um ihre Bindung zum Benzolkern nur noch gehindert (s. S. 409), so daß im wesentlichen mit einer planaren Konformation des Moleküls gerechnet werden muß. Die zur 1—4-Achse unsymmetrische Carbonylgruppe bewirkt unterschiedliche π-Spindichten der C_3- und C_5-Atome und damit (s. S. 146) verschiedene Kopplungsfaktoren der beiden zu der Carbonylgruppe meta-ständigen Protonen. Durch Umklappen der Carbonylgruppe von der einen in die andere planare Konformation I $\rightleftharpoons$ II, ändert das Proton in 3- und in 5-Stellung seine *Kopplung* sprunghaft von 2,66 auf 2,93 und von 2,93 auf 2,66 G. Die Zeitabhängigkeit der Kopplungsparameter wird von der Lebensdauer der hier identischen Konformationsisomeren bestimmt.

Bei Austauscheffekten (Protonenaustausch von —OH, —NH_2-Gruppen, Elektronenaustausch) wird der *Kernspinzustand* des paramagnetischen Moleküls statistisch geändert. Bei dem einfachen Beispiel des Protonenaustauschs der OH-Gruppe des $\cdot CH_2OH$-Radikals[2], kann lediglich die

[1] P. H. Rieger, and G. K. Fraenkel: J. Chem. Phys. 37, 2811 (1962).
[2] H. Fischer: Mol. Phys. 9, 149 (1965).

magnetische Quantenzahl des Hydroxyprotons während eines Austausches geändert werden. Die Wahrscheinlichkeit der Umordnung des Zustandes von

$$m_I = +\frac{1}{2} \rightarrow -\frac{1}{2}$$

und umgekehrt ist gerade 1/2, so daß im statistischen Mittel die Lebensdauer des Spinzustandes durch $2/\nu$, das Doppelte der reziproken Austauschfrequenz, gegeben ist.

Wird allgemein die Lebensdauer τ eines definierten Zustandes des Radikalmoleküls vergleichbar mit der Relaxationszeit T_2, so muß mit einer *zeitlich veränderlichen Quermagnetisierung* (s. Gl. 70 u. Gl. 71, S. 77) gerechnet werden. Zur Bestimmung der Linienform, Linienbreite und Lage der ESR-Komponenten ist die Integration der Blochschen Gleichung ohne Vernachlässigungen notwendig. Die Berechnung der Linienparameter[3,4] soll hier relativ ausführlich beschrieben werden. An Hand der sich ergebenden Beziehungen zwischen den i. allg. experimentell zugänglichen Linienparametern und den Lebensdauern der Molekülzustände lassen sich nämlich *Aussagen über die Gleichgewichte, Kinetik und Dynamik* des untersuchten Systems gewinnen.

V.a. Lösung der Blochschen Gleichungen

Die Skizzierung der Rechnung folgt im wesentlichen einer Arbeit von A. Carrington[5].

Das Radikalmolekül möge in den durch Kopplungsparameter und Kernspinzustand definierten Spezies $A, B, C, \ldots$ vorliegen. Beim Übergang zwischen diesen Formen — möglicherweise sind einzelne Übergänge zwischen verschiedenen Molekültypen aus energetischen Gründen unwahrscheinlich — verschiebt sich die Lage einer bestimmten ESR-Komponente von

$$\omega_L - \hat{\omega}_A \rightarrow \omega_L - \hat{\omega}_B \rightarrow \omega_L - \hat{\omega}_C \rightarrow \cdots .$$

Für jeden Zustand des Moleküls kann jetzt die Blochsche Gleichung der Quermagnetisierung $M = M_U + i\,M_V$ in der Form

$$\frac{d M_A}{dt} + \eta_A M_A = -i\,\omega_1 M_Z \approx -i\,\omega_1 M_0 \quad \text{mit} \tag{97}$$

$$\eta_A = \frac{1}{T_2} + i\,(\omega - \omega_L + \hat{\omega}_A) \tag{98}$$

geschrieben werden (vgl. Gl. 71, 72). Da Sättigungseffekte ausgeschlossen werden sollen (geringe UHF-Einstrahlung, s. S. 79), kann M_z durch die statische Magneti-

[3] J. H. Freed, and G. K. Fraenkel: J. Chem. Phys. **39**, 326 (1963).
[4] J. H. Freed, and G. K. Fraenkel: J. Chem. Phys. **41**, 699 (1964).
[5] A. Carrington: Mol. Phys. **5**, 425 (1962).

sierung in H_0-Richtung M_0 ersetzt werden. Gl. 97, 98 entsprechende Formulierungen gelten für die Spezies B, C, ...

Die Integration der Gl. (97) ergibt

$$M_A = -\frac{i\,\omega_1 M_0}{\eta_A}(1 - e^{-\eta_A t}) + M_A^0 e^{-\eta_A t} \tag{99}$$

M_A^0 ist dabei die Magnetisierung zur Zeit $t = 0$, bei der das Molekül den Zustand A angenommen hat. Da dieses Molekül nur eine endliche Lebensdauer τ_A besitzt, wird die mittlere Magnetisierung durch zeitliche Mittelung gewonnen. Dabei ist zu beachten, daß die Lebensdauer eine statistische Größe ist, die angibt, nach welcher Zeit die Wahrscheinlichkeit W_A für das Vorliegen des Zustandes A noch $1/e$ ist,

$$W_A = e^{-t/\tau_A}\ .$$

Mit diesem Gewicht ist also die zeitabhängige Magnetisierung zu multiplizieren und die zeitliche Mittelung durchzuführen.

$$\overline{M}_A = \tau_A^{-1}\int\limits_0^\infty e^{-t/\tau_A} M_A\,dt = -\frac{i\,\omega_1 M_0 \tau_A}{1 + \eta_A \tau_A} + \frac{M_A^0}{1 + \eta_A \tau_A} \tag{100}$$

Entsprechende Gleichungen gelten für die Typen B, C etc. Bislang wurde noch angenommen, daß zur Zeit $t = 0$ die betrachteten Moleküle gerade den Zustand A angenommen hatten. Um der Wirklichkeit zu entsprechen, muß also noch über die möglichen Anfangszustände gemittelt werden, so daß der folgende Ausdruck erhalten wird

$$\langle\overline{M}_A\rangle = -\frac{i\,\omega_1 M_0 \tau_A}{1 + \eta_A \tau_A} + \frac{\langle M_A^0\rangle}{1 + \eta_A \tau_A} \tag{101}$$

Der Anfangszustand hängt von der unmittelbaren Vergangenheit des Systems ab, wird also von den mittleren Magnetisierungen der Molekültypen bestimmt, die sich in den Typ A umwandeln können.

Im einfachsten Fall beim Auftreten von nur zwei Spezies A und B liegt ein Gleichgewicht der Form $A \rightleftarrows B$ vor. Hier bestimmt sich der mittlere Anfangszustand einfach durch die mittlere Magnetisierung der Spezies B

$$\langle M_A^0\rangle = \langle\overline{M}_B\rangle \quad \text{und} \quad \langle M_B^0\rangle = \langle\overline{M}_A\rangle \tag{102}$$

Liegt ein kompliziertes Gleichgewicht vor, so zerfällt im allgemeinsten Fall der s-*te* Molekültyp in alle anderen möglichen Spezies $t \neq s$.

Die für jede Umwandlung typische Frequenz wurde durch $\nu_{s\to t}$ angegeben. Der reziproke Wert der Summe aller Übergangsfrequenzen $\left(\sum\limits_{t \neq s}\nu_{s\to t}\right)^{-1}$ gibt dann die Lebensdauer des s-ten Typs an. Interessiert die Anfangsmagnetisierung der r-ten-Spezie $\langle M_r^0\rangle$, so trägt zu dieser Größe die mittlere Magnetisierung des s-ten Typs $\langle\overline{M}_s\rangle$ den Anteil

$$\frac{\nu_{s\to r}}{\sum\limits_{t \neq s}\nu_{s\to t}}\langle\overline{M}_s\rangle$$

bei.

Entsprechende Anteile werden von den übrigen Molekültypen beigesteuert, so daß sich der mittlere Anfangszustand der Quermagnetisierung für den Typ r schreiben läßt als

$$\langle M_r^0 \rangle = \sum_{s \neq r} \frac{\nu_{s \to r}}{\sum\limits_{t \neq s} \nu_{s \to t}} \langle \overline{M}_s \rangle \,. \tag{103}$$

Da die allgemeinen Ergebnisse der Zeiteffekte schon an dem einfachen Gleichgewicht $A \rightleftarrows B$ diskutiert werden können, soll hier der weitere Rechengang zur Bestimmung der ESR-Absorption auf diesen Fall beschränkt bleiben. Die Übertragung auf die skizzierten komplizierter liegenden Gleichgewichte bereitet keine prinzipiellen Schwierigkeiten.

Aus Gl. 101 und 102 folgt für die mittleren Quermagnetisierungen der beiden Typen A und B

$$\begin{aligned} \langle \overline{M}_A \rangle &= -i\,\omega_1 M_0 \frac{\tau_A \gamma_B + \tau_B}{1 - \gamma_A \gamma_B} \\ \langle \overline{M}_B \rangle &= -i\,\omega_1 M_0 \frac{\tau_B \gamma_A + \tau_A}{1 - \gamma_A \gamma_B} \end{aligned} \tag{104}$$

wobei $\gamma_A = 1 + \eta_A \tau_A$ und $\gamma_B = 1 + \eta_B \tau_B$ bedeuten.

Um jetzt in einem weiteren Schritt die mittlere Magnetisierung aller im Gleichgewicht vorliegenden Spezies zu erhalten, ist die Summe der Einzelmagnetisierungen, versehen mit den sich aus der Art des Gleichgewichtes ergebenden Molenbrüchen, zu bilden. Die Anteile von A und B folgen aus den einzelnen Lebensdauern zu

$$\frac{\tau_A}{\tau_A + \tau_B} \quad \text{bzw.} \quad \frac{\tau_B}{\tau_A + \tau_B}\,,$$

so daß sich für die gesamte Quermagnetisierung ergibt

$$\langle \overline{M} \rangle = -\frac{i\,\omega_1 M_0}{\tau_A + \tau_B} \; \frac{\tau_A^2 \gamma_B + \tau_B^2 \gamma_A + 2\tau_A \tau_B}{\gamma_A \gamma_B - 1} \tag{105}$$

Wiederum soll noch vereinfachend angenommen werden, daß $\tau_A = \tau_B = \tau$, gleichbedeutend mit der Forderung, daß die beiden Molekültypen energetisch nicht unterschieden werden können. Diese Annahme gilt also für identische Isomere, jedoch auch für zeitabhängige Prozesse, die durch Änderung der Kernspinzustände bewirkt werden.

Somit vereinfacht sich Gl. 105 zu

$$\langle \overline{M} \rangle = -i\,\omega_1 M_0 \tau \, \frac{(\gamma_A + 1) + (\gamma_B + 1)}{2(\gamma_A \gamma_B - 1)} \,. \tag{106}$$

Durch Einführung der oft experimentell zugänglichen Größen $2\,\delta\hat{\omega} = \hat{\omega}_A - \hat{\omega}_B$ (Abstand der betrachteten Komponenten der beiden Typen) und $\omega_L' = \omega_L - {}^1/_2(\hat{\omega}_A + \hat{\omega}_B)$ (Verschiebung des Nullpunkts aus dem Zentrum des ESR-Spektrums zu der Mitte zwischen den in Frage stehenden Komponenten) (vgl. Abb. 40) lassen sich γ_A und γ_B in vergleichbarer Form

$$\gamma_A = 1 + \frac{\tau}{T_2} + i\tau(\omega - \omega_L' + \delta\hat{\omega})$$
$$\gamma_B = 1 + \frac{\tau}{T_2} + i\tau(\omega - \omega_L' - \delta\hat{\omega}) \quad (107)$$

schreiben.

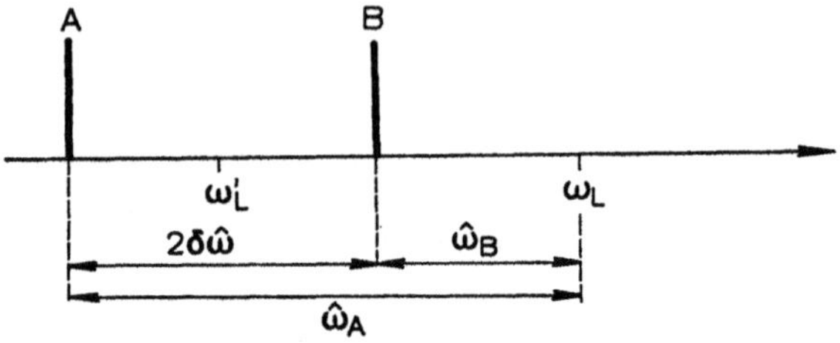

Abb. 40. Definition der die Abstände und Lage der Linien charakterisierenden Parameter

Bei gleichbleibender Lage der ESR-Komponenten beim Übergang $A \rightleftarrows B$ gelten

$$\hat{\omega}_A = \hat{\omega}_B = \hat{\omega} \quad \text{und} \quad \delta\hat{\omega} = 0\,.$$

Für diesen Fall liefert Gl. 106

$$\langle\overline{M}\rangle = -i\omega_1 M_0 \frac{1}{\frac{1}{T_2} + i(\omega - \omega_L')} \quad (108)$$

Der die Linienform bestimmende imaginäre Anteil der Quermagnetisierung M_V ergibt sich daraus zu

$$M_V = -\omega_1 M_0 \tau_2 \frac{1}{1 + \tau_2^2(\omega - \omega_L + \hat{\omega})^2} \quad (109)$$

Ist $\delta\hat{\omega} \neq 0$, wechselt also eine bestimmte ESR-Komponente bei der „Reaktion" $A \rightleftarrows B$ ihre Lage, so ist mit einer Verbreiterung der resultierenden Linie zu rechnen. Um die Rechnung nicht zu komplizieren, soll in diesem Falle die natürliche Linienbreite $1/T_2$ vernachlässigt werden. Die sich so ergebende Breite tritt also zusätzlich (in 1. Näherung additiv) zur natürlichen Breite auf.

Mit

$$\gamma_A = 1 + i\tau(\omega - \omega_L' + \delta\hat{\omega})$$
$$\gamma_B = 1 + i\tau(\omega - \omega_L' - \delta\hat{\omega}) \quad (110)$$

folgt aus Gl. 106

$$\langle\overline{M}\rangle = -i\omega_1 M_0 \tau \frac{-i\tau(\omega - \omega_L') - 2}{\tau^2[(\omega - \omega_L')^2 - \delta\hat{\omega}^2] - 2i\tau(\omega - \omega_L')} \quad (111)$$

Die Berechnung des imaginären Anteils der Quermagnetisierung liefert wieder die Kurvenform zu

$$M_V = -\omega_1 M_0 \tau \frac{2\delta\hat{\omega}^2}{\tau^2[(\omega - \omega_L')^2 - \delta\hat{\omega}^2]^2 + 4(\omega - \omega_L')^2} \quad (112)$$

V.b. Resultierende Linienformen

Als Ergebnis vorstehender Berechnung können die Gl. 109 und 112 angesehen werden. Sie geben die bei dynamischen Effekten auftretenden Linienformen wieder.

Bei gleicher Lage des betrachteten ESR-Übergangs der Spezies A und B, also $\hat{\omega}_A = \hat{\omega}_B$ und $\vartheta \hat{\omega} = 0$ (vgl. Abb. 40) ist für die Kurvenform die Beziehung Gl. 109 heranzuziehen. Dieser Ausdruck ist identisch mit Gl. 73 (S. 77), wenn von dem dort erscheinenden Sättigungsparameter abgesehen wird. Das wesentliche Ergebnis für $\delta \hat{\omega} = 0$ ist jedoch die Unabhängigkeit der Kurvenform, ihrer Lage und Breite von der Lebensdauer der untersuchten Spezies. Insbesondere wird die Linienbreite von der Lebensdauer nicht beeinflußt und ist weiterhin durch $1/T_2$ bestimmt.

Bei einer durch den Übergang $A \rightleftarrows B$ bewirkten Verschiebung der Resonanzlinie $\hat{\omega}_A \leftrightarrows \hat{\omega}_B$ und $2\,\delta \hat{\omega} = \hat{\omega}_A - \hat{\omega}_B \neq 0$ (vgl. Abb. 40) ist die Beziehung Gl. 112 anzuwenden. Aus dieser Gleichung ist ersichtlich, daß *die Linienform sowohl in bezug auf die Lage ihrer Maxima als auch in bezug auf ihre Breite von der Lebensdauer τ der beiden Spezies abhängt.*

Die Grenzfälle $\tau \to 0$ und $\tau \to \infty$ sind leicht zu übersehen.

$$M_V \to -\frac{\omega_1 M_0}{\tau} \frac{2\,\delta\hat{\omega}^2}{[(\omega - \omega_L')^2 - \delta\hat{\omega}^2]^2} \quad (\tau \to \infty) \tag{113}$$

$$M_V \to -\frac{\omega_1 M_0 \tau\, \delta\hat{\omega}^2}{2\,(\omega - \omega_L')^2} \quad (\tau \to 0) \tag{114}$$

Für $\tau \to \infty$, wenn beide Molekültypen durch keine Übergänge miteinander korreliert sind, beide Spezies also nebeneinander vermessen werden, ergeben sich aus Gl. 113 zwei Maxima an den Stellen $\omega = \omega_L - \hat{\omega}_A$ und $\omega = \omega_L - \hat{\omega}_B$. Sie sind den reinen Typen A und B zuzuordnen. Für sehr schnelle Umwandlung zwischen A und B, $\tau \to 0$, resultiert ein einziges Maximum an der Stelle $\omega = \omega_L - 1/2\,(\hat{\omega}_A + \hat{\omega}_B)$, das genau zwischen den „reinen" Komponenten liegt*. *Für sehr kleines τ wird also experimentell der zeitliche Mittelwert der Kopplungen gemessen.* Dieses hier quantitativ erfaßte Phänomen wurde qualitativ schon bei der anisotropen HFS und ihrer Mittelung durch die Brownsche Molekularbewegung (s. S. 38) und auch bei der Austauschverschärfung (s. S. 71) zugrunde gelegt. Die Auswertung von Gl. 112 zur Ermittlung der verschiedenen Parameter der ESR-Komponenten für beliebige τ ist in den Abb. 41, 42 und 43 wiedergegeben.

---

* Für $\tau_A \neq \tau_B$ und eventuelles Auftreten weiterer Spezies findet sich das Maximum an der Stelle

$$\omega = \omega_L - \frac{1}{\Sigma \tau_i} (\hat{\omega}_A \tau_A + \hat{\omega}_B \tau_B + \cdots)$$

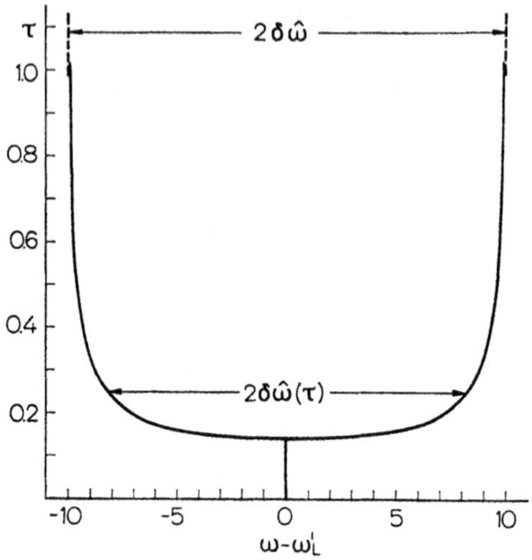

Abb. 41. Positionen der Linienmaxima zweier durch dynamische Effekte ineinander übergehender ESR-Komponenten in Abhängigkeit von der Lebensdauer τ der Spezies

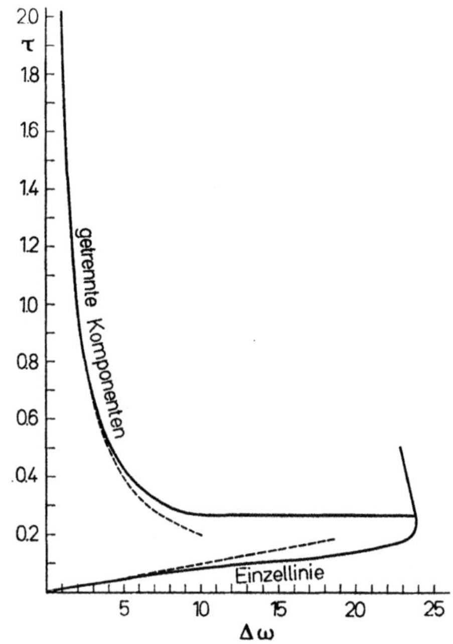

Abb. 42. Linienbreite zweier durch dynamische Effekte korrelierter ESR-Linien in Abhängigkeit von der Lebensdauer der vorliegenden Spezies. Gestrichelte Kurven sind nach den Näherungsausdrücken (Gl. 120, 121) gewonnen.

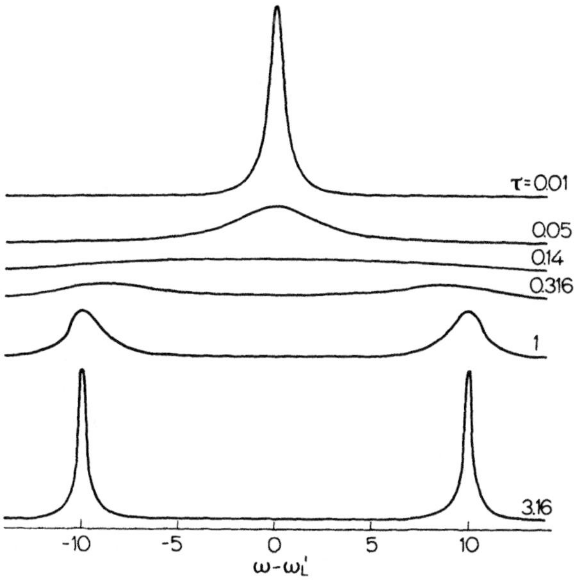

Abb. 43. Linienformen für zwei durch dynamische Effekte korrelierte ESR-Linien bei verschiedenen Lebensdauern τ der Spezies

Die Lage der Linien ist durch die Maxima der Kurvenform bestimmt. Diese ergeben sich durch die Minima des Nenners in Gl. 112, die den Beziehungen

$$\omega = \omega' \pm \left(\delta\hat{\omega}^2 - \frac{2}{\tau^2}\right)^{1/2} \text{ für } \tau\,\delta\hat{\omega} \geqq \sqrt{2} \tag{115}$$

und

$$\omega = \omega_L' \qquad \text{für } \tau\,\delta\hat{\omega} \leqq \sqrt{2} \tag{116}$$

entsprechen. Die bei großen τ getrennten Maxima der Linien nähern sich mit kürzer werdender Lebensdauer, um für $\tau\,\delta\hat{\omega} = \sqrt{2}$ bei $\omega = \omega_L'$ zusammenzufallen. *Der Abstand* $2\,\delta\hat{\omega}(\tau)$ *der Linien* für $\tau\,\delta\hat{\omega} \geqq \sqrt{2}$ ist damit durch die Gleichung

$$2\,\delta\hat{\omega}(\tau) = 2\left(\delta\hat{\omega}^2 - \frac{2}{\tau^2}\right)^{1/2} \tag{117}$$

bestimmt.

Abb. 41 gibt die Lage der beiden symmetrisch um $\omega = \omega_L'$ liegenden Maxima für den in willkürlichen Einheiten gewählten Wert bei dem Abstand der Linien von $2\,\delta\hat{\omega} = 20$ wieder. Die Angleichung an experimentell vorliegende $\delta\hat{\omega} - \tau$-Werte ist (auch zur Auswertung der Abb. 42 und 43) durch die Verknüpfung $\tau\,\delta\hat{\omega} = \sqrt{2}$ gegeben.

Ebenfalls kann die Abhängigkeit der *Linienbreite* $\Delta\omega$ (s. S. 58) von der Lebensdauer τ aus Gl. 112, S. 94 durch einfache Rechnung ermittelt werden. Der Zusammenhang zwischen der Lage der Halbwertspunkte und der Lebensdauer ist durch

$$(\omega - \omega_L')^2 = \delta\hat{\omega}^2 - \frac{2}{\tau^2} \pm \frac{2}{\tau}\left(\delta\hat{\omega}^2 - \frac{1}{\tau^2}\right)^{1/2} \quad \text{für} \quad \tau\delta\hat{\omega} \geqslant \sqrt{2} \qquad (118)$$

$$\tau^2 = \frac{4\,(\omega - \omega_L')^2}{\delta\hat{\omega}^4 + 2\,(\omega - \omega_L')^2\,\delta\hat{\omega}^2 - (\omega - \omega_L')^4} \quad \text{für} \quad \tau\delta\hat{\omega} \leqslant \sqrt{2} \qquad (119)$$

gegeben. Für $2\,\delta\hat{\omega} = 20$ sind diese Gleichungen in Abb. 42 ausgewertet worden. *Für große τ-Werte werden die getrennten Linien mit einer nur geringen Verbreiterung erhalten. Diese Linien verbreitern sich mit abnehmender Lebensdauer beträchtlich*, um schließlich für $\tau \approx 0{,}27$ sprunghaft die maximale Breite zu erreichen. Dieser Punkt ist etwa dann erreicht, wenn zur Bestimmung der Halbwertsbreite nicht mehr die Einzellinien, sondern das Überlagerungsbild beider Komponenten herangezogen werden muß. Diese Bestimmung entspricht auch dem in Abb. 42 angedeuteten zweiten Ast der $\Delta\omega$-τ-Kurve. Mit weiter abnehmender Lebensdauer der beiden Spezies verschmelzen die beiden Komponenten bei $\tau\delta\hat{\omega} = \sqrt{2}$ *zu einer einheitlichen Linie*, die jetzt sehr schnell schmäler wird, um für $\tau = 0$ keine Verbreiterung mehr zu zeigen. Hier wird die Linienbreite wieder durch die Relaxationszeit T_2 bestimmt.

Als Näherung der $\Delta\omega$-τ-Beziehung kann aus Gl. 118 für die zusätzliche Verbreiterung

$$\Delta\omega \approx \frac{2}{\tau} \qquad (\tau\,\delta\,\hat{\omega} \gg \sqrt{2}) \qquad (120)$$

$$\Delta\omega \approx \tau\,\delta\hat{\omega}^2 \qquad (\tau\,\delta\,\hat{\omega} \ll \sqrt{2}) \qquad (121)$$

gefolgert werden. Die letzte Beziehung kann unter Benutzung von Gl. 96 und $\delta a_K = a_K^A - a_K^B$ noch in

$$\begin{aligned} \Delta\omega &\approx \gamma^2\,\frac{\tau}{4}\Big(\sum_K \delta\alpha_K\, m_{IK}\Big)^2 \qquad \text{oder} \\ \Delta\omega &\approx \gamma^2\frac{\tau}{4}\Big(\sum_K \alpha_K\,\delta m_{IK}\Big)^2 \end{aligned} \qquad (122)$$

umgewandelt werden.

Für einige τ-Werte sind die Ergebnisse in Abb. 43 aufgetragen. Hieraus ist insbesondere ersichtlich, daß für eine Lebensdauer, die etwa dem Linienabstand $2\,\delta\hat{\omega}$ entspricht, die Linien so breit werden können, *daß sie experimentell kaum oder nicht mehr registriert werden können.*

V.c. Anwendung

V.c.1. Rotation und Schwingung

Bei der Anwendung der skizzierten Theorie zur Beschreibung der beobachteten ESR-Spektren kann die Gruppe der *sehr schnell verlaufenden Prozesse* vorweggenommen werden. Es sind dies insbesondere die Bewegungen einzelner Molekülfragmente gegeneinander, also Valenzschwingung, Rotationsschwingung und Rotation. Hier wird ESR-spektroskopisch der zeitliche Mittelwert der bei den einzelnen Phasen des Bewegungsablaufs auftretenden Kopplungen vermessen.

In übersichtlicher Weise ist die zeitliche Mittelung lediglich im Falle der *freien Rotation*, z. B. einer Methylgruppe durchzuführen. Die Kopplung mit den Protonen von der durch den Winkel ϑ definierten Lage der Methylgruppe (Abb. 69, S. 170) ist durch die Beziehung $a_{CH_3} = B^{H}_{C-CH_3} \cos^2 \vartheta$ (vgl. Gl. 169, S. 171) gegeben. Die bei freier Rotation lineare Beziehung zwischen ϑ und der Zeit t der Form $\vartheta = 2\,\pi\nu t$, wobei ν die sehr hohe Umlaufsfrequenz bedeutet, ergibt für die zeitlich gemittelte Kopplung

$$\bar{a}_H = \nu\,\varrho \int\limits_0^{1/\nu} B \cos^2 2\,\pi\,\nu\,t\,dt = \frac{1}{2} B\varrho.$$

Da dieser Mittelwert unabhängig von ν ist, resultiert für alle Rotationsniveaus die gleiche Kopplung, so daß eine weitere Mittelung über die Besetzungszahlen der Rotationsniveaus nicht notwendig ist.

Aus der durch die Rotation bewirkten Äquivalenz der drei Methylprotonen ergibt sich für jeden Wasserstoffkern derselbe Kopplungsparameter. Frei rotierende Methylgruppen spalten die ESR-Spektren entsprechender Verbindungen also in vier Komponenten mit den Intensitäten 1 : 3 : 3 : 1 auf.

Im Falle einer *Schwingung* oder *Drehschwingung* ist die Situation ungleich schwieriger. Entsprechend den verschiedenen Amplituden der einzelnen Schwingungsniveaus ergeben sich für jedes Energieniveau unterschiedliche mittlere Kopplungsparameter. Da die Niveaus nach der Boltzmann-Statistik besetzt sind, liefert die erforderliche zweite Mittelung eine *Abhängigkeit des resultierenden Kopplungsparameters von der Temperatur*.

Experimentell sind diese Temperaturabhängigkeiten für C—H-Fragmente[6–8] bei mehreren Verbindungen gefunden und auch theoretisch als

[6] R. W. FESSENDEN, and S. OGAWA, J. Amer. chem. Soc. **86**, 3591 (1964).
[7] G. VINCOW, M. L. MORRELL, W. V. VOLLAND, H. J. DAUBEN JR., and F. R. HUNTER: J. Amer. chem. Soc. **87**, 3527 (1965).
[8] I. A. ZLOCHOWER, W. R. MILLER JR., and G. K. FRAENKEL: J. Chem. Phys. **42**, 3339 (1965).

„out of plane-Schwingung" der Protonen untersucht worden[9–12]. Auch die bei Substitution der Protonen durch Deuteronen gefundenen geringfügigen Abweichungen der Kopplungsparameter[13–15] von der Beziehung $a_H = 6{,}514\, a_D$ können als die bei gleicher Temperatur veränderten Schwingungsamplituden der beiden Kerne gedeutet werden.

Wesentlich stärker sind die Temperaturabhängigkeiten der H-Kopplungen beim Vorliegen von Drehschwingungen, wie sie bei Substituenten mit gehinderter Rotation auftreten können. Hier verursacht insbes. die Winkelabhängigkeit der Hyperkonjugationswechselwirkung (s. S. 171) eine große Veränderung der Kopplung mit der Auslenkung der Gruppe aus ihrer Ruhelage. Für die entsprechenden Drehschwingungsenergieniveaus ergeben sich damit sehr verschiedene Kopplungsparameter. Schon kleinere Änderungen der Besetzungszahlen durch eine Temperaturvariation sind ausreichend, den gemittelten Kopplungsparameter wesentlich zu ändern. Beispiele für das Auftreten von Drehschwingungen sind insbes. Radikale mit mono- und disubstituierten Methylgruppen[15–18]. Die Temperaturabhängigkeit ihrer Kopplungen wurde ebenfalls theoretisch untersucht[19–22].

Die bei den Schwingungen erforderliche Mittelung über die verschieden besetzten Energieniveaus erfordert die Kenntnis der Anregungsenergien der Schwingungen oder der Hinderungspotentiale der Drehschwingung. Hier kann u. U. der Vergleich mit experimentellen Ergebnissen zur Ermittlung der entsprechenden Energien führen.

V.c.2. Radikal-Assoziate

Radikalmoleküle mit funktionellen Gruppen zeigen i. allg. einen *Lösungsmitteleffekt*, also eine Änderung der Kopplung von a_A nach a_B beim Übergang von Lösungsmittel A zu Lösungsmittel B. Diese Änderungen können

---

[9] D. M. Schrader, and M. Karplus: J. Chem. Phys. **40**, 1593 (1964).
[10] R. E. Moss: Mol. Phys. **10**, 339, 501 (1965).
[11] D. M. Schrader: J. Chem. Phys. **46**, 3895 (1967).
[12] H. Fischer u. H. Hefter: Z. Naturforsch. **23a**, 1763 (1968).
[13] T. Cole: J. Chem. Phys. **35**, 1169 (1961).
[14,15] R. W. Fessenden, and R. H. Schuler: J. Chem. Phys. **39**, 2147 (1963).
[16] N. M. Atherton, and R. S. F. Harding: Nature **198**, 987 (1963).
[17] W. F. Forbes, P. D. Sullivan, and H. M. Wang: J. Amer. chem. Soc. **89**, 2705 (1967).
[18] C. Corvaja: Trans. Faraday Soc. **63**, 26 (1967).
[19] E. W. Stone, and A. H. Maki: J. Chem. Phys. **37**, 1326 (1962).
[20] R. W. Fessenden: J. Chim. Phys. **61**, 1570 (1964).
[21] A. J. Stone, and A. Carrington: Trans. Faraday Soc. **61**, 2593 (1965).
[22] A. Carrington, and P. F. Todd: Mol. Phys. **8**, 299 (1965).

prinzipiell durch Variation der Coulomb- und, oder der Austauschintegrale der polaren Gruppen MO-theoretisch simuliert werden (s. S. 403 ff, 428). Diese Betrachtungsweise setzt *Radikal-Lösungsmittelassoziate* der Form RA und RB voraus, wobei jedem Assoziat die Kopplung a_A bzw. a_B zuzuordnen ist. Wird das Radikal R in Lösungsmittelgemischen untersucht, so ist mit einem Gleichgewicht $B + RA \rightleftarrows A + RB$ zu rechnen. Das zu erwartende ESR-Spektrum hängt von der Lebensdauer der Spezies RB und RA, bzw. von den Geschwindigkeitskonstanten der Reaktion ab. Da diese wiederum eine Funktion der Temperatur sind, können die Spektren variieren, wenn durch eine Temperaturänderung der kritische Bereich der Lebensdauern ($\tau\,\delta\hat{\omega} \approx \sqrt{2}$) überstrichen wird.

Ein Beispiel ist das *3-Hydroxy-nitrobenzol-Anionradikal*[23]. Beim Übergang von DMF zu H_2O als Lösungsmittel ändert sich der N-Kopplungsparameter von $a_A = 14{,}6$ G nach $a_B = 12{,}3$ G. Für das Gemisch der beiden Lösungsmittel ist bei einem schnellen Austausch ($\delta a = 2{,}3$ G, also $\delta\hat{\omega} = 20 \cdot 10^6$ sec^{-1}, damit für $\tau \ll 5 \cdot 10^{-8}$ sec) mit einer zeitlichen Mittelung der Kopplungsparameter, also mit einem einheitlichen Spektrum zu rechnen.

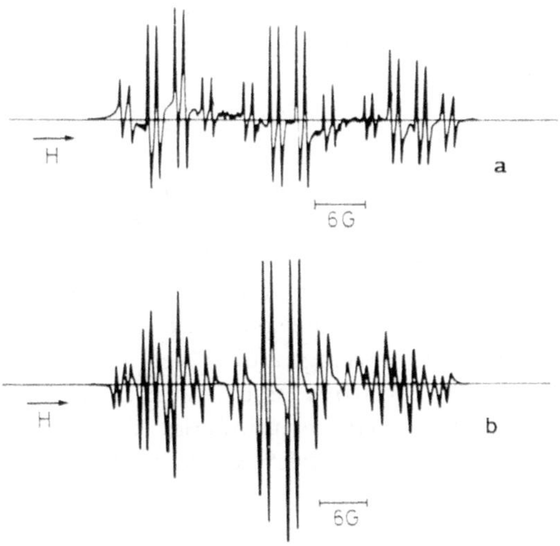

Abb. 44. ESR-Spektrum[23] des *m*-Nitrophenol-Anionradikals in 50% H_2O – 50% DMF bei (a) Raumtemperatur, (b) 0°C

Bei Zimmertemperatur sind diese Bedingungen für 50% DMF/50% H_2O erfüllt (Abb. 44a). Wird die Temperatur auf 0°C erniedrigt, so resultiert ein Spektrum (Abb. 44b), das als Überlagerung der Spektren von RA

[23] C. Corvaja, and G. Giacometti: J. Amer. chem. Soc. **86**, 2736 (1964).

und RB im Verhältnis 1 : 1 gedeutet werden kann. Die Lebensdauer der einzelnen Komplexe sind bei der gewählten Temperatur schon so groß, daß die reinen Spektren auftreten.

Bei dem weitaus häufigeren schnellen Austausch der solvatisierten Lösungsmittelmoleküle läßt sich die Gleichgewichtskonstante K der Austauschreaktion durch ESR-Untersuchungen ermitteln. Es resultiert ein zeitlich gemittelter Kopplungsparameter (s. Fußnote S. 95)

$$\overline{a} = \frac{\tau_A}{\tau_A + \tau_B} a_A + \frac{\tau_B}{\tau_A + \tau_B} a_B \tag{123}$$

wobei a_A und a_B die experimentell zugänglichen Kopplungen in den reinen Lösungsmitteln bedeuten. Die durch die Lebensdauern ausgedrückten Gewichtsfaktoren der Kopplungen sind einfach die normierten Gleichgewichtskonzentrationen (Molenbrüche) $[RA] / ([RA] + [RB])$ und $[RB] / ([RA] + [RB])$. Mit der Beziehung

$$\frac{[A]}{[B]} \frac{[RB]}{[RA]} = K$$

läßt sich also der Kopplungsfaktor als

$$\overline{a} = \frac{\varkappa K}{1 + \varkappa K} (a_B - a_A) + a_A \tag{124}$$

schreiben[24]. $\varkappa$ ist das Konzentrationsverhältnis $[B] / [A]$*, so daß aus dieser Beziehung auf die *Gleichgewichtskonstante* K geschlossen werden kann. Mit dieser Formulierung konnten z. B. die relativen Geschwindigkeitskonstanten für die Solvatationsprozesse des 4-Amino-2,6-di-tert.-butylphenoxyls bestimmt werden[25]. Weitere Beispiele s. S. 430. Die hier speziell für Assoziate des Radikals mit Lösungsmittelmolekülen beschriebenen Verhältnisse lassen sich auf andersartige Assoziate (z. B. Radikalkomplexe mit Gegenion, diamagnetischer Stammverbindung) übertragen. Im einfachsten Falle steht dem Assoziat das „freie“ Radikalmolekül im Gleichgewicht gegenüber.

V.c.3. Two jump-Prozesse

Bei vielen Radikalen ist die Umwandlung der Spezies A und B dadurch gekennzeichnet, daß die *Kopplungen zweier Kerne oder zweier Gruppen von*

* Genauer sollten hier die Gleichgewichtsaktivitäten benutzt werden.

24 J. Gendell, J. H. Freed, and G. K. Fraenkel: J. Chem. Phys. **37**, 2832 (1962).

25 K. Scheffler, und H. B. Stegmann: Z. Physik. Chem. NF **44**, 353 (1965).

Kernen ineinander übergehen. Sie werden in dem Sinne verändert, daß die Kopplungsparameter gerade vertauscht sind. Bei dem 4-Nitroacetophenon-anion-Radikal (s. S. 90) wäre die Änderung der Kopplungsparameter mit $a_3 \to a_5$ und $a_5 \to a_3$ zu charakterisieren. Da die simultane Änderung der beiden Kopplungen gegenläufig korreliert ist, wird dieser Prozeß auch „out of phase" genannt. Er ist vor allem bei Isomeren zu erwarten. Bei den *Rotationsisomeren* z. B. bewirkt die Rotation einer bestimmten Gruppe den Übergang. Es sollen hier aber auch Übergänge wie

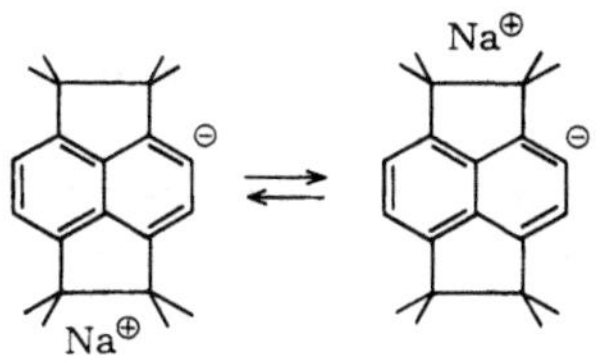

oder

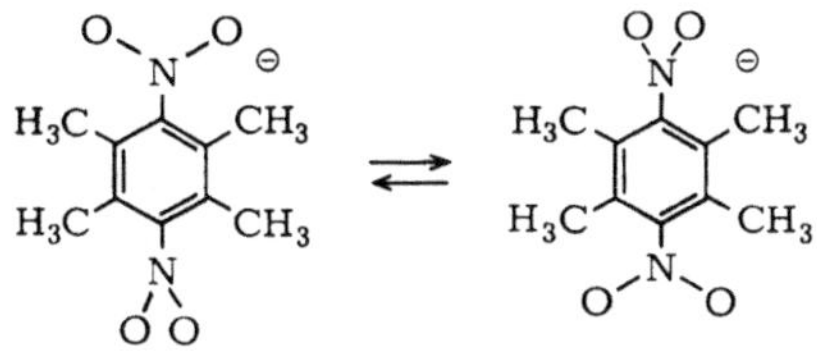

betrachtet werden. Im Falle des Na$^{\oplus}$-Pyrazens$^{\ominus}$-Ionenpaares[26–28] bewirkt der *intramolekulare Platzwechsel des Kations* die gegenphasig korrelierte Änderung der beiden Gruppen der vier β-Protonen. Ähnliche Verhältnisse wurden bei Semichinonen beobachtet[29–31]. Beim Anionradikal des p-Dinitrobenzols[32–34] gehen bei der skizzierten simultanen Drehung der Nitrogruppen* die Kopplungen der Stickstoffkerne ineinander über. Analoge Effekte zeigen eine Reihe weiterer Nitroarylradikale[35–39]. Bei allen angeführten Beispielen sind im Prinzip auch simultane Änderungen von Kopplungen weiterer Protonen zu erwarten, die offensichtlich aber zu klein

---

* Auch unterschiedliche Solvatation der Nitrogruppen führt zu den gleichen Effekten. M. Blandamer, J. M. Gross and M. C. R. Symons: Nature **205**, 591 (1965), u. W. E. Griffiths, C. J. W. Gutch, G. F. Longster, J. Myatt, and P. F. Todd: J. Chem. Soc. **B 1968**, 785.

[26] E. deBoer, and E. L. Maki: Proc. Chem. Soc. **1963**, 23.

[27] E. deBoer, and E. L. Maki: J. Amer. chem. Soc. **86**, 1513 (1964).

[28] E. deBoer, and E. L. Maki: Rec. Trav. Chim. **84**, 609 (1965).

[29] P. S. Gill, and T. E. Gough: Can. J. Chem. **45**, 2112 (1967).

[30] T. A. Claxton, J. Oakes, and M. C. R. Symons: Nature **216**, 914 (1967).

[31] P. D. Sullivan: J. Amer. chem. Soc. **89**, 4294 (1967).

[32] J. H. Freed, and G. K. Fraenkel: J. Chem. Phys. **37**, 1156 (1962).

[33] J. H. Freed, P. H. Rieger, and G. K. Fraenkel: J. Chem. Phys. **37**, 1881 (1962).

[34] G. K. Fraenkel, and I. Bernal: J. Amer. chem. Soc. **86**, 1671 (1964).

[35] J. H. Freed, and G. K. Fraenkel: J. Chem. Phys. **40**, 1815 (1964).

[36] A. Hudson, C. Lagercrantz, and G. R. Luckhurst: Mol. Phys. **11**, 321 (1966).

[37] R. D. Allendoerfer, and P. H. Rieger: J. Chem. Phys. **46**, 3266 (1967).

[38] J. Gendell: J. Chem. Phys. **46**, 4152 (1967).

[39] C. Ling, and J. Gendell: J. Chem. Phys. **47**, 3475 (1967).

sind, um experimentell nachweisbar zu sein. Sind die Geschwindigkeiten solcher Prozesse vergleichbar mit den resultierenden Kopplungsdifferenzen, so können alternierende Linienbreiten auftreten, d. h., daß nur spezielle ESR-Komponenten durch den Prozeß beeinflußt werden. Die Frage, welche ESR-Komponenten bei diesen Radikalen scharf bleiben und welche sich verbreitern, ist durch die Bestimmung von $\delta\hat{\omega}$ (s. Gl. 121 und 122) zu beantworten. Die Diskussion kann auf die veränderlichen Kopplungen beschränkt werden, da beim jump-Prozeß konstant bleibende Kopplungen ohne Einfluß auf die Linienbreiten sind. Einige Beispiele sollen das Verfahren erläutern.

Zur Ermittlung der Linienbreiteneffekte sind die verschiedenen Quantenzustände der Kerne zu untersuchen. Jedem Spinzustand, charakterisiert durch die magnetischen Quantenzahlen der Kerne m_I, entspricht eine ESR-Komponente, deren Lage bei den im dynamischen Gleichgewicht stehenden Spezies A und B sich auf Grund der Kopplungen a_A und a_B als $\hat{\omega}_A$ und $\hat{\omega}_B$ (s. Gl. 96, S. 90) angeben läßt (vgl. S. 42). Damit ist für jeden Spinzustand auch $2\,\delta\hat{\omega} = \hat{\omega}_A - \hat{\omega}_B$ und somit die zu erwartende Verbreiterung $\Delta\omega = \tau\,\delta\hat{\omega}^2$ (Gl. 121, S. 98) bekannt.

m_3	m_5	$\hat{\omega}_A$ [G]	$\hat{\omega}_B$ [G]	$2\delta\hat{\omega}$ [G]	$\Delta\omega$ [G]
1/2	1/2	$1/2\,(a_3 + a_5)$	$1/2\,(a_3 + a_5)$	0	0
1/2	−1/2	$1/2\,(a_3 - a_5)$	$-1/2\,(a_3 - a_5)$	$a_3 - a_5$	$\gamma\tau \frac{\delta a^2}{4}$
−1/2	1/2	$1/2\,(a_5 - a_3)$	$-1/2\,(a_5 - a_3)$	$a_5 - a_3$	$\gamma\tau \frac{\delta a^2}{4}$
−1/2	−1/2	$-1/2\,(a_3 + a_5)$	$-1/2\,(a_3 - a_5)$	0	0

Zur Ermittlung der Linienbreiteneffekte, Beispiel 1 (s. Text).

Beim 4-Nitro-acetophenon-Anionradikal sind nur die Spinzustände der Protonen in 3- und 5-Stellung mit ihren Kopplungen a_3 und a_5 zu betrachten. Die Aufstellung zeigt, daß die beiden äußeren Komponenten keine zusätzliche Verbreiterung zeigen, also unabhängig von der Lebensdauer scharf bleiben. Die mittleren Komponenten dagegen zeigen eine zusätzliche Linienbreite. Hier, wie auch in anderen Fällen, kann dieses Verhalten qualitativ auch durch das *Schema der Strichspektren* (s. Abb. 45, S. 105) ermittelt werden. Die Strichspektren werden an Hand der aus der Aufstellung zu entnehmenden Lage der ESR-Komponenten für die beiden Spezies untereinander konstruiert und die bei der „Reaktion“ ineinander übergehenden Komponenten verbunden. *Diese Verbindungslinien symbolisieren die*

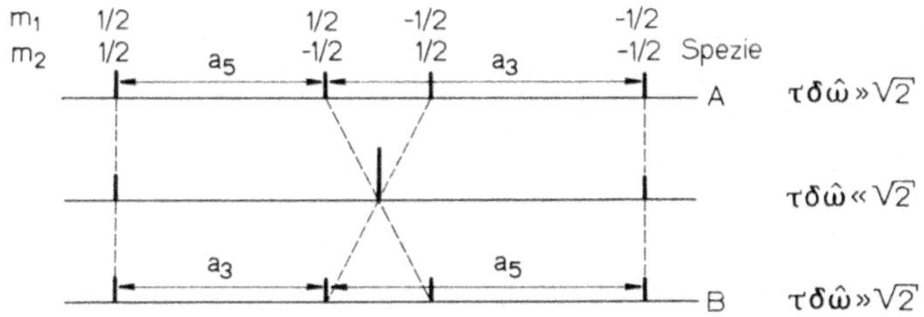

Abb. 45. Schema zur Linienverschiebung beim two jump-Prozeß zweier Kerne mit $I = 1/2$

Linienverschiebung der ESR-Komponenten. Die senkrechten, in ihrer Lage gleich bleibenden Verbindungslinien bedeuten also in ihrer Lage und Breite konstante ESR-Komponenten. Die übrigen Verbindungslinien zeigen eine Lageverschiebung und damit eine Verbreiterung der zugehörigen ESR-Linien. Die Kreuzungspunkte der Verbindungslinien geben darüber hinaus den Mittelwert der Linienlagen. Hier ist das ESR-Spektrum sowohl in bezug auf Lage als auch auf Intensität der Komponenten (Anzahl der sich kreuzenden Verbindungslinien) für sehr kurze Lebensdauern der Spezies abzulesen.

Bei sehr großen Lebensdauern besteht das ESR-Spektrum aus der Überlagerung der (hier identischen) ESR-Spektren der Spezies A und B. Die Einbeziehung der bisher vernachlässigten Protonen in 2- und 6-Stellung mit ihrem τ-unabhängigen Kopplungsparameter von $a_2 = a_6 =$ 0,52 G macht keine Schwierigkeiten. Die sich für beliebiges τ ergebenden

m_1	m_2	$\hat{\omega}_A$ [G]	$\hat{\omega}_B$ [G]	$2\delta\hat{\omega}$ [G]	$\Delta\omega$ [G]
1	1	$a_1 + a_2$	$a_1 + a_2$	0	0
1	0	a_1	a_2	$a_1 - a_2$	$\gamma\tau \frac{\delta a^2}{4}$
0	1	a_2	a_1	$a_2 - a_1$	$\gamma\tau \frac{d a^2}{4}$
1	-1	$a_1 - a_2$	$-(a_1 - a_2)$	$2\,(a_1 - a_2)$	$\gamma\tau\,\delta a^2$
0	0	0	0	0	0
-1	1	$a_2 - a_1$	$-(a_2 - a_1)$	$2\,(a_2 - a_1)$	$\gamma\tau\,\delta a^2$
-1	0	$-a_1$	$-a_2$	$a_2 - a_1$	$\gamma\tau \frac{\delta a^2}{4}$
0	-1	$-a_2$	$-a_1$	$a_1 - a_2$	$\gamma\tau \frac{\delta a^2}{4}$
-1	-1	$-(a_1 + a_2)$	$-(a_1 + a_2)$	0	0

Zur Ermittlung der Linienbreiteneffekte, Beispiel 2 (s. Text).

scharfen oder breiten Linien sind gemäß der τ-unabhängigen Kopplungen, hier in ein Triplett, aufzuspalten. Jede Triplettkomponente besitzt die Schärfe oder Breite ihrer „Stammlinie".

Beim p-Dinitro-tetramethylbenzol-Anion sind nur die Spinzustände der Stickstoffkerne ($I_N = 1$) mit ihren Kopplungen a_1 und a_2 zu untersuchen. Die Aufstellung zeigt, welche Linien eine Verbreiterung erwarten lassen und wie groß diese Verbreiterung ist.

Obwohl die Größe der N-Kopplungen aus diesen Untersuchungen nicht zu entnehmen ist $\left(1/2\,(a_{N_1} + a_{N_2}) \approx 6{,}99\ \text{G},\ a_{CH_3} = 0{,}25\ \text{G}\right)$[40] (s. jedoch S. 118), kann das qualitative Verhalten des ESR-Spektrums in Abhängigkeit von τ aus der Konstruktion der Strichspektren (Abb. 46, s. u.) abgelesen werden.

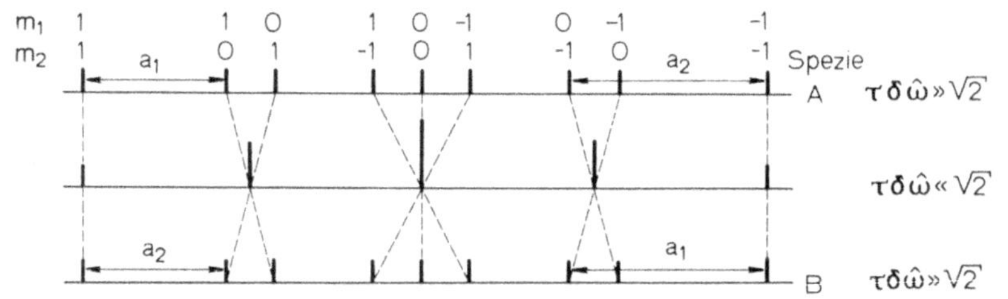

Abb. 46. Schema zur Linienverschiebung beim two jump-Prozeß zweier Kerne mit $I = 1$

Im Fall kurzer Lebensdauern werden die beiden Stickstoffkerne äquivalent. Das ESR-Spektrum resultiert aus der Mittelung der reinen Spektren als ein Quintett im Intensitätsverhältnis 1 : 2 : 3 : 2 : 1. Im kritischen Bereich $\tau\delta\hat{\omega} \approx \sqrt{2}$ bleiben nur drei Komponenten scharf, während die restlichen Linien verbreitert werden, so daß sie u. U. nicht mehr zu beobachten sind. Das ESR-Spektrum besteht dann nur noch aus drei Komponenten im Intensitätsverhältnis 1 : 1 : 1, so daß irrig eine solches Spektrum der Wechselwirkung des freien Elektrons mit nur einem N-Kern zugeschrieben werden kann.

In dem in Abb. 47 gezeigten ESR-Spektrum[41] dieses Radikals in DMF bei Zimmertemperatur sind zunächst zwei verbreiterte Komponenten sichtbar. Darüber hinaus ist auch der breitere Rücken, auf dem sich die schmale mittlere Liniengruppe erhebt, noch erkennbar. Für die Abweichung der beiden äußeren scharfen Komponenten vom Intensitätsverhältnis 1:1 müssen andere Erklärungen[42] herangezogen werden (s. S. 81 ff).

[40] siehe Fußnote 32–34, S. 103.

[41] siehe Fußnote 32, S. 103.

[42] J. H. Freed, and G. K. Fraenkel: J. Chem. Phys. **41**, 699 (1964).

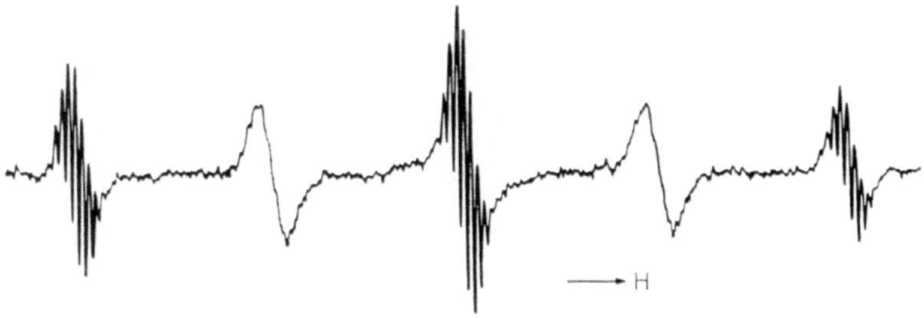

Abb. 47. ESR-Spektrum des *p*-Dinitro-tetramethylbenzol-Anions in DMF bei Raumtemperatur[42a]

Gelingt es, die ESR-Spektren bei mehreren Temperaturen zu vermessen, so können Aussagen über die Lebensdauer τ und damit bei Vorliegen einer Reaktion 1. Ordnung *Angaben über die Aktivierungsenergie* E_A gemacht werden. So wurde beim Naphthazarin-semichinon-Kation, das in den skizzierten Formen vorliegen kann, die Linienform des Spektrums nach einer

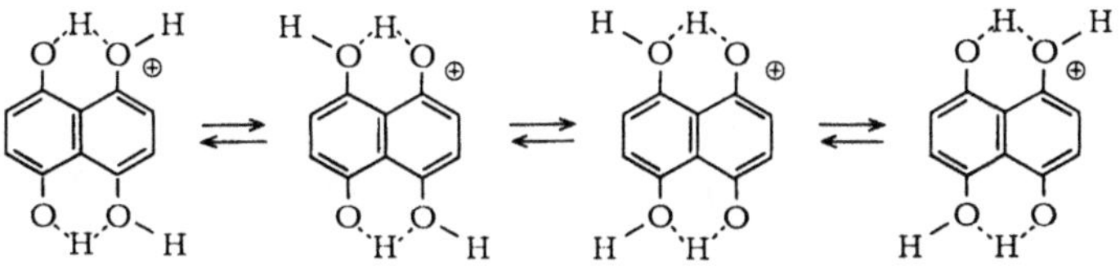

Gl. 112 entsprechenden Formel für verschiedene τ-Werte elektronisch berechnet und mit den experimentellen Spektren verschiedener Temperatur verglichen (Abb. 48, S. 108)[43]. Für die jetzt mit der Temperatur korrelierte Lebensdauer τ gilt für eine Reaktion 1. Ordnung

$$\frac{1}{\tau} = \frac{1}{\tau_0} e^{E_A/RT} \tag{125}$$

so daß ein Diagramm $\ln 1/\tau$ — $1/R\,T$ die Aktivierungsenergie zu $E_A =$ (4 ± 1) kcal/Mol liefert (Abb. 49). Weitere Beispiele von cis-trans-Isomerisierungen siehe[44,45].

Voraussetzung für die Anwendung dieser Methode ist die Kenntnis der Kopplungsparameter der einzelnen Spezies.

Unabhängig von der Größe der Kopplungsparameter und ihrer Differenzen $2\,\delta\hat{\omega}$ ist die Linienverbreiterung, die durch Temperaturerhöhung beim Übergang von großen τ-Werten zu kleineren resultiert. Sie ist ebenfalls

[42a] siehe Fußnote 41 S. 106

[43] J. R. Bolton, A. Carrington, and P. F. Todd: Mol. Phys. **6**, 169 (1963).

[44] N. Steinberger, and G. K. Fraenkel: J. Chem. Phys. **40**, 723 (1964).

[45] W. F. Forbes, and P. D. Sullivan: Can. J. Chem. **44**, 1501 (1966).

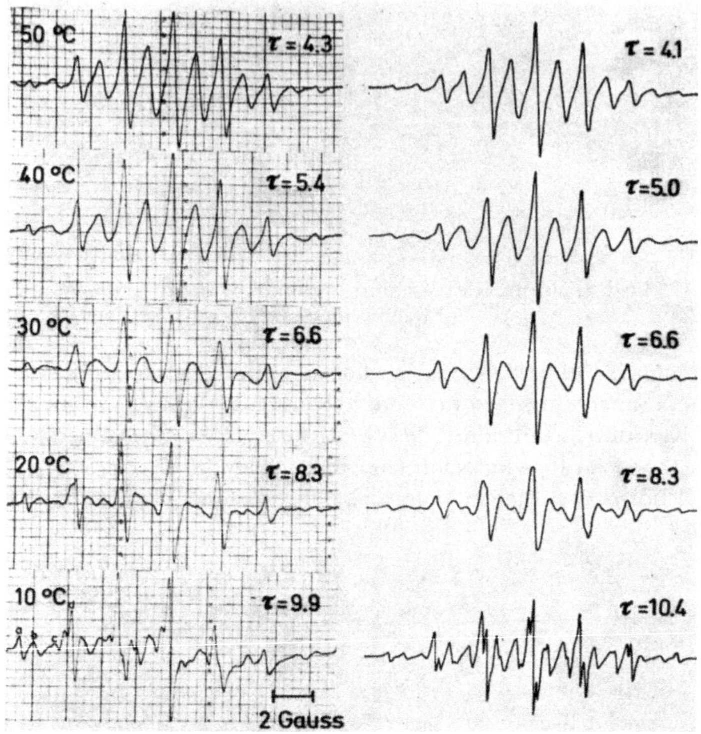

Abb. 48. ESR-Spektren des Naphthazarin-semichinon-Kations in konz. Schwefelsäure bei verschiedenen Temperaturen. Ferner berechnete Spektren und τ-Werte[45a]

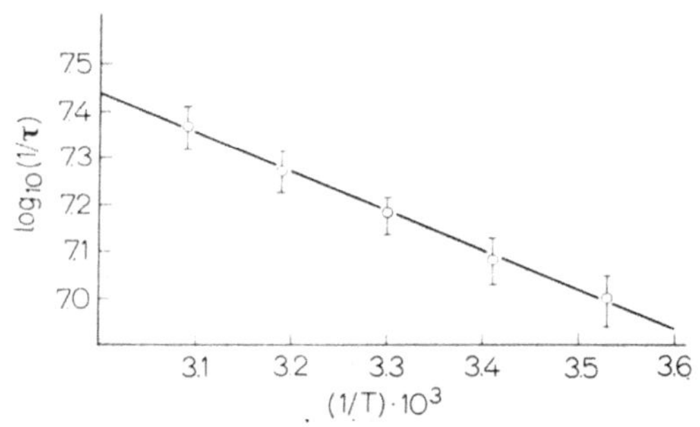

Abb. 49. Zur Bestimmung der Aktivierungsenergie des Übergangs zwischen den verschiedenen Konformeren des Naphthazarin-semichinon-Kations[45a]

unabhängig von der betrachteten verbreiterten Komponente (Gl. 120), so daß ihre Verbreiterung (gemessen an einer scharf bleibenden Linie) direkt

[45a] siehe Fußnote 43, S. 107

als Maß für die Lebensdauer angesehen werden kann. Auf Grund dieser Beziehung konnten S. Ogawa u. R. W. Fessenden[46] die Aktivierungsenergie für das Umklappen des Cyclohexylradikals von einer Sesselform in die andere (s. S. 295) zu (4,9 ± 0,5) kcal/Mol bestimmen (Abb. 50). Auch bei anderen Radikalen ähnlicher Geometrie wurden analoge Inversionen beobachtet[47–50].

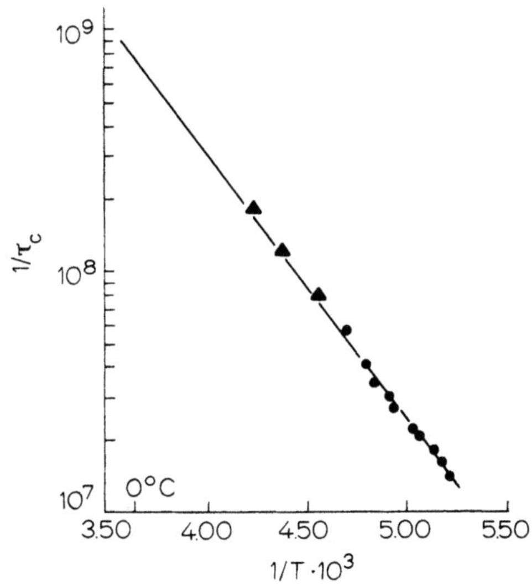

Abb. 50. Ermittlung der Aktivierungsenergie für die Ringinversion des Cyclohexylradikals. Die Lebensdauern der Sesselformen des Radikals wurden aus den Breiten der ESR-Komponenten des $\cdot C_6H_{11}$ (Punkte) und des $\cdot C_6D_{11}$ (Dreiecke) ermittelt[46]

Es soll nicht unerwähnt bleiben, daß trotz der vielseitigen Möglichkeiten zur Untersuchung dieser Umwandlungen, aus ESR-spektroskopischen Befunden *nicht eindeutig auf den verbreiternden Mechanismus geschlossen werden kann.* So würden z. B. beim p-Dinitro-tetramethylbenzol-Anion mit der postulierten korrelierten Verdrehung der Nitrogruppen, oder mit einer wechselnden Solvatation der beiden Nitrogruppen und schließlich mit einer Assoziation einer Nitrogruppe mit seinem Kation qualitativ die gleichen Modulationen der Kopplungsparameter verbunden sein, prinzipiell demnach die gleichen Verbreiterungseffekte auftreten.

[46] S. Ogawa, and R. W. Fessenden: J. Chem. Phys. **41**, 994 (1964).
[47] W. T. Dixon, and R. O. C. Norman: J. Chem. Soc. **1964**, 4850.
[48] E. deBoer, and A. P. Praat: Mol. Phys. **8**, 291 (1964).
[49] A. Hudson, and H. A. Hussain: J. Chem. Soc. **B 1968**, 251.
[50] A. Hudson, and H. A. Hussain: J. Chem. Soc. **B 1968**, 1346.

Alternierende Linienbreiten sind auch bei *Mehrspinsystemen* beobachtet worden. Hier kann eine *zeitliche Änderung des Austauschintegrals* eine Modulation der Kopplungsparameter bewirken, die dann zu Verbreiterungseffekten führt[51, 52].

V.c.4. Atomaustausch

Während die bislang beschriebenen Linienverbreiterungseffekte durch eine Modulation der Kopplungsparameter verursacht wurden, wird bei einem Austausch eines oder mehrerer magnetischer Kerne die Linienverschiebung $2\,\delta\hat{\omega}$ durch einen *Wechsel der Kernspinkonfiguration* besorgt.

Bei dem p_H-abhängigen Protonenaustausch des Hydroxyprotons von Hydroxyalkylradikalen[53–55] wechselt bezüglich dieses Protons der Kernspinzustand seine Quantenzahl von $m_I = +1/2$ nach $m_I = -1/2$ und umgekehrt. Da die statistische Wahrscheinlichkeit für einen Wechsel der Quantenzahl bei einem Austausch gerade 1/2 ist, wird die wahre Lebensdauer der Spezies durch die halbe experimentell ermittelbare Lebensdauer τ angegeben. (Würde der Austausch mit Deuteronen vorgenommen, so führten die möglichen Quantenzahlen des Deuteriumkerns $m_I = +1, 0$ und -1 zu einer Wahrscheinlichkeit der mit einem Austausch verbundenen Änderung von m_I von 2/3). H. Fischer[56] ermittelte die Lebensdauer durch Vermessung der p_H- und damit τ-abhängigen Aufspaltung des

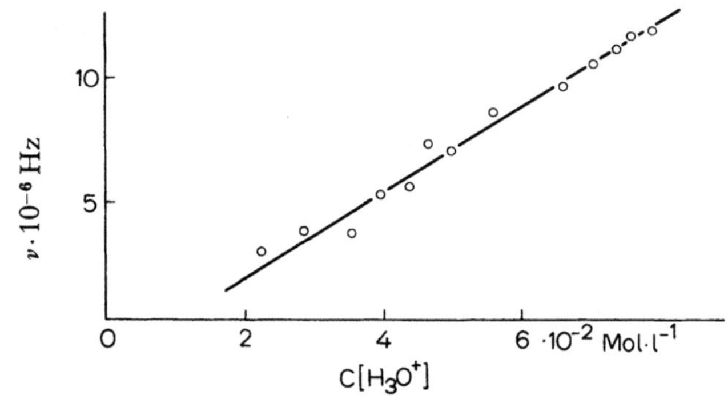

Abb. 51. Austauschfrequenz des Hydroxyprotons des $\cdot CH_2OH$ in Abhängigkeit von der $H_3O^{\oplus}$-Konzentration[56]

[51] G. R. Luckhurst: Mol. Phys. **10**, 543 (1965).
[52] A. Hudson, and G. R. Luckhurst: Mol. Phys. **13**, 409 (1967).
[53] A. Carrington, and I. C. P. Smith: Mol. Phys. **8**, 101 (1964).
[54] H. Fischer: Mol. Phys. **9**, 149 (1964).
[55] H. Zeldes, and R. Livingston: J. Chem. Phys. **45**, 1946 (1966).
[56] siehe Fußnote 54.

Hydroxyprotons unter Verwendung von Gl. 117. Die entsprechenden Austauschfrequenzen $\nu = 1/\tau'$ ergaben eine lineare Abhängigkeit von der $H_3O^{\oplus}$-Konzentration der Lösung (Abb. 51), die, neben anderen Beobachtungen, für die Austauschreaktion nach

$$\cdot CH_2OH + H_3O^{\oplus} \rightleftharpoons \cdot CH_2OH_2^{\oplus} + H_2O$$

spricht. Für die Austauschfrequenz ergibt sich damit

$$\nu = \frac{1}{[\cdot CH_2OH]} \frac{d[\cdot CH_2OH]}{dt} = k\,[H_3O^{\oplus}]\,,$$

wobei aus der Steigung des Diagramms ν-$[H_3O^{\oplus}]$ die Geschwindigkeitskonstante zu $k = 1{,}76 \cdot 10^8$ l/Mol · sec bei 17°C bestimmt wurde.

Der Protonenaustausch wurde auch bei Semichinonen studiert[57]. Die ESR-Messung des monoprotonisierten trans-Biacetyl-semidions ließ eine *Tautomerie*

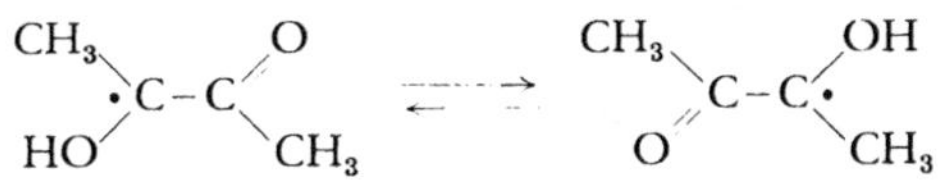

erkennen. Durch den Platzwechsel des Protons werden die Kopplungen der Methylgruppen vertauscht, so daß hier ein two jump-Prozeß induziert wird und alternierende Linienbreiten auftreten[58].

V.c.5. Elektronenaustausch

Der Effekt des Elektronenaustausches ist ähnlich dem des Atomaustausches zu verstehen. Der Elektronenaustausch kann einmal zwischen zwei Radikalen stattfinden, so daß hier auch von Spinaustausch[59] gesprochen werden kann. Zum anderen kann ein mit Ladungsübertragung verbundener Prozeß, z. B. $M\cdot^{\ominus} + M \rightleftharpoons M + M\cdot^{\ominus}$, zu einem Austausch des Elektrons zwischen zwei Molekülen führen.

Wenn vorausgesetzt wird, daß während des Springens des Elektrons die Quantelungsrichtung des Elektronenspins m_S konstant bleibt und außerdem die Phase des präzedierenden Spins nicht gestört wird (s. S. 66), entspricht dem Übergang des Elektrons von einem Molekül zum anderen einem Wechsel der Kernspinanordnung von der einen Konfiguration zu der anderen. Damit ist der Effekt des Elektronenaustausches bezüglich des ESR-Spektrums auf einen simultanen Austausch aller Atome des Moleküls

---

[57] I. C. P. Smith, and A. Carrington: Mol. Phys. **12**, 439 (1967).
[58] R. J. Pritchett: Mol. Phys. **12**, 481 (1967).
[59] C. S. Johnson jr.: Mol. Phys. **12**, 25 (1967).

bzw. seiner Kernspinkonfiguration zurückgeführt. Die für den Atomaustausch geltenden Folgerungen lassen sich also auf den Elektronenaustausch übertragen*.

Insbesondere läßt sich die *Geschwindigkeitskonstante des Elektronenaustausches* durch Messung der zusätzlichen Verbreiterung ($\Delta\omega \approx 2/\tau$, Gl. 120, S. 98) bestimmen[60–69].

Es ist jedoch zu beachten, daß die Verbreiterung der einzelnen ESR-Komponenten die Lebensdauer τ des betreffenden Kernspinzustandes widerspiegelt, die nicht mit der des Radikalmoleküls τ' identisch sein muß. Während sich bei dem Protonenaustausch von Alkoholen die einfache Relation $\tau = 2\,\tau'$ ergab, liegen hier die Verhältnisse etwas komplizierter. Das Radikalmolekül möge in N verschiedenen Kernspinkonfigurationen vorliegen können. Daraus ergeben sich auch im ESR-Spektrum N Komponenten, die alle getrennt registriert werden mögen, also im Intensitätsverhältnis 1 : 1 : 1 auftreten. In diesem Falle ist die Wahrscheinlichkeit, daß bei einem Elektronensprung eine bestimmte Komponente in eine andere übergeht, d. h., daß das Elektron eine andere Kernspinkonfiguration vorfindet, gerade $\frac{N-1}{N}$. Zeigen jedoch die ESR-Komponenten, etwa wegen Äquivalenz von einigen Kernen, die relativen Intensitäten $p_1 : p_2 : \cdots p_K$, mit $\sum_K p_K = N$, so wird die Wahrscheinlichkeit, daß die Komponente K bei einem Elektronenaustausch ihre Lage ändert durch $\frac{N-p_K}{N}$ gegeben. Damit steht die aus der Verbreiterung der K-ten Komponente gemessene Lebensdauer mit der wirklichen Lebensdauer der Spezies im Zusammenhang[70]

$$\tau' = \tau_K \frac{N - p_K}{N} \tag{126}$$

---

* Eine eingehende Diskussion der Linienbreitenvariation s. z.B. D. Kivelson: J. Chem. Phys. **27**, 1087 (1957) u. **33**, 1094 (1960). N. Edelstein, A. Kwok, and A. H. Maki: J. Chem. Phys. **41**, 3473 (1964). W. Plachy, and D. Kivelson: J. Chem. Phys. **47**, 3312 (1967).

[60] R. L. Ward, and S. I. Weissman: J. Amer. chem. Soc. **76**, 3612 (1954).

[61] R. L. Ward, and S. I. Weissman: J. Amer. chem. Soc. **79**, 2086 (1957).

[62] F. C. Adam, and S. I. Weissman: J. Amer. chem. Soc. **80**, 1518 (1958).

[63] P. J. Zandstra, and S. I. Weissman: J. Chem. Phys. **35**, 757 (1961).

[64] M. T. Jones, and S. I. Weissman: J. Amer. chem. Soc. **84**, 4269 (1962).

[65] J. C. Danner, and T. R. Tuttle jr.: J. Amer. chem. Soc. **85**, 4052 (1963).

[66] N. Hirota, and S. I. Weissman: J. Amer. chem. Soc. **86**, 2537 (1964).

[67] T. Layloff, T. Miller, R. N. Adams, H. Fäh, A. Horsfield, and W. Proctor: Nature **205**, 382 (1965).

[68] T. A. Miller, and R. N. Adams: J. Amer. chem. Soc. **88**, 5713 (1966).

[69] T. A. Miller, R. N. Adams, and P. M. Richards: J. Chem. Phys. **44**, 4022 (1966).

[70] siehe Fußnote 63.

Entsprechend ist Gl. 120 für die zusätzliche Verbreiterung der K-ten Komponente in

$$\Delta\omega_K \approx \frac{2}{\tau'}\,\frac{N - p_K}{N} \tag{127}$$

umzuschreiben.

Experimentell wurde diese Komponenten-abhängige Linienverbreiterung am Naphthalin-Anion untersucht[71,72]. Das Spektrum besteht entsprechend den 2×4 äquivalenten Protonen mit den Kopplungen $a_1^{(4)} = 4{,}95$ und $a_2^{(4)} = 1{,}87$ G (s. S. 382) aus 5×5 Linien. Die relativen Intensitäten p der Komponenten sind 1, 4, 6, 24 und 36. Durch Zusatz von Naphthalin zur Naphthalin-Anion-Lösung tritt ein Elektronenaustausch und damit eine Verbreiterung der ESR-Komponenten auf, die sich ebenfalls in der Änderung der relativen Intensitäten der Einzellinien niederschlägt (s. S. 129).

Das aus Gl. 127 ermittelte, auf die Zentrallinie ($p = 36$) normierte Verhältnis der Verbreiterungen und die aus Amplitudenmessung bestimmte Verbreiterung stimmen ausgezeichnet überein. In diesem Beispiel ist damit ebenfalls gezeigt, daß der Elektronenübergang selbst nur innerhalb der Fehlergrenzen zur Breite beiträgt.

Somit ist die Möglichkeit zur Bestimmung der Lebensdauer der Spezies und der Elektronenaustauschfrequenz aus den Linienbreiten gesichert. Zur Ermittlung der *Geschwindigkeitskonstanten* des Elektronenaustauschs wird beim Spinaustausch zwischen gleichen Radikalen die Konzentration der Radikale variiert. Zur Auswertung der Linienbreiten muß also die *absolute Radikalkonzentration* (s. S. 133) bestimmt werden.

Beim Ladungsaustausch zwischen paramagnetischen und diamagnetischen Spezies wird die wesentlich bequemer zu ermittelnde Konzentration des diamagnetischen Reaktionspartners variiert. In beiden Fällen zeigten die Experimente das Vorliegen einer Reaktion 2. Ordnung, also eine Beziehung der Form $1/\tau' = k\,[\mathrm{M}\cdot]$ bzw. $1/\tau' = k\,[\mathrm{M}]$. Während i. allg. die niederen Konzentrationsbereiche ($\tau\,\delta\hat{\omega} \gg \sqrt{2}$, beginnende Verbreiterung der Einzellinien) ausgenützt wurden, konnten T. A. Miller et al.[73] die Gültigkeit der Beziehungen auch für die Verschmälerung der in konzentrierten Lösungen bei kurzen Lebensdauern auftretenden Einzellinien nachweisen. Die

[71] siehe Fußnote 63, S. 112.

[72] N. Hirota, R. Carraway, and W. Schook: J. Amer. chem. Soc. **90**, 3611 (1968).

[73] siehe Fußnote 69, S. 112.

Messungen am Di-tert.-butyl-N-oxyd ergaben bei sehr hohen Konzentrationen eine wieder beginnende Verbreiterung der Linie, doch beruht das wahrscheinlich auf der intermolekularen Dipolverbreiterung (s. S. 68). Gleichfalls im Bereich kurzer Lebensdauern wurde der Elektronentransfer trans-Stilben-Stilben$^{\ominus}$[74] und Benzonitril-Benzonitril$^{\ominus}$[75] untersucht.

Die Elektronenübertragung von Ketylradikal zum Keton[76] zeigt für den schnellen Austausch bei hohen Ketonkonzentrationen einen bemerkenswerten Effekt. Das anfangs aus einer Vielzahl von Einzelkomponenten bestehende ESR-Spektrum, z. B. des Fluorenon$^{\ominus}$-Na$^{\oplus}$-Ionenpaars (Abb. 52, s. u.), fällt bei Erhöhung der Fluorenonkonzentration in vier Linien

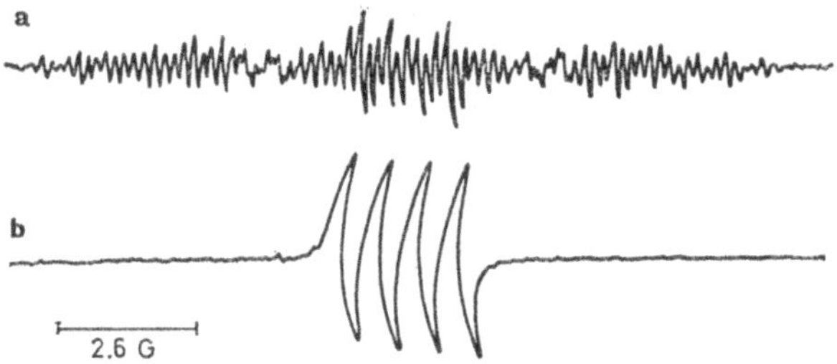

Abb. 52. ESR-Spektrum[76a] des Na$^{\oplus}$-Fluorenon$^{\ominus}$ in Dimethoxyäthan. (a) Ketyl-Spektrum ohne Fluorenon-Überschuß, (b) Spektrum bei einer Fluorenon-Konzentration von 1,6 Mol/l

im Intensitätsverhältnis 1 : 1 : 1 : 1 zusammen. Das Spektrum beweist, daß die Kopplung des freien Elektrons mit dem Natrium ($I = 3/2$) trotz des Austausches des Fluorenon-Moleküls erhalten bleibt. Die Beziehung Elektron-Natrium ist demnach bedeutend langlebiger als die zwischen Elektron und Fluorenon-Molekül, oder mit andern Worten, bei dem Austauschprozeß wird das Natrium zusammen mit dem Elektron auf das nächste Fluorenon-Molekül übertragen.

Umgekehrt kann bei Erhöhung der Na$^{\oplus}$-Konzentration ein zuerst verbreitertes ESR-Spektrum erzielt werden, das sich dann schließlich zum reinen Protonenspektrum verschmälert. In diesem Falle ist der Austausch der Na-Ionen schneller als der Elektronenaustausch zwischen den Ketonmolekülen.

Auch beim Elektronenaustausch kann die *Aktivierungsenergie* für diesen Prozeß *durch Vermessen der Temperaturabhängigkeit der Geschwindigkeitskonstanten* bzw. der Linienbreiten ermittelt werden. Als Beispiel diene der Elektronenübergang zwischen dem Tris-[p-nitrophenyl]-methyl-Radikal und

---

[74] R. Chang, and C. S. Johnson jr.: J. Chem. Phys. **46**, 2314 (1967).
[75] P. Ludwig, and R. N. Adams: J. Chem. Phys. **37**, 828 (1962).
[76] siehe Fußnoten 62 und 66, S. 112.
[76a] siehe Fußnote 66, S. 112.

dem diamagnetischen Tris-[p-nitrophenyl]-methyl-Anion[77]. Diese Reaktion wurde in unterschiedlichen Lösungsmitteln mit Natrium und Kalium als Kation studiert. Die lineare Abhängigkeit der Austauschverbreiterung von der Carbeniat-Konzentration mit der Geschwindigkeitskonstanten $k = (5{,}99 \pm 0{,}81) \cdot 10^8$ Mol/l·sec, zeigt Abb. 53a. Die Ergebnisse der tempera-

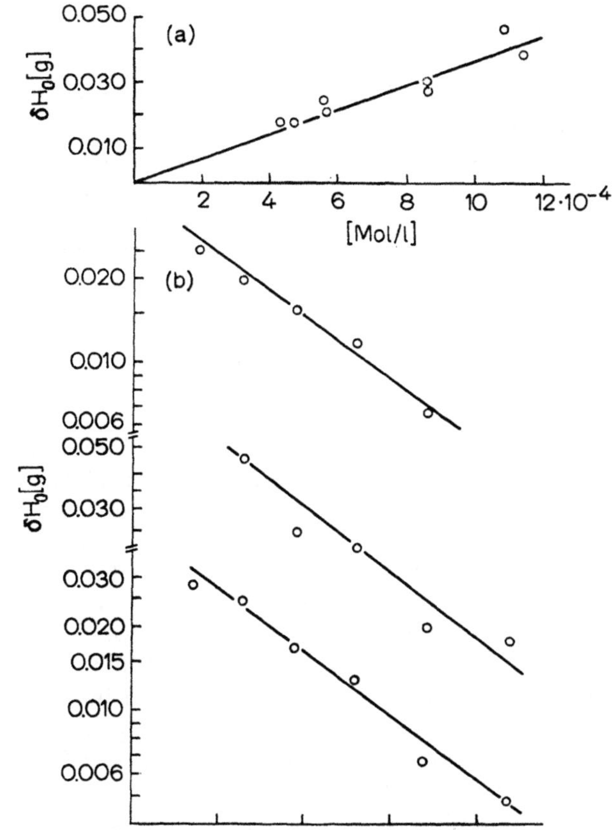

Abb. 53. Abhängigkeit der Austauschlinienbreite der ESR-Komponenten des Tris-[*p*-nitrophenyl]-methylradikals in Abhängigkeit (a) von der Methylanionkonzentration und (b) bei verschiedenen Methylanionkonzentrationen von der Temperatur. Messung in DMÄ und $K^{\oplus}$ als Kation[77]

turabhängigen Breitenmessungen sind in Abb. 53b zusammengefaßt. Aus der Geraden läßt sich die Aktivierungsenergie zu $E_A = (1{,}99 \pm 0{,}07)$ Kcal/Mol ablesen.

[77] siehe Fußnote 64, S. 112.

Lösungsmittelabhängigkeit und Kation-Einfluß lassen sich an den für verschiedene Versuchsbedingungen ermittelten Geschwindigkeitskonstanten ($k \approx 10^7$ bis 10^9 Mol/l·sec) und Aktivierungsenergien ($E_A \approx 0{,}9$ bis 2,3 Kcal/Mol) erkennen.

V.c.6. Intramolekularer Elektronentransfer

Mit dem Modell des Elektronensprungs ist formal auch der intramolekulare Elektronentransfer zu beschreiben.

Wird z. B. der beim Diphenyl-Anion durch die π—π-Mesomerie bedingte schnelle Elektronentransfer von einem Phenylkern zum anderen durch zwischengeschaltete „isolierende" Gruppen herabgesetzt[78–81], so lassen sich die ESR-Aussagen durch ein Springen des Elektrons deuten.

Bei der Untersuchung von Bis-[p-nitrophenyl]-anionradikalen des Typs

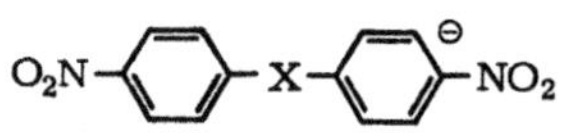

konnten J. E. Harriman u. A. H. Maki[82] durch Einführung verschiedener Brücken X die Austauschraten variieren und bei günstigen Verhältnissen die Austauschfrequenz auch angeben (Untersuchung der ortho-verknüpften Systeme[83]). Bei hohen Austauschfrequenzen ($X = CH_2$, σ-Bindung) werden für die ESR-Messungen beide Nitrophenylgruppen äquivalent, das ESR-Spektrum läßt sich durch die Wechselwirkung des Elektrons mit zwei gleichwertigen Stickstoffkernen und zwei Gruppen je vier gleichwertiger Protonen deuten. Ebenso übersichtlich ist das ESR-Spektrum für den Fall langsamen Elektronenaustauschs oder hoher Lebensdauer des Elektrons in einer Nitrophenylgruppe ($X = CH_2$—CH_2). Hier wird die HFS des Spektrums durch die Aufspaltung der in einer Gruppe befindlichen magnetischen Kerne bestimmt.

Die Konstruktion des Spektrums bei Lebensdauern $\tau\,\delta\hat{\omega} \approx 1$ ist wieder nach Gl. 112, S. 94 möglich. Im Gegensatz zum intermolekularen Elektronenaustausch ist beim intramolekularen Austausch jedoch zu beachten, daß das Elektron nicht nach jedem Sprung statistisch eine neue Kernspinkonfiguration antrifft, sondern nur zwischen den beiden Kernspinzuständen der beiden Molekülteile wechselt.

---

[78] S. I. Weissman: J. Amer. chem. Soc. **80**, 6462 (1958).
[79] D. H. Eargle, and S. I. Weissman: J. Chem. Phys. **34**, 1840 (1961).
[80] A. Ishitani, and S. Nagakura: Mol. Phys. **12**, 1 (1967).
[81] F. Gerson u. W. B. Martin, jr.: J. Amer. chem. Soc., im Druck.
[82] J. E. Harriman, and A. H. Maki: J. Chem. Phys. **39**, 778 (1963).
[83] R. K. Gupta, and P. T. Narasimhan: J. Chem. Phys. **48**, 2453 (1968).

Ist die Zahl der möglichen Kernspinzustände der einen und der anderen Molekülhälfte durch n gegeben, so existieren n^2 durch ihre Kernspinanordnung unterscheidbare Molekültypen. *Die Kernspinzustände bleiben bei einem Elektronensprung erhalten.* Die Wirkung des Elektronentransfers auf das ESR-Spektrum muß für jeden Typ gesondert nach Gl. 112 ermittelt und die sich ergebenden Einzelspektren schließlich summiert werden.

Am Beispiel der Stickstoffkerne soll dieses Verfahren qualitativ an Hand des auf S. 104 beschriebenen Schemas erläutert werden. Die wegen $I_N = 1$ resultierenden $(2I + 1)^2 = 9$ Typen von Molekülen, die Lage der entsprechenden HFS-Komponenten und ihre Änderung sind der Aufstellung zu entnehmen.

Typ	m_{N_1}	m_{N_2}	$\hat{\omega}_A$[G]	$\hat{\omega}_B$[G]	$2\delta\hat{\omega}$[G]	$\Delta\omega$[G]
I	1	1	a	a	0	0
II	1	0	a	0	a	$\gamma\tau a^2/4$
III	1	−1	a	$-a$	$2a$	$\gamma\tau a^2$
IV	0	1	0	a	$-a$	$\gamma\tau a^2/4$
V	0	0	0	0	0	0
VI	0	−1	0	$-a$	a	$\gamma\tau a^2/4$
VII	−1	1	$-a$	a	$-2a$	$\gamma\tau a^2$
VIII	−1	0	$-a$	0	$-a$	$\gamma\tau a^2/4$
IX	−1	−1	$-a$	$-a$	0	0

Für jeden Molekültyp sind die Strichspektren in Abb. 54 wiedergegeben. Da jeder Molekültyp in der Probe gleich wahrscheinlich ist, gibt die Summe der für niedere bzw. hohe Lebensdauern erhaltenen Einzelspektren das Gesamtbild der HFS-Aufspaltung. Daraus erklärt sich auch anschaulich, daß im Falle intramolekularen Elektronentransfers bei hoher Austauschfrequenz das Spektrum nicht in eine Linie zusammenfließt, sondern die HFS beider Moleküle einheitlich wiedergibt.

Für mittlere Lebensdauern geben die Strichspektren lediglich qualitative Aussagen. Hier muß Gl. 112 expliziert ausgewertet werden, was z. B. bei dem 4,4'-Dinitro-biphenyl-radikalanion zu 729 zu summierenden Einzelspektren führt, ein Problem, das nur mit elektronischen Rechenmaschinen vernünftig zu lösen ist[84].

Die im Experiment resultierende HFS kann auch bei Zweispinsystemen zur *Abschätzung der Frequenz des Spinaustauschs* herangezogen werden (vgl. S. 234).

Über den Mechanismus bzw. den Übergangszustand des Elektronentransfers[85,86] kann das Sprungmodell keine Auskunft geben. Das ESR-

[84] siehe Fußnote 82, S. 116.
[85] siehe Fußnote 82, S. 116.
[86] H. M. McConnell: J. Chem. Phys. **35**, 508 (1961).

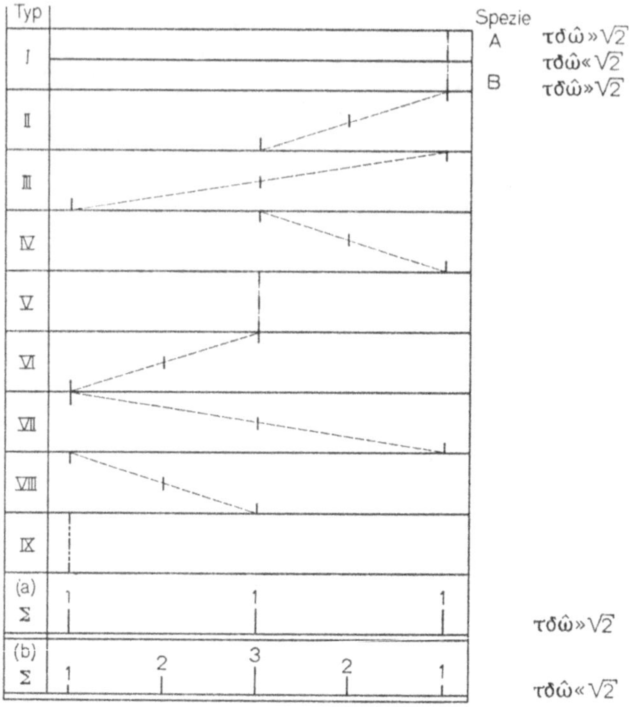

Abb. 54. Konstruktion der ESR-Spektren für (a) langsamen und (b) schnellen intramolekularen Elektronentransfer bei Kopplung mit einem bzw. zwei $I = 1$-Kernen. Zur Lage der Komponenten bei den einzelnen Typen siehe zugehörige Aufstellung S. 117

Spektrum, obwohl abhängig von Temperatur und Lösungsmittel, würde erst dann den Zwischenzustand widerspiegeln, wenn die Lebensdauer des Übergangszustandes relativ zu den Lebensdauern der Spezies an Gewicht zunehmen würde, und so einen Einfluß auf die HFS des Moleküls ausüben könnte.

V.d. Dynamische Verschiebung 2. Ordnung

Bei der Diskussion der HFS 2. Ordnung (S. 53ff.) wurde gezeigt, daß die Verschiebung der ESR-Linie in der Größenordnung $a^2/2H_0$ (Gl. 46, S. 55) liegt. Hier bezeichnet a den dem Spektrum entnommenen Kopplungsparameter des Kerns. Beim Vorliegen dynamischer Effekte wird jedoch i. allg. der Mittelwert zweier (oder mehrerer) Kopplungen der Spezies A und B in der Form $a = 1/2\ (a_A + a_B)$ vermessen. Die Benutzung dieses Wertes zur Bestimmung der Größe $a^2/2H_0$ führt damit zur *statischen Verschiebung* 2. Ordnung.

G. K. FRAENKEL[87] konnte zeigen, daß die experimentelle Verschiebung bei Auftreten von alternierenden Linienbreiten durch $\overline{a^2}/2H_0$, mit $\overline{a^2} = 1/2\,(a_A^2 + a_B^2)$, charakterisiert wird.

Mit der Beziehung

$$\overline{a^2} = \bar{a}^2 + \frac{1}{4}(\delta a)^2 \text{ , wobei} \tag{128}$$

$$\delta a = a_A - a_B \text{ ,} \tag{129}$$

ist *die Gesamtverschiebung als Summe der statischen und einer dynamischen Verschiebung* aufzufassen.

(δa) ist mit der bei dynamischen Effekten bestimmenden Größe der Linienverbreiterung identisch (vgl. Gl. 121, 122). Wie bereits ausgeführt, ist die Kenntnis von δa bzw. $\delta\hat{\omega}$ ausschlaggebend für die quantitative Auswertung der Linienbreiteneffekte (Gl. 121) und zur Bestimmung der Lebensdauer τ der einzelnen Formen. Da die Einzelkopplungen a_A und a_B experimentell oft nicht zugänglich sind, kann es in günstig gelagerten Fällen möglich sein, (δa) aus der Verschiebung 2. Ordnung zu vermessen. Hiermit sind einmal *quantitative Aussagen bezüglich der Lebensdauern τ möglich.* Zum anderen sind damit auch *die Werte der Einzelkopplungen der beiden Spezies zugänglich.*

Auf diese Weise konnten beispielsweise die Stickstoffkopplungen einer Reihe von Dinitroverbindungen bestimmt werden[88,89].

VI. Auswertung der ESR-Spektren

Das Auftreten eines paramagnetischen Resonanzsignals zeigt, daß die untersuchte Probe Radikale enthält, ein Ergebnis, das in günstigen Fällen innerhalb von Sekunden zu erhalten ist. Doch erst die Vermessung des Spektrums hinsichtlich Lage, Aufspaltung, Breite und Intensität läßt Schlüsse auf die Natur der Radikale und ihre Konzentration zu. Insbesondere auf Grund der gewonnenen Kopplungsparameter und Intensitäten der HFS-Komponenten kann schließlich die Interpretation eines Spektrums und die Zuordnung der Kopplungen gelingen.

VI.a. Vermessung der ESR-Parameter

Die Parameter, die den Habitus eines ESR-Spektrums bestimmen, können in zwei Gruppen aufgeteilt werden. So sind die *Lage eines Spektrums,* bestimmt durch den g-Faktor, und der *Abstand einzelner HFS-Komponenten*

[87] G. K. FRAENKEL: J. Chem. Phys. **42**, 4275 (1965).
[88] R. D. ALLENDOERFER, and P. H. RIEGER: J. Chem. Phys. **46**, 3410 (1967).
[89] R. J. FABER, and G. K. FRAENKEL: J. Chem. Phys. **47**, 2462 (1967).

unabhängig von der Größe der eingestrahlten Mikrowellenenergie. Demgegenüber sind die *Breite der Linien* und die *Intensität des Signals*, Parameter also, die zur Messung der Relaxationszeiten T_1 und T_2 und der Konzentration herangezogen werden, vom Sättigungsverhalten des Radikals abhängig.

VI.a.1. Sättigungsunabhängige Größen

VI.a.1.α. Absolutbestimmung von g-Faktoren und Linienabständen

Der g-Faktor bestimmt mit der Resonanzbeziehung $h\nu = g \cdot \mu_B \cdot H_0$ (Gl. 14, S. 9) die Lage des Spektrumzentrums im äußeren Magnetfeld H_0 bei einer gegebenen Mikrowellenfrequenz ν. Andererseits ist bei bekannten Werten von H_0 und der eingestrahlten Frequenz ν der g-Faktor aus der Resonanzbeziehung zu entnehmen. Eine Absolutbestimmung des g-Faktors erfordert also eine *Messung der Mikrowellenfrequenz und des Resonanzmagnetfeldes im Zentrum des Spektrums* (s. jedoch S. 55).

Die erreichbare Genauigkeit der g-Bestimmung hängt also von der Unsicherheit mehrerer Faktoren ab. Im einzelnen handelt es sich um die Sicherheit der Bestimmung des Zentrums des ESR-Spektrums, um die Genauigkeit der Messung des zugehörigen Magnetfeldes und der Mikrowellenfrequenz. Schließlich ist die möglichst exakte Kenntnis der Naturkonstanten in der zur Auswertung benutzten Gleichung wichtig.

Die Genauigkeit der Zentrumsbestimmung ist offensichtlich mit der Linienbreite der ESR-Signale eng verknüpft. Bei einem günstigen Signalrauschverhältnis ist es möglich, das Zentrum auf besser als 1/50 der Linienbreite δH genau einzustellen. Auch bei schwächeren Signalen kann noch mit einer Einstellsicherheit von $\delta H/10$ gerechnet werden. Da das Magnetfeld für eine Mikrowellenfrequenz von 10 kMHz im Zentrum etwa 3300 G beträgt, gibt der Ausdruck $\delta H \cdot 10^{-5}$ etwa die Mindestgenauigkeit der g-Messung wieder, die auf Grund der Güte des Spektrums zu erreichen wäre. Sie beträgt somit bei einer Linienbreite von $\delta H = 100$ G ca. $1 \cdot 10^{-3}$, bei $\delta H = 0{,}1$ G ca. $1 \cdot 10^{-6}$. Diesen Werten entsprechen Absolutgenauigkeiten von $\Delta g = \pm 0{,}002$ bzw. $\Delta g = \pm 0{,}000002$.

Da sich die g-Faktoren der organischen Radikale, von wenigen Ausnahmen abgesehen, oft nur in der 4. oder 5. Dezimalen unterscheiden, der g-Faktor selbst etwa den Wert 2 hat, ist für eine sinnvolle Angabe der g-Faktoren eine Mindestmeßgenauigkeit von 10^{-4} erforderlich. Das bedeutet, daß das H_0-Feld im Zentrum des Spektrums von ca. 3300 G mit einer maximalen Unsicherheit von $\pm 0{,}20$ G, die Mikrowellenfrequenz von etwa 10 kMHz mit einer Genauigkeit von $\pm 0{,}5$ MHz bekannt sein müssen.

Für derart präzise Bestimmungen des Magnetfeldes versagen die klassischen Methoden. Die Vermessung ist nur über die *Protonenresonanz* möglich. Die Protonenresonanz unterscheidet sich von der Elektronen-Paramagnetischen-Resonanz (wegen des im Vergleich zum Bohrschen Magneton etwa 2000mal kleineren magnetischen Moments des Protons) nur in der Größenordnung der zur Erfüllung der Protonenresonanzbeziehung angewendeten Felder bzw. Frequenzen (vgl. Gl. 28, S. 33). So entspricht bei der Protonenresonanz einer Resonanzfrequenz von 1 MHz ein Magnetfeld von 234,87 G.

$$\nu_p\,[\mathrm{MHz}] \triangleq 4{,}2577\cdot 10^{-3}\,H_0\,[\mathrm{Gauß}] \tag{130}$$

Mit Hilfe der Protonenresonanz läßt sich also die Magnetfeldmessung auf eine mit großer Genauigkeit ausführbare *Frequenzmessung* reduzieren. Für diese Zwecke geeignete Protonenresonanzapparaturen werden im Handel angeboten.

Die Frequenz des Protonenresonanzsenders, für Magnetfelder von 3500 G etwa 15 MHz, ist kontinuierlich einstellbar. Befindet sich die Probe am Ort der zu messenden magnetischen Feldstärke, so kann das etwa 200 mG breite Protonenresonanzsignal nach Aufsuchen der Resonanzfrequenz auf einem Oszilloskop sichtbar gemacht werden. Die Frequenz wird mit Hilfe eines kommerziellen Meßsenders bestimmt. Die Magnetfeldbestimmung ist nun ohne größeren Aufwand mit einer Genauigkeit von 10^{-6} möglich.

Bei der Messung ist darauf zu achten, daß *die Protonenresonanzprobe in möglichst große Nähe der Radikalprobe* gebracht wird. Gegebenenfalls ist eine experimentell zu ermittelnde Korrektur des Differenzfeldes am Ort der Radikalprobe und der Protonenprobe zu berücksichtigen. Auch das Differenzfeld kann Schwankungen unterworfen sein und so eine erhebliche Unsicherheit der g-Bestimmung verursachen[1]. Die *Magnetfelddrift* während der Dauer der Protonenresonanzmessung kann auf einen vernachlässigbaren Wert heruntergedrückt werden, wenn die g-Bestimmung erst nach einer gewissen Anheizzeit aller elektronischen Einheiten vorgenommen wird. Die Driftgröße läßt sich einfach bestimmen, indem man den zeitlich linearen H_0-Feld-Vorschub während der ESR-Messung in der Nähe des Nulldurchgangs des registrierten Signals abschaltet. Ist keine Drift des H_0-Feldes vorhanden, so wird die Größe des Schreiberausschlages konstant bleiben.

Zur Bestimmung der *Mikrowellenfrequenz* ν kann prinzipiell ebenfalls ein *elektronischer UHF-Meßsender* benutzt werden. Bei der Messung der Senderfrequenz[2–4] ist der hierdurch verursachte Fehler voll zu vernachlässigen.

---

[1] B. G. Segal, M. Kaplan, and G. K. Fraenkel: J. Chem. Phys. **43**, 4191 (1965).

[2] siehe Fußnote 1.

[3] M. S. Blois Jr., H. W. Brown, and J. E. Maling, in: Free Radicals in Biological Systems, S. 117. New York-London: Academic Press 1961.

[4] M. Adams, M. S. Blois jr., and R. H. Sands: J. Chem. Phys. **28**, 774 (1958).

Die Berechnung des g-Faktors ist durch Kombination der Gleichungen

$$h\nu = g \cdot \mu_B \cdot H_0 \quad \text{(vgl. Gl. 14, S. 9)}$$

und

$$h\nu_p = 2 \cdot \mu_p \cdot H_0 \quad \text{(vgl. Gl. 28, S. 33)}$$

aus der Beziehung

$$g = K \frac{\nu}{\nu_p} \tag{131}$$

zu entnehmen, wobei[5]

$$K = 3{,}0419861 \pm 0{,}00000023 \quad \text{(für } H_2O\text{-NMR-Probe)} \tag{132}$$

$$K = 3{,}0419971 \pm 0{,}0000005 \quad \text{(für Mineralöl-NMR-Probe).} \tag{133}$$

Der Fehler von K ist durch die Unsicherheit der Naturkonstanten gegeben. Er trägt zum Fehler der g-Bestimmung aber lediglich $1{,}5 \cdot 10^{-7}$ bzw. $3 \cdot 10^{-7}$ entsprechend $\Delta g = 0{,}0000003$ und $0{,}0000006$ bei. Damit kann bei Radikalen mit Linienbreiten von etwa 100 mG und den angegebenen Meßverfahren der g-Faktor mit einer Genauigkeit von ca. $2 \cdot 10^{-6}$ also $\Delta g = 0{,}000004$ bestimmt werden. Eine Diskussion der bei diesen Präzisionsmessungen möglichen systematischen Fehlern findet sich in der Literatur[6,7].

Die hohe Genauigkeit der Bestimmung des g-Faktors rechtfertigt für Routinemessungen i. allg. nicht die hohen Kosten eines UHF-Meßgerätes. Überdies wäre es sinnlos, die Mikrowellenfrequenz wesentlich genauer als das Magnetfeld bestimmen zu wollen.

Ungleich preiswerter, allerdings mit einer Genauigkeit von nur 10^{-4} läßt sich die Wellenlänge mit Hilfe eines kommerziellen *Mikrowellenlängenmessers* durchführen. Das ist ein Hohlraumresonator, dessen Resonanzwellenlänge durch definierte Veränderung seiner Abmessungen variabel ist. Dazu wird der Boden des Resonators durch einen Feintrieb mehr oder weniger tief in den Resonanzraum hineingeschoben. In entspr. Schaltung wirkt der Hohlraumresonator als Frequenz- bzw. Wellenlängenfilter; er läßt nur seine Resonanzwellenlänge passieren. Wird er etwa mit Hilfe eines Richtkopplers an das Hohlleitersystem der Elektronenresonanzapparatur angeschlossen (Abb. 55), so wird an einer am Ausgang des Wellenlängenmessers montierten Kristalldiode nur dann eine Spannung zu messen sein, wenn die Eigenfrequenz des Resonators mit der Mikrowellenfrequenz übereinstimmt. Die Eigenfrequenz ist an einem geeichten Feintrieb abzulesen.

Die Bandbreite einer solchen Anordnung beträgt ca. 1 MHz.

---

[5] siehe Fußnote 1, S. 121.
[6] siehe Fußnote 1, S. 121.
[7] E. Klein, K. Möbius u. H. Winterhoff: Z. Naturforsch. **22a**, 1704 (1967).

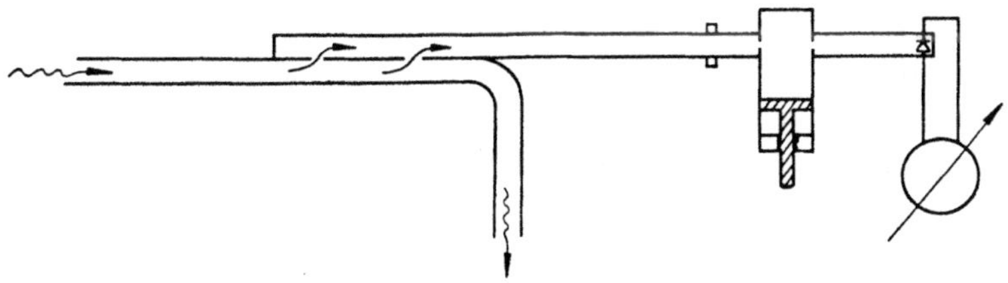

Abb. 55. Messung der Mikrowellenfrequenz mit einem Wellenlängenmesser

Mit der bestimmten Größe der Protonenresonanzfrequenz bzw. des Magnetfeldes H_0 und der auf diese Weise ermittelten Mikrowellenfrequenzen ist der g-Faktor der untersuchten Substanz wieder aus der Beziehung Gl. 131, S. 122 mit einem Fehler von etwa $\Delta g = 0{,}0002$ zu errechnen.

Zur Korrektur der experimentellen g-Faktoren auf Grund von Effekten 2. Ordnung s. S. 53ff. und Gl. 47, S. 55.

Die Kenntnis der *Kopplungsparameter*, also der in Gauß gemessenen Abstände einzelner Komponenten des ESR-Spektrums, ist für eine quantitative Auswertung der ESR-Signale des untersuchten Moleküls ausschlaggebend.

Da die in Längeneinheiten meßbaren Abstände zwischen den Komponenten eines Spektrums von der Geschwindigkeit des H_0-Vorschubs abhängen, ist eine *Eichung des Vorschubs in Einheiten des Magnetfeldes* erforderlich. Bei den kommerziellen ESR-Geräten ist die Vorschubeinrichtung oft schon geeicht, so daß die Abstände der HFS-Komponenten direkt in Magnetfeldeinheiten abgelesen bzw. umgerechnet werden können.

Zur Eichung des Vorschubs bietet sich als die beste Methode die *Protonenresonanz* an. Bei laufendem Vorschub und Schreiber wird eine feste Protonenfrequenz eingestellt. Erscheint das Resonanzsignal auf dem Oszilloskop, so wird auf dem Registrierstreifen diese Stelle mit Frequenzangaben vermerkt und die Protonenfrequenz für die Vermessung eines weiteren Punktes verschoben. Auf diese Weise wird eine Reihe von Eichpunkten erhalten, deren Abstände jetzt mit der Beziehung Gl. 130, S. 121 in Gauß angegeben werden können.

Die Eichung gilt bei stromregulierten Elektromagneten wegen der Hysterese nur für die bei der Vermessung gewählte Richtung des Vorschubs. Die Eichkurve hängt ferner von der Größe des H_0-Feldes selbst ab. Da bei organischen Radikalen die g-Faktoren praktisch gleich sind, bei Messungen also gleiche Feldgrößen benutzt werden, liegt die Korrektur innerhalb der Fehlergrenzen der Eichung. Anders sind die Verhältnisse z. B. für Messungen beim g-Faktor 4, wie er bei Molekülen im Triplettzustand (s. S. 253) beobachtet wird.

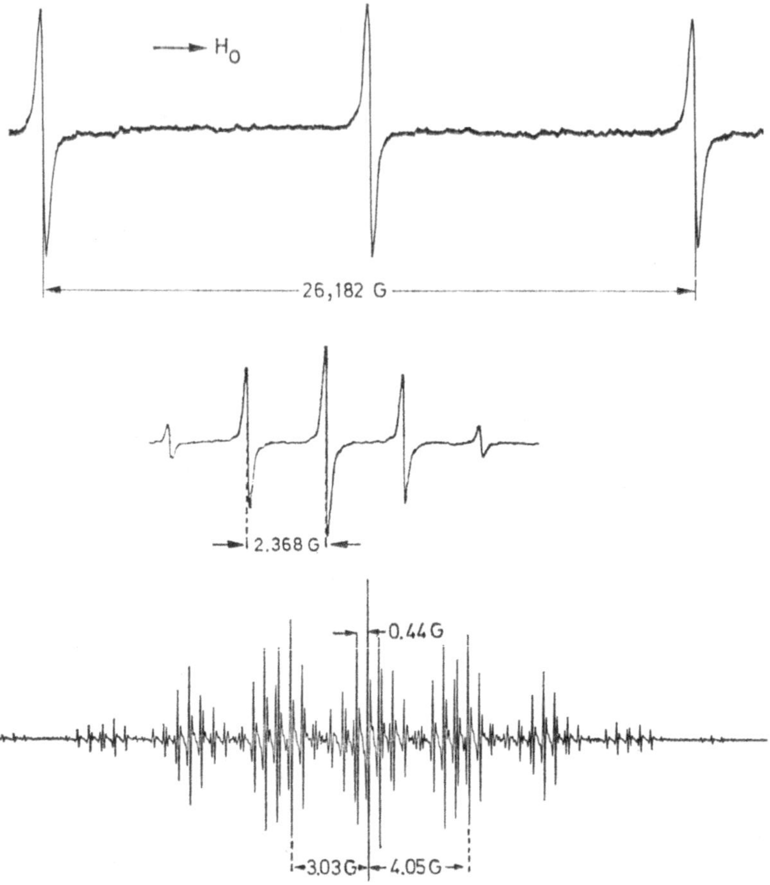

Abb. 56. (Oben). ESR-Spektrum[7a] des Fremyschen Salzes $(SO_3)\,NO^{2-}$ in mit K_2CO_3 gesättigter wäßriger Lösung. $a_N = (13{,}091 \pm 0{,}004)$ G[7b], $g = 2{,}00560 \pm 0{,}00005$[7a] *

(Mitte). ESR-Spektrum des *p*-Benzosemichinons[7c] in Äthanol/Wasser-NaOH $a_H = (2{,}368 \pm 0{,}001)$ G[7d], $g = 2{,}00483$[7e]

(Unten). ESR-Spektrum und Kopplungen des Perylen$^\oplus$ in konz. H_2SO_4[7f], $g = 2{,}002583 \pm 0{,}000006$[7g]

* In [7a] benutzten Standard (lin. Tetracen$^\oplus$) nach [7g] korrigiert.

[7a] EPR at Work No. 28, Fa. Varian.

[7b] R. J. Faber, and G. K. Fraenkel: J. Chem. Phys. **47**, 2462 (1967).

[7c] I. C. P. Smith, and A. Carrington: Mol. Phys. **12**, 439 (1967).

[7d] B. Venkataraman, B. G. Segal, and G. K. Fraenkel: J. Chem. Phys. **30**, 1006 (1959).

[7e] D. C. Reitz, J. R. Hollahan, F. Dravnieks, and J. E. Wertz: J. Chem. Phys. **34**, 1457 (1961).

[7f] F. Schneider u. K. Moebius: Z. Naturforsch. **18b**, 1111 (1963).

[7g] siehe Fußnote 1, S. 121.

Die genaueste und bequemste Eichung des Magnetfeldes ist die *selbstabgleichende Protonenresonanzmessung*. Hierbei bleibt bei jeder ESR-Messung die Protonensonde im Magnetfeld eingebaut. Ein phasenempfindlicher Nachweis der Protonenresonanz bewirkt, daß die Resonanzfrequenz des Senders automatisch genau auf das vorliegende H_0-Feld abgestimmt wird. Verändert sich das H_0-Feld durch den Vorschub des ESR-Geräts, so läuft die Frequenz der Protonenresonanz im selben Sinne mit. Ein Frequenzzählgerät kann angeschlossen und die Protonenresonanzfrequenz jederzeit abgelesen werden. Darüber hinaus kann die Einrichtung dahingehend erweitert werden, daß in bestimmten festen Frequenzabständen oder Magnetfeldeinheiten auf den Schreiber Marken gegeben werden, die jedes ESR-Spektrum mit einer Eichung versehen.

VI.a.1.β. Relativmessungen

Neben der absoluten Eichung des Vorschubs und der H_0-Feldstärke können zur Bestimmung von Kopplungsfaktoren und g-Faktoren auch Relativmessungen herangezogen werden. Dazu werden Radikale benutzt, deren ESR-Spektren mit ihren Kopplungsparametern möglichst genau bekannt sind und deren ESR-Spektren markante, für die Eichung geeignete Linien aufweisen. Die *Eichsubstanzen* sollten außerdem leicht und reproduzierbar darstellbar sein und eine gewisse Stabilität aufweisen. Einige geeignete Radikale sind aus Abb. 56 zu entnehmen.

Die g-Faktoren bezeichnen die Lage der Zentrallinie (Effekte 2. Ordnung nicht korrigiert).

Die ebenfalls mögliche gleichzeitige Vermessung von ESR-Probe und Eichsubstanz erfordert die Benützung eines *Doppelhohlraumresonators*[8,8a], dessen Funktion kurz erläutert werden soll.

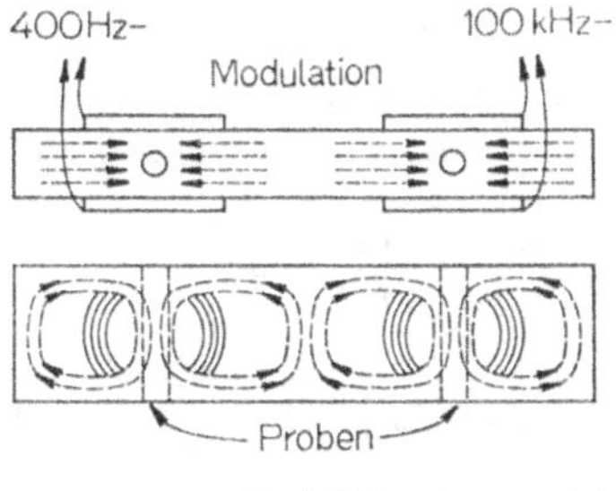

Abb. 57. Doppelhohlraumresonator.[8a] Pfeile kennzeichnen den Verlauf des H_1-Feldes

[8] W. Köhnlein, and A. Müller, in: Free Radicals in Biological Systems S. 113. New York-London: Academic Press 1961.

[8a] J. S. Hyde, and H. W. Brown: J. Chem. Phys. **37**, 368 (1962).

Wird für die Länge eines Resonanztopfes das 3fache oder 4fache der halben Wellenlänge gewählt, so bilden sich mehrere Bäuche des magnetischen UHF-Feldes H_1 (Abb. 57).

Durch entsprechende Bohrungen können räumlich getrennt *zwei Substanzproben* in die H_1-Maxima des Resonators eingeführt werden. Zwei unabhängige Spulenpaare sorgen für die Modulation des H_0-Feldes. Um die Signale getrennt aufzeichnen zu können, werden für die beiden Proben verschiedene Modulationsfrequenzen gewählt. Die Signale lassen sich nun elektronisch trennen und getrennt verstärken. Nach phasenempfindlicher Gleichrichtung werden sie in die Kanäle eines Zweifachschreibers gegeben und neben- oder übereinander geschrieben.

Wird neben der zu untersuchenden, unbekannten Probe als zweite Substanz eine bekannte Eichverbindung gewählt, deren Kopplungsparameter vorliegen, so können die simultan und mit gleichem H_0-Vorschub gewonnenen Spektren direkt verglichen werden.

Diese Meßmethodik, eignet sich sowohl zur *Bestimmung der Kopplungsfaktoren* als auch zur *Vermessung der Breiten* der Resonanzlinien. Hierbei wird meistens der Abstand der Extremwerte der 1. Ableitung bestimmt. Diese Größe ist proportional zur Linienbreite der Absorptionslinie, der Proportionalitätsfaktor hängt jedoch von der Linienform ab (s. S. 61).

Die Vermessung der Kopplungsparameter und Linienbreiten mit Hilfe von gleichzeitig untersuchten Eichsubstanzen läßt sich auch auf die *Bestimmung der g-Faktoren* übertragen. Aus dem Vergleich der Spektren ist dann, wie folgende Überlegung zeigt, der g-Faktor der unbekannten Substanz zu errechnen.

Die bei der Mikrowellenfrequenz ν erforderlichen Resonanzfelder für die Spektrenzentren der Vergleichsprobe 0 und der zu vermessenden Substanz x werden mit H_0 und H_x, die g-Faktoren mit g_0 und g_x bezeichnet. Dann gilt:

$$h\nu = g_x \cdot \mu_B \cdot H_x = g_0 \cdot \mu_B \cdot H_0 \tag{134}$$

Mit $H_0 - H_x = \Delta H$, dessen Wert als Abstand der Schwerpunkte der Spektren aus der Messung entnommen werden kann, folgt

$$\frac{g_x}{g_0} = \frac{H_0}{H_x} \quad \text{oder} \tag{135}$$

$$g_x = g_0 \left(1 + \frac{\Delta H}{H_0 - \Delta H}\right). \tag{136}$$

Da im Nenner dieses Ausdruckes ΔH gegen H_0 vernachlässigbar klein ist, gilt in sehr guter Näherung

$$g_x = g_0 \left(1 + \frac{\Delta H}{H_0}\right). \tag{137}$$

Die nach dieser Formel erforderlichen Bestimmungen von H_0 und ΔH sind nicht kritisch. Schon eine Genauigkeit von 1% ist ausreichend, um den Fehler in der g_x-Bestimmung für $g_x \approx g_0$ auf 0,02‰ zu halten, eine Genauigkeit, die mit der der g-Faktoren der Eichsubstanzen vergleichbar ist. Als Eichsubstanzen sind die in Abb. 56 angeführten Radikale geeignet.

Diese Überlegungen und Ableitungen gelten nur dann exakt, wenn am Ort beider Proben jederzeit genau das gleiche Magnetfeld vorliegt. Das ist insbesondere bei Magneten mit kleinerem Polschuhdurchmesser nicht gewährleistet.

Zur Ermittlung des dadurch bedingten Fehlers können simultan zwei gleiche Proben vermessen werden. Die Zentren ihrer Spektren werden dann, abgesehen von dem konstanten und deshalb leicht korrigierbaren Abstand der Schreibfedern des Doppelschreibers, nicht zusammenfallen. Die Abweichung ist ein Maß für die Feldstärkenunterschiede $\Delta' H$ am Ort der beiden Proben. Die erforderliche Korrektur muß mindestens[9] nach jeder Änderung der räumlichen Anordnung des Doppeltopfes im Magnetfeld neu ermittelt werden.

Die Abweichung der Magnetfelder an den beiden Proben $\Delta' H$ und der Abstand der Schreibfedern Δf kann ebenfalls durch *Vertauschung der untersuchten Probe und der Eichprobe* ermittelt werden. Als Abstand der Zentren wird mit der ersten Messung $\Delta H + \Delta' H + \Delta f$, mit der Messung der vertauschten Proben $\Delta H - \Delta' H - \Delta f$ ermittelt. Die halbe Summe ergibt dann gerade den gesuchten Abstand ΔH der Beziehung Gl. 137.

Eine etwas abweichende Relativmethode[10] vermeidet diese Nachteile. Beide Proben, die Vergleichsprobe 0 und die unbekannte Substanz x, werden *am gleichen Ort des Magnetfeldes* in einem normalen Hohlraumresonator ohne jegliche Zusatzgeräte vermessen. Dabei kann die Vergleichsprobe, in einem dünnen Glasröhrchen abgeschmolzen, der unbekannten Probe, die sich in einem normalen Meßröhrchen befindet, beigegeben werden. I. allg. werden sich die beiden ESR-Spektren überlappen, und die Auswertung der Zentrenabstände wird ungenau. Wird jedoch als Vergleichsprobe eine Substanz gewählt, *deren Spektrum im zentralen Teil „leer“ ist*, so kann die Überlappung weitgehend vermieden werden. Als Vergleichsradikal eignet sich ein Thiophosphorsäureester-Radikal, dessen Struktur und ESR-Spektrum Abb. 24, S. 48, zu entnehmen ist. Der g-Faktor dieses Radikals in ca. 10^{-3} molarer benzolischer Lösung beträgt bei Raumtemperatur $g = 2{,}00496 \pm 0{,}00005$ (Zentrum der Resonanz, Effekte 2. Ordnung, Gl. 47, S. 55, unkorrigiert).

Der bekannte Abstand der Triplettzentren von $20{,}0 \pm 0{,}2$ G kann unabhängig von geometrischen Anordnungen des Hohlraumresonators

[9] siehe Fußnote 1, S. 121.

[10] K. Scheffler u. H. B. Stegmann: Ber. Bunsenges. Physik. Chem. **67**, 864 (1963).

im Magnetfeld und unabhängig von der Wahl des H_0-Feldvorschubs zur Ermittlung der Zentrenabstände von Standard und unbekanntem Radikal dienen.

Dieses Verfahren ist nicht universell, es ist vielmehr einmal an Substanzen gebunden, deren Resonanzzentren innerhalb — oder außerhalb — des leeren Bereichs des Standards liegen. Damit sind jedoch *g*-Faktoren zwischen 2,0003 und 2,0090, also praktisch alle bisher untersuchten Radikale erfaßbar. Zum anderen dürfen die zu untersuchenden organischen Radikale eine nicht zu ausgedehnte HFS zeigen, da dann wiederum eine Überlappung beider Spektren auftreten könnte und die Auswertung schwierig würde. Auch in diesen Fällen kann man jedoch oft durch geeignete Wahl der Konzentrationen und Verstärkungsparameter den durch Überlappung verursachten Fehler gering halten. Bei Routinemessungen ist mit dieser Methode je nach Linienbreite und Lage des untersuchten Spektrums eine Genauigkeit des relativen *g*-Faktors von $\pm 0{,}000005$ bis $\pm 0{,}0001$ zu erreichen.

VI.a.2. Sättigungsabhängige Messungen

Die bisher beschriebenen Parameter eines ESR-Spektrums, *g*-Faktor und Kopplungskonstante, sind unabhängig von Sättigungserscheinungen der Absorption und damit für jede eingestrahlte Mikrowellenenergie konstant.

Die jetzt zu behandelnden Größen, aus denen weitere ESR-Parameter gewonnen werden können, sind von der eingestrahlten Energie abhängig. Sie können somit als *Funktion des Sättigungsparameters* $Z = (1 + \gamma^2 H_1^2 T_1 T_2)$ (s. S. 79) beschrieben werden. Diese Größen sind die *Fläche* F unter der Absorptionskurve, die *peak-Höhe* p der Extremwerte der 1. Ableitung und der schon diskutierte *Abstand der Extremwerte* $\delta\omega$ (s. Gl. 80, S. 79).

Der für die Größe der Fläche und der peak-Höhe maßgebende Ausschlag des Schreibers S, ist proportional zur Hochfrequenzsuszeptibilität χ'', so daß gilt

$$S = A \cdot \chi'' \tag{138}$$

oder mit Gl. 77, S. 78 und unter Zugrundelegung einer homogenen ESR-Linie (s. S. 60) mit Lorentz-Verteilung

$$S = A \cdot \chi_0 \cdot \omega_L \frac{T_2}{Z + T_2^2 (\omega - \omega_L)^2} . \tag{139}$$

In dem Proportionalitätsfaktor A sind eine Vielzahl apparativer Größen wie Verstärkungsgrad, Modulationshub, Gütefaktor des Hohlraumresonators etc. enthalten. Insbesondere werden durch A auch die Kristalldetektoreigenschaften wiedergegeben. Eine in bezug auf das elektrische Feld der gleichgerichteten Mikrowelleneinstrahlung quadratische Kennlinie des Detektors bedeutet, daß $A \sim H_1^2$ ist; ein linearer Detektor zeigt die Proportionalität $A \sim H_1$ (s. S. 15). Wird die Absorptionslinie der ESR-Resonanz mit einem „square law detector“ aufgezeichnet, so entspricht der Schreiberausschlag der absorbierten Energie $S \sim \chi'' H_1^2$ (vgl. Gl. 76, S. 78). Bei einem linearen Detektor, der weitaus häufigere Fall, wird durch den Schreiber eine der Quermagnetisierung $M = 2\chi'' H_1$ proportionale Größe aufgezeichnet.

Meist wird die erste Ableitung der Absorptionskurve geschrieben, so daß dem auf dem Papier erhaltenen Kurvenzug R die Gleichung

$$R = \frac{dS}{d\omega} = A \cdot \chi_0 \cdot \omega_L \frac{2(\omega - \omega_L)\, T_2^3}{[Z + T_2^2(\omega - \omega_L)^2]^2} \tag{140}$$

entspricht.

Dieses Signal hat Extremwerte, die durch die Beziehung $\frac{d^2 S}{d\omega^2} = 0$ gegeben sind. Hieraus folgt

$$(\omega - \omega_L) = \pm \frac{1}{\sqrt{3}} \frac{1}{T_2} Z^{1/2} , \tag{141}$$

und eine *Halbwertsbreite* von

$$\delta\omega = \frac{2}{\sqrt{3}} \frac{1}{T_2} Z^{1/2} . \tag{142}$$

Für die *Signalhöhe* zwischen den Extremwerten ergibt sich dann

$$p = A\, \chi_0\, \omega_L \frac{\sqrt{27}}{4}\, T_2^2\, Z^{-3/2} . \tag{143}$$

Die *Fläche* unter der Absorptionskurve wird durch das 2-fache Integral von Gl. 140 oder durch

$$F = \int_0^\infty S\, d\omega = A \cdot \chi_0\, \omega_L\, \pi\, Z^{-1/2} \tag{144}$$

bestimmt.

Aus den letzten drei Gleichungen folgt der wichtige Zusammenhang

$$F = \frac{\pi}{\sqrt{3}}\, p \cdot \delta\omega^2 = 1{,}81\, p \cdot \delta\omega^2 . \tag{145}$$

Für eine Gaußverteilung gilt die analoge Beziehung

$$F = \sqrt{\frac{e \cdot \pi}{32}}\, p \cdot \delta\omega^2 = 0{,}52\, p \cdot \delta\omega^2 . \tag{146}$$

Die unterschiedlichen numerischen Faktoren in Gl. 145 u. 146 sind durch die verschiedenen Linienformen bestimmt. Der Zusammenhang zwischen der Fläche und dem Produkt aus peak-Höhe und dem Quadrat der Linienbreite gilt mit entsprechenden Formfaktoren, die experimentell bestimmt werden müssen, jedoch für alle auftretenden Linienformen.

Während der Abstand der Extremwerte $\delta\omega$ (Gl. 142) unabhängig von der Wahl des Detektorsystems ist, werden die peak-Höhe und die Fläche mit von den Detektoreigenschaften bestimmt. Abb. 58 zeigt die Abhängig-

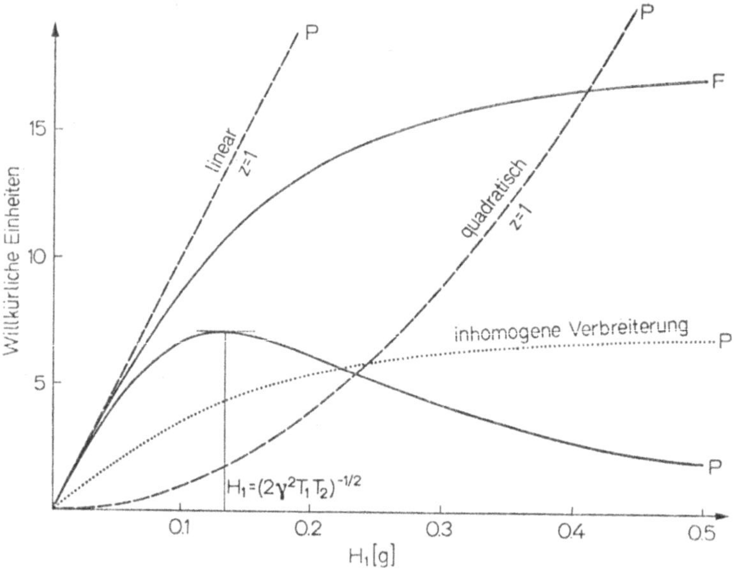

Abb. 58. Abhängigkeit der Fläche F und der peak-Höhe p vom Mikrowellenfeld H_1. ——— peak-Höhe ohne Sättigung der ESR-Linie, ····· peak-Höhe beim Vorliegen einer inhomogen verbreiterten Komponente. Alle nicht anders bezeichneten Kurven beziehen sich auf eine lineare Detektorkennlinie

keit dieser Größe vom eingestrahlten H_1-Feld bei Benutzung des gebräuchlichen linearen Detektors ($A \sim H_1$). Der im Dämpfungsfaktor auftretende Ausdruck $\gamma^2 T_1 T_2$ wurde willkürlich gleich 30 gewählt. Mit $\gamma^2 = 3{,}1 \cdot 10^{14}$ entspricht diese Wahl einer Relaxationszeit von etwa $3 \cdot 10^{-7}$ sec. Das eingestrahlte Mikrowellenfeld wird von $H_1 = 0$ bis $H_1 = 0{,}5$ G variiert, entsprechend einer eingestrahlten Energie von maximal ca. 100 mWatt.

Ebenfalls ist in Abb. 58 der qualitative Verlauf der peak-Höhe bei Vorliegen einer inhomogen verbreiterten ESR-Linie[11] eingezeichnet. Die

[11] I. C. P. Smith, and A. Carrington: Mol. Phys. 12, 439 (1967).

Linienbreiten sind hier unabhängig von der Größe des H_1-Feldes, da sich die betrachtete Komponente aus einer Anzahl Einzellinien, die jede für sich im selben Sinne verbreitert wird, zusammensetzt und so die Gesamtlinienform konstant gehalten wird.

Die im speziellen ESR-Gerät vorliegende *Detektoreigenschaft* kann leicht *mit einer DPPH-Pulver-Probe bestimmt werden.* Bei den gebräuchlichen Mikrowellenenergien zeigt die Probe *keine Sättigung*[12] ($Z = 1$) und ihre peak-Höhe folgt der idealen Geraden des linearen oder der Parabel des quadratischen Detektors (vgl. Abb. 58).

Die Abweichung der Parameter der untersuchten Radikalprobe von den idealen Kurven ist dann ein Maß für den Sättigungskoeffizienten Z.

VI.a.2.α. Transversale Relaxationszeit T_2

Die numerische Bestimmung von T_2 gelingt am einfachsten durch Vermessung der Abstände der Extremwerte $\delta\omega$ nach Gl. 142, S. 129. Liegt keine Sättigungsverbreiterung vor ($Z = 1$), so lautet mit $\delta\omega = \gamma\delta H$ und $\gamma = -1{,}76 \cdot 10^7$ die Bestimmungsgleichung für T_2

$$T_2 = (1{,}52 \cdot 10^7 \cdot \delta H)^{-1} \tag{147}$$

δH ist in Gauß einzusetzen, die Relaxationszeit T_2 wird in Einheiten der Sekunde erhalten.

Ist die Linienbreite der Resonanzlinie von der Größe des eingestrahlten Mikrowellenfeldes H_1 abhängig, so muß zur Bestimmung der natürlichen Breite auf die allgemeinere Beziehung Gl. 142, S. 129 zurückgegriffen werden. Sie kann, in Einheiten des Magnetfeldes umgeschrieben, auf die Form[13]

$$\delta H^2 = \frac{4}{3} T_2^{-2} \gamma^{-2} + \frac{4}{3} \frac{T_1}{T_2} H_1^2 \tag{148}$$

gebracht werden. Damit ist das Quadrat der gemessenen Abstände der Extremwerte einer ESR-Komponente eine lineare Funktion der eingestrahlten Mikrowellenenergie (H_1^2). In einem Diagramm dargestellt, ergibt der Schnittpunkt der Geraden mit der Ordinate ($H_1^2 = 0$) den Wert für T_2 in der Form wie Gl. 147, s. o.

Für diese Messung ist es ausreichend, die Mikrowellenenergie lediglich relativ, etwa im Verhältnis zur schwächsten benutzten Einstrahlung zu kennen.

---

[12] N. Bloembergen, and S. Wang: Physic. Rev. **93**, 72 (1954).

[13] J. W. H. Schreurs, and G. K. Fraenkel: J. Chem. Phys. **34**, 756 (1961).

VI.a.2.β. Longitudinale Relaxationszeit T_1

Sehr viel kritischer ist die Bestimmung der longitudinalen Relaxationszeit T_1. Für ihre Vermessung ist die *absolute Kenntnis des H_1-Feldes*, etwa nach Gl. 85 (S. 80) bestimmt, erforderlich *.

In diesem Falle liefert die Steigung der Geraden Gl. 148 einen Wert für $4/3\ T_1/T_2$[14]. Mit dem leichter zugänglichen T_2 ist dann ebenfalls der Wert für T_1 zu ermitteln.

Eine weitere Möglichkeit zur Bestimmung von T_1 liefert die *Messung der peak-Höhen in Abhängigkeit vom eingestrahlten H_1-Feld* nach Gl. 143. Die maximale peak-Intensität (Abb. 58) wird durch $\frac{dp}{dH_1} = 0$ ermittelt und ergibt bei Benutzung eines linearen Detektors die Relation

$$T_1 = \frac{1}{2\gamma^2 H_1^2 T_2}\,. \tag{149}$$

Auch aus dieser Gleichung ist die longitudinale Relaxationszeit bei Kenntnis von T_2 zu errechnen.

Die zuletzt angegebene Messung kann daran scheitern, daß mit der zur Verfügung stehenden Mikrowellenenergie das Maximum der peak-Höhe nicht erreicht werden kann. Der Sättigungsparameter Z kann, wie folgende Überlegung zeigt, auch in diesen Fällen noch mit leidlicher Genauigkeit bestimmt werden.

Unter Annahme des gebräuchlichen, linearen Detektorssystems sollte der Ausdruck $(p\,\delta\omega^2)$ nach Gl. 142 und 143, der Gleichung

$$p_0\,\delta\omega_0^2 = c\,H_1 \qquad \text{(ohne Sättigung) bzw.} \tag{150}$$

$$p\,\delta\omega^2 = p_0\,\delta\omega_0^2 Z^{-1/2} \qquad \text{(mit Sättigung)} \tag{151}$$

genügen. Daraus folgt

$$c^2 = \gamma^2\, T_1\, T_2\,(p\,\delta\omega^2)^2 + \frac{(p\,\delta\omega^2)^2}{H_1^2} \tag{152}$$

wobei c^2 und $\gamma^2\, T_1\, T_2$ unbekannte Größen, die peak-Höhe p, die Linienbreite $\delta\omega$ und das H_1-Feld bekannte Werte darstellen.

In einem Diagramm mit c^2 und $\gamma^2\, T_1\, T_2$ als Koordinaten ergibt sich für jeden Meßwert p, $\delta\omega$, H_1 eine Gerade. Für die verschiedenen Meßwerte schneiden sich diese Geraden mehr oder weniger gut in einem Punkt, dessen Koordinaten dann c^2 und damit die Steigung c der Idealkurve der Abb.

* Genauere Angaben über die bei diesen schwierigen Messungen der Sättigungsparameter erforderliche H_1-Feldverteilung im Hohlraumresonator und Probe sind bei J. W. H. Schreurs, G. E. Blomgren, and G. K. Fraenkel: J. Chem. Phys. **32**, 1861 (1960) zu finden.

[14] siehe Fußnote 13, S. 131.

58 und $\gamma^2 T_1 T_2$, den Sättigungsparameter, angeben. Aus ihm läßt sich mit dem leicht zugänglichen T_2 wieder die longitudinale Relaxationszeit T_1 bestimmen.

VI.a.2.γ. Konzentrationsmessungen

Wenn die Frage nach dem Radikalcharakter einer Substanz durch die ESR-Untersuchung positiv beantwortet wurde, ist für den Chemiker sehr oft die Radikal-Konzentration von großem Interesse. Es kann vorweggenommen werden, daß die Bestimmungen der absoluten Konzentration leider die vielfach gewünschte Genauigkeit vermissen lassen. In erster Linie liegt das an der großen Unsicherheit der *Bestimmung der Fläche* unter der Absorptionskurve, die wegen ihrer Proportionalität zu χ_0 unabhängig von Linienbreite und Linienform ein Maß für die Anzahl der untersuchten Radikalzentren n (Gl. 55, S. 62) darstellt, und i. allg. nur mit einem Fehler von ca. 10% angegeben werden kann. Schließlich kann auch das *Sättigungsverhalten der Radikalprobe* oft nicht oder nur angenähert wiedergegeben werden.

Eine Absolutbestimmung der Fläche F nach Gl. 144 würde eine genaue Kenntnis aller Spektrometereigenschaften, die in A zusammengefaßt sind, voraussetzen. Da dieses in den meisten Fällen unmöglich ist, die Eigenschaften sogar zeitlichen Schwankungen unterliegen können, wird auf *Relativmessungen* zurückgegriffen.

Bei solchen Messungen wird im Prinzip die Fläche F_x der unbekannten Probe mit der Fläche F_0 eines bekannten Standardradikals verglichen und damit die Konzentration des untersuchten Radikals n_x an die durch Einwaage bekannte Konzentration des Standards n_0 angeschlossen.

Im folgenden soll auf das Meßverfahren, die Flächenbestimmung und auf das Problem des Standards näher eingegangen werden.

VI.a.2.γ.γ₁. Meßverfahren

Um die Fläche der Probe und des Standards sicher vergleichen zu können, muß die Aufzeichnung der Absorptionskurve oder ihrer 1. Ableitung unter *vollständig gleichen apparativen Bedingungen* stattfinden. Dazu gehören wegen der H_1-Feldverteilung im Hohlraumresonator auch gleiche Geometrien der beiden Meßproben. Der Effekt der Meßtemperaturen kann gegebenenfalls nach Gl. 55, S. 62 korrigiert werden. Im übrigen sollten nur definierte Veränderungen, wie die der Verstärkung und des Modulationshubs, vorgenommen werden.

Neben anderen in der Literatur beschriebenen Verfahren[15,16] hat sich insbesondere die Methode des Doppelhohlraumresonators (s. S. 125)

---

[15] G. v. Foerster: Z. Naturforsch. **15a**, 1079 (1960).
[16] G. H. Schnepel: Z. Naturforsch. **22b**, 97 (1967).

bewährt. Werden die beiden Resonanzsignale nach dem beschriebenen Verfahren aufgenommen, die unbekannte Probe mit HF-Modulation (1) und der bekannte Standard mit der NF-Modulation (2), so gilt für die Anzahl der gemessenen Radikalzentren

$$n_x = c \frac{F_x^{(1)} \cdot Z_x^{1/2}}{\tilde{H}_x^{(1)} \cdot V_x^{(1)}} \quad \text{und} \quad n_0 = c \frac{F_0^{(2)} \cdot Z_0^{1/2}}{\tilde{H}_0^{(2)} \cdot V_0^{(2)}} \tag{153}$$

$\tilde{H}_x$, $\tilde{H}_0$ und V_x, V_0 sind die in den beiden Kanälen (1) und (2) zur Aufnahme der Resonanz benutzten Modulationsamplituden und Verstärkungsfaktoren. Der Modulationshub sollte zur naturgetreuen Aufzeichnung der 1. Ableitung klein gegen die Linienbreite der ESR-Resonanzlinie sein.

Beim Austausch der beiden Proben gilt bei gleicher Mikrowelleneinstrahlung

$$n_x = c' \frac{F_x^{(2)} \cdot Z_x^{1/2}}{\tilde{H}_x^{(2)} \cdot V_x^{(2)}} \quad \text{und} \quad n_0 = c' \frac{F_0^{(1)} Z_0^{1/2}}{\tilde{H}_0^{(1)} \cdot V_0^{(1)}} \tag{154}$$

Aus diesen beiden Gleichungspaaren ergibt sich damit

$$\left(\frac{n_x}{n_0}\right)^2 = \frac{F_x^{(1)} \cdot F_x^{(2)}}{F_0^{(1)} \cdot F_0^{(2)}} \cdot \frac{Z_x}{Z_0} \cdot \frac{\tilde{H}_0^{(1)}}{\tilde{H}_x^{(1)}} \cdot \frac{\tilde{H}_0^{(2)}}{\tilde{H}_x^{(2)}} \cdot \frac{V_0^{(1)}}{V_x^{(1)}} \cdot \frac{V_0^{(2)}}{V_x^{(2)}} \,. \tag{155}$$

Da die relativen Modulationsamplituden und Verstärkungsfaktoren der beiden Kanäle vom ESR-Gerät her bekannt sind, führen die Flächenbestimmung der vier aufgezeichneten Resonanzen und die Bestimmung der Sättigungsparameter Z des Standards und der Meßprobe (s. S. 128ff.) zum Anschluß der gesuchten Konzentration an die des Standards.

VI.a.2.γ.γ₂. Methoden zur Flächenbestimmung

Wird der durch das ESR-Gerät geschriebene Kurvenzug der 1. Ableitung der Absorptionskurve durch die Funktion $R(\omega')$, Gl. 140, S. 129 beschrieben, so liefert ihre 1. Integration die eigentliche Absorptionskurve $S(\omega)$

$$S(\omega) = \int_0^\omega R(\omega')\, d\omega' \,. \tag{156}$$

Die weitere Integration führt schließlich zur gesuchten Fläche

$$F = \int_0^\infty S(\omega)\, d\omega \,. \tag{157}$$

Da der analytische Ausdruck für R nur für spezielle Kurvenformen vorliegt (in vielen Fällen die Lorentz-Verteilung), kann das 1. Integral meist nur graphisch oder elektronisch bestimmt werden. *Die graphische Methode* benutzt als Näherung für Gl. 156 den Ausdruck

$$S(l' \cdot \Delta\omega) = \Delta\omega \sum_{l=0}^{l'} R(l \cdot \Delta\omega) . \tag{158}$$

Die ω- oder H_0-Koordinate der experimentellen Kurve wird zu dieser Auswertung in gleiche Abschnitte $\Delta\omega$ bzw. ΔH aufgeteilt. Bei tiefen Feldern ($l = 0$) beginnend wird der erste endliche Wert für R abgelesen und als Maß für die Absorptionskurve S bei diesem ω- oder H_0-Wert registriert. Nach dem Weiterrücken um $\Delta\omega$ wird der hierzugehörende R-Wert zu dem vorhergehenden S-Wert addiert und so der S-Wert des neuen Punktes der ω-Koordinate ermittelt. Auf diese Weise gelingt es, die Absorptionskurve S graphisch zu ermitteln.

Die zweite Integration, Gl. 157 (S. 134) folgt nach ähnlichem Schema mit der Näherung

$$F = \Delta\omega \sum_{l=0}^{\infty} S(l \cdot \Delta\omega) \tag{159}$$

Für die letzte Integration sind auch Planimeter und Wägemethoden geeignet.

Bei der graphischen Methode ist es vorteilhaft, für alle zu bestimmenden Flächen der Gl. 155 gleiche Integrationsschritte $\Delta\omega$ zu benutzen, da ihre Größe dann bei der Quotientenbildung herausfällt.

Eine zweite Methode zur Flächenbestimmung ist die der *Ermittlung des 1. Moments* der experimentellen Kurve. Hiermit wird eine zweite Integration vermieden. Außerdem hat diese Methode den Vorteil, *unabhängig von der Modulationsamplitude* zum Ziel zu führen[17]. Es ist mit dieser Momentenmethode also möglich, ein kompliziertes ESR-Spektrum durch Übermodulation so zu verbreitern, daß lediglich eine breite Linie resultiert, die ihrerseits dann wesentlich leichter ausgewertet werden kann.

Das 1. Moment $\mu^{(1)}$ der ESR-Kurve ist definiert als

$$\mu^{(1)} = \int_{-\infty}^{+\infty} \omega R(\omega)\, d\omega , \tag{160}$$

wenn das Zentrum der ESR-Absorption für $\omega = 0$ angenommen wird. Graphisch läßt sich das 1. Moment durch die Näherung

$$\mu^{(1)} = \Delta\omega \sum_{l=-\infty}^{+\infty} R(l \cdot \Delta\omega)\, \omega \tag{161}$$

---

[17] P. H. Verdier, E. B. Whipple, and V. Schomaker: J. Chem. Phys. **34**, 118 (1961).

analog den obigen Ausführungen ermitteln, wobei jeder R-Wert mit seinem Abstand zum Linienzentrum multipliziert werden muß.

Der Zusammenhang des 1. Moments mit der interessierenden Fläche wird durch folgende Überlegung plausibel. Faßt man in dem flächenbestimmenden Integral (Gl. 157, S. 134) ω als Funktion von S auf, so gilt

$$F = \int_{-\infty}^{0} S(\omega)\, d\omega + \int_{0}^{\infty} S(\omega)\, d\omega = \left(\int_{0}^{\infty} \omega(S)\, dS\right)_{\omega>0} + \left(\int_{0}^{\infty} \omega(S)\, dS\right)_{\omega<0}.$$

$dS = R\, d\omega$ führt zu

$$F = \int_{-\infty}^{0} \omega R\, d\omega + \int_{0}^{\infty} \omega R\, d\omega$$

oder als Näherungsausdruck

$$F = \Delta\omega \sum_{l=-\infty}^{\infty} \omega\, R(l \cdot \Delta\,\omega) = \mu^{(1)}.$$

Den angegebenen Methoden zur Flächenbestimmung und auch anderen, die die Integration elektronisch oder elektro-mechanisch[18] durchführen, ist als größte Fehlerquelle gemeinsam, daß sie *die Flanken der Resonanzlinie nicht oder nur ungenau erfassen.* Ebenso kann eine Drift der Nullinie oder eine Unsymmetrie des ESR-Signals die Auswertung erschweren[19].

Eine Methode, die diese Nachteile weitgehend vermeidet, ist in der Auswertung der Beziehung 145 (S. 129) zu finden. Der hier auftretende Formfaktor ist aber stark von der jeweiligen Linienform abhängig. Der Zusammenhang zwischen Fläche, peak-Höhe und dem Quadrat der Linienbreite kann daher nur *bei gleichen Linienformen der Probe und des Standards, oder bei Kenntnis der Formfaktoren* (s. S. 130) herangezogen werden. Bei Vermessung von *Konzentrationsreihen* oder *relativen Intensitäten* innerhalb eines Spektrums liefert diese Proportionalität jedoch die einfachste und sicherste Methode, um zu relativen Konzentrationsaussagen zu kommen.

VI.a.2.γ.γ₃. Standard für Konzentrationsmessungen

Das *Diphenylpikrylhydrazil* (DPPH) hat sich als *Bezugsradikal* für quantitative Messungen von Radikalkonzentrationen durchgesetzt. Die Substanz ist aus mehreren Gründen vorteilhaft. N. Bloembergen u. S. Wang[20] konnten zeigen, daß die Sättigungserscheinungen beim DPPH bei den für

---

[18] K. Scheffler: Z. Elektrochem. Ber. Bunsenges. f. Phys. Chem. **65**, 439 (1961).

[19] J. G. Kenworthy, G. F. Longster, and R. E. Richards: Trans. Faraday Soc. **62**, 534 (1966).

[20] siehe Fußnote 12, S. 131.

die ESR-Untersuchungen üblichen Mikrowellenenergien zu vernachlässigen sind. Erst bei Feldstärken von $H_1 \approx 0{,}3$ G, für kommerzielle ESR-Spektrometer etwa der maximal erreichbare Wert, beginnt die Sättigung einzusetzen. Dieses Verhalten ist zwischen 77° K und 300° K von der Temperatur unabhängig, so daß praktisch der Sättigungsparameter Z für DPPH immer gleich 1 gesetzt werden kann. Damit wird die Auswertung der Konzentrationsbeziehung Gl. 155 (S. 134) wesentlich erleichtert.

Ferner haben E. MÜLLER et al.[21] gezeigt, daß das DPPH fest und gelöst zu 100% als monomeres Radikal vorliegt. Frisch aus CS_2 umkristallisiertes DPPH (s. S. 319) ist damit ein leicht zugänglicher Standard, der sich überdies hinsichtlich seiner Konzentration durch Einwaage und Mischen mit inerten Stoffen der Untersuchungsprobe angleichen läßt.

Die Linienform des fein pulverisierten DPPH kommt einer Lorentz-Verteilung nahe[22]. Der experimentell ermittelbare Formfaktor des ESR-Signals beträgt 1,1[23] (vgl. Gl. 145, 146). Weitere wichtige ESR-Daten dieses Standardradikals s. S. 317ff..

Die für spezielle Untersuchungen (wäßrige Lösungen, Temperaturvariation) empfohlenen paramagnetischen Verbindungen wie $CuSO_4$[24], $CrCl_3$[25] und die recht stabilen Kohlen[26] müssen an das DPPH angeschlossen werden. Für die Messungen in der Gasphase wird auch O_2 als Standard genannt[27].

VI.b. Interpretation der ESR-Spektren

Zur Interpretation eines ESR-Spektrums, also Zurückführung der HFS-Komponenten auf Kopplungsparameter und damit auf das Termschema des Radikalmoleküls, gibt es keine allgemeingültigen Richtlinien. Die Analyse wird durch Erfahrung und Intuition erleichtert. Vielfach gibt die zu vermutende Struktur des untersuchten Radikals Hinweise auf die zu erwartende Gliederung seines ESR-Spektrums. Somit können nur einige Hilfen allgemeiner Natur gegeben werden.

Ein Kriterium dafür, daß die Signale von Radikalen einheitlicher Struktur stammen, sollte nach früheren Ausführungen und Termschemen (S. 41ff.) die *Symmetrie* der HFS-Komponenten bezüglich des Spektrenzentrums sein. Indessen können die differierenden Linienbreiten verschiedener

---

[21] E. MÜLLER, I. MÜLLER-RODLOFF u. W. BUNGE: Liebigs Ann. Chem. **520**, 235 (1935).

[22] R. I. WEIDNER, and C. A. WHITNER: Phys. Rev. **91**, 1279 (1953).

[23] ESR-Manual der Varian Associates, Publ. No. 87-100-077.

[24] H. POHLIT, B. RAJEWSKY, and A. REDHARDT, in: Free Radicals in Biological Systems, S. 367. New York-London: Academic Press 1961.

[25] C. L. GARDNER, and G. K. FRAENKEL: J. Amer. chem. Soc. **78**, 3279 (1956).

[26] R. C. PASTOR, and R. H. HOSKINS: J. Chem. Phys. **32**, 264 (1960).

[27] K. M. EVENSON, and D. S. BURCH: J. Chem. Phys. **44**, 1715 (1966).

HFS-Linien bereits eine Unsymmetrie des Spektrums hervorrufen (s. S. 81). Die Symmetriebetrachtung sollte also nur die Lage der Komponenten berücksichtigen [Effekte 2. Ordnung (S. 53) können i. allg. außer Betracht gelassen werden]. Eine solche Unsymmetrie des ESR-Spektrums bei simultaner Untersuchung von zwei oder mehreren Radikalen ist nur dann möglich, wenn sich die g-Faktoren der einzelnen Radikale wesentlich unterscheiden. Um in solchen Fällen Klarheit zu schaffen, wird ein *Wechsel der Darstellungs- oder Untersuchungsbedingungen* (Lösungsmittel, Temperatur, UHF-Energie) empfohlen. Er führt meist zu Änderungen der relativen Konzentrationen der einzelnen Radikale. Eine Entscheidung, ob eine Aufspaltung durch eine HFS oder durch das Vorliegen zweier Radikale mit unterschiedlichen (oder anisotropen) g-Faktoren hervorgerufen wird, ist prinzipiell durch *Vermessung des Spektrums bei anderen Feldstärken* möglich. Während die einer HFS entsprechenden Linienabstände feldunabhängig sind, nimmt die durch unterschiedliche g-Faktoren bedingte Aufspaltung des Signals proportional mit dem H_0-Feld zu (vgl. Gl. 137, S. 126).

Für die Analyse komplizierter Spektren ist die möglichst *getreue Aufzeichnung der ersten und letzten HFS-Komponenten des ESR-Signals* von sehr großer Bedeutung. Diese Randgebiete zeichnen sich durch eine relativ geringe Überlappungstendenz der Linien aus. So ist die erste und letzte Komponente immer einfach; ihrem Zustandekommen entspricht im Termschema naturgemäß ein nicht-entarteter Übergang. In den übersichtlichen Randgebieten der HFS ist mit der Analyse des Spektrums zu beginnen. So entspricht sogleich der Abstand der ersten von der zweiten Komponenten dem kleinsten auftretenden Kopplungsparameter a_1 des Radikals. Die relative Intensität der beiden Linien kann bereits zu Aussagen über eventuell vorhandene äquivalente Kerne mit diesem Kopplungsparameter führen. Der Abstand zwischen erster und dritter Linie kann den nächsten Kopplungsparameter a_2 liefern. Weitere Bestimmungen dieser Art werden sehr schnell unübersichtlich. Da die Intensitäten der in den Randgebieten des Spektrums liegenden Komponenten relativ schwach sind, kann das *Auftreten von ^{13}C-Komponenten*, deren Intensität dem natürlichen Isotopengehalt (s. Tab. 1, S. 32) entspricht, die Zuordnung und damit die Auswertung erschweren.

Oft ist es möglich, auf Grund schon ermittelter Kopplungen die Anzahl der Linien des ESR-Spektrums zu reduzieren. So können versuchsweise einzelne Liniengruppen, die vermutlich durch die schon bekannte Wechselwirkung entstanden sind, in Einzellinien zusammengefaßt und so der Habitus der HFS vereinfacht werden.

Da die Gesamtlänge l des Spektrums oft experimentell bekannt ist, diese sich wiederum aus den Kopplungen der einzelnen Kerne (s. S. 42) gemäß

$$l\,[\text{Gauß}] = \sum_K 2\,|a_K|\,I_K \tag{162}$$

bestimmt, kann auch eine Differenzbildung Anhaltspunkte für weitere Kopplungen geben.

Eine Kontrolle der ermittelten Kopplungsparameter kann durch *Konstruktion des entsprechenden Strichspektrums* und Vergleich mit dem Orginalspektrum in bezug auf Zahl, Lage und Intensität der HFS-Komponenten erfolgen. Da hierbei der Grad der Überlagerung der einzelnen HFS-Linien nur unvollkommen wiedergegeben werden kann, ist die Wiedergabe der theoretischen Spektren auch hinsichtlich der Linienform anzustreben. Dieses Problem kann praktisch nur mit Hilfe von elektronischen Rechenmaschinen gelöst werden[28]. Dabei wird im Prinzip die Linienform einer Einzelkomponente vorgegeben und nach Maßgabe der vermuteten Kopplungsparameter und Art der wechselwirkenden Kerne an bestimmten Stellen einer Abszisse reproduziert*. Die Summe liefert dann das simulierte Spektrum. Grundsätzlich können die Kopplungen so lange variiert werden, bis das erhaltene Spektrum mit dem Experiment zufriedenstellend übereinstimmt. Bei vielen variablen Kopplungen ist jedoch der Zeitaufwand entsprechend groß. Bei digitaler Ausgabe der ESR-Daten, Intensität und Feldvorschub, ist es ebenfalls mit Hilfe elektronischer Rechner möglich, Spektren zu simulieren, die dem Original nahe kommen (kleinstes Fehlerquadrat). Hier werden Kopplungsparameter etc. von dem Computer bestimmt[29].

Die *Zuordnung* der als Kopplungsparameter identifizierten Aufspaltungen zu einzelnen Kernen des Radikalmoleküls ist nach verschiedenen Methoden möglich. *Symmetrieäquivalente Kerne* des Moleküls zeigen auch im ESR-Spektrum gleiche Kopplungen, so daß hier eine für die Zuordnung brauchbare Korrelation besteht. Auf die Möglichkeiten zur Interpretation und Zuordnung von Kopplungen durch *Einbau von Isotopen* wurde bereits hingewiesen (S. 49ff.). Schließlich können auch *Berechnungen der Verteilung des freien Elektrons* und der damit zusammenhängenden Kopplungsparameter (Kap. B.) Hinweise für die Zuordnung experimentell beobachteter Aufspaltungen geben. Der Abschnitt F, S. 281ff., bietet dafür einige Beispiele.

---

* Entsprechende Programme sind beim DRZ, Deutsches Rechenzentrum, Darmstadt, erhältlich.

[28] z. B. J. R. Reeder, G. M. Odell, R. E. Sioda, and W. S. Koski: J. Mol. Spec. **20**, 141 (1966) und die hier zitierte Literatur.

[29] A. Bauder, and R. J. Myers: J. Mol. Spec. **27**, 110 (1968).

B. Elektronenverteilung und isotrope Hyperfeinstruktur von π-Radikalen

I. Isotrope Hyperfeinstruktur der Wasserstoffkerne

Der weitaus größte Teil der HFS organischer Radikale (in Lösung) beruht auf der isotropen Wechselwirkung des freien Elektrons mit den Kernmomenten der Wasserstoffatome des Moleküls. An diesem Beispiel sei daher auch das Zustandekommen der isotropen HFS erläutert. Im gleichen Zusammenhang wird die Bedeutung der experimentell bestimmten *a*-Faktoren für die Elektronenverteilung im Molekül behandelt. Damit ist ein Kapitel angeschnitten, dessen Inhalt eines der Hauptanwendungsgebiete der Elektronenresonanz in der Chemie ist.

I.a. Der freie *s*-Anteil der Elektronenverteilung

Als einfachstes Beispiel der Wechselwirkung eines freien Elektrons mit einem Wasserstoffkern bietet sich die Untersuchung des Wasserstoffatoms selbst an. Das Elektron befindet sich hier im Grundzustand in einer 1*s*-Bahn, deren im Gaszustand exakt bekannte Eigenfunktion

$$\Psi_{H,1s} = \sqrt{\frac{1}{\pi r_0^3}}\, e^{-r/r_0}$$

eine kugelsymmetrische Verteilung um den Wasserstoffkern aufweist. Dabei ist r der Abstand vom Proton als dem Zentrum der Elektronenwolke. r_0 ist der erste Bohrsche Radius mit dem Wert $r_0 = \hbar^2/m e^2 = 0{,}52917 \cdot 10^{-8}$ cm. Die Elektronenresonanz-Untersuchung liefert ein Signal des paramagnetischen Wasserstoffs, das wegen des Protonenspins $I = 1/2$ in zwei Komponenten, entsprechend $m_I = \pm\, 1/2$, aufgespalten ist. Der theoretisch erwartete Abstand dieser beiden Komponenten beträgt auf Grund der Eigenfunktion des Elektrons und der Beziehung für die isotrope HFS (Gl. 36, S. 39) $a = \frac{8}{3}\, g_p \mu_K \frac{1}{r_0^3}$. In Einheiten des magnetischen Feldes ergibt sich dafür der Wert von $a_{\mathrm{H}} = 506{,}8$ G.

Experimente mit Hilfe von Atomstrahlmethoden an gasförmigen Wasserstoffatomen[1,2] stimmen innerhalb einer Genauigkeit von 0,001% mit dem theoretisch geforderten Wert überein. Auch die Bestrahlungsprodukte von Eis und gefrorenen Säuren lassen ESR-Signale erkennen, die wegen der nur geringfügig abweichenden ESR-Daten, Wasserstoffatomen zugeordnet werden müssen[3–5].

Der *a*-Faktor des freien Wasserstoffatoms kann zur *Deutung der Wasserstoff-Aufspaltungen* organischer Substanzen herangezogen werden. Zur isotropen Aufspaltung durch ein Proton ist, da die Aufenthaltswahrscheinlichkeit am Kernort Ψ^2(H) eingeht, ein *freier (nicht spinkompensierter) s-Anteil* der Elektronen bezüglich des wechselwirkenden Protons erforderlich. Wird diesem *s*-Anteil eine 1*s*-Bahn um das Proton, also gerade die erste Wasserstoffeigenfunktion zugeschrieben, so kann aus dem experimentell gefundenen Kopplungsparameter der Anteil an dieser 1*s*-Bahn angegeben werden. Wurde z. B. für einen an ein beliebiges Restmolekül gebundenen Wasserstoffkern eine Aufspaltung von 5,1 G gefunden, so kann das so interpretiert werden, daß bei dem entspr. Wasserstoff-Atom 1% eines sich auf einer 1*s*-Bahn befindenden Elektrons spinmäßig nicht abgesättigt ist. Natürlich könnte auch eine andere *s*-Bahn des Wasserstoffs für diese Deutung herangezogen werden, doch erfordern die höheren *s*-Bahnen eine so große Anregungsenergie, daß ihre Bedeutung gering ist.

Mit der Deutung der HFS als freiem *s*-Anteil der Elektronen am Ort des Protons (oder anderer magnetischer Kerne) erhebt sich die Frage nach dem Zustandekommen dieses *s*-Anteils. Da die HFS der ESR-Spektren im wesentlichen durch die Kopplungen mit α- und β-Protonen* verursacht wird, sind diese Kopplungen eingehend theoretisch untersucht worden. Hier hat sich für die Deutung der *Kopplung mit α-Protonen* eine *π-σ-Wechselwirkung*, für die *magnetische Wechselwirkung mit β-Protonen* der *Hyperkonjugationsmechanismus* durchgesetzt. In den folgenden Abschnitten sollen, ohne auf die Rechnungen im einzelnen einzugehen, diese Vorstellungen skizziert und die Ergebnisse diskutiert werden**.

---

* Ist das Proton direkt an das das freie π-Elektron tragende Atom X gebunden, so wird von α-Protonen, z. B. •C–H, gesprochen. Als β-Protonen werden solche bezeichnet, die vom Atom X durch zwei Bindungen getrennt sind, z. B. •N–C(H)< (s. a. S. 288).

** σ-Radikale s. S. 306 u. 332

[1] D. Nagle, R. Julian, and J. Zacharias: Phys. Rev. **72**, 971 (1947).

[2] J. Nafe, and E. Nelson: Phys. Rev. **73**, 718 (1948).

[3] s. z.B. L. H. Piette, R. C. Rempel, H. E. Wearer, and J. M. Fluornog: J. Chem. Phys. **30**, 1623 (1959).

[4] R. Livingston, and A. J. Weinberger: J. Chem. Phys. **33**, 499 (1960).

[5] S. A. Marshall, and J. R. Gabriel: J. Chem. Phys. **45**, 192 (1966).

I.b. α-Protonen

Das freie Elektron möge in einem π-Orbital am Kern X lokalisiert sein. Außerdem sollen die restlichen Valenzelektronen von X σ-Bindungen betätigen, von denen mindestens eine ein Proton bindet. Als Beispiel sei ein $\begin{matrix} C_3 \\ C_2 \end{matrix}\!\!>\!\dot{C}_1{-}H$ -Fragment gegeben.

Mit dieser Formulierung ist schon der Grundzustand des Fragments mit dem einsamen Elektron am Kohlenstoffkern gekennzeichnet. Die drei ausgezogenen Bindungen (Abb. 59, s. u.) liegen in einer Ebene, stellen

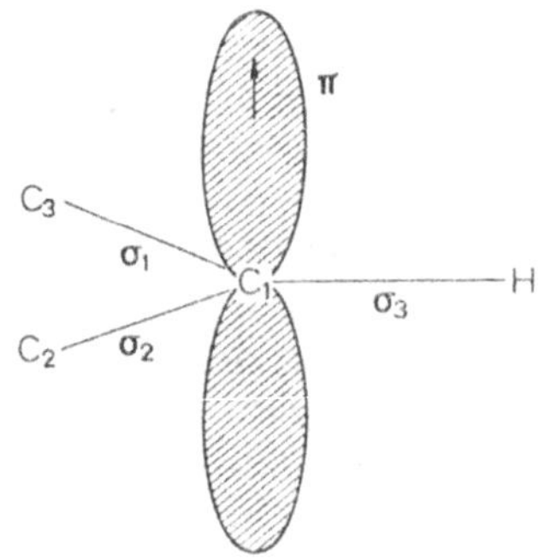

Abb. 59. σ-Bindungen und π-Elektron beim $\begin{matrix} C_3 \\ C_2 \end{matrix}\!\!>\!\dot{C}_1{-}H$-Fragment

also σ-Bindungen dar, die von den sp^2-Orbitalen des Schlüsselatoms C_1 einerseits und dem s-Orbital des Wasserstoffs und Orbitalen von C_2 und C_3 gebildet werden. *Das am Kohlenstoff verbleibende Elektron ist dann ein π-Elektron,* dessen Rotationssymmetrieachse senkrecht auf der von den sp^2-Hybriden aufgebauten Ebene steht. Die Aufenthaltswahrscheinlichkeit dieses freien π-Elektrons, die für die HFS ausschlaggebend ist, wird im Grundzustand durch eine p-Funktion, die um den Kohlenstoffkern C_1 zentriert ist, gegeben. Diese Elektronendichte hat eine *Knotenebene* — die Punkte des Raumes, auf der die betrachtete Elektronendichte verschwindet —, *die mit der sp^2-Ebene zusammenfällt.* Der betrachtete Wasserstoffkern liegt (ebenso wie C_1, C_2 und C_3) in dieser Knotenebene. Damit ist *am Ort des Protons (und der Kohlenstoffkerne) die Aufenthaltswahrscheinlichkeit des freien π-Elektrons gleich Null,* und es ist im Grundzustand dieses Fragments *keine Aufspaltung* des ESR-Signals durch das Proton (oder ^{13}C-Kerne) zu erwarten.

I.b.1. π-σ-Wechselwirkung

Es wäre denkbar, daß die out-of-plane-Schwingungen der Wasserstoffatome die Protonen in die π-Wolke des freien Elektrons eintauchen lassen könnten und so im Zeitmittel eine endliche Aufenthaltswahrscheinlichkeit des ungesättigten Elektrons am Kernort erzeugen könnten[6]. Diese Annahme konnte aber von B. VENKATERAMAN u. G. K. FRAENKEL[7] durch vergleichende Versuche mit deuterierten Substanzen widerlegt werden.

Mehrere Autoren[8–12] behandelten etwa gleichzeitig die Erklärung der α-Protonen-HFS durch eine π-σ-Wechselwirkung, bei der *die Spinpolarisation des freien π-Elektrons durch Beimischung angeregter Zustände in die σ-Bindung hineingetragen wird.*

Der Gedankengang dieses eine Störungsrechnung erfordernde Problems für die C—H-Bindung soll parallel an dem ähnlichen, aber leichter zu überschauenden Fall des atomaren Stickstoffs qualitativ erläutert werden.

Die Elektronenkonfiguration des paramagnetischen Stickstoffatoms ist $1s^2 2s^2 2p^3$, die Spinverteilung ist aus der Darstellung in Abb. 60 zu ersehen.

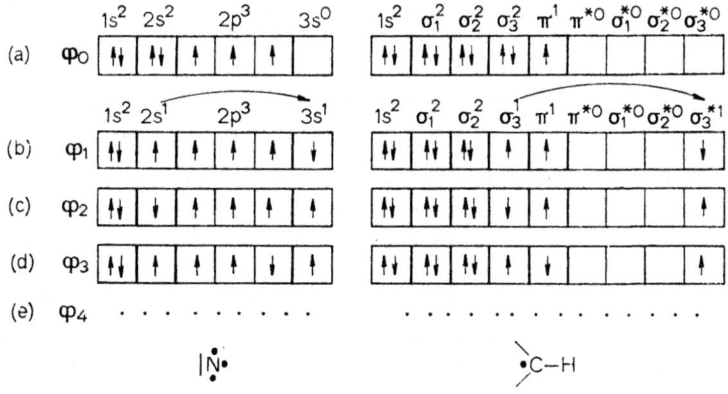

Abb. 60. Zur Induktion eines freien s-Anteils am Kernort des Stickstoffatoms bzw. des C- und H-Atoms beim C—H-Fragment durch Beimischung angeregter Zustände $\varphi_1, \varphi_2, \ldots$ zum Grundzustand φ_0

Die beiden 1s-Elektronen des Stickstoffs sättigen ihre Spins und magnetischen Momente gegenseitig ab, ebenso kompensieren sich die beiden

---

[6] S. I. WEISSMAN, J. TOWNSEND, D. E. PAUL, and G. E. PAKE: J. Chem. Phys. **21**, 2227 (1953).
[7] B. VENKATARAMAN, and G. K. FRAENKEL: J. Chem. Phys. **24**, 737 (1956).
[8] H. M. MCCONNELL: J. Chem. Phys. **24**, 632 (1956).
[9] H. M. MCCONNELL: J. Chem. Phys. **24**, 764 (1956).
[10] S. I. WEISSMAN: J. Chem. Phys. **25**, 890 (1956).
[11] R. BERSOHN: J. Chem. Phys. **24**, 1066 (1956).
[12] C. C. J. ROOTHAAN: Rev. Mod. Phys. **32**, 179 (1960).

Elektronen in der $2s$-Bahn. Die drei Elektronen der $2p$-Schale haben parallele Spinmomente und verursachen so den beobachteten Paramagnetismus. Die höheren Bahnen sind unbesetzt.

Die Verteilung der Elektronen auf die verschiedenen Molekülbahnen des C—H-Fragments ist der nebenstehenden Symbolik zu entnehmen: Die Elektronen der inneren $1s$-Schale des Kohlenstoffatoms sind gefüllt. Die beiden Elektronen, die in sp^2-Hybriden die σ_1- und σ_2-Bindung zu den benachbarten Kohlenstoffatomen bewirken, bleiben unberücksichtigt. Lediglich das freie π-Elektron und die beiden die C—H-Bindung (σ_3) verursachenden Elektronen ($1s$-Elektron des Wasserstoffs und ein sp^2-Elektron des Kohlenstoffs) werden in dieser Näherung betrachtet. Diese drei Elektronen füllen eine die C und H bindende σ-Bahn und eine π-Bahn. Die σ-Molekülbahn σ_3 ist mit zwei Elektronen voll besetzt, während die einfach besetzte π-Bahn wieder für den Paramagnetismus verantwortlich ist. Auch hier bleiben die Bahnen mit höherer Energie, insbesondere die nichtbindende Molekülbahn zwischen Kohlenstoff und Wasserstoff σ_3^* unbesetzt.

Beim Stickstoffatom sollte keine HFS nachzuweisen sein, da die p-Elektronen Knoten am Kernort haben. Somit ist eine isotrope Wechselwirkung wegen des fehlenden freien s-Anteils nicht vorhanden.

Die Experimente[13] zeigen jedoch eine isotrope HFS von ca. 3,8 G.

Ähnlich ist die Situation beim $\cdot\!>$C—H-Fragment. Der am Ort des Wasserstoffkerns vorhandene s-Anteil ist wegen der beiden σ-Elektronen unmagnetisch, und das π-Elektron hat eine Verteilung, die am Proton verschwindet. Trotzdem zeigen unzählige Experimente eine isotrope HFS, die durch den Wasserstoffkern verursacht wird.

In beiden Fällen müssen also Beschreibungen des Zustandes des Atoms bzw. Fragments gefunden werden, bei denen die Elektronenverteilungen so beschaffen sind, daß sie einen freien s-Anteil aufweisen! Dieses kann durch Beimischung entsprechender angeregter Zustände erreicht werden. Die Elektronenkonfigurationen dieser angeregten Zustände müssen dabei so gewählt sein, daß sich ihre Funktionen mit der Funktion des bisher diskutierten Grundzustandes φ_0 mischen lassen. Die Bedingung dafür ist, daß die ausgewählten Zustände gleichen Spin, gleiche Multiplizität und gleiche Symmetrie bezüglich Spiegelung an der Molekülebene wie der Grundzustand φ_0 aufweisen.

Beim Stickstoffatom genügt die *Anregung eines 2s-Elektrons in die nichtbesetzte 3s-Bahn*, wie es in Abb. 60b schematisch dargestellt ist. Jetzt trägt bei diesem angeregten Zustand φ_1 sowohl das unabgesättigte Elektron in der $2s$-Bahn als auch das Elektron in der $3s$-Bahn zu einem s-Anteil am Kernort bei.

[13] s. z.B. M. A. HEALD, and R. BERINGER: Phys. Rev. **96**, 645 (1954).

Neben φ_1 lassen sich weitere φ_2, φ_3, . . . durch paarweises Vertauschen der Spinrichtungen aller fünf Elektronen konstruieren. Durch Linearkombinationen all dieser Funktionen werden dann die, die nach oben gesagtem „geeignet" sind, gewonnen.

Beim Stickstoff bewirkt eine geringe Beimischung des angeregten Zustandes zur Eigenfunktion des Grundzustandes φ_0 das Auftreten eines freien *s*-Anteils, der die beobachtete HFS qualitativ erklären kann. Ähnlich gelangt man bei dem C—H-Fragment zum *s*-Anteil. Durch *Anregung eines Elektrons aus der bindenden σ_3-Bahn in die nichtbindende σ_3^*-Bahn* (Abb. 60, b) tragen nun beide Elektronen zu dem gesuchten Ψ^2(H) bei.

Das Auffinden der geeigneten Funktion geschieht genau wie beim Stickstoff durch Auswahl der möglichen Linearkombinationen. Von den richtigen Bahnfunktionen bringt lediglich die Kombination $\varphi = \frac{1}{\sqrt{6}} (\varphi_1 + \varphi_2 - 2\,\varphi_3)$ den gesuchten *s*-Anteil mit und genügt außerdem den genannten Forderungen. Die Funktion φ ist jetzt dem Grundzustand φ_0 beizumischen, so daß sich die Gesamtfunktion Ψ des Fragments als $\Psi = \varphi_0 + \lambda\varphi$ darstellt.

Diese Beschreibung ist immer dann gestattet, wenn die Beimischung gering ist, d. h. $\lambda \ll 1$, wobei λ dem Anteil des angeregten Zustandes entspricht.

Der erste Schritt zur Auswertung dieser Darstellung ist die Berechnung von λ. Da alle hier benutzten Funktionen sich aus der bekannten 1*s*-Wasserstoffeigenfunktion und den näherungsweise bekannten *s*- und *p*-Bahnen des Kohlenstoffs zusammensetzen, kann der Störparameter mit einer Störungsrechnung bestimmt werden.

Die Ausführung dieser Störungsrechnung liefert für λ einen Ausdruck, der proportional zu ϱ_C ist. ϱ_C ist dabei die „*integrierte freie Elektronendichte am Kohlenstoff C*".

Die Bedeutung dieses Begriffs ist recht einfach zu verstehen. Wird ein beliebiger Kern K von einem Elektron auf einer diesem Kern zugeordneten Bahn mit der Bahnfunktion Φ_K umkreist, so ist die Verteilung des Elektrons durch $\Phi_K{}^*\Phi_K$ gegeben. Die Integration dieser Verteilung über den ganzen Raum liefert die „integrierte Elektronendichte" an diesem Kern K zu

$$\varrho_K = \int \Phi_K^* \, \Phi_K \, d\tau = 1$$

Das heißt also, daß gerade ein Elektron an eine Bahn des Kerns K gebunden ist. Wird diese Integration nur über die Eigenfunktion des freien Elektrons, das sich auf einer dem Kern zugeordneten Bahn befindet, ausgeführt, so wird analog der Wert der „integrierten freien Elektronendichte am Kern K" erhalten. Ist z. B. das freie Elektron am Kern K lokalisiert, so ergibt sich für $\varrho_K = 1$. Ist hingegen das freie Elektron über das Radikalmolekül mesomer verteilt, so wird $\varrho_K \leqslant 1$. Wenn man diese Verteilung über alle Kerne K des Moleküls summiert, so ergibt sich wieder

$$\sum_K \varrho_K = 1 \,. \tag{163}$$

Da organische Radikale in ihrer Mehrzahl als π-Radikale aufzufassen sind, wird Φ_K durch eine p_Z-Funktion des Kerns beschrieben, und *die integrierte freie Elektronendichte wird damit die Aufenthaltswahrscheinlichkeit in dem in Frage stehenden p-Orbital des Kerns*, oder kürzer eine p- oder π-Dichte.

Der Zahlenwert von ϱ_K an den verschiedenen Atomen K ist für den Chemiker sehr wichtig, weil er die Daten für die Elektronenverteilung im Molekül angibt.

Der numerische Wert von λ ergibt sich bei der hier nicht näher ausgeführten Rechnung bei einer integrierten freien Elektronendichte von $\varrho_C = 1$ zu $\lambda = 0{,}0024$[14]. Damit ist der Anteil der zur HFS des Protons führenden Funktion φ und so die Gesamtfunktion $\Psi = \varphi_0 + \lambda\,\varphi$ bekannt.

Jetzt ist es möglich, in einem weiteren Schritt die HFS-Aufspaltung $\Delta E^i_{S,I}$ bzw. a_H durch Berechnung der freien Elektronendichte am Wasserstoffkern $\Psi^2(H)$ zu bestimmen. Hierfür ergibt sich die in λ lineare Beziehung

$$a_H \sim \lambda \cdot \sigma_3\,(H)\,\sigma_3^*(H)\,.$$

In die theoretisch gefundene Aufspaltung geht also das Produkt der Elektroneneigenfunktionen ein, die den Zustand beschreiben, aus dem das Elektron angeregt wird (σ_3) und in den es angeregt wird (σ_3^*).

Wenn angenommen wird, daß die Funktionen für die C—H-Bindungen von $\dot{>}$C—H-Fragmenten in den einzelnen Radikaltypen konstant bleiben (die Funktionen sind von der Geometrie des C—H-Fragments abhängig, s. S. 156), so sind die angedeuteten Ergebnisse entsprechend universell anwendbar.

Durch Kombination der Proportionalitäten $\lambda \sim \varrho_K$ und $a_H \sim \lambda$ wird die in dieser Näherung für alle $\dot{>}$C—H-Fragmente gültige „McConnell-Beziehung"

$$a_H = Q^H_{C-H} \cdot \varrho_C \tag{164}$$

erhalten.

„*Die Aufspaltung a_H eines im Sinne des C—H-Fragments gebundenen Wasserstoffkerns ist proportional zur integrierten freien Elektronendichte ϱ_C am bindenden Kohlenstoffatom C*".

Je nach Abschätzungsmethode und Wahl der Bahnfunktionen variieren die theoretisch ermittelten Zahlenwerte für Q^H_{C-H} zwischen —23 und —28 G.

Zusammenfassend kann also gesagt werden, daß durch die Wechselwirkung des freien π-Elektrons mit den Elektronen der σ-Bindung die

[14] H. S. Jarrett: J. Chem. Phys. **25**, 1289 (1956).

Spinpolarisation des π-Elektrons in die σ-Bindung gedämpft „hineingetragen“ wird. Soll diese Wechselwirkung in Strukturformeln des C—H-Fragments veranschaulicht werden, so wird man zu den Bildern der Abb. 61 geführt, die den Grundzustand und die Spinpolarisation der C—H-Bindung des Fragments andeuten.

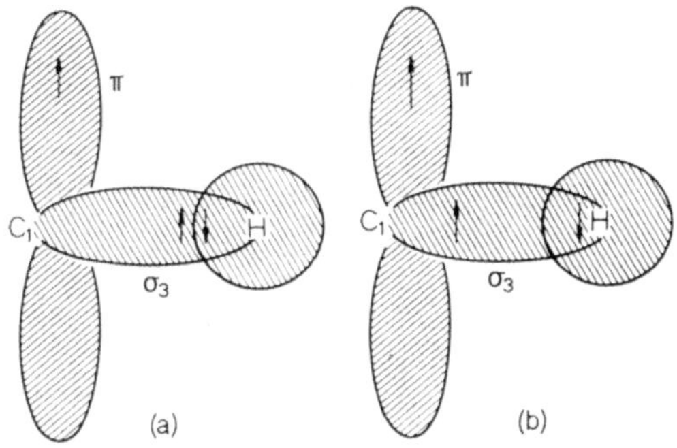

Abb. 61. Schematische Darstellung der Spinpolarisation in der C—H-σ-Bindung

Der negative Wert des Q-Faktors entspricht den entgegengesetzten Vorzeichen des Spins am Kohlenstoff und Wasserstoff.

I.b.2. Experimentelle Ermittlung von Q^{H}_{C-H}

Bei der experimentellen Prüfung der theoretischen Q-Werte ist zu beachten, daß mit dem ESR-Spektrum im allgemeinen lediglich der Abstand von HFS-Komponenten, also der Betrag der Kopplungsparameter gewonnen wird. Demnach kann experimentell auch nur der Betrag des Q-Wertes ermittelt werden. Bei den Eichsubstanzen für Q-Werte muß die Verteilung des freien Elektrons eindeutig klar sein. Diese Bedingung erfüllen einige durch ihre Symmetrie ausgezeichnete Radikale. Ihre ESR-Daten und die sich daraus ergebenden Q-Werte sind in Tab. 3 zusammengefaßt.

Das negativ geladene Radikal-Ion des Benzols zeigt bei —100°C ein ESR-Signal von 7 Komponenten (Abb. 62, S. 149), die den gleichen Abstand von $|a_H| = 3{,}75$ G aufweisen.

Zusammen mit den beobachteten relativen Intensitäten muß diese HFS sechs äquivalenten Wasserstoffkernen des Benzols zugeschrieben werden, ein Ergebnis, das wegen der Symmetrie des Benzolanions zu erwarten ist. Die Symmetrie bedingt auch eine mittlere integrierte freie Elektronendichte von $\varrho_C = 1/6$ an jedem Kohlenstoffatom. Diesem Wert entspricht jetzt eine

Tabelle 3. *Kopplungsparameter, freie Elektronendichte und Q^{H}_{C-H}-Werte einiger Radikale*

	a_H [G]	ϱ_C	Q^{H}_{C-H} [G]	Literatur
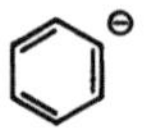	3,75	1/6	22,5	15–18
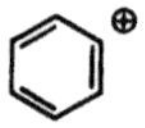	4,44	1/6	26,6	19
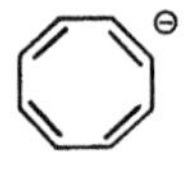	3,209	1/8	25,7	20, 21
	3,52	1/7	24,6	22, 23
	3,66 3,92	1/7 1/7	25,6 27,4	24–27 23
	5,6 5,98	1/5 1/5	28,0 29,9	28 29
$H_2\dot{C}{-}H$	23,0	1	23,0	s. Tab. 16 S. 286

[15] S. I. Weissman, T. R. Tuttle jr., and E. deBoer: J. Phys. Chem. **61**, 28 (1957).

[16] T. R. Tuttle jr., and S. I. Weissman: J. Amer. chem. Soc. **80**, 5342 (1958).

[17] M. G. Townsend, and S. I. Weissman: J. Chem. Phys. **32**, 309 (1960).

[18] J. R. Bolton: Mol. Phys. **6**, 219 (1963).

[19] M. K. Carter, and G. Vincow, J. Chem. Phys. **47**, 292 (1967).

[20] T. J. Katz, and H. L. Strauss: J. Chem. Phys. **32**, 1873 (1960).

[21] H. L. Strauss, T. J. Katz, and G. K. Fraenkel: J. Amer. chem. Soc. **85**, 2360 (1963).

[22] N. L. Bauld, and M. S. Brown: J. Amer. chem. Soc. **87**, 4390 (1965).

[23] N. L. Bauld, and M. S. Brown: J. Amer. chem. Soc. **89**, 5417 (1967).

[24] J. dos Santos-Veiga: Mol. Phys. **5**, 639 (1962).

[25] D. E. Wood, and H. M. McConnell: J. Chem. Phys. **37**, 1150 (1962).

[26] S. Arai, S. Shida, K. Yamaguchi, and Z. Kuri: J. Chem. Phys. **37**, 1885 (1962).

[27] A. Carrington, and I. C. P. Smith: Mol. Phys. **7**, 99 (1964).

[28] S. Ohnishi, and I. Nitta: J. Chem. Phys. **39**, 2848 (1963).

[29] P. J. Zandstra: J. Chem. Phys. **40**, 612 (1964).

Aufspaltung von $|a_H| = 3{,}75$ G, so daß sich damit ein experimenteller Q-Wert von 22,5 G ergibt.

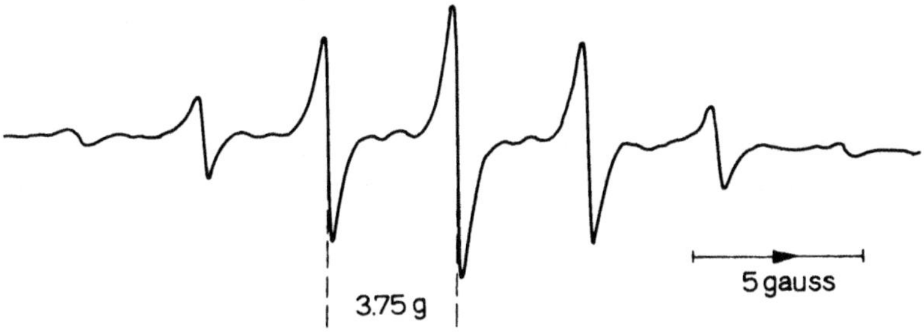

Abb. 62. ESR-Spektrum des Benzols$^{\ominus}$ bei $-100\,^{\circ}$C

Ähnlich sind die experimentellen Daten am Cyclooctatetraen-Anion zu interpretieren. Hier steht einer integrierten freien Elektronendichte von $\varrho_C = 1/8$ an jedem Kohlenstoffatom eine experimentell gefundene Aufspaltung von $|a_H| = 3{,}21$ G gegenüber, so daß hier der Q-Wert 25,7 G beträgt.

Auch die weiteren Beispiele der Tab. 3, hochsymmetrischer Radikale, sind wegen ihrer eindeutigen Verteilung des freien Elektrons als Standardradikale anzusehen *.

Ähnlich wie für die theoretischen Q-Werte ergibt sich aus diesem experimentellen Material für die Anwendung leider noch ein recht großer Spielraum für Q^{H}_{C-H} von $-22{,}5$ bis -30 G.

Es ist sehr wahrscheinlich, daß eine Ursache dieser unbefriedigenden Übereinstimmung der experimentellen Q-Werte in Abweichungen der Geometrie bei den einzelnen C—H-Fragmenten in den Eichradikalen zu suchen ist. Ferner können Ladungseffekte (s. S. 159) von Einfluß sein.

Dennoch liegt die Nützlichkeit dieses einfachen linearen Zusammenhangs auf der Hand. *Mit der Elektronenresonanz gelingt es sehr einfach, innerhalb der McConnell-Näherung Aussagen über die Aufenthaltswahrscheinlichkeiten des freien Elektrons in einem Radikalmolekül zu machen.* Es können mesomere Zustände des Radikals aufgezeigt werden, die anderweitig überhaupt nicht oder nicht in dieser klaren Weise sichtbar gemacht werden können. Die experimentellen Ergebnisse können mit Werten verglichen werden, die nach der molecular orbital- oder der valence bond-Methode berechnet sind. Die benutzten Näherungen des Theoretischen Chemikers lassen sich so mit der ESR-Methode überprüfen, unterstützen und verfeinern.

* Zumindest ist bei diesen Radikalen beim Auftreten von dynamischen Effekten im zeitlichen Mittel eine Gleichverteilung zu erwarten. Insbesondere sollte die Gesamtaufspaltung die Größe des Q-Parameters widerspiegeln[30].

[30] G. Vincow: J. Chem. Phys. **47**, 2774 (1967).

I.b.3. Anwendung der McConnell-Beziehung

Da die formale Anwendung der McConnell-Gleichung einmal äußerst einfach, zum anderen diese Beziehung im Teil F, S. 281ff. dieses Buches häufig benutzt wird, soll hier nur an einem Beispiel ihre Nützlichkeit gezeigt werden.

Das ESR-Spektrum des Radikalanions des *Biphenyls* hat zuerst E. de Boer[31] beschrieben. Das Spektrum (Abb. 63a) besteht aus 9 Komponen-

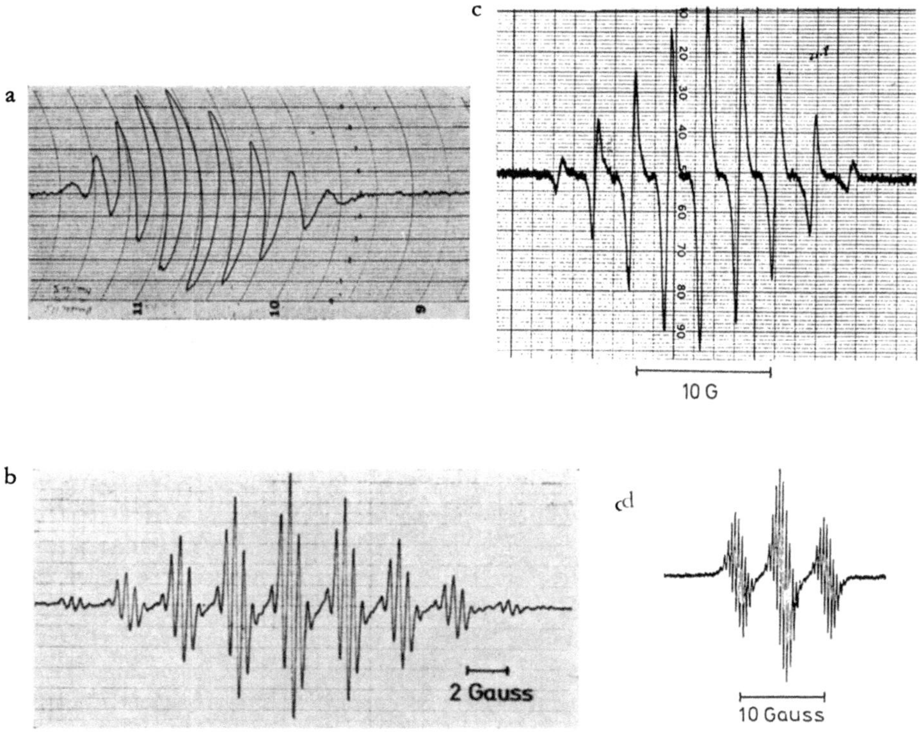

Abb. 63a–d. ESR-Spektren des Biphenyls$^{\ominus}$ (a) und (b), und der definiert deuterierten Verbindung (c) und (d) (vgl. Text)

ten mit einer Gesamtaufspaltung von 21,0 G. Es kann als eine Kopplung des freien Elektrons mit den beiden gleichwertigen Protonen in 4- und 4′-Stellung, sowie mit vier weiteren gleichwertigen Protonen (2,6,2′,6′ oder 3,5,3′,5′) gedeutet werden. Dabei müssen sich die Kopplungsparameter etwa wie 2 : 1 verhalten. Damit ist gezeigt, daß sich das freie Elektron in beiden Ringen des Diphenylanions aufhält. Eine einfache Rechnung nach

[31] E. deBoer: J. Chem. Phys. **25**, 190 (1956).

der Hückelschen Molekülbahnmethode (HMO) macht die 2,6,2′,6′-Stellung der vier äquivalenten Protonen für die Wechselwirkung wahrscheinlich.

A. Carrington u. J. dos Santos-Veiga[32] erzielten eine bessere Auflösung des ESR-Spektrums (Abb. 63 b) des gleichen Radikals. Sie konnten die genauen Kopplungsparameter mit $a_{\mathrm{H}_2}^{(4)} = 2{,}73$ G, $a_{\mathrm{H}_3}^{(4)} = 0{,}43$ G und $a_{\mathrm{H}_4}^{(2)} = 5{,}46$ G angeben. Die Zuordnung wurde wieder auf Grund von HMO-Rechnungen getroffen, die für die integrierten freien Elektronendichten Werte von $\varrho_1 = 0{,}122$, $\varrho_2 = 0{,}090$, $\varrho_3 = 0{,}020$ und $\varrho_4 = 0{,}158$ liefern.

Diese Zuordnung der Kopplungsparameter konnte schließlich mit Hilfe definiert deuterierter Verbindungen von T. W. Lapp et al.[33] bestätigt werden. Durch Deuterierung der 3,5,3′,5′-Stellung wird die entsprechende H-Kopplung von 0,43 G um den Faktor 6,514 (s. S. 49) auf 66 mG reduziert, so daß diese HFS in der Linienbreite verschwindet. Es resultiert ein Spektrum (Abb. 63 c), das dem 9-Komponenten-Spektrum (Abb. 63a) entspricht. Die Deuterierung in den 2,6,2′,6′-Positionen ergibt eine Deuterium-HFS von 2,73/6,514 G = 0,42 G, die praktisch mit der Protonenkopplung in den 3,5,3′,5′-Stellungen übereinstimmt. Daraus folgt das in Abb. 63d wiedergegebene Spektrum, das aus einem Triplett ($|a_{\mathrm{H}}^{(2)}| = 5{,}46$ G) mit je 13 Komponenten ($|a| = 0{,}42$ G) besteht.

Aus diesen bis auf die Vorzeichen jetzt eindeutigen Kopplungsparametern kann mit der McConnell-Beziehung auf die freien Elektronendichten an den einzelnen Kohlenstoffatomen geschlossen werden. Wird ein $|Q|$ von 28 G zugrunde gelegt, so ergeben sich $\varrho_2 = 0{,}097$, $\varrho_3 = 0{,}015$, $\varrho_4 = 0{,}195$. Da die Summe über alle freien Elektronendichten im Molekül 1 sein muß (s. Gl. 163, S. 146), resultiert aus $2\varrho_1 + 4 \cdot 0{,}097 + 4 \cdot 0{,}015 + 2 \cdot 0{,}195 = 1$ die integrierte freie Elektronendichte in 1-Stellung zu $\varrho_1 = 0{,}081$. Damit ist die Verteilung des freien Elektrons im Molekül innerhalb der McConnell-Näherung vollständig beschrieben. Der Vergleich mit den oben angeführten theoretischen HMO-Daten, die für ein planares Molekül (durchweg gleiche Resonanzintegrale β_{CC}) gelten, ist dem Molekülschema der Abb. 64 zu entnehmen.

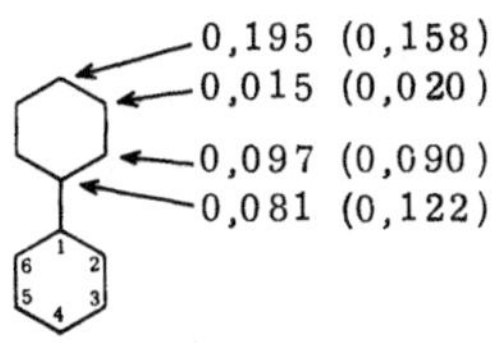

Abb. 64. Experimentelle und (in Klammern) theoretische Verteilung des freien Elektrons im Biphenylanion

[32] A. Carrington, and J. dos Santos-Veiga: Mol. Phys. 5, 21 (1962).

[33] T. W. Lapp, J. G. Burr, and R. B. Ingalls: J. Chem. Phys. 43, 4183 (1965).

Die Übereinstimmung zwischen Experiment und HMO-Theorie ist in diesem Beispiel mäßig. Die mittlere Abweichung der theoretischen Werte beträgt bei dem benutzten Q-Wert ca. 25%. Wenn das theoretische Ergebnis eventuell auch noch durch die Annahme einer Verdrillung[34] (s. S. 225) der beiden Phenylgruppen oder durch Rechnung nach verfeinerten Methoden[35] verbessert werden könnte, so ist die skizzierte, nur näherungsweise Übereinstimmung zwischen HMO-Theorie und „experimentellen" Verteilungen des freien Elektrons doch nicht ungewöhnlich. Das Beispiel macht jedoch deutlich, daß *die HMO-Theorie für die Zuordnung der Kopplungsparameter wertvolle Hinweise* geben kann.

I.b.4. Begriff der Spindichte

Aus der Deutung von ϱ_K als integrierte freie Elektronendichte am Atom K folgt, daß bei Monoradikalen die Summe der Dichten an allen an der Mesomerie des freien Elektrons beteiligten Atomen $\sum_K \varrho_K = 1$ sein muß. Diese Beziehung wurde schon für das Biphenylanion benutzt. Werden aromatische Kohlenwasserstoffradikale betrachtet, die ausschließlich α-Protonen aufweisen, und werden für die Wechselwirkung des Elektrons mit den Protonen gleiche $Q^{\mathrm{H}}_{\mathrm{C-H}}$-Werte zu Grunde gelegt, so ergeben sich für die Kopplungsparameter der Protonen Werte von $|a_{\mathrm{H}_i}| = |Q^{\mathrm{H}}_{\mathrm{C-H}}|\,|\varrho_i|$. Die Gesamtaufspaltung a_{ges} des resultierenden ESR-Spektrums (Abstand zwischen der ersten und letzten Komponente des Spektrums) setzt sich additiv aus den einzelnen Beträgen $|a_{\mathrm{H}_i}|$ zusammen. Somit gilt $a_{\mathrm{ges}} = \sum_i |a_{\mathrm{H}_i}| = |Q^{\mathrm{H}}_{\mathrm{C-H}}| \sum_i |\varrho_{\mathrm{C}_i}|$.

Daraus resultiert für die Gesamtaufspaltung die Beziehung $a_{\mathrm{ges}} \leqslant |Q^{\mathrm{H}}_{\mathrm{C-H}}|$, wobei a_{ges} kleiner als der Q-Wert sein kann, wenn nicht alle Kohlenstoffatome C_i ein Proton H_i binden, da dann natürlich diese Beträge $|a_{\mathrm{H}_i}|$ zur Gesamtaufspaltung nicht beitragen.

Bei vielen aromatischen Radikalanionen ist diese Beziehung offensichtlich erfüllt[36], doch schienen einige Ausnahmen die McConnell-Gleichung grundsätzlich in Frage zu stellen.

Besonders auffällig wird die Unzulänglichkeit der bis jetzt benutzten Deutung der McConnell-Beziehung beim Perinaphthyl-Radikal. Die auf

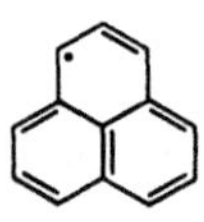

[34] K. Möbius: Z. Naturforsch. **20a**, 1117 (1965).
[35] A. D. McLachlan: Mol. Phys. **3**, 233 (1960).
[36] E. deBoer, and S. I. Weissman: J. Amer. chem. Soc. **80**, 4549 (1958).

Grund der Symmetrie der Verbindung erwartete HFS wurde durch die Experimente wiedergegeben[37–42]:

Das ESR-Signal[43] besteht aus einem Septett ($a_H^{(6)} = 6{,}29$ G), dessen Komponenten in ein Quartett ($a_H^{(3)} = 1{,}805$ G) aufgespalten sind, so daß die Zuordnung der Kopplungen eindeutig ist (vgl. a. S. 299). Damit ergibt sich aber eine Gesamtaufspaltung des Spektrums von 43,2 G, ein Wert, der weit oberhalb eines im Rahmen bleibenden π-σ-Q-Parameters liegt.

Mit einem $|Q_{C-H}^{H}| \approx 23$ G resultiert eine Gesamtdichte des freien Elektrons von etwa 2, wobei die „blinden" Stellen des Moleküls noch nicht berücksichtigt wurden. Das bedeutet, soll der Q_{C-H}^{H}-Wert beibehalten werden, offensichtlich eine mehr oder weniger starke *Spinentkopplung der übrigen p-Elektronen der π-Bindungen im Molekül.* Da oft wegen „blinder" Stellen im Molekül diese Gesamtdichte experimentell nicht erfaßt werden kann, ist es somit *nicht möglich, auf Grund von Kopplungsparametern Aussagen über die Gewichte einzelner mesomerer Grenzstrukturen zu machen.*

Bedeutungsvoller ist jedoch, daß mit $\sum_K \varrho_K > 1$ auch der Drehimpuls des Moleküls größer als $\vec{S}\hbar$ zu werden scheint. Nach den allgemeinen Erhaltungssätzen muß jedoch der Gesamtspin des Moleküls konstant bleiben und den Wert annehmen, der einem freien Elektron zugeordnet ist. Dieser Forderung kann durch eine Umdeutung des ϱ in eine „*Spindichte*"[44] Rechnung getragen werden.

Bei der Ableitung der freien integrierten Elektronendichte am Kern K war es wesentlich, die Integration nur über den „freien" Anteil der Bahnfunktion durchzuführen, um so nur den für die Wechselwirkung wesentlichen Beitrag zu erfassen. Dasselbe wird erreicht, wenn der Begriff „frei" durch die Eigenschaften des Elektronenspins der betrachteten Eigenfunktion beschrieben wird. Dazu kann zusätzlich zur Elektronendichte am Kern K, $\varrho_K = \int \Phi_K^* \Phi_K \, d\tau$, der *Erwartungswert des Spins* dieser Bahnfunktion Φ_K in einer Vorzugsrichtung gebildet werden. Diesem Erwartungswert (sein Betrag ist $|S_z| = 1/2$) wird ein positives Vorzeichen gegeben, wenn er die gleiche Richtung wie der Gesamtdrehimpuls des Moleküls hat; zeigt er in die entgegengesetzte Richtung, ist der Erwartungswert $-1/2$. Damit ist als Vorzugsrichtung die Richtung der z-Komponente des Gesamtspins des Moleküls eingeführt. *Die integrierte Elektronendichte am Kern*

---

37 P. B. Sogo, M. Nakazaki, and M. Calvin: J. Chem. Phys. **26**, 1343 (1957).
38 F. C. Stehling, and K. W. Bartz: J. Chem. Phys. **34**, 1076 (1961).
39 J. E. Bennett: Proc. Chem. Soc. **1961**, 144.
40 S. H. Glarum, and J. H. Marshall: J. Chem. Phys. **44**, 2884 (1966).
41 F. Gerson: Helv. chim. Acta **49**, 1463 (1966).
42 H. R. Falle, and G. R. Luckhurst: Mol. Phys. **11**, 299 (1966).
43 siehe Fußnote 41.
44 H. M. McConnell: J. Chem. Phys. **27**, 984 (1957).

K, versehen mit dem Vorzeichen des Spinerwartungswertes in der Vorzugsrichtung, wird als „Spindichte" bezeichnet. Es gilt also |Spindichte| = integrierte freie Elektronendichte = $|\varrho|$.

Bei der Berechnung der Spindichte ist es nicht mehr notwendig, sich nur auf die Ein-Elektronen-Eigenfunktion des freien Elektrons zu beschränken. Jetzt können vielmehr *alle Elektronen des Moleküls*, insbesondere die π-Elektronen, die Doppelbindungen ausbilden, bei der Integration mit eingeschlossen werden. Da diese Bindungsbahnen alle doppelt besetzt sind und ihre Elektronenspins antiparallel stehen, wird ihr Anteil zur Spindichte wegen des entgegengesetzten Vorzeichens des Spinerwartungswertes verschwinden.

Diese völlige Kompensation der nicht-freien π-Elektronen ist aber nur eine Näherung. Wird eine *Wechselwirkung des freien π-Elektrons mit den Elektronen einer π-Bindung* zugelassen, so kann diese Bindung etwas gelokkert werden. *An den entsprechenden Atomkernen resultieren Elektronendichten, deren Spin nicht mehr kompensiert ist und an beiden Kernen ein entgegengesetztes Vorzeichen aufweist.* Das Allylradikal soll das veranschaulichen:

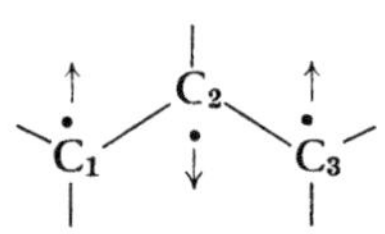

Die beiden oberen Strukturen zeigen die beiden gleichwertigen mesomeren Formulierungen des Allylradikals. Bei ihnen ist das freie Elektron am C_1- bzw. am C_3-Kern lokalisiert. Der Gesamtspin des Moleküls zeigt in die positive z-Richtung ($m_s = +1/2$). Diese ist also für das Vorzeichen des Spinerwartungswertes maßgebend. Die beiden anderen π-Elektronen bewirken die π-Bindung zwischen C_1 und C_2 bzw. zwischen C_2 und C_3. Ihre Spins kompensieren sich, und die Spindichten ϱ_1 und ϱ_2 bzw. ϱ_2 und ϱ_3 verschwinden. Auf Grund dieser einfachen Beschreibung des Moleküls mit der Ein-Elektronen-HMO werden wegen der gleichen Gewichte der beiden Formulierungen die Spindichten $\varrho_1 = +1/2$, $\varrho_2 = 0$ und $\varrho_3 = +1/2$ mit $\sum_i \varrho_{C_i} = \sum_i |\varrho_{C_i}| = 1$ erwartet.

Einer völligen Entkopplung der π-Elektronen entspricht die untere Darstellung des Allylradikals. Die Spindichten dieser Formulierung sind $\varrho_1 = +1$, $\varrho_2 = -1$, $\varrho_3 = +1$. Hier tritt mit $\varrho_2 = -1$ eine negative Spindichte auf, da der Spin des freien Elektrons am C_2 in die dem Gesamtspin entgegengesetzte Richtung zeigt. Die Summe aller Spindichten ist $\sum_i \varrho_{C_i} = 1$, der Gesamtspin des Moleküls bleibt also erhalten. Dagegen gilt für die Summe der Beträge $\sum_i |\varrho_{C_i}| = 3$. Somit können die experimentellen Gesamtaufspaltungen, die größer als $|Q|$ sind, erklärt werden.

Theoretisch werden die negativen Spindichten durch verschiedene *verfeinerte MO-Verfahren* wiedergegeben[45–51], die eine Einbeziehung der Wechselwirkung für Elektronen mit antiparallelem Spin gestatten.

Auch die *valence bond-Methode*, die ohne Berücksichtigung von langen Bindungen und ionischen Strukturen von vornherein die Korrelation der π-Elektronen berücksichtigt und zuerst von P. Brovetto und S. Ferroni[52] mit Erfolg auf das Triphenylmethyl-Radikal (s. S. 302) angewendet wurde, führt zu negativen Spindichten[53–57].

Die experimentell gefundenen mittleren Kopplungsparameter des Allyl-Radikals in Lösung haben R. W. Fessenden u. R. H. Schuler[58] mit $|a_{H_1}| = |a_{H_3}| = 14{,}38$ G und $|a_{H_2}| = 4{,}06$ G angegeben (s. S. 297). Wird entsprechend der theoretischen Vorstellung am mittleren Kohlenstoffatom eine negative Spindichte zugrunde[59] gelegt, so ergibt sich ein experimenteller Q-Wert von $Q^{H}_{C-H} = -24{,}7$ G und damit für die Spindichten $\varrho_1 = \varrho_3 = 0{,}582$ und $\varrho_2 = (-)\ 0{,}164$[60]. Die theoretischen Werte, die mit einer von A. D. McLachlan ausgearbeiteten Methode gewonnen wurden, stehen mit $\varrho_1 = \varrho_3 = 0{,}594$ und $\varrho_2 = -0{,}187$[61] in bester Übereinstimmung mit dem Experiment.

Eine so vortreffliche Übereinstimmung zwischen Theorie und Experiment ist leider nicht bei allen Radikalen, trotz Benutzung verschiedenster Rechenmethoden, gegeben. Besonders für Radikale mit *Heteroatomen* gibt

---

45 H. C. Lefkovits, J. Fain, and F. A. Matsen: J. Chem. Phys. **23**, 1690 (1955).
46 H. M. McConnell, and D. B. Chesnut: J. Chem. Phys. **28**, 107 (1958).
47 H. M. McConnell: J. Chem. Phys. **28**, 1188 (1958).
48 H. M. McConnell: J. Chem. Phys. **29**, 244 (1958).
49 R. Lefebvre, H. H. Dearman, and H. M. McConnell: J. Chem. Phys. **32**, 176 (1960).
50 L. C. Snyder, and T. Amos: J. Chem. Phys. **42**, 3670 (1965).
51 A. D. McLachlan: Mol. Phys. **3**, 233 (1960).
52 P. Brovetto e S. Ferroni: Nuovo Cim. **5**, 142 (1957).
53 siehe Fußnote 47.
54 siehe Fußnote 52.
55 H. M. McConnell, and D. B. Chesnut: J. Chem. Phys. **27**, 984 (1957).
56 H. M. McConnell, and H. H. Dearman: J. Chem. Phys. **28**, 51 (1958).
57 H. H. Dearman, and H. M. McConnell: J. Chem. Phys. **33**, 1877 (1960).
58 R. W. Fessenden, and R. H. Schuler: J. Chem. Phys. **39**, 2147 (1963).
59 s. H. C. Heller, and T. Cole: J. Chem. Phys. **37**, 243 (1962) und dort zitierte Literatur.
60 siehe Fußnote 58.
61 siehe Fußnote 51.

es bis jetzt keine Theorie, die vertrauensvoll auf experimentell noch nicht untersuchte Radikale angewendet werden könnte.

In bezug auf die negativen Spindichten kann zusammenfassend gesagt werden, daß sie in konjugierten Kohlenwasserstoffradikalen dort auftreten, wo die Spindichte bei einfacher MO-Betrachtung Null ist. Tritt eine negative Spindichte auf, so ist der Kopplungsparameter des entsprechenden Wasserstoffkerns positiv, während bei positiven Spindichten das Vorzeichen der Kopplung negativ wird.

Die *experimentelle Bestimmung des Vorzeichens* der Spindichten oder der Kopplungsparameter ist in einigen Fällen auf Grund von *Linienbreitenanalysen* (s. S. 81) oder mit Hilfe von *Kernresonanzuntersuchungen* (s. S. 263) möglich. Diese Experimente unterstützen voll die theoretische Konzeption der negativen und positiven Spindichten[62–65]. Auch beim Perinaphthyl-Radikal konnte experimentell durch Vermessung in nematischer Phase eindeutig auf das Vorzeichen der Kopplung, $a_1^{(3)} > 0$ und $a_2^{(6)} < 0$, und damit auf alternierende Vorzeichen der Spindichten geschlossen werden[66,67].

I.b.5. Erweiterungen der McConnell-Beziehung

Wie zahlreiche Experimente und auch die Kopplungsparameter der Tab. 3 zeigen, gelingt es nicht, die HFS der Wasserstoffkerne mit einem einheitlichen, für alle Moleküle günstigen Wert des π-σ-Q-Parameters zu erklären. Die Unterschiede der jeweils „guten" Q-Werte könnten einmal auf die *verschiedenen Geometrien* der C—H-Fragmente, zum anderen auf *Effekte der nächsten Nachbarn* des zentralen C-Atoms und schließlich auf die vielfach vorhandene *Überschußladung* am zentralen C-Atom zurückzuführen sein.

I.b.5.α. Winkelabhängigkeit des *Q*-Parameters

Die Benutzung der H-Kopplungsparameter des Methylradikals als $Q^{\mathrm{H}}_{\mathrm{C-H}}$-Standard wurde durch die Annahme der Planarität des Moleküls gerechtfertigt. M. Karplus[68] berechnete mit der VB-Methode die Kopp-

[62] H. S. Gutowsky, H. Kusumoto, T. H. Brown, and D. H. Anderson: J. Chem. Phys. **30**, 860 (1959).

[63] T. H. Brown, D. H. Anderson, and H. S. Gutowsky: J. Chem. Phys. **33**, 720 (1960).

[64] M. E. Anderson, G. E. Pake, and T. R. Tuttle: J. Chem. Phys. **33**, 1581 (1960).

[65] M. E. Anderson, P. J. Zandstra, and T. R. Tuttle: J. Chem. Phys. **33**, 1591 (1960).

[66] siehe Fußnote 42, S. 153.

[67] K. Möbius, H. Hanstein u. M. Plato: Z. Naturforsch. **23a**, 1626 (1968).

[68] M. Karplus: J. Chem. Phys. **30**, 15 (1959).

lungsparameter des Methylradikals in Abhängigkeit vom *Winkel φ zwischen der Rotationssymmetrieachse der Verteilung des freien Elektrons und den C—H-σ-Bindungen*. Sein Ergebnis zeigt Abb. 65. Die schraffierte Region

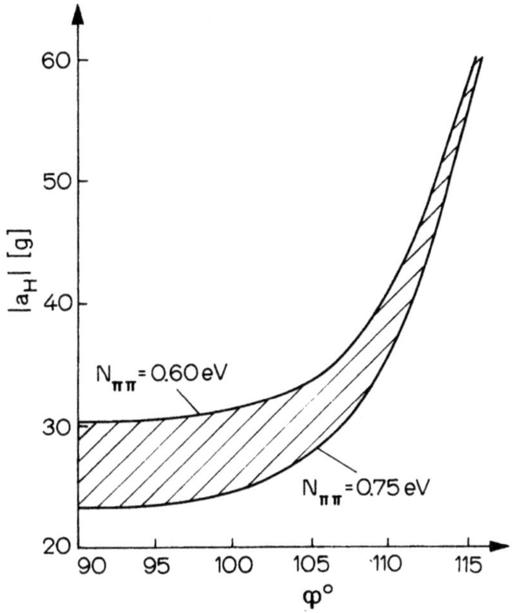

Abb. 65. Protonen-HFS als Funktion des Winkels für das 3-Elektronen-Modell des Methylradikals[68a]

gibt den innerhalb der VB-Näherung wahrscheinlichen Bereich des Kopplungsparameters wieder. Der experimentelle Wert $|a_H| = 23{,}04$ G läßt demnach auf eine fast ebene Anordnung des Methylradikals schließen (s. a. S. 287). Darüber hinaus gibt Abb. 65 den starken Anstieg der Kopplung und damit des Q-Wertes mit dem oben definierten Winkel zwischen der Verteilung des freien Elektrons und C—H-Bindung wieder (s. a. Fußnote[69]). Die Variation des Winkels führt hier dazu, daß das freie Elektron seinen π-Charakter verliert und bei 109° 28′, sp^3-Charakter annimmt.

Bei π-Radikalen tritt oft eine *Abweichung des σ-Grundgerüstes des Moleküls vom $C_2C_1C_3$-Bindungswinkel* $\vartheta = 120°$ auf. Die theoretische Untersuchung von I. Bernal et al[70] lieferte eine starke ϑ-Abhängigkeit der Q^{H}_{C-H}-Werte, die bei $\vartheta = 120°$ ca. $+1{,}3$ G/° betrug. Die Anwendung auf die

[68a] siehe Fußnote 68, S. 156.

[69] A. Hudson, H. A. Hussain, and J. N. Murrell: J. Chem. Soc. **A 1968**, 2336.

[70] I. Bernal, P. H. Rieger, and G. K. Fraenkel: J. Chem. Phys. **37**, 1489 (1962).

ESR-Ergebnisse beim Anion des Azulens führte jedoch zu keinem zufriedenstellenden Ergebnis. J. Higuchi[71] konnte dagegen mit Einbeziehung der Polarität der C—H-Bindung durch MO-theoretische Berechnungen eine nur geringe Winkelabhängigkeit des $Q^{\mathrm{H}}_{\mathrm{C-H}}$-Parameters in der Nähe von $\vartheta = 120°$ wahrscheinlich machen. Eine befriedigende Lösung des Problems steht somit noch aus.

I.b.5.β. Einfluß der Nachbaratome

Bei der theoretischen Behandlung der π-σ-Wechselwirkung wurde meist nur das 3-Elektronenproblem des C—H-Fragments zugrunde gelegt und die Ergebnisse unabhängig von Einflüssen der zu dem betrachteten C benachbarten Atome gewonnen. M. Karplus u. G. K. Fraenkel[72] wiesen jedoch schon in ihrer grundlegenden Arbeit über die ^{13}C-HFS auf die Unterschiede der $Q^{\mathrm{C}}_{\mathrm{C-H}}$-Parameter in den Radikalen

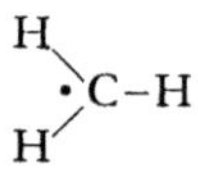 und 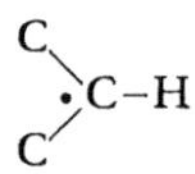

hin.

Bei den Alkylradikalen konnten R. W. Fessenden u. R. H. Schuler[73] die in Tab. 4 wiedergegebenen Q-Werte experimentell sicherstellen, wobei die dazu erforderlichen Spindichten ϱ_{C_α} durch das S. 313 beschriebene Verfahren[74] gewonnen wurden.

Tabelle 4. *Spindichten, Protonenkopplungen und Q-Werte einiger Alkylradikale*[75] *[Gauß]*

Radikal	ϱ_{C_α}	$\lvert a_{H_\alpha}\rvert$	$Q^{\mathrm{H}}_{\mathrm{C-H}}$	$\lvert a_{H_\beta}\rvert$	$1/2\ B^{\mathrm{H}}_{\mathrm{C-CH_3}}$
$\cdot CH_3$	1	23,04	−23,04	—	—
$CH_3\dot{C}H_2$	0,919	22,38	−24,35	26,87	29,25
$(CH_3)_2\dot{C}H$	0,844	22,11	−26,20	24,68	29,25
$(CH_3)_3C\cdot$	0,776	—	—	22,72	29,30

In der Tabelle sind schon die später zu diskutierenden Faktoren für die Proportionalität zwischen Spindichten und Kopplungen mit β-Protonen aufgenommen.

[71] J. Higuchi: J. Chem. Phys. **39**, 3455 (1963).

[72] M. Karplus, and G. K. Fraenkel: J. Chem. Phys. **35**, 1312 (1961).

[73] R. W. Fessenden, and R. H. Schuler: J. Chem. Phys. **39**, 2147 (1963).

[74] H. Fischer: Z. Naturforsch. **18a**, 1142 (1963); **19a**, 267, 866 (1964); **20a**, 428 (1965).

[75] siehe Fußnote 73.

I.b.5.γ. Ladungsabhängigkeit der H-Kopplungsparameter

Bei der ESR-Untersuchung von Radikalionen wurde schon frühzeitig festgestellt, daß sich die entsprechenden negativen und positiven Ionen von konjugierten cyclischen Kohlenwasserstoffverbindungen in ihren Kopplungsparametern und Gesamtaufspaltungen unterscheiden[76–83]. Während für die *nicht alternierenden Kohlenwasserstoff-Ionen* schon die einfache HMO-Theorie *für positive und negative Ionen verschiedene Spindichtenverteilung* voraussagt[84], die Unterschiede in den entsprechenden ESR-Spektren also prinzipiell verstanden werden, sollte für *gerade (even) alternierende Kohlenwasserstoffverbindungen* das „*pairing-Theorem*" gelten. Es handelt sich hierbei u. a. um die Aussage, daß das höchste besetzte und das niedrigste unbesetzte Molekülorbital der neutralen Kohlenwasserstoffverbindung in der Ein-Elektronen-MO-Theorie die *gleiche Verteilung der Elektronen* auf die

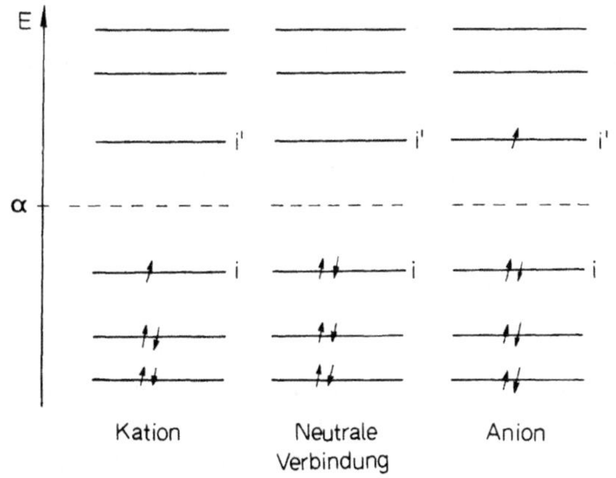

Abb. 66. Termschemata nach der HMO-Methode für gerade alternierende Kohlenwasserstoffe. Elektronenbesetzung entsprechend der positiv geladenen, neutralen und negativ geladenen Verbindung

[76] S. I. Weissman, E. deBoer, and J. J. Conradi: J. Chem. Phys. **26**, 963 (1957).

[77] E. deBoer: J. Amer. chem. Soc. **80**, 4549 (1958).

[78] A. Carrington, F. Dravnieks, and M. C. R. Symons: J. Chem. Soc. **1959**, 947.

[79] C. A. McDowell, and J. R. Rowlands: Can. J. Chem. **38**, 503 (1960).

[80] N. M. Atherton, and S. I. Weissman: J. Amer. chem. Soc. **83**, 1330 (1961).

[81] A. Carrington, and J. dosSantos-Veiga: Mol. Phys. **5**, 285 (1962).

[82] K. Möbius: Z. Naturforsch. **20a**, 1102 (1965).

[83] F. Gerson, and J. Heinzer: Helv. chim. Acta **49**, 7 (1966).

[84] siehe Fußnote 83.

einzelnen Atome aufweist. Beschreiben Ψ_i bzw. $\Psi_{i'}$ die beiden Orbitale, so gilt $\Psi_i = \sum_K c_{iK}\Phi_K$ und $\Psi_{i'} = \sum_K c'_{iK}\Phi_K$ mit $c_{ik} = + c'_{ik}$ bzw. $c_{ik} = -c'_{ik}$, wobei die letzten Beziehungen jeweils für die gesternten bzw. ungesternten C-Atome anzuwenden sind. Gilt also für ein bestimmtes C-Atom die symmetrische Beziehung, so ist für die diesem Atom benachbarten C-Atome die antisymmetrische Beziehung anzuwenden und umgekehrt. Diese Aussage gilt ebenfalls für die verfeinerten MO-Methoden, die keine Überlappung der Orbitale annehmen[85]. Da die Quadrate der Atomkoeffizienten des *höchsten besetzten Molekülorbitals* die Spindichten für das *positive Ion*, die der *niedrigsten unbesetzten Molekülbahn* die Spindichten für das entsprechende *negative Ion* wiedergeben (s. Abb. 66, S. 159) *sollten die ESR-Spektren beider Verbindungen identisch sein.*

Die i. allg. beobachtete Verkleinerung der Aufspaltung beim Übergang von positiven zu negativen Ionenradikalen ließen J. P. Colpa u. J. R. Bolton[86,87] einen Einfluß der Ladung auf den Q-Wert vermuten. Ebenso wies J. Higuchi[88] eine Abhängigkeit der HFS von der Ladung nach, wobei die Richtung der Abweichung allerdings dem experimentellen Befund zuwiderlief.

Die in der von J. P. Colpa u. J. R. Bolton[89] vorgeschlagenen *Beziehung zwischen Kopplungsparameter, Spindichte* ϱ *und Überschußladung* ε (ε dimensionslos, in Einheiten der Elementarladung)

$$a_{\mathrm{H}_i} = (Q + K\varepsilon_i)\,\varrho_{\mathrm{C}_i}{}^{\star} \qquad (165)$$

auftretenden Konstanten Q und K, können auf Grund von ε- und ϱ-Berechnungen an die Experimente optimal angeglichen werden[90]. Es ist bei der Anwendung der Colpa-Bolton-Beziehung Gl. 165 darauf hinzuweisen, daß sie nicht zur Bestimmung von Spindichten benutzt werden kann, da zwei a priori unbekannte Größen, ε und ϱ, in die Gleichung eingehen. Es kann lediglich der Kopplungsparameter aus den mit theoretischen Methoden gewonnenen Größen und den diesen Methoden angepaßten Parametern Q und K näherungsweise ermittelt werden. Tab. 5 gibt die optimalen an die Experimente angepaßten Parameter der angewendeten MO-Methode wieder.

---

* Bei Anwendung der HMO-Näherung gilt $|\varepsilon| = \varrho$ und damit $a_{\mathrm{H}_i} = Q\varrho_{\mathrm{C}_i} \pm K\varrho^2_{\mathrm{C}_i}$.

[85] A. D. McLachlan: Mol. Phys. **2**, 271 (1959).

[86] J. P. Colpa, and J. R. Bolton: Mol. Phys. **6**, 273 (1963).

[87] J. R. Bolton: J. Chem. Phys. **43**, 309 (1965).

[88] siehe Fußnote 71, S. 158.

[89] siehe Fußnote 86.

[90] s. a. K. G. Kay, and H. J. Silverstone: J. Chem. Phys. **46**, 2854 (1967).

Tabelle 5. *An die verschiedenen MO-Theorien angepaßten Konstanten der Colpa-Bolton-Beziehung (Gl. 165, S. 160).*

Q [G]	K [G]	Methode	Lit.
−31,2	−17	HMO	92
−31,7	−18	HMO	93
−24,2	−20	McLachlan[91]	94
−24,4	−17	McLachlan[91]	93
−27,0	−12,8	unrestr. Hartree Fock	95

I.b.5.δ. Einfluß der Spindichten der nächsten Bindungen

G. Giacometti, C. L. Nordio u. M. V. Pavan[96] untersuchten die HFS des Wasserstoffkerns eines C—H-Fragments unter der Voraussetzung, daß das freie π-Elektron nicht völlig am C-Atom lokalisiert ist. Die Autoren ließen vielmehr eine mesomere Verteilung des Elektrons auf das Molekül zu, insbesondere auch auf die dem betrachteten C—H-Kohlenstoff benachbarten Atome. Unter Berücksichtigung der Nachbarspindichten treten in der Bestimmung des Störparameters (s. S. 145) zusätzlich Austauschintegrale auf, die die Erweiterung der einfachen McConnell-Beziehung (Gl. 164, S. 146) zu

$$a_{\mathrm{H}_i} = Q_1\,\varrho_{\mathrm{C}_i} + \sum_j Q_2\,\varrho_{\mathrm{C}_{ij}} \tag{166}$$

bewirken. ϱ_{C_i} behält seine Bedeutung als Spindichte am Kohlenstoffatom i (in der HMO-Betrachtung das Quadrat des Atomorbitalkoeffizienten c_i des MO des freien Elektrons) bei, während $\varrho_{\mathrm{C}_{ij}}$ das Produkt $c_i \cdot c_j$ darstellt. Die Summation wird nur über die C_i benachbarten Kohlenstoffatome erstreckt. Wegen des „pairing Theorems" hat $\varrho_{\mathrm{C}_{ij}}$ bei positiven und negativen Ionen ein anderes Vorzeichen, so daß mit Gl. 166 die Unterschiede in den ESR-Spektren ebenfalls gedeutet werden können. Ähnlich wie die Colpa-Bolton-Beziehung kann Gl. 166 nicht zur Bestimmung von Kopplungsparametern herangezogen werden. Die Spindichten und die

[91] A. D. McLachlan: Mol. Phys. **3**, 233 (1960).
[92] siehe Fußnote 86, S. 160.
[93] siehe Fußnote 82, S. 159.
[94] T. C. Sayetta, and J. D. Memory: J. Chem. Phys. **40**, 2748 (1964).
[95] L. C. Snyder, and T. Amos: J. Chem. Phys. **42**, 3670 (1965).
[96] G. Giacometti, C. L. Nordio, and M. V. Pavan: Theoret. Chim. Acta **1**, 404 (1962/63).

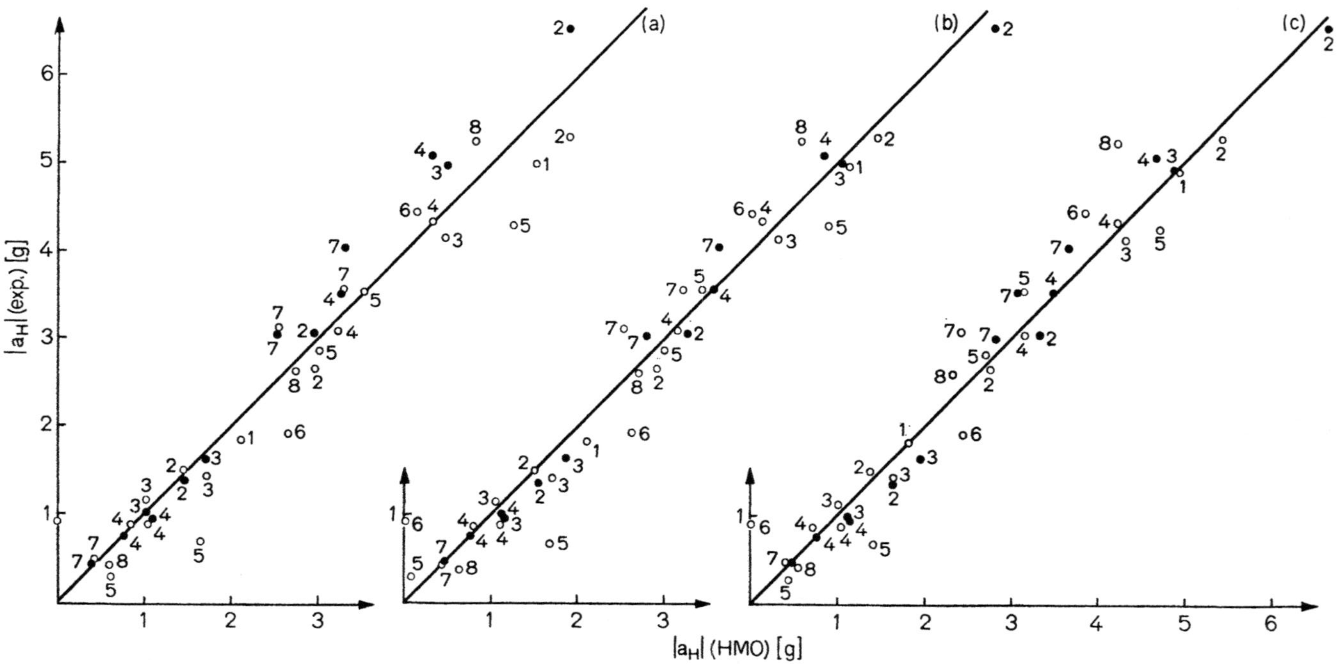

Abb. 67. Vergleich der experimentellen Protonen-Kopplungskonstanten einiger aromatischer Kohlenwasserstoffradikale (● Kationen, ○ Anionen) mit den theoretischen Kopplungen nach der (a) McConnell-, (b) Colpa-Bolton- und (c) Giacometti-Nordio-Pavan-Beziehung. $\varepsilon_i, \varrho_{C_i}$ und $\varrho_{C_{ij}}$ nach HMO. 1-Naphthalin, 2-Anthracen, 3-Tetracen, 4-Pentacen, 5-Phenanthren, 6-Pyren, 7-Perylen, 8-Biphenyl

(a) $Q^{H}_{C-H} = -30{,}5$ G (b) $Q = -31{,}7$ G $K = -18{,}0$ G (c) $Q_1 = -31{,}5$ G $Q_2 = -7{,}0$ G

Kreuzprodukte müssen aus MO-Theorien gewonnen und mit entsprechend optimierten Q_1- und Q_2-Werten in Gl. 166 eingesetzt werden. Tab. 6 gibt Aufschluß über die einigen Theorien angepaßten Q-Werte.

Tabelle 6. *Konstanten der Giacometti-Nordio-Pavan-Beziehung, den MO-Methoden angepaßt*

Q_1 [G]	Q_2 [G]	Methode	Lit.
−31,5	− 7,0	HMO	[97]
−32,0	−15,0	HMO mit Überlappung	[97]
−27,0	− 6,3	unrestr. Hartree-Fock	[98]

Sowohl die Ladungseffekte berücksichtigende Gleichung von Colpa-Bolton als auch die die Nachbarspindichten einschließende Formulierung von G. Giacometti et al. ergeben im Mittel eine Verbesserung der einfachen McConnell-Beziehung, insbesondere hinsichtlich der ESR-Spektren der positiven und negativen Radikalionen. Mit den angepaßten Parametern geben beide Gleichungen die Experimente etwa gleich gut wieder[99]. Abb. 67 stellt für eine Reihe aromatischer Anion- und Kation-Radikale[100] den Vergleich der experimentellen mit den nach den verschiedenen Gleichungen und der HMO-Methode ermittelten Kopplungen dar. Wie schon erwähnt, geht bei beiden Verfeinerungen der McConnell-Beziehung die Möglichkeit der Ermittlung von Spindichten aus den experimentellen Kopplungsparametern verloren.

I.b.6. Q^{H}_{O-H}-Parameter

Den überaus zahlreichen Arbeiten über Q^{H}_{C-H}-Parameter stehen nur wenige Publikationen über den entsprechenden Q^{H}_{O-H}-Parameter gegenüber. Dafür gibt es mehrere Ursachen. Einmal sind die vermessenen Kopplungen von an Sauerstoff gebundenen Protonen recht klein, so daß es möglich erscheint, daß die Aufspaltungen (oft kleiner als 1 G) häufig auf Grund der Linienbreiten nicht auflösbar sind[101]. Zum anderen kann in manchen Lösungsmitteln der Austausch der OH-Protonen so schnell vor sich gehen[102], daß die entsprechende HFS unsichtbar bleibt (s. S. 89ff.).

[97] siehe Fußnote 96, S. 161.
[98] siehe Fußnote 95, S. 161.
[99] siehe Fußnote 95, S. 161.
[100] siehe Fußnote 82, S. 159.
[101] G. P. Rabold, K. H. Bar-Eli, E. Reid, and K. Weiss: J. Chem. Phys. **42**, 2438 (1965); Chem. Comm. **1965**, 38.
[102] H. Fischer: Mol. Phys. **9**, 149 (1965).

Von der theoretischen Seite her besteht die Schwierigkeit, daß der experimentell vorliegende OH-Kopplungsfaktor i. allg. auf *zwei grundsätzlich verschiedene Mechanismen* zurückgeführt werden muß. Einmal führt eine *Spindichte am Sauerstoff* über den π—σ-Mechanismus (Q^{H}_{O-H}) analog dem C—H-Fragment zu einer Kopplung mit dem Proton. Zum anderen liegt die an das Molekül gebundene OH-Gruppe a priori nicht in der Knotenebene der π-Elektronen, die auf das Restmolekül verteilt sind (vgl. Abb. 59, S. 142). Damit ist zusätzlich eine *Hyperkonjugationswechselwirkung* möglich, die ebenfalls (vgl. S. 167) zu einer Kopplung des freien Elektrons mit dem Proton führen kann. Eine eindeutige Trennung dieser beiden Effekte, Spinpolarisation durch π—σ-Wechselwirkung und Delokalisation des freien Elektrons durch Hyperkonjugation, war experimentell bisher nicht zu erreichen.

D. Pooley u. D. H. Whiffen[103] beobachteten in γ-bestrahlten Einkristallen des *Monohydrats des Lithiumsalzes der Glykolsäure* eine isotrope Protonen-HFS der OH-Gruppe von —2,5 G. Da eine ebene Struktur des hier vorliegenden Radikals

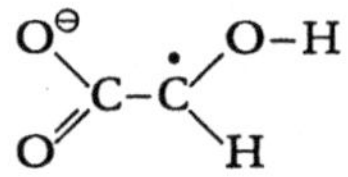

angenommen wurde[104], konnte der Kopplungsparameter des OH-Protons auf eine π—σ-Wechselwirkung auf Grund einer Spindichte am Sauerstoff zurückgeführt werden. Da ihre Größe jedoch unbekannt ist, konnte kein Q^{H}_{O-H}-Wert angegeben werden. Auch der von W. Debryshire[105] angenommene Wert von $Q^{H}_{O-H} = -12{,}8$ G (Vergleich des C—H- und O—H-Fragments und Annahme einer zu 40% ionischen O—H-Bindung) kann nur als Näherung gelten, zumal die darauf gegründeten Berechnungen der anisotropen Kopplungsparameter des oben angeführten Radikals mit dem Experiment schlecht übereinstimmen.

G. P. Rabold et al. untersuchten die OH-Kopplung am *Hydroxyperinaphthenyl-Radikal*[106]. Die Berechnung der Spindichtenverteilung im Radikalmolekül ergab durch Optimierung der in die Rechnung eingehenden Parameter eine ausgezeichnete Übereinstimmung mit den experimentell ermittelten C—H-Kopplungen, so daß die theoretische Spindichte am Sauerstoff von $+0{,}018$ gesichert erscheint. Mit der zusätzlich erforderlichen Annahme einer Einebnung der OH-Gruppe in die Molekülebene wurde somit ein Q-Wert von $|Q^{H}_{O-H}| = 7{,}8$ G vorgeschlagen. Unabhängig vom Experiment konnten die Autoren theoretisch ein Verhältnis Q^{H}_{O-H}/Q^{H}_{C-H}

[103] D. Pooley, and D. H. Whiffen: Trans. Faraday Soc. **57**, 1445 (1961).
[104] D. E. Henn, and D. H. Whiffen: Mol. Phys. **8**, 407 (1964).
[105] W. Debryshire: Mol. Phys. **5**, 225 (1962).
[106] siehe Fußnote 101, S. 101.

zu 0,3 abschätzen, das mit $Q^{H}_{C-H} = -27$ G einen Q^{H}_{O-H}-Wert von etwa —8 G ergibt. Ähnliche Ergebnisse lieferte die Untersuchung der OH-HFS am Naphthazarinsemichinon-Kationradikal[107]. Die von G. P. RABOLD et al. vermutete *starke Abhängigkeit des Q^{H}_{O-H} vom Solvens*, einmal wegen der Beteiligung von nicht bindenden Elektronenpaaren am Sauerstoff, zum anderen wegen der größeren Elektronegativität des Sauerstoffs, wurde von T. A. CLAXTON et al.[108] nachgewiesen. Sie konnten, wie auch schon andere Autoren[109], die OH-HFS bei protonisierten Semichinonen vermessen. Das monoprotonisierte Durosemichinon zeigt dabei in Abhängigkeit vom verwendeten Lösungsmittel eine OH-HFS von 100 bis 630 mG. In Verbindung mit VB-Spindichteberechnungen resultiert daraus eine Q^{H}_{O-H}-Variation von etwa 1—10 G. Ähnliche Betrachtungen am monoprotonisierten p-Benzosemichinon[110] ergaben für den Q^{H}_{O-H}-Parameter einen Wert von etwa —17 G. Auch das zweifach protonisierte p-Benzosemichinon wurde zur Bestimmung dieser Größe herangezogen[111]. Hier erhält man nach Anpassung der Parameter der zugrunde gelegten MO-Rechnung an die experimentellen Spindichten der mit Protonen „markierten" Ringstellungen ein Q^{H}_{O-H} von etwa —19 G. Somit ist wahrscheinlich, daß die kleineren in der Literatur genannten Werte durch eine zusätzliche, allerdings auch bei den letzten Ergebnissen nicht voll auszuschließende Kopplung durch Hyperkonjugation verfälscht wurden.

Den Einfluß der hyperkonjugativen Wechselwirkung des freien Elektrons auf ein zwei Bindungslängen entferntes OH-Proton haben R. LIVINGSTON u. H. ZELDES[112] wahrscheinlich gemacht[113]. Die mit ihrer Methode (s. S. 309) erzeugten Radikale des Typs R—$\dot{C}$H—OH (Spektren s. Abb. 68, S. 168) zeigen eine starke *Temperaturabhängigkeit der OH-HFS* (s. S. 309). Die OH-π—σ-Kopplung auf Grund einer Spindichte am Sauerstoff ist aber praktisch temperaturunabhängig. Somit deuten die Autoren den Effekt als eine zusätzliche Kopplung des Elektrons mit dem Proton durch

[107] G. P. RABOLD, R. T. OGATA, M. OKAMURA, L. H. PIETTE, R. E. MOORE, and P. J. SCHEUER: J. Chem. Phys. **46**, 1161 (1967).

[108] T. A. CLAXTON, T. E. GOUGH, and M. C. R. SYMONS: Trans. Faraday Soc. **62**, 279 (1966).

[109] J. R. BOLTON, and A. CARRINGTON: Proc. Chem. Soc. **1961**, 385; J. R. BOLTON, and A. CARRINGTON: Mol. Phys. **5**, 161 (1962); J. R. BOLTON, A. CARRINGTON, and J. DOSSANTOS-VEIGA: Mol. Phys. **5**, 465 (1962); A. CARRINGTON, and I. C. P. SMITH: Mol. Phys. **8**, 101 (1964).

[110] T. E. GOUGH: Trans. Faraday Soc. **62**, 2321 (1966).

[111] A. B. BARABAS, W. F. FORBES, and P. D. SULLIVAN: Can. J. Chem. **45**, 267 (1967).

[112] R. LIVINGSTON, and H. ZELDES: J. Chem. Phys. **44**, 1245 (1966).

[113] weitere OH-Kopplungen bei Alkoholen, s. z.B. W. T. DIXON, and R. O. C. NORMAN: J. Chem. Soc. **1963**, 3119; P. SMITH, J. T. PEARSON, P. B. WOOD, and T. C. SMITH: J. Chem. Phys. **43**, 1535 (1965); P. SMITH, J. T. PEARSON, and R. V. TSINA: Can. J. Chem. **44**, 753 (1966).

Hyperkonjugation. Da diese von der Lage des OH-Restes zum Molekül abhängt (s. S. 167), kann eine temperaturbedingte Lageänderung der OH-Gruppe (z. B. gehinderte Rotation um die C—O-Bindung) den gefundenen Effekt erklären.

I.b.7. Q^{H}_{N-H}-Parameter

Bei der Diskussion der Kopplungskonstanten von an Stickstoff gebundenen Protonen durch eine π—σ-Wechselwirkung treten erneut Schwierigkeiten durch Hyperkonjugationskopplung auf. Nur gelegentlich kann, wegen der Geometrie der Moleküle, auf einen reinen π—σ-Mechanismus geschlossen werden.

Die ersten Hinweise auf die Größenordnung des Q^{H}_{N-H}-Wertes gaben die Radikale $\overset{\oplus}{\cdot}NH_3$[114] und $\cdot NH_2$[115], die isotrope Protonenkopplungen von 25,9 und 23,9 G zeigen. Ähnliche Kopplungen finden sich bei den entsprechenden teilweise substituierten Radikalen.

Wegen ihrer ebenen Anordnung erweisen sich die *protonisierten Kationradikale der N-Heterocyclen* als günstige Objekte zum Studium der Q^{H}_{N-H}-Werte. Das Monokation des diprotonisierten 4,4′-Dipyridyls wurde unter anderem von C. S. Johnson u. H. S. Gutowsky[116] untersucht. Auf Grund von MO-Spindichtenberechnungen am Stickstoff konnte der Q^{H}_{N-H}-Wert zu ca. 25 G abgeschätzt werden. Ähnliche Untersuchungen führten J. R. Bolton et al. an den protonisierten Verbindungen des Pyrazins, Phenazins und 4,4′-Dipyridyls aus[117]. Der MO-Parameter bezüglich des N-Coulomb-Integrals wurde so gewählt, daß die Spindichten an den Ringkohlenstoffen unter Benutzung von $Q^{H}_{C-H} = -25$ G dem experimentellen Befund optimal angeglichen wurden. Die sich ergebenden Spindichten an den Stickstoffatomen lieferten dann in Verbindung mit den experimentell ermittelten a_{NH}-Kopplungen den Q^{H}_{N-H}-Wert zu —35 bis —39 G.

Die Bestimmung des hier analog zum Q^{H}_{C-H} negativ gewählten *Vorzeichens* von Q^{H}_{N-H} gelang B. L. Barton u. G. K. Fraenkel auf Grund des Studiums von Linienbreitenvariationen am Dihydropyrazin-Kation-Radikal[118]. Die mit dieser Methode (s. S. 81) als negativ ermittelten Kopplungsparameter der N—H-Protonen ergeben dann mit der sicher positiven Spindichte am Stickstoff einen negativen Q^{H}_{N-H}-Wert. Die glei-

[114] T. Cole: J. Chem. Phys. **35**, 1169 (1961).

[115] S. N. Foner, E. L. Cochran, C. A. Bowers, and C. K. Jen: Phys. Rev. **1**, 91 (1958).

[116] C. S. Johnson jr., and H. S. Gutowsky: J. Chem. Phys. **39**, 58 (1963).

[117] J. R. Bolton, A. Carrington, and J. dosSantos-Veiga: Mol. Phys. **5**, 465 (1962).

[118] B. L. Barton, and G. K. Fraenkel: J. Chem. Phys. **41**, 695 (1964).

chen Autoren zeigten, daß bei Gültigkeit einer Beziehung zwischen a_{NH} und ϱ_N analog der McConnell-Formulierung, der Q^H_{N-H}-Parameter aus den experimentell bestimmten Kopplungen am Dihydropyrazin-Kation ohne Verwendung von MO-Daten zu entnehmen ist. Mit den Kopplungen der Ringprotonen von $a_H = -3{,}13$ G ergibt sich mit $Q^H_{C-H} = -23{,}7$ G die Spindichte $\varrho_C = 0{,}132$, so daß sich wegen $\sum_i \varrho_i = 1$ die Spindichten am Stickstoff zu $\varrho_N = 0{,}236$ bestimmen. Mit dem experimentellen $a_{NH} = -7{,}94$ G erhalten die Autoren $Q^H_{N-H} = -33{,}7$ G. Bei dieser Abschätzung wird der Betrag des Q^H_{N-H}-Wertes durch die Größe von Q^H_{C-H} beeinflußt, so daß die Verwendung von $Q^H_{C-H} = -27$ G[119] einen Wert von $Q^H_{N-H} = -29{,}6$ G entsprechen würde.

Messungen an anderen Systemen, z. B. Radikalen des Typs der *Wursterschen Salze* (s. S. 477), mit *Aminogruppen substituierten Radikalen* und schließlich an *Aminylen* (s. S. 336) lassen sich nicht im obigen Sinne einer eindeutigen π—σ-Wechselwirkung interpretieren. Ähnlich wie beim OH-Rest können hier *zusätzliche Hyperkonjugationseffekte* des im Restmolekül verteilten freien Elektrons auftreten. Der zusammengesetzte Mechanismus der Wechselwirkung mit Amino-Protonen konnte durch die *temperaturabhängigen Kopplungen* bei p-Aminophenoxylen[120] nachgewiesen werden. Die π—σ-Kopplung sollte annähernd temperaturunabhängig sein, während experimentell ein etwa linearer Abfall der Aminoprotonenkopplung von

$$\frac{d\,|a_{NH}|}{dT} \approx -10\,\mathrm{mg}/^\circ$$

ermittelt wurde. Dieser Effekt könnte z.B. auf temperaturabhängige Hyperkonjugationseffekte (etwa bei gehinderter Rotation der Aminogruppe) zurückgeführt werden[121]. Ähnlich wie bei der OH-Gruppe ist auch an diesen Radikalen ein sehr starker *Einfluß des Lösungsmittels* auf die Kopplung des Elektrons mit den Aminoprotonen zu beobachten[122].

I.c. β-Protonen

Zu dem bislang besprochenen π—σ-Wechselwirkungsmechanismus, der immer dann auftritt, wenn das koppelnde Proton direkt mit einem eine Spindichte aufweisenden Atom gebunden ist (α-Proton), kommt eine zweite Art der Kopplung. Sie betrifft Kerne, die zwei Bindungen vom π-Zentrum entfernt sind. Ist z. B. eine *Methyl-*, *Methylen-* oder *Methin-Gruppe* an ein Atom mit einer endlichen Spindichte gebunden, so wird im

[119] M. R. Das, and G. K. Fraenkel: J. Chem. Phys. **42**, 1350 (1965).
[120] K. Scheffler, and H. B. Stegmann: Tetrahedron Letters **40**, 3035 (1964).
[121] A. J. Stone, and A. Carrington: Trans. Faraday Soc. **61**, 2593 (1965).
[122] K. Scheffler u. H. B. Stegmann: Z. Phys. Chem. NF **44**, 353 (1965).

Experiment die Kopplung der entsprechenden Wasserstoffkerne (β-Protonen) mit dem freien Elektron beobachtet. Zwei typische Beispiele seien angeführt.

R. Livingston u. H. Zeldes[123] untersuchten die Radikale des Typs

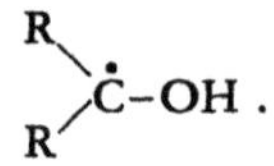

Das ESR-Spektrum des $\cdot CH_2$—OH (Abb. 68a) besteht aus einem Triplett, das durch die beiden äquivalenten α-Protonen ($|a_\alpha^{(2)}| = 17{,}38$ G)

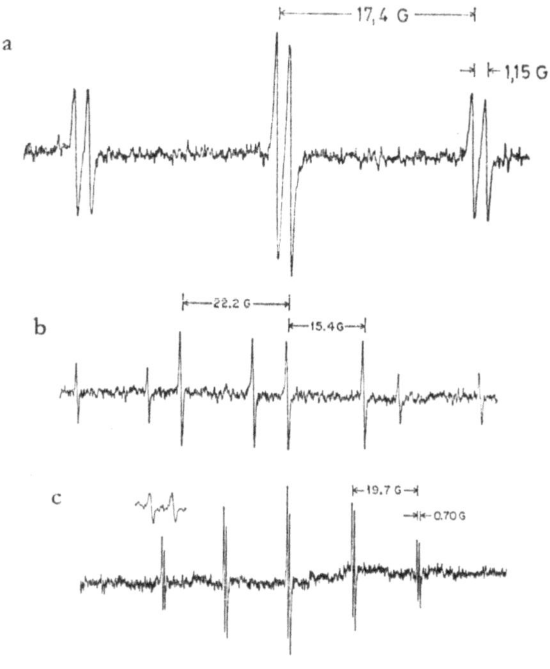

Abb. 68a–c. ESR-Spektren[123] des (a) $\cdot CH_2OH$, (b) $CH_3\dot{C}HOH$ und (c) $(CH_3)_2\dot{C}OH$ bei 26°C

verursacht wird. Außerdem tritt eine geringe Kopplung mit dem OH-Proton ($|a_{OH}| = 1{,}15$ G) auf, die die zusätzliche Dublettstruktur hervorruft.

Wird ein Wasserstoffkern der CH_2-Gruppe durch eine Methylgruppe ersetzt, so koppelt das verbleibende α-Proton mit 15,37 G. Darüber hinaus macht sich jetzt jedoch eine starke Kopplung der Protonen der Methylgruppe bemerkbar. Die drei hier durch genügend schnelle Rotation der

[123] R. Livingston, and H. Zeldes: J. Chem. Phys. **44**, 1245 (1966).

Methylgruppe äquivalenten Protonen spalten jede Linie nochmals in vier Komponenten der relativen Intensitäten 1 : 3 : 3 : 1 mit dem Kopplungsparameter $|a_\beta^{(2)}| = 22{,}19$ G auf (Abb. 68b, S. 168).

Werden beide α-Protonen durch Methylgruppen ersetzt, so zeigt das ESR-Spektrum (Abb. 68c) sieben Komponenten im Intensitätsverhältnis 1 : 6 : 15 : 20 : 15 : 6 : 1, entsprechend einer Wechselwirkung des freien Elektrons mit sechs äquivalenten Protonen. Die Kopplung beträgt $|a_\beta^{(6)}| = 19{,}66$ G. Erneut zeigt sich eine kleine Kopplung von $|a_{O\underline{H}}| = 0{,}70$ G mit dem OH-Proton.

Die Wechselwirkung mit β-Protonen ist auch bei Stickstoff oder Sauerstoff enthaltenden Radikalen, also bei der Gruppierung

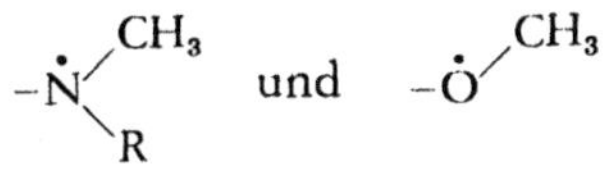

zu beobachten. Werden etwa beim p-Amino-phenoxyl ein oder beide Aminoprotonen durch eine CH_3-Gruppe ersetzt, so kann das ESR-Spektrum nur durch eine zusätzliche Kopplung von drei bzw. sechs Methylprotonen interpretiert werden. Die wesentlichen Kopplungsparameter in benzolischer Lösung betragen $|a_N| = 4{,}33$ G, $|a_{N\underline{H}}| = 3{,}42$ G und $|a_{CH_3}^{(3)}| = 4{,}33$ G[124] bzw. $|a_N| = 5{,}04$ G und $|a_{CH_3}^{(6)}| = 4{,}54$ G[125].

Aus diesen Daten und einer Vielzahl weiterer experimenteller Befunde an Kohlenwasserstoffradikalen ist ersichtlich, daß die Kopplung der β-Protonen in ihren Beträgen etwa mit der Kopplung der α-Protonen zu vergleichen ist.

Analog der oft bewährten McConnell-Beziehung für die HFS von α-Protonen kann wiederum versucht werden, die Kopplung der β-Protonen in einen *linearen Zusammenhang mit der Spindichte am α-Kern* zu bringen, so daß eine empirische Beziehung

$$a_{CH_3} = \frac{1}{2} B^{H}_{X-CH_3} \varrho_X \qquad (167)$$

resultieren würde. Gleichungen dieser Art mit experimentell zu bestimmenden B-Werten haben sich i. allg. für neutrale Radikale bewährt, sind jedoch nur unter Vorbehalt auf geladene Spezies anzuwenden (s. u.).

I.c.1. Zum Mechanismus der β-Kopplung

Auch für die β-Kopplung erhebt sich die Frage nach ihrem Zustandekommen, nach dem Mechanismus, der am Ort der Methylprotonen einen freien s-Anteil der Elektronen verursacht.

124 Unveröffentlichte Ergebnisse der Autoren.

125 A. Rieker, K. Scheffler, R. Mayer, B. Narr u. E. Müller: Liebigs Ann. Chem. **693**, 10 (1966).

Da zumindest nicht alle Wasserstoffatome der Methylgruppe in der Knotenebene des π-Elektronensystems oder des freien π-Elektrons liegen, könnte ein direktes Eintauchen der Protonen in die p-Verteilung angenommen werden. Mit den in Abb. 69a angegebenen Werten von r und φ, die für ein starres Modell mit

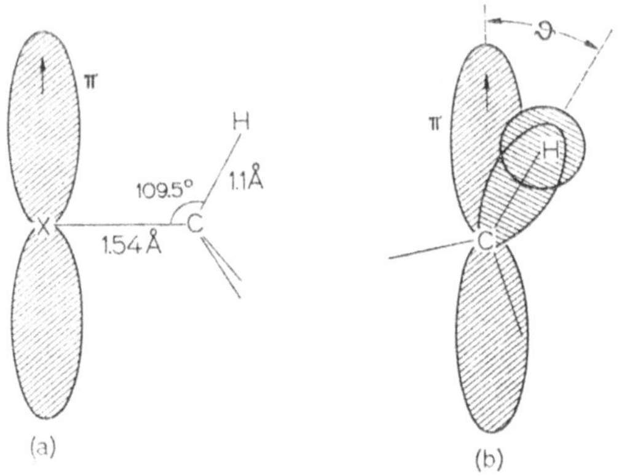

Abb. 69. Geometrie der $X-CH_3$-Gruppe

X = C etwa zutreffend sind, berechnet sich mit Slater-p-Funktionen und einem $Z_{\text{eff}} = 3{,}25$ ein $|\Psi^2(H)|$, das um mehrere Größenordnungen unter dem experimentell aus den Kopplungen ermittelten Wert liegt.

Mehrfach wurde versucht, die β-HFS zu berechnen. Die Autoren nehmen dabei *eine Wechselwirkung des α-π-Elektrons mit den σ-CH-Bindungen der Methylgruppe* an, ein Effekt, der als *Hyperkonjugation* bezeichnet werden kann.

Diese Wechselwirkung kann in einer *Spinpolarisation* (analog der McConnell-Beziehung für α-Protonen) der die σ-Bindungen der Methylgruppe bewirkenden Elektronenpaare zum Ausdruck kommen. Durch diesen Mechanismus, der von A. D. McLachlan[126] mit der VB-Methode theoretisch behandelt wurde, wird aus dem paramagnetischen Molekül im Bruttoeffekt kein Spin oder Elektron in die substituierte Methylgruppe übertragen, d. h. *der Gesamtspin in der Bindung bleibt Null.* Anschaulich kann die Spinpolarisation der Methyl-C—H-Bindung entsprechend den Verhältnissen bei α-Protonen (Abb. 61, S. 147) verstanden werden, so daß Abb. 70 den Mechanismus schematisch wiedergibt. *Die Spindichte an den Methylprotonen hat dabei das gleiche Vorzeichen wie am α-Kohlenstoffatom, und ihre Größe ist analog zur McConnell-Beziehung ϱ_α proportional* (vgl. Gl. 167, S. 169).

Die Berechnungen einer um die C—C-Bindung rotierenden Methylgruppe und damit äquivalenter Protonen[127] lieferten für $1/2\, B^{H}_{C-CH_3} =$

[126] A. D. McLachlan: Mol. Phys. **1**, 233 (1958).
[127] siehe Fußnote 126.

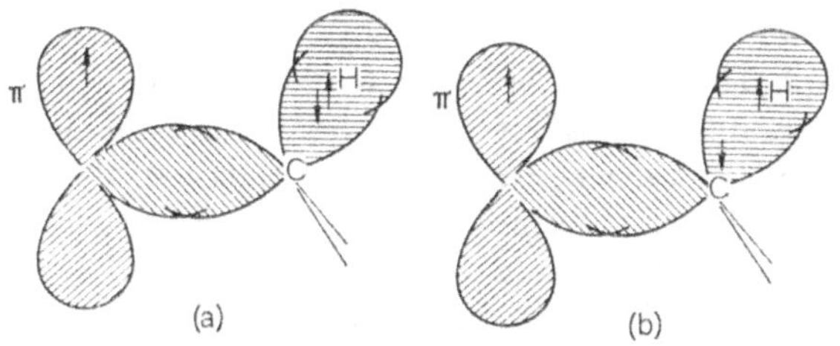

Abb. 70. Schematische Darstellung der Spinpolarisation der Methyl-C—H-Bindung

+28 G (Gl. 167, S. 169). P. G. LYKOS[128] hat die Rechnung auf räumlich fixierte β-Protonen, wie sie im Falle des cyclo-Hexyl und cyclo-Pentyl auftreten, erweitert. Hierbei wurde die Abhängigkeit des Überlappungsgrades zwischen dem C_α—π-Elektron und den Elektronen der in Frage stehenden C—H-Bindung von dem Winkel ϑ, der von der Rotationsachse des π-Elektrons und der auf die zur C—C-Achse senkrechten Ebene projizierte C—H-Bindungsrichtung gebildet wird (s. Abb. 69b), berücksichtigt.

Da die Wechselwirkung der σ-Bindung mit dem π-Elektron für $\vartheta = 0$ ihren größten Wert erreicht und für $\vartheta = \pi/2$ verschwindet, wurde entsprechend der Winkelabhängigkeit der Resonanzintegrale, von M. C. R. SYMONS[129] eine *$\cos^2\vartheta$-Abhängigkeit der Methylprotonenkopplung für fixierte Protonen* vorgeschlagen. Diese Beziehung wurde von C. HELLER u. H. M. McCONNELL[130] wie folgt formuliert:

$$a_{CH_3} = (B_0 + B^H_{C-CH_3} \cos^2\vartheta)\,\varrho_\alpha \tag{168}$$

Die hier auftretende Größe B_0 kann experimentell als sehr klein (ca. 3—4 G) bestimmt werden[131], so daß sie gegen B meist vernachlässigt werden kann. Ihr Zustandekommen kann einmal als winkelunabhängige Spinpolarisation der C—H-Bindung analog der π—σ-Wechselwirkung bei α-Protonen[132], zum anderen als Nullpunktsschwingung der „fixierten" Methylgruppe[133] gedeutet werden.

Die Anwendung der Beziehung Gl. 168 oder der vereinfachten Gleichung

$$a_{CH_3} = \varrho_\alpha B^H_{C-CH_3} \cos^2\vartheta \tag{169}$$

zum Studium von Radikalen mit fixierten Methylgruppen, z. B. Ein-

[128] P. G. LYKOS: J. Chem. Phys. **32**, 625 (1960).
[129] M. C. R. SYMONS: J. Chem. Soc. **1959**, 277.
[130] H. C. HELLER, and H. M. McCONNELL: J. Chem. Phys. **32**, 1535 (1960).
[131] A. HORSFIELD, J. R. MORTON, and D. H. WHIFFEN: Mol. Phys. **4**, 425 (1961).
[132] J. P. COLPA, and E. DEBOER: Mol. Phys. **7**, 333 (1964).
[133] E. W. STONE, and A. H. MAKI: J. Chem. Phys. **37**, 1326 (1962).

kristalluntersuchungen bei tiefer Temperatur, liegt auf der Hand. Bei bekannter Spindichte kann bei starren Methyl-, Methylen- und Methin-Resten die Lage dieser Substituenten durch Bestimmung des in der Gl. 168, oder Gl. 169, S. 171 auftretenden Winkels ϑ berechnet werden.

Bei der Anwendung der angeführten Relation zwischen β-Protonen-HFS und α-Spindichte auf rotierende CH_3-Gruppen, wie sie in gelösten Radikalen vorwiegend vorliegen, ist der Mittelwert der in Gl. 169 auftretenden Winkelfunktion zu bilden. Damit wird für frei rotierende Methylgruppen die schon angeführte Gl. 167 (S. 169) gewonnen (s. a. S. 99). Die Größe von $B^{H}_{C-CH_3}$ oder $1/2\ B^{H}_{C-CH_3}$ ergibt sich mit den bekannten Spindichten am C_α für Alkylradikale aus dem experimentell erhaltenen Kopplungsparameter zu ca. 56—60 bzw. 28—30 G (s. Tab. 4, S. 158). Mit Gl. 167 ist ähnlich wie bei der McConnell-Gleichung *die Möglichkeit gegeben, aus gemessenen HFS-Aufspaltungen Aussagen über die Verteilung des freien Elektrons im Radikalmolekül zu machen.*

Neben dem Effekt der skizzierten Spinpolarisation der C—H-Bindung der Methylgruppe haben mehrere Autoren die *Delokalisation des freien Elektrons in die Methylgruppe* mit Hilfe der MO-Methode berechnet[134–136].

Normalerweise wird der Zusammenhalt einer Methylgruppe durch die drei 2-Zentrenbindungen der C-sp^3-Orbitale mit den H-1s-Orbitalen beschrieben. Völlig äquivalent dazu ist die Betrachtung einer Vielzentren-Bindung, die durch Linearkombination der H-Orbitale und geeigneter Orbitale des Kohlenstoffs gebildet wird. Diese Linearkombinationen können so gewählt werden, daß eine von ihnen die gleiche Symmetrie wie die p-Funktion am α-C aufweist. Damit ist eine nicht verschwindende Überlappung dieser Orbitale verbunden, die zu einer *Ausweitung des π-Elektronensystems bis zu den Protonen der Methylgruppe* führt[137]. Die Protonen der Methylgruppe werden dabei einem quasi-Heteroatom gleichgesetzt, so daß sich die Formulierungen der Methylgruppe —C$\equiv$H$_3$ und der Cyangruppe —C$\equiv$N ähneln.

Durch Einbeziehung der Methylgruppe in das mesomere π-Elektronensystem*, entsprechend der nachstehenden Strukturformulierung, bleibt

$$\underset{a}{\cdot\!>\!C-C\equiv H_3} \quad \longleftrightarrow \quad \underset{b}{>\!C=C=H_3\cdot}$$

* Hyperkonjugation im engeren Sinne

[134] R. Bersohn: J. Chem. Phys. **24**, 1066 (1956).

[135] B. Venkataraman, and G. K. Fraenkel: J. Chem. Phys. **23**, 588 (1955).

[136] P. Nordio, M. V. Pavan u. G. Giacometti: Theoret. Chim. Acta **1**, 302 (1963).

[137] Zur Konzeption der Hyperkonjugation s.: R. S. Mulliken, C. A. Rieke, and W. G. Brown: J. Amer. chem. Soc. **63**, 41 (1941); C. A. Coulson, and V. A. Crawford, J. Chem. Soc. **1953**, 2052.

der lineare Zusammenhang der HFS-Aufspaltung der Methylprotonen mit der Spindichte am α-Kohlenstoff nur noch bedingt erhalten. Vielmehr hängt jetzt die Größe der Kopplungsparameter auch von den energetischen Beziehungen zwischen Radikalmolekül und Methyl-Substituent ab. So wird anschaulich das Gewicht der Methylprotonen-HFS induzierenden mesomeren Form des Radikals (Struktur (b)), durch eine Positivierung des α-C begünstigt werden. Diese Tatsache entspricht voll den experimentellen Befunden, wonach *die Methyl-Kopplung der Kationradikale bei etwa gleicher Spinverteilung im Molekül wesentlich größer als die der entsprechenden Anionradikale* ist[138–140]. MO-Berechnungen mit entsprechenden MO-Parametern für die Methylgruppe zeigen eine befriedigende Übereinstimmung mit dem Experiment[141].

Die Ergebnisse dieser Arbeiten zeigen, daß die β-Kopplung zumindest zum Teil durch die Delokalisation der π-Bahn des freien Elektrons in die Methylgruppe hinein verursacht wird. Über die Größe der Anteile von Spinpolarisation einerseits und Delokalisation andererseits ist die Diskussion in vollem Fluß[142–145], und eine endgültige auf alle Radikaltypen anwendbare Lösung steht noch aus.

Dagegen ist die Winkelabhängigkeit der β-Kopplung, wie sie in Gl. 169 (S. 171) zum Ausdruck kommt, auch für den Delokalisationsmechanismus verbindlich, so daß entsprechende Aussagen über die sterischen Verhältnisse des Radikalmoleküls unabhängig von der speziellen Auffassung des β-Kopplungsmechanismus sind.

Ein Sonderfall der Hyperkonjugationswechselwirkung liegt in den Fällen vor, wo die β-Protonen an zwei Zentren mit endlichen π-Spindichten gebunden sind. Ein Beispiel hierfür ist das Cyclohexadienyl-Radikal, bei dem eine β-Kopplung sowohl auf Grund der o-Spindichte $\varrho_O(\mathrm{HMO}) = 0{,}33$ als auch der gleich großen o′-Spindichte $\varrho_{O'}$, experimentell beobachtbar

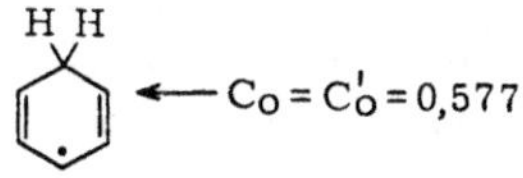

sein sollte. Die gefundene Kopplung von 47,7 G[146] ist mit der einfachen Anwendung von Gl. 169 (S. 171) mit $\varrho_\alpha = \varrho_O + \varrho_{O'}$ und dem der sterischen

138 M. C. R. Symons: Proc. Chem. Soc. **1961**, 384.
139 J. R. Bolton, A. Carrington, and A. D. McLachlan: Mol. Phys. **5**, 31 (1962).
140 J. P. Colpa, and E. deBoer: Mol. Phys. **7**, 333 (1964).
141 siehe Fußnoten 139 u. 140.
142 siehe Fußnote 140.
143 D. Lazdins, and M. Karplus: J. Chem. Phys. **44**, 1600 (1966).
144 M. K. Carter, and G. Vincow: J. Chem. Phys. **47**, 302 (1967).
145 J. P. Colpa, E. deBoer, D. Lazdins, and M. Karplus: J. Chem. Phys. **47**, 3098 (1967).
146 R. W. Fessenden, and R. H. Schuler: J. Chem. Phys. **38**, 773 (1963).

Anordnung Rechnung tragenden Winkel von $\vartheta = 30°$ [147] nicht zu erklären. Hier muß vielmehr die in die Rechnung eingehende Spindichte in der Form $\varrho_\alpha = (c_O + c_{O'})^2$, im Falle des Cyclohexadienyl-Radikals $\varrho_\alpha = 1{,}33$, berücksichtigt werden[148]. Dann ergibt sich 46,6 G, nahezu der experimentell gefundene Wert. Ein ähnliches Vorgehen erfordert etwa die Interpretation der Methin-H-Kopplung des Galvinoxyls[149].

I.c.2. $B^{H}_{N-CH_3}$

Für die experimentell zu beobachtende Kopplung der Protonen einer $N—CH_3$-Gruppierung ist ebenfalls ein *Hyperkonjugationseffekt* verantwortlich zu machen, der auf Grund einer Spindichte am Stickstoff auch am Ort der Methylprotonen eine von Null verschiedene Aufenthaltswahrscheinlichkeit des freien Elektrons verursacht. Somit ist für den Zusammenhang zwischen Spindichte und Kopplungsparameter näherungsweise wieder eine Formulierung

$$a_{CH_3} = \varrho_N B^{H}_{N-CH_3} \cos^2\vartheta \tag{170}$$

beziehungsweise bei einer freien Rotation der Methylgruppe

$$a_{CH_3} = \frac{1}{2} B^{H}_{N-CH_3} \varrho_N \tag{171}$$

zu erwarten.

Zur experimentellen Ermittlung von $B^{H}_{N-CH_3}$ ist die Kenntnis der Spindichte am Stickstoff ϱ_N erforderlich. Da noch kein N-Radikal untersucht wurde, bei dem die Spindichte am N a priori bekannt ist, muß ϱ_N anderweitig bestimmt werden. Das kann in guter Näherung durch den Kopplungsparameter des Stickstoffs selbst geschehen, der mit $a_N = K^{N}_{N} \varrho_N$ proportional zu ϱ_N angenommen werden kann (s. S. 194). Mit Hilfe dieser Beziehung ergibt sich aus Gl. 171

$$a_{CH_3} = \frac{1}{2} \frac{B^{H}_{N-CH_3}}{K^{N}_{N}} a_N \tag{172}$$

also eine Proportionalität zwischen $a^{H}_{N-CH_3}$ und a_N[150]. Die in Tab. 7 angeführten Kopplungsparameter einiger Radikale mit Methylamino-Gruppierungen spiegeln die Gültigkeit von Gl. 172 wider, so daß mit $K^{N}_{N} \approx 30$ G auf ein $B^{H}_{N-CH_3} \approx 60$ G geschlossen werden kann. Diese

[147] siehe Fußnote 146, S. 173.
[148] D. H. Whiffen: Mol. Phys. **6**, 223 (1963).
[149] G. R. Luckhurst: Mol. Phys. **11**, 205 (1966).
[150] L. E. G. Erikson, and A. Ehrenberg: Acta Chem. Scand. **18**, 1437 (1964).

Tabelle 7. *N- und H_β-Kopplungen einiger Radikale mit $N-CH_3$-Strukturelementen*

Radikal	a_N [G]	a_{CH_3} [G]	a_N/a_{CH_3}	Lit.
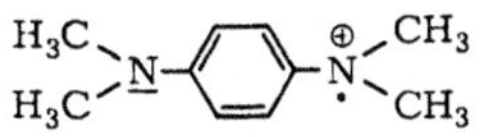	6,99	6,76	1,03	[151]
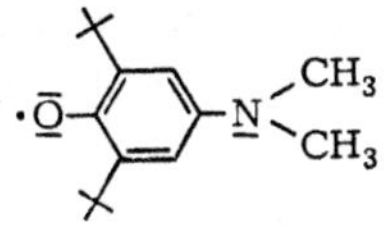	5,04	4,54	1,11	[152]
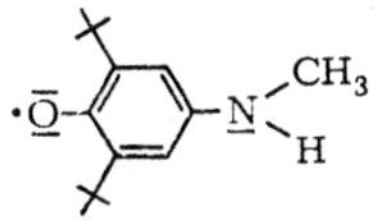	4,33	4,33	1,00	[153]
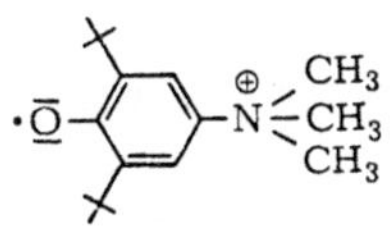	0,0	0,0		
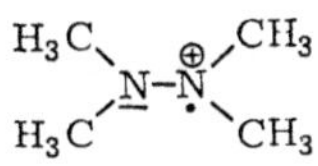	13,41	12,69	1,06	[154]
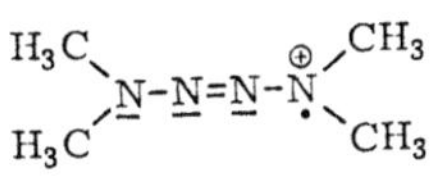	10,93	10,45	1,05	[155]
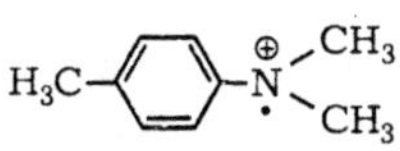	11,06	12,20	0,91	[156]
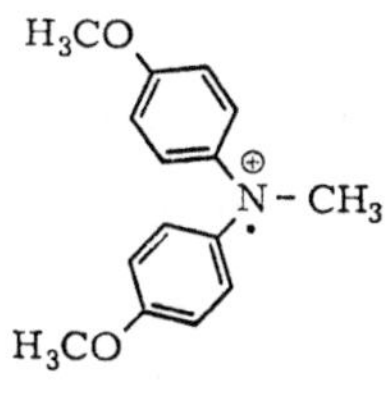	9,77	10,27	0,95	[156]
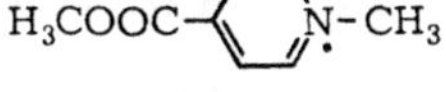	6,25	5,55	1,13	[157]

[151] J. R. Bolton, A. Carrington, and J. dos Santos-Veiga: Mol. Phys. **5**, 615 (1962).

[152] A. Rieker, K. Scheffler, R. Mayer, B. Narr u. E. Müller: Liebigs Ann. Chem. **693**, 10 (1966).

[153–157] siehe nächste Seite.

Betrachtung läßt sich auf Grund der vermessenen Kopplungen wahrscheinlich auch auf die N—O-Radikale mit frei drehbarer N—CH_3-Bindung übertragen (s. Tab. 27, S. 324).

Die *Abnahme der Protonenkopplung beim Übergang von der Methyl- zur Methylen- und Methin-Gruppe* wird auch bei C-Radikalen beobachtet[158]. Sie ist wahrscheinlich auf eine *für den Hyperkonjugationsmechanismus ungünstige sterische Anordnung* der Reste zurückzuführen, so daß hierfür die Beziehung Gl. 170 (S. 174) mit bestimmten Winkeln ϑ anzuwenden wäre. In diesen Fällen sollte die freie Drehbarkeit des Restes bei höheren Temperaturen begünstigt werden, so daß eine temperaturabhängige Kopplung zu erwarten wäre.

Ähnliche Beziehungen wie Gl. 170 und Gl. 171 sollten auch für Gruppierungen wie —O—CH_3, —S—CH_3, —Se—CH_3 und entsprechende gelten. Experimentell zeigen diese Gruppierungen relativ große HFS-Aufspaltungen, jedoch steht ihre formelmäßige Verknüpfung mit der Spindichtenverteilung noch aus. Lediglich für die —O—CH_3-Gruppe wurden von einigen Autoren[159–162] versucht, die CH_3-HFS mit der Spindichte am Sauerstoff zu korrelieren. Da jedoch die nur rechnerisch zu erfassende O-Spindichte sehr von den benutzten HMO-Parametern abhängt, variieren die ermittelten $B^{H}_{O-CH_3}$-Werte so stark, daß noch von keiner zufriedenstellenden Lösung des Problems gesprochen werden kann. Es gibt auch noch keine systematischen Untersuchungen über das Vorzeichen der O—CH_3-Kopplung[163].

I.c.3. $B^{H}_{C-\overset{\oplus}{N}H_3}$

Zur Bestimmung der Größe der Hyperkonjugations-Wechselwirkung einer Ammonium-Gruppe können Radikale herangezogen werden, bei denen die Spindichte am α-Atom experimentell zugänglich ist. So fanden

[153] Unveröffentlichte Beobachtungen der Autoren.

[154] S. F. Nelsen: J. Amer. chem. Soc. **88**, 5666 (1966).

[155] W. M. Tolles, D. W. Moore, and W. E. Thun: J. Amer. chem. Soc. **88**, 3476 (1966).

[156] E. T. Seo, R. F. Nelson, J. M. Fritsch, L. S. Marcoux, D. W. Leedy, and R. N. Adams: J. Amer. chem. Soc. **88**, 3498 (1966).

[157] M. Itoh, and S. Nagakura: Tetrahedron Letters **1965**, 417.

[158] s. z.B. E. Müller, H. B. Stegmann u. K. Scheffler: Liebigs Ann. Chem. **645**, 66 (1961); **657**, 5 (1962).

[159] A. Zweig, W. G. Hodgson, and W. H. Jura: J. Amer. chem. Soc. **86**, 4124 (1964).

[160] W. F. Forbes, and P. D. Sullivan: Can. J. Chem. **44**, 1501 (1966).

[161] W. F. Forbes, P. D. Sullivan, and H. M. Wang: J. Amer. chem. Soc. **89**, 2705 (1967).

[162] G. P. Rabold, R. T. Ogata, M. Okamura, L. H. Piette, R. E. Moore, and P. J. Scheuer: J. Chem. Phys. **46**, 1161 (1967).

[163] R. W. Kreilick: J. Chem. Phys. **45**, 1922 (1966).

R. P. Kohin und P. G. Nadeau[164] bei den Radikalen $\cdot CH_2\overset{\oplus}{N}H_3$ und $\cdot CH\overset{\ominus}{CO_2}\overset{\oplus}{N}H_3$ Kopplungen von $a_{C\underline{H}} = 25$ bzw. 22,1 G und $a_{N\underline{H}_3} = 19{,}2$ bzw. 15,7 G. Mit $|Q^{H}_{C-H}| \approx 25$ G ergeben sich aus diesen Daten die Spindichten am Kohlenstoffatom zu $\varrho_C = 1$ und $\varrho_C = 0.89$ und damit für $1/2\, B^{H}_{C-\overset{\oplus}{N}H_3} \approx 18$ G. Dieser gegenüber der Größe von $1/2\, B^{H}_{C-CH_3} = 29$ G recht kleine Wert ist auf Grund der geringen Überlappung der an der Hyperkonjugation beteiligten *p*-Orbitale (positive Ladung am N) und wegen der gegenüber der C—H-Bindung festeren N—H-Bindung theoretisch zu begründen[165].

I.d. Überlagerung von π-σ- und Hyperkonjugationswechselwirkung

Wie schon erwähnt (S. 164, 166) lassen sich einige Protonenkopplungen nur als Summe von $\pi-\sigma$- und Hyperkonjugationswechselwirkung deuten. Dazu gehören besonders die Radikale mit dem Strukturelement X—Y—H, bei denen mesomere Formulierungen

I II

auftreten. Hier kann auf Grund der Hyperkonjugation die Formulierung I zu einer HFS des Protons führen, während bei II die π—σ-Wechselwirkung eine Aufspaltung durch das Proton hervorruft. Beispiele sind die Protonenkopplungen einer C–O–H-Gruppe oder einer $C-N\langle^{H}_{H}$-Gruppe. So würden für letztere die mesomeren Formen

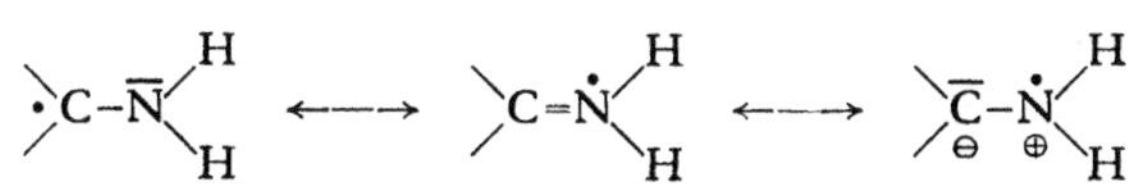

I II II

von Wichtigkeit sein. Die resultierende Aufspaltung des Protons ergäbe sich dann zu

$$a_{N\underline{H}} = \varrho_C B^{H}_{C-NH_2} \cos^2\vartheta + Q^{H}_{N-H}\, \varrho_N \qquad (173)$$

Die beiden Anteile kompensieren sich wegen der verschiedenen Vorzeichen von B und Q teilweise. Darüber hinaus kann bei gehinderter Rotation der Gruppe über die ϑ-Abhängigkeit eine Temperaturvariation

[164] R. P. Kohin, and P. G. Nadeau: J. Chem. Phys. **44**, 691 (1966).
[165] R. C. Du Varney, and R. P. Kohin: J. Chem. Phys. **44**, 2532 (1966).

des Kopplungsparameters auftreten[166,167]. Die B-Werte für Protonen mit diesen zusammengesetzten Kopplungen konnten bisher nicht eindeutig bestimmt werden.

I.e. γ-Protonen

Bei guter Auflösung der ESR-Spektren sind oft die Kopplungen der γ-Protonen mit dem freien Elektron zu beobachten. Ein Beispiel ist das Spektrum des 2,4,6-Tri-tert.-butyl-phenoxyls (Abb. 118, S. 344). Die Kopplungen der tert.-Butyl-Protonen betragen für die o-Stellung 0,072 G, für die *p*-ständige Gruppe 0,36 G[168], für γ-Protonen typische Werte. Die γ-Aufspaltungen sind bisher systematisch noch kaum untersucht, entsprechend sind nur wenige theoretische Arbeiten über die Art der Wechselwirkung zu finden[169–172]. Insbesondere wäre die Frage zu klären, ob oder inwieweit der γ-Kopplungsparameter die Spindichte am C_α widerspiegelt, d. h., auf welche Weise die Kopplungen zur Ermittlung der Spinverteilung herangezogen werden können. F. C. Trapp et al. [173] untersuchten die γ-HFS von tert.-Butyl-Gruppen. Sie schlagen einmal einen Hyperkonjugationsmechanismus vor, der eine Spindichte ϱ an den Methylkohlenstoffatomen bewirkt (resultierende ^{13}C-HFS s. S. 198[174,175]). Nachfolgend bewirkt der π—σ-Effekt entsprechend $a_H = Q \cdot \varrho$ mit $|Q| = 44$ Gauß eine HFS der γ-Protonen. Eine Proportionalität der γ-Kopplung zur Spindichte des π-Zentrums C_α ist dabei nicht vorhanden.

Interessant, jedoch ungeklärt ist das mit NMR-Methoden (s. S. 263) ermittelte Vorzeichen einiger γ-Kopplungen. So wurde die Kopplung am oben genannten Phenoxyl zu a (2,6-tert.-butyl) = +0,071 G, am Galvinoxyl-Radikal zu a(2,6,2′,6′-tert.-Butyl) = +0,049 G, dagegen beim Di-tert.-butyl-NO zu a (tert.-Butyl) = −0,107 G bestimmt[176]. Es wäre durchaus möglich, daß die Kopplung durch Überlagerung zweier Effekte verschiedenen Vorzeichens zustande kommt (Spinpolarisation mit $Q < 0$

---

[166] siehe Fußnoten 120, S. 167 und 112, S. 165.
[167] H. R. Falle: Can. J. Chem. **46**, 1703 (1968).
[168] K. H. Hausser, H. Brunner, and J. C. Jochims: Mol. Phys. **10**, 253 (1966)
[169] B. S. Gourary, and F. J. Adrian: Phys. Rev. **105**, 1180 (1956).
[170] J. P. M. Bailey, and R. M. Golding: Mol. Phys. **12**, 49 (1967).
[171] G. R. Underwood, and R. S. Givens: J. Amer. chem. Soc. **90**, 3713 (1968).
[172] C. Trapp, C. A. Tyson, and G. Giacometti: J. Amer. chem. Soc. **90**, 1394, (1968).
[173] siehe Fußnote 172.
[174] L. M. Stock, and J. Suzuki: J. Amer. chem. Soc. **87**, 3909 (1965).
[175] L. M. Stock, and J. Suzuki: Proc. Chem. Soc. **1962**, 136.
[176] siehe Fußnoten 163, S. 176 u. 168.

und direkte Überlappung von C_α-p-Funktion und $H\gamma$-s-Funktion[177] mit $B > 0$) und so den unterschiedlichen Vorzeichen Rechnung tragen könnte[178].

II. Isotrope HFS des ^{13}C-Kerns und einiger Heteroatome

II.a. *s*-Anteil des freien Elektrons

Die Gleichung 36 für die isotrope HFS zeigt, daß eine Kopplung des Kerns K mit dem freien Elektron nur dann auftritt, wenn eine endliche Aufenthaltswahrscheinlichkeit, oder bei Betrachtung von Elektronensystemen, ein spinmäßig freier *s*-Anteil der beteiligten Elektronen am Ort des Kerns auftritt. Formal kann also eine HFS einem freien Elektron zugeordnet werden, das sich auf der höchsten besetzten *s*-Schale des Atoms befindet. Wird für die Berechnung von Ψ_{ns}^2 (K) die Wasserstoff-*ns*-Eigenfunktion mit den freien Atomen zugeordneten effektiven Kernladungen zugrunde gelegt, so ergibt sich die für alle Kerne gültige Beziehung

$$a = \frac{8\pi}{3} g_I \mu_K \frac{Z_{\text{eff}}^3}{n^3} \frac{1}{\pi r^3} \tag{174}$$

Tab. 8 gibt für einige Kerne die Aufenthaltswahrscheinlichkeiten eines *s*-Elektrons der entsprechenden Valenzschale und die zugehörige HFS-Aufspaltung *a* an. Werden an Stelle der insbes. in Kernnähe recht unge-

Tabelle 8. *Elektronendichte Ψ^2 (K) und theoretische Kopplung a des ns-Elektrons mit dem Kern bei Verwendung von Wasserstoffunktionen (Spalte 4 und 5) und SCF-Funktionen (6 und 7)*

Kern	n	Z_{eff}	$\Psi_{ns}^2(K)$ [$1/r_0^3$]	a [G]	$\Psi_{ns}^2(K)$ [$1/r_0^3$]	a [G]
^{1}H	1	1	0,318	507	0,318	507
^{11}B	2	2,60	0,700	358	1,408	721
^{13}C	2	3,25	1,367	548	2,767	1110
^{14}N	2	3,90	2,362	272	4,770	550
^{17}O	2	4,55	3,750	−810	7,638	−1653
^{19}F	2	5,20	5,598	8393	11,966	17109
^{31}P	3	4,80	1,305	842	5,625	3635
^{33}S	3	5,45	1,910	233	7,919	670
^{35}Cl	3	6,10	2,678	418	10,643	1666
^{75}As	4	5,10	0,660	180	12,460	3422

[177] siehe Fußnote 169, S. 178.

[178] R. W. Fessenden, and R. H. Schuler: J. Chem. Phys. **39**, 2147 (1963).

nauen Wasserstoffunktionen SCF-Funktionen benutzt[1], so werden die Aufenthaltswahrscheinlichkeiten und damit die Kopplungsparameter wesentlich erhöht. Diese äußerst kritische Abhängigkeit von der Wahl der das *s*-Elektron beschreibenden Funktion ist vor allem darin zu suchen, daß die *s*-Dichte lediglich in einem Punkt, dem Kernort, bestimmt werden muß.

Der zu errechnende *prozentuale ns-Anteil* des freien Elektrons an dem betreffenden Kern ist demnach mit einiger Unsicherheit belastet und i. allg. nur als Vergleichswert von einigem Nutzen. T. H. Hunter u. M. C. R. Symons[2] haben prozentuale *ns*-Anteile für eine ganze Reihe von Atomen und Radikalen zusammengestellt. Während sich für die isolierten Atome Werte ergeben, die sich dicht an 0,20% halten, liefert der Vergleich verschiedener Atome in Radikalmolekülen unter Berücksichtigung von Nachbareffekten Werte zwischen etwa 2,1 und 4,8%.

II.b. π-σ-Wechselwirkung

Ähnlich wie bei den Wasserstoffkernen werden Mechanismen zu suchen sein, die es dem freien *p*-Elektron eines *π*-Radikals ermöglichen, einen unkompensierten Spinanteil in den *s*-Schalen und *σ*-Bindungen der Atome zu induzieren, um somit eine magnetische Wechselwirkung mit den Kernmomenten zu gestatten. Hier hat sich die Konzeption der *π—σ-Wechselwirkung* als sehr nützlich erwiesen. M. Karplus u. G. K. Fraenkel[3] konnten damit in ihrer für Kopplungen dieser Art grundlegenden Arbeit die experimentell auftretenden ¹³C-Kopplungen qualitativ und quantitativ erklären und diese Theorie prinzipiell auch auf Heteroatome ausdehnen.

Die S. 142ff. skizzierte *π—σ*-Wechselwirkung am $\begin{matrix} C_3 \diagdown \\ \dot{} \, C_1 \\ C_2 \diagup \end{matrix}$—H-Fragment

führt zu einer *Spinpolarisation der C_1—H-Bindung*, so daß sich die Protonen-HFS mit der McConnell-Beziehung $a_H = Q^H_{C-H}\,\varrho_{C_1}$ (Gl. 164, S. 146) mit $Q^H_{C-H} \approx -26$ G beschreiben läßt. *Derselbe Mechanismus gibt einen positiven Spinanteil der σ-Bindung am Ort des C_1-Kerns* (s. Abb. 61, S. 147), so daß sich dieser Anteil der *π—σ*-Wechselwirkung analog der McConnell-Formel $a_{^{13}C_1} = Q^C_{C-H} \cdot \varrho_{C_1}$ schreiben läßt. Ähnlich sind auch die restlichen vom C_1 ausgehenden *σ*-Bindungen zu behandeln.

Daneben tritt die bisher nicht berücksichtigte *Austauschwechselwirkung des p-Elektrons mit der 1s-Schale des C_1-Atoms.* Die genannten Autoren

---

[1] J. R. Morton: Chem. Rev. **64**, 453 (1964) und die dort zit. Lit.

[2] T. F. Hunter, and M. C. R. Symons: Nature **213**, 1121 (1967), J. Chem. Soc. **A 1967**, 1770.

[3] M. Karplus, and G. K. Fraenkel: J. Chem. Phys. **35**, 1312 (1961).

konnten auch bei diesem einen freien *s*-Anteil induzierenden Effekt eine Proportionalität zu ϱ_{C_1} nachweisen. Im Falle des ^{13}C-Kerns wurde die Proportionalitätskonstante zu $S^C = -12{,}7$ G ermittelt.

Außer diesen Effekten durch die Spindichte ϱ_{C_1} am C_1-Atom tragen eventuell auftretende *Spindichten* ϱ_{Y_i} *an den Nachbaratomen* Y_i (im genannten Beispiel C_2 und C_3) wiederum durch π—σ-Wechselwirkung zur HFS des $^{13}C_1$-Kerns bei[4]. Analog der McConnell-Beziehung treten die Proportionalitätsfaktoren $Q^C_{Y_i-C}$ auf.

Da die gesamten Effekte als Störung erster Ordnung unabhängig voneinander sind, *setzt sich die resultierende HFS additiv aus den einzelnen Anteilen zusammen,* so daß für die Kopplungskonstanten eines beliebigen Kerns X auf Grund der π—σ-Mechanismen die Beziehung gilt

$$a_X = \left(S^X + \sum_i Q^X_{X-Y_i}\right)\varrho_X + \sum_i Q^X_{Y_i-X}\,\varrho_{Y_i} \qquad (175)$$

S^X ist dabei die p—s-Konstante, $Q^X_{X-Y_i}$ sind die Q-Werte, die die Kopplung des Kerns X auf Grund der Spindichte ϱ_X und den Bindungen des Kerns zu seinen Nachbarn Y_i beschreiben. Der zweite Summand ist der Beitrag der π-Spindichten ϱ_{Y_i}, die an den X benachbarten Atomen Y_i auftreten.

Sind die beiden Nachbarn X und Y mit ähnlicher Hybridisierung ihrer Bindungselektronen miteinander verknüpft, z. B. eine C—N—sp^2—sp^2-Bindung, so gilt bei Störungsrechnung 1. Ordnung

$$\frac{Q^X_{X-Y}}{Q^Y_{X-Y}} = -\frac{\Psi^2(X)}{\Psi^2(Y)}, \qquad (176)$$

wobei Ψ^2 (K) für verschiedene Kerne in Tab. 8, S. 179 wiedergegeben sind. Diese Beziehung bedeutet lediglich, daß die Spinpolarisation der X—Y-Bindung bis auf das Vorzeichen gleichmäßig zwischen den zu X und zu Y gehörenden Bindungselektronen aufgeteilt wird. Der *s*-Anteil der Bindungselektronen besorgt dann nach Maßgabe des Ψ^2 (K) die Kopplung mit magnetischem Moment des Kerns. Diese Beziehung ist damit nur auf homöopolare Bindungen anzuwenden.

II.b.1. ^{13}C-Kopplung

Die in der Karplus-Fraenkel-Beziehung (Gl. 175) auftretenden Q-Werte konnten von den genannten Autoren quantitativ angegeben werden. Die wichtigsten Konstanten zeigt Tab. 9.

---

[4] s. a. A. D. McLachlan, H. H. Dearman, and R. Lefebvre: J. Chem. Phys. **33**, 65 (1960).

Tabelle 9. ^{13}C $-\mathcal{Q}$*-Parameter in Gauß*

C $-$ C′ sp^2-sp^3-Bindung

$\mathcal{S}^C$	$\mathcal{Q}^C_{C-C'}$	$\mathcal{Q}^{C'}_{C-C'}$	Lit.
$-12{,}7$	30,0	$-20{,}9$	5

C $-$ C′ sp^2-sp^2-Bindung

$\mathcal{S}^C$	$\mathcal{Q}^C_{C-H}$	$\mathcal{Q}^C_{C-C'}$	$\mathcal{Q}^C_{C'-C}$	$\mathcal{Q}^{C}_{I}$*	Lit.
$-12{,}7$	19,47	14,44	$-13{,}65$ $-10{,}6$	35,65 38	6 7

C $-$ C′ sp^2-sp-Bindung

$\mathcal{S}^C$	$\mathcal{Q}^{C'}_{C'-H}$	$\mathcal{Q}^{C'}_{C'-C}$	$\mathcal{Q}^{C'}_{C-C'}$	$\mathcal{Q}^C_{C-C'}$	$\mathcal{Q}^C_{C'-C}$	Lit.
$-12{,}7$	38,1	36,44	$-19{,}76$	13,63	$-22{,}89$	8

C-Heteroatombindung

$\mathcal{Q}^C_{C-O}$	$\mathcal{Q}^C_{O-C}$	$\mathcal{Q}^C_{C\equiv N}$	$\mathcal{Q}^C_{N\equiv C}$	$\mathcal{Q}^C_{C-N}$	$\mathcal{Q}^C_{N-C}$	Lit.
17,7 16,57	$-27{,}1$ $-25{,}12$	bei Semichinonen				9 10
		28,9 14,8	$-72{,}9$ $-47{,}5$	HMO-Rechnung McLachlan-Rechnung		11 11
bei Heterocyclen unter Verwendung von Gl. 176. S. 181				$-20{,}5$	4	12

Einige Beispiele mögen Anwendung und Brauchbarkeit der Karplus-Fraenkel-Beziehung veranschaulichen.

* $\mathcal{Q}^C_I = (\mathcal{S}^C + \mathcal{Q}^C_{C-H} + 2\,\mathcal{Q}^C_{C-C'})$

[5] H. L. Strauss, and G. K. Fraenkel: J. Chem. Phys. **35**, **1738** (1961).

[6] siehe Fußnote 3, S. 180.

[7] J. R. Bolton: Mol. Phys. **6**, 219 (1963).

[8] siehe Fußnote 3, S. 180.

[9] M. R. Das, and G. K. Fraenkel: J. Chem. Phys. **42**, 1350 (1965).

[10] W. M. Gulick jr., and D. H. Geske: J. Amer. chem. Soc. **88**, 4119 (1966).

[11] P. H. Rieger, and G. K. Fraenkel: J. Chem. Phys. **37**, 2795 (1962).

[12] E. W. Stone, and A. H. Maki: J. Chem. Phys. **39**, 1635 (1963).

Beim *Methyl-Radikal* vereinfacht sich wegen des Fehlens von Spindichten an den Nachbarkernen der Ausdruck für die ^{13}C-Kopplung zu

$$a_{^{13}\mathrm{C}} = (S^{\mathrm{C}} + 3\,Q^{\mathrm{C}}_{\mathrm{C-H}})\,\varrho_{\mathrm{C}}\,.$$

Mit $\varrho_{\mathrm{C}} = 1$ und den in der Tab. 9 angeführten Q-Werten ergibt sich die ^{13}C-Kopplung zu $a_{^{13}\mathrm{C}} = +43{,}8$ G. Das steht in bester Übereinstimmung mit dem experimentellen Wert $|a_{^{13}\mathrm{C}}| = (41 \pm 3)$ Gauß[13].

Ähnlich gut sind die Resultate bei anderen C-Radikalen, bei denen die Spindichte an dem betreffenden C-Atom weitgehend lokalisiert ist. Ungünstiger werden die Verhältnisse bei Radikalen mit starker Elektronendelokalisation. Da nun die Spindichten gleichmäßiger über das Molekül verteilt sind, treten starke Nachbareffekte auf. Die ^{13}C-HFS ergibt sich wegen der verschiedenen Vorzeichen der Q-Werte als Differenz der beiden Anteile in Gl. 175. Der kleine Wert der ^{13}C-Kopplungskonstanten ist somit stark von der Wahl der Q-Werte abhängig, und die Übereinstimmung mit dem Experiment wird schlechter.

Wird das $\begin{smallmatrix}\mathrm{C}'\diagdown \\ \mathrm{C}''\diagup\end{smallmatrix}\!\dot{\mathrm{C}}$—H- Fragment betrachtet, so vereinfacht sich Gl. 175 zu

$$a_{^{13}\mathrm{C}} = Q_1\,\varrho_{\mathrm{C}} + Q^{\mathrm{C}}_{\mathrm{C'-C}}\,(\varrho_{\mathrm{C'}} + \varrho_{\mathrm{C''}}) \tag{177}$$

oder wird mit den in Tab. 9 angegebenen Parametern

$$a_{^{13}\mathrm{C}} = 35{,}65\,\varrho_{\mathrm{C}} - 13{,}94\,(\varrho_{\mathrm{C'}} + \varrho_{\mathrm{C''}})\,. \tag{178}$$

Die Anwendung dieser Beziehung auf das Benzol-Anion ($\varrho_{\mathrm{C}} = \varrho_{\mathrm{C'}} = \varrho_{\mathrm{C''}} = 1/6$) und das Cyclooctatetraen-Anion ($\varrho_{\mathrm{C}} = \varrho_{\mathrm{C'}} = \varrho_{\mathrm{C''}} = 1/8$) ergibt theoretische Kopplungen von $a_{^{13}\mathrm{C}} = 1{,}3$ G und $a_{^{13}\mathrm{C}} = 0{,}97$ G; das Experiment liefert $|a_{^{13}\mathrm{C}}| = 2{,}8$ G[14] und $|a_{^{13}\mathrm{C}}| = 1{,}28$ G[15]. J. R. Bolton[14] schloß aus dem experimentellen Befund am Benzol-Anion in Verbindung mit Untersuchungen am Anion des *p*-Xylols[16] auf Q-Werte von $Q_1 = 38$ G und $Q^{\mathrm{C}}_{\mathrm{C'-C}} = -10{,}6$ G (s. Tab. 9). Mit diesen gegenüber den Karplus-Fraenkel-Werten nur wenig korrigierten Größen konnten die ^{13}C-Kopplungen des Benzol- und *p*-Xylol-Anions exakt wiedergegeben werden. Beim Anion des Cyclooctatetraen-Radikals versagen, offenbar wegen des nicht planaren σ-Gerüstes der Verbindung, auch diese Q-Werte.

Die Diskussion der ^{13}C-Kopplungen beim Anion des Naphthalins zeigt auch, daß die angegebenen Q-Werte nur eine Näherung sind[17].

---

[13] T. Cole, H. O. Pritchard, N. R. Davidson, and H. M. McConnell: Phys. **1**, 406 (1958).

[14] siehe Fußnote 7, S. 182.

[15] H. L. Strauss, T. J. Katz, and G. K. Fraenkel: J. Amer. chem. Soc. **85**, 2360 (1963).

[16] K. Markau u. W. Maier: Z. Naturforsch. **16a**, 636 (1961).

[17] siehe Fußnote 16.

Bei diesem Radikal stehen den experimentell gefundenen Kopplungen $|a_{^{13}C_\alpha}| = 7{,}3$, $|a_{^{13}C_\beta}| = 1{,}0$ und $|a_{^{13}C_\gamma}| = 5{,}6$ G[18] die theoretischen Werte +7,38, —1,20 und —7,06 G[19] gegenüber. Obwohl die Absolutfehler, wie auch bei ^{13}C-Kopplungen weiterer Radikale, recht klein sind, können die relativ zur Kopplung recht großen Abweichungen offenbar nur durch an die betr. C—C- und C—H-Bindungen angepaßten Q-Werte verringert werden. Gleichzeitig hängen die ermittelten ^{13}C-Kopplungen stark von den verwendeten Spindichten ab. Werden sie aus den verfügbaren H-Kopplungen bestimmt, so ist die Wahl des $Q^{\mathrm{H}}_{\mathrm{C-H}}$-Wertes der McConnell-Beziehung entscheidend für die resultierenden ^{13}C-Aufspaltungen[20].

Ähnlich wie die McConnell-Gleichung kann auch die Beziehung für die ^{13}C-HFS zur *Ermittlung von π-Spindichten* herangezogen werden. Wegen der Nachbarspindichten ist das Verfahren jedoch ungleich komplizierter und für ein Radikalmolekül oft nur bei Kenntnis aller ^{13}C-Kopplungen möglich. Andererseits kann die Methode Aufschlüsse über die „blinden" Stellen des Moleküls liefern, wobei die Ergebnisse wegen der Unsicherheit der Q-Werte meist nur informativen Charakter haben und lediglich zur Stützung anderweitig ermittelter Spindichten verwendet werden sollten. Eine solche Kontrolle konnte am Triphenylphenoxyl die aus Protonenkopplung und Berechnung ermittelten Spindichten zufriedenstellend bestätigen[21].

Der Ausdruck für die ^{13}C-Kopplung in der allgemeinen Formulierung der Gl. 175 kann auch zur *empirischen Ermittlung von Q^{C}-Werten* dienen. Am $Q^{\mathrm{C}}_{\mathrm{C-O}}$- und $Q^{\mathrm{C}}_{\mathrm{O-C}}$-Parameter[22] soll dieses Verfahren für die *CO-Gruppe* skizziert werden. Zur Bestimmung der Q-Werte wurden die experimentell gefundenen Daten des *p*-Benzosemichinons (a) und des 2,5-Dioxy-1,4-*p*-benzosemichinons (b) herangezogen.

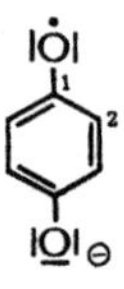

$a_{\mathrm{H}} = -2{,}385$ G
$a_{^{13}C_1} = -0{,}647$ G
$a_{^{13}C_2} = -0{,}497$ G

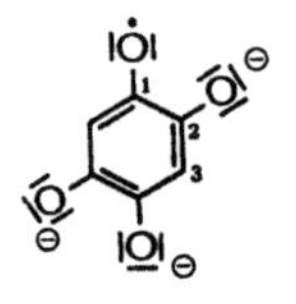

$a_{\mathrm{H}} = +0{,}790$ G
$a_{^{13}C_1} = +2{,}63$ G
$a_{^{13}C_2} = -6{,}66$ G

Die Vorzeichen der Kopplungen konnten durch Linienbreitenanalysen und die Konsistenz der sich ergebenden Daten gesichert werden. Für die ^{13}C-Kopplungen der 1-Stellungen der Radikale ergeben sich nach Gl. 175 die Beziehungen

---

[18] siehe Fußnote 16, S. 183.

[19] siehe Fußnote 3, S. 180.

[20] J. R. BOLTON, and G. K. FRAENKEL: J. Chem. Phys. **40**, 3307 (1964).

[21] K. DIMROTH, A. BERNDT, F. BÄR, R. VOLLAND u. A. SCHWEIG: Angew. Chem. **79**, 69 (1967).

[22] siehe Fußnote 9, S. 182.

(a) $a_{^{13}C_1} = (S^C + 2\,Q^C_{C-C'} + Q^C_{C-O})\,\varrho_1 + 2\,Q^C_{C'-C}\,\varrho_2 + Q^C_{O-C}\,\varrho_O$

(b) $a_{^{13}C_1} = (S^C + 2\,Q^C_{C-C'} + Q^C_{C-O})\,\varrho_1 + Q^C_{C'-C}\,(\varrho_1 + \varrho_3) + Q^C_{O-C}\,\varrho_O$,

die von Q^C_{C-O}, Q^C_{O-C} und den π-Spindichten ϱ_1, ϱ_2, ϱ_O bzw. ϱ_1, ϱ_3, ϱ_O abhängen.

Mit $Q^H_{C-H} = -27$ G folgt für (*a*) aus $a_H = Q^H_{C-H}\,\varrho_2$ die Spindichte $\varrho_2 = +0{,}08833$. Aus der experimentellen ^{13}C-Kopplung der 2-Stellung ergibt sich mit

$$a_{^{13}C(2)} = (S^C + Q^C_{C-H} + 2\,Q^C_{C-C'})\,\varrho_2 + Q^C_{C'-C}\,(\varrho_2 + \varrho_1)$$

die π-Dichte in 1-Stellung zu $\varrho_1 = +0{,}1737$. Schließlich läßt sich aus $\Sigma\varrho_i = 1$ auf die Spindichte am Sauerstoff $\varrho_O = +0{,}1497$ schließen. Ähnlich kann die Spindichtenverteilung des 2,5-Dioxy-1,4-*p*-benzosemichinons (b) zu $\varrho_3 = -0{,}02926$, $\varrho_1 = \varrho_2 = 0{,}2000$ und $\varrho_O = 0{,}06463$ ermittelt werden. Damit lauten die Beziehungen für die ^{13}C-Kopplungen in 1-Stellung

(a) $$0{,}1737\,Q^C_{C-O} + 0{,}1497\,Q^C_{O-C} = -0{,}948$$

(b) $$0{,}2000\,Q^C_{C-O} + 0{,}06463\,Q^C_{O-C} = 1{,}783\ .$$

Die Q-Werte ergeben sich hieraus zu $Q^C_{C-O} = 17{,}7$ G und $Q^C_{O-C} = -27{,}1$ G.

W. M. GULICK u. D. H. GESKE[23] erhielten ähnliche Ergebnisse mit dem gleichen Verfahren. Da schon „bekannte" Q-Parameter benutzt werden, hängt das Resultat dieses Verfahrens stark von deren Wahl ab.

Als Beispiel der Bestimmung von unbekannten Spindichten seien die experimentellen Daten des Hexamethylaceton-ketyls herangezogen. Hier wird eine ^{13}C-Kopplung des zentralen C-Atoms von 49,6 Gauß beobachtet[24]. Da die Spindichte weitgehend am Zentral-C und am Sauerstoff lokalisiert ist, gilt $\varrho_C + \varrho_O = 1$, und mit den Q-Werten der Tab. 9 findet man unter Berücksichtigung des C—C′-sp^2-sp^3-Bindungstyps

$$a_{^{13}C} = 49{,}6 = (-12{,}7 + 60 + 17)\,\varrho_C - 26\,(1 - \varrho_C).$$

Damit kann auf ein $\varrho_C = 0{,}84$ und auf eine π-Spindichte am Sauerstoff von $\varrho_O = 0{,}16$ geschlossen werden. Die zu erwartende Aufspaltung des tert. Kohlenstoffs von —17,6 Gauß konnte experimentell jedoch nicht gefunden werden.

Ähnlich lassen sich auf Grund von Spindichtenberechnungen nach der HMO- und McLachlan[25]-Methode erste Anhaltswerte für die ^{13}C-*Kopplung der Cyangruppe* zu $Q^C_{C\equiv N} = +28{,}9$ G und $Q^C_{N\equiv C} = -72{,}9$ G

[23] siehe Fußnote 10, S. 182.
[24] N. HIROTA, and S. I. WEISSMANN: J. Amer. chem. Soc. **82**, 4424 (1960).
[25] A. D. MCLACHLAN: Mol. Phys. **3**, 233 (1960).

bei Benutzung von HMO-Spindichten und $Q^{C}_{C\equiv N} = +14{,}8$ G und $Q^{C}_{N\equiv C} = -47{,}5$ G bei McLachlan-Dichten angeben[26]. Für die hier ebenfalls erforderlichen Parameter einer C—C'-sp²-sp-Bindung wurden die in Tab. 9 angeführten, aus der Theorie stammenden Werte benutzt.

Für *N-Heterocyclen* konnten E. W. Stone und A. H. Maki durch Anwendung von Gl. 175, S. 181 und unter Benutzung von $Q^{C}_{N-C} = 9{,}8$ G und $Q^{N}_{C-N} = -2$ G (s. Tab. 10, S. 192) die Polarisationsparameter Q^{N}_{N-C} zu —20,5 G und Q^{C}_{C-N} zu +4 G angeben[27].

II.b.2. ¹⁴N-Kopplung

Zur Deutung der HFS des ¹⁴N-Kerns kann erneut die Beziehung von M. Karplus und G. K. Fraenkel (Gl. 175) herangezogen werden. Da bisher die erforderlichen Q-Werte von theoretischer Seite nicht geklärt wurden, sind Versuche unternommen worden, diese Größen *aus experimentellen Daten und Spindichteberechnungen* zu bestimmen.

Dieses Verfahren ist nur als Näherung anzusehen. Einmal ist die Karplus-Fraenkel-Beziehung selbst eine Näherung. Zum anderen gehen in eine Spindichteberechnung (ebenfalls ein Näherungsverfahren) für das N-Atom und seine Bindungen Coulomb- und Resonanz-Integrale α und β ein, die so gewählt werden, daß die experimentell über die McConnell-Beziehung „bekannten" Spindichten der „nicht-blinden" Stellen des Moleküls von der Rechnung wiedergegeben werden. Erneut ist die Wahl des Q^{H}_{C-H} von Bedeutung. Trotz der Vielzahl der variablen Parameter ist es oft unmöglich, experimentell ermittelte Spindichten für das ganze Molekül befriedigend wiederzugeben.

Darüber hinaus erfordern die verschiedenen Bindungszustände der N-Atome, z. B. Amine, Nitroverbindungen etc., die gesonderte Behandlung der einzelnen Gruppierungen[28].

II.b.2.α. Nitrile

Für die Gruppierung C'—C≡N kann für die C'—C-Bindung eine sp²—sp-Verknüpfung, für die σ-Bindung zwischen C und N eine sp-sp-Verknüpfung angenommen werden. Das einsame Elektronenpaar am Stickstoff besetzt ein sp-Hybrid. Für die Stickstoffaufspaltung gilt dann

$$a_N = (P^N + Q^{N}_{N\equiv C})\,\varrho_N + Q^{N}_{C\equiv N}\,\varrho_C. \qquad (179)$$

[26] siehe Fußnote 11, S. 182.
[27] siehe Fußnote 12, S. 182.
[28] J. Q. Adams, S. W. Nicksic, and J. R. Thomas: J. Chem. Phys. **45**, 654 (1966).

P^N beschreibt hier außer der 1s-Polarisation auch jene Polarisation der 2*s*-Schale, die durch die *Anwesenheit des freien Elektronenpaars* am Stickstoff verursacht werden kann, während die anderen π—σ-Parameter ihre indizierte Bedeutung haben.

Die empirische Ermittlung der Polarisationsparameter versuchten P. H. RIEGER u. G. K. FRAENKEL[29–32] (s. a. S. 185). Um die experimentell gefundenen Spindichten an den Kohlenstoffatomen der C—H-Fragmente auf Grund der McConnell-Gleichung mit $Q^{H}_{C-H} = -23{,}7$ G angenähert wiederzugeben, wurde für die Berechnung der π-Dichten nach der HMO- und McLachlan[32]-Methode ein $\alpha_N = \alpha_C + \beta_{CC}$ und $\beta_{CN} = 2\beta_{CC}$ verwendet. Aus den abgeleiteten Spindichten des Stickstoffs und seines benachbarten Kohlenstoffatoms ergaben sich:

$$\left.\begin{aligned}(P^N + Q^N_{N\equiv C}) &= \pm\,(23{,}1 \pm 1{,}4)\text{ G}\\ Q^N_{C\equiv N} &= \mp\,(6{,}8 \pm 2{,}2)\text{ G}\end{aligned}\right\} \quad \text{(Spindichten nach McLACHLAN)}$$

$$\left.\begin{aligned}(P^N + Q^N_{N\equiv C}) &= \pm\,(29{,}7 \pm 4{,}2)\text{ G}\\ Q^N_{C\equiv N} &= \mp\,(13{,}3 \pm 5{,}6)\text{ G}\end{aligned}\right\} \quad \text{(Spindichten nach HMO)}$$

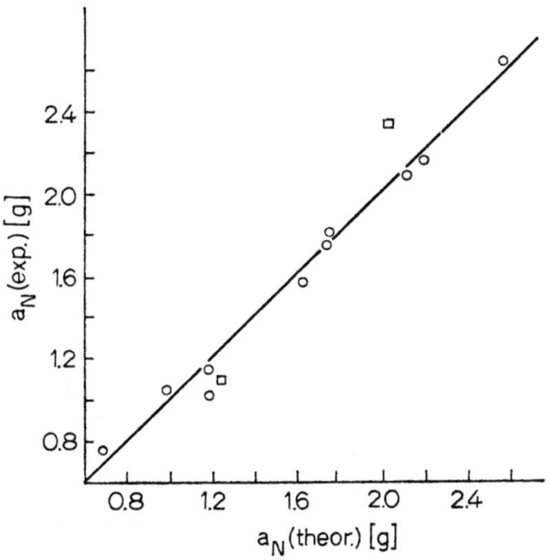

Abb. 71. Vergleich der theoretischen und experimentellen Stickstoffkopplungen der Cyan-Gruppe[29]

[29] P. H. RIEGER, and G. K. FRAENKEL: J. Chem. Phys. **37**, 2795 (1962).
[30] P. H. RIEGER, I. BERNAL, and G. K. FRAENKEL, J. Amer. chem. Soc. **83**, 3918 (1961).
[31] P. H. RIEGER, I. BERNAL, W. H. REINMUTH, and G. K. FRAENKEL: J. Amer. chem. Soc. **85**, 683 (1963).
[32] siehe Fußnote 25, S. 185.

In Analogie zu den ^{13}C-Parametern sollten die oberen Vorzeichen der Parameter wahrscheinlich sein. Die mit diesen Q-Werten und den theoretischen McLachlan-Spindichten erhaltenen N-Kopplungen der untersuchten Nitrile sind in Abb. 71 gegen die experimentellen Kopplungsparameter aufgetragen. Die mittlere Abweichung von der idealen Geraden beträgt nur 0,08 G.

Die aus den MO-Daten erhaltenen Spindichten zeigen, daß das Verhältnis $R = \varrho_C/\varrho_N$ der Cyan-Gruppe etwa konstant ist. Damit würde sich die Beziehung für die N-Kopplung zu

$$a_N = (P^N + Q^N_{N\equiv C} + R Q^N_{C\equiv N})\, \varrho_N = K^N_N\, \varrho_N \qquad (180)$$

vereinfachen. Der Kopplungsparameter des Cyan-Stickstoffs wäre damit nur der π-Spindichte am Stickstoff proportional, wobei $K^N_N = 18{,}9$ G für McLachlan-Spindichten und $K^N_N = 19{,}8$ G für HMO-Spindichten beträgt. Der Vergleich dieser vereinfachten Beziehung mit dem Experiment ergibt wiederum eine befriedigende Übereinstimmung, so daß keine eindeutige Aussage zugunsten der einen oder anderen Formulierung (Gl. 179 oder Gl. 180) getroffen werden kann.

II.b.2.β. Nitro-Gruppierung

Analog obigen Ausführungen untersuchten P. H. RIEGER u. G. K. FRAENKEL[33] die Beziehung zwischen dem Kopplungsparameter des Stickstoffs von Nitrogruppen und den Spindichten am Stickstoff und seinen Nachbaratomen. Für die Reihe der diskutierten aromatischen Nitroverbindungen vom Typ des Nitrobenzolanions wird wieder die Gleichung

$$a_N = (S^N + Q^N_{N-C} + 2\, Q^N_{N-O})\, \varrho_N + Q^N_{C-N}\, \varrho_C + 2\, Q^N_{O-N}\, \varrho_O \qquad (181)$$

zugrunde gelegt. Die Spindichten, insbes. ϱ_C und ϱ_O sind experimentell nicht zugänglich. Die Molekülbahnverfahren erfordern die a priori ebenfalls unbekannten Werte für die auftretenden Coulomb- und Resonanzintegrale. Die Autoren wählten nun diese Parameter so, daß die Spindichten an den „nicht-blinden" Positionen des Nitrobenzol-Anions mit dem Experiment unter Benutzung von $Q^H_{C-H} = -23{,}7$ G übereinstimmten. Aus den Kopplungsparametern des Nitrobenzol-Anions in Dimethylformamid von $|a^{(2)}_{H(2)}| = 3{,}36$ G, $|a^{(2)}_{H(3)}| = 1{,}07$ G und $|a^{(1)}_{H(4)}| = 4{,}03$ G ergeben sich die π-Spindichten an den Kohlenstoffatomen zu $|\varrho_2| = 0{,}1417$, $|\varrho_3| = 0{,}0451$ und $|\varrho_4| = 0{,}1700$. Mit den MO-Parametern $\alpha_N = \alpha_C + 2{,}2\,\beta_{CC}$, $\alpha_O = \alpha_C + 1{,}4\,\beta_{CC}$, $\beta_{N-O} = 1{,}67\,\beta_{CC}$ und $\beta_{C-N} = 1{,}2\,\beta_{CC}$ resultieren nach der Methode von MCLACHLAN[34] die theoretischen Spindichten

[33] P. H. RIEGER, and G. K. FRAENKEL: J. Chem. Phys. **39**, 609 (1963).
[34] siehe Fußnote 25, S. 185.

$\varrho_2 = 0{,}1414$, $\varrho_3 = -0{,}0480$ und $\varrho_4 = 0{,}1704$. Eine zufriedenstellende Übereinstimmung konnte auch mit den so geeichten MO-Parametern für die H-Kopplungen der übrigen experimentell bekannten aromatischen Nitroverbindungen erreicht werden. Die berechneten Spindichten scheinen demnach gesichert. Sie wurden also zur empirischen Bestimmung der in Gl. 181, S. 188 auftretenden Q-Werte benutzt. Nach der Methode des kleinsten Fehlerquadrats ergeben sich aus einer Reihe experimenteller N-Kopplungen die Parameter

$$(S^{N} + Q^{N}_{N-C} + 2\,Q^{N}_{N-O}) = \pm\,(99{,}0 \pm 10{,}2)\ \mathrm{G}$$
$$Q^{N}_{O-N} = \mp\,(35{,}8 \pm 5{,}9)\ \mathrm{G}$$
(Spindichten nach McLachlan)

Der Beitrag zum N-Kopplungsparameter durch die C-Spindichte $Q^{N}_{C-N}\,\varrho_C$ konnte schon wegen der durch die MO-Rechnung als sehr klein resultierenden C-Spindichte vernachlässigt werden. Darüber hinaus dürfte auch Q^{N}_{C-N} selbst klein sein (s. Tab. 10, S. 192), so daß angenommen werden kann, daß die N-HFS im wesentlichen unabhängig von der π-Spindichte am benachbarten C-Atom ist.

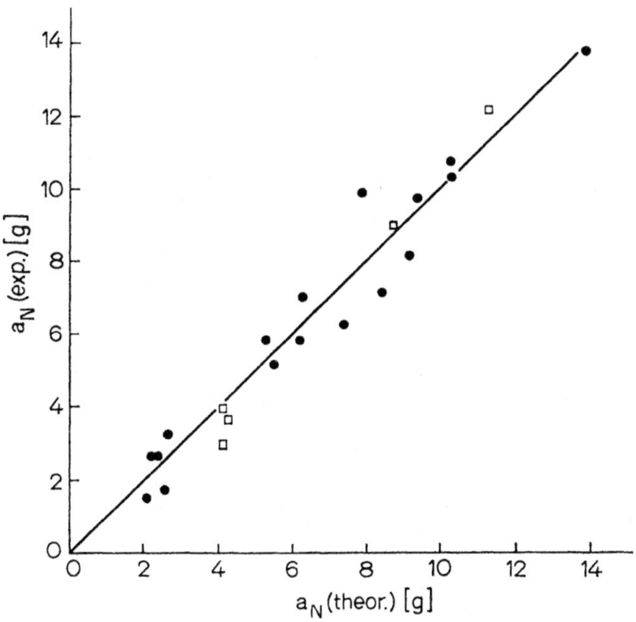

Abb. 72. Vergleich der theoretischen und experimentellen Stickstoffkopplungen der Nitrogruppe[34a].

[34a] siehe Fußnote 33, S. 188.

Bei den ermittelten π—σ-Parametern sollten aus ^{13}C-Analogien die oberen Vorzeichen gelten. Hierfür spricht ebenfalls das positive Vorzeichen der Stickstoffkopplung, das für Nitrogruppen durch Vermessung der Anisotropie der HFS wahrscheinlich gemacht werden konnte[35]. Dagegen resultiert nach Untersuchungen von Nitroverbindungen in verschiedenen Lösungsmitteln nach J. PANNELL[36] für Q^{N}_{O-N} ein positives Vorzeichen. Abb. 72 gibt den Vergleich der experimentellen N-Kopplungen der Nitroverbindungen mit dem nach obigen Q-Werten berechneten Daten wieder. Die mittlere Abweichung beträgt 0,86 g.

Wesentlich kleinere Q-Werte für die Nitrogruppierung haben J. M. GROSS u. M. C. R. SYMONS vorgeschlagen[37].

II.b.2.γ. N-Heterocyclen

Für die Kopplung des ^{14}N-Kerns in heterocyclischen Anionradikalen vom Typ des Pyrazins gilt in der Karplus-Fraenkel-Näherung

$$a_{N} = (P^{N} + Q^{N}_{N-C} + Q^{N}_{N-C'})\,\varrho_{N} + Q^{N}_{C-N}\,\varrho_{C} + Q^{N}_{C'-N}\,\varrho_{C'}\,. \quad (182)$$

wobei C und C′ die dem Stickstoff benachbarten Kohlenstoffatome bezeichnen.

Bei den Pyridazintypen tritt an Stelle des Kohlenstoffs C′ der Stickstoffkern N′. In der Formulierung Gl. 182 sind dann die Indices C′ durch N′ zu ersetzen.

Das Vorzeichen der N-Kopplung wurde sowohl bei Anion-[38,39] als auch Kationradikalen[40] einiger Heterocyclen durch Untersuchung der Linienbreitenvariation als positiv bestimmt.

Die große Zahl der Arbeiten, die sich mit der Bestimmung der Q-Werte für die Stickstoff-HFS befassen[41–55], zeigt schon die Schwierigkeit, ein-

---

[35] W. M. FOX, J. M. GROSS, and M. C. R. SYMONS: J. Chem. Soc. **A 1966**, 448.
[36] J. PANNELL: Mol. Phys. **7**, 317, 599 (1964).
[37] J. M. GROSS, and M. C. R. SYMONS: J. Chem. Soc. **A 1966**, 451.
[38] A. CARRINGTON, P. F. TODD, and J. DOS SANTOS-VEIGA: Mol. Phys. **6**, 101 (1963).
[39] J. C. M. HENNING: J. Chem. Phys. **44**, 2139 (1966).
[40] B. L. BARTON, and G. K. FRAENKEL: J. Chem. Phys. **41**, 695 (1964).
[41] J. C. M. HENNING, and C. DEWAARD: J. Chem. Phys. **35**, 2258 (1961).
[42] R. L. WARD, J: Amer. chem. Soc. **83**, 3623 (1961).
[43] R. L. WARD, J: Amer. chem. Soc. **84**, 332 (1962).
[44] J. C. M. HENNING, and C. DEWAARD: Phys. Lett. **3**, 139 (1962).
[45] A. CARRINGTON, and J. DOS SANTOS-VEIGA: Mol. Phys. **5**, 21 (1962).
[46] J. R. BOLTON, A. CARRINGTON, and J. DOS SANTOS-VEIGA: Mol. Phys. **5**, 466 (1962).
[47] N. M. ATHERTON, F. GERSON, and J. N. MURRELL: Mol. Phys. **5**, 509 (1962).
[48] siehe Fußnote 38.
[49] siehe Fußnote 12, S. 182.

heitliche Werte für die Polarisationsparameter zu ermitteln. Die Bearbeiter haben das Problem von verschiedenen Seiten angegriffen. Bei einigen Radikalen hoher Symmetrie war es möglich, aus der Kopplung der Protonen Rückschlüsse auf die Spinverteilung im Molekül zu ziehen und so auf Grund der experimentell gefundenen Spindichten zu optimalen Q-Werten zu gelangen[56-59]. Zum anderen wurden Spindichtenberechnungen benutzt, um die Zahl der in Gl. 182 eingehenden Parameter zu verringern[60-65].

Tab. 10 zeigt Q-Werte für N-Heterocyclen. Sie lassen sich in zwei Gruppen einteilen.

Einmal wird die N-HFS praktisch als nur von ϱ_N abhängig beschrieben[66-71], zum anderen wird ebenfalls die Polarisation durch eine Spindichte am Nachbaratom hinzugezogen[72-87].

Es ist schwierig, die Verläßlichkeit der vorgeschlagenen Q-Parameter kritisch gegeneinander abzuwägen. Rein empirische Methoden führen, da i. allg. sehr strukturähnliche und in bezug auf die Spinverteilung vergleichbare Radikale benutzt wurden, zu Gleichungen, die eine annähernd lineare Abhängigkeit zeigen. Das Ergebnis ihrer Auswertung wird demzufolge stark von den a priori benutzten Parametern (Q^{H}_{C-H}) bestimmt. Die

---

[50] C. A. McDowell, and K. F. Paulus: Mol. Phys. **7**, 541 (1964).

[51] B. L. Barton, and G. K. Fraenkel: J. Chem. Phys. **41**, 1455 (1964).

[52] D. H. Geske, and G. R. Padmanabhan: J. Amer. chem. Soc. **87**, 1651 (1965).

[53] E. T. Strom, G. A. Russell, and R. Konaka: J. Chem. Phys. **42**, 2033 (1965).

[54] J. Q. Adams, S. W. Nicksic, and J. R. Thomas: J. Chem. Phys. **45**, 654 (1966).

[55] siehe Fußnote 39, S. 190.

[56] siehe Fußnote 47, S. 190.

[57] siehe Fußnote 12, S. 182.

[58] siehe Fußnote 39, S. 190.

[59] siehe Fußnote 51.

[60] siehe Fußnote 42, S. 190.

[61] siehe Fußnote 43, S. 190.

[62] siehe Fußnote 45, S. 190.

[63] siehe Fußnote 53.

[64] siehe Fußnote 52.

[65] siehe Fußnote 46, S. 190.

[66] siehe Fußnote 45, S. 190.

[67] siehe Fußnote 47, S. 190.

[68] siehe Fußnote 12, S. 182.

[69] siehe Fußnote 52.

[70] siehe Fußnote 51.

[71] siehe Fußnote 46, S. 190.

[72] siehe Fußnote 42, S. 190.

[73] siehe Fußnote 43, S. 190.

[74] siehe Fußnote 53.

[75] siehe Fußnote 39, S. 190.

[77-87] siehe nächste Seite.

Tabelle 10. *Q-Werte in Gauß für die N-Kopplung in Heterocyclen*

ρ^N	Q^N_{N-C}	$\rho^N+2Q^N_{N-C}$	$\rho^N+Q^N_{N-C}$	Q^N_{C-N}	S^N	$S^N+Q^N_{N-H}+2Q^N_{N-C}$	Q^N_{N-H}	Lit.	Methode	benutzte Werte für Q^H_{C-H}	benutzte Werte für $1/2B^H_{C-CH_3}$	
		21,9		+ 5,8				76	HMO	−22,4		(Anionen)
		20,9		+ 7,0				77	HMO	−22,5		(Anionen)
		25		0				78	HMO			(Anionen)
		28,4		− 1,5				79	SE	−22,5	25	(Anionen)
11,3	9,8	30,9	21,1	(− 2,0)				80	SE	**		(Anionen)
			(21,1)	+13,8				81	HMO	−22,5	20	(Anionen)
		(30,9)		− 4,1				82	HMO	−24		(Anionen)
		19,1		9,1				83	SE***	−22,3		(Anionen)
		23,7 bis 25,3		0 bis 2,5				84	SE	−27		(Anionen)
		27,3		− 1,7				80	SE	−24,5****		(Anionen)
					5,4	39,5	14,5	85	SE*****	−21,2		(Kationen)
				+ 2,62		28,45		86	SE	−23,7		(Kationen)
				0		32−36		87	HMO	−25		(Kationen)

* HMO ≙ unter Verwendung von mit Molekülbahnmethoden berechneten Spindichten.
SE ≙ semiempirisch, unter Verwendung von bekannten H-Parametern.

** Q^H_{C-H} wurde in Abhängigkeit vom Bindungswinkel gewählt.

*** Die Spindichten der „blinden" Stellen wurden aus den entspr. Kohlenwasserstoffen übernommen.

**** Q^H_{C-H}-Parameter wurde ebenfalls empirisch bestimmt.

***** Verwendung von Gl. 176, S. 181.

[76] siehe Fußnote 42, S. 190.

[77] siehe Fußnote 43, S. 190.

[78] siehe Fußnote 45, S. 190.

[79] siehe Fußnote 47, S. 190.

[80] siehe Fußnote 12, S. 182.

[81] siehe Fußnote 53, S. 191.

[82] siehe Fußnote 52, S. 191.

[83] siehe Fußnote 39, S. 190.

[84] P. T. Cottrell, and P. H. Rieger: Mol. Phys. **12**, 149 (1967).

[85] C. L. Talcott, and R. J. Myers: Mol. Phys. **12**, 549 (1967).

[86] siehe Fußnote 51, S. 191.

[87] siehe Fußnote 46, S. 190.

MO-Methoden sind für die genaue Ermittlung von Spindichten Unsicherheiten ausgesetzt. Ihre Ergebnisse variieren von Methode zu Methode.

Ohne Benutzung von MO-Ergebnissen und ohne Verwendung eines Q^{H}_{C-H}-Parameters gelang es C. L. Talcott und R. J. Myers[88] lediglich unter der Voraussetzung der Gültigkeit der McConnell- und Karplus-Fraenkel-Beziehung, die interessierenden Parameter zu bestimmen (s. Tab. 10). Der Q^{H}_{C-H}-Parameter konnte in Übereinstimmung mit an völlig anderen Radikalgruppen ermittelten Werten zu $Q^{H}_{C-H} = -24{,}5$ Gauß angegeben werden.

J. Q. Adams et al. versuchten für sämtliche bekannten Radikale, bei denen der Stickstoff sp^2-Hybridisation aufweist, also einschließlich der Nitro- und N-Oxyd-Verbindungen, die experimentelle N-HFS durch einheitliche Q-Werte zu beschreiben[89]. Dabei fanden sie mehrere völlig verschiedene Sätze von Q-Werten, die die Kopplungsparameter alle mit ähnlichen Fehlergrenzen beschrieben. Ihre Tabellen zeigen mit großer Sicherheit, daß zumindest *für die Radikale mit verschiedenen Stickstoff-Funktionen jeweils spezielle Q-Parameter* benutzt werden müssen. Auch sollten „ähnliche" Radikale nur dann zu einer einheitlich zu beschreibenden Gruppe zusammengefaßt werden, wenn die Radikale bezüglich der auftretenden Hybridisationen, Bindungswinkel, Ladung etc. vergleichbar sind.

II.b.2.δ. N-Oxyde

Werden die Verknüpfungsatome der beiden Substituenten eines N-Oxyd-Radikals mit C′ und C″ bezeichnet, so wird der Kopplungsparameter des Stickstoffs nach Gl. 175 durch den Ausdruck

$$a_N = (S^N + Q^N_{N-O} + Q^N_{N-C'} + Q^N_{N-C''})\,\varrho_N + Q^N_{C'-N}\,\varrho_{C'} + Q^N_{C''-N}\,\varrho_{C''} + Q^N_{O-N}\,\varrho_O \tag{183}$$

angenähert.

Wiederum kann versucht werden, die Parameter empirisch zu ermitteln. Geeignet dazu sind bes. die aliphatischen N-Oxyde, da sich mit $\varrho_{C'} = \varrho_{C''} = 0$ Gl. 183 vereinfacht zu:

$$a_N = (S^N + Q^N_{N-O} + Q^N_{N-C'} + Q^N_{N-C''})\,\varrho_N + Q^N_{O-N}\,\varrho_O \quad \text{oder} \tag{184}$$

$$a_N = K^N_N\,\varrho_N + Q^N_{O-N}\,\varrho_O \tag{185}$$

Außerdem gilt wegen der Spinerhaltung $\varrho_N + \varrho_O = 1$, so daß die Kopplung sich schließlich schreiben läßt

$$a_N = (K^N_N - Q^N_{O-N})\,\varrho_N + Q^N_{O-N}\,. \tag{186}$$

[88] siehe Fußnote 85, S. 192.
[89] siehe Fußnote 54, S. 191.

Den Einfluß der Spindichte am Sauerstoff ($\mathcal{Q}^{N}_{O-N}$) haben H. LEMAIRE u. A. RASSAT[90] untersucht. Sie vergleichen in einer Reihe von Lösungsmitteln den N-Kopplungsparameter und die ^{13}C-Kopplung der Methylkohlenstoffatome beim Di-tert.-butyl-N-oxyd. Da für die ^{13}C-Kopplung ein hyperkonjugativer Mechanismus mit $a_{^{13}C} = 1/2 B^{C}_{N-C'-C} \varrho_N$ angenommen werden kann[91] (vgl. Gl. 196), schreibt man Gl. 186 um:

$$a_N = \mathcal{Q}^{N}_{O-N} + \frac{K^{N}_{N} - \mathcal{Q}^{N}_{O-N}}{\frac{1}{2} B^{C}_{N-C'-C}} a_{^{13}C} \tag{187}$$

Bei Annahme einer Lösungsmittelunabhängigkeit der $\mathcal{Q}$-Werte, zeigt die graphische Darstellung der beiden Kopplungsparameter, daß $\mathcal{Q}^{N}_{O-N}$ praktisch Null ist. Hiermit im Einklang stehen Ergebnisse an aromatischen N-Oxyden[92]. Somit vereinfacht sich Gl. 183 nochmals zu

$$a_N = K^{N}_{N} \varrho_N . \tag{188}$$

Zur numerischen Ermittlung des verbleibenden $\mathcal{Q}$-Wertes kann die Spindichte ϱ_N aus CH_3-, H- und ^{13}C-Kopplungen geeigneter N-Oxyde (s. Tab. 27, S. 324) abgeschätzt werden. Die Übernahme der an den Heterocyclen ermittelten $\mathcal{Q}^{H}_{N-H}$- und $B^{H}_{N-CH_3}$-Parameter von ca. 30 G liefert eine π-Spindichte am Stickstoff von $\varrho_N \approx 0{,}42$ und damit $\varrho_O \approx 0{,}58$, also praktisch eine Gleichverteilung des freien Elektrons auf Stickstoff und Sauerstoff. Mit dieser Spinverteilung folgt für K^{N}_{N} ein Wert von ca. 30 G, wie er etwa auch für Heterocyclen (Tab. 10) abgeschätzt wurde. Unter Verwendung von HMO-Spindichten wurden ebenfalls für aromatische N-Oxyde die π—σ-Parameter angegeben[93]. Die Abweichungen für K^{N}_{N} von den bei aliphatischen N-Oxyden ermittelten Werten halten sich in Grenzen.

Wesentlich andere $\mathcal{Q}$-Werte wurden an Anionradikalen des Pyridin-N-oxyds und Homologen gemessen[94]. Die Spindichten sind nach der McLachlan-Methode berechnet, und mit den experimentell gefundenen Stickstoffkopplungen die π—σ-Parameter zu $\mathcal{Q}^{N}_{N} = 42{,}6$ G, $\mathcal{Q}^{N}_{C-N} = -6{,}7$ G und $\mathcal{Q}^{N}_{O-N} = -19{,}0$ G optimiert.

II.b.3. ^{17}O-Hyperfeinstruktur

Wegen der geringen Häufigkeit des magnetischen ^{17}O-Isotops im natürlichen Gemisch des Sauerstoffs (0,037%) existieren nur wenige

[90] H. LEMAIRE, and A. RASSAT: J. Chim. Phys. **61**, 1580 (1964).

[91] H. LEMAIRE, A. RASSAT, P. SERVOZ-GAVIN, and C. BERTHIER: J. Chem. Phys. **59**, 1247 (1962).

[92] P. AYSCOUGH, and F. P. SARGENT: J. Chem. Soc. **B 1966**, 907.

[93] siehe Fußnote 92.

[94] T. KUBOTA, K. NISHIKIDA, H. MIYAZAKI, K. IWATANI, and M. Y. OISHI: J. Amer. chem. Soc. **90**, 5080 (1968).

Arbeiten[95–104] über die ^{17}O-HFS. Durchweg mußten ^{17}O-angereicherte Verbindungen synthetisiert werden, da sonst die geringe Intensität der ^{17}O-Komponenten i. a. völlig von den natürlich vorkommenden ^{13}C-Linien verdeckt werden. Beispiele für Aufspaltungsbilder des ^{17}O-Kerns ($I = 5/2$) s. S. 52.

Mit den experimentell erhaltenen ^{17}O-Kopplungen einiger Aroxyle[105] und Semichinone[106] wurden die Polarisationsparameter abgeschätzt[107]. Unter

$$a_{^{17}\text{O}} = (S^{\text{O}} + Q^{\text{O}}_{\text{O-C}})\,\varrho_{\text{O}} + Q^{\text{O}}_{\text{C-O}}\,\varrho_{\text{C}} \quad \text{oder} \tag{189}$$

$$a_{^{17}\text{O}} = K^{\text{O}}_{\text{O}}\,\varrho_{\text{O}} + Q^{\text{O}}_{\text{C-O}}\,\varrho_{\text{C}} \tag{190}$$

Vernachlässigung des $Q^{\text{O}}_{\text{C-O}}$ ergab sich auf Grund empirischer Spindichtebestimmungen und HMO-Berechnungen am Triphenyl- und Tri-tert.-butyl-phenoxyl ($\varrho_{\text{O}} = 0{,}256$ und $\varrho_{\text{O}} = 0{,}261$) aus den experimentell gefundenen Kopplungen von $|a_{\text{O}}| = 9{,}7$ und $|a_{\text{O}}| = 10{,}23$ G ein Wert von $|K^{\text{O}}_{\text{O}}| = 40 \pm 4$ G[108]. Das Vorzeichen der ^{17}O-Kopplung wurde am *p*-Benzosemichinon an Hand der Linienbreitevariation als negativ bestimmt[109]. Zusammen mit dem ebenfalls negativen magnetischen Moment des ^{17}O-Kerns (s. Tab. 1, S. 32) ergibt sich daraus eine *positive* *s*-Spindichte am Kernort des Sauerstoffs. Die beim *p*-Benzosemichinon experimentell gefundene Abhängigkeit der ^{17}O- und ^{13}C(1)-Kopplung vom Lösungsmittel[110] deutete bei Annahme lösungsmittelunabhängiger Q-Werte auf Polarisationsparameter von $K^{\text{O}}_{\text{O}} = -40{,}41$ G und $Q^{\text{O}}_{\text{C-O}} = -16{,}69$ G. Die auf Grund von MO-Berechnungen ermittelten Spindichten einer Reihe von Semichinonen ergaben π—σ-Parameter, die sich mit $K^{\text{O}}_{\text{O}} = -40{,}5$ G und $Q^{\text{O}}_{\text{C-O}} = +6{,}4$ G (HMO-Spindichten) oder $K^{\text{O}}_{\text{O}} = -40{,}7$ G und $Q^{\text{O}}_{\text{C-O}} = -9{,}5$ G (McLachlan-Spindichten) etwa in die oben angegebenen Werte einreihen[111].

---

95 J. C. Baird: J. Chem. Phys. **37**, 1879 (1962).

96 E. Müller, E. H. Eggensperger, A. Rieker, K. Scheffler, H.-D. Spanagel, H. B. Stegmann, and B. Teissier: Tetrahedron **21**, 227 (1965)

97 K. Dimroth, F. Bär u. A. Berndt: Angew. Chem. **77**, 217 (1965).

98 A. Rieker, and K. Scheffler: Tetrahedron Letters **19**, 1337 (1965).

99 W. M. Gulick jr., and D. H. Geske: J. Amer. chem. Soc. **87**, 4049 (1965).

100 K. Dimroth, A. Berndt, F. Bär, R. Volland u. A. Schweig: Angew. Chem. **79**, 69 (1967).

101 B. L. Silver, Z. Luz, and C. Eden: J. Chem. Phys. **44**, 4258 (1966).

102 W. M. Gulick jr., and D. H. Geske: J. Amer. chem. Soc. **88**, 4119 (1966).

103 R. J. Faber, F. W. Markley, and J. A. Weil: J. Chem. Phys. **46**, 1652 (1967).

104 M. Broze, Z. Luz, and B. L. Silver: J. Chem. Phys. **46**, 4891 (1967).

105 siehe Fußnoten 96—100.

106 siehe Fußnoten 101, 102 u. 104.

107 siehe Fußnoten 100, 102 u. 104.

108 siehe Fußnote 100.

109 siehe Fußnoten 101 u. 102.

110 siehe Fußnote 102.

111 siehe Fußnote 104.

Da die Spindichte am Kohlenstoff der C—O-Gruppe durchweg recht klein ist, resultieren für seinen Beitrag Q^{O}_{C-O} zur ^{17}O-HFS die angegebenen, recht unterschiedlichen Werte. Andererseits ist es deshalb in guter Näherung statthaft, die ^{17}O-HFS nur durch die Spindichte am Sauerstoff selbst zu beschreiben, also die Formulierung

$$a_{^{17}O} = K^{O}_{O}\,\varrho_{O} \tag{191}$$

zu benutzen, wobei K^{O}_{O}-Werte um —42 Gauß die experimentellen Kopplungen über einen relativ großen Bereich recht gut wiedergeben (vgl. Abb. 73).

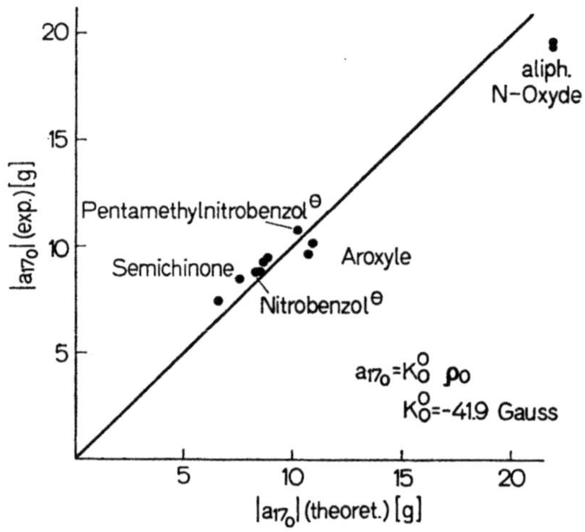

Abb. 73. Vergleich der experimentellen ^{17}O-Kopplungen mit den nach Gl. 191 berechneten Aufspaltungen. Theoretische Spindichten nach McLachlan-Berechnungen [111a, 111b, 111c], ϱ_O bei aliphatischen N-Oxyden $\approx$ 0,5

Ähnliche Werte zur Bestimmung der ^{17}O-Kopplung in der Näherung der Gl. 191 werden auch für die Nitrogruppen aromatischer Radikal-Anionen angegeben[112].

II.b.4. HFS weiterer Heteroatome

Arbeiten über die ESR-Aufspaltungen magnetischer Kerne (B, Al, P, S, Cl, As, Se, Sn etc.) sind i. allg. zu spärlich, als daß sie zur Bestimmung

[111a] siehe Fußnote 111, S. 195

[111b] siehe Fußnote 108, S. 195.

[111c] siehe Fußnote 33, S. 188.

[112] W. M. Gulick jr., W. E. Geiger jr., and D. H. Geske: J. Amer. chem. Soc. **90**, 4218 (1968).

von Q-Werten herangezogen werden könnten. Aus der HFS kann lediglich auf eine *s*-Spindichte an dem betreffenden Kern geschlossen werden.

Die HFS des *Schwefels* ^{33}S konnte durch Untersuchung einiger Kationenradikale des 1,4-Dithiin-Typs mit der berechneten Spindichte am S-Atom korreliert werden. Der Gl. 191 entsprechende π—σ-Parameter ergab sich zu $K_S^S = 33{,}4$ G [113].

Auch für die Kopplung des *Fluorkerns* mit dem freien Elektron wurden einige Vorschläge gemacht. Die experimentell gemessenen Beträge der Fluor-Aufspaltung am Tetrafluor-*p*-benzosemichinon [114] und an Monofluor-substituierten Nitrobenzol-Anionen [115,116] ergaben etwa den doppelten Wert der entspr. H-Kopplung. Nimmt man eine π—σ-Wechselwirkung [117] analog der McConnell-Formulierung an und setzt eine ähnliche Spinverteilung in den unsubstituierten und den F-substituierten Molekülen voraus, die bei den Nitrobenzol-Derivaten [118] und Triphenylmethylradikalen [119] bestätigt werden konnte, ergibt sich für die F-HFS

$$a_F = Q_{C-F}^F \varrho_C \quad \text{mit} \quad |Q_{C-F}^F| \approx 50 \text{ Gauß}. \tag{192}$$

Aus Analogiegründen wurde das Vorzeichen von Q_{C-F}^F negativ gewählt, so daß bei positiver Spindichte ϱ_C ein negativer Wert von a_F zu erwarten war.

D. R. Eaton et al. konnten jedoch mit Hilfe von Kernresonanzmethoden (s. S. 263) zeigen, daß die Fluorkopplung $a_F > 0$ ist [120,121]. Auch stehen die experimentellen Aufspaltungen in keinem linearen Zusammenhang mit den π-Spindichten der Verknüpfungskohlenstoffatome [122]. Es wurde somit eine Fluorkopplung gemäß

$$a_F = Q_{C-F}^F \varrho_C + Q_F^F \varrho_F \tag{193}$$

vorgeschlagen. Mit $\varrho_F \neq 0$ ist eine *Konjugation des Fluoratoms mit dem Radikalsystem* verbunden, werden also mesomere Formulierungen der Art

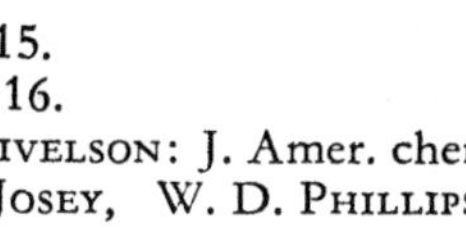

[113] P. D. Sullivan: J. Amer. chem. Soc. **90**, 3618 (1968).

[114] D. H. Anderson, P. J. Frank, and H. S. Gutowsky: J. Chem. Phys. **32**, 196 (1960).

[115] A. H. Maki, and D. H. Geske: J. Amer. chem. Soc. **83**, 1852 (1961).

[116] A. Carrington, A. Hudson, and H. C. Longuet-Higgins: Mol. Phys. **9**, 377 (1965).

[117] siehe Fußnote 114 u. 115.

[118] siehe Fußnote 115 u. 116.

[119] J. Sinclair, and D. Kivelson: J. Amer. chem. Soc. **90**, 5074 (1968)

[120] D. R. Eaton, A. D. Josey, W. D. Phillips, and R. E. Benson: Mol. Phys. **5**, 407 (1962).

[121] D. R. Eaton, A. D. Josey, R. E. Benson, and T. L. Cairus: J. Amer. chem. Soc. **84**, 4100 (1962).

[122] A. Hinchliffe, and J. N. Murell: Mol. Phys. **14**, 147 (1968).

benutzt[123]. Eine π-Spindichte am Fluoratom konnte auch bei Untersuchungen des 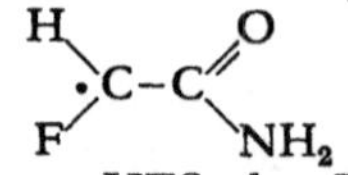 in Einkristallen auf Grund der isotropen und anisotropen HFS des Fluors nachgewiesen werden[124]. Zur Bestimmung von ϱ_F nahmen D. R. EATON et al. eine Proportionalität zu ϱ_C und dem Doppelbindungscharakter der C—F-Bindung p_{C-F} in der Form $\varrho_F = A\, p_{C-F}\, \varrho_C$ an. Die Proportionalitätskonstante A ist dabei von der Größenordnung 1. Damit wird Gl. 193 zu

$$a_F = (Q^F_{C-F} + A\, p_{C-F} Q^F_F)\, \varrho_C\,. \tag{194}$$

Das ist eine Beziehung, die formal der McConnell-Formulierung ähnelt. Dem variablen Q-Wert ist hier durch den von Verbindung zu Verbindung veränderlichen Doppelbindungscharakter p_{C-F} Rechnung getragen. Durch Übernahme der Spindichte ϱ_C aus den entsprechenden H-Verbindungen konnten aus sechs Meßwerten die Q-Werte zu $Q^F_{C-F} = -83$G und $A\, Q^F_F = +580$ G abgeschätzt werden.

Eine entsprechende π—π-Konjugation wird auch zur Interpretation der *Chlor-HFS* vorgeschlagen[125]. Die einfachere Deutung der Chlorkopplung durch einen π—σ-Mechanismus auf Grund einer Spindichte am bindenden Kohlenstoffstom erfordert einen Q-Wert in der McConnell-Näherung von $Q^{Cl}_{C-Cl} = 4{,}7$ Gauß[126,127].

II.c. β-Kopplung mit ¹³C- und Heteroatomen

Wasserstoffkerne, die über zwei Bindungen an ein Spindichte-tragendes Atom gebunden sind, unterliegen einer Wechselwirkung mit dem freien Elektron. Entsprechendes läßt sich auch an anderen magnetischen Kernen beobachten. Erneut wird das *Hyperkonjugationsphänomen* (s. S. 167) zur Erklärung der Kopplungen herangezogen. ¹³*C-Kopplungen* dieser Art wurden z. B. am Hexamethylaceton-ketyl[128] und am Mono-tert.-butyl-*p*-benzosemichinon[129,130] beobachtet. Die experimentell gefundene Gleichwertigkeit aller Methylkohlenstoffatome beim Ketyl spricht für eine freie Rotation der tert.-Butylgruppe. Mit einer π-Spindichte am Zentralkohlen-

---

[123] s. a. H. N. REXROAD, and W. GORDY: J. Chem. Phys. **30**, 399 (1959).
[124] R. J. COOK, J. R. ROWLANDS, and D. H. WHIFFEN: Mol. Phys. **7**, 31 (1963).
[125] K. MÖBIUS, K. HOFFMANN u. M. PLATO: Z. Naturforsch. **23a**, 1209 (1968).
[126] siehe Fußnote 125.
[127] B. T. ALLEN, and W. VANNESTE: Nature **204**, 991 (1964).
[128] N. HIROTA, and S. I. WEISSMAN: J. Amer. chem. Soc. **82**, 4424 (1960).
[129] L. M. STOCK, and J. SUZUKI: Proc. Chem. Soc. **1962**, 136.
[130] L. M. STOCK, and J. SUZUKI: J. Amer. chem. Soc. **87**, 3909 (1965).

stoff des Ketyls von $\varrho_C = 0{,}84$ (s. S. 414) und der experimentellen Kopplung der Methylkohlenstoffatome von $|a_C| = 7{,}6$ G kann bei Anwendung der Gl. 169 analogen Beziehungen

$$a_{^{13}C''} = B^{C''}_{C-C'-C''}\,\varrho_C \cdot \cos^2\vartheta \quad \text{bzw.} \tag{195}$$

$$a_{^{13}C''} = \frac{1}{2}\,B^{C''}_{C-C'-C''}\,\varrho_C \tag{196}$$

auf ein $|1/2\,B^{C''}_{C-C'-C''}|$ von 9,08 G geschlossen werden. Ähnlich ergibt sich mit der aus dem unsubstituierten *p*-Benzosemichinon übernommenen Spindichte $\varrho_C \approx 0{,}08$ und der Kopplung des Methylkohlenstoffs von $|a_C| = 0{,}74$ G ein Wert von $|1/2\,B^{C''}_{C-C'-C''}| = 9{,}25$ G.

Entsprechende ^{13}C-Kopplungen wurden auch bei einigen alkylierten N-Oxyden gefunden[131–135]. Die Auswertung der schon benutzten Beziehung

$$a_N = \frac{K^N_N}{\frac{1}{2}\,B^C_{N-C'-C}}\,a_{^{13}C}$$

(s. Gl. 187) ergibt mit $K^N_N = 30$ G für den Hyperkonjugationsparameter $|1/2\,B^C_{N-C'-C}| = 8{,}3$ G. Mit der ^{13}C-Kopplung der frei rotierenden tert.-Butylgruppe des Di-tert.-butyl-N-oxyds von ca. 4,3 G erhält man dann in Übereinstimmung mit anderen Spindichteabschätzungen ϱ_N zu ca. 0,52. Bei einigen Anionradikalen von aromatischen[136] und olefinischen[137] Nitroverbindungen konnte die ^{13}C-HFS der zum N-Atom β-ständigen Kohlenstoffatome ebenfalls durch den Hyperkonjugationsmechanismus gedeutet werden. Die Wechselwirkung des am Stickstoff zentrierten Anteils des freien Elektrons ist entsprechend der $\cos^2\vartheta$-Abhängigkeit der Hyperkonjugation besonders bei verdrillten π-Radikalen ausgeprägt. Für entsprechende Untersuchungen eignen sich daher Radikale mit sterischer Behinderung der Nitrogruppe.

Die *HFS des β-ständigen Fluor-Kerns* wurde mehrfach in Radikalen gefunden[138–141]. Radikale mit CF_3- und $O—CF_3$-Gruppen wurden auch mit

[131] H. LEMAIRE, A. RASSAT et P. SERVOZ-GAVIN: J. Chim. Phys. **59**, 1247 (1962).
[132] A. RASSAT et H. LEMAIRE: J. Chim. Phys. **61**, 1576 (1964).
[133] H. LEMAIRE et A. RASSAT: J. Chim. Phys. **61**, 1580 (1964).
[134] siehe Fußnote 103, S. 195.
[135] R. BRIÈRE, H. LEMAIRE, and A. RASSAT: J. Chem. Phys. **48**, 1429 (1968).
[136] R. D. ALLENDOERFER, and P. H. RIEGER: J. Amer. chem. Soc. **88**, 3711 (1966).
[137] A. BERNDT: Tetrahedron Letters **1968**, 5439.
[138] H. N. REXROAD, and W. GORDY: J. Chem. Phys. **30**, 399 (1959).
[139] M. T. ROGERS, and D. H. WHIFFEN: J. Chem. Phys. **40**, 2662 (1964).
[140] L. M. STOCK, and J. SUZUKI: J. Amer. chem. Soc. **87**, 3909 (1965).
[141] E. G. JANZEN, and J. L. GERLOCK: J. Amer. chem. Soc. **89**, 4902 (1967).

Kernresonanzmethoden untersucht[142]. Die Ergebnisse lassen auf einen Hyperkonjugationsmechanismus schließen[143–145], wobei der *B*-Parameter und damit die Größe einer Hyperkonjugationswechselwirkung stark von der Art der Verknüpfungsstelle (z. B. para, meta oder ortho) abhängt. Vorerst läßt sich keine lineare Beziehung zwischen Fluorkopplung und π-Spindichte am Verknüpfungsatom aufstellen.

Bei der experimentell ermittelten Aufspaltung des *Phosphor-Kerns* können zwei Anordnungen des P-Kerns relativ zum π-Elektronensystem des Radikals unterschieden werden. Liegt das P-Atom in der Knotenebene des π-Systems[146], so kann grundsätzlich wieder ein π—σ-Mechanismus zu einer Kopplung mit dem freien Elektron führen. Da dreibindiger Phosphor außerdem ein freies Elektronenpaar besitzt, wäre hier zusätzlich auch eine π-Spindichte am Phosphor möglich. Ist der Phosphor-Kern über zwei Bindungen mit dem π-System verknüpft[147–149], kann die P-HFS durch einen Hyperkonjugationsmechanismus erklärt werden[150]. Dafür sprechen die Untersuchungen an Nitrophenol-Anionradikalen, die eine starke Abhängigkeit der Phosphor-Aufspaltung von der relativen Lage der *p*-substituierten X—P-Gruppe zur π-Elektronenverteilung im Ring zeigen[151]. Änlich scheinen die Verhältnisse bei den 1-Phosphaten des 1,4-Benzosemichinons zu liegen[152]. Analog der H-Kopplung bei OH- oder N—H-Gruppierungen (s. S. 163ff.) könnte hier jedoch eine Spindichte am β-Atom zusätzlich eine Kopplung mit dem Phosphor-Kern bewirken.

---

[142] D. R. Eaton, A. D. Josey, and W. A. Sheppard: J. Amer. chem. Soc. **85**, 2689 (1963).
[143] siehe Fußnote 142.
[144] W. A. Sheppard, J. Amer. chem. Soc. **87**, 2410 (1965).
[145] siehe Fußnote 141, S. 199.
[146] z.B. E. Müller, H. Eggensperger u. K. Scheffler: Liebigs Ann. Chem. **658**, 103 (1962); E. A. C. Lucken: Z. Naturforsch. **18b**, 166 (1963).
[147] B. T. Allen, and A. Bond: J. Phys. Chem. **68**, 2439 (1964).
[148] H. B. Stegmann, K. Scheffler, and E. Müller: Liebigs Ann. Chem. **677**, 59 (1964).
[149] W. M. Gulick jr., and D. H. Geske: J. Amer. chem. Soc. **88**, 2928 (1966).
[150] siehe Fußnoten 147 u. 149.
[151] siehe Fußnote 149.
[152] siehe Fußnote 147.

C. Anisotrope Hyperfeinstruktur und *g*-Faktor

Bei Untersuchungen von Radikalen, die in eine feste Matrix, etwa Kristalle, Gläser oder gefrorene Lösungsmittel eingebaut sind, werden die *intramolekularen Magnetfelder der umgebenden magnetischen Dipole* voll wirksam. Die Mittelung, wie sie S. 38 durchgeführt wurde, gilt nicht mehr. Es bleibt möglich, daß einzelne Substituenten des Radikalmoleküls, etwa ein CH_3-Rest, um ihre Bindungsachsen rotieren, auch können sich kleinere Radikale u. U. innerhalb eines gewissen Bereichs noch so bewegen, daß die Dipolfelder herausgemittelt werden. Bei etwas ausgedehnteren Radikalen treten jedoch an den Kernen Magnetfelder des magnetischen Dipolmoments des freien Elektrons auf. Ihre Richtung ist von der des von außen angelegten H_0-Feldes abhängig, da der Spin des freien Elektrons und damit sein magnetisches Moment sich in diese H_0-Richtung einstellt.

Ein zweiter Effekt wird bei Untersuchungen von festen Stoffen durch die Anisotropie des *g*-Faktors hervorgerufen: Das Zentrum der Resonanz verschiebt sich bei Variation der H_0-Feldrichtung. Auch diese Anisotropie (s. S. 216ff.) kann in günstig gelagerten Fällen wertvolle Rückschlüsse auf die Radikalnatur zulassen. Vereinfachend werden hier die auftretenden Anisotropien getrennt behandelt. Der Fehler, der bei der Vernachlässigung der *g*-Anisotropie entsteht, ist i. allg. gering[1].

I. Anisotrope HFS

Im Experiment zeigt sich die Dipol-Wechselwirkung zwischen Elektron und magnetischen Kernen durch eine anisotrope HFS, d. h., die *Abstände der einzelnen HFS-Komponenten sind von der Wahl der Richtung des H_0-Feldes abhängig* (vgl. Abb. 74).

Diese anisotrope HFS kann für bestimmte Konfigurationen berechnet werden, so die anisotrope Protonen-HFS am $\rangle\dot{C}$—H-Fragment oder etwa die anisotrope HFS des Stickstoffkerns einer Konfiguration des Hydrazyl-Typs $R{-}\dot{N}{-}N\langle{}^{R'}_{R''}$. Ein Vergleich von Theorie und Experiment gestattet es, die in die Theorie eingehenden Parameter, insbes. wiederum die

[1] H. M. McConnell, C. Heller, T. Cole, and R. W. Fessenden: J. Amer. chem. Soc. **82**, 766 (1960).

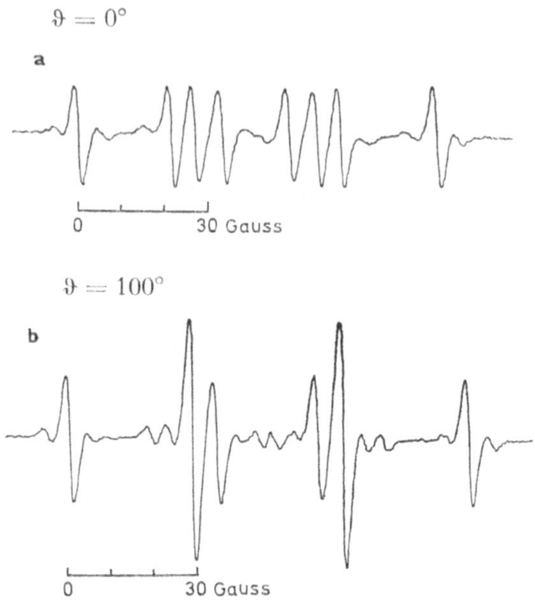

Abb. 74. ESR-Signale von Röntgen-bestrahlter Bernsteinsäure bei verschiedenen Richtungen des H_0-Feldes, bezogen auf die Achsen des Einkristalls[1a]

freie Elektronendichte, zu bestimmen. Die meist ebenfalls vorhandene isotrope HFS kann von den anisotropen Effekten getrennt werden, so daß man *durch die Anisotropie allein zu Aussagen über Spindichten gelangen kann.* Das ist besonders dann wichtig, wenn sich der isotrope Wechselwirkungsmechanismus, etwa die π—σ-Wechselwirkung im Falle des Stickstoffs oder Sauerstoffs, noch nicht übersehen läßt.

I.a. Radikalproben

Um bei der Vermessung der Radikalspektren keine austauschverschärfte Linie zu erhalten (vgl. S. 71), die natürlich keine der oben angedeuteten Folgerungen zuläßt, müssen *die Radikalmoleküle räumlich so weit voneinander getrennt sein,* daß keine Austauscheffekte und Dipol-Dipol-Wechselwirkungen intermolekularer Art auftreten können. Ein genügend großer Abstand kann durch Einbau der Radikalmoleküle in einen diamagnetischen Wirtskristall erreicht werden. Da dieses nur bei sehr stabilen Radikalen möglich ist, müssen praktisch alle ESR-Untersuchungen dieser Art an Röntgen-bestrahlten Festkörpern vorgenommen werden. Die Strahlung erzeugt i. allg. durch Abspaltung von Wasserstoffatomen Radikale, deren Dichte im

---

[1a] H. C. HELLER, and H. M. McCONNELL: J. Chem Phys. **32**, 1535 (1960).

Kristall bei geeigneten Dosen den erwähnten Anforderungen entspricht. Für diese Erzeugung von Radikalen sind auch andere Strahlungsquellen geeignet. So konnten UV-, γ-, Neutronen- und Elektronen-bestrahlte Substanzen erfolgreich vermessen werden.

Die beschriebene Methode hat den Vorteil, daß die Lebensdauer der Radikale wegen der Isolierung durch ihre diamagnetische Umgebung weit höher ist, als sie es im freien Zustand oder in Lösung wäre. Die Konzentration an Radikalen läßt sich durch Verlängerung der Bestrahlungsdauer recht einfach vergrößern.

Die meisten Anisotropiemessungen sind an *Einkristallen* durchgeführt worden. Bei Pulvern oder eingefrorenen Gläsern liegt eine isotrope Verteilung der Moleküle vor. Daraus resultiert im ESR-Spektrum eine Überlagerung der unterschiedlichen HFS-Aufspaltungen der in verschiedenen Richtungen liegenden Moleküle. Die damit verbundenen großen Linienbreiten lassen i. allg. keine genaueren Aussagen zu.

Die folgenden Betrachtungen beziehen sich auf Einkristalle, in denen die Radikalmoleküle einer Fernordnung unterliegen.

I.b. Beschreibung der anisotropen HFS

Es sei angenommen, daß die *Radikalmoleküle bezüglich der Kristallachsen alle dieselbe Richtung einnehmen*, die Elementarzelle also nur äquivalente Moleküle enthält. Die Erweiterung auf eventuell mehrere nicht-äquivalente Molekülgruppen bereitet keine Schwierigkeiten.

Die zu beobachtende Anisotropie der HFS in Einkristallen hat ihre Ursache *in der richtungsabhängigen Wechselwirkungsenergie* (Gl. 30) *des magnetischen Elektronendipols mit dem Dipolmoment des Kerns.* Zur formalen Beschreibung reicht eine skalare Formulierung, wie das bei der isotropen HFS möglich war (s. Gl. 40), nicht mehr aus. Sie gelingt jedoch unter Benutzung von *vektoriellen Größen. Der Kopplungsparameter der anisotropen HFS ist daher als symmetrischer Tensor zu formulieren.* Die Verknüpfung der auftretenden Größen geschieht am übersichtlichsten in der Matrizenschreibweise.

Wird ein beliebiges, aber *festes, kristalleigenes, kartesisches Koordinatensystem* x, y, z zugrunde gelegt, so ist der skalare Operator

$$g\mu_B \vec{I}\, a\, \vec{S} = g\mu_B\,(I_x\, a\, S_x + I_y\, a\, S_y + I_z\, a\, S_z)$$

der isotropen HFS-Wechselwirkung des freien Elektrons mit einem Kern (s. Gl. 40) mit

$$g\mu_B \vec{I} A \vec{S} \tag{197}$$

zu erweitern, wobei

$$\vec{I} = \{I_x, I_y, I_z\} \quad \text{und} \quad \vec{S} = \{S_x, S_y, S_z\}$$

die Spinoperatoren für den Kern und das Elektron bedeuten. Der anisotrope HFS-Tensor hat die Form

$$A = \begin{pmatrix} A_{11} & A_{12} & A_{13} \\ A_{12} & A_{22} & A_{23} \\ A_{13} & A_{23} & A_{33} \end{pmatrix}. \tag{198}$$

Seine Elemente werden im nächsten Abschnitt auf die magnetische Dipolkopplung zurückgeführt.

In dem gewählten kristallfesten Koordinatensystem x, y, z wird die dipolare Wechselwirkung zwischen dem Elektron und einem Kern also beschrieben durch

$$\begin{aligned} \Delta E^a_{S,I} = g \cdot \mu_B \{ & I_x A_{11} S_x + I_x A_{12} S_y + I_x A_{13} S_z \\ & + I_y A_{12} S_x + I_y A_{22} S_y + I_y A_{23} S_z \\ & + I_z A_{13} S_x + I_z A_{23} S_y + I_z A_{33} S_z \} . \end{aligned} \tag{199}$$

Die Elemente des anisotropen Kopplungstensors hängen von der Wahl des Koordinatensystems ab, und es läßt sich, wie in der Mathematik allgemein gezeigt wird, immer ein *kartesisches Koordinatensystem ξ, η, ζ finden, in dem der A-Tensor Diagonalgestalt hat, also nur seine Diagonalelemente von Null verschieden sind.* Die weiteren Betrachtungen sollen in diesem Koordinatensystem angestellt werden, der Kopplungstensor mit A' und die entsprechenden Diagonalelemente mit den Buchstaben A, B und C bezeichnet werden. Dann vereinfacht sich der Ausdruck für die anisotrope HFS zu

$$\Delta E^a_{S,I} = g\mu_B \{ I_\xi A S_\xi + I_\eta B S_\eta + I_\zeta C S_\zeta \} \tag{200}$$

Um jetzt von diesen Operatoren auf die anisotrope Wechselwirkung zu gelangen, bedarf es der *Integration über die Elektronen- und Kernspinfunktionen. Diese hängen jedoch von der gewählten Richtung des H_0-Feldes ab.* Das H_0-Feld kann als Vektor

$$\mathfrak{H}_0 = H_0 \{ \cos u', \cos v', \cos w' \} \tag{201}$$

angegeben werden. Dabei bedeuten u', v' und w' die Winkel zwischen $\mathfrak{H}_0$ und der ξ-, η- und ζ-Achse.

Die Quantelungsrichtungen für Elektron und Kern bestimmen sich aus der Richtung des am Ort jedes Teilchen resultierenden Magnetfeldes, das sich aus dem äußeren H_0-Feld und dem Wechselwirkungsfeld zusammensetzt. Das Wechselwirkungsfeld am Ort des Elektrons ergibt sich experimentell als Kopplungsparameter, der etwa 20 bis 30 Gauß beträgt. Dieses Feld ist gegenüber $H_0 \approx 3300$ G zu vernachlässigen, so daß *für das Elektron H_0 Quantelungsrichtung* bleibt. Das magnetische Wechselwirkungsfeld am Ort des Kerns erreicht wegen des hohen magnetischen Moments des Elektrons Werte um 30000 G, so daß das H_0-Feld i. allg. vernachlässigt werden kann[2] und die *Quantelungsachse für den Kernspin* durch *die Richtung des isotropen und anisotropen Wechselwirkungsfeldes* allein bestimmt ist.

Damit gehen die Elektronen- und Kernspinfunktionen, die im System ξ, η, ζ durch α und β bzw. a und b gegeben waren, in Linearkombinationen der Form $\alpha' = c_1\alpha + c_2\beta$ etc. über. Die Koeffizienten c_i sind dabei Funktionen der Richtungscosinus $\cos u'$, $\cos v'$ und $\cos w'$. Die Berechnung der Wechselwirkungsenergie führt dann zu dem Ausdruck

$$\Delta E^a_{S,I} = g \cdot \mu_B \cdot m_s \cdot m_I \{A^2 \cos^2 u' + B^2 \cos^2 v' + C^2 \cos^2 w'\}^{1/2} \tag{202}$$

Unter Beachtung der hier noch gültigen Auswahlregel $\Delta m_s = 1$ und $\Delta m_I = 0$ ergibt sich daraus für die im Experiment gemessene HFS-Aufspaltung eines ESR-Signals durch einen magnetischen Kern in Einheiten des Magnetfeldes

$$\Delta H = (A^2 \cos^2 u' + B^2 \cos^2 v' + C^2 \cos^2 w')^{1/2} . \tag{203}$$

Sind die Hauptwerte des Kopplungstensors, also die Größen A, B und C bekannt, so kann die HFS-Aufspaltung mit dieser Formel für alle Richtungen des Magnetfeldes ermittelt werden.

Insbesondere ergibt sich bei der Richtung des H_0-Feldes parallel zu einer der Hauptachsen ξ, η oder ζ als Kopplungsparameter gerade das entsprechende Diagonalelement des Kopplungstensors.

I.c. Experimentelle Bestimmung des Kopplungstensors

I. allg. ist bei der Untersuchung eines Einkristalles das Koordinatensystem ξ, η, ζ, in dem A Diagonalgestalt hat, unbekannt. *Es muß vielmehr von einem willkürlichen, kartesischen Koordinatensystem x, y, z ausgegangen werden*, das etwa durch die Kristallachsen vorgegeben ist oder sich an diese anlehnen kann. In diesem System haben der Kopplungstensor und die anisotrope Wechselwirkung die allgemeine Form Gl. 198 und Gl. 199.

Ist das Magnetfeld $\mathfrak{H}_0$ in dem kristallfesten System x, y, z durch die Richtungscosinus

$$\mathfrak{H}_0 = H_0 \{\cos u, \cos v, \cos w\} \tag{204}$$

gegeben, so wird die HFS-Aufspaltung durch den Ausdruck

$$\Delta H = \{T_{11} \cos^2 u + T_{22} \cos^2 v + T_{33} \cos^2 w + 2 T_{12} \cos u \cos v + 2 T_{13} \cos u \cos w + 2 T_{23} \cos v \cos w\}^{1/2} \tag{205}$$

beschrieben. Die T_{ij} sind Elemente der symmetrischen Matrix $T = A \cdot A$. Die Bestimmung des Tensors A ist damit auf dem Umweg der Ermittlung

[2] vgl. J. A. Weil, and J. H. Anderson: J. Chem. Phys. **35**, 1410 (1961).

der sechs Matrixelemente von T möglich. Dazu sind im Prinzip sechs Messungen des Quadrats der Kopplung ΔH bei verschiedenen Winkelkombinationen u, v, w erforderlich.

Aus Gründen der einfacheren Auswertung können die Messungen bei solchen $\mathfrak{H}_0$-Feld-Richtungen vorgenommen werden, daß Gl. 205 möglichst einfach wird. Liegt etwa das $\mathfrak{H}_0$-Feld parallel zur x-Achse ($\cos u = 1$, $\cos v = 0$, $\cos w = 0$), so vereinfacht sich die Bestimmungsgleichung zu

$$\Delta H^2 = T_{11}\,.$$

Entsprechend können die anderen Diagonalelemente von T erhalten werden. Werden die weiteren Messungen beispielsweise in der x—y-Ebene vorgenommen, so lautet die Gleichung wegen $\cos w = 0$

$$\Delta H^2 = T_{11}\cos^2 u + T_{22}\cos^2 v + 2\,T_{12}\cos u \cos v\,.$$

Da die Hauptelemente schon bekannt sind, ist damit eine direkte Bestimmungsgleichung für T_{12} gegeben. Analog kann bei der Ermittlung der fehlenden Elemente vorgegangen werden. Weitere Meßpunkte können zur Prüfung des so erhaltenen Kopplungstensors T herangezogen werden. Werden die HFS-Aufspaltungen (oder die Lage der auftretenden ESR-Komponenten) in Abhängigkeit von einem Drehwinkel in einer Ebene aufgetragen, so ergeben sich Diagramme, wie sie Abb. 75 zeigt.

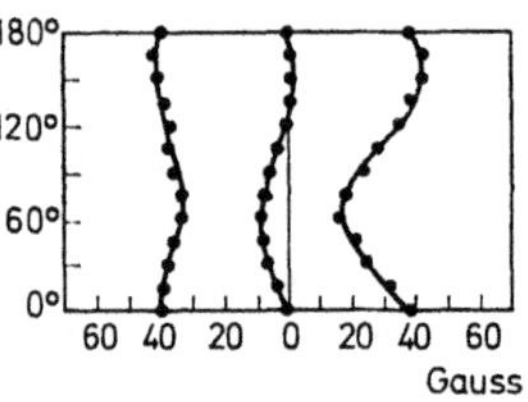

Abb. 75. Lage der N-HFS-Komponenten in γ-bestrahlten Einkristallen von Dimethylglyoxim für verschiedene H_0-Richtungen in einer festen Kristallebene [2a]

Die Umformung des Tensors T in seine Diagonalform liefert die Diagonalelemente A^2, B^2 und C^2 im Hauptachsensystem ξ, η, ζ.

Physikalisch bedeutet dieser Wechsel des Koordinatensystems den *Übergang von einem Kristallkoordinatensystem zu einem dem Molekül aufgeprägten System*. Durch Kenntnis dieser Koordinatentransformation ist es also gerade bei organischen Molekülen mit ihrer geringen Wechselwirkung im Kristall möglich, *Schlüsse auf die räumliche Lage des Moleküls* etwa in bezug auf die Kristallachsen zu ziehen.

Im Allgemeinfall überlagert sich der anisotropen Kopplung $\Delta E^a_{S,I}$ noch die richtungsunabhängige Kern-Elektron-Wechselwirkung $\Delta E^i_{S,I}$ mit dem Kopplungsparameter a. Die Einbeziehung in den skizzierten Formalismus

[2a] I. Miyagawa, and W. Gordy: J. Chem. Phys. **30**, 1590 (1959).

geschieht durch Addition der Konstanten a zu den Diagonalgliedern der A-Matrix. Der experimentell aus den HFS-Aufspaltungen ermittelte Kopplungstensor in seiner Diagonalgestalt hat demnach die Form

$$\begin{pmatrix} (A+a) & 0 & 0 \\ 0 & (B+a) & 0 \\ 0 & 0 & (C+a) \end{pmatrix}. \tag{206}$$

Die *Trennung der anisotropen Anteile von der isotropen Kopplung* ist bei Kenntnis der Vorzeichen der Matrixelemente ohne weiteres möglich. Da zwischen den anisotropen Hauptelementen die Gleichung

$$(A+B+C) = 0 \tag{207}$$

besteht (s. S. 209), folgt, daß

$$a = \frac{1}{3}\{(A+a)+(B+a)+(C+a)\}. \tag{208}$$

Mit dieser Beziehung für den Kopplungsparameter der isotropen HFS sind die anisotropen Elemente leicht zu ermitteln.

Da jedoch die experimentell ermittelte Kopplung i. allg. nur betragsmäßig bekannt ist, ist das Verfahren mehrdeutig. Die von gelösten Radikalen bekannte Größenordnung der isotropen Kopplung kann die Methode eindeutig machen (s. Kap. B). Auch bei Kenntnis der relativen Vorzeichen der Diagonalelemente ist der isotrope Kopplungsfaktor betragsmäßig eindeutig zu ermitteln. Sein Vorzeichen, i. allg. aus Ergebnissen an gelösten Radikalen bekannt, führt dann zu den richtigen Werten der anisotropen Kopplungsparameter.

I.d. Kopplungstensor und magnetische Dipolwechselwirkung

Aus den experimentellen Daten sind in der skizzierten Weise rein formal die Elemente des Kopplungstensors zu gewinnen. Doch erst die *Zurückführung dieser Größen auf die magnetische Dipol-Wechselwirkung zwischen Elektron und Kern* gibt Aufschluß über *Molekülgeometrie* und *Verteilung des freien Elektrons* im Radikal.

Die schon benutzte magnetische Dipol-Dipol-Wechselwirkungsenergie wird klassisch durch den Ausdruck

$$\Delta E^a_{I,S} = \frac{(\vec{\mu}_I\,\vec{\mu}_e) - 3\,(\vec{\mu}_I\,\mathfrak{r})\,(\vec{\mu}_e\,\mathfrak{r})/r^2}{r^3} \quad \text{(vgl. Gl. 30)} \tag{209}$$

beschrieben. Der entsprechende quantenmechanische Operator für diese Energie wird dann durch

$$\Delta \boldsymbol{E}^a_{I,S} = -g\,\mu_B \cdot g_I\,\mu_K \frac{(\vec{\boldsymbol{I}}\,\vec{\boldsymbol{S}}) - 3\,(\vec{\boldsymbol{I}}\,\mathfrak{r})(\vec{\boldsymbol{S}}\,\mathfrak{r})/r^2}{r^3} \tag{210}$$

gegeben. Dieser Ausdruck muß definitionsgemäß gleich der in Gl. 197, S. 203 benutzten Formulierung sein, so daß gilt

$$g_I\,\mu_K \frac{1}{r^3}\left\{3\,(\vec{I}\mathfrak{r})\;(\vec{S}\mathfrak{r})\,/\,r^2 - (\vec{I}\vec{S})\right\} = \vec{I} A \vec{S} \tag{211}$$

oder

$$g\,\mu_B \frac{1}{r^3}\left\{3\,(\vec{S}\mathfrak{r})\,\mathfrak{r}/r^2 - \vec{S}\right\} = \frac{g\,\mu_B}{g_I\,\mu_K} A\vec{S} \tag{212}$$

Der linke Teil der Gl. 212 stellt aber gerade das Magnetfeld dar, welches das Elektron vermöge seines magnetischen Moments am Kernort verursacht. Das ist leicht einzusehen, denn eine skalare Multiplikation des Ausdrucks mit dem magnetischen Moment des Kerns $g_K \cdot \mu_K \vec{I}$ liefert, wie es sein muß, die ursprünglich angesetzte magnetische Wechselwirkungsenergie. Damit ist auch die rechte Seite als das vom Elektron verursachte magnetische Zusatzfeld zu verstehen. Der Kopplungstensor gewinnt somit anschauliche Bedeutung. Seine Matrix transformiert den Spin $\vec{S}$ bzw. das magnetische Moment des Elektrons in ein Magnetfeld, und zwar gerade jenes Magnetfeld, das in Verbindung mit dem Kernmoment die Wechselwirkungsenergie und damit die HFS liefert.

Mit diesem Magnetfeld $A\vec{S}$ ist die Quantisierungsrichtung der Kernmagneten festgelegt. Analog der obigen Ausführung transformiert die Matrix A das magnetische Moment des Kerns, dessen Richtung durch $A\vec{S}$ gegeben ist, in ein Magnetfeld am Ort des Elektrons. Somit kann geschlossen werden, daß das Magnetfeld des Kernmagneten am Ort des Elektrons proportional der Größe $A\,A\,\vec{S}$ ist. Die mit dem Elektronenspin $\vec{S}$ auftretende lineare Abhängigkeit dieses Feldes von den Richtungscosinus des $\mathfrak{H}_0$-Feldes bewirkt bei einer Mittelung über diese Winkel ein Verschwinden der anisotropen Wechselwirkung. Bei Untersuchungen der Radikale in Lösungen ist folglich nur mit dem Auftreten der isotropen HFS zu rechnen (vgl. a. S. 38).

Werden alle in Gl. 212 erscheinenden Größen im ξ, η, ζ-System, also dem Hauptachsensystem ausgedrückt,

$$\vec{S} = \left\{S_\xi, S_\eta, S_\zeta\right\}, \quad \mathfrak{r} = r\left\{\cos\alpha, \cos\beta, \cos\gamma\right\} \quad \text{und} \quad A = \begin{pmatrix} A & 0 & 0 \\ 0 & B & 0 \\ 0 & 0 & C \end{pmatrix},$$

so vereinfacht sich die Beziehung zu der Vektorgleichung

$$g_I\,\mu_K \frac{1}{r^3}\left\{S_\xi\,(3\cos^2\alpha - 1), S_\eta\,(3\cos^2\beta - 1), S\;(3\cos^2\gamma - 1)\right\} = \left\{AS_\xi, BS_\eta, CS_\zeta\right\} \tag{213}$$

Dieser Ausdruck trägt wiederum zur Veranschaulichung des Hauptachsensystems bei. In diesem System verursacht z. B. die ξ-Komponente des magnetischen Moments am Kernort lediglich ein Zusatzfeld in der ξ-Richtung.

Durch Komponentenvergleich ergibt sich daraus für Punktdipole sofort die gesuchte Rückführung der Kopplungstensorelemente auf die Dipol-Größen zu

$$
\begin{aligned}
A &= g_I \mu_K \frac{3\cos^2\alpha - 1}{r^3} = g_I \mu_K \frac{3\cos^2\varphi \sin^2\vartheta - 1}{r^3} \\
B &= g_I \mu_K \frac{3\cos^2\beta - 1}{r^3} = g_I \mu_K \frac{3\sin^2\varphi \sin^2\vartheta - 1}{r^3} \\
C &= g_I \mu_K \frac{3\cos^2\gamma - 1}{r^3} = g_I \mu_K \frac{3\cos^2\vartheta - 1}{r^3}
\end{aligned}
\tag{214}
$$

Die Winkel der Richtungscosinus lassen sich in der angegebenen Weise auf die Winkel der gebräuchlichen Polarkoordinaten umschreiben. Um den in einem Radikalmolekül vorliegenden Verhältnissen gerecht zu werden, darf jedoch nicht mit Punktdipolen gearbeitet, sondern muß der *Verteilung des magnetischen Moments des freien Elektrons gemäß seiner Eigenfunktion* Rechnung getragen werden. I. allg. wird die Verteilung des freien Elektrons im Molekül durch eine Spindichteverteilungsfunktion $\varrho(\mathfrak{r})$ angegeben, so daß die angeführten Ausdrücke über diese Verteilung zu mitteln sind. Ist das freie Elektron als π-Elektron an einem Atom, dem X-Atom, lokalisiert, so kann seine Verteilung durch eine p-Atomfunktion des Atoms X, $\Psi_p(\mathfrak{r})$ charakterisiert werden. Damit nehmen die Diagonalelemente des Kopplungstensors die Form an

$$
\begin{aligned}
A &= \varrho_X \int \Psi_p^*(\mathfrak{r}) \frac{3\cos^2\varphi \sin^2\vartheta - 1}{r^3} \Psi_p(\mathfrak{r})\, d\tau \\
B &= \varrho_X \int \Psi_p^*(\mathfrak{r}) \frac{3\sin^2\varphi \sin^2\vartheta - 1}{r^3} \Psi_p(\mathfrak{r})\, d\tau \\
C &= \varrho_X \int \Psi_p^*(\mathfrak{r}) \frac{3\cos^2\vartheta - 1}{r^3} \Psi_p(\mathfrak{r})\, d\tau
\end{aligned}
\tag{215}
$$

ϱ_X ist dabei die integrierte Spindichte am Atom X, die Aufenthaltswahrscheinlichkeit des freien Elektrons als π-Elektron am Atom X. Aus diesen Gleichungen ist ersichtlich, *daß durch Vergleich der experimentellen Kopplungsfaktoren mit den bei bekannten Atomfunktionen berechenbaren Integralen, auf die Spindichte ϱ_X geschlossen werden kann.* Diese Tatsache hat die Vermessung der anisotropen HFS in Einkristallen zu einem wichtigen Hilfsmittel der Untersuchung durch Strahlen erzeugter Radikale gemacht.

Ebenfalls folgt aus der Struktur der in Gl. 215 wiedergegebenen Winkelabhängigkeit der anisotropen Hauptelemente, daß ihre Summe $A + B + C = 0$ ist (Gl. 207, S. 207).

I.e. Berechnung der Diagonalelemente

Um die experimentell ermittelten Kopplungsfaktoren für die Konfigurationsaufklärung der bestrahlten Radikale ausnützen zu können, müssen die Integrale der Gleichung 215 für die vermuteten Strukturen berechnet werden.

So ist etwa bei der γ-Bestrahlung der *Malonsäure*

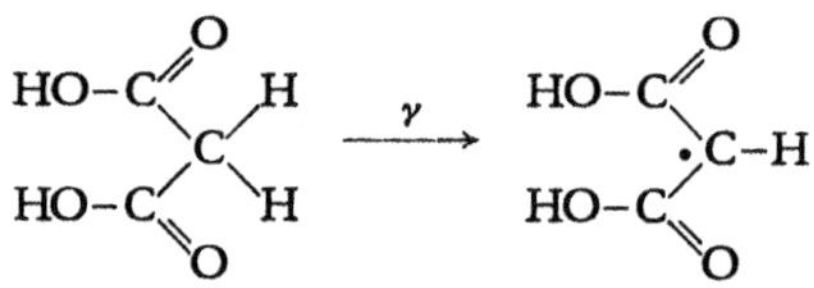

eine H-Abstraktion im Sinne der angeführten Formulierung zu erwarten. Wird das freie Elektron wie skizziert am Zentral-Kohlenstoffatom mit der Dichte ϱ_C als lokalisiert angenommen, so können die in Frage stehenden Integrale für die Kopplungsfaktoren des am C gebundenen H-Atoms mit Hilfe von $2p$-Funktionen des Kohlenstoffs gelöst werden. Genauso ist es möglich, die ^{13}C-Kopplungselemente für die einzelnen Kohlenstoffatome des Moleküls anzugeben.

H. M. McConnell u. J. Strathdee[3] berechneten auf diese Weise die anisotrope HFS des Protons des *C—H-Fragments*. Sie gingen dabei von einer ebenen Anordnung der drei Kohlenstoffbindungen aus. Die Wahl des Koordinatensystems ξ, η, ζ (s. u.) führt zu einer Kopplungsmatrix in Diagonalgestalt. Das verwendete Koordinatensystem ist hier also gleichzeitig das Hauptsystem. Die Kopplungsparameter wurden unter Benutzung von Slater-Kohlenstoff-$2p$-Atomeigenfunktionen mit $Z_{\text{eff}} = 3{,}18$ berechnet. Ebenfalls geht in die Berechnung der Abstand C—H ein, der hier mit 1,088 Å angenommen wurde. Mit diesen numerischen Werten finden die Autoren als anisotrope Kopplungsparameter

$$A = +15{,}5\,\text{G}$$
$$B = -13{,}8\,\text{G}$$
$$C = -\ \ 1{,}7\,\text{G}$$

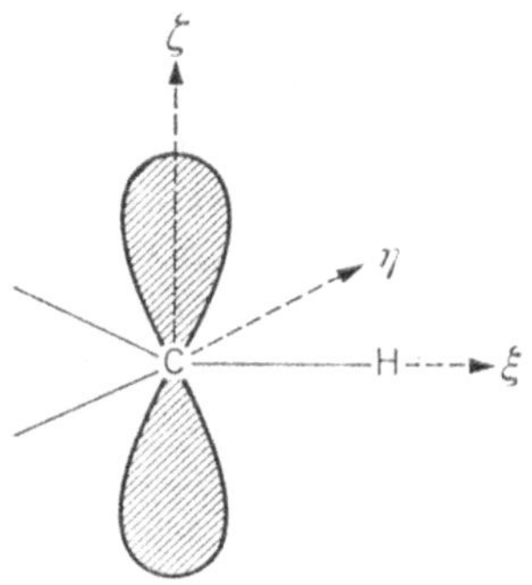

[3] H. M. McConnell, and J. Strathdee: Mol. Phys. **2**, 129 (1959).

Die geringste Wechselwirkung ist danach bei einem Magnetfeld parallel zur Symmetrieachse des Radikalelektrons, der ζ-Achse zu erwarten. Die größte dipolare Wechselwirkung liegt dann vor, wenn das H_0-Feld in Richtung der C—H-Verbindungsachse orientiert ist.

Die Werte der bei dieser Untersuchung zu berechnenden Integrale und damit auch die sich ergebenden Kopplungsparameter hängen in starkem Maße von der Eigenfunktion des freien Elektrons ab. Bei den Slater-Funktionen wird die Verteilung des Elektrons wesentlich durch die effektive Kernladung des Kohlenstoffs, hier zu $Z_{\text{eff}} = 3{,}18$ angenommen, bestimmt. Wird eine Variation der effektiven Kernladung von 3,0 bis 3,4 zugelassen, so resultiert daraus eine Änderung der Kopplungsparameter von ca. 20%. Die durch die effektive Kernladung bedingte Unsicherheit der Kopplungsparameter wird bei der Berechnung der ^{13}C-Aufspaltung des an diesem Kohlenstoff zentrierten Radikalelektrons noch größer. Einmal sind die Slater-Funktionen in unmittelbarer Umgebung des Kerns keine sehr guten Näherungsfunktionen, geben also in dem hier gerade wesentlichsten Raumteil der Wechselwirkung die Elektronenverteilung nicht zufriedenstellend wieder. Zum anderen genügt bei der Verwendung der Slater-Funktionen die oben angegebene Änderung der effektiven Kernladung, um eine Zunahme der Elektronendichte am Kern um 40% zu bewirken.

Die im Experiment zu erwartenden Aufspaltungen ergeben sich aus den angeführten anisotropen Daten, wenn die isotrope HFS additiv berücksichtigt wird. Mit $\varrho_C = 1$ kann für den isotropen Kopplungsfaktor $a = -23$ G angesetzt werden, so daß für die Kopplungen $A + a = -7{,}5$ G, $B + a = -36{,}8$ G und $C + a = -24{,}7$ G resultiert.

Diese aus der Theorie abgeleiteten Kopplungsparameter konnten von H. M. McConnell et al. durch Untersuchungen an dem Bestrahlungsprodukt der Malonsäure recht gut bestätigt werden[4]. Die Struktur des entstehenden Radikals entspricht den in der Theorie benutzten Voraussetzungen. Die an Einkristallen gewonnenen Kopplungsparameter für die Wechselwirkung mit dem an das Zentralkohlenstoffatom gebundenen Wasserstoffkern sind $|A + a|_{\text{exp.}} = (10{,}5 \pm 0{,}7)$ G, $|B + a|_{\text{exp.}} = (32{,}5 \pm 0{,}7)$ G und $|C + a|_{\text{exp.}} = (21{,}8 \pm 0{,}7)$ G.

Dieses Ergebnis entspricht innerhalb der Fehlergrenzen der Theorie den berechneten Werten, wobei sich hier wie dort das gleiche (negative) Vorzeichen ergibt. Insbesondere findet man aus den experimentellen Aufspaltungen als isotropen Kopplungsfaktor wieder $a = -21{,}6$ G. Bei diesem Beispiel deuten also sowohl die anisotrope als auch die isotrope HFS auf eine Spindichte von $\varrho_C \approx 0{,}94$ am Zentralkohlenstoff. Damit ist in diesem Falle das Radikalelektron weitgehend am Kohlenstoff lokalisiert. Mesomere Grenzstrukturen, etwa mit Sauerstoff als Radikalelektronträger, liegen kaum

[4] siehe Fußnote 1, S. 201.

vor. Offensichtlich spielen einmal Wasserstoffbrücken im Kristall, zum anderen die Herausdrehung der Carboxylgruppe aus der Ebene der drei C-Atome (13° bzw. 90°) und die damit verbundene geringere Wechselwirkung der π-Elektronen eine ausschlaggebende Rolle.

Analog den Berechnungen der Aufspaltungen der Protonen kann die anisotrope Wechselwirkung des Elektrons mit anderen magnetischen Kernen, die an das Kohlenstoffatom gebunden sind, ermittelt werden. Es interessieren im wesentlichen die ^{14}N- und ^{13}C-HFS der Fragmente >·C—^{14}N und >·C—^{13}C. Da die Berechnungen ohnehin nur angenäherten Charakter haben, sei die Aufspaltung nur abgeschätzt. Wenn die gleiche Eigenfunktion des freien Elektrons und derselbe Abstand C—X wie beim C—H-Fragment zugrunde gelegt wird, so unterscheiden sich die Aufspaltungen von dem des Protons nur durch die verschiedenen magnetischen Momente und Spins der Kerne, also um den Faktor

$$\frac{\mu_N/I_N}{\mu_H/I_H} \quad \text{bzw.} \quad \frac{\mu_C/I_C}{\mu_H/I_H}.$$

Die daraus resultierenden Werte für die anisotropen Kopplungsparameter sind unter Beibehaltung des oben angedeuteten Koordinatensystems in Tab. 11 zusammengestellt. Um aus ihnen die experimentellen Kopplungsparameter zu gewinnen, sind zu diesen Werten noch die isotropen Anteile zu addieren. Die zu erwartenden, anisotropen Aufspaltungen sind gering. Sie liegen, insbes. im Falle des Stickstoffkerns, etwa bei 1 bis 2 G. Somit wird die anisotrope N-HFS eines C—N-Fragments in den meisten Fällen nicht aufgelöst werden können, eine Linienverbreiterung hingegen ist zu erwarten. Messungen entsprechender Verbindungen haben diese Annahme bestätigt[5]. Analog konnten die anisotropen Protonen-Kopplungen für ·N—H- und ·O—H-Fragmente abgeschätzt werden[6] (s. Tab. 11).

Eine andere wichtige Konfiguration, für die die anisotrope Wechselwirkung zu berechnen ist, liegt in den Fällen vor, bei denen *das freie Elektron direkt um den magnetischen Kern zentriert ist*. Als Beispiel sei wieder die Malonsäure angeführt, bei der das Kohlenstoffatom, das das freie Elektron trägt, durch den magnetischen ^{13}C-Kern ersetzt ist. Die abzuleitenden, theoretischen Ergebnisse sollten sich auf andere Radikale übertragen lassen, bei denen magnetische Heteroatome als Träger des freien Elektrons fungieren.

[5] Z. B. I. Miyagawa, Y. Kurita, and W. Gordy: J. Chem. Phys. **33**, 1599 (1960); M. Katayama, and W. Gordy: J. Chem. Phys. **35**, 117 (1961); T. S. Jaseja, and R. S. Anderson: J. Chem. Phys. **35**, 2192 (1961); W. C. Lin, and C. A. McDowell: Mol. Phys. **4**, 333 (1961); M. Katayama: J. Mol. Spec. **9**, 429 (1962); D. V. G. L. N. Rao, and M. Katayama: J. Chem. Phys. **37**, 382 (1962).

[6] A. Carrington, and H. C. Longuet-Higgins: Mol.Phys. **5**, 447 (1962).

Tabelle 11. *Berechnete Hauptelemente der anisotropen HFS einiger Kerne (C entspricht der Kopplung bei einem Magnetfeld parallel zur Rotationsachse des freien p-Elektrons, ζ-Achse)*

Kern	Konfiguration	A [G]	*B* [G]	*C* [G]	Lit.
H	>•C–H	+15,5	−13,8	−1,7	7
H	•N–H	+23,9	−18,2	−5,7	8
H	•O–H	+33,5	−23,9	−9,6	8
^{13}C	>•C–^{13}C	+3,91	−3,48	−0,43	
^{14}N	>•C–^{14}N	+1,12	−1,00	−0,12	
^{13}C	Atom	−25,5	−25,5	51	
^{14}N	Atom	−13,5	−13,5	27	
^{13}C	Atom	−32,5	−32,5	65	9
^{14}N	Atom	−17,1	−17,1	34,2	9
^{31}P	Atom	−102,8	−102,8	205,6	10
^{33}S	Atom	−27,8	−27,8	55,6	10
^{35}Cl	Atom	−48,9	−48,9	97,8	10
H	>•C–CH_3	+2,3	−0,7	−1,6	11

Die Bestimmung der anisotropen Kopplungsparameter ist bei Ausnutzung der Symmetrieeigenschaften des Atom-p-Orbitals wesentlich einfacher als beim >•C—H-Fragment. Die ausgezeichneten Achsen sind der Skizze (S. 210) zu entnehmen. Hier ist zu erkennen, daß die ξ- und η-Achsen gleichwertig sind, d. h. es muß auf Grund der Zylindersymmetrie des Problems für alle Magnetfelder, die in der ξ—η-Ebene liegen, dieselbe

[7] siehe Fußnote 3, S. 210.
[8] siehe Fußnote 6, S. 212.
[9] A. Horsfield, J. R. Morton, J. R. Rowlands, and D. H. Whiffen: Mol. Phys. **5**, 241 (1962).
[10] G. W. Chantry, A. Horsfield, J. R. Morton, J. R. Rowlands, and D. H. Whiffen: Mol. Phys. **5**, 233 (1962).
[11] W. Derbyshire: Mol. Phys. **5**, 225 (1962).

anisotrope Kopplung auftreten. Damit gilt $A = B$ und wegen $A + B + C = 0$ folgt $C = -2B$. Mit diesen Beziehungen vereinfacht sich die Gleichung für die HFS-Kopplung (Gl. 203, S. 205) zu

$$|\Delta H| = \frac{C}{2}\,(3\cos^2 w' + 1)^{1/2}\,. \tag{216}$$

w' gibt den Winkel zwischen H_0-Feld und ζ-Achse, der Symmetrieachse des freien p-Elektrons an. Diese Gleichung gibt in einfacher Weise die Aufspaltung des ESR-Signals in Abhängigkeit von der H_0-Feldrichtung wieder[12].

Die Berechnung des Kopplungsparameters C gelingt wieder durch Integration der Gl. 215. Erneut kann für Elemente der zweiten Reihe des Periodensystems die p-Eigenfunktion des Wasserstoffs der Form

$$\Psi_{2p_z} = \left[\frac{1}{6\pi}\left(\frac{Z}{r_0}\right)^5\right]^{1/2} r\, e^{-Zr/2r_0} \cos\vartheta$$

benutzt werden, wenn für Z die effektive Kernladungszahl des betr. Kerns eingesetzt wird. Nach der Integration kann für $n = 2$ das allgemeine Resultat $C = 1{,}14\, Z^3\, g_I$ [Gauß] erhalten werden. Angewandt auf den ^{13}C-Kern mit $Z_{\text{eff}} = 3{,}18$ und auf den ^{14}N-Kern mit $Z_{\text{eff}} = 3{,}89$ ergeben sich daraus die in Tab. 11 aufgeführten anisotropen Kopplungen. Auf die starke Abhängigkeit der so ermittelten Kopplungsparameter von der Wahl der effektiven Kernladung Z_{eff}, sie geht mit der 3. Potenz in die Berechnung ein, wurde schon hingewiesen. Dennoch ist der Vergleich der experimentellen Ergebnisse mit den Aussagen der Theorie recht zufriedenstellend.

Für die ^{13}C-Aufspaltung ergaben sich bei Untersuchungen[13,14] von ^{13}C-angereicherter Malonsäure die experimentellen Daten zu $A = -24{,}9$ G, $B = -18{,}0$ G und $C = +42{,}9$ G. Mit $\varrho_{^{13}\text{C}} = 0{,}9$, dem früher aus der H-Aufspaltung gewonnenen Ergebnis, würden die Experimente mit den theoretischen Werten von $A = -23$ G, $B = -23$ G und $C = +46$ G zu vergleichen sein.

Die experimentell gefundene Abweichung des Systems von der Zylindersymmetrie ($A \neq B$) läßt die Schwäche des benutzten Modells erkennen. Die drei σ-Bindungen sind *nicht* identisch, und um den experimentellen Daten zu genügen, müßte die Theorie von einer Konfiguration ausgehen, bei der der Schwerpunkt des freien p-Elektrons um ca. 0,15 Å vom Zentralkohlenstoff in Richtung des Protons verschoben ist. Für eine Reihe Atomkerne wurden die Elemente der anisotropen Kopplung auch bei Verwen-

---

[12] H. Zeldes, G. T. Trammell, R. Livingston, and R. W. Holmberg: J. Chem. Phys. **32**, 618 (1960).

[13] H. M. McConnell, and R. W. Fessenden: J. Chem. Phys. **31**, 1688 (1959).

[14] T. Cole, and C. Heller: J. Chem. Phys. **34**, 1085 (1961).

dung von SCF-Atomfunktion angegeben[15,16] (vgl. Tab. 11). Im Falle der ^{13}C-HFS wird jedoch dadurch die Übereinstimmung von Experiment und Theorie nicht besser.

Die *anisotrope Wechselwirkung des freien Elektrons mit Kernen, die mehr als eine Bindungslänge vom Zentrum des Elektrons entfernt sind*, wurde von W. Derbyshire[17] berechnet. Für die im wesentlichen interessierende HFS der *Protonen einer Methylgruppe* ergab sich (in Übereinstimmung mit experimentellen Befunden[18–22]), wegen des großen Abstandes zwischen Proton und freiem Elektron, eine, verglichen mit der isotropen Kopplung, nur kleine anisotrope Wechselwirkung. Die Werte, ca. 2 G, hängen bei nicht rotierenden $>\dot{C}-C{<}H$-Fragmenten von dem Einstellwinkel der C—H—Bindung ab. Für rotierende Methylgruppen beträgt die experimentell gefundene anisotrope Kopplung $A = B = -1{,}1$ G, $C = +2{,}2$ G[18].

Kennt man die zu erwartenden Kopplungsparameter für einen Kern, so ist es bei *Untersuchungen der Radikale in nematischen Phasen* geeigneter Lösungsmittel möglich, auf das *Vorzeichen der isotropen Kopplung* zu schließen[23–27]. Eine Zusammenstellung entsprechender Lösungsmittel und ihrer thermodynamischen Daten findet sich in der Literatur[28]. Die Lösungsmittel zeichnen sich dadurch aus, daß sich ihre Moleküle unterhalb einer bestimmten Übergangstemperatur im Magnetfeld H_0 teilweise (in der Größenordnung von 50%) ausrichten. Damit nehmen auch die in diesen Bereichen gelösten Radikalmoleküle relativ zum Magnetfeld *eine definierte Orientierung* ein. Bei der vereinfachenden Annahme einer vollständigen Ausrichtung aller Radikalmoleküle, etwa $\xi \parallel H_0$, ist damit der ESR-Messung der Kopplungsparameter $|A + a|$ zu entnehmen. Wird jetzt die Temperatur der Probe höher als die Übergangstemperatur gewählt, so geht die nematische Phase des Lösungsmittels verloren. Aus der ESR-Messung resultiert jetzt der isotrope Kopplungsparameter $|a|$. Aus dem Vorzeichen der experi-

---

[15] siehe Fußnote 9, S. 213.
[16] siehe Fußnote 10, S. 213.
[17] siehe Fußnote 11, S. 213.
[18] J. R. Morton, and A. Horsfield: J. Chem. Phys. **35**, 1142 (1961).
[19] A. Horsfield, J. R. Morton, and D. H. Whiffen: Trans. Faraday Soc. **57**, 1657 (1961).
[20] H. C. Heller: J. Chem. Phys. **36**, 175 (1962).
[21] I. Miyagawa, and K. Itoh: J. Chem. Phys. **36**, 2157 (1962).
[22] W. C. Lin, and C. A. McDowell: Can. J. Chem. **40**, 1060 (1962).
[23] H. R. Falle, and G. R. Luckhurst: Mol. Phys. **11**, 299 (1966).
[24] G. R. Luckhurst: Mol. Phys. **11**, 205 (1966).
[25] A. Carrington, and G. R. Luckhurst: Mol. Phys. **8**, 401 (1964).
[26] H. C. Longuet-Higgins, and G. R. Luckhurst: Mol. Phys. **8**, 613 (1964).
[27] S. H. Glarum, and J. H. Marshall: J. Chem. Phys. **44**, 2884 (1966).
[28] Z. B. W. Kast: Angew. Chem. **67**, 592 (1955), International Critical Tables, McGraw-Hill Book Comp., Inc. New York and London 1926, Vol. I, S. 314.

mentell ermittelten Änderung der Linienabstände $\delta a = |A + a| - |a|$ kann dann auf das Vorzeichen der isotropen Kopplung a und damit z. B. für α-Protonen direkt auf das Vorzeichen der Spindichte ϱ_{C_α} geschlossen werden. Bei diesem Verfahren muß das Vorzeichen des anisotropen Kopplungparameters A eindeutig, also unabhängig vom Vorzeichen der Spindichte $\varrho_{C\alpha}$ bekannt sein. Das ist nur dann der Fall, wenn die anisotropen Wechselwirkungen entfernterer π-Zentren mit eindeutigem Vorzeichen der Spindichte in die Berechnung von A mit einbezogen werden. Sie müssen dann relativ zur anisotropen Kopplung der C_α-Spindichte so groß werden, daß sie das Vorzeichen von A, unabhängig von den Vorzeichen von ϱ_{C_α}, alleine festlegen.

II. *g*-Faktor

Bisher wurde durchweg angenommen, daß der *g*-Faktor, die die Lage des Spektrenzentrums in bezug auf das H_0-Feld bestimmende Stoffkonstante des Radikals, isotrop und etwa gleich dem Betrag des freien Elektrons, $g = 2{,}002319$[1], ist. Genauere Messungen zeigten jedoch Abweichungen von diesem Wert und von Radikal zu Radikal geringe Unterschiede. Die Unterschiede können 0,01 betragen, doch sind Abweichungen in der 3. Stelle, innerhalb der aromatischen Ionen auch Differenzen in der 4. Stelle die Regel.

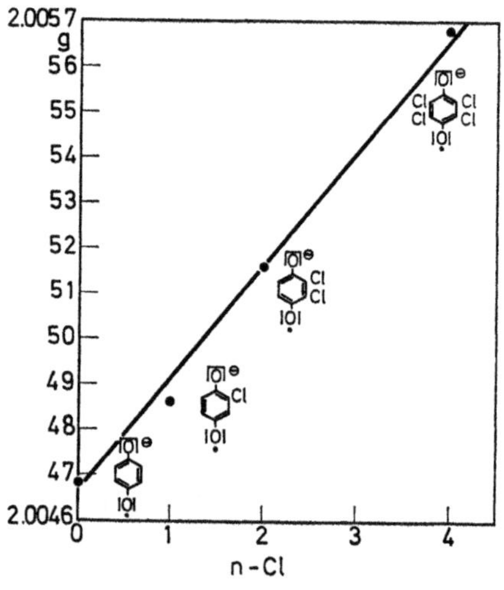

Abb. 76. Anstieg des *g*-Faktors des *p*-Benzosemichinons mit der Zahl der Cl-Substituenten[2]

[1] D. T. Wilkinson, and H. R. Crane: Phys. Rev. **130**, 852 (1963).
[2] M. S. Blois, H. W. Brown, and J. E. Maling: Free Radicals in Biological Systems. New York-London: Acad. Press 1961.

Nur wenige Arbeiten sind der Untersuchung der Abhängigkeit der experimentellen g-Faktoren von anderen bekannten physikalischen Größen der Moleküle oder Atome gewidmet. M. S. BLOIS, H. W. BROWN u. I. E. MALING[2] konnten durch Vermessung einiger p-Benzosemichinone in Lösung zeigen, daß die g-Faktoren etwa linear mit der Anzahl der Cl-Substituenten ansteigen (vgl. Abb. 76). Die Untersuchung tetrahalogenierter p-Benzosemichinone lieferte eine im wesentlichen lineare Abhängigkeit des g-Faktors vom Wert der Spinbahnkopplungskonstanten λ der Halogenatome (vgl. Abb. 77). Einkristalluntersuchungen ergaben, daß *der g-Faktor*

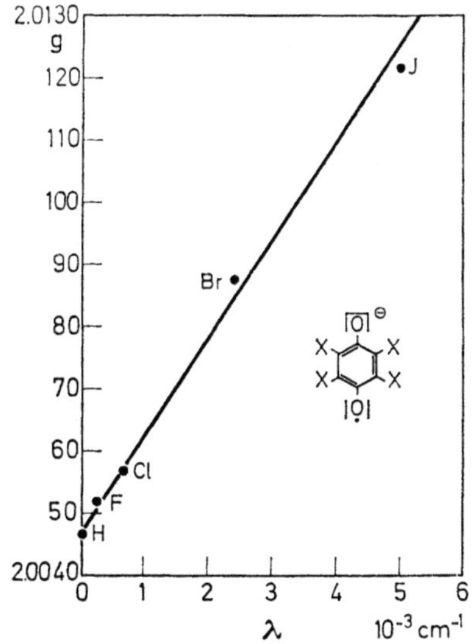

Abb. 77. Anstieg des g-Faktors in Abhängigkeit von der Spinbahnkopplungskonstanten λ der Substituenten des p-Benzosemichinons, H, Cl, Br, J[2a], F[2b]

anisotrope Eigenschaften besitzt. Das Zentrum des ESR-Spektrums ist also abhängig von der Richtung des H_0-Feldes relativ zu einem Kristallkoordinatensystem (vgl. Abb. 75, S. 206).

II.a. Beschreibung und experimentelle Ermittlung der *g*-Anisotropie

Um die Anisotropie des g-Faktors bei räumlich fixierten Radikalmolekülen formal beschreiben zu können, ist der isotrope g-Faktor durch einen symmetrischen g-Tensor G zu ersetzen, so daß die Wechselwirkung zwi-

[2a] siehe Fußnote 2, S. 216.
[2b] J. W. EASTMAN, G. M. ANDROES, and M. CALVIN: Nature **193**, 1067 (1962).

schen H_0-Feld und magnetischem Moment des Elektrons durch $\mu_B \mathfrak{H}_0 G \vec{S}$ dargestellt wird. Die Matrixelemente des g-Tensors hängen, ähnlich wie die Elemente des HFS-Kopplungstensors A, vom *Koordinatensystem* ab. Wird ein kristallfestes Arbeitskoordinatensystem x, y, z zugrunde gelegt, so hat der g-Tensor die Gestalt

$$G = \begin{pmatrix} g_{xx} & g_{xy} & g_{xz} \\ g_{xy} & g_{yy} & g_{yz} \\ g_{xz} & g_{yz} & g_{zz} \end{pmatrix} \tag{217}$$

Ist die Richtung des H_0-Feldes in diesem Koordinatensystem wieder durch die Richtungscosinus $\mathfrak{H}_0 = H_0 \{\cos u, \cos v, \cos w\}$ bestimmt, so ergibt sich für den bei dieser Richtung des Feldes resultierenden g-Faktor analog den HFS-Betrachtungen (s. Gl. 205, S. 205):

$$g = (T_{11}\cos^2 u + T_{22}\cos^2 v + T_{33}\cos^2 w + 2T_{12}\cos u \cos v + 2T_{13}\cos u \cos w + 2T_{23}\cos v \cos w)^{1/2} \tag{218}$$

Dabei sind die T_{ij} wieder die Elemente der durch Multiplikation des g-Tensors mit sich selbst entstehenden Matrix $T = G \cdot G$. Ihre experimentelle Ermittlung ist entsprechend dem auf S. 205 skizzierten Verfahren möglich[3].

Der Übergang von dem Kristallkoordinatensystem x, y, z zu dem Molekül-eigenen Hauptsystem mit den Koordinaten ξ, η, ζ wird durch die Diagonalisierung der T-Matrix erreicht, so daß sich diese im Hauptachsensystem als

$\begin{pmatrix} g_1^2 & 0 & 0 \\ 0 & g_2^2 & 0 \\ 0 & 0 & g_3^2 \end{pmatrix}$ darstellt. Damit ist auch der *g-Tensor in seiner Diagonalgestalt* und seinen Hauptelementen g_1, g_2 und g_3 bekannt. Im Hauptsystem bestimmt sich daraus der Wert des g-Faktors in Richtung des magnetischen Feldes $\mathfrak{H}_0 = H_0 \{\cos u' \cos v' \cos w'\}$ zu

$$g = (g_1^2 \cos^2 u' + g_2^2 \cos^2 v' + g_3^2 \cos^2 w')^{1/2} \tag{219}$$

Da die anisotropen Elemente des g-Tensors alle ein positives Vorzeichen haben, ist auch, anders als bei der anisotropen HFS, der resultierende g-Faktor eindeutig bestimmt.

Der sich bei der Untersuchung gelöster Radikale einstellende Mittelwert des g-Faktors, der isotrope g-Faktor, kann durch Integration des Ausdrucks

---

[3] s. a. D. S. Schonland: Proc. Phys. Soc. **A 73**, 788 (1959).

(Gl. 219) über die Einheitskugel gewonnen werden. Da bei organischen Radikalen nur eine geringe g-Anisotropie vorliegt, die Hauptelemente g_i sich also nur wenig (ca. 1% und weniger) vom isotropen Wert unterscheiden, gilt für den isotropen g-Faktor in sehr guter Näherung[4]

$$g_{iso} = \frac{1}{3}(g_1 + g_2 + g_3) \,. \tag{220}$$

II.b. Spin-Bahn-Kopplung

Wenn das freie Elektron eines Radikalmoleküls durch einen bahnlosen Zustand Φ_0 beschrieben wird (s. S. 3), so sollte der g-Faktor dem des freien Elektrons, $g = 2{,}00232$, entsprechen. Eine Abweichung von diesem Wert kann durch eine *Spin-Bahn-Kopplung* des Elektronenspins in angeregten magnetischen Zuständen Φ_n verursacht werden. Die Größe dieser Wechselwirkung wird für Atome oder Ionen durch die *Spin-Bahn-Kopplungskonstante* λ charakterisiert. Der Wert der Spin-Bahn-Kopplungskonstanten λ ist für die verschiedenen Atome aus der Feinstruktur der optischen Spektren zu entnehmen. D. S. McClure[5,6] hat die Kopplungskonstanten für einige Atome angegeben, so daß andere durch Interpolation abgeschätzt werden können. *Für leichte Elemente* ergeben sich sehr kleine Werte ($\lambda_C = 28$ cm^{-1}, $\lambda_O = 152$ cm^{-1}), demnach also rein qualitativ auch nur relativ *geringe Unterschiede der g-Faktoren vom Wert des freien Elektrons g_f*. Erst *die schwereren Elemente* ($\lambda_S = 382$ cm^{-1}, $\lambda_{Se} \approx 2000$ cm^{-1}, $\lambda_{Br} \approx 2460$ cm^{-1}, $\lambda_J \approx 5060$ cm^{-1}) *tragen wesentlich zu einer Abweichung von g_f bei*[7].

Genauere theoretische Untersuchungen von M. H. L. Price[8] ergaben bei Atomen und Ionen für die Elemente des g-Tensors in 1. Näherung den Ausdruck

$$g_{ij} = g_f\left(\delta_{ij} - \lambda \sum_n \frac{\langle\Phi_0|L_i|\Phi_n\rangle\langle\Phi_n|L_j|\Phi_0\rangle}{E_n - E_0}\right). \tag{221}$$

Dabei beschreiben die Funktionen Φ_0 und Φ_n den Grundzustand bzw. die an der Kopplung beteiligten angeregten Zustände des paramagnetischen Zentrums. E_0 und E_n bezeichnen die entsprechenden Energien. $\boldsymbol{L}_i$ ist die i-te Komponente des Operators für den Bahndrehimpuls. Da wegen der im Nenner von Gl. 221 auftretenden Energiedifferenz nur die dem Grundzustand nächsten Zustände wesentlich die g-Abweichung bestimmen, kom-

[4] F. K. Kneubühl: J. Chem. Phys. **33**, 1074 (1960).
[5] D. S. McClure: J. Chem. Phys. **17**, 905 (1949).
[6] D. S. McClure: J. Chem. Phys. **20**, 682 (1952).
[7] H. M. McConnell, and R. E. Robertson: J. Phys. Chem. **61**, 1018 (1957).
[8] M. H. L. Price: Proc. Phys. Soc. **A 63**, 25 (1950).

men vor allem die $n \to \pi$-, $\sigma \to \pi$- und $\pi \to \sigma^*$-Übergänge für die Auswertung der Gleichung in Frage.

Zur Veranschaulichung der auf den g-Faktor wirkenden Einflüsse kann das in Abb. 78 skizzierte C—H-Fragment dienen[9]. Wäre es dem freien

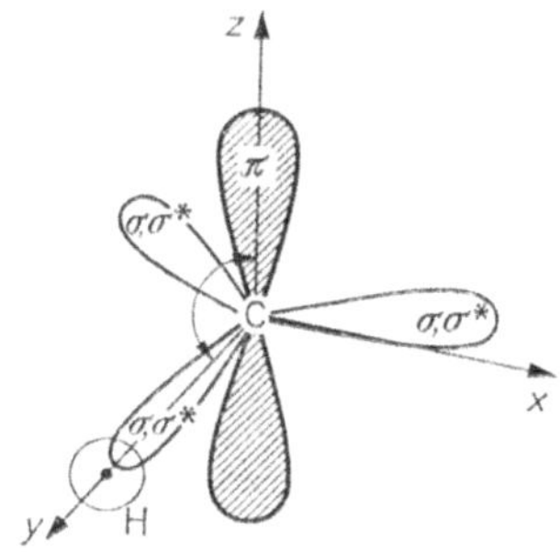

Abb. 78. Modell zur Verschiebung des g-Faktors durch $\sigma \to \pi \to \sigma^*$-Anregung eines C—H-Fragments[9]

p-Orbital möglich, etwa um die x-Achse frei zu präzessieren, so würde dieses einem Bahndrehimpuls $L = 1$ und bei einem Magnetfeld in x-Richtung der magnetischen Bahnquantenzahl von $m_L = +1$ entsprechen (vgl. S. 4). Wird das durch die Präzession des p-Orbitals verursachte Magnetfeld mit δH_x bezeichnet, so stellt sich der Spin des p-Elektrons in diesem Feld gemäß der Spin-Bahn-Kopplungskonstanten λ des C-Atoms nach der Beziehung $g_f \mu_B \delta H_x = \lambda$ ein. Dieses zum H_0-Feld zusätzliche Feld δH_x verschiebt damit den g-Faktor des Elektrons um $\Delta g_x = -g_f \delta H_x / H_0$. Obwohl das Bahnmoment in organischen Radikalen unterdrückt ist, können die $\sigma \to \pi$- und $\pi \to \sigma^*$-Übergänge, durch den Doppelpfeil angedeutet, anschaulich als Bahnbewegung im obigen Sinne ausgelegt werden. Wird in diesem Bild die Drehrichtung und damit die Richtung des Zusatzfeldes in Betracht gezogen, so kann bei einer $\sigma \to \pi$-Anregung auf eine Vergrößerung, bei einer $\pi \to \sigma^*$-Anregung auf eine Verkleinerung des g-Faktors geschlossen werden. Eine Vernachlässigung der i. allg. höheren σ^*-Terme führt damit immer zu einer Erhöhung des g-Faktors relativ zu g_f. Die in Gl. 221, S. 219 erscheinenden Energiedifferenzen tragen der Tatsache Rechnung, daß die Bahnbewegung des p-Orbitals nicht frei ist.

Aus Abb. 78 ist ebenfalls zu entnehmen, daß bei der skizzierten $\sigma \to \pi$- bzw. $\pi \to \sigma^*$-Anregung kein durch die Bahnbewegung erzeugtes Zusatzfeld in z-Richtung, der Rotationsachse des freien π-Orbitals auftritt. Damit ist bei π-Radikalen in dieser Näherung $g_z = g_\parallel \approx g_f$ zu erwarten. Bei H_0-Feldrichtungen senkrecht zur z-Achse tritt demgegenüber die geschilderte

[9] K. Möbius: Z. Naturforsch. **20a**, 1093 (1965).

Vergrößerung des g-Faktors auf. Darüber hinaus kann oft mit einer Zylindersymmetrie des g-Faktors gerechnet werden, so daß $g_x = g_y = g_\perp > g_f$ ist.

Die wesentliche Schwierigkeit bei der Ausnutzung der Beziehung für den g-Tensor (Gl. 221, S. 219) liegt in der Ermittlung der Anregungsenergien. Bei Radikalen muß also empirisch vorgegangen werden. Bei der Übertragung dieser Gleichung auf die *vielatomigen paramagnetischen Systeme der organischen Chemie* kommt noch eine weitere Komplikation hinzu, da, entsprechend der Mesomerie des freien Elektrons, *die einzelnen Beiträge der Molekülatome summiert werden müssen. Einmal treten dadurch für unterschiedliche Atome X verschiedene Spin-Bahn-Kopplungsparameter λ_X auf, zum anderen ist das Gewicht der einzelnen Anteile durch die a priori unbekannten Spindichten ϱ_X gegeben.* Somit blieb bisher Gl. 221 auf spezielle Fälle beschränkt.

Y. Kurita u. W. Gordy[10] untersuchten die paramagnetischen Produkte von γ-bestrahlten L-*Cystin-Einkristallen*. Sowohl aus der HFS als auch aus der starken Anisotropie des g-Faktors konnten die Verfasser das Hauptbestrahlungsprodukt als ein Radikal der Struktur

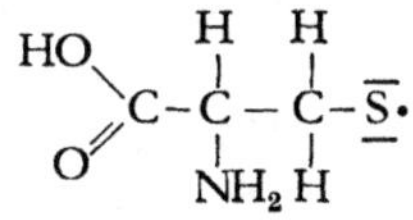

identifizieren.

Die Hauptelemente des g-Tensors wurden zu 2,003, 2,029 und 2,052 bestimmt. Schon die starke Anisotropie und die Abweichung vom Wert des freien Elektrons weisen auf eine wesentliche Beteiligung eines schwereren Elements, des Schwefels, am Radikalzustand hin. Auf Grund des großen Spin-Bahn-Kopplungsparameters ($\lambda_S = +382\ \mathrm{cm}^{-1}$) ist hier ein starker Effekt der angeregten Zustände zu erwarten. Die Autoren gingen, um die g-Elemente theoretisch abzuschätzen, von der vereinfachenden Annahme aus, daß das freie Elektron zu 100% am Schwefelatom lokalisiert sei ($\varrho_S = 1$). Seine Bahnfunktion wurde als reine p-Bahn des Schwefels angenommen. Damit war die Eigenfunktion des freien Elektrons zu $\Phi_0 = (3p_x)_S$ festgelegt. Die anderen am Schwefel befindlichen Elektronenpaare und das die C—S-Bindung aufbauende Elektronenpaar bilden mit den übrigen p- und der s-Funktion des Schwefels die sp²-Hybridfunktionen Φ_1, Φ_2 und Φ_3.

Mit diesen im wesentlichen aus p-Orbitalen bestehenden Funktionen lassen sich jetzt die in Gl. 221, S. 219 auftretenden Matrixelemente berechnen und durch Benutzung der experimentell ermittelten g-Faktoren die Energiedifferenzen zu $E_1 - E_0 = E_2 - E_0 = 15000\ \mathrm{cm}^{-1}$ ($n \to \pi$) und $E_3 - E_0 = 43000\ \mathrm{cm}^{-1}$ ($\sigma \to \pi$) abschätzen, die obwohl nur als Näherung zu betrachten, doch in der richtigen Größenordnung liegen.

Wurde hier $\varrho_S = 1$ vorausgesetzt, so ließen sich in der angegebenen Weise die Anregungsenergien bestimmen. Andererseits konnten die Autoren

---

[10] Y. Kurita, and W. Gordy: J. Chem. Phys. **34**, 282 (1961).

daraus bei dem Bestrahlungsprodukt der *Thiodiglykolsäure*, dem Radikal
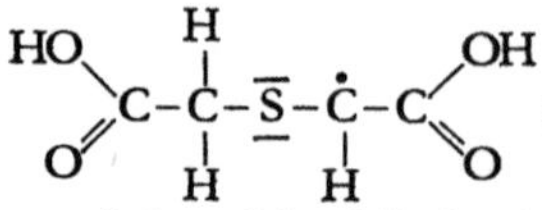 auf die Aufenthaltswahrscheinlichkeit des Elektrons am Schwefel schließen[11].

Die im Einkristall vermessenen g-Faktoren betrugen 2,002, 2,011 und 2,005, eine gegenüber dem vorigen Beispiel geringere, doch merkliche Anisotropie. Schon daraus kann entnommen werden, daß der Schwefel wiederum an der Mesomerie dieses Radikals beteiligt sein wird, da ein reines Kohlenwasserstoffradikal, entsprechend der angeführten Formel, nur sehr geringe g-Anisotropie zeigen sollte. Mit den vorher ermittelten Anregungsenergien berechneten die Verfasser die g-Faktoren für die Struktur 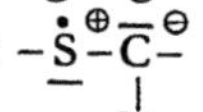 mit $\varrho_S = 1$. Durch Vergleich dieser Werte mit den experimentell gefundenen Größen ließ sich eine Beteiligung des Schwefels zu $\varrho_S = 0{,}22$ an der Radikalmesomerie ermitteln. Zum Vergleich sei die aus den HFS-Daten gewonnene freie Elektronendichte am Kohlenstoff zu $\varrho_C = 0{,}60$ angegeben. Die noch verbleibende freie π-Dichte ist mit der Strukturformel 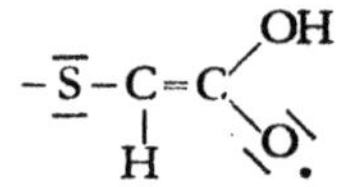 zu beschreiben. Die Vernachlässigung der Beiträge der leichteren Elemente erscheint durch die kleineren Spin-Bahn-Kopplungskonstanten gerechtfertigt.

Bei diesem Beispiel ist es also näherungsweise gelungen, sowohl mit Hilfe der anisotropen g-Faktoren als auch der HFS, die Gewichte der einzelnen Strukturen des Radikals abzuschätzen.

II.c. Isotroper g-Faktor

Auf Grund der skizzierten Anschauungen und Begriffe ist ebenfalls die *Variation der g-Faktoren* für eine Reihe von Radikalen zu verstehen, die *in Lösung, also unter Vermeidung aller Anisotropien*, beobachtet wurden. In den durch Mittelung über alle Raumrichtungen erhaltenen isotropen g-Faktor $g = 1/3\ (g_1 + g_2 + g_3)$ geht die *mittlere Abweichung der g-Hauptelemente vom Wert des freien Elektrons* ein. Bei dem Beispiel des aus dem L-Cystin gewonnenen Radikals mit $g_1 = 2{,}003$, $g_2 = 2{,}029$ und $g_3 = 2{,}052$ würde bei Messung in Lösung — angenommen, das Radikal wäre unter diesen Bedingungen stabil — ein isotroper g-Faktor von 2,028 resultieren. Auch hier ist also noch die starke Abweichung von $g_f = 2{,}0023$ zu erkennen.

---

[11] Y. Kurita, and W. Gordy: J. Chem. Phys. **34**, 1285 (1961).

Ähnlich liegen die Verhältnisse bei der durch Spaltung von Diphenyldisulfid mit kurzwelligem UV erzeugten und bei —200 °C einige Zeit haltbaren *Phenyl-S-Radikalen*[12]. Hier wurden axialsymmetrische g-Faktoren aus den Spektren des pulverförmigen Materials zu $g_\perp = 2{,}003$ und $g_\| = 2{,}017$ gewonnen. Das entspricht einem isotropen g-Faktor von ca. 2,008. Bei der Untersuchung entsprechender Radikale in Lösung[13], die durch Bestrahlung und Vermessung benzolischer Lösungen substituierter Thiophenole bei Zimmertemperatur gewonnen wurden, konnten ähnliche Werte gefunden werden.

Ebenfalls wird die Wirkung der schwereren Heteroatome auf die Größe der isotropen g-Faktoren durch eine Reihe von *4-substituierten Aroxylen* veranschaulicht[14]. In Abb. 79 ist die Größe des g-Faktors in Abhängigkeit von

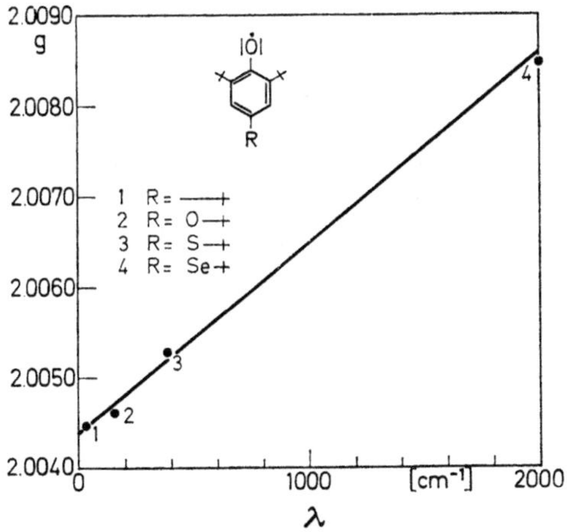

Abb. 79. Anstieg des g-Faktors mit der Spin-Bahn-Kopplungskonstanten des mit der p-Stellung des Phenoxyls verknüpften Atoms[14]

der Spin-Bahn-Kopplungskonstanten des Heteroatoms aufgetragen. Der innerhalb der Atome aus einer Gruppe des Periodensystems stetig mit λ ansteigende g-Faktor deutet auf eine Beteiligung der Heteroatome an der Radikalmesomerie. Im gleichen Sinne müssen auch die in Abb. 76 und 77, S. 216, 217 dargestellten Ergebnisse an den p-Benzosemichinonen gedeutet werden. Die Korrelation zwischen dem g-Faktor und den ihn bestimmenden Größen, λ_x, ϱ_x, ΔE_x wurden für verschiedene Halogen-substituierte Triphenylmethyl-Radikale experimentell untersucht[15]. Ebenfalls konnte eine lineare Beziehung der Chlor-HFS bei Cl-substituierten aliphatischen

[12] U. Schmidt: Angew. Chem. **76**, 629 (1964).
[13] W. Rundel u. K. Scheffler: Z. Naturforsch. **18 b**, 984 (1963).
[14] unveröffentl. Beobachtungen der Autoren.
[15] J. Sinclair, and D. Kivelson: J. Amer. chem. Soc. **90**, 5074 (1968).

Radikalen und dem Anstieg des *g*-Faktors gegenüber der unsubstituierten Verbindung aufgezeigt werden[16]. Dieser Zusammenhang wird plausibel, wenn die Cl-HFS durch die Formulierung $a_{Cl} = Q_{Cl}^{Cl} \varrho_{Cl}$ beschrieben wird (s. S. 198), also ebenso wie der *g*-Faktor eine lineare Proportionalität zur Spindichte aufweist.

Für die positiven und negativen *aromatischen Kohlenwasserstoff-Ionen* wurde von A. J. STONE[17,18] eine *semi-quantitative Theorie der g-Faktoren* entwickelt. Hierbei wird dem freien π-Elektron die dem Kohlenwasserstoff-Ion entsprechende Hückelsche Molekülbahn zugeordnet. Die Energie E_0 dieses halbgefüllten Niveaus (Radikale mit bahnentarteten Grundzuständen, Benzol, Coronen und ähnliche werden von den Betrachtungen ausgeschlossen) kann mit Hilfe des Coulomb-Integrals α und des Resonanzintegrals β in der Form

$$E_0 = \alpha + \gamma \cdot \beta \tag{222}$$

ausgedrückt werden, wobei γ für Kation- bzw. Anion-Radikale positive bzw. negative Werte annimmt und für neutrale alternierende Kohlenwasserstoffe Null ist. Entsprechend dem Quadrat der HMO-Koeffizienten wird die Kopplung der p_z-Funktion des Radikalelektrons an den verschiedenen C-Atomen mit den σ- und σ^*-Orbitalen desselben C-Atoms berechnet. Da bei den reinen Kohlenwasserstoffradikalen nur *eine* Spin-Bahn-Kopplungskonstante λ_C auftritt, konnte unabhängig von der spezifischen Spinverteilung im Molekül die Abweichung des isotropen *g*-Faktors vom Wert des freien Elektrons in der einfachen Beziehung

$$\Delta g = b + \gamma \cdot c \tag{223}$$

ausgedrückt werden. γ ist dabei der nach Gl. 222 aus dem Hückelschen Einelektronen-MO-Verfahren zu gewinnende, in β-Einheiten ausgedrückte Energieabstand des halbbesetzten Niveaus vom Term $E = \alpha$ (vgl. Abb. 66, S. 159). Die in den Rechnungen auftretenden Größen wurden nicht numerisch ermittelt, so daß die in Gl. 223 erscheinenden Konstanten b und c empirisch zu bestimmen sind. Genaue Vermessungen[19] der *g*-Faktoren einer Reihe von Kohlenwasserstoff-Ionen ergaben Werte von $b = 31{,}9 \cdot 10^{-5}$ und $c = -16{,}6 \cdot 10^{-5}$. Die mit diesen Konstanten berechnete Abweichung der *g*-Faktoren von g_f und die experimentell ermittelten Werte[20,21] sind in Abb. 80 wiedergegeben.

---

[16] K. MÖBIUS, K. HOFFMANN u. M. PLATO: Z. Naturforsch. **23a**, 1209 (1968).
[17] A. J. STONE: Mol. Phys. **6**, 509 (1963).
[18] A. J. STONE: Mol. Phys. **7**, 311 (1964).
[19] B. G. SEGAL, M. KAPLAN, and G. K. FRAENKEL: J. Chem. Phys. **43**, 4191 (1965).
[20] siehe Fußnote 19.
[21] K. MÖBIUS: Z. Naturforsch. **20a**, 1102 (1965).

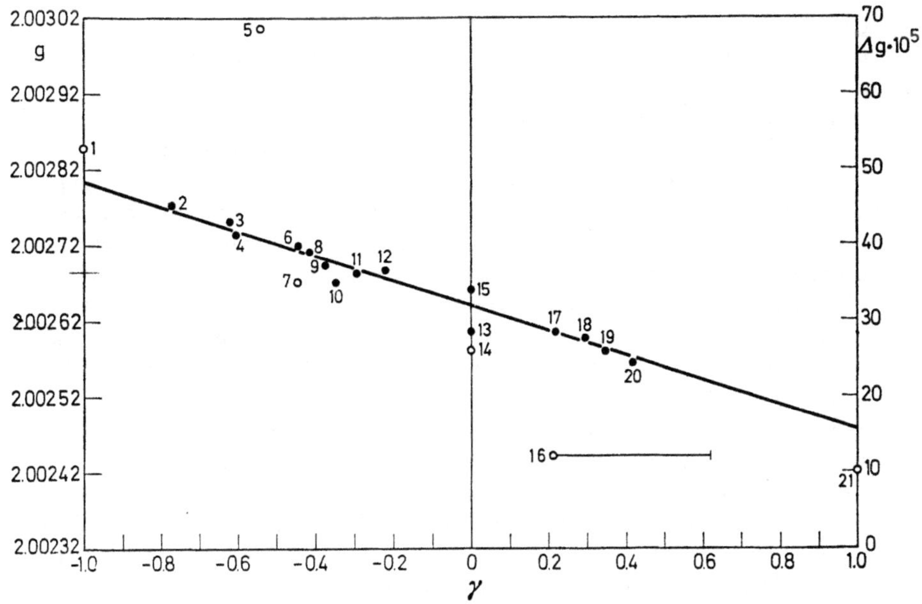

Abb. 80. *g*-Faktoren einiger Kohlenwasserstoffradikale in Abhängigkeit von der HMO-Bahnenergie. Ausgezogene Gerade nach Gl. 223, S. 224. ⊙ HMO-entartete Grundzustände

Nr.	Radikal	Lit.	Nr.	Radikal	Lit.
1	Benzol$^{\ominus}$	19	11	Tetracen$^{\ominus}$	19
2	Biphenyl$^{\ominus}$	21	12	Pentacen$^{\ominus}$	19
3	Naphthalin$^{\ominus}$	19	13	Triphenylmethyl	19
4	Phenanthren$^{\ominus}$	21	14	Cyclooctatetraen$^{\ominus}$	19
5	Coronen$^{\ominus}$	19	15	Perinaphthenyl	19
6	Pyren$^{\ominus}$	19	16	Pentaphenylcyclopentadienyl	21, 22
7	Cycloheptatrienyl	21a	17	Pentacen$^{\oplus}$	19
8	Anthracen$^{\ominus}$	19	18	Tetracen$^{\oplus}$	19
9	Fluoranthen$^{\ominus}$	19	19	Perylen$^{\oplus}$	19
10	Perylen$^{\ominus}$	19	20	Anthracen$^{\oplus}$	19
			21	Benzol$^{\oplus}$	21a

Ähnliche Werte für die Parameter *b* und *c* werden von A. J. Stone[17] und K. Möbius[21] angegeben.

Einzelne *Abweichungen der g-Werte von der geforderten Geraden* konnten mit einer *nicht-ebenen Struktur des entsprechenden Radikals* in Zusammenhang gebracht werden[22]. Bei Annahme einer Verdrehung der Phenylkerne (etwa im Biphenyl) um einen bestimmten Winkel aus der gemeinsamen Ebene wird der HMO-Parameter ebenfalls geändert. Damit kann der theoretische

[21a] M. C. Carter, and G. Vinvow: J. Chem. Phys. **47**, 292 (1967).
[22] K. Möbius: Z. Naturforsch. **20a**, 1117 (1965).

g-Faktor so verschoben werden, daß eine möglichst gute Übereinstimmung mit dem Experiment erreicht wird. Neben der HFS-Analyse ist somit in günstigen Fällen auch die *Ermittlung des g-Faktors zur Bestimmung von innermolekularen Torsionswinkeln* verwendbar.

Für die theoretisch noch nicht quantitativ verstandenen isotropen *g*-Faktoren einer Vielzahl von Radikaltypen können nur Anhaltswerte gegeben werden. Die angeführten Werte sind auch zur Identifizierung des Radikaltyps nur mit Vorsicht zu verwenden, da Substituenten mit schweren Elementen den *g*-Faktor wesentlich verändern können, während Alkyl- und Phenylreste nur einen geringen Einfluß zu haben scheinen[23]. Ähnlich wie bei den aromatischen Kohlenwasserstoffradikalen liegen die *g-Faktoren der Alkylradikale* im Bereich von 2,0026. Für die *Hydrazyl-Typen* mit dem bekanntesten Vertreter, dem DPPH, werden Werte um $g = 2{,}0036$ angegeben. Für die *Aroxylradikale* können Anhaltswerte aus Abb. 79 abgelesen werden. Während die *g*-Faktoren der *Nitroradikale* kaum vermessen worden sind (Nitrobenzolanion $g = 2{,}0044$), liegen die Werte für *N-Oxyde* um $g = 2{,}0057$. Weitere Radikalgruppen sind bisher in bezug auf den *g*-Faktor entweder nicht untersucht worden oder die Daten liegen nur so spärlich vor, daß sie nicht als typisch aufgeführt werden können.

[23] Unveröffentlichte Beobachtung der Autoren an 4-subst. Aroxylen.

D. Zweispinsysteme

Die Überlegungen bezogen sich bisher auf organische Moleküle mit *einem* freien Elektron, also auf Monoradikale im $^2\sum_{1/2}$-Zustand. Es existieren jedoch eine Reihe von Molekülen, bei denen zwei Elektronen als frei oder quasifrei anzusprechen sind und die auf Grund ihres Paramagnetismus ebenfalls der ESR-Untersuchung zugänglich sind.

I. Biradikale und Triplettzustand

Der wesentliche Unterschied zu den Monoradikalen liegt im zusätzlichen Auftreten einer Wechselwirkung zwischen den beiden Elektronen. Bei dieser Wechselwirkung können zwei Anteile unterschieden werden. Einmal erzeugt das magnetische Moment des einen Elektrons am Ort des anderen *ein zusätzliches Magnetfeld.* Die Größe des Zusatzfeldes wird durch μ_B/r^3 gegeben, kann also bei Annäherung der beiden Elektronen beträchtliche Werte annehmen (Abstand der Elektronen von 2 Å bedingt ein Zusatzfeld von ca. 1000 Gauß). Die Richtung des dipolaren Zusatzfeldes ist unter anderem von der Spinrichtung des Elektrons abhängig. Der zweite Anteil der Wechselwirkung zwischen den beiden Elektronen ist skalarer Natur. Er wird durch das *Austauschintegral J* der beiden Elektronen beschrieben. Dieses Austauschintegral hat nur dann einen von Null verschiedenen Wert, wenn sich die Ortsfunktionen der Einzelelektronen überlappen, also ein Austausch der Elektronen möglich ist. Die Frequenz des Elektronenaustausches $\nu_A = J/h$ bzw. die Größe der dipolaren Kopplung bestimmt, wie unten erläutert wird, den *Typ des Zweispinsystems.* Die Austauschfrequenz beeinflußt darüber hinaus auch den Habitus einer eventuell auftretenden *Hyperfeinstruktur.* Ähnlich wie die dipolare Wechselwirkung wird dieser skalare Anteil bei großen Abständen der Elektronen vernachlässigbar klein.

I.a. Beispiele

Zur Beschreibung der Zweispinsysteme können die beiden Einzelspins der Elektronen $S = 1/2$ zu einem Gesamtspin zusammengefaßt werden. *Die parallele Kopplung der Spins führt zu einem Tripletterm mit dem resultierenden Spin $S = 1$, während die antiparallele Anordnung den Singuletterm $S = 0$ zur Folge hat.*

Sind die beiden Elektronen des Moleküls räumlich so weit getrennt, daß keine Überlappung der Ortsfunktion eintritt, bewegen sich die Elektronen also in separierten, durch keinen Austausch korrelierten Molekülbahnen, so sind *das Triplett- und Singulettniveau energetisch gleichwertig, die beiden Zustände sind entartet.*

Als Beispiel kann das Radikal folgender Struktur angeführt werden[1]:

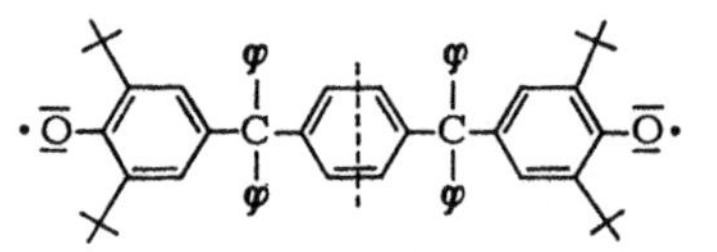

Die beiden Aroxylsysteme, und damit die beiden freien Elektronen, sind durch σ-Bindungen voneinander „isoliert". Es lassen sich zumindest keine klassischen Formulierungen des Radikals finden, die es den beiden freien Elektronen ermöglicht, in Wechselwirkung zu treten. Ihre Entfernung ist zu groß für eine Überlappung ihrer Eigenfunktionen. Ebenfalls ist die rein magnetische Kopplung der Elektronenspins wegen des großen räumlichen Abstandes praktisch zu vernachlässigen.

Dieses Zweispinsystem ist als *doppeltes Monoradikal* aufzufassen. Die beiden unabhängigen Radikalsysteme befinden sich jedes in einem $^2\sum_{1/2}$-Zustand. Jedes *Radikalsystem liefert im ESR-Experiment in bezug auf Lage und HFS sein eigenes Spektrum.* Im vorliegenden Falle sind die beiden Spektren auf Grund der Symmetrie des Moleküls identisch. Die Hyperfeinstruktur wird durch die Wechselwirkung jedes Elektrons mit „seinen" Protonen des Aroxylkerns hervorgerufen. Zweispinsysteme dieser Art sollen als *Biradikale* bezeichnet werden.

Als anderes Extrem sei eine angeregte Form des Naphthalins[2] angeführt. In seinem angeregten, phosphoreszierenden Zustand ist das Molekül in einer der mesomer möglichen Darstellungen als Zweispinsystem zu formulieren.

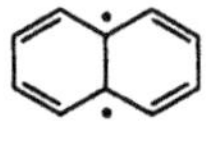

Auf Grund der großen Nähe der beiden Elektronen ist infolge der Überlappung ihrer Bahnfunktionen eine starke Wechselwirkung zu erwarten. Sie zeigt sich in der Kopplung der Spins der beiden Elektronen. *Je nach der Kopplung, parallel oder antiparallel, befindet sich das System in einem paramagnetischen Triplettzustand mit dem Gesamtspin $S = 1$ oder dem entsprechenden diamagnetischen Singulettzustand mit $S = 0$, wobei sich die beiden Terme energetisch unterscheiden.* Der Energieunterschied wird durch das Austauschintegral J der hier überwiegenden skalaren Kopplung bestimmt.

[1] E. Müller, R. Mayer u. K. Scheffler: Z. Naturforsch. **13b**, 825 (1958).
[2] C. A. Hutchison jr., and B. W. Mangum: J. Chem. Phys. **29**, 952 (1958).

Die parallele Kopplung der beiden Elektronenspins darf selbstverständlich das *Pauli-Verbot* nicht verletzen. Beim Naphthalin ist es also erforderlich, eines der beiden p-Elektronen der π-Bindung in einen angeregten Zustand zu bringen und so eine Parallelstellung der Spins zu erlauben.

Die Situation ist ähnlich wie beim Heliumatom. Der Grundzustand wird durch die Elektronenkonfiguration $1s^2$ mit Antiparallelstellung der Spins ($^1S_0$-Grundzustand des He) dargestellt. Beim Naphthalin entspricht diese Anordnung dem Grundzustand $^1\sum_0$, bei dem alle Elektronen in ihren tiefsten π-Bindungszuständen paarweise antiparallel gruppiert sind. Wird ein Elektron des Heliums in die $2s$-Bahn angehoben, so entfällt das Pauli-Verbot, und die Elektronenkonfiguration $1s\,2s$ führt je nach der Kopplung der Spins zum $^1S_0$-Zustand des Para-Heliums oder zu dem nach der Hundschen Regel energetisch tiefer liegenden $^3S_1$-Zustand des Ortho-Heliums. Entsprechend führt die optische Anregung einer π-Bindung $\pi^2 \rightarrow \pi^1 \pi^{*1}$ zu einem Zustand, für den die Kopplung der beiden Spins nicht mehr durch das Pauli-Prinzip eingeschränkt ist. Im Falle der optischen Anregung wird die Multiplizität erhalten, d. h. das erreichte angeregte Niveau ist ebenso wie der Grundzustand ein $^1\sum_0$-Zustand, der gemäß seiner Lebensdauer unter Aussendung von Fluoreszenzstrahlung in den Grundzustand zurückfällt. Der optisch angeregte Zustand kann jedoch ebenfalls zu dem energetisch tiefer liegenden $^3\sum_1$-Zustand führen. Dieser Übergang zu dem Triplettzustand ist wegen des Interkombinationsverbotes nur durch strahlungslose Mechanismen erreichbar. Der auf diese Weise besetzte Triplettzustand des Naphthalins und anderer Moleküle ist eben wegen des Interkombinationsverbotes *metastabil* und kann unter geeigneten Bedingungen mit der Elektronenresonanz untersucht werden[3].

Durch die Ununterscheidbarkeit der beiden Elektronen bzw. durch die wegen ihrer Kopplung mögliche Vertauschung *wird das ESR-Spektrum einheitlich*. Insbesondere ist die HFS (s. unten) als Wechselwirkung der magnetischen Kerne mit dem einheitlichen magnetischen Moment der Triplettelektronen aufzufassen.

I.b. Termschema und Temperaturabhängigkeit des ESR-Signals der Zweispinsysteme

Zwischen den extremen Typen der Zweispinsysteme — völlige Isolierung der Radikalelektronen bei Biradikalen und große Wechselwirkung der Triplettelektronen — gibt es alle Übergänge.

Um eine orientierende Übersicht zu erhalten, soll zuerst von jeglicher HFS abgesehen werden. Es werden die Termschemata von Monoradikalen,

[3] siehe Fußnote 2, S. 228.

Biradikalen und Triplettzuständen in Abb. 81 miteinander verglichen und diskutiert. Die normale Entartung der m_s-Terme ist hier durch ein kleines

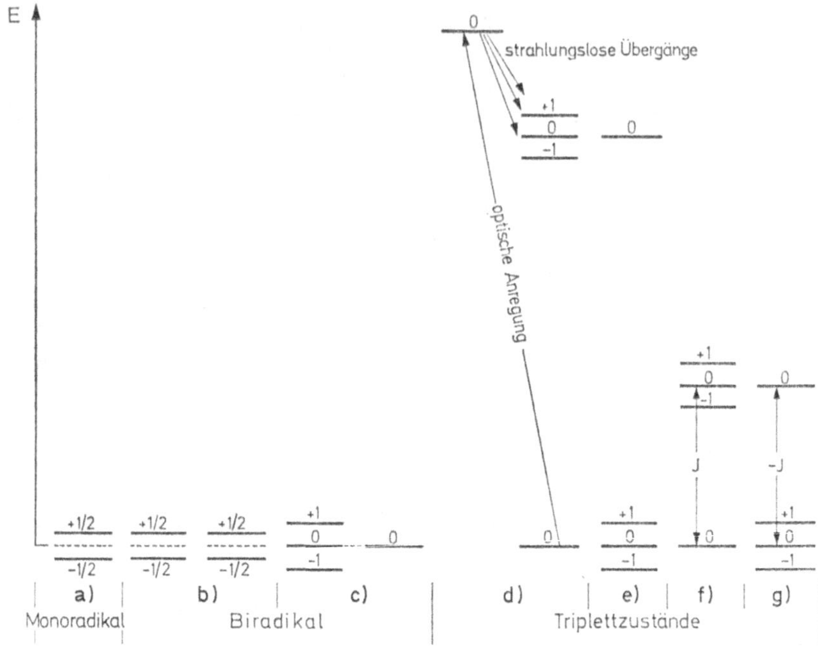

Abb. 81. Termschemata für verschiedene Typen der Zweispinsysteme

Magnetfeld aufgehoben, so daß aus der Anzahl der m_s-Terme (bei $S = 0$, $m_s = 0$; $S = 1/2$, $m_s = \pm 1/2$; $S = 1$, $m_s = \pm 1{,}0$) sofort die Multiplizität, Singulett, Dublett oder Triplett abgelesen werden kann.

Für das *Monoradikal* (*a*) liegen die magnetischen Terme seines Dublettzustandes, wie in den Eingangskapiteln gezeigt wurde, symmetrisch zur Energie des Grundzustandes, der auch für die anderen Systeme gestrichelt in der Abb. 81 hervorgehoben ist.

Die Intensität $I(a)$ der paramagnetischen Resonanz des Monoradikals ist nach Gl. 23 (S. 10) proportional zur Besetzungsdifferenz der bei einem Übergang beteiligten Zustände. Wenn die Zahl der untersuchten Moleküle mit $M(a)$ bezeichnet wird, so ergibt sich

$$I(a) = c\, M(a) \frac{\Delta E}{2 k T}\,. \tag{224}$$

c ist dabei eine Apparatekonstante, die auch bei den folgenden Intensitätsbeziehungen auftritt (vgl. S. 128).

Für ein *Biradikal* (*b*) treten diese Dublettzustände wegen der Unabhängigkeit der Molekülhälften zweifach auf, so daß die Intensität $I(b)$ des Resonanzsignals gerade das Doppelte der eines Monoradikals wird:

$$I(b) = 2\,c\,M(b)\,\frac{\Delta E}{2\,k\,T} \tag{225}$$

Das Termschema eines Biradikals kann einmal durch das verdoppelte Termschema eines Monoradikals wiedergegeben werden (vgl. Abb. 81 b). Hiermit völlig gleichwertig ist die Beschreibung durch ein Triplettniveau ($S = 1$, $m_s = +1$, 0, -1) und ein mit ihm entartetes Singulettniveau ($S = 0$, $m_s = 0$). Diese Darstellung ist in Abb. 81 c skizziert. Bei der Triplett-Singulett-Beschreibung des Zweispinsystems werden die Elektronenresonanzübergänge im paramagnetischen Triplettzustand induziert. Die Übergangsfrequenzen ergeben sich analog zu früheren Betrachtungen aus der Tatsache, daß sich der Spin $S = 1$ in einem Magnetfeld entsprechend seinen magnetischen Quantenzahlen $m_s = +1$, $m_s = 0$ und $m_s = -1$ einstellt. Die Energiedifferenzen zwischen den benachbarten magnetischen Niveaus betragen nach Gleichung 8 u. 10 (S. 5, 6) beide $g\,\mu_B\,H_0$. Da weiterhin die Auswahlregel $\Delta m_s = \pm 1$ gelten soll, sind nur Übergänge zwischen benachbarten Termen erlaubt, deren Frequenz sich dann wieder durch die schon bekannte Resonanzbeziehung $h\,\nu = g\,\mu_B\,H_0$ ergibt.

Bei einem Zweispinsystem, dessen *Triplettzustand energetisch so hoch über dem Singulettgrundzustand* liegt, daß er *thermisch nicht mehr erreicht* werden kann (Naphthalin), muß seine Besetzung, wie schon erwähnt, auf dem Umweg einer optischen Anregung des höheren Singuletterms erfolgen. Dieser kann dann mit strahlungslosen Übergängen den tiefer liegenden metastabilen Triplettzustand besetzen und so einer Vermessung mit Elektronenresonanz zugänglich machen (Abb. 81 d). Wegen der nicht-thermischen Anregung des Triplettzustandes, sein Energieabstand zum Grundzustand sollte groß gegen $k\,T$ sein, kann die Boltzmann-Statistik über die Intensität des ESR-Signals keine Auskunft geben. Hierfür sind im wesentlichen der Wirkungsquerschnitt der optischen Anregung und die Lebensdauer des Triplettzustandes maßgebend.

Wird der *Grundzustand des Moleküls durch einen Triplettzustand gebildet, und ist das nächsthöhere Niveau thermisch nicht erreichbar* (z. B. das Sauerstoffmolekül, Nitrene, spezielle Carbene), so befinden sich alle Moleküle im paramagnetischen Grundzustand (Abb. 81 e). Die ESR-Intensität ergibt sich nun zu

$$I(e) = c\,M(e)\,\frac{4\,\Delta E}{3\,k\,T}\,. \tag{226}$$

Zwischen diesen Extremen der Zweispinsysteme — Triplett-Singulett-Entartung bei (*c*) ($J = 0$) und völlige Separierung der Terme bei (*d*) und (*e*)

($|J| \gg kT$) — gibt es paramagnetische Zentren, bei denen *der Energieabstand* $|J|$ *zwischen Triplett- und Singulettzustand in der Größenordnung von* kT liegt. Hier ist also der höhere Energie-Term nach der Boltzmann-Statistik mehr oder weniger stark besetzt.

Liegt der Triplettzustand um die Energie J höher als der Singulettgrundzustand (Beispiel (f) der Abb. 81), so ist seine Besetzungszahl N_T durch $N_T = 3N_S \exp(-J/kT)$ gegeben, wobei N_S die Zahl der Moleküle im Grundzustand bedeutet. Der Faktor 3 spiegelt das 3fache statistische Gewicht des Tripletts gegenüber dem Singuletterm wieder.

Die Größe des Resonanzsignals wird wieder durch die Besetzungszahldifferenz der miteinander kombinierenden Terme, also $m_s = +1$, $m_s = 0$ und $m_s = 0$, $m_s = -1$ zu $I(f) \sim \Delta N = (N_0 - N_{+1}) + (N_{-1} - N_0) = N_{-1} - N_{+1}$, bestimmt. Mit $N_{-1} + N_0 + N_{+1} = N_T$ ergibt sich für die ESR-Intensität:

$$I(f) = c\,M(f)\,\frac{4\Delta E}{kT}\,(3 + \exp J/kT)^{-1}. \qquad (227)$$

In diese allgemeine Beziehung sind die vorher betrachteten Intensitätsbeziehungen als Grenzwert für $J \to 0$ und $J \to \infty$ eingeschlossen. Ebenso ist diese Formel für das letzte Termschema (g), bei dem der Singulettzustand um J höher als der paramagnetische Triplettgrundzustand liegt, anwendbar. J ist hier lediglich durch $-J$ zu ersetzen.

Der Exponentialfaktor der letzten Gleichung bringt ein völlig anderes Temperaturverhalten des ESR-Signals bei den thermisch erreichbaren Triplettzuständen (f) mit sich. Bei tiefen Temperaturen ist praktisch nur der diamagnetische Grundzustand besetzt und das Signal ist trotz des bekannten $1/T$-Verhaltens des Paramagnetismus klein. Bei Erhöhung der Temperatur wird das Signal mit beginnender Triplettbesetzung stärker. Erst wenn eine Annäherung an eine Gleichbesetzung von Singulett- und Triplettzustand erreicht ist, bleibt trotz weiterer Temperaturerhöhung die Triplettbesetzung etwa konstant, und das ESR-Signal wird nach $1/T$ abnehmen.

Die Temperaturabhängigkeiten der Resonanzsignale sind für die wichtigsten Radikal-Typen — Monoradikal, Biradikal und thermisch erreichbarer Triplettzustand — für gleiche Molekülkonzentrationen in Abb. 82 wiedergegeben. Auf Grund dieses verschiedenen Temperaturverhaltens der Intensität der ESR-Spektren kann zwischen einem Biradikal mit entartetem Singulett-Triplettzustand (b, c) und einem thermisch erreichbaren Triplettzustand des Radikals (f) oder (g) unterschieden werden. Da für die Intensitätsbeziehungen die Besetzungszahlen von entscheidender Bedeutung sind, ist die Unterscheidung von Triplett und Biradikal jedoch nur bei genügend großem Energieabstand J möglich. Liegt J in der Größenordnung der magnetischen Aufspaltung der m_s-Terme, $J \approx g\,\mu_B H_0$, so nähert sich die Triplettintensität bei allen Temperaturen der Biradikal-

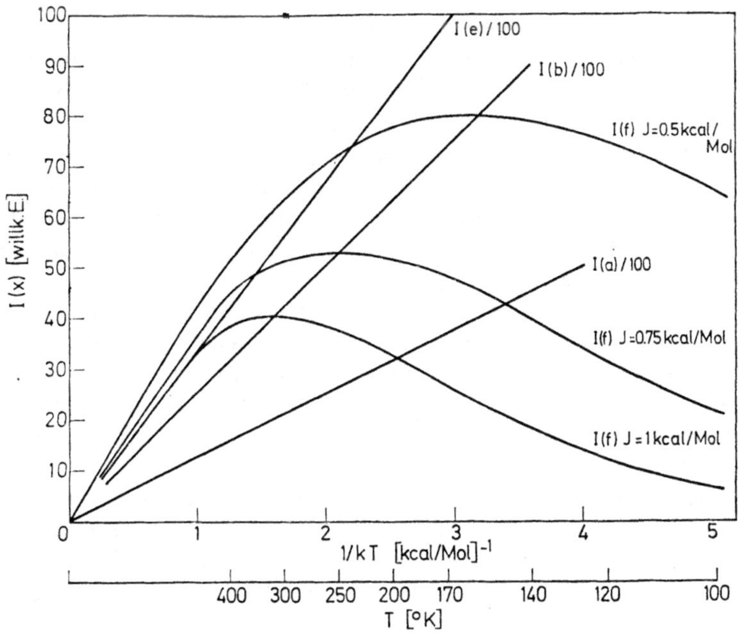

Abb. 82. Temperaturverhalten der ESR-Intensität verschiedener Zweispinsysteme (a) Monoradikal (b) Biradikal, (e) Triplettgrundzustand, (f) thermisch erreichbarer Triplettzustand

intensität an, so daß eine Unterscheidung durch Intensitätsmessungen in Abhängigkeit von der Temperatur nicht mehr möglich ist. Das Resultat der Deutung eines Zweispinsystems als *Biradikal oder Triplettzustand* durch Vermessung des Temperaturverhaltens der ESR-Intensität ist damit *eine Frage des im Experiment benutzten H_0-Feldes*. Ein weiteres schärferes Kriterium wird an Hand der HFS zu gewinnen sein (s. S. 234).

Ebenfalls kann im Falle eines thermisch erreichbaren Triplettzustandes (f) aus der Temperaturabhängigkeit des Elektronenresonanzsignals auf die Anregungsenergie J geschlossen werden (s. z.B. l. c.[4]). Wird die Intensität $I(f)$ mit der eines Monoradikals $I(a)$ verglichen, so resultiert unabhängig von der gewählten Konzentration für die Temperaturabhängigkeit die Beziehung

$$\ln \frac{I(f)}{I(a)} = -\ln(3 + \exp J/kT) + \text{konst.} \tag{228}$$

Werden die relativen Intensitäten logarithmisch gegen $1/kT$ aufgetragen, so ergibt sich durch die Steigung die Anregungsenergie J. Die gefundene

[4] W. Broser, P. Siegle u. H. Kurreck: Chem. Ber. **100**, 788 (1967), **101**, 69 (1968).

Kurve schmiegt sich für tiefe Temperaturen bzw. hohe Anregungsenergien J (Vernachlässigung der „3" in Gl. 228) der Geraden mit der Steigung $-J$ an, so daß aus dem asymptotischen Verhalten der experimentell bestimmten Kurve J ermittelt werden kann.

Bei den Messungen ist darauf zu achten, daß keine weiteren Temperatureffekte die Ergebnisse in Frage stellen. Die Temperaturabhängigkeit von Sättigungserscheinungen, die die Intensität des ESR-Signals beeinflussen (s. S. 79, 83), ist durch Messung bei verschiedenen Mikrowellenenergien relativ leicht zu erfassen.

Anders liegen die Verhältnisse bei Dimerisierungen und Polymerisationserscheinungen, die ebenfalls eine exponentielle Temperaturabhängigkeit komplizierteren Charakters zeigen. Schon bei den relativ einfach zu überblickenden Dimerisierungen ist es sehr schwierig, aus dem Temperaturverhalten des ESR-Signals auf die Anregungsenergie J und die Dissoziationsenthalpie H zu schließen.

Schließlich ist die Abhängigkeit der Radikalstabilität von der Temperatur zu beachten. Die Signalintensität sollte in bezug auf die Temperatur ein reversibles Verhalten zeigen. Im anderen Falle kann durch kinetische Messungen bei verschiedenen Temperaturen diesem Effekt Rechnung getragen werden.

I.c. HFS der Zweispinsysteme

Die Größe des Austauschintegrals J der beiden Elektronen, die das unterschiedliche Temperaturverhalten von Biradikalen und Triplettzuständen bedingt, führt ebenfalls zu einem markanten Unterschied der Hyperfeinstruktur der beiden Zweispinsysteme. Wird das Austauschintegral in klassischer Interpretation als Ausdruck für den räumlichen Platzwechsel oder Spinaustausch der beiden Elektronen gedeutet, so ist die Austauschfrequenz durch $\nu_A = J/h$ gegeben. Auf Grund dieser Vorstellung kann also von einer Lebensdauer oder Aufenthaltsdauer $\tau = 1/\nu_A$ eines Elektrons in einem der beiden möglichen „Plätze" des Zweispinsystems gesprochen werden. Damit können auf die Form der resultierenden Hyperfeinstruktur die Zeitbetrachtungen eines vorausgegangenen Abschnitts (s. S. 89ff.) angewendet werden.

Als Beispiel für die zu erwartende HFS diene ein Zweispinsystem, dessen freie Elektronen zuerst in zwei verschiedenen Orbitalen A und B, die durch keinen Austausch miteinander in Wechselwirkung stehen ($J = 0$), angeordnet sind (s. Abb. 83 a).

Aus Gründen der Übersichtlichkeit soll eine Symmetrieebene existieren, die das Molekül in identische Hälften teilt. In jeder Molekülhälfte befinde sich ein mit seinem Elektron in Wechselwirkung stehender Stickstoffkern.

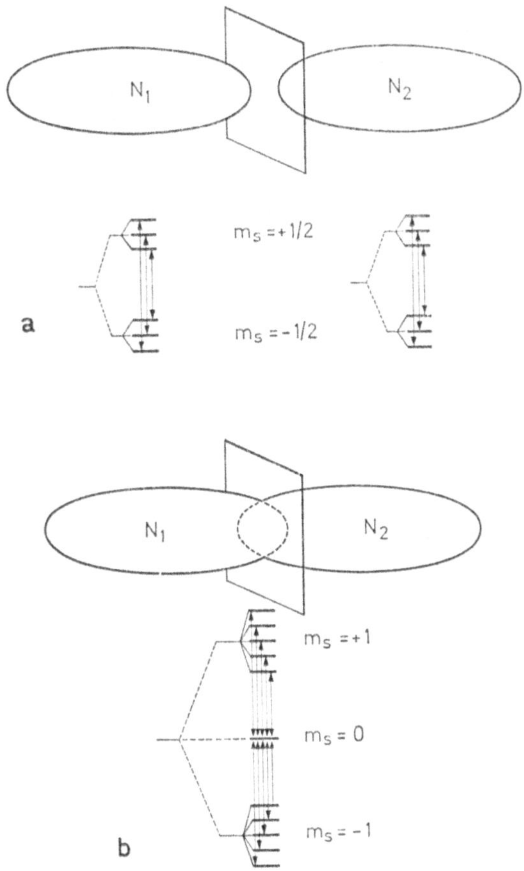

Abb. 83. Termschema und ESR-Übergänge für Wechselwirkung des Zweispinsystems mit $I = 1$-Kernen
(a) Die beiden Elektronenverteilungen lassen keinen Austausch zu,
(b) Überlappung und Elektronenaustausch $J \gg a_N$

Die Aufspaltung der m_s-Terme der beiden unabhängigen Dublettsysteme ($S = 1/2$) durch den Stickstoffkern wird nach Gl. 35 durch

$$\Delta E^i_{S,I} = \frac{8\pi}{3} g\cdot \mu_B \cdot g_N \mu_K \left|\Psi^2(N)\right| m_s \cdot m_N \qquad \left(m_s = \pm\frac{1}{2}, m_N = \pm 1{,}0\right)$$

gegeben, und für jedes System resultiert das Termschema eines Monoradikals. Da beide Systeme als identisch angenommen wurden, liefern die Radikalhälften dasselbe 3-Komponenten-Spektrum, so daß gegenüber einem Monoradikal lediglich die Intensität um den Faktor 2 vergrößert wurde. Bei nicht-identischen Systemen würde eine Überlagerung der unterschiedlichen Spektren von A und B zu erwarten sein.

Treten die beiden Orbitale infolge Überlappung miteinander in Wechselwirkung (Abb. 83 b), und ist die zugehörige Energie groß gegen die in Energieeinheiten gemessene Hyperfeinaufspaltung, $J \gg a_N$, so ist jedes Elektron mit gleicher Wahrscheinlichkeit in beiden Molekülteilen anzutreffen und beide Elektronen koppeln mit den jetzt äquivalenten N-Kernen in gleicher Weise. Die Aufspaltung der magnetischen Terme des Triplettzustandes ($m_s = \pm 1{,}0$) wird bei zwei gleichwertigen Stickstoffkernen nach Gl. 37 durch

$$\sum_{j=1,2} \Delta E^{i}_{S,I_j} = \frac{8\pi}{3} g\, \mu_B \cdot g_N\, \mu_K\, m_s \sum_{j=1,2} |\Psi^2(N_j)|\, m_{Nj}$$

$$(m_s = \pm 1{,}0, \quad m_{N_1} = \pm 1{,}0, \quad m_{N_2} = \pm 1{,}0)$$

beschrieben. Der Verdoppelung des magnetischen Moments des Triplettzustandes wird durch die magnetische Quantenzahl m_s Rechnung getragen. Gleichzeitig wird jedoch die Aufenthaltswahrscheinlichkeit des „Triplett"-Elektrons am Ort des Kerns $|\Psi^2(N_j)|$ wegen der Gleichverteilung des Elektrons auf beide Molekülhälften um die Hälfte reduziert, so daß die im Termschema auftretende Aufspaltung die gleichen Energieabstände wie die des Biradikals aufweisen (s. Abb. 83 b). Da das Triplettniveau mit $m_s = 0$ keine HFS-Aufspaltung zeigt, liefern die beiden erlaubten Gruppen von Übergängen ($\Delta m_s = 1$, $\Delta m_I = 0$) identische Spektren von fünf Komponenten mit einer dem Biradikal gleichen Gesamtaufspaltung. Die Hyperfeinstruktur des ESR-Spektrums hat damit die Linienzahl und das Intensitätsverhältnis ihrer Komponenten, wie es für eine Wechselwirkung mit

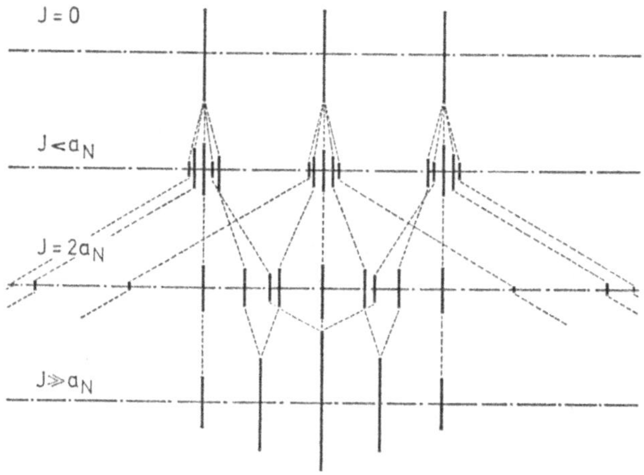

Abb. 84. Habitus der HFS eines Zweispinsystems bei Kopplung mit zwei Kernen $I = 1$ in Abhängigkeit vom Austauschintegral J[4a]

[4a] siehe Fußnote 6, S. 237.

zwei äquivalenten Stickstoffkernen zu erwarten ist. Eine genaue Diskussion der auftretenden HFS in Abhängigkeit von der Größe des Austauschintegrals führten u. a. A. J. BURSCHTEIN u. J. J. NABERUCHIN[5] durch. A. RASSAT et al.[6] geben die in Abhängigkeit von J resultierenden ESR-Signale in Form der Strichspektren an, wie sie für das diskutierte Beispiel in Abb. 84 wiedergegeben sind. Experimentelle Beispiele s. S. 258.

Der Habitus der Hyperfeinstruktur ist somit ebenfalls ein Kriterium zur Unterscheidung zwischen Biradikal und Triplettzustand. Durch die experimentell gemessene Größe der HFS wird je nach Art des Spektrums eine obere oder untere Grenze für das Austauschintegral gesetzt. Da die HFS selbst etwa die Größenordnung von 10 Gauß entsprechend 30 MHz erreicht, ist hier eine schärfere Unterscheidung der beiden Systeme als durch Intensitätsmessungen in Abhängigkeit von der Temperatur möglich.

I.d. Magnetische Dipolkopplung

Neben der skalaren Austauschwechselwirkung der beiden Elektronen des Zweispinsystems tritt zwischen den magnetischen Momenten der Elektronen eine magnetische Dipolkopplung auf. Diese Kopplung, die unabhängig von einer Überlappung der beiden MO's nur durch die Entfernung der beiden Elektronen voneinander (gemittelt über die Orbitale) bestimmt wird, bedingt wie die Austauschwechselwirkung eine *Aufhebung der Entartung von Triplett- und Singulettniveau eines Biradikals* und führt somit prinzipiell zu einer Temperaturabhängigkeit des ESR-Signals (vgl. S. 229). Der sich aus der magnetischen Kopplung ergebende Energieabstand beträgt in Einheiten des Magnetfeldes ca. $g\ \mu_B/r^3$ Gauß, bei einem mittleren Abstand der Elektronen von 10 Å also noch etwa 20 Gauß. Diese Kopplung muß bei der Elektronenresonanz mit der Kopplung des Elektronenspins zum Magnetfeld H_0 verglichen werden, um Biradikal und Triplettzustand unterscheiden zu können. Ähnlich wie bei dem Temperaturverhalten der Zweispinsysteme ist also *die Abgrenzung der beiden Radikaltypen eine Frage des äußeren H_0-Feldes.* Anders als die Austauschwechselwirkung beeinflußt jedoch die Dipolkopplung den Habitus einer HFS nicht in dem Sinne, daß bei einem Triplettzustand zwei Kerne gemäß Abb. 83 äquivalent werden.

Ohne den Formalismus der Quantenmechanik heranzuziehen, können die wesentlichsten Ergebnisse der magnetischen Dipol-Dipol-Wechselwirkung zwischen den beiden Elektronen in ihren m_s-Zuständen an Hand der Skizze und der klassischen Wechselwirkungsenergie zweier magnetischer Dipole (Gl. 31, S. 36) diskutiert werden.

---

[5] A. J. BURSCHTEIN u. J. J. NABERUCHIN: Dokl. Akad. Nauk. SSSR **140**, 1106 (1961).

[6] R. BRIÈRE, R. M. DUPEYRE, H. LEMAIRE, C. MORAT, A. RASSAT et P. REY: Bull. Soc. Chim. France **1965**, 3290.

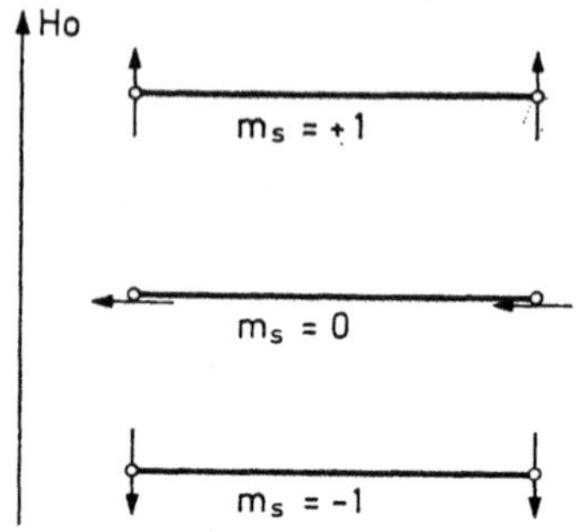

Die Orientierung des Triplettmoleküls im H_0-Feld ist so gewählt, daß die Verbindungslinie zwischen den punktförmig und lokalisiert angenommenen Elektronen senkrecht auf der Richtung des H_0-Feldes steht. Experimentell läßt sich das erreichen, wenn man Einkristalle benutzt. Es ergeben sich dann die skizzierten Spinstellungen der Elektronen, die den magnetischen Quantenzahlen $m_s = 1{,}0$ und -1 entsprechen. Die magnetische Wechselwirkungsenergie der beiden Triplettelektronen entspricht der früher diskutierten ansiotropen Kopplung zwischen Elektron und Kern und wird nach Gl. 31 (S. 36) durch

$$\Delta E^a_{S,S} = \frac{1}{4} (g\,\mu_B)^2 \left(\frac{1 - 3\cos^2\vartheta}{r^3}\right) \tag{229}$$

beschrieben, wobei ϑ wieder den Winkel zwischen der Verbindungsrichtung und der Spinrichtung der beiden Teilchen bedeutet. Für diese Energien ergeben sich die Beziehungen

$$\begin{aligned} \Delta E_{S,S} &= \frac{1}{4} (g\,\mu_B)^2 \frac{1}{r^3} \qquad \text{für} \quad m_s = \pm 1 \quad (\cos^2\vartheta = 0) \\ \Delta E_{S,S} &= -\frac{1}{2} (g\,\mu_B)^2 \frac{1}{r^3} \quad \text{für} \quad m_s = 0 \qquad (\cos^2\vartheta = 1)\,. \end{aligned} \tag{230}$$

Exakter müßten die Ausdrücke für die Energieverschiebung über die Eigenfunktion der Elektronen analog Gl. 32 (S. 37) gemittelt werden. Doch auch die skizzierte Betrachtungsweise zeigt das Wesentliche. *Schon ohne äußeres Magnetfeld H_0 bewirkt die Kopplung verschiedene Energien der einzelnen m_s-Niveaus,* wobei die noch vorliegende Entartung der $m_s = \pm 1$-Niveaus nur durch die hier benutzte Näherung bedingt ist. Die *Nullfeldaufspaltung* zwischen $m_s = \pm 1$ und $m_s = 0$ ergibt sich für Punktdipole zu

$$D = \frac{3}{4} (g\,\mu_B)^2 \frac{1}{r^3}\,. \tag{231}$$

In Einheiten des Magnetfeldes beträgt die Nullfeldaufspaltung $\delta H = \frac{3}{4} g \mu_B \frac{1}{r^3}$, d. h. bei Abständen der Punktdipole von einigen Å ergeben sich für diese *Feinstruktur* Werte von ca. 1000 Gauß. Mit Hilfe der Quantenmechanik kann gezeigt werden, daß i. allg. auch die $m_s = \pm 1$-Entartung durch die Dipolwechselwirkung aufgehoben wird. Der Energieunterschied der beiden Terme wird durch die Nullfeldaufspaltung $2E$ angegeben [vgl. Termschema der Abb. 85 (S. 240)]. Experimentell wird E als um eine Größenordnung kleiner als D ermittelt. Die Vernachlässigung von E entspricht damit der oben benutzten Betrachtungsweise.

Unter Berücksichtigung der Delokalisation der Elektronen gemäß ihrer Eigenfunktion $\varphi(1,2)$ ist die Größe der Nullfeldparameter durch

$$D = \frac{3}{4} (g \mu_B)^2 \int \varphi^*(1,2) \frac{1 - 3\frac{z^2}{r^2}}{r^3} \varphi(1,2)\, d\tau \quad \text{und} \tag{232}$$

$$2E = \frac{3}{2} (g \mu_B)^2 \int \varphi^*(1,2) \frac{x^2 - y^2}{r^3} \varphi(1,2)\, d\tau \tag{233}$$

zu ermitteln. Hierbei liegt das H_0-Feld parallel zur z-Richtung des moleküleigenen Koordinatensystems, das durch die Hauptachsen der Dipolwechselwirkung gegeben ist. E verschwindet bei in bezug auf die z-Achse zylindersymmetrischen Molekülen (3- oder mehr-zählige Drehachsen). Liegt das H_0-Feld parallel zu einer der anderen Hauptachsen, so sind die in den Integralen auftretenden Koordinaten entsprechend cyclisch zu vertauschen.

Zur theoretischen Bestimmung der Nullfeldaufspaltungen einzelner Moleküle muß auf die Literatur [7–22] verwiesen werden.

---

[7] M. Gouterman: J. Chem. Phys. **30**, 1369 (1959).
[8] H. F. Hameka: J. Chem. Phys. **31**, 315 (1959).
[9] R. McWeeny: J. Chem. Phys. **34**, 399 (1961).
[10] R. McWeeny: J. Chem. Phys. **34**, 1065 (1961).
[11] A. T. Amos: Mol. Phys. **5**, 91 (1962).
[12] J. Higuchi: J. Chem. Phys. **39**, 1847 (1963).
[13] S. A. Boorstein, and M. Gouterman: J. Chem. Phys. **39**, 2443 (1963).
[14] Y. N. Chiu: J. Chem. Phys. **39**, 2736 (1963).
[15] J. H. van der Waals, and G. ter Maten: Mol. Phys. **8**, 301 (1964).
[16] J. A. R. Coope, J. B. Farmer, C. L. Gardner, and C. A. McDowell: J. Chem. Phys. **42**, 54 (1965).
[17] S. J. Fogel, and H. F. Hameka: J. Chem. Phys. **42**, 132 (1965).
[18] J. W. McIver jr., and H. F. Hameka: J. Chem. Phys. **45**, 767 (1966).
[19] C. Thomson: Mol. Phys. **10**, 309 (1966).
[20] J. S. Brinen, and M. K. Orloff: J. Chem. Phys. **45**, 4747 (1966).
[21] J. N. Murrell, and A. Hinchliffe: Mol. Phys. **11**, 101 (1966).
[22] M. K. Orloff, and J. S. Brinen: J. Chem. Phys. **47**, 3999 (1967).

Eine der isotropen HFS entsprechende Fermi-Kontakt-Wechselwirkung der beiden Elektronen ist nicht zu berücksichtigen[23]. Wegen des Pauli-Verbots ist die Aufenthaltswahrscheinlichkeit des einen Elektrons am Ort des anderen gleich Null, damit fehlt die wesentliche Voraussetzung für das Auftreten einer isotropen Feinstruktur.

II. Meßergebnisse

II.a. $\Delta m = 1$-Übergänge

II.a.1. Einkristalle

Das Verhalten der durch die Nullfeldaufspaltung getrennt liegenden Energieterme des Triplettzustandes beim Anlegen eines äußeren H_0-Feldes entspricht den früheren Ausführungen. Der, durch die Wahl der H_0-Feldrichtung charakterisiert, zur magnetischen Quantenzahl $m_s = 0$ gehörende Term der drei Nullfeldniveaus bleibt in seiner Lage beim Anlegen des äußeren Feldes unverändert. Die beiden $m_s = \pm 1$-Niveaus werden entspr. Gl. 8 (S. 5) zu höheren und tieferen Energien verschoben.

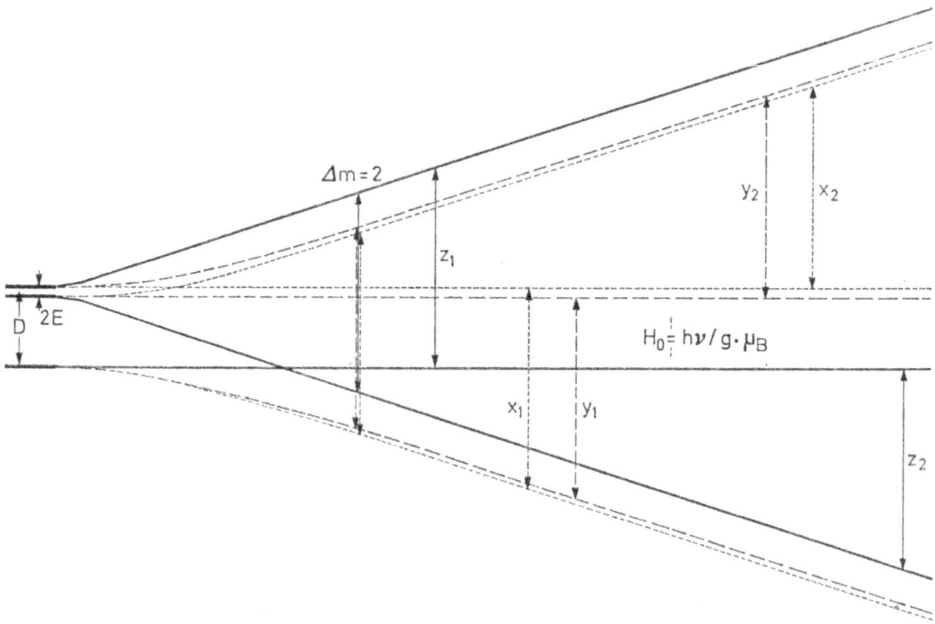

Abb. 85. Termschema eines Zweispinsystems mit Nullfeldaufspaltung in Abhängigkeit vom Magnetfeld. Feldrichtung parallel zu den Hauptachsen des Moleküls ——— z-, — — — y- und ······· x-Achse. Skizziert sind die entsprechenden $\Delta m = 1$-Übergänge und der $\Delta m = 2$-Übergang bei $1/2\ H_0$

[23] J. H. VAN DER WAALS, and M. S. DE GROOT: Mol. Phys. **2**, 333 (1959).

Die *starke Abhängigkeit der Termlagen von der Wahl der H_0-Richtung bezüglich der Molekülachsen* ist in Abb. 85 wiedergegeben. *Für jede Richtung des H_0-Feldes sind bei einer Einkristalluntersuchung auf Grund der Auswahlregel $\Delta m_s = \pm 1$ zwei Übergänge $+1 \leftrightarrow 0$ und $0 \leftrightarrow -1$ zu erwarten.* Fällt die H_0-Richtung mit einer der Hauptachsen x, y oder z des Moleküls zusammen, so werden die in Abb. 85 skizzierten Übergänge x, y oder z nachgewiesen. Die experimentell meßbaren Abstände der Linienpaare betragen damit etwa

$$\begin{aligned} &2D && \text{für } H_0 \parallel z \\ &D + 3E && \text{für } H_0 \parallel x \\ &D - 3E && \text{für } H_0 \parallel y \end{aligned} \tag{234}$$

Die exakte Bestimmung der Linien x, y, und z im Magnetfeld und damit die genaue Ermittlung der Nullfeldparameter wurde durch die quantenmechanische Behandlung des Problems möglich[1,2]. Danach berechnen sich die für die Resonanz erforderlichen Magnetfelder zu

$$\begin{aligned} H_{x_1}^2 &= (H_0 - D \quad - E)(H_0 - 2E) \\ H_{x_2}^2 &= (H_0 + D \quad + E)(H_0 + 2E) \\ H_{y_1}^2 &= (H_0 - D \quad + E)(H_0 + 2E) \\ H_{y_2}^2 &= (H_0 + D \quad - E)(H_0 - 2E) \\ H_{z_1}^2 &= (H_0 - D)^2 - E^2 \\ H_{z_2}^2 &= (H_0 + D)^2 - E^2 \qquad \text{mit } H_0 = \frac{h\nu}{g\,\mu_B}\,. \end{aligned} \tag{235}$$

Hierbei werden die Nullfeldparameter in Einheiten des Magnetfeldes angegeben, die Größe H_0 ist der Resonanzbeziehung $H_0 = h\nu/g\,\mu_B$ (etwa durch simultane DPPH-Vermessung bestimmbar) zu entnehmen. Durch die experimentelle Beobachtung einer Nullfeldaufspaltung wird damit *der Triplettcharakter des paramagnetischen Moleküls gesichert.* Aus der Größe des Nullfeldparameters D lassen sich nach den angegebenen Beziehungen (Gl. 231, 232, S. 238, 239) *Abschätzungen für den mittleren Abstand der beiden Tripletteelektronen* gewinnen.

Die Größe E ist ein Maß für die Nichtäquivalenz der x- u. y-Achse des Moleküls. Damit kann E bei Untersuchungen der Molekülstruktur *Anhaltspunkte über die Symmetrie des Moleküls* liefern.

Die experimentelle Methodik haben C. H. Hutchison und B. W. Mangum[3–5] bei der Vermessung des *angeregten Triplettzustandes des Naphthalins* beschrieben. Sie untersuchten bei der Temperatur des flüssigen Stickstoffs

---

[1] J. H. van der Waals and M. S. de Groot: Mol. Phys. **2**, 333 (1959).

[2] E. Wasserman, L. C. Snyder, and W. A. Yager: J. Chem. Phys. **41**, 1763 (1964).

[3] C. A. Hutchison jr., and B. W. Mangum: J. Chem. Phys. **29**, 952 (1958).

[4] C. A. Hutchison jr., and B. W. Mangum: J. Chem. Phys. **32**, 1261 (1960).

[5] C. A. Hutchison jr., and B. W. Mangum: J. Chem. Phys. **34**, 908 (1961).

Durol-Einkristalle, in die *Naphthalin-Moleküle* zu etwa 2 Mol% eingebaut waren. Bei Bestrahlung mit UV-Licht konnte eine Resonanz nachgewiesen werden, die beim Ausschalten des anregenden Lichtes abklang. Der Abstand der durch die Nullfeldaufspaltung hervorgerufenen Einzelkomponenten überdeckte bei Variation der H_0-Feldrichtung einen Bereich von etwa 2100 Gauß. Die durch den Einbau der Naphthalin-Moleküle in Durol erreichte Verdünnung und die tiefe Meßtemperatur diente zur Herabsetzung der Relaxationszeit T_1. Die Analyse der Meßreihen für Resonanzfrequenzen von 9,7 und 22,7 GHz ergab für die Nullfeldparameter die Werte

$$D = \pm(0{,}1003 \pm 0{,}006)\ \text{cm}^{-1} \mathrel{\hat{\approx}} 1075\ \text{Gauß} \quad \text{und}$$
$$E = \mp\,(0{,}0137 \pm 0{,}0002)\ \text{cm}^{-1} \mathrel{\hat{\approx}} 150\ \text{Gauß}\,.$$

Eine Abschätzung des mittleren Abstandes mit der Näherung $D = 3/4\,(g\,\mu_B)^2\,\frac{1}{r^3}$ lieferte einen mit den Moleküldimensionen vergleichbaren Wert von $r \approx 2{,}4$ Å. Die Abklingkurven der Triplettresonanz des Naphthalins wurden vermessen[6]. In befriedigender Übereinstimmung mit optischen Messungen[7] ergab sich eine mittlere Lebensdauer des Triplettzustandes von $(2{,}1 \pm 0{,}1)$ sec. Mit deuteriertem Naphthalin und deuteriertem Durol fand man $(16{,}9 \pm 0{,}7)$ sec. Der Mechanismus der Triplettzerfallsrate wurde theoretisch noch nicht untersucht, so daß aus den Ergebnissen noch keine weiteren Schlüsse gezogen werden können[8,9]. Die *Vorzeichen der Nullfeldaufspaltungen* konnten von A. W. Hornig u. J. S. Hyde[10] durch Messungen bei 4,2°K und 1,65°K bestimmt werden. Bei diesen Temperaturen ist die Boltzmann-Verteilung der Terme schon so beschaffen, daß meßbare Intensitätseffekte beim Vergleich der Resonanzlinienpaare auftreten. Für Einkristalle von Naphthalin in Durol ergab sich übereinstimmend mit theoretischen Betrachtungen $D > 0 > E$.

Unter bestimmten Bedingungen existieren auch organische Moleküle, die in ihrem Grundzustand als Triplett vorliegen. C. A. Hutchison et al.[11] haben die Reaktion des *Diphenyldiazomethans* bei Bestrahlung mit sichtbarem Licht untersucht. Sie verwendeten Benzophenon-Einkristalle, in die 0,2% der Diazo-Verbindung eingebaut waren. Nach Bestrahlung der Meßproben ($\lambda = 5250$ Å) bei ≈ -190°C konnten sie eine Resonanz beobachten, die nach dem Abschalten der Lichtquelle mehr als 12 h erhalten

[6] siehe Fußnote 4, S. 241.
[7] D. S. McClure: J. Chem. Phys. **17**, 905 (1949).
[8] N. Hirota, and C. A. Hutchison jr.: J. Chem. Phys. **46**, 1561 (1967).
[9] J. S. Brinen, and W. G. Hodgson: J. Chem. Phys. **47**, 2946 (1967).
[10] A. W. Hornig, and J. S. Hyde: Mol. Phys. **6**, 33 (1963).
[11] R. W. Brandon, G. L. Closs, and C. A. Hutchison jr.: J. Chem. Phys. **37**, 1878 (1962).

blieb. Die Nullfeldaufspaltung von $D = \pm 0{,}4050\ \text{cm}^{-1}$ und $E = \mp 0{,}01918\ \text{cm}^{-1}$ mußte einem Triplettzustand des paramagnetischen Moleküls zugeordnet werden. Die lange Lebensdauer des Bestrahlungsproduktes wurde als Vorliegen eines Triplettgrundzustandes, des Diphenylmethylens, gedeutet. Die relativ große Nullfeldaufspaltung D läßt sich zwanglos dadurch erklären, daß beide Elektronen im wesentlichen am zentralen C-Atom des *Diphenylmethylens* in einer p_x- und p_y-Bahn konzentriert sind und durch ihren kleinen Abstand den hohen Wert von D bewirken.

Für diese Deutung spricht auch die anisotrope ^{13}C-HFS mit in der Methylen-Stellung ^{13}C-angereicherten Proben. Die Größe des Kopplungsparameters deutet, verglichen mit dem theoretischen Wert der Tab. 11 auf eine Spindichte am zentralen C-Atom von ca. 75%. Eine HFS der Phenylprotonen konnte bei der Breite der Resonanzlinien von etwa 10 Gauß nicht nachgewiesen werden.

Der endliche Wert von E zeigt die Nichtäquivalenz von x- und y-Achse des Moleküls. Damit kann die zylindersymmetrische Form des Carbens (lineare Anordnung bei Verdrehung der Phenylkerne um 90°) ausgeschlossen werden.

Einige weitere Ergebnisse von Einkristalluntersuchungen sind der Tabelle 12 zu entnehmen.

D. B. Chesnut et al.[12–15] konnten in Einkristallen ESR-Signale von *Molekülkomplexen zwischen Tetracyanchinomethan (TCNQ) und 4-bindigen N-, As- und P-Verbindungen* nachweisen. Es handelt sich um Monoradikale der Form $[R_4P]^{\oplus}\,[TCNQ]_2^{\ominus}$, die im Kristall paarweise korreliert sind. Die in Wechselwirkung stehenden Elektronenspins können somit einen Singulett- und einen Triplettzustand ausbilden. Die experimentell gefundene Temperaturabhängigkeit der ESR-Intensitäten läßt sich durch ein exponentielles Gesetz analog Gl. 227 (S. 232) beschreiben. Die Triplettanregungsenergie der Verbindung nimmt dabei Werte zwischen $J = 0{,}03$ und $0{,}4$ eV an. Die mit steigender Temperatur beobachtete Verbreiterung der beiden $\Delta m = 1$-Übergänge, ihr Zusammenfließen und Verschmälerung zu einer einfachen Linie (Abb. 86) konnte durch eine Austauschwechselwirkung zwischen den magnetischen Zentren gedeutet werden (s. S. 95).

Mit der von P. W. Anderson[16] angegebenen Formel zur Berechnung der Austauschfrequenz aus Abstand und Linienbreite der beiden Komponenten konnten die Verfasser aus den Meßergebnissen eine exponentielle Abhängigkeit der Linienbreite mit der Temperatur der Form $\Delta\omega =$

---

[12] D. B. Chesnut, H. Forster, and W. D. Phillips: J. Chem. Phys. **34**, 684 (1961).

[13] D. B. Chesnut, and W. D. Phillips: J. Chem. Phys. **35**, 1002 (1961).

[14] D. B. Chesnut, and P. Arthur: J. Chem. Phys. **36**, 2969 (1962).

[15] M. T. Jones, and D. B. Chesnut: J. Chem. Phys. **38**, 1311 (1963).

[16] P. W. Anderson: J. Phys. Soc. Jap. **9**, 316 (1954).

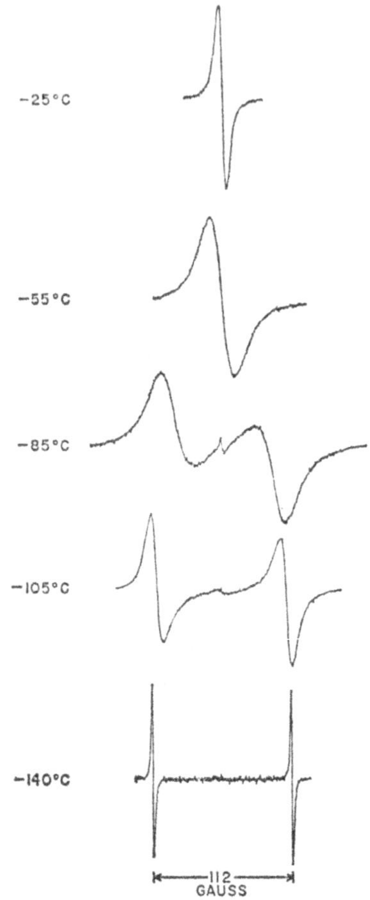

Abb. 86. Temperaturabhängigkeit der Triplett-ESR-Übergänge für Einkristalle des $[\varphi_3PCH_3]^{\oplus}$ $[TCNQ]_2^{\ominus}$-Molekülkomplexes[16a]

$\Delta\omega_0 \exp(-E_A/RT)$ ermitteln. Für die „Anregungsenergie" ergaben sich dabei die Werte, die innerhalb der Fehlergrenzen ebenfalls für den Singulett-Triplettabstand J gefunden wurden. Da die Austauschfrequenz an sich kaum exponentiell von der Temperatur abhängen kann (sie wird vorwiegend von Kristallstruktur, Geometie und Beweglichkeit der Triplettzentren bestimmt), konnte auf Grund des Ergebnisses $E_A \approx J$ der Anstieg der Austauschfrequenz einfach auf die Zunahme der Zahl und damit Dichte der Triplettzentren zurückgeführt werden. Entsprechend der durch den Austausch bedingten Mittelung der Dipol-Wechselwirkung zwischen den Triplettelektronen sollte der $\Delta m = 2$-Übergang (s. S. 253 ff.) wieder

[16a] siehe Fußnote 13, S. 243.

Tabelle 12. *$\Delta m = 1$-Messungen an Einkristallen. Die Daten sind der jeweils zuerst angegebenen Literaturstelle entnommen. G = Grundzustand, A = optisch angeregter Zustand.*

Molekül	Gastkristall	D [cm^{-1}]	E [cm^{-1}]	Bemerkg.		Lit.
Benzol	C_6D_6	$\pm 0{,}15803$	$\mp 0{,}0064$	A	2°K	14
Naphthalin	Durol	$+0{,}1003$	$-0{,}0137$	A		3, 1, 2, 4, 5, 9, 12
β-Methylnaphthalin	Durol	$\pm 0{,}0976$	$\mp 0{,}0129$	A		15
Phenanthren	Diphenyl	$\pm 0{,}100430$	$\mp 0{,}046576$	A		8, 9, 16
Pyren	Fluorenon	$\pm 0{,}06577$	$\mp 0{,}03162$	A	T_Z	13
Chinoxalin	Durol	$\pm 0{,}1007$	$\mp 0{,}0182$	A		10
Chinolin	Durol	$\pm 0{,}1030$	$\mp 0{,}0162$	A		11
Isochinolin	Durol	$\pm 0{,}1004$	$\mp 0{,}0117$	A		11
Diphenylcarben	Benzophenon	$\pm 0{,}40505$	$\mp 0{,}01918$	G		7, 6
Fluorenyliden-9	Diazofluoren	$\pm 0{,}40923$	$\mp 0{,}02828$	G		7

[1] C. A. Hutchison jr., and B. W. Mangum: J. Chem. Phys. **29**, 952 (1958).
[2] C. A. Hutchison jr., and B. W. Mangum: J. Chem. Phys. **32**, 1261 (1960).
[3] C. A. Hutchison jr., and B. W. Mangum: J. Chem. Phys. **34**, 908 (1961).
[4] A. W. Hornig, and J. S. Hyde: Mol. Phys. **6**, 33 (1963).
[5] A. Schmillen u. G. v. Foerster: Z. Naturforsch. **16a**, 320 (1961).
[6] R. W. Brandon, G. L. Closs, and C. A. Hutchison jr.: J. Chem. Phys. **37**, 1878 (1962).
[7] R. W. Brandon, G. L. Closs, C. E. Davoust, C. A. Hutchison jr., B. E. Kohler, and R. Silbey: J. Chem. Phys. **43**, 2006 (1965).
[8] R. W. Brandon, R. E. Gerkin, and C. A. Hutchison jr.: J. Chem. Phys. **41**, 3717 (1964).
[9] R. W. Brandon, R. E. Gerkin, and C. A. Hutchison jr.: J. Chem. Phys. **37**, 447 (1962).
[10] J. S. Vincent, and A. H. Maki: J. Chem. Phys. **39**, 3088 (1963).
[11] J. S. Vincent, and A. H. Maki: J. Chem. Phys. **42**, 865 (1965).
[12] N. Hirota, C. A. Hutchison jr, and P. Palmer: J. Chem. Phys. **40**, 3717 (1964).
[13] S. W. Charles, P. H. H. Fischer, and C. A. McDowell: Mol. Phys. **9**, 517 (1965).
[14] M. S. deGroot, I. A. M. Hesselmann, and J. H. van der Waals: Mol. Phys. **13**, 583 (1967).
[15] H. P. Cleghorn: Mol. Phys. **13**, 93 (1967).
[16] M. S. de Groot u. J. H. van der Waals: Physica **29**, 1028 (1963).

verboten werden. Auch dieses Verhalten ließ sich durch Intensitätsmessungen der Halbfeldresonanz sicherstellen. Ähnliche Korrelationen von Monoradikalpaaren zeigten auch γ-bestrahlte Einkristalle[17,18].

[17] G. C. Moulton, S. M. P. Cernansky, and D. C. Straw: J. Chem. Phys. **46**, 4292 (1967) u. dort zit. Lit.
[18] M. Iwasaki, and K. Toriyama: J. Chem. Phys. **46**, 4693 (1967) u. dort zit. Lit.

II.a.2. Gläser

In Lösung oder in polykristalliner Form ist die im Einkristall vorhandene einheitliche Orientierung der Moleküle nicht gegeben. In gelöster Phase tritt ein durch die Brownsche Molekularbewegung bewirkter Mittelungsprozeß der Dipolwechselwirkung auf (vgl. S. 38). Während die Korrelationszeiten i. allg. genügend kurz sind, um die Anisotropie der Hyperfeinstruktur (ca. 20 Gauß) zum Verschwinden zu bringen, ist die Bewegung jedoch zur Herausmittelung der anisotropen Feinstruktur $2D$ (ca. 2000 Gauß im Falle des Naphthalins) zu langsam. Damit resultiert für die Systeme mit großer Nullfeldaufspaltung in Lösung eine etwa $2D$ breite Linie[19], deren Nachweis aus Intensitätsgründen bisher nicht möglich war. Bei Zweispinsystemen, deren Triplettelektronen räumlich so weit getrennt sind, daß die Nullfeldaufspaltung klein und damit durch die Molekülbewegung zum Verschwinden gebracht wird, ist der Nachweis in Lösung möglich[19]. Das Zweispinsystem hat in bezug auf die Dipolkopplung der Elektronen den Charakter eines Biradikals angenommen. Auf die Untersuchungen solcher Systeme wird S. 257ff. eingegangen.

Sind die Triplettmoleküle in eine polykristalline Matrix eingebettet, so liegt eine isotrope, jedoch zeitlich konstante räumliche Verteilung der paramagnetischen Teilchen vor. Für eine vorgegebene Richtung des äußeren magnetischen Feldes wird die Mikrowellenenergie von den einzelnen Systemen entsprechend ihrer speziellen räumlichen Orientierung bei verschiedenen Werten des Feldes absorbiert. Das resultierende ESR-Spektrum bestimmt sich damit als *Summe der Absorptionen der einzelnen Teilchen.*

W. A. Yager, E. Wasserman und R. M. R. Cramer[20,21] konnten zeigen, daß diese Summation nicht zu einer undifferenzierten, breiten und somit kaum nachweisbaren Resonanzlinie führt, sondern daß die Absorption in Abhängigkeit von der Größe des angelegten Feldes markante Intensitätssprünge aufweist (vgl. Abb. 87 a). *In der Aufzeichnung der Resonanzlinie als 1. Ableitung treten im allgemeinen Falle ($D, E \neq 0$) sechs ESR-Linien auf, die paarweise gerade den Einkristallresonanzen in den drei Richtungen der Hauptachsen x, y, und z entsprechen* (Abb. 87 b).

Die geschilderten Intensitätssprünge der Absorption sind damit zu erklären, daß das Termschema für H parallel einer der Hauptachsen (Abb. 85, S. 240) bei einer geringen Abweichung des magnetischen Feldes von der Hauptachse praktisch nicht geändert wird. Damit absorbiert aber ein ganzer Bereich von günstig liegenden Molekülen (Hauptachse etwa

[19] S. I. Weissman: J. Chem. Phys. **29**, 1189 (1958).

[20] W. A. Yager, E. Wasserman, and R. M. R. Cramer: J. Chem. Phys. **37**, 1148 (1962).

[21] E. Wasserman, L. C. Snyder, and W. A. Yager: J. Chem. Phys. **41**, 1763 (1964).

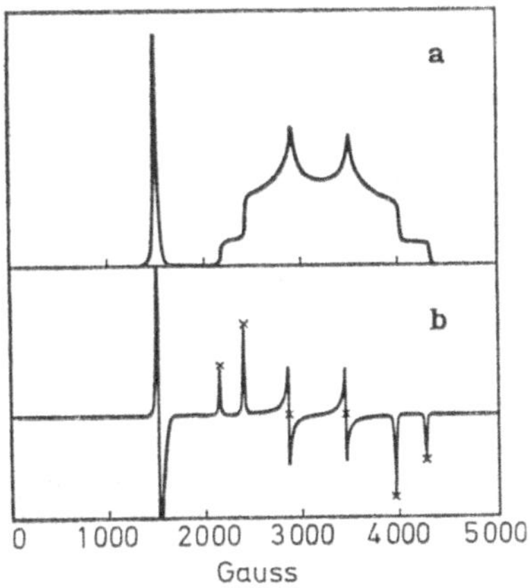

Abb. 87. Berechnetes ESR-Spektrum (a) Absorption, (b) 1. Ableitung, für ein Zweispinsystem mit $D = 0{,}10046$ und $E = 0{,}01536\ \mathrm{cm}^{-1}$ (Naphthalin) in isotroper Matrix[21a]. Bei tiefem Feld der $\Delta m = 2$-Übergang

parallel zum H_0-Feld) an der gleichen Stelle des Magnetfeldes und bewirkt dadurch gegenüber den anderen Werten des H_0-Feldes, entsprechend den ungünstig orientierten Molekülen, einen steilen Intensitätsanstieg.

Als Nachteil der Untersuchungen an polykristallinem Material ist gegenüber den Einkristallmessungen einmal der Intensitätsverlust durch den Ausfall der ungünstig orientierten Moleküle anzuführen. Durch die i. allg. größere Linienbreite wird eine geringere Genauigkeit der Ergebnisse bedingt. Aus demselben Grunde ist auch die Auflösung einer HFS normalerweise nicht zu erwarten. Schließlich bleibt bei den Meßergebnissen das relative Vorzeichen von D und E unbestimmt. Diesen Nachteilen steht der große Vorteil gegenüber, daß die oft mühsame Herstellung von Einkristallen entfällt. Bei vielen Experimenten dienten als Lösungsmittel Äthanol oder Alkoholmischungen, die bei der Meßtemperatur des flüssigen Stickstoffs zu einer glasartigen Masse erstarren und so die isotrope Matrix bilden. Damit wurde für eine ganze Reihe von Verbindungen die Untersuchung eines optisch angeregten Triplettzustandes oder bei geeigneten Molekülen die eines Triplettgrundzustandes möglich. Bei polykristallinen Proben entfallen auch die in Abhängigkeit von der Orientierung des Magnetfeldes durchzuführenden Meßreihen. Abb. 88 zeigt das ESR-Signal des optisch angeregten Triplettzustandes[22] des Naphthalins in Dekalin/Cyclohexan bei 77°K.

Zur Auswertung der Signale benutzt man Gl. 235 und erhält die Nullfeldparameter $|D|$ und $|E|$.

[21a] siehe Fußnote 21, S. 246.

[22] M. S. deGroot, and J. H. van der Waals: Mol. Phys. **6**, 545 (1963); J. Chem. Phys. **41**, 1643 (1964).

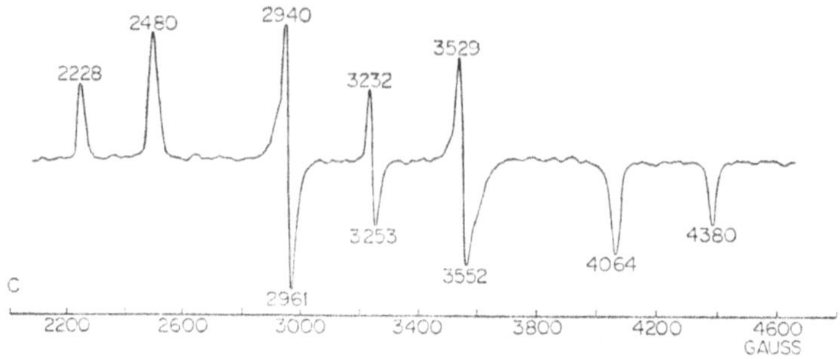

Abb. 88. $\Delta m = 1$-Übergänge des optisch angeregten Triplettzustandes des Naphthalins in Dekalin/Cyclohexan-Lösung bei 77°K[22a]

Neben vielen anderen Verbindungen (s. Tab. 12) wurden die chemisch interessanten Grundzustände von *Carbenen* und *Nitrenen* der ESR-Untersuchung zugänglich. Sie erwiesen sich als ESR-aktiv. Für diese Spezies konnten bei 4°K oder 77°K, eingebettet in eine Matrix, Lebensdauern bis zu Stunden nachgewiesen werden *.

Aliphatisch substituierte Nitrene und Carbene zeigen entsprechend der Lokalisation der beiden Elektronen am gleichen Atom eine sehr große Nullfeldaufspaltung D, die beim n-Propyl-nitren 1,6 cm^{-1} beträgt. Diese Aufspaltung entspricht etwa dem 5fachen der H_0-Feld-Kopplung des Elektrons bei Dublettzuständen. Bei Einführung von mesomeriefähigen Substituenten sinkt die Nullfeldkopplung der Triplettelektronen infolge der jetzt möglichen Delokalisation eines der beiden Elektronen (φ—$\dot{\underset{\bullet}{N}}|$, $|D| = 0{,}99\ cm^{-1}$). Während bei den Fluoralkyl- und Phenyl-substituierten Carbenen ein Winkel zwischen den beiden Bindungen des Carbenkohlenstoffs $\neq 180°$ nachgewiesen werden konnte, war bei alkin-substituierten Carbenen, Verbindungen des Typs

$$H-\dot{\underset{\bullet}{C}}-C\equiv C-H$$

eine Nullfeldkopplung E nicht meßbar. Damit ist eine zylindersymmetrische, also lineare Form des Moleküls vereinbar. Diese wird offenbar durch die dann vorliegende Mesomeriemöglichkeit beider Elektronen begünstigt.

Durch *optische Anregung von Triplettzuständen mit polarisiertem Licht*[23] konnte die Richtung des Übergangsmomentes der elektrischen Dipol-

* Zur Kritik hinsichtlich der Identifizierung der bei UV-Bestrahlung von Diazo- und Azidverbindungen entstehenden paramagnetischen Produkte s. S. Bölsing: Tetrahedron Letters **1968**, 4299.

[22a] siehe Fußnote 22, S. 247.

[23] P. Kottis, and R. Lefebvre: J. Chem. Phys. **41**, 3660 (1964).

Tabelle 13. *$\Delta m = 1$-Messungen in Gläsern. Die Daten sind der jeweils zuerst angegebenen Literaturstelle entnommen. G ≙ Grundzustand, A ≙ optisch angeregter Zustand, τ ≙ Angabe von Lebensdauern, polar. hν ≙ Anregung mit polarisiertem Licht*

Molekül	$\|D\|$ [cm^{-1}]	$\|E\|$ [cm^{-1}]	Bemerkg.	Lit.
Naphthalin-D_8	0,10046	0,01536	A	3
Anthracen-D_{10}	0,0724	0,0081	A	3
Phenanthren	0,1042	0,0462	A (polar. *hν*)	17
Triphenylen	0,1338	0,0	A	3
Coronen	0,096	0,0	A (polar. *hν*)	17
Chrysen	0,095	0,025	A	22
1,2-Benzanthracen	0,079	0,014	A	22
1,2,5,6-Dibenzanthracen	0,090	0,025	A	22
1,2-Benzopyren	0,090	0,023	A	22
Biphenyl	0,110	0,004	A τ	18
m-Terphenyl	0,110	0,004	A τ	18
1,3,5-Triphenylbenzol	0,111	≪0,001	A τ	18
Tetramethylpyrazin	0,0990	0,0043	A	24
Phenyl-sym-Triazin	0,119	0,003	A τ	18
Diphenyl-sym-Triazin	0,120	<0,001	A τ	18
Triphenyl-sym-Triazin	0,124	≪0,001	A τ	18
Dimethylphenyl-sym-Triazin	0,119	0,003	A τ	18
Diphenylmethyl-sym-Triazin	0,120	<0,001	A τ	18
Phenoxazin	0,1247	0,0119	A (polar. *hν*)	16
Decacyclen	0,057	0,0	A	20
Decacyclen-Dianion	0,021	0,0	G	20, 27
Coronen-Dianion	0,053	0,0	T_Z therm. anger. Triplettzust.	21
Triphenylen-Dianion	0,0459	0,0088	G	25
2-Methyltriphenylen-Dianion	0,0454	0,0086	G	25
1,3,5-Triphenylbenzol-Dianion	0,042	0,0	G	20, 27
Pentaphenylcyclopentadien-Kation	0,1050	0,0	G	6, 28
Pentachlorcyclopentadien-Kation	0,1495	<0,002	G	7
3,10'-Diphenothiazinyl-Dikation	0,014	0,0009	G	29
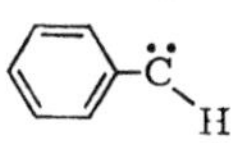				
Phenylcarben	0,518	0,024	G	1, 2
Diphenylcarben	0,4055	0,0194	G	3, 1, 2, 12
Biphenylcarben	0,407	0,027	G	1
Fluorenyliden-9	0,4078	0,0283	G	10, 1, 2

Tabelle 13 (Forsetzung)

Molekül	$\|D\|$ [cm^{-1}]	$\|E\|$ [cm^{-1}]	Bemerkg.	Lit.
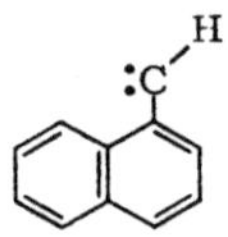				
α-Naphthylcarben (syn)	0,4555	0,0202	G	4
α-Naphthylcarben (anti)	0,4347	0,0208	G	4
β-Naphthylcarben (syn)	0,4711	0,0243	G	4
β-Naphthylcarben (anti)	0,4926	0,0209	G	4
9-Anthrylcarben	0,3008	0,0132	G	4

Cyclopentadienyliden	0,4089	0,0120	G	10
Benzocyclopentadienyliden	0,3777	0,0160	G	10
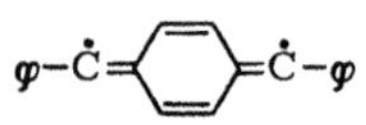				
p-Phenylen-bis-(phenylmethylen)	0,0521	<0,002	G	13
H–C̈–C≡C–H				
Äthinylcarben	0,6276	0,0	G	15
(Methyläthinyl)-carben	0,6263	0,0	G	15
(Phenyläthinyl)-carben	0,5413	0,0035	G	15
1,3-Pentadiinylcarben	0,6087	0,0	G	15
5,5-Dimethyl-1,3-hexa-diinylcarben	0,6055	0,0	G	15
4-Phenyl-1,3-butadiinylcarben	0,5530	0,0	G	15
Trimethylenmethyl	0,024	<0,001	G (HFS in Einkristallen)	19, 26
Trifluormethylcarben	0,712	0,021	G	5
Perfluorpropylcarben	0,723	0,027	G	5
Perfluorheptylcarben	0,72	0,024	G	5
Bis-(trifluormethyl)-carben	0,7444	0,0437	G	5
Diazocarben	1.153	<0,002	G	23
Cyan-carben	0,8629	0,0	G	15, 14
Dicyan-carben	1,002	<0,002	G	23
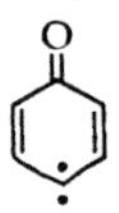				
4-Oxo-cyclohexa-2,5-dienyliden-(1)	0,3179	0,0055	G	8

Tabelle 13 (Fortsetzung)

Molekül	$\|D\|$ [cm^{-1}]	$\|E\|$ [cm^{-1}]	Bemerkg.	Lit.
3,5-Dichlor-4-oxo-cyclohexa-2,5-dienyliden-(1)	0,3284	0,0086	G	8
2,6-Dichlor-4-oxo-cyclohexa-2,5-dienyliden-(1)	0,3470	0,0010	G	8
Benzo-4-oxo-cyclohexa-2,5-dienyliden-(1)	0,3333	0,0112	G	8
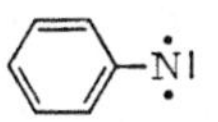				
Phenylnitren	0,99	<0,002	G	9, 11
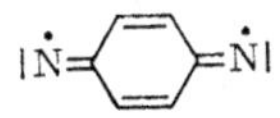				
p-Phenylendinitren	0,0675	0,0	G	13
Cyannitren	1,544	<0,002	G	23
n-Propylnitren	1,607	0,0034	G	9
2-Octylnitren	1,616	0,0019	G	9
Cyclohexylnitren	1,599	<0,002	G	9
n-Pentylnitren	1,575	<0,002	G	9
2-Carbäthoxybenzylnitren	1,659	<0,002	G	9
Tert.-butylnitren	1,625	<0,002	G	9
Methansulfonylnitren	1,5811	0,0031	G	3, 9

[1] A. M. Trozzolo, R. W. Murray, and E. Wasserman: J. Amer. chem. Soc. **84**, 4990 (1962).

[2] E. Wasserman, A. M. Trozzolo, W. A. Yager, and R. W. Murray: J. Chem. Phys. **40**, 2408 (1964).

[3] E. Wasserman, L. C. Synder, and W. A. Yager: J. Chem. Phys. **41**, 1763 (1964).

[4] A. M. Trozzolo, R. Wasserman, and W. A. Yager: J. Amer. chem. Soc. **87**, 129 (1965).

[5] E. Wasserman, L. Barash, and W. A. Yager: J. Amer. chem. Soc. **87**, 4974 (1965).

[6] R. Breslow, H. W. Chang, and W. A. Yager: J. Amer. chem. Soc. **85**, 2033 (1963).

[7] R. Breslow, R. Hill, and E. Wasserman: J. Amer. chem. Soc. **86**, 5349 (1964).

[8] E. Wasserman, and R. W. Murray: J. Amer. chem. Soc. **86**, 4203 (1964).

[9] E. Wasserman, G. Smolinsky, and W. A. Yager: J. Amer. chem. Soc. **86**, 3166 (1964).

[10] E. Wasserman, L. Barash, A. M. Trozzolo, R. W. Murray, and W. A. Yager: J. Amer. chem. Soc. **86**, 2304 (1964).

[11] G. Smolinsky, E. Wasserman, and W. A. Yager: J. Amer. chem. Soc. **84**, 3220 (1962).

[19–29] siehe nächste Seite.

Fortsetzung der Literatur zu Tabelle 13.

[12] R. W. Murray, A. M. Trozzolo, E. Wasserman, and W. A. Yager: J. Amer. chem. Soc. **84**, 3213 (1962).

[13] A. M. Trozzolo, R. W. Murray, G. Smolinsky, W. A. Yager, and E. Wasserman: J. Amer. chem. Soc. **85**, 2526 (1963).

[14] R. A. Bernheim, R. J. Kempf, P. W. Humer, and P. S. Skell: J. Chem. Phys. **41**, 1156 (1964).

[15] R. A. Bernheim, R. J. Kempf, J. V. Gramas, and P. S. Skell: J. Chem. Phys. **43**, 196 (1965).

[16] J. M. Lhoste, A. Haug, and M. Ptak: J. Chem. Phys. **44**, 648 (1966).

[17] J. M. Lhoste, A. Haug, and M. Ptak: J. Chem. Phys. **44**, 654 (1966).

[18] J. S. Brinen, J. G. Koren and W. G. Hodgson: J. Chem. Phys. **44**, 3095 (1966).

[19] P. Dowd: J. Amer. chem. Soc. **88**, 2587 (1966).

[20] R. E. Jesse, P. Bileon, R. Prins, J. D. W. van Voorst, and G. J. Hoijtink: Mol. Phys. **6**, 633 (1963).

[21] M. Glasbeek, J. D. W. van Voorst, and G. J. Hoijtink: J. Chem. Phys. **45**, 1852 (1966).

[22] J. S. Brinen, and M. K. Orloff: J. Chem. Phys. **45**, 4747 (1966).

[23] E. Wasserman, L. Barash, and W. A. Yager: J. Amer. chem. Soc. **87**, 2075 (1965).

[24] J. S. Vincent: J. Chem. Phys. **47**, 1830 (1967).

[25] H. van Willingen, J. A. M. van Broekhoven, and E. de Boer: Mol. Phys. **12**, 533 (1967).

[26] P. Dowd, A. Gold, and K. Sachdev: J. Amer. chem. Soc. **90**, 2715 (1968).

[27] J. A. M. van Broekhoven, H. van Willingen, and E. de Boer: Mol. Phys. **15**, 101 (1968).

[28] W. Broser, P. Siegle u. H. Kurreck: Chem. Ber. **100**, 788 (1967); **101**, 69 (1968).

[29] Y. Tsujino: Tetrahedron Letters **1968**, 2545.

anregung in verschiedenen Molekülen bestimmt werden[24]. Da im wesentlichen nur die Moleküle angeregt werden, bei denen die Richtung der Übergangsmomente mit der Richtung des elektrischen Feldes des anregenden Lichtes zusammenfällt, werden gegenüber der isotropen Anregung einige ESR-Übergänge geschwächt, andere treten verstärkt auf. Damit ist eine Korrelation zwischen den magnetischen Hauptachsen und der für die untersuchte Anregung maßgebliche Richtung des elektrischen Feldes gegeben.

Kombinierte Untersuchungen der *Phosphoreszenz* und der Triplett-ESR-Absorption ergeben Aufschlüsse über die an der Phosphoreszenz beteiligten Triplettniveaus. Sie informieren auch über die Möglichkeit des „*optischen Pumpens*", d. h. der Spinpolarisation im angeregten Triplettzustand[25–27].

[24] J. M. Lhoste, A. Haug, and M. Ptak: J. Chem. Phys. **44**, 648, 654 (1966).

[25] M. S. de Groot, I. A. M. Hesselmann, and J. H. van der Waals: Mol. Phys. **12**, 259 (1967).

[26] M. Sharnoff: J. Chem. Phys. **46**, 2363 (1967).

[27] M. S. de Groot, I. A. M. Hesselmann, J. Schmidt, and J. H. van der Waals: Mol. Phys. **15**, 17 (1968).

Zur Untersuchung der Dynamik einiger Moleküle im angeregten Triplettzustand muß auf die Literatur verwiesen werden[28–31]. Ebenso kann hier nicht näher auf die ESR-Beobachtungen der Triplettenergieübertragung zwischen gleichen oder verschiedenen Molekülen eingegangen werden[32–38].

II.b. $\Delta m = 2$-Übergänge

J. H. van der Waals u. M. S. deGroot[39] konnten experimentell und theoretisch zeigen, daß bei der Untersuchung von Triplettzuständen in Einkristallen auch *die Übergänge zwischen den Termen* $m_s = +1 \leftrightarrow m_s = -1$ *unter bestimmten Bedingungen beobachtbar* werden.

Der physikalische Grund dieser Erscheinung ist darin zu suchen, daß die bei bloßer Berücksichtigung des H_0-Feldes vorliegenden Spinfunktionen für $m_s = +1$ und -1 durch das Auftreten der Dipolkopplung gemischt werden. Entsprechend der Größe der Dipolkopplung werden damit $\Delta m = 2$-Übergänge erlaubt, wenn das hochfrequente Magnetfeld H_1, im Gegensatz zu den bisherigen Experimenten, parallel zum polarisierenden Magnetfeld orientiert ist. Da die Übergänge (vgl. Termschema der Abb. 85, S. 240) etwa bei dem halbem Wert des für Dublettradikale erforderlichen Feldes H_0 erscheinen, ist die Bezeichnung *Halbfeldresonanz* oder *g = 4-Resonanz* gebräuchlich.

Die Lage der Halbfeldresonanz ist wieder von der *Orientierung des Einkristalls zum Magnetfeld* abhängig. Für die bezüglich der Dipolwechselwirkung ausgezeichneten Hauptachsen des Triplettmoleküls gelten für die Resonanzfelder die Beziehungen:

---

[28] siehe Fußnote 22, S. 247.

[29] M. S. de Groot, I. A. M. Hesselmann, and J. H. van der Waals: Mol. Phys. **10**, 91 (1965).

[30] M. S. de Groot, I. A. M. Hesselmann, and J. H. van der Waals: Mol. Phys. **10**, 241 (1965).

[31] P. Kottis; J. Chem. Phys. **47**, 509 (1967).

[32] J. B. Farmer, C. L. Gardner, and C. A. McDowell: J. Chem. Phys. **34**, 1058 (1961).

[33] R. W. Brandon, R. E. Gerkin, and C. A. Hutchison jr.: J. Chem. Phys. **37**, 447 (1962).

[34] N. Hirota, and C. A. Hutchison jr.: J. Chem. Phys. **42**, 2869 (1965).

[35] N. Hirota: J. Chem. Phys. **43**, 3354 (1965).

[36] B. Smaller: Nature **195**, 593 (1962).

[37] S. Siegel, and K. Eisenthal: J. Chem. Phys. **42**, 2494 (1965).

[38] S. Siegel, and H. Judeikis: J. Chem. Phys. **43**, 343 (1965).

[39] siehe Fußnote 1, S. 241.

$$\begin{aligned}(2H_x)^2 &= H_0^2 - (D+E)^2 \\ (2H_y)^2 &= H_0^2 - (D-E)^2 \\ (2H_z)^2 &= H_0^2 - (2E)^2 \qquad \text{mit } H_0 = \frac{h\nu}{g\mu_B}\,.\end{aligned} \tag{236}$$

Dabei haben die Nullfeldparameter D und E die für die Gleichungen 235 angegebene Bedeutung. Da die Intensitäten der Übergänge dem Quadrat der jeweiligen Dipolkopplung proportional sind, ist der z-Übergang wegen $E < D$ i. allg. sehr schwach und für Moleküle mit 3- oder mehrzähliger Symmetrie streng verboten.

Aus den Positionen der Linien für die Hauptachsen des Moleküls (Gl. 236) oder dem in Abb. 85 (S. 240) skizzierten Termschema kann gegenüber den $\Delta m = 1$-Übergängen eine *wesentliche Verringerung der Anisotropie* entnommen werden. Dadurch erschien es nicht aussichtslos, die $\Delta m = 2$-Resonanzen auch in nicht-orientierten Medien nachweisen zu können. Die Beobachtung der ESR-Übergänge gelang M. S. DE GROOT und J. H. VAN DER WAALS[40] an optisch angeregten Triplettzuständen einiger Aromaten. Ähnlich wie bei den $\Delta m = 1$-Übergängen ist der Nachweis durch den scharfen Anstieg der Zahl der absorbierenden Moleküle für Feldrichtungen parallel zu den Hauptachsen bedingt (vgl. Abb. 87, S. 247). Besonders ausgeprägt ist diese Erscheinung wieder für den Fall $E = 0$, also zylindersymmetrische Moleküle. Wegen der Gleichwertigkeit der x- und y-Achse dieser Moleküle, ist es ausreichend, daß sich die x-y-Ebene der Moleküle in Richtung des Magnetfeldes befindet, um die Resonanz an definierter Stelle des Magnetfeldes zu bewirken. Die x-y-Resonanz wurde auch experimentell nachgewiesen, während die z-Resonanz aus Gründen der Intensität nicht beobachtet werden konnte.

Bei den Untersuchungen an polykristallinen Proben tritt zusätzlich zu den durch die Beziehung Gl. 236, s. o., geforderten drei mehr oder weniger schwachen Übergängen für parallel zu den Hauptachsen orientierte Felder noch *eine weitere Resonanz* hinzu, deren Lage durch die Feldstärke

$$(2H_{\min})^2 = H_0^2 - \frac{4}{3}(D^2 + 3E^2) \quad \text{mit } H_0 = \frac{h\nu}{g\mu_B} \tag{237}$$

gegeben ist[40]. Die Feldstärke $H_{\min}$ entspricht dem kleinstmöglichen magnetischen Feld, bei dem für entsprechend zum Magnetfeld orientierte Molekülen noch ein ESR-Übergang möglich ist. Bei der Feldstärke $H_{\min}$ springt also die Zahl der absorbierenden Moleküle von Null auf einen endlichen Wert, so daß bei der differentiellen Aufzeichnung des ESR-Signals an dieser Stelle des Feldes eine relativ starke Linie erscheint. Dieser Übergang

[40] M. S. DE GROOT, and J. H. VAN DER WAALS: Mol. Phys. 3, 190 (1960).

ist sowohl für H_1-Felder parallel als auch senkrecht zum polarisierten Magnetfeld zu beobachten. Berechnungen der resultierenden Linienformen für $\Delta m = 1$- und $\Delta m = 2$-Übergänge wurden z. B. von P. KOTTIS u. R. LEFEBVRE[41] durchgeführt.

Die Untersuchungen der Halbfeldresonanzen bei Triplettradikalen sind aus Gründen der Intensität bei den meisten Arbeiten auf den Nachweis der H_{min}-Resonanz beschränkt, so daß nicht die Beträge der einzelnen Nullfeldparameter, sondern nur ihre Kombination in der Form $(D^2 + 3\,E^2)^{1/2}$ ermittelt werden kann.

Auf diese Weise gelang es u. a., die optisch angeregten Triplettzustände einer ganzen Reihe *kondensierter Aromaten* zu vermessen (s. Tab. 14, S. 256).

Als Probe diente eine etwa 10^{-2} bis 10^{-3} molare Lösung der Verbindung in Alkohol oder einem Alkoholgemisch, das bei der Meßtemperatur von 77 °K zu einem Glas erstarrt. Mit Kunststoffen als Matrix konnten die Triplettzustände über einen breiteren Temperaturbereich verfolgt und die Temperaturabhängigkeiten der Nullfeldparameter vermessen werden[42]. Mit derselben Methode wurden die angeregten, phosphoreszierenden Zustände *p*-substituierter *Benzophenone* untersucht. Es gelang, die $g = 4$-Resonanzen bei 77 °K in alkoholischen Lösungsmitteln nachzuweisen[43]. Die Lebensdauern ergaben sich in Übereinstimmung mit optischen Phosphoreszenzmessungen zu ca. 0,2 bis 0,4 sec.

Der *Einfluß von Substituenten* auf die Nullfeldparameter aromatischer Systeme wurde ebenfalls mit Hilfe der Halbfeldresonanz der optisch angeregten Triplettzustände untersucht[44,45]. Fast durchweg wurde eine Verkleinerung der Dipolkopplung beobachtet. Beim substituierten Naphthalin konnte ein Zusammenhang mit der Hammett-Konstanten σ_p des Benzols gezeigt werden[45]: die Verschiebung der Nullfeldkopplung relativ zum unsubstituierten Naphthalin steigt mit der Elektropositivität des Substituenten.

Die ESR-Methode konnte auch zum Nachweis von Triplettzuständen biologisch interessanter Verbindungen erfolgreich eingesetzt werden[45–47].

---

[41] P. KOTTIS, and R. LEFEBVRE: J. Chem. Phys. **39**, 393 (1963); **41**, 379 (1964).

[42] C. THOMSON: J. Chem. Phys. **41**, 1 (1964).

[43] L. H. PIETTE, J. H. SHARP, T. KUWANA, and J. N. PITTS JR.: J. Chem. Phys. **36**, 3094 (1962).

[44] W. S. VEEMAN, and W. J. VAN DEN HOEK: Mol. Phys. **13**, 197 (1967).

[45] B. SMALLER, E. C. AVERY, and J. R. REMKO: J. Chem. Phys. **46**, 3976 (1967).

[46] A. HAUG u. P. DOUZOU: Z. Naturforsch. **20b**, 509 (1965).

[47] A. A. LAMOLA, M. GUERON, T. YAMANE, J. EISINGER, and R. G. SHULMAN: J. Chem. Phys. **47**, 2210 (1967).

Tabelle 14. *$\Delta m = 2$-Übergänge optisch angeregter Triplett-Zustände in Gläsern. Die Daten sind der jeweils zuerst angeführten Literaturstelle entnommen*

Molekül	$(D^2 + 3E^2)^{1/2}$ [cm^{-1}]		Lit.
Benzol	0,1593		2
Naphthalin	0,1048		1, 2
Naphthalin	0,1030		5
α-Naphthol	0,0938		5
β-Naphthol	0,0971		5
α-Fluornaphthalin	0,0986		5
α-Methylnaphthalin	0,0994		5
β-Methylnaphthalin	0,1010		5
α-Aminonaphthalin	0,0943		5
β-Aminonaphthalin	0,0953		5
α-Naphthyl-essigsäure	0,1002		5
β-Naphthyl-essigsäure	0,1007		5
α-Chlornaphthalin	0,1056		3
Anthracen	0,0770		2, 3
Phenanthren	0,1335		2, 3, 4
1-Methylphenanthren	0,1288		3
1-Bromphenanthren	0,1327		3
Chrysen	0,1052		2, 4
Pyren	0,0929		2
3,4-Benzpyren	0,0758		2
1,12-Benzperylen	0,0718		3
Coronen	0,0971	($D = 0{,}096$[1])	2, 3, 4
Brasan	0,091		4
Triphenylen	0,1353	($D = 0{,}134$[1])	2, 3
1,3,5-Triphenylbenzol		($D = 0{,}111$)	1
Diphenyl	0,1130		2, 3
Terphenyl	0,0961		2
Fluoren	0,1096		2, 3
Acenapthen	0,1029		3
Fluoranthen	0,0817		3, 4
Carbazol	0,1044		2, 3
Hydrochinon	0,1321		2
Anilin	0,1371		2
Indol	0,1277		2
Chinolin	0,1068		2
Chinoxalin	0,1074		3
Diphenylamin	0,994		2
Triphenylamin	0,0801		3
Benzoesäure	0,1385		2

[1] M. S. DE GROOT, and J. H. VAN DER WAALS: Mol. Phys. **3**, 190 (1960).
[2] B. SMALLER: J. Chem. Phys. **37**, 1578 (1962).
[3] C. THOMSON: J. Chem. Phys. **41**, 1 (1964).
[4] G. v. FOERSTER: Z. Naturforsch. **18a**, 620 (1963).
[5] W. S. VEEMAN, and W. J. VAN DEN HOEK: Mol. Phys. **13**, 197 (1967).

Ähnlich wie bei Einkristalluntersuchungen konnten in Gläsern Zweispinsysteme von Polymeren[48, 48a] sowie geladenen[49–51] und neutralen Radikalen[49, 52] nachgewiesen werden, bei denen der Triplettcharakter auf der Wechselwirkung von Monoradikalpaaren beruht.

II.c. Untersuchungen von Zweispinsystemen in Lösung

Die Brownsche Bewegung der Radikalmoleküle in Lösung bewirkt eine zeitliche Fluktuation aller anisotropen Eigenschaften der paramagnetischen Verbindung. Die Wirksamkeit des damit verbundenen Mittelungsprozesses hängt von dem Verhältnis der Korrelationszeit zur Größe der Anisotropie ab. Auf S. 97 wurde gezeigt, daß bei einsetzender Mittelung, z. B. zweier Komponenten der Triplett-$\Delta m = 1$-Übergänge, anfangs eine Verbreiterung der Einzelkomponenten auftritt. Ein Zusammenlaufen der Linien und damit das Auftreten eines breiten und intensitätsschwachen Signals ist für Anisotropien in der Größenordnung der Korrelationszeit gegeben. Für die in den Tab. 12, 13 und 14 angegebenen Nullfeldparameter sind diese Bedingungen für Lösungen bei Zimmertemperatur gegeben, *so daß die Triplettübergänge aus Gründen der geringen Intensität nicht nachgewiesen werden konnten*. Darüber hinaus ist die Stabilität der angeführten Triplettradikale, insbesondere die der Triplettgrundzustände, an den Einbau der Verbindungen in eine feste Matrix gebunden.

Im Falle des Dianions des *Coronens* konnte auch in Lösung ein breites ESR-Signal nachgewiesen und als Vorliegen eines thermisch anregbaren Triplettzustandes des Moleküls mit der relativ kleinen Nullfeldaufspaltung von $|D| \approx 0{,}05\ \mathrm{cm}^{-1}$ gedeutet werden[53]. Bei der Untersuchung des relativ großen Moleküls des *3,10'-Diphenothiazinyl-Dikations* wurden in konz. H_2SO_4 zwei Paare breiter $\Delta m = 1$-Übergänge gefunden, die mit dem Triplettcharakter der Verbindung interpretiert wurden. Offenbar erlaubt hier das Zusammenspiel einer langen Korrelationszeit, bedingt durch die Größe des Moleküls und die Viscosität des Lösungsmittels, und dem recht kleinen Wert der Nullfeldaufspaltung $D = 0{,}013\ \mathrm{cm}^{-1}$ die Nachweisbarkeit der Übergänge.

---

[48] M. Hartmann, H. D. Brauer u. H. Stieger: Z. Phys. Chem. N. F. **56**, 103 (1967).

[48a] M. Iwasaki, and T. Ichikawa: J. Chem. Phys. **46**, 2851 (1967).

[49] P. Biloen, R. Prins, J. D. W. van Voorst, and G. J. Hoytink: J. Chem. Phys. **46**, 4149 (1967).

[50] N. Hirota: J. Amer. chem. Soc. **89**, 32 (1967).

[51] H. van Willigen, and S. I. Weissman: Mol. Phys. **11**, 175 (1966).

[52] A. K. Wiersma, and J. Kommandeur: Mol. Phys. **13**, 241 (1967).

[53] siehe Fußnote 22, S. 247.

Eine mehr oder weniger vollständige Mittelung der Nullfeldaufspaltung und damit *eine Verschmälerung der Linie tritt bei Radikalen mit genügend kleinen Nullfeldaufspaltungen ein.* Deshalb sind in Lösung insbes. solche Zweispinsysteme nachzuweisen, bei denen die mittlere Entfernung der beiden Elektronen groß genug ist ($\gtrapprox$ 8 Å $\mathrel{\widehat{=}}$ $|D| \approx$ 30 G), um eine Herausmittelung der dipolaren Wechselwirkung zu gewährleisten. Eine noch unvollständige Mittelung kann eine auftretende HFS unaufgelöst lassen[54–58] (vgl. Abb. 90, S. 261).

Die kleiner werdende Dipolkopplung der Triplettelektronen bedingt eine *Verschärfung des Übergangsverbots der $\Delta m = 2$-Resonanzen,* so daß diese für die in Frage stehenden Radikale in Lösung nicht mehr beobachtet werden können.

Der Habitus der in Lösung auftretenden HFS der $\Delta m = 1$-Übergänge hängt von der Größe der skalaren Wechselwirkung zwischen den beiden Elektronen, dem Austauschintegral J ab (s. S. 234). A. Rassat et al.[59,60] sowie S. H. Glarum u. J. H. Marshall[61] konnten die von der Theorie

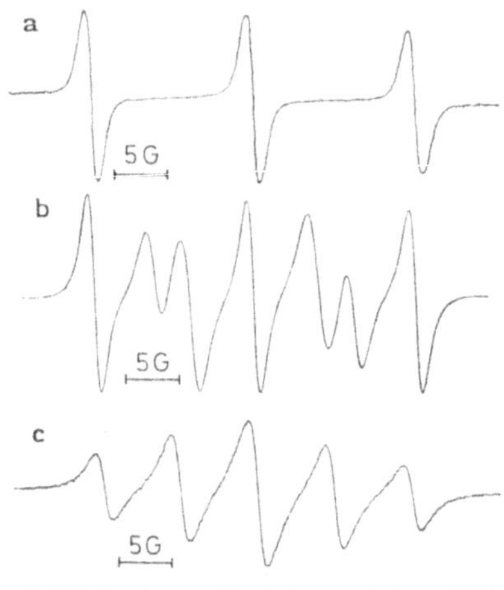

Abb. 89. ESR-Spektren[60] einiger N-Oxyd-Biradikale.
(a) X = =N−N=,
(b) X = −O−CO−O−,
(c) X = −O−CO−C_6H_4−CO−O (s. Text)

---

[54] E. A. Chandross: J. Amer. chem. Soc. **86**, 1263 (1964).

[55] R. Kuhn, F. A. Neugebauer u. H. Trischmann: Angew. Chem. **77**, 43 (1965).

[56] siehe Fußnote 5, S. 241.

[57] R. Kuhn u. F. A. Neugebauer: Mh. Chem. **95**, 3 (1964).

[58] R. Kuhn, F. A. Neugebauer u. H. Trischmann: Mh. Chem. **97**, 525 (1964).

[59] R. M. Dupeyre, H. Lemaire, and A. Rassat: J. Amer. chem. Soc. **87**, 3771 (1965).

[60] siehe Fußnote 6, S. 237.

[61] S. H. Glarum, and J. H. Marshall: J. Chem. Phys. **47**, 1374 (1967).

für hohe, mittlere und niedere Austauschfrequenzen geforderten Spektren experimentell an *N-Oxyd-Biradikalen* nachweisen. Die ESR-Signale einiger dieser Zweispinsysteme sind in Abb. 89 wiedergegeben und können mit den zugehörigen theoretischen Strichspektren der Abb. 84, S. 236 verglichen werden.

Bei den untersuchten Molekülen handelt es sich um Verbindungen des Typs

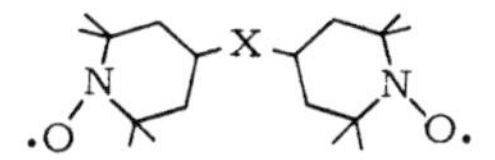

wobei die Brücke X variiert werden konnte. Da hier das freie Elektron wegen der fehlenden Mesomeriemöglichkeit in der N—O-Gruppe lokalisiert ist, tritt bei den ESR-Spektren lediglich eine Wechselwirkung mit dem Stickstoffkern ($I_N = 1$) auf. Obwohl wegen der fehlenden Konjugationsmöglichkeit bei allen Verbindungen keine Wechselwirkung der beiden Elektronen über die die beiden Monoradikalsysteme verbindende Brücke möglich ist, unterscheiden sich die ESR-Spektren wesentlich. Damit sollte der Elektronenaustausch direkt zwischen den Radikalzentren stattfinden, die Größe des Austauschintegrals J also von der Entfernung der beiden NO-Gruppen abhängen. Diese Annahme wird durch den Vergleich der Brückenlänge der Radikale gestützt. Wegen der möglichen Rotationen um die verschiedenen Bindungen sind für diese Betrachtungen die mittleren Entfernungen zu benutzen. Bei dem größten untersuchten Brückenglied $\diagup O-\underset{\underset{O}{\|}}{C}-C_6H_4-\underset{\underset{O}{\|}}{C}-O\diagdown$ entspricht das ESR-Spektrum mit den drei Komponenten 1 : 1 : 1 und $a_N = 15{,}6$ G der Wechselwirkung des Elektrons mit *einem* N-Kern und damit dem Habitus zweier ungekoppelter Monoradikale mit $J = 0$ (Abb. 89 a).

Bei der kurzen —N—N-Brücke ist die Energie des Elektronenaustauschs groß gegen die HFS des Stickstoffkerns, so daß beide N-Kerne *äquivalent* werden. Das entsprechende ESR-Signal mit den Intensitäten 1 : 2 : 3 : 2 : 1 und dem etwa auf die Hälfte gesunkenen Kopplungsparameter $a_N = 7{,}40$ G ist Abb. 89 c zu entnehmen. Ein mittelgroßes Brückenglied ist $\diagup O-(CO)-O\diagdown$. Aus der Lage der zusätzlich auftretenden Linien (Abb. 89, b) konnte das Austauschintegral zu $J \approx 29$ G $\hat{=}$ 81 MHZ bestimmt werden.

Über eine *Modulation des Austauschintegrals J* bei ähnlichen Radikaltypen berichtet G. R. Luckhurst[62]. Durch die Rotation um einzelne Bindungen wird der Abstand der NO-Gruppen zeitlich variiert und bedingt dadurch eine Modulation von J. Das Zweispinsystem wird dadurch in den Extrem-

[62] G. R. Luckhurst: Mol. Phys. **10**, 543 (1965).

fällen einmal durch den Typ eines Biradikals, zum anderen durch einen Triplettzustand mit den entsprechenden ESR-Spektren charakterisiert. Durch diese zeitabhängige Modulation des Austauschintegrals tritt die beobachtete *alternierende Linienbreite der ESR-Komponenten* auf (vgl. S. 102).

Durch Variation der Meßtemperatur konnten in einigen Fällen verschiedene Werte für das Austauschintegral „eingestellt" werden. Auf diese Weise wurde der Habitus des ESR-Spektrums entsprechend Abb. 84 vom 3-Komponenten-Signal (tiefe Temperatur) zum 5-Linien-Spektrum (hohe Temperatur) stetig verändert[63].

An einigen NO-Biradikalen bzw. -Triplettverbindungen ließ sich die kleine Nullfeldaufspaltung D durch Vermessung der Proben in *„flüssigen Kristallen"* beobachten[64]. Hierfür geeignete Lösungsmittel (z. B. *p*-Azoxyanisol) zeichnen sich dadurch aus, daß sie beim Übergang von dem kristallinen zum isotropen flüssigen Zustand eine nematische Phase durchlaufen (117°C—135°C beim *p*-Azoxyanisol), in der die Moleküle teilweise geordnet vorliegen. Ein angelegtes Magnetfeld zwingt die geordneten Gruppen in eine Vorzugsrichtung. Die in den geordneten Bereichen gelösten Radikale verhalten sich bezüglich der H_0-Feldrichtung wie in einem Einkristall. Auftretende Anisotropien, wie anisotrope HFS und Nullfeldaufspaltung bei Triplettsystemen, können deshalb gemessen werden (vgl. S. 215)[65–69].

Radikale des Typs 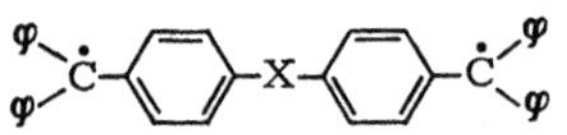 ,

die formal als *zwei durch die Brücke X verbundene Triphenylmethyl-Monoradikale* (s. S. 300ff.) aufgefaßt werden können, waren schon frühzeitig Gegenstand experimenteller[70–74] und theoretischer[75–77] ESR-Untersuchungen. Die

[63] H. Lemaire, A. Rassat et P. Rey: Bull. Soc. Chim. France **1968**, 886.

[64] H. R. Falle, G. R. Luckhurst, H. Lemaire, Y. Marechal, A. Rassat, and P. Rey; Mol. Phys. **11**, 49 (1966).

[65] A. Carrington, and G. R. Luckhurst: Mol. Phys. **8**, 401 (1964).

[66] H. C. Longuet-Higgins, and G. R. Luckhurst: Mol. Phys. **8**, 613 (1964).

[67] G. R. Luckhurst: Mol. Phys. **11**, 205 (1966).

[68] H. R. Falle, and G. R. Luckhurst: Mol. Phys. **11**, 299 (1966).

[69] S. H. Glarum, and J. H. Marshall: J. Chem. Phys. **44**, 2884 (1966).

[70] C. A. Hutchison jr., A. G. Kowalsky, R. C. Pastor, and G. W. Wheland: J. Chem. Phys. **20**, 1485 (1952).

[71] H. S. Jarrett, and G. J. Sloan, and W. R. Vaughan: J. Chem. Phys. **25**, (1956).

[72] D. C. Reitz, and S. I. Weissman: J. Chem. Phys. **27**, 968 (1957).

[73] D. C. Reitz, and S. I. Weissman: J. Chem. Phys. **33**, 700 (1960).

[74] R. K. Waring, and G. J. Sloan: J. Chem. Phys. **40**, 772 (1964).

[75] siehe Fußnote 5, S. 237.

[76] H. M. McConnell: J. Chem. Phys. **33**, 115 (1960).

[77] H. M. McConnell: J. Chem. Phys. **33**, 1868 (1960).

Analyse der komplizierten HFS war schwierig, so daß zur Bestimmung des Spinaustausches mit in der Methyl-Stellung ^{13}C-markierten Verbindungen gearbeitet werden mußte[72,73]. Die bei Verbindungen dieser Art ($X = O$, $(CH_2)_2$, σ-Bindung) beobachteten ^{13}C-Kopplungen lassen auf eine Unabhängigkeit der Spins schließen. Die Austauschfrequenz ν_A (s. a. S. 234) ist in jedem Falle $\nu_A < a_{13C} \approx 70$ MHZ $\widehat{=} 10^{-5}$ Kcal/Mol, so daß praktisch eine Entartung des Singulett- und des Triplettzustandes vorliegen sollte. Dem steht das Ergebnis der Vermessung der ESR-Intensität in Abhängigkeit von der Temperatur gegenüber, die beim *Tschitschibabinschen Kohlenwasserstoff* ($X = \sigma$-Bindung) mit einer Singulett-Triplett-Aufspaltung von 2—3 Kcal/Mol gedeutet werden könnte[78,79]. Dieser Widerspruch[80] ließe sich durch ein Dissoziationsgleichgewicht zwischen cyclischen diamagnetischen und offenen paramagnetischen Oligomeren der Verbindung deuten, insbesondere deshalb, weil die Abhängigkeit des ESR-Signals von der Konzentration linear ist[81], und damit auf gleiches Molekulargewicht der Spezies deutet. Durch die hiermit verbundene große Entfernung der an den Enden der gebildeten poly-Verbindung „lokalisierten" freien Elektronen, wird die Wechselwirkung der beiden Elektronen so klein, daß von

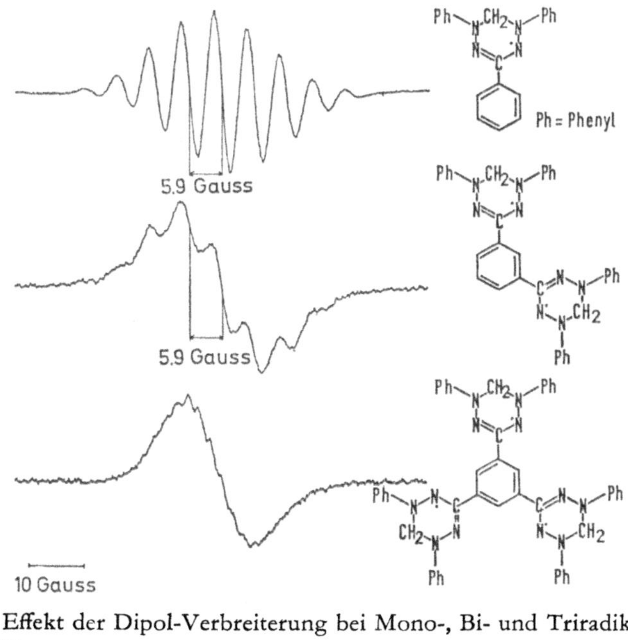

Abb. 90. Effekt der Dipol-Verbreiterung bei Mono-, Bi- und Triradikalen[80a]

[78] siehe Fußnote 70, S. 260.
[79] siehe Fußnote 73, S. 260.
[80] siehe Fußnote 77, S. 260.
[80a] siehe Fußnote 84, S. 262.
[81] siehe Fußnote 74, S. 260.

Biradikalen gesprochen werden könnte. Molekulargewichtsbestimmungen[82] weisen jedoch auf das Vorliegen von monomeren Molekülen hin, so daß eine vollständige Klärung dieses „Biradikal-Paradoxons" noch aussteht. Die Halbfeldresonanz konnte nicht beobachtet werden[83].

Radikalmoleküle mit drei unkompensierten Elektronen (Quadrupletts) sind ebenfalls vereinzelt in Lösung vermessen worden[84–87]. Recht anschaulich ist die in Lösung stetig geringer werdende Auflösung der HFS der unter gleichen äußeren Bedingungen vermessenen Radikale beim Übergang von Mono- zu Bi- und Triradikalen einiger *Verdazyle*. Abb. 90 gibt die entsprechenden Spektren, die durch die sich vergrößernde Dipol-Kopplung der Elektronen charakterisiert werden, wieder.

---

[82] siehe Fußnote 48, S. 257.

[83] siehe Fußnote 74, S. 260.

[84] R. Kuhn, F. A. Neugebauer u. H. Trischmann: Mh. Chem. **97**, 525 (1964).

[85] A. Hudson, and G. R. Luckhurst: Mol. Phys. **13**, 409 (1967).

[86] G. Schmauss, H. Baumgärtel u. H. Zimmermann: Angew. Chem. **77**, 619 (1965).

[87] J. Bretschneider, and K. Wallenfels: Tetrahedron **24**, 1063 (1968).

E. Weitere Hochfrequenzmethoden zur Untersuchung freier Radikale

Hier seien insbes. zwei Untersuchungsmethoden freier Radikale erwähnt, welche die ESR-Methode in einzelnen Punkten ergänzen. Es handelt sich einmal um die direkte Untersuchung geeigneter Radikale mit der *Kernresonanz*. Die Auswertung der Spektren führt zu eindeutigen Vorzeichen der Kopplungsparameter. Zum anderen soll das *ENDOR-Verfahren* skizziert werden, dessen wesentlicher Vorteil in einer enormen Vereinfachung des Spektren und damit ihrer Deutung liegt. Schließlich werden die *ELDOR-Methode* und der Effekt der *dynamischen Kernpolarisation* gestreift.

I. Protonenresonanz freier Radikale[1]

Einige Grundgleichungen der NMR-Methodik seien einleitend angeführt*.

Die Wechselwirkung eines Kerns (magnetisches Moment $\mu_I = g_I \cdot \mu_K \cdot I$, I = Kernspin) mit einem äußeren homogenen H_0-Feld ist nach Gl. 28 (S. 33) durch

$$E_{I,H_0} = -g_I \cdot \mu_K \cdot H_0 \cdot m_I \qquad (238)$$

gegeben. Wenn die Betrachtungen auf das Proton beschränkt bleiben, so existieren mit den beiden möglichen Kernquantenzahlen $m_I = \pm 1/2$, zwei energetisch verschiedene Niveaus, die den Abstand

$$h\nu'_L = g_I \cdot \mu_K \cdot H_0 \qquad (239)$$

aufweisen. Die Einstrahlung einer elektromagnetischen Welle der entsprechenden Kern-Larmor-Frequenz ν'_L erzwingt Übergänge zwischen den beiden Termen, die als Kernresonanzsignal registriert werden können. Die Linienbreite dieser Signale kann durch die Kernrelaxationszeiten $T_{1,K}$ und $T'_{2,K}$ beschrieben werden. Bei diamagnetischen organischen Verbindungen treten Linienbreiten von etwa 1 Hz auf, so daß *die Relaxationszeiten die Größenordnung von Sekunden* haben. Auf Grund verschiedener, diamagnetischer Umgebung absorbieren chemisch unterschiedliche Protonen eines

---

* Vgl. betr. Einzelheiten: H. Suhr: Anwendungen der kernmagnetischen Resonanz in der org. Chemie. Berlin-Heidelberg-New York: Springer 1965.

[1] Zusammenfassender Bericht s. D. R. Eaton u. W. D. Phillips. In: Adv. Magnetic Resonance, Vol. I. New York-London: Acad. Press 1965.

Moleküls bei geringfügig verschiedenen H_0-Feldern (*Chemische Verschiebung*), außerdem können durch magnetische Kopplung von Protonen die NMR-Linien in Multipletts aufgespalten werden (*Spin-Spin-Kopplung*).

Werden diese Vorstellungen auf paramagnetische Moleküle, also auf Radikale angewandt, so tritt zu der Wechselwirkung des Kerns mit dem H_0-Feld (Gl. 238) noch die Kopplung zwischen Kern und Elektron hinzu. Hat diese isotropen Charakter, so wird die Zusatzenergie durch Gl. 35 (S. 39) beschrieben, so daß sich für die Gesamtenergie die Beziehung

$$E_{I,H_0} + E_{I,S} = -g_I\,\mu_K\,m_I\left(H_0 - \frac{8\pi}{3} g\mu_B|\Psi^2(K)|\,m_s\right) \tag{240}$$

ergibt. Mit der in der Elektronenresonanz beobachteten Kopplung zwischen Elektron und Kern $a = \frac{8\pi}{3} g_I \mu_K\,|\Psi^2(K)|$ Gauß (Gl. 36, S. 39) *verschiebt sich demnach das effektive Magnetfeld am Ort des betrachteten Kerns* gegenüber dem Feld H_0 um $-\frac{g\,\mu_B}{g_I\,\mu_K}\,a\,m_s$ Gauß. Entsprechend der magnetischen Quantenzahl des Elektrons im Molekül wird das Magnetfeld am Kernort also vergrößert oder verkleinert. Da auch bei der Kernresonanz i. allg. die Frequenz konstant gehalten und das Magnetfeld variiert wird, treten die Absorptionslinien für $m_s = +1/2$ bei $H_0 + \frac{1}{2}\frac{g\cdot\mu_B}{g_I\,\mu_K}\,a$ und für $m_s = -1/2$ bei $H_0 - \frac{1}{2}\frac{g\,\mu_B}{g_I\,\mu_K}\,a$ auf. Die beiden NMR-Übergänge $\Delta m_I = 1$ sind auch dem Termschema in Abb. 18 (S. 35) zu entnehmen. Der Abstand der beiden Komponenten beträgt mithin

$$a' = \frac{g\cdot\mu_B}{g_I\,\mu_K}\,a \quad \text{bzw.} \tag{241}$$

$$2\delta\omega' = 2\delta\hat{\omega}\ . \tag{242}$$

In der letzten Beziehung wurden die Kopplungsparameter in Einheiten der Kreisfrequenz umgerechnet, wobei die Beziehungen $2\,\delta\hat{\omega} = \frac{g\cdot\mu_B}{\hbar}\,a$ und $2\,\delta\omega' = \frac{g_I\cdot\mu_K}{\hbar}\,a'$ in Anlehnung an die Ausführungen S. 89ff. benutzt wurden.

Beträgt die HFS-Aufspaltung eines Protons im Elektronenresonanzexperiment etwa $a = 5$ G, so würden mit $\frac{g\cdot\mu_B}{g_P\,\mu_K} = 658{,}4$ die beiden NMR-Komponenten einen Abstand von $a' = 3292$ G aufweisen.

Bei Annahme einer unendlich langen Lebensdauer der Elektronenspinzustände $m_s = +1/2$ und $m_s = -1/2$ wird die Linienbreite der NMR-Signale durch die Kernrelaxationszeiten $T_{1,K}$ und $T'_{2,K}$ bestimmt, so daß bei hinreichend verdünnter Lösung NMR-Breiten wie bei den diamagnetischen Verbindungen zu erwarten wären. Im realen Fall ist jedoch der Wechsel des Elektronenspinzustandes $m_s = +1/2 \leftrightarrow m_s = -1/2$ zu berücksichtigen. Dieser Übergang kann einmal durch die *Elektronenrelaxationszeit* T_1 (s. S. 61), zum anderen auch durch *intermolekulare Elektronenaustauscheffekte* (*exchange*) *zwischen den paramagnetischen Spezies* (s. S. 111), *beschrieben durch die Zeit* T_{ex}, hervorgerufen werden. Der Wechsel des Elektronenspinzustandes hat auf die Gestalt des NMR-Spektrums formal dieselbe Wirkung wie der auf S. 89 ff. beschriebene Wechsel der Kernspinkonfiguration auf das Elektronenresonanzspektrum. Damit lassen sich auch die verschiedenen dort entwickelten Beziehungen auf die Form der NMR-Signale übertragen *.

Über die zu erwartenden Linienbreiten geben insbes. die hier nochmals angeführten Gl. 120, 121, S. 98 Auskunft,

$$\Delta\omega \approx \frac{2}{\tau} \qquad (\tau\,\delta\hat{\omega} \gg 1) \tag{120}$$

$$\Delta\omega \approx \tau\,\delta\hat{\omega}^2 \quad (\tau\,\delta\hat{\omega} \ll 1) \tag{121}$$

wenn für die Lebensdauer τ die die Lebensdauer des Elektronenzustandes bestimmende Zeit T_1 oder T_{ex} eingetragen wird.

Ist unter bestimmten äußeren Bedingungen (Temperatur, Lösungsmittel, Konzentration etc.) im ESR-Spektrum eine HFS aufgelöst, so ist $\tau\,\delta\hat{\omega} = \tau\,\delta\omega' \gg 1$. Für die resultierende Linienbreite ist Gl. 120 heranzuziehen. Somit ist die Linienbreite der Einzellinien sowohl im NMR- als auch im ESR-Experiment durch $\Delta\omega = \Delta\omega' = 2/\tau = 2/T_1$ bzw. $2/T_{ex}$ bestimmt. Eine der Elektronenresonanz entsprechende Breite von z. B. 100 kHz bedeutet jedoch für die Kernresonanz mit ihren bei diamagnetischen Verbindungen auftretenden Breiten von ca. 1 Hz eine so hohe Intensitätseinbuße, daß offensichtlich aus diesem Grunde solche Messungen bis heute ohne Erfolg blieben.

Fallen im ESR-Spektrum durch kurze Relaxationszeiten oder hohe intermolekulare Austauschraten die ESR-Komponenten in eine Linie zusammen, so ist die Beziehung Gl. 121 mit $\tau\,\delta\hat{\omega} = \tau\,\delta\omega' \ll 1$ anzuwenden. Die NMR- und ESR-Linienbreite wird jetzt durch $\Delta\omega = \Delta\omega' = \tau\,\delta\hat{\omega}^2 = \tau\,\delta\omega'^2$

* Die Austauscheffekte wurden, historisch gesehen, bei der Kernresonanz zuerst studiert und theoretisch gedeutet und schließlich auf die Elektronenresonanz übertragen.

beschrieben. Für genügend kurze T_1 und (oder) T_{ex}-Werte kann jetzt die austauschverschärfte Einzellinie der Protonenresonanz nachgewiesen werden. Für den Nachweis sind speziell jene Protonen günstig, die eine kleine Wechselwirkung $2\,\delta\omega'$ mit dem Elektron zeigen, da die Kopplung quadratisch die Linienbreite vergrößert.

Die notwendige Bedingung für den Nachweis der Protonenresonanz bei einer Probe ist also: *im entsprechenden ESR-Experiment darf keine HFS nachzuweisen sein, somit* T_{ex} und (oder) $T_1 \ll 1/\delta\omega'$, *oder das ESR-Signal muß wegen seiner großen Breite* T_1 *äußerst klein bzw. völlig unsichtbar bleiben.*

Die Lage der austauschverschärften NMR-Linie eines Protons mit der Kopplung $2\,\delta\omega'$ liegt im Gegensatz zu den ESR-Experimenten nicht in der Mitte zwischen den Einzelkomponenten, sondern, je nach dem Vorzeichen der Kopplung zu kleinerem oder größerem Feld verschoben. Der Grund ist darin zu suchen, daß bei dem Mittelungsprozeß, bei dem das betrachtete Proton also sehr schnell hintereinander mit Elektronen verschiedener m_s-Quantenzahl koppelt, die energetisch günstigeren $m_s = -1/2$-Terme entsprechend dem Boltzmann-Faktor (s. S. 10) ein größeres Gewicht haben. Der relative Überschuß der $m_s = -1/2$-Terme ist nach Gl. 23 (S. 10) durch $g\,\mu_B\,H_0/2kT$ gegeben, so daß dieser Teil der $m_s = -1/2$-Verschiebung nicht herausgemittelt werden kann. Bei fest gehaltener NMR-Frequenz ergibt sich damit für die Lage des Protonenresonanzsignals ein Magnetfeld von $H_0 - \frac{g \cdot \mu_B}{g_I\,\mu_K}\,a\,\frac{g\,\mu_B\,H_0}{2\,k\,T}\,\frac{1}{2}$, also gegenüber der Lage H_0 des Signals der entspr. diamagnetischen Verbindung eine Verschiebung[2] von

$$\Delta H = -a\,\frac{(g\,\mu_B)^2}{g_I\,\mu_K}\,\frac{H_0}{4\,k\,T} \tag{243}$$

Wird analog der diamagnetischen chemischen Verschiebung die sich hier ergebende *paramagnetische Verschiebung* zu

$$\frac{\Delta H}{H_0} = -a\,\frac{(g\,\mu_B)^2}{g_I\,\mu_K}\,\frac{1}{4\,k\,T} \tag{244}$$

definiert[3], so werden zwei Schlüsse erlaubt: Einmal ist es möglich auf Grund der paramagnetischen Verschiebung, *Kopplungsfaktoren zu vermessen*, zum anderen gibt die Richtung der Verschiebung Auskunft über das *Vorzeichen des Kopplungsparameters a*.

---

[2] H. M. McConnell, and D. B. Chesnut: J. Chem. Phys. **28**, 107 (1958).

[3] K. H. Hausser, H. Brunner, and J. C. Jochims: Mol. Phys. **10**, 253 (1966).

Werden in Gl. 244 im Falle der Protonenresonanz die Konstanten eingesetzt, so ergibt sich für $T = 295\,°K$ die numerische Beziehung[4]

$$\frac{\Delta H}{H_0}\,\frac{1}{a} = -75\cdot 10^{-6}\,[G^{-1}]\,\star\,. \qquad (245)$$

Einem ESR-Kopplungsparameter von $a = +1$ G entspricht also eine Verschiebung der NMR-Resonanz von 75 ppm nach tieferem Feld. Entsprechend ist einer Verschiebung zu höherem Feld ein negativer ESR-Kopplungsparameter zuzuordnen.

Zur experimentellen Bestimmung der Meßgröße ΔH sind prinzipiell zwei Messungen erforderlich, da die Lage des Signals bei der paramagnetischen Verbindung und bei einer möglichst ähnlichen diamagnetischen Verbindung zu ermitteln ist.

I.a. Kurze longitudinale Relaxationszeit, $T_1 \ll 1/a$

Bei rein organischen Radikalen sind die longitudinalen Relaxationszeiten T_1 des Elektrons wegen der geringen Spin-Bahn-Kopplung relativ groß. T_1 läßt sich auch durch Variation der äußeren Bedingungen nur in geringen Grenzen beeinflussen, so daß diese Radikale für die NMR-Untersuchungen der skizzierten Art auf Grund ihrer Relaxationszeit T_1 nicht geeignet sind.

Sehr kurze Relaxationszeiten wurden dagegen in einigen *paramagnetischen Chelaten* mit Metallen aus der Reihe der Übergangselemente gefunden[5–12]. Hier betragen die Relaxationszeiten ca. 10^{-6} bis 10^{-8} sec, sind also genügend kurz gegen die normalerweise in Radikalen auftretenden reziproken Kopplungen von etwa 10^{-5} bis 10^{-7} sec. Die zu beobachtenden

⋆ Auch bei den ESR-Spektren treten im Prinzip diese Verschiebungen auf, jedoch ist der entsprechende Boltzmann-Faktor für die Kerne etwa 1000 mal kleiner, sodaß der Effekt unbeobachtbar bleibt.

[4] siehe Fußnote 3, S. 266.

[5] A. Forman, J. N. Murrell, and L. E. Orgel: J. Chem. Phys. **31**, 1129 (1959).

[6] W. D. Phillips, and R. E. Benson: J. Chem. Phys. **33**, 607 (1960).

[7] R. E. Benson, D. R. Eaton, A. D. Josey, and W. D. Phillips: J. Amer. chem. Soc. **83**, 3714 (1961).

[8] D. R. Eaton, A. D. Josey, W. D. Phillips, and R. E. Benson: Mol. Phys. **5**, 407 (1962).

[9] D. R. Eaton, A. D. Josey, W. D. Phillips, and R. E. Benson: J. Chem. Phys. **37**, 347 (1962).

[10] D. R. Eaton, A. D. Josey, W. D. Phillips, and R. E. Benson: Disc. Faraday Soc. **34**, 77 (1962).

[11] D. R. Eaton, A. D. Josey, R. E. Benson, W. D. Phillips, and T. L. Cairus: J. Amer. chem. Soc. **84**, 4100 (1962).

[12] D. R. Eaton, W. D. Phillips, and D. J. Caldwell: J. Amer. chem. Soc. **85**, 397 (1963).

Kopplungen sind oft sogar noch wesentlich kleiner, da der Elektronenspin des Metallatoms nur zu einem geringen Teil in die organischen Liganden übertragen wird. Die bei Chelaten gemessenen Kopplungen haben Größenordnungen von kHz. Die Bedingung $T_1 \ll 1/a$ ist damit so gut erfüllt, daß die verschärften NMR-Linien zum Teil noch die Kern-Spin-Spin-Kopplung von 2 bis 3 Hz erkennen ließen.

Das von D. R. Eaton, W. D. Phillips et al. benutzte Ni(II)-Chelat zeigt die Formel. Da die Reste *R* einfach variiert werden konnten, gelang es,

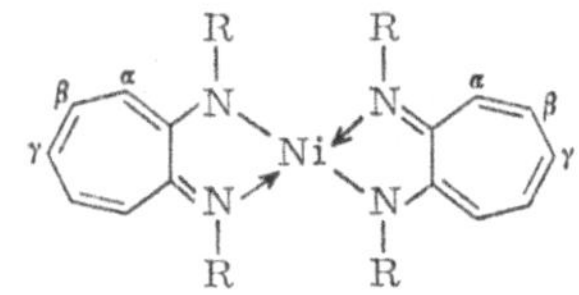

die Übertragung des Spins aus der paramagnetischen Form des Chelats in eine ganze Reihe organischer Substituenten zu untersuchen. Beispiele zeigt Abb. 91 a, b. Einzelheiten, insbes. zur Auswertung, sind der Originalliteratur zu entnehmen.

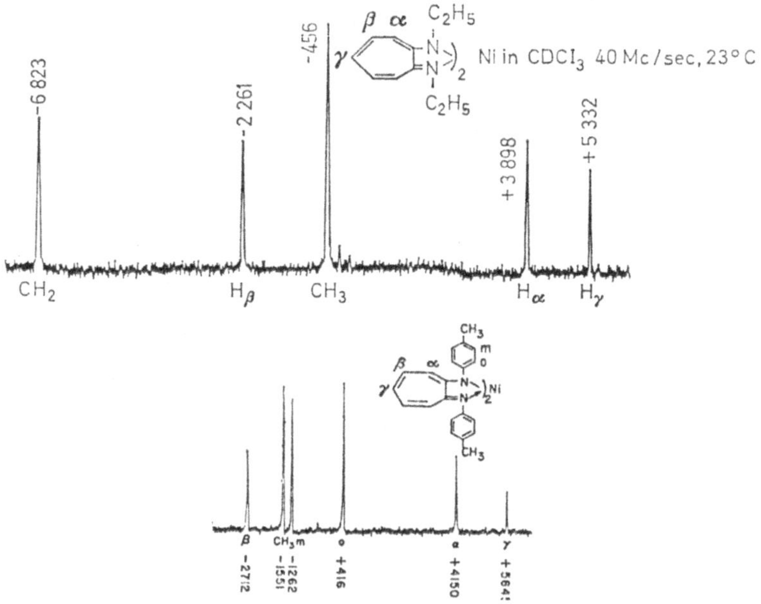

Abb. 91. NMR-Spektren einiger Ni(II)-Chelate [12a, 12b]

[12a] siehe Fußnote 9, S. 267.
[12b] siehe Fußnote 12, S. 267.

Die Errechnung der Kopplungsparameter führte unter Verwendung der McConnell-Beziehung (Gl. 164, S. 146) zu den in Tab. 15 aufgeführten Spindichten.

Tabelle 15. *Spindichten einiger R-substituierter Ni(II)-Chelate*

Position	$R = -CH_2CH_3$	R = 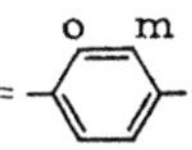 $-CH_3$
ϱ_α	+0,0429	+0,0420
ϱ_β	−0,0220	−0,0210
ϱ_γ	+0,0589	+0,0584
ϱ_o	—	+0,00771
ϱ_m	—	−0,00785

Aus den Werten kann das Alternieren der Spindichten in den konjugierten Ringen und damit eine experimentelle Bestätigung für das Auftreten von negativen Spindichten abgelesen werden. Die paramagnetische Verschiebung für die Protonenresonanz der Äthyl- und Methyl-Gruppe läßt sich mit den Hyperkonjugationsparametern ebenfalls als positive Spindichte am Stickstoff und in der *p*-Stellung des Phenyl-Substituenten interpretieren. Die sehr kleinen Spindichten zeigen, daß im Gegensatz zu rein organischen Radikalen nur ein geringer Anteil des Paramagnetismus in die organischen Liganden übertragen wird.

Durch die Vielzahl der studierten organischen Liganden wurde es möglich, spezielle Probleme, etwa die Übertragung des Elektrons durch konjugierte Systeme bzw. mehr oder weniger stark konjugierte Brücken, Werte für die π-σ- und Hyperkonjugationsparameter etc., zu untersuchen.

I.b. Hohe Austauschfrequenz, $T_{ex} \ll 1/a$

I.b.1. Spinaustausch zwischen Radikalen

Die zweite Möglichkeit zur Beobachtung von Kernresonanzsignalen ist bei kurzen Austauschzeiten der Elektronen T_{ex} gegeben. Zur Erfüllung der Bedingung $T_{ex} \ll 1/a$ ist das Auftreten einer austauschverschärften Linie im ESR-Experiment hinreichend, und damit notwendig für entsprechende NMR-Untersuchungen.

Die Austauschfrequenz zwischen Radikalmolekülen (Spinaustausch s. S. 71 u. S. 111) steigt mit der Radikalkonzentration (s. S. 71). Die ersten Messungen dieser Art wurden daher an Radikalen in festen Medien durchgeführt[13–15], insbes. am DPPH (s. S. 317ff.). Bei tiefen Temperaturen, die nach Gleichung 244 (S. 266) ein Ansteigen der paramagnetischen Verschiebung bewirken, konnten die Protonensignale der vier Protonenarten des DPPH aufgelöst (Abb. 92) und durch Vermessung der entsprechend deuterierten Substanz, ein Signal eindeutig den meta-ständigen Protonen

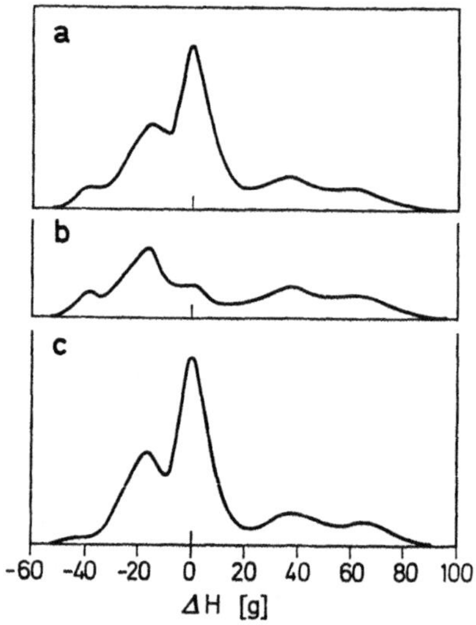

Abb. 92. NMR-Spektren[15] des DPPH-Pulvers bei 4,2°K, $\nu_P = 22{,}8$ MHz. (a) DPPH mit Kristall-C_6H_6, (b) mit Kristall-C_6D_6, (c) meta-Protonen des Picryl-Restes durch Deuterium ersetzt

des Picryl-Restes zugeordnet werden. Obwohl die Lage der Resonanzen wegen einer anisotropen HFS nicht exakt den isotropen ESR-Kopplungsparametern zu entsprechen braucht, konnte doch aus den Vorzeichen der paramagnetischen Verschiebungen auf das Vorliegen von positiven und negativen Spindichten im Radikal geschlossen werden. Darüber hinaus wurde bei Tieftemperaturmessungen[16] die $1/T$-Abhängigkeit der paramagnetischen Verschiebung experimentell gesichert.

[13] H. S. Gutowsky, H. Kusumoto, T. H. Brown, and D. H. Anderson: J. Chem. Phys. **30**, 860 (1959).

[14] T. H. Brown, D. H. Anderson, and H. S. Gutowsky: J. Chem. Phys. **33**, 720 (1960).

[15] M. E. Anderson, G. E. Pake, and T. R. Tuttle jr.: J. Chem. Phys. **33**, 1581 (1960).

[16] siehe Fußnote 15.

Entsprechende Versuche an Radikallösungen[17–20] bieten den Vorteil, daß die Anisotropie durch die noch vorhandene Beweglichkeit der Radikale herausgemittelt wird. Die sich ergebenden Verschiebungen können also exakt mit den isotropen ESR-Kopplungsparametern identifiziert werden. Die Austauschzeit T_{ex} ist wegen der Beweglichkeit der Moleküle proportional zur Viscosität der Lösung und umgekehrt proportional zur Temperatur und Konzentration der Probe (s. S. 63, 72).

So wurde das bei Raumtemperatur flüssige Di-tert.-butyl-N-oxyd mit dieser NMR-Methode erfolgreich spektroskopiert. Während das ESR-Spektrum der Verbindung auch bei geringen Konzentrationen lediglich die Aufspaltung durch den Stickstoffkern (und ^{13}C-Kern) zeigt konnte durch die NMR-Messung die austauschverschärfte Linie der tert.-Butyl-Protonen aufgefunden werden. Die experimentell gemessene Verschiebung von $\Delta H/H_0 = +8{,}0 \cdot 10^{-6}$ bei Raumtemperatur ergab einen Kopplungsfaktor der Protonen von $a = -0{,}107$ G. Die Untersuchungen ließen sich mit einer etwas variierten Nachweismethode (wide-line-NMR) von G. W. Canters und E. deBoer[21] auf größerere Kopplungsparameter der Protonen ausdehnen. So lieferten NMR-Spektren des Biphenyl-Anion-

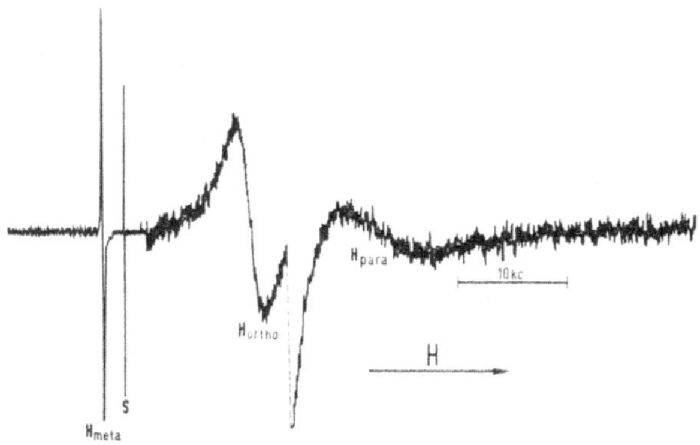

Abb. 93. Protonen-NMR-Spektrum (≈60 MHz, 1. Ableitung) des vollständig mit Na reduzierten Biphenyl einer 1 mol. Lösung bei T_Z. S ist das Signal des Lösungsmittels (Diglykol-dimethyläther)[21]

radikals (s. Abb. 93) Kopplungen von $a_0 = -2{,}52$ G, $a_m = +0{,}40$ G und $a_p = -5{,}22$ Gauß, die mit den aus ESR-Experimenten gewonnenen von 2,62 G, 0,39 G und 5,30 G zu vergleichen wären.

[17] K. H. Hausser, H. Brunner, and J. C. Jochims: Mol. Phys. **10**, 253 (1966).
[18] R. W. Kreilick: J. Chem. Phys. **45**, 1922 (1966).
[19] G. W. Canters, and E. deBoer: Mol. Phys. **13**, 395 (1967).
[20] R. Brière, H. Lemaire, A. Rassat et P. Rey: Bull. Soc. Chim. France **1967**, 4479.
[21] siehe Fußnote 19.

NMR-Untersuchungen dieser Art sind nicht an konzentrierte Radikallösungen oder konzentrierte Radikale in fester Form gebunden. R. W. Kreilick[22] konnte mit Hilfe des flüssigen Radikals Di-tert.-butyl-N-oxyd als Lösungsmittel zeigen, daß die Austauscheffekte zwischen Lösungsmittel und untersuchtem Radikal stark genug sind, um die NMR-Linien des gelösten Radikals in der skizzierten Weise beobachtbar zu machen. Über entspr. Messungen an Phenoxylen s. Literatur[23].

I.b.2. Elektronenaustausch zwischen Radikalen und entspr. diamagnetischen Verbindungen

Wie auf S. 111 gezeigt wurde, kann ein Elektronenaustausch zwischen paramagnetischen und diamagnetischen Molekülen meßbare Linienbreiteneffekte im Elektronenresonanzspektrum hervorrufen. Durch Variation der Konzentrationsverhältnisse der beiden Spezies $[P]/[D]$ war es möglich, die Austauschraten und damit T_{ex} so zu verändern, daß in einigen Fällen der kritische Bereich der Lebensdauern überstrichen werden konnte.

Bei der NMR-Untersuchung solcher Vorgänge treten im Prinzip die gleichen Effekte auf, also eine Linienverbreiterung einerseits und eine Verschiebung der Protonenresonanz andererseits. Die diese Effekte beschreibenden Gleichungen sind wegen der Anwesenheit der diamagnetischen Spezies etwas komplizierter. So ergeben sich für die Verschiebung und die durch den Austausch bewirkte zusätzliche Linienbreite der Protonenresonanz die Beziehungen[24–26]

$$\frac{\Delta H}{H_0} = -a \frac{(g\,\mu_B)^2}{g_I\,\mu_K} \frac{1}{4\,k\,T} \gamma_P \frac{1}{1 + \left(\gamma_D\,\tau_P^2\,\frac{a^2}{4}\right) / (1 + 2\,\tau_P\,T_1^{-1})} \tag{246}$$

$$\Delta\omega = 2 \frac{\gamma_P\,\tau_P\,\frac{a^2}{4}}{1 + \gamma_D\,\tau_P^2\,\frac{a^2}{4} + 2\,\tau_P\,T_1^{-1}}\,. \tag{247}$$

Dabei bedeuten γ_P, γ_D die Molenbrüche der paramagnetischen und diamagnetischen Moleküle, τ_P die Lebensdauer der Radikale in bezug auf

[22] R. W. Kreilick: J. Amer. chem. Soc. **90**, 2711 (1968).
[23] R. W. Kreilick: Mol. Phys. **14**, 495 (1968).
[24] C. S. Johnson jr.: J. Chem. Phys. **39**, 2111 (1963).
[25] E. deBoer, and C. McLean: Mol. Phys. **9**, 191 (1965).
[26] E. deBoer, and C. McLean: J. Chem. Phys. **44**, 1334 (1966).

ihre Umwandlung in diamagnetische Spezies und T_1 die longitudinale Relaxationszeit der Elektronen. Die Auswertung der Formeln vereinfacht sich für die NMR-interessanten Spezialfälle kurzer und langer Austauschzeiten wesentlich, so daß bezüglich kleiner Kopplungen und ihrer Vorzeichen die den früheren Beziehungen entsprechenden Aussagen gemacht werden können[27,28]. Da die Austauschzeiten durch Wahl der Konzentrationsverhältnisse zwischen diamagnetischen und paramagnetischen Molekülen recht gut variiert werden können, wurden entsprechende Untersuchungen der Linienbreiteneffekte zum Studium der Austauschzeiten selbst herangezogen[29–35] (s. Originalliteratur).

---

[27] siehe Fußnote 25, S. 272.

[28] siehe Fußnote 26, S. 272.

[29] siehe Fußnote 24, S. 272.

[30] C. R. Bruce, R. E. Norberg, and S. I. Weissman: J. Chem. Phys. **24**, 473 (1956).

[31] R. W. Kreilick, and S. I. Weissman: J. Amer. chem. Soc. **84**, 306 (1962).

[32] C. S. Johnson jr., and J. C. Tully: J. Chem. Phys. **40**, 1744 (1964).

[33] A. D. Britt: J. Chem. Phys. **41**, 3069 (1964).

[34] G. T. Jones, and J. N. Murrell: Chem. com. **1965**, 28.

[35] C. S. Johnson jr., and R. Chang: J. Chem. Phys. **43**, 3183 (1965).

II. ENDOR

Die Bezeichnung ENDOR ist eine Abkürzung des Begriffs „**E**lektron-**N**uclear **DO**uble **R**esonance", einer Untersuchungsmethode für paramagnetische Moleküle, die G. FEHER[1] entwickelt hat. Diese Doppelresonanzmethode, bei der die Probe gleichzeitig mit der Elektronen- und der Kernfrequenz bestrahlt wird, wurde von J. S. HYDE[2–5] et al. auf Radikallösungen ausgedehnt. Damit ist die Methode auch für den organischen Chemiker interessant.

Da entsprechende Geräte noch kaum in chemischen Laboratorien zu finden sind, der elektronische Aufwand andererseits so beträchtlich ist, daß für den Chemiker der Aufbau eines ENDOR-Gerätes praktisch nicht in Frage kommt, soll hier von der apparativen Seite[6] gänzlich abgesehen werden. Es sei auch auf eine Diskussion der Theorie[7–9] verzichtet. Qualitativ läßt sich für das Verständnis der Methode folgendes sagen:

Abb. 94 zeigt das Termschema eines mit zwei Protonen in Wechselwirkung stehenden Elektrons (Kopplungsparameter a und a' in Energie-Einheiten) im Magnetfeld H_0. Die Einstellenergien der Protonen im Magnetfeld wurden analog Abb. 18d (S. 35) berücksichtigt. Werden die resultierenden Energieniveaus mit 1, 2, .. 8 bezeichnet, so ergibt sich für die auf E_0 bezogenen Energiewerte nach den Gleichungen 8, 28 und 37

$$E_i = g\,\mu_B\,H_0\,m_S^i - g_I\,\mu_K\,H_0(m_{I_1}^i + m_{I_2}^i) + a\,m_S^i m_{I_1}^i + a'\,m_S^i m_{I_2}^i, \qquad (248)$$

wobei die magnetischen Quantenzahlen für das i-te Niveau dem Termschema Abb. 94 zu entnehmen sind.

Einer der vier möglichen ESR-Übergänge ist zwischen Niveau 4 und 5 eingezeichnet. Wird dieser Übergang im ESR-Experiment *stark* eingestrahlt, so kann eine Gleichbesetzung der Terme 4 und 5 angenähert werden. Bei genügend langen longitudinalen Relaxationszeiten T_1 (s. S. 65)

[1] G. FEHER: Phys. Rev. **103**, 500 (1956).
[2] J. S. HYDE, and A. H. MAKI: J. Chem. Phys. **40**, 3117 (1964).
[3] J. S. HYDE: J. Chem. Phys. **43**, 1806 (1965).
[4] J. S. HYDE, R. BRESLOW, and E. DEBOER: J. Amer. chem. Soc. **88**, 4763 (1966).
[5] J. S. HYDE: J. Phys. Chem. **71**, 68 (1967).
[6] siehe Fußnote 3.
[7] J. H. FREED: J. Chem. Phys. **43**, 2312 (1965).
[8] J. H. FREED: J. Phys. Chem. **71**, 38 (1967).
[9] J. H. FREED, D. S. LENIART, and J. S. HYDE: J. Chem. Phys. **47**, 2762 (1967).

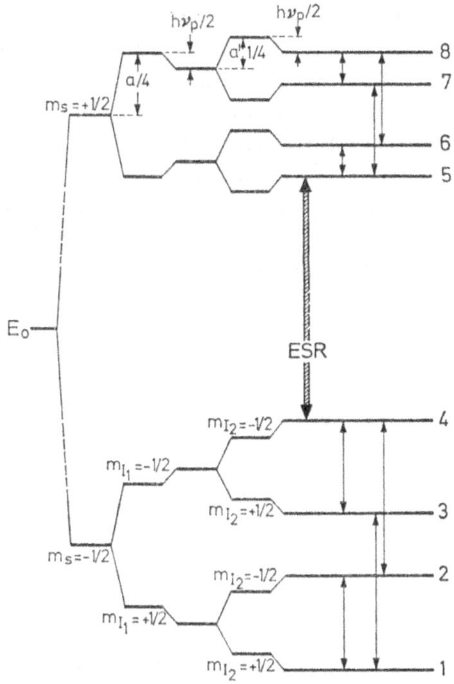

Abb. 94. Termschema zur Diskussion der ENDOR-Methode (Kopplungen *a* in Energieeinheiten)

oder starker Mikrowelleneinstrahlung wird *eine Sättigung des ESR-Übergangs erreicht* (s. S. 74) und *die vom Registriergerät aufgezeichnete Höhe des Absorptionssignals wird kleiner* (s. Abb. 58, S. 130). Die Gleichbesetzung der Niveaus 4 und 5 kann jetzt durch Einstrahlung von NMR-Frequenzen entsprechend den in Abb. 94 eingezeichneten Übergängen 1—2 = 3—4, 1—3 = 2—4, 5—6 = 7—8 und 5—7 = 6—8 *aufgehoben werden.* Bei hinreichend starker NMR-Einstrahlung werden jetzt die durch $\Delta m_s = 0$, $\Delta m_I = \pm 1$ korrelierten Niveaus gleich besetzt, so daß für den ESR-Übergang wieder eine Besetzungsdifferenz resultiert, die *ESR-Linie also wieder an Intensität gewinnt.*

Bei diesem Termschema tritt dieser *Effekt der Intensitätsvergrößerung der ESR-Linie bei Variation der NMR-Frequenz* bei vier verschiedenen Frequenzen auf, $h\nu = h\nu_P \pm a/2$, $h\nu = h\nu_P \pm a'/2$, deren Beträge symmetrisch um die Larmor-Frequenz des ungekoppelten Kerns ν_P liegen. *Der Abstand der „Linien" zur Larmor-Frequenz ist durch den halben Kopplungsparameter des Kerns gegeben. Damit ist es mit der ENDOR-Methode möglich, die Kopplungsfaktoren der Kerne, insbesondere der Protonen zu bestimmen.*

Werden nur die ENDOR-Linien oberhalb der Larmor-Frequenz des Kerns betrachtet, so resultiert für *jeden Kopplungsparameter* des untersuchten Radikals *eine ENDOR-Komponente, unabhängig von der Zahl der eventuell gleichwertigen Kerne*. Diese Tatsache bewirkt einen großen Vorteil der ENDOR-Methode gegenüber dem ESR-Experiment. So zeigt das ENDOR-Spektrum des Triphenylmethyl-Radikals oberhalb der Protonenfrequenz entsprechend den drei Kopplungsparametern (*o*, *p* und *m*-Protonen) nur drei Komponenten (Abb. 95), während ein voll aufgelöstes ESR-Spektrum dieses Radikals 196 Linien zeigen sollte.

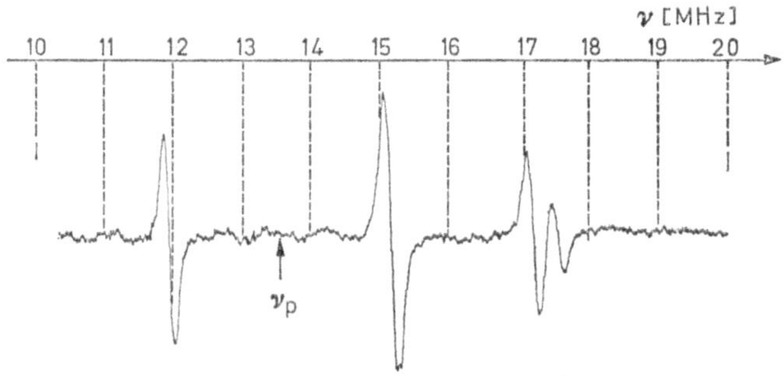

Abb. 95. ENDOR-Linien des Triphenylmethyl-Radikals bei —90°C in Toluol[9a]

Aus den Abständen der ENDOR-Linien zur Lage des freien Protons ergeben sich aus dieser Messung in Toluol bei —90°C die Kopplungsparameter zu 3,21, 7,31 und 8,04 MHz oder 1,14, 2,61 und 2,87 G, die mit den ESR-Daten (s. S. 303) etwa übereinstimmen.

Obwohl die Breiten der einzelnen ENDOR-Linien die gleichen wie bei ESR-Experimenten sind, ist mit der ENDOR-Technik wegen der nur geringen Zahl der Komponenten i. allg. eine bessere Auflösung zu erzielen. Insbesondere ist, da jede ENDOR-Linie einem Kopplungsparameter entspricht, die Interpretation eindeutig, während bei den linienreichen ESR-Spektren, besonders wenn die Komponenten in ihren Intensitäten sehr unterschiedlich sind, in dieser Hinsicht Schwierigkeiten und Fehlinterpretationen auftreten können. Andererseits kann die Zuordnung der Kopplungsparameter zu den Kernen auch bei ENDOR komplizierter sein, da die Intensitäten der einzelnen ENDOR-Linien nicht nur die Anzahl der äquivalenten Kerne widerspiegelt, sondern auch stark von apparativen Größen abhängen, die sich während der NMR-Frequenzvariation ändern können[10,11].

[9a] siehe Fußnote 3, S. 274.
[10] siehe Fußnote 3, S. 274.
[11] D. H. Whiffen: Mol. Phys. **10**, 595 (1966).

Neben ENDOR-Untersuchungen organischer Monoradikale in Einkristallen[12] und Pulvern[13] konnte die Methode auch bei Messungen des Triplettgrundzustandes des Fluorenylidens[14] und des optisch angeregten Triplettzustandes des Naphthalins[15] eingesetzt werden.

---

[12] s. z.B. H. C. Box, H. G. Freund, and K. T. Lilga: J. Chem. Phys. **46**, 2130 (1967); J. W. Wells, and H. C. Box: J. Chem. Phys. **46**, 2935 (1967).

[13] A. L. Kwiram: J. Chem. Phys. **49**, 2860 (1968).

[14] C. A. Hutchison jr., and G. A. Pearson: J. Chem. Phys. **47**, 520 (1967).

[15] P. Ehret, G. Jesse u. H. C. Wulf: Z. Naturforsch. **23a**, 195 (1968).

III. ELDOR

Der Name ELDOR ist eine Abkürzung für „**EL**ectron **DO**uble **R**esonance". Die Methode ist dem ENDOR-Verfahren vergleichbar. Auch hier wird eine ESR-Linie so stark eingestrahlt, daß eine Sättigung des betreffenden Übergangs erreicht wird und die Besetzungszahldifferenz der am Übergang beteiligten HFS-Terme sehr klein wird. Die zweite Resonanzfrequenz liegt jetzt aber ebenfalls im Mikrowellengebiet und wird variabel gehalten. So kann mit dieser zweiten ESR-Frequenz das ganze Termschema des Radikals bei konstantem Magnetfeld überstrichen, und Übergänge $\Delta m_s = 1$, $\Delta m_I = 0$ können induziert werden. Sind jetzt die verschiedenen HFS-Niveaus durch Kreuzrelaxationen miteinander korreliert, so bewirkt die Übereinstimmung der zweiten Frequenz mit einem erlaubten ESR-Übergang eine Veränderung der Sättigungsverhältnisse im ersten Übergang und damit ein Ansteigen seiner Intensität. Diese Intensitätsänderung ist damit der Detektor für eine ESR-Resonanz der zweiten Frequenz.

Es liegt nahe, daß mit diesem Verfahren die Relaxationsverhältnisse innerhalb eines Termschemas untersucht werden können[1]. Auch wurde auf die Möglichkeit hingewiesen, ESR-Spektren, die durch Überlagerung von mehreren simultan vermessenen Radikalspezies entstehen, den einzelnen paramagnetischen Zentren zuzuordnen[2]. Das wird möglich, weil die gesättigte Linie nur dann ihre Intensität ändern wird, wenn in „ihrem" Termschema ein zweiter Übergang induziert wird.

IV. Dynamische Kernpolarisation

Die im ESR- und NMR-Experiment beobachtete Absorption der eingestrahlten Energie ist eine direkte Folge der unterschiedlichen Besetzungszahlen der kombinierenden Terme. Beim Vorliegen eines Boltzmann-Gleichgewichts ist die Differenz der Besetzungszahlen im Magnetfeld H_0 durch Gleichung 23 (S. 10) gegeben. Damit liegt eine *Polarisation der Teilchen* $P_0 = \Delta n/n$ vor, die sich für Wasserstoffkerne ($I = 1/2$-Teilchen) zu

$$P_0 = \frac{g_I \mu_K H_0}{2kT} \tag{249}$$

[1] J. S. Hyde, J. C. W. Chien, and J. H. Freed: J. Chem. Phys. **48**, 4211 (1968).

[2] J. S. Hyde, L. D. Kispert, and R. C. Sneed: J. Chem. Phys. **48**, 3824 (1968).

ergibt. Die Größe dieser Gleichgewichtspolarisation beträgt für Protonen bei einem Magnetfeld von ca. 3300 Gauß und Raumtemperatur etwa $1 \cdot 10^{-6}$.

Im Folgenden soll kurz der *Overhauser-Effekt*[1,2] als wichtigste Methode erwähnt werden, die *mit Hilfe von gleichzeitig erzwungenen ESR-Übergängen die Gleichgewichtspolarisation der Kerne verändern kann und damit eine Änderung der NMR-Signalintensität bewirkt.*

Bei Betrachtung eines Protons, das mit einem Elektron koppelt (dipolar oder, und skalar) kann das in Abb. 96 wiedergegebene Termschema

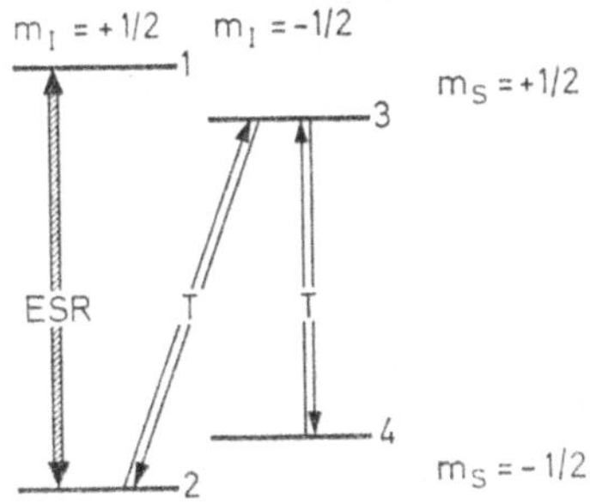

Abb. 96. Termschema zur Diskussion des Overhauser-Effekts

zugrunde gelegt werden. Die die verschiedenen Terme korrelierenden Relaxationszeiten können bei speziellen Systemen unterschiedlich sein (vgl. a. S. 81 ff.). Hier kann vereinfachend angenommen werden, daß praktisch nur die in Abb. 96 eingezeichneten Relaxationen T wirksam sind.

Wird der skizzierte ESR-Übergang so stark eingestrahlt, daß eine Sättigung erreicht wird, so kann für die Besetzungszahlen $n(1) = n(2)$ geschlossen werden. Die Besetzungszahlen der anderen durch Relaxation korrelierten Terme können durch die Boltzmann-Verteilung beschrieben werden, so daß $n(3) = n(2)\left(1 - \frac{g \cdot \mu_B H_0}{kT}\right)$ und $n(4) \approx n(2)$ wird. Hierbei wurde die kleine Kopplungsenergie der Teilchen gegen die Zeeman-Energie des Elektrons vernachlässigt. Der Polarisationsgrad der Protonen ergibt sich damit unter Beachtung von $n \approx 4 \cdot n(2)$ zu

$$P = \frac{g \cdot \mu_B \cdot H_0}{4\,kT} \quad . \tag{250}$$

Ein Vergleich dieses Ergebnisses mit der Gleichgewichtspolarisation zeigt, daß mit dieser Methode und den angenommenen idealen Voraus-

[1] A. W. Overhauser: Phys. Rev. **92**, 411 (1953).

[2] Zusammenfassender Bericht s. K. H. Hausser u. D. Stehlick. In: Adv. Magnetic Resonance, Vol. III. New York-London: Acad. Press 1968.

setzungen eine Erhöhung der Polarisation um den Faktor $P/P_0 = g\mu_B/2g_I\mu_K$, für Protonen also etwa 330, zu erreichen ist. Durch den Overhauser-Effekt wird also eine Polarisation der Protonen und damit eine entsprechende Vergrößerung des NMR-Signals erreicht, die einer statischen Polarisation durch das H_0-Feld mit wesentlich vergrößertem Boltzmann-Faktor entspricht.

Bei der Kopplung des freien Elektrons mit *Protonen der Lösungsmittelmoleküle* ist die Wechselwirkung so gering, daß das Termschema der Abb. 96 nicht aufgelöst ist und damit durch die ESR-Einstrahlung gleichzeitig die Übergänge $1 \leftrightarrow 2$ und $3 \leftrightarrow 4$ induziert werden. In diesem Falle wird die Polarisation gegenüber Gl. 250 verdoppelt.

Sind die Relaxationsverhältnisse so beschaffen, daß die Relaxationszeit für die Übergänge $1 \leftrightarrow 4$ kurz gegen die für $2 \leftrightarrow 3$ sind, *kehrt die Polarisation ihr Vorzeichen um, und die Protonenresonanzlinie wird als Emission registriert* („Underhauser"-Effekt).

Die Untersuchung der Größe und des Vorzeichens der Protonenresonanzverstärkung durch diese dynamische Kernpolarisation läßt *Schlüsse auf die Art der Wechselwirkung und auf die Relaxationsverhältnisse* zu, und kann dem Chemiker z.B. zum *Studium von Lösungsmittel-Radikal-Systemen* dienen.

Im Prinzip ähnliche Effekte, die aus der Umordnung der Gleichgewichtsbesetzungszahlen resultieren, lassen sich in Festkörpern beobachten.

Bei diesem *Festkörper-Effekt*[3,4] wird die Polarisation der Protonen durch Einstrahlung eines verbotenen ESR-Übergangs erreicht.

---

[3] A. Abragam et W. G. Proctor: C. R. hebd. Séances Acad. Sci. **246**, 2253 (1958).

[4] A. Abragam, and M. Borghini: Progr. in Low Temp. Phys. IV, 384 (1964).

F. Radikale in Lösung

Bei der Untersuchung von Radikalen in Lösung werden im allg. die Anisotropien von HFS und *g*-Faktor durch die schnelle Bewegung der paramagnetischen Moleküle im Lösungsmittel herausgemittelt. Die somit kleineren Linienbreiten gegenüber Festsubstanzen gestatten eine wesentlich genauere Auswertung der ESR-Spektren. Die Vorzeichen der Kopplungsparameter sind nicht direkt aus den ESR-Spektren zugänglich, so daß, wenn nicht ausdrücklich erwähnt, stets die Beträge in Einheiten des Magnetfeldes [G] angegeben sind.

Aus der Fülle der Resultate soll eine Auswahl gegeben werden*, die einerseits als Vergleichsmaterial die Auswertung von Spektren neuer Verbindungen erleichtern soll, und andererseits als Beispiel für die in den Kap. A bis E beschriebenen theoretischen Betrachtungen dienen kann.

Der Stoff wurde nach strukturellen Gesichtspunkten geordnet. Auf Darstellungsmethoden wird eingegangen, wenn einzelne Verfahren für ESR-spektroskopische Untersuchungen von Bedeutung sind. Einen allgemeinen Überblick über die Herstellung von Radikalen und ihre Konservierung findet sich bei A. M. Bass u. H. P. Broida[1].

I. Neutralradikale

I.a. Kohlenwasserstoffe

Die Untersuchung der ESR-Spektren von Alkylradikalen wird durch ihre meist recht kurze Lebensdauer erschwert. Deshalb muß hier auf Methoden zurückgegriffen werden, die es gestatten, trotz der geringen Stabilität der paramagnetischen Moleküle hinreichend hohe Radikalkonzentrationen (s. S. 24) im ESR-Spektrometer über mindestens die Meßdauer zu erzeugen oder zu erhalten. Hierzu bieten sich zwei Wege an. Erstens können die erzeugten Radikale nach oder während ihrer Erzeugung in einer Matrix festgelegt werden. Dabei ist die Art der Matrix für die ESR-Spektroskopie

---

* Vgl. auch H. Fischer: Landolt-Börnstein Magnetische Eigenschaften freier Radikale, Neue Serie Band I. Berlin-Heidelberg-New York: Springer, 1965.

[1] A. M. Bass, and H. P. Broida: Formation and Trapping of Free Radicals. New York-London: Academic Press 1960.

von untergeordneter Bedeutung. Im wesentlichen werden durch die räumliche Trennung der paramagnetischen Zentren und das Festlegen der Moleküle alle radikalvernichtenden Reaktionen stark verlangsamt oder vollständig unterdrückt. Zweitens besteht die Möglichkeit, die Radikale direkt im Resonanztopf so zu erzeugen, daß stets eine für die bequeme Beobachtung der Signale hinreichende stationäre Konzentration vorhanden ist.

Der „steady state Methode", also der hinreichend schnellen Erzeugung ist der Vorzug zu geben. Radikale, deren Translationen und Rotationen eingeschränkt oder gar unterdrückt sind, wie das beim Festlegen in einer Matrix weitgehend der Fall ist, zeigen sowohl hinsichtlich der *g*-Faktoren und der HFS anisotrope Spektren. Sie werden im allg. ESR-Signale liefern, die große Linienbreiten aufweisen, dadurch gegebenenfalls schlecht aufgelöst sind und somit zur Zuordnung der HFS-Komponenten und Bestimmung von Kopplungsfaktoren nur bedingt verwendet werden können. Demgegenüber liefern „steady state"-Verfahren, da in Lösung gearbeitet wird, isotrope Spektren.

I.a.1. Herstellung kurzlebiger Radikale

Von den physikalischen Radikalerzeugungsmethoden bietet sich zur Herstellung von Alkylradikalen vor allem die Bestrahlung mit elektromagnetischen Wellen oder Elektronen an. Besonders vorteilhaft hat sich ein Verfahren von R. W. Fessenden u. R. H. Schuler[2] erwiesen. Die Autoren bringen die sorgfältig gereinigten Kohlenwasserstoffe (unter Ausschluß von Sauerstoff) direkt in den Resonanztopf und bestrahlen die Probe bei Temperaturen zwischen Siedepunkt und Schmelzpunkt des betr. Kohlenwasserstoffs mit 2,8 MeV Elektronen, die parallel zum H_0-Feld in den Topf eintreten. Es gelingt so, die HFS-Kopplungsparameter einer Reihe von Alkylradikalen genau zu bestimmen. Darüber hinaus wurden kinetische Untersuchungen der Sekundärreaktionen, die für die Abnahme der Radikalkonzentration verantwortlich sind, durchgeführt. Das Verfahren ist auf die reinen Kohlenwasserstoffe beschränkt und läßt sich nicht auf Verbindungen mit größerer Dielektrizitätskonstante ausdehnen.

Mit wesentlich geringerem Aufwand gelingt es, chemisch hinreichend hohe stationäre Radikalkonzentrationen zu erzeugen. W. T. Dixon u.

$$Ti^{3\oplus} + H_2O_2 \longrightarrow Ti^{4\oplus} + HO\cdot + HO^{\ominus}$$

$$HO\cdot + H_2O_2 \longrightarrow H_2O + HO_2\cdot$$

[2] R. W. Fessenden, and R. H. Schuler: J. Chem. Phys. 39, 2147 (1963).

R. O. C. Norman[3] wenden die Redoxreaktion zwischen Titan-Ionen und Wasserstoffperoxyd zur Erzeugung von Hydroxy- und Peroxyradikalen an, die dann ihrerseits mit organischen Substanzen zu Kohlenwasserstoffradikalen weiterreagieren können.

$$HO\cdot + CH_3OH \longrightarrow \cdot CH_2OH + H_2O$$

Da die Lebensdauer der entstehenden Radikale recht kurz ist, verwendet man am besten das S. 27 beschriebene Durchflußsystem: Die beiden Lösungen von Titan(III)-chlorid und verd. Schwefelsäure einerseits und Wasserstoffperoxyd, ebenfalls schwefelsauer, andererseits werden unmittelbar vor dem Eintritt in den Resonanztopf vermischt und durchströmen die Meßanordnung stetig. Die organische Komponente wird jeder der beiden Lösungen in gleichen Teilen zugegeben. An Stelle von Titan können auch Cer-[4] oder Eisen-Ionen[5] verwendet werden.

Die Spektren sind im allg. gut aufgelöst. H. Fischer[6], der diese Methode zur Untersuchung von Redoxpolymerisationen vielfach herangezogen hat, fand Linienbreiten von etwa 1 G, so daß den Verhältnissen entsprechend brauchbare Aussagen über die HFS gewonnen werden konnten. Allerdings muß die organische Komponente wasserlöslich sein. Die Methode ist also auf Carbonsäuren, Alkohole usw. beschränkt.

Einfach in der Handhabung sind Herstellungsmethoden für Radikale, bei denen die paramagnetischen Moleküle in einer *Matrix* festgelegt werden. Auch hier hat sich die Bestrahlung von Kohlenwasserstoffen bei tiefen Temperaturen mit elektromagnetischen Wellen verschiedener Energie[7,8] bewährt. P. B. Ayscough u. C. Thomson[8a] lassen auf Alkylhalogenide γ-Strahlen einer ^{60}Co-Quelle bei —196 °C außerhalb des ESR-Spektrometers einwirken. Dazu kondensieren sie die sorgfältig gereinigten und entgasten Proben in Quarzröhrchen ein und behandeln sie mit einer Strahlendosis, die etwa 10^{20} eV ml^{-1} entspricht. Dann werden die Proben in den Tieftemperaturresonator gebracht. Die Spektren besitzen bei Linienbreiten von 25 G keine hinreichende Auflösung. Über ähnliche Bestrahlung von Alkanen, Olefinen und anderen organischen Verbindungen berichten B. Smaller

[3] W. T. Dixon, and R. O. C. Norman: J. Chem. Soc. **1963**, 3119; vgl. auch P. Smith, J. T. Pearson, P. B. Wood, and T. C. Smith: J. Chem. Phys. **43**, 1535 (1965).

[4] T. J. Stone, and W. A. Waters: J. Chem. Soc. **1964**, 213.

[5] T. Shiga: J. Phys. Chem. **69**, 3805 (1965).

[6] H. Fischer: Z. Naturforsch. **18a**, 1142 (1963); **19a**, 267 (1964); **19a**, 866 (1964).

[7] K. Kuwata, and K. Inada: Tetrahedron Letters **1967**, 11.

[8] E. W. Steacie: Atomic and radical reactions, S. 397. New York: Rheinhold Publishing Corporation 1954.

[8a] P. B. Ayscough, and C. Thomson: Trans. Faraday Soc. **58**, 1477 (1962).

u. M. S. Matheson[9]. E. L. Cochran, F. J. Adrian u. V. A. Bowers[10] verwenden eine Hanovia SC 2537-Niederdruckquecksilberlampe zur Photolyse von Alkyljodiden in einer Argonmatrix bei 4,2 °K.

Experimentell einfach lassen sich Alkylradikale z. B. aus Alkoholen nach einem von D. J. E. Ingram u. Mitarb.[11, 12] beschriebenen Verfahren herstellen. Man setzt dem Alkohol etwas Wasserstoffperoxyd zu, kühlt die Mischung mit flüssigem Stickstoff im Resonanztopf ab und bestrahlt das erhaltene „Glas" mit UV-Licht einer Niederdruckquecksilberlampe (Maximum bei 3650 Å). Es werden lediglich die Wasserstoffperoxyd-Moleküle gespalten, die dann mit dem Alkohol reagieren.

$$H_2O_2 + h\nu \longrightarrow 2\,HO\cdot$$

$$HO\cdot + \begin{matrix} H_3C \\ H_3C \end{matrix}\!\!>\!CH{-}OH \longrightarrow \begin{matrix} H_3C \\ H_3C \end{matrix}\!\!>\!\dot{C}{-}OH + H_2O$$

Durch Variation der Wasserstoffperoxyd-Menge und der Bestrahlungsdauer lassen sich die Radikalkonzentrationen steuern. Die erhaltenen Spektren sind infolge großer Linienbreiten nicht gut aufgelöst. Die HFS zeigt eine Abhängigkeit von der Meßtemperatur. Die Autoren führen das auf eine bei tiefen Temperaturen zunehmende Viscosität der „Gläser", die eventuell die freie Drehbarkeit im Molekül einschränkt, zurück. Wesentlich bessere Ergebnisse liefert diese Arbeitstechnik, wenn bei höherer Temperatur im Durchfluß gearbeitet wird[13].

Mit einem Hilfsstoff arbeitet auch das von R. F. C. Claridge u. J. E. Willard[14] angegebene Verfahren. Sie bestrahlen eine Mischung aus N,N,N',N'-Tetramethyl-phenylendiamin und Alkylhalogeniden in 3-Methylpentan bei 77°K mit UV-Licht von ca. 3450 Å. Die durch Photoionisation des Phenylendiamins entstehenden Elektronen erzeugen sekundär die Alkylradikale. Auch bei der Photolyse von Kohlenwasserstoffen in Gegenwart von Jodwasserstoffsäure[15] oder Peroxyden[16] entstehen Alkylradikale. Bei Raumtemperatur lassen sich ebenfalls durch direkte Bestrahlung, allerdings nur bei festen Substanzen, mit γ- oder Röntgen-

---

[9] B. Smaller, and M. S. Matheson: J. Chem. Phys. **28**, 1169 (1958).

[10] E. L. Cochran, F. J. Adrian, and V. A. Bowers: J. Chem. Phys. **34**, 1161 (1961).

[11] J. F. Gibson, D. J. E. Ingram, M. C. R. Symons, and M. G. Townsend: Trans. Faraday Soc. **53**, 914 (1957).

[12] M. Fujimoto, and D. J. E. Ingram: Trans. Faraday Soc. **54**, 1304 (1958).

[13] R. Livingston, and H. Zeldes: J. Chem. Phys. **44**, 1245 (1966).

[14] R. F. C. Claridge, and J. E. Willard: J. Amer. chem. Soc. **87**, 4992 (1965).

[15] S. Aditya, and J. E. Willard: J. Amer. chem. Soc. **88**, 229 (1966).

[16] P. J. Krusic, and J. K. Kochi: J. Amer. chem. Soc. **90**, 7155 (1968); Y. D. Tsvetkov, I. R. Rowlands, and D. H. Whiffen: J. Chem. Soc. **1964**, 810.

strahlen hinreichende Radikalkonzentrationen erzeugen. So gelang es[17], nach der Bestrahlung sowohl von Einkristallen als auch polykristallinen aliphatischen Carbonsäuren, entstandene Radikale eingehend zu untersuchen. Auch die einfache chemische Reaktion zwischen Alkylhalogeniden und Natrium

$$RX + Na\cdot \longrightarrow R\cdot + NaX$$

kann zur Herstellung von Alkylradikalen in einer Alkylhalogenid-Matrix dienen: J. E. BENNETT u. A. THOMAS[18] tragen in einem speziellen Reaktor[19] wechselweise dünne Schichten Halogenkohlenwasserstoff und Natrium auf eine mit flüssigem Stickstoff gekühlte Oberfläche unter Hochvakuum auf. Danach wird ein Teil des Reaktionsproduktes entnommen und in den Tieftemperaturresonator übergeführt.

Auf die Herstellung von Radikalen durch elektrische Entladung sei hier nur verwiesen[20].

I.a.2. Spektren der Alkyl- und Cycloalkyl-Radikale

I.a.2.α. Methyl-Radikal

Die große theoretische Bedeutung, die das Methylradikal hinsichtlich der HFS und der Q-Faktoren besitzt[21], war immer wieder Anlaß zur genauen Ermittlung der ESR-spektroskopischen Konstanten. R. W. FESSENDEN u. R. H. SCHULER[22] konnten mit ihrer Methode (siehe S. 282) bei —176°C eine gut aufgelöste HFS erhalten.

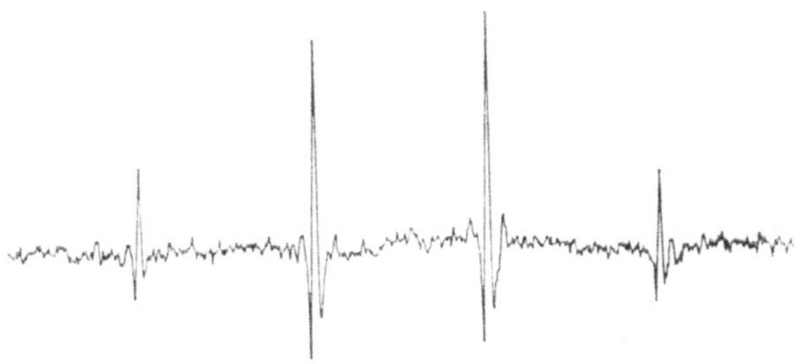

Abb. 97. ESR-Spektrum des Methylradikals[22] (zweite Ableitung)

[17] A. HORSFIELD, J. R. MORTON, and D. H. WHIFFEN: Mol. Phys. **4**, 169 (1961); **4**, 327 (1961).

[18] J. E. BENNETT, and A. THOMAS: Nature **195**, 995 (1962).

[19] A. THOMAS: Trans. Faraday Soc. **57**, 1679 (1961).

[20] C. K. JEN, S. N. FONER, E. L. COCHRAN, and V. A. BOWERS: Phys. Rev. **112**, 1169 (1958).

[21] Vgl. J. HIGUCHI, and S. AONO: J. Chem. Phys. **32**, 52 (1960).

[22] siehe Fußnote 2, S. 282.

Das Spektrum besteht aus vier äquidistanten Linien mit dem relativen Intensitätsverhältnis 1 : 3 : 3 : 1. Der Abstand der einzelnen Komponenten läßt sich bei Linienbreiten von 0,29 G zu 23,0 G angeben. Diese Ergebnisse sprechen eindeutig für die Wechselwirkung des Radikalelektrons mit drei äquivalenten Protonen $I_H = 1/2$. Darüber hinaus kann in guter Näherung angenommen werden, daß am Methylkohlenstoff praktisch die gesamte Spindichte lokalisiert ist. Somit ergibt sich für die π—σ-Wechselwirkung beim Methylradikal experimentell ein Wert für $|Q| = 23$ G. Weitere Untersuchungsergebnisse enthält Tab. 16.

Tabelle 16. *Methyl-Radikal*

Herstellung	Matrix oder Lösungsmittel	Kopplungsparameter [G]	Lit.
Bestrahl. v. CH_4 mit 2,8 MeV Elektronen	CH_4 97°K	23	23
Bestrahl. v. CH_4 mit ^{60}Co-γ-Strahlen	CH_4 20°K	26,5	24
	4,2°K	23	25
Elektr. Entl. in CH_4	H_2, Ar, CH_4 4,2°K	23	26
Bestrahl. v. $Hg(CH_3)_2$ mit ^{60}Co-γ-Strahlen	$Hg(CH_3)_2$ 77°K	23	24
Bestrahl. v. $Zn(CH_3)_2$ mit Röntgenstrahlen	$Zn(CH_3)_2$ 77°K	25	27
UV-Bestrahl. v. $Pb(OCOCH_3)_4$	Benzol 77°K	22,7	28
UV-Bestrahl. v. CH_3OH	Methanol 77°K	23,5	29
Bestrahl. v. CH_3J mit Röntgenstrahlen	CH_3J 77°K	25	30
UV-Bestrahl. v. CH_3J	Glas 300°K	22,7	31,32
Redoxreaktion	H_2O 300°K	24	33
$Ti^{3\oplus}$ CH_3COOH		22,6	34

[23] siehe Fußnote 2, S. 282.

[24] siehe Fußnote 9, S. 284.

[25] L. A. Wall, D. W. Brown, and R. E. Florin: J. Phys. Chem. **63**, 1762 (1959).

[26] siehe Fußnote 20, S. 285.

[27] W. Gordy, and C. G. McCormick: J. Amer. chem. Soc. **78**, 3243 (1956).

[28] K. Heusler, H. Labhart, and H. Loeliger: Tetrahedron Letters **1965**, 2847.

[29] P. D. Sullivan, and W. S. Koski: J. Amer. chem. Soc. **84**, 1 (1962).

[30] T. Cole, H. O. Pritchard, N. Davidson, and H. M. McConnell: Mol. Phys. **1**, 406 (1958).

[31] J. Turkevich, and Y. Fujita: Science **152**, 1619 (1966).

[32] M. Fujimoto, H. D. Gesser, B. Garbutt, and M. Shimizu: Science **156**, 1105 (1967).

[33] W. T. Dixon, and R. O. C. Norman: Nature **196**, 891 (1962).

[34] P. Smith, J. T. Pearson, P. B. Wood, and T. C. Smith: J. Chem. Phys. **43**, 1535 (1965).

Aus der stets beobachteten Quartett-HFS und den relativ geringen Schwankungen des Kopplungsfaktors läßt sich entnehmen, daß das Methylradikal gegenüber Temperatur und Umgebung weitgehend unempfindlich ist. Die Temperaturabhängigkeit des Methylradikals hat D. M. SCHRADER[35] diskutiert. Offenbar ist das Radikal klein genug, um auch in festen Lösungen praktisch frei beweglich zu bleiben. Hiermit steht auch das Fehlen anisotroper Beiträge zur HFS im Einklang.

Daß das Quartett dem Methylradikal zuzuordnen ist, zeigte auch die Untersuchung der deuterierten Verbindung[36]. So wurde nach Bestrahlen von Perdeuteromethan ein Septett mit einem Intensitätsverhältnis von 1 : 3 : 6 : 7 : 6 : 3 : 1 gefunden[37], was den theoretischen Werten für die Wechselwirkung des Elektrons mit drei Deuteriumkernen ($I_D = 1$) entspricht. Die Abstände der einzelnen Komponenten von 3,576 G entsprechen einer Gesamtaufspaltung von etwa 21,6 G, gegenüber etwa 72,0 G im H-Methylradikal. Das Verhältnis der beiden Aufspaltungen stimmt ziemlich genau mit dem theoretischen Wert überein, s. Gl. 36, S. 39 u. S. 49.

$$\frac{a_{HCH_3}}{a_{DCD_3}} = 6{,}4$$

H. M. MCCONNELL[38] konnte durch Bestrahlung von mit ^{13}C angereichertem Methyljodid auch die dem magnetischen Kohlenstoff $I_{^{13}C} = 1/2$ entsprechende HFS finden. Diese zusätzliche Aufspaltung beträgt 41 ± 3 G, ein Wert der durch Vergleich mit anderen π-Radikalen und auch mit theoretischen Überlegungen[39] (s. S. 181) die Auffassung, daß im Methylradikal alle Atome in einer Ebene angeordnet sind, sehr stark stützt.

I.a.2.β. Äthyl-Radikal

Die Spektren der Äthylradikale[40–43] sind relativ kompliziert. B. SMALLER u. M. MATHESON gelang es zuerst, eine vollständig aufgelöste HFS durch Bestrahlung von Äthan mit γ-Strahlen zu erhalten. R. W. FESSENDEN u.

[35] D. M. SCHRADER: J. Chem. Phys. **46**, 3895 (1967).
[36] siehe Fußnote 29, S. 286.
[37] siehe Fußnote 2, S. 282.
[38] siehe Fußnote 30, S. 286.
[39] M. KARPLUS, and G. K. FRAENKEL: J. Chem. Phys. **35**, 1312 (1961).
[40] siehe Fußnote 27, S. 286.
[41] P. B. AYSCOUGH, and C. THOMSON: Trans. Faraday Soc. **58**, 1477 (1962).
[42] E. L. COCHRAN, F. J. ADRIAN, and V. A. BOWERS: J. Chem. Phys. **34**, 1161 (1961).
[43] P. D. SULLIVAN, and W. S. KOSKI: J. Amer. chem. Soc. **86**, 159 (1964).

R. H. Schuler[44] haben Spektren hinlänglich kleiner Linienbreite beobachtet, die eine quantitative Bestimmung der verschiedenen Kopplungen ermöglichte.

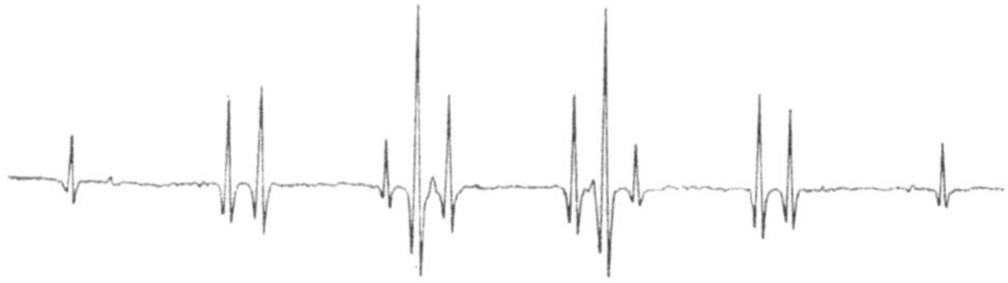

Abb. 98. ESR-Spektrum des Äthyl-Radikals[44] (zweite Ableitung)

Eine Beschreibung der Aufspaltung zweiter Ordnung, die ebenfalls beim Äthyl-Radikal nachgewiesen werden konnte[45], findet sich S. 57.

Die HFS besteht im wesentlichen aus 12 Komponenten. Sie kann gemäß Abb. 99 durch Überlagerung von vier Tripletts erklärt werden, so daß im Spektrum dreimal eine Kopplung von 26,87 G und achtmal eine Aufspaltung von 22,38 G gefunden wird.

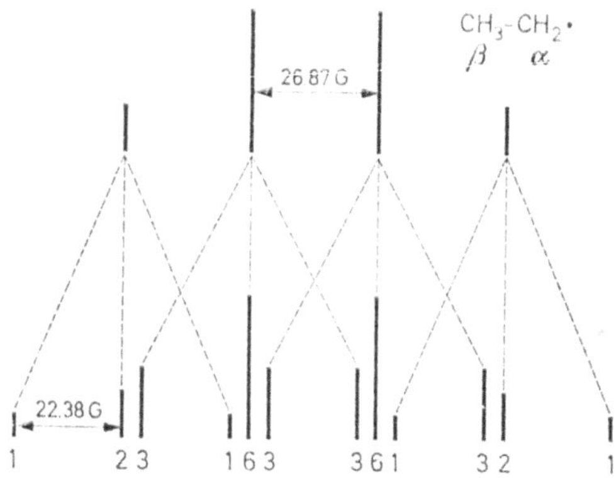

Abb. 99. ESR-Spektrum des Äthylradikals (schematisch)

Da die experimentell gefundenen relativen Intensitäten der Komponenten gut mit den theoretischen Werten übereinstimmen, kann die HFS einerseits durch Wechselwirkung des freien Elektrons mit drei äquivalenten Protonen $a_H^{(3)} = 26{,}87$ G und andererseits mit zwei gleichwertigen Wasserstoffkernen $a_H^{(2)} = 22{,}38$ G interpretiert werden. Das bedeutet aber, daß im Äthylradikal nicht nur analog dem Methylradikal die beiden α-Wasserstoffkerne, sondern auch die Protonen in β-Stellung für die Aufspaltung

[44] siehe Fußnote 2, S. 282.

[45] R. W. Fessenden: J. Chem. Phys. 37, 747 (1962).

verantwortlich sind. Die größere Kopplung der von der freien Valenz um eine C—C-Bindung entfernten Methylprotonen läßt sich durch einen Hyperkonjugationsmechanismus (s. S. 167) erklären. Dem Radikal müssen also zu der Hauptstruktur a auch noch Anteile der Strukturen b und c bei-

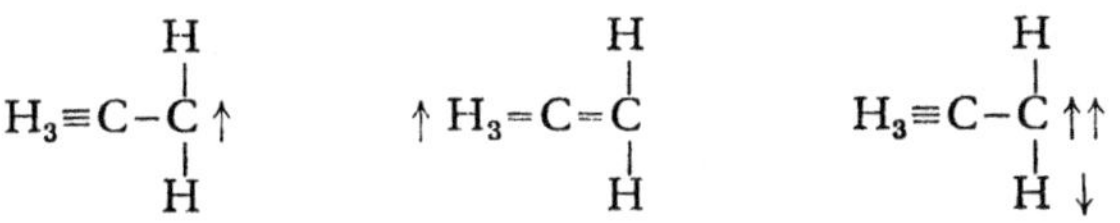

a b c

gemischt sein, die für die Aufspaltung der unterschiedlichen α- und β-Protonen verantwortlich sind.

Eine Bestätigung der Interpretation des Spektrums liefert erneut die perdeuterierte Verbindung. Deren HFS sollte sich unter Berücksichtigung von $I_D = 1$ durch ein Quintett 1 : 2 : 3 : 2 : 1 entsprechend den beiden α-Deuteriumkernen, dessen jede einzelne Komponente in ein Septett 1 : 3 : 6 : 7 : 6 : 3 : 1 durch die 3β-Deuteronen aufgespalten ist, verstehen lassen. Analog zum Äthyl-Radikal sollte auch hier $a_\alpha < a_\beta$ sein. Tatsächlich

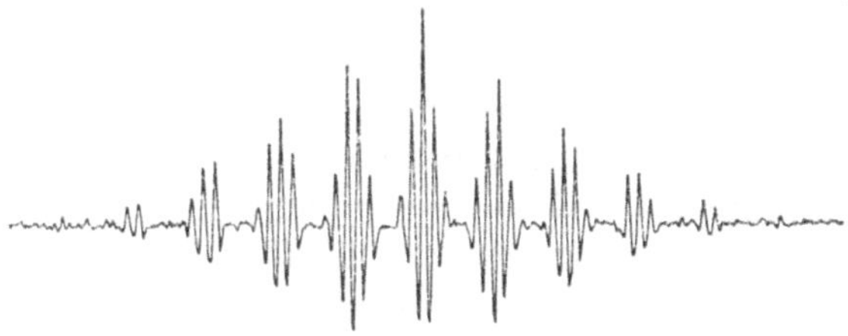

Abb. 100. ESR-Spektrum des Perdeuteroäthyl-Radikals (zweite Ableitung)[45a]

erhält man 35 HFS-Komponenten, die hinsichtlich Aufspaltung, $a_\alpha = 3{,}47$, $a_\beta = 4{,}08$, und relativen Intensitäten bis auf einige Prozent mit der theoretischen Voraussage übereinstimmen.

Theoretisch besonders interessant ist das Spektrum des $CD_2H—\dot{C}D_2$. Experimentell[46] wurden Kopplungsparameter ermittelt, die zum Teil gravierende Abweichungen sowohl vom Äthylradikal als auch vom Perdeuteroäthyl-Radikal zeigen. Die Aufspaltungen sind in Tab. 17 zusammengestellt. Darüber hinaus wurden die Deuterium-Aufspaltungen, um einen direkten Vergleich zu ermöglichen, auf die äquivalenten Protonenaufspaltungen entsprechend den magnetischen Momenten umgerechnet*.

* $a_H = \frac{\mu_H I_D}{\mu_D I_H} \cdot a_D$; $a_H = 6{,}514\, a_D$ (vgl. Gl. 36, S. 39).

45a siehe Fußnote 2, S. 282.

46 siehe Fußnote 2, S. 282.

Während die beiden bezüglich der magnetischen Kerne einheitlichen Verbindungen äquivalente Protonenaufspaltungen aufweisen, deren Differenzen lediglich einige mG betragen, zeigen die β-Kopplungen der gemischten Verbindung erhebliche Abweichungen.

Tabelle 17. *Kopplungsparameter der Äthyl-Radikale*[47]

Radikal		Experimentelle Aufspaltung [G]		Äquivalente Protonenaufspaltung [G]	
		a_α	a_β	a_α	a_β
$CH_3-\dot{C}H_2$		22,38	26,87	22,38	26,87
$CD_3-\dot{C}D_2$		3,47	4,08	22,60	26,57
$CHD_2-\dot{C}D_2$	a_D	3,46	3,88	22,54	25,24
	a_H	—	29,77	—	29,77

Da der Ersatz von Wasserstoff durch Deuterium die Spindichtenverteilung im Molekül nicht wesentlich beeinflußt[48], müssen andere Faktoren für diese großen Unterschiede verantwortlich sein. So kann eine Behinderung der freien Drehbarkeit um die C—C-Achse des partiell deuterierten Radikals in Verbindung mit einer bevorzugten Konformation, bei der das π-Orbital coplanar zu der C—H-Bindung angeordnet ist, die vergrößerte Aufspaltung des β-Wasserstoffkerns erklären*.

Diese Vermutung wird dadurch gestützt, daß der Mittelwert aus den beiden Deuterium-Aufspaltungen und der Protonenaufspaltung von 26,75 G mit dem für das C_2H_5-Radikal experimentell ermittelten Wert von 26,87 G übereinstimmt. Darüber hinaus sollte mit steigender Temperatur die Behinderung der Drehbarkeit immer mehr aufgehoben werden, so daß sich a_H in zunehmendem Maße dem Wert 26,87 nähert, wie auch zum Teil experimentell bestätigt werden konnte.

I.a.2.γ. Propyl-Radikal

Für die HFS des Propylradikals ist auf Grund der Erfahrungen beim Äthylradikal ein Spektrum zu erwarten, das sowohl die Aufspaltungen der beiden α-Protonen als auch die der beiden β-Protonen erkennen läßt. Experimentell konnten[49] tatsächlich neun Komponenten gefunden werden.

* Eine quantitative Beschreibung der Winkelabhängigkeit von Kopplungsparametern findet sich S. 167.

[47] siehe Fußnote 2, S. 282.

[48] R. G. Lawler, J. R. Bolton, M. Karplus, and G. K. Fraenkel: J. Chem. Phys. 47, 2149 (1967).

[49] siehe Fußnote 2, S. 282.

Die Ausmessung der Kopplungsparameter bei —180°C ergab, daß es sich um zwei ineinandergeschobene Tripletts mit Aufspaltungen von 22,1 G und 33,2 G handelt. Die kleinere Kopplungskonstante ist den α-Protonen zuzuordnen, während die 33,2 G offenbar auf die Wechselwirkung des Radikalelektrons mit den β-ständigen Wasserstoffkernen zurückzuführen ist. Mit zunehmender Temperatur nimmt der Betrag der β-Kopplung ab und erreicht bei —50°C einen Wert von 29,4 G, während die α-Aufspaltung praktisch temperaturunabhängig ist.

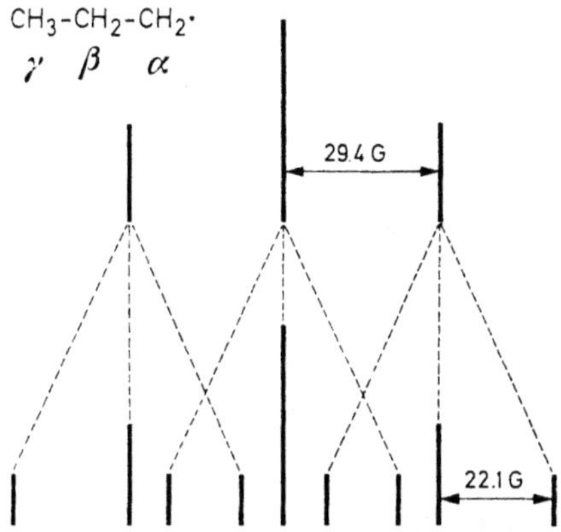

Abb. 101. ESR-Spektrum des *n*-Propylradikals bei —50°C (schematisch)

Offenbar liegt auch hier eine Behinderung der freien Drehbarkeit analog dem $CD_2H—\dot{C}H_2$ vor, da in beiden Fällen das β-C-Atom unsymmetrisch substituiert ist. Bei niedrigen Temperaturen muß dann eine Konformation bevorzugt sein, bei der sich die Methylgruppe in der Nähe der Knotenebene des π-Elektrons befindet, aus der sie dann mit steigender Temperatur herausgedreht wird.

Eine genauere Untersuchung der einzelnen Komponenten des Isopropylspektrums zeigt, daß jede der neun Linien in weitere Multipletts aufgespalten ist. Am übersichtlichsten sind die Verhältnisse bei den äußersten HFS-Komponenten. Da hier keine Aufspaltung zweiter Ordnung[50] zu erwarten ist, sollten diese Linien Singuletts sein. Experimentell zeigen sie jedoch eine stark temperaturabhängige Struktur. Bei —180°C läßt sich deutlich ein Triplett erkennen, bis schließlich bei —145°C vier Linien mit einem Intensitätsverhältnis von etwa 1 : 3 : 3 : 1 und einer Aufspaltung von 0,38 G erhalten werden (Abb. 102, S. 292).

Dieses Quartett ist die Folge der Wechselwirkung des freien Elektrons mit den 3 γ-Protonen der endständigen Methylgruppe, deren Rotation um die $C_\beta—C_\gamma$-Bindung offenbar mit abnehmender Temperatur eingeschränkt

[50] siehe Fußnote 45, S. 288.

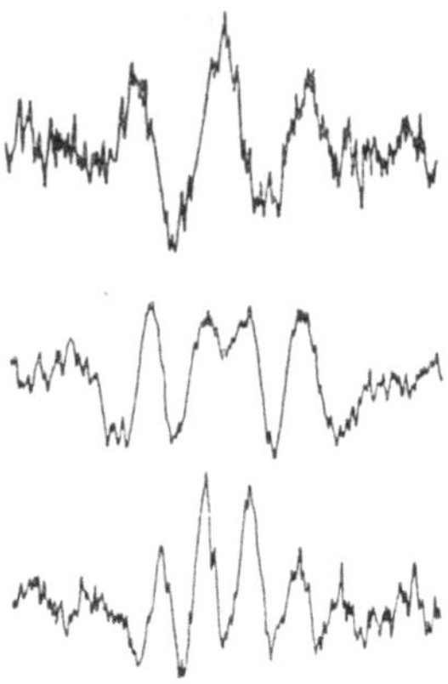

Abb. 102. Feinstruktur der neunten ESR-Linie des Propyl-Radikals[51] (a) -180°C, (b) -165°C, (c) -145°C

wird. Bei —190°C ist eine Konstellation bevorzugt, bei der im wesentlichen nur zwei Protonen in starke Wechselwirkung treten. Die Kopplungskonstante des Tripletts Abb. 102a beträgt 0,69 G.

I.a.2.δ. Weitere Alkyl-Radikale

Für das Spektrum des isomeren Isopropylradikals wären bei sechs äquivalenten β-Protonen sieben Linien mit dem Intensitätsverhältnis 1 : 6 : 15 : 20 : 15 : 6 : 1 zu erwarten, wobei jede Linie durch das eine α-Proton verdoppelt wird. Tatsächlich konnten die 14 HFS-Komponenten gefunden werden[51]. Die Kopplungsfaktoren sind praktisch temperaturunabhängig, bei —180°C betragen sie $a_\alpha = 22{,}22$ und $a_\beta = 24{,}59$ G.

Der formale Ersatz des einen α-Protons im Isopropylradikal durch CH_3 führt zum tert.-Butyl-Radikal. Da nur noch β-Protonen im Molekül vorhanden sind, tritt im Spektrum nur noch eine Kopplungskonstante $a_\beta = 22{,}7$ G auf. Somit besteht die HFS aus 10 äquidistanten Linien mit einem Intensitätsverhältnis 1 : 9 : 36 : 84 : 126 : 126 : 84 : 36 : 9 : 1, wodurch der experimentelle Nachweis vor allem der äußeren Komponenten[51] wesentlich erschwert wird. Zur HFS der Alkylradikale läßt sich zusammenfassend sagen, daß sie im wesentlichen durch die Zahl der zur Radikalstelle α- und β-ständigen Protonen bestimmt wird. Im allgemeinen liegen die Kopplungskonstanten für die α-Protonen zwischen 21 und 23 G und zeigen nur eine geringe Temperaturabhängigkeit. Die Beträge der β-Aufspaltungen sind gewöhnlich einige G größer als die zugehörigen α-Werte und können, wenn die entsprechenden energetischen Voraussetzungen, die

[51] siehe Fußnote 2, S. 282.

zum Auftreten verschiedener Konformeren führen können, erfüllt sind, mit der Meßtemperatur merklich variieren. HFS-Komponenten, die den γ-Protonen zuzuordnen sind, haben Kopplungskonstanten von einigen Hundert mG und sind somit nur bei hinreichend kleiner Linienbreite und auch dann nur bei den äußeren HFS-Komponenten nachzuweisen, da die mittleren Linien eine zusätzliche Struktur durch die HFS 2. Ordnung, die betragsmäßig im selben Bereich liegt, aufweisen. Die g-Faktoren der Alkylradikale liegen im allgemeinen bei 2,00260 und unterscheiden sich somit nur geringfügig von dem Wert des freien Elektrons. Die ESR-Spektren aller anderen Alkylradikale sind hinsichtlich ihrer HFS den beschriebenen Beispielen analog.

I.a.2.ε. Cycloalkyl-Radikale

Bei der Bestrahlung von Cyclopropan mit 2,8 MeV-Elektronen konnte ein außerordentlich kompliziertes ESR-Spektrum registriert werden[52]. Offenbar entstehen mehrere paramagnetische Bruchstücke. Durch Vergleich mit bekannten Spektren gelang es, die Gegenwart von Allyl-, Isopropyl- und Methylradikalen wahrscheinlich zu machen. Darüber hinaus fanden sich 10 weitere HFS-Komponenten, die dem *Cyclopropyl-Radikal* zugeordnet werden können. Diese Interpretation wird auch durch die zum Teil recht gut aufgelöste HFS zweiter Ordnung verschiedener Linien gestützt.

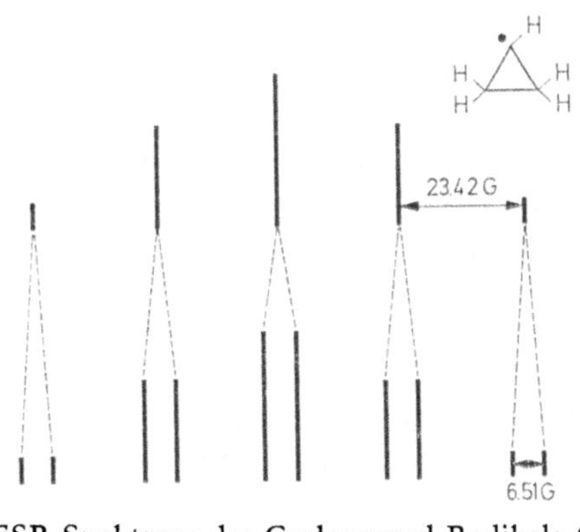

Abb. 103. ESR-Spektrum des Cyclopropyl-Radikals (schematisch)

Die 10 Komponenten in Verbindung mit ihren relativen Intensitäten sprechen für eine Wechselwirkung des freien Elektrons mit vier äquivalenten β-Protonen, $a_\beta = 23{,}42$ G, und einem α-Wasserstoffkern,

[52] siehe Fußnote 2, S. 282.

$a_\alpha = 6{,}51$ G. Während die β-Aufspaltung der Erwartung entspricht, zeigt die α-Kopplung einen ungewöhnlich kleinen Wert. Vermutlich ist er darauf zurückzuführen, daß beim Cyclopropan die Protonen nicht in der Ringebene angeordnet sind, und daß auch nach Abstraktion eines Wasserstoffatoms das α-Kohlenstoffatom keine ebene Konfiguration annehmen kann[53]. Allerdings würde dies unterschiedliche β-Protonenaufspaltungen erfordern, doch kann eine relativ zur Kopplung schnelle Inversion des α-Kohlenstoffs diese vier Wasserstoffkerne gleichwertig erscheinen lassen (vgl. Kap. A, V, S. 89).

Analog dem Cyclopropan liefert der Elektronenbeschuß von Cyclobutan[54] mehrere paramagnetische Spezies, so daß auch in diesem Falle das Originalspektrum unübersichtlich ist. Die dem *Cyclobutyl-Radikal* entsprechende HFS besteht zunächst, gemäß den vier im Molekül vorhandenen β-Protonen und dem einen α-Proton, aus 10 gut getrennten Linien. Darüber hinaus zeigen die äußeren Komponenten des Originalspektrums eine weitere Aufspaltung in Tripletts, die auf die Wechselwirkung der beiden γ-Protonen zurückzuführen sind, während die dem Zentrum benachbarten Linien diese Struktur, überlagert mit der Aufspaltung 2. Ordnung, erkennen lassen.

Abb. 104. ESR-Spektrum des Cyclobutyl-Radikals (schematisch)

Die experimentell ermittelten Kopplungsparameter betragen $a_\alpha = 21{,}2$, $a_\beta = 36{,}66$ und $a_\gamma = 1{,}12$ G. Aus der α-Wasserstoffaufspaltung und der vollständigen Äquivalenz sowohl der β-Protonen als auch der γ-Wasserstoffkerne kann auf eine im Mittel ebene Konfiguration des Cyclobutylradikals geschlossen werden. Allerdings, wie beim Cyclopropylradikal, ist die Möglichkeit, daß es sich um σ-Radikale (s. S. 306) handelt, nicht völlig auszuschließen.

Das ESR-Spektrum des *Cyclopentylradikals* bot keine grundlegend abweichende Befunde, sieht man von Hinweisen auf eine nicht ebene Konfiguration ab. Ähnliche Verhältnisse findet man beim *Cyclohexyl-Radikal*[54a, 54b]

Eine Interpretation seiner sechs HFS-Komponenten mit den relativen Intensitäten von annähernd 1 : 1 : 4 : 4 : 1 : 1 ist nicht ohne weiteres möglich.

[53] R. S. DRAGO, and H. PETERSEN JR.: J. Amer. chem. Soc. **89**, 5774 (1967).
[54] siehe Fußnote 2, S. 282.
[54a] S. OGAWA, and R. W. FESSENDEN: J. chem. Phys. **41**, 994 (1964).
[54b] siehe Fußnote 2, S. 282.

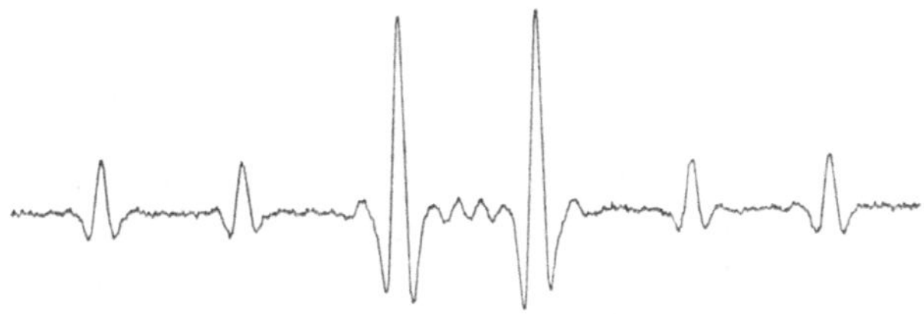

Abb. 105. ESR-Spektrum des Cyclohexylradikals[54c]

Die Wechselwirkung des freien Elektrons mit dem einen α-Wasserstoffkern und nur zwei äquivalenten β-Protonen, die bei einer nichtplanaren Konfiguration des Moleküls denkbar wäre, würde zwar sechs Linien erklären, doch sollten die Intensitäten sich wie 1 : 1 : 2 : 2 : 1 : 1 verhalten. Andererseits liefert eine magnetische Kopplung des Radikalelektrons mit einem α-Wasserstoffkern und zwei verschiedenen β-Protonenpaaren, entsprechend den axialen und äquatorialen Positionen im Cyclohexan, bei vollständiger Auflösung 18 HFS-Komponenten gemäß der oberen und unteren Darstellung in Abb. 106, während vier äquivalente

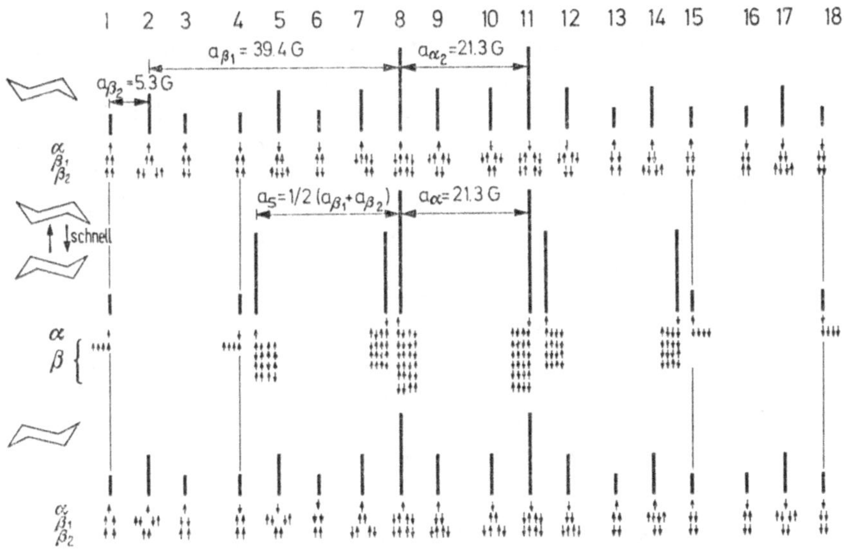

Abb. 106. ESR-Spektrum des Cyclohexyl-Radikals (schematisch)

Wasserstoffkerne in den β-Stellungen 10 ESR-Linien entsprechend der mittleren Darstellung in Abb. 106 erwarten läßt. Offenbar gibt keine dieser Interpretationen eine befriedigende Übereinstimmung mit den experimentellen Befunden.

Aus der Temperaturabhängigkeit des Spektrums und durch Untersuchung der Aufspaltung 2. Ordnung schließen die Autoren, daß die sechs Linien nur einen Teil des Cyclohexyl-Spektrums darstellen. Bei 0 °C nimmt

---

[54c] siehe Fußnote 2, S. 282.

die Lebensdauer einer Cyclohexyl-Konformation einen Wert an, der etwa der reziproken Kopplungsparameterdifferenz vergleichbar ist, also etwa 10^{-6} bis 10^{-7} sec (über zeitabhängige ESR-Phänomene s. S. 89). Nach dieser Zeit klappt das Radikal in die andere Sesselform um, wobei das α-Kohlenstoffatom im Mittel eine weitgehend ebene Konfiguration hat[55]. Damit werden die ursprünglich axialen Protonen jetzt äquatorial gebunden und die ursprünglich äquatorialen Wasserstoffe nehmen nun die axialen Positionen ein. Hinsichtlich der HFS aber bedeutet dies, daß das Radikalelektron einen raschen Wechsel der Protonen mit den Kopplungen β_1 und β_2 sieht. In Abb. 106 sind die Spinstellungen für die beiden Konformeren schematisch dargestellt. Durch den Umklappprozeß gehen die Linien 2, 3, 5, 6, 7, 9, 10, 12, 13, 14, 16 und 17 des oberen Spektrums in 7, 13, 10, 16, 2, 14, 5, 17, 3, 9, 6 und 12 im unteren Spektrum über und umgekehrt. Als Folge davon werden diese HFS-Komponenten so stark verbreitert, sodaß sie im Spektrum der Abb. 105 nicht mehr sichtbar sind. Nur die Komponenten 1, 4, 8, 11, 15, 18 werden durch den Umklappvorgang nicht beeinflußt, da die Summe der Spinmomente $\pm$ 2 und 0 gegen Vertauschung unempfindlich ist. Also bleiben diese HFS-Linien für alle Umklappgeschwindigkeiten scharf und repräsentieren die in Abb. 105 dargestellte HFS.

Eine Verminderung der Meßtemperatur, gleichbedeutend mit einer verlangsamten Cyclohexyl-Inversion, sollte eine Beobachtung des gesamten Spektrums ermöglichen. Tatsächlich konnte bei —80°C in fester Phase eine HFS, entsprechend dieser Voraussage, gefunden werden. Die Kopplungsparameter betragen $a_\alpha = 21{,}3$, $a_{\beta_1} = 39{,}4$ und $a_{\beta_2} = 5{,}3$ G. Die Hochtemperaturform des Cyclohexylradikalspektrums, wie es durch Wechselwirkung mit vier äquivalenten β-Protonen entstehen sollte (Abb. 106 Mitte), konnte noch nicht nachgewiesen werden.

Das ESR-Spektrum des *Cycloheptyl-Radikals*[56] zeigt eine analoge 10-Komponentenstruktur. Offenbar ist hier schon bei —6 °C die Lebensdauer der Konformeren so klein, daß die β-Protonen äquivalent erscheinen. Die Kopplungsparameter betragen $a_\alpha = 21{,}78$, $a_\beta = 24{,}69$ G.

I.a.3. Spektren konjugierter Alkyl- und Cycloalkylradikale

I.a.3.α. Olefinische Systeme

Die Elektronenverteilung im *Allyl-Radikal* war schon lange Gegenstand theoretischer Betrachtungen[57]. R. W. Fessenden u. R. H. Schuler[58] gelang es durch Bestrahlung von Cyclopropan, eine gut aufgelöste Allylradikal-HFS zu erhalten. Komponenten, die dem Cyclopropyl- und dem

[55] A. Hudson, H. A. Hussain, and J. N. Murrel: J. chem. Soc. **A 1968**, 2336.
[56] siehe Fußnote 2, S. 282.
[57] H. C. Heller, and T. Cole: J. Chem. Phys. **37**, 243 (1962).
[58] siehe Fußnote 2, S. 282.

Isopropylradikal zuzuordnen sind, erschwerten die Auswertung, doch gelang es, 18 Komponenten zu finden, die auf das Allylradikal zurückzuführen sind. Das bedeutet, daß in diesem Radikal alle Protonen mit dem freien Elektron magnetisch koppeln. Die quantitative Auswertung bei —120 °C ergab drei Kopplungsparameter $a_1 = 4{,}06$, $a_2 = 13{,}93$ und $a_2' = 14{,}83$ G, die auf Grund der Linienzahl und ihrer relativen Intensitäten entsprechend der nachstehenden Formulierung zugeordnet werden[59]. Sehr ähnliche Kopplungsfaktoren wurden für das durch Protonenabstraktion aus Allylalkohol zugängliche 1-Hydroxyallyl-Radikal bei Raumtemperatur ermittelt[60].

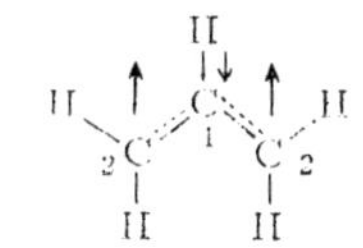

Die unterschiedlichen Kopplungsparameter für die Protonen am C_2 dürften mit der starren Form des Moleküls im Zusammenhang stehen[61].

Werden aus den Protonenaufspaltungen mit Hilfe der McConnell-Beziehung (s. S. 146)

$$|a_i| = |Q \cdot \varrho_i|$$

unter Verwendung von Q-Beträgen zwischen 22 und 26 G, wie sie experimentellen und berechneten Werten[62] entsprechen, die Spindichten an den C-Atomen berechnet, so ist die Summe stets größer als 1. Zur Erklärung nehmen die Autoren[63] (in Übereinstimmung mit theoretischen Betrachtungen[64,65]) eine negative Spindichte am C_1-Atom an, das durch die Richtung der Pfeile in der Strukturformel symbolisiert werden soll. Unter dieser Voraussetzung gelingt es, bei Verwendung von $|Q| = 24{,}7$ G die Spindichten zu $\varrho_1 = -0{,}16$ beziehungsweise $\varrho_2 = 0{,}58$ zu berechnen. Durch ähnliche Ergebnisse bei der Untersuchung von Glutaconsäure-Einkristallen[66] wurde die Interpretation des Allylradikalspektrums wesentlich gestützt.

Vergleichbare Resultate fanden K. H. Hausser[67] u. R. Kuhn[68,69] bei substituierten Radikalen vom Typ des Bis-phenylen-allyls[70]. Hier lassen

[59] J. K. Kochi, and P. J. Krusic: J. Amer. chem. Soc. **90**, 7157 (1968).
[60] P. Smith, and P. B. Wood: Canad. J. Chem. **45**, 649 (1967).
[61] A. Hinchliffe, and N. M. Atherton: Mol. Phys. **13**, 89 (1967).
[62] H. M. McConnell, and D. B. Chesnut: J. Chem. Phys. **28**, 107 (1958).
[63] siehe Fußnote 2, S. 282.
[64] siehe Fußnote 57, S. 296.
[65] D. M. Hirst, and J. W. Linnet: J. Chem. Soc. **1963**, 1068.
[66] siehe Fußnote 57, S. 296.
[67] K. H. Hausser: Z. Naturforsch. **17a**, 158 (1962).
[68] R. Kuhn, H. Fischer, F. A. Neugebauer u. H. Fischer: Liebigs Ann. Chem. **654**, 64 (1962).
[69] R. Kuhn u. F. A. Neugebauer: Mh. Chem. **95**, 3 (1964).
[70] S. L. Solar: J. Org. Chem. **28**, 2911 (1963).

sich außer der Kopplung des C_1-Wasserstoffs von etwa 13,2 G auch noch HFS-Komponenten der aromatischen Substituenten in den sehr gut aufgelösten Spektren finden. Die *g*-Faktoren liegen bei 2,0028.

Durch Bestrahlung von Cyclohexen konnten S. OHNISHI u. I. NITTA[71] das Cyclohexenylradikal, praktisch ein cyclisches Allylradikal, darstellen. Die Auswertung des bei tiefen Temperaturen aufgenommenen ESR-Spektrums bestätigt die beim Allylradikal gefundenen Ergebnisse. Das Elektronenpaar der Doppelbindung tritt in Konjugation mit dem Radikalelektron, so daß die Aufspaltungen der Protonen an den C-Atomen 2 innerhalb

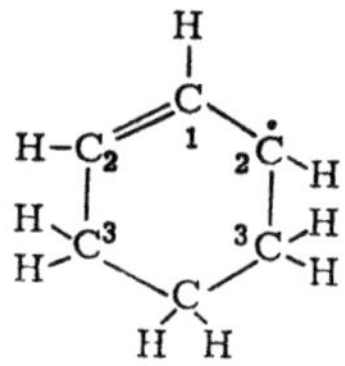

der Linienbreite identisch sind (15,6 G). Die Kopplung am C-Atom 1 mit 4,2 G dürfte wieder auf eine negative Spindichte zurückzuführen sein. Die Aufspaltungen der in 3-Stellung befindlichen Protonen, die auf Grund der verschiedenen räumlichen Anordnung unterschiedlich sind, betragen 8,4 G und 21,6 G. Es handelt sich dabei sicherlich um einen Hyperkonjugationsmechanismus (s. S. 167).

Das *Cyclopentadienyl-Radikal*, erhältlich durch Bestrahlung von Cyclopentadien[72] oder durch Pyrolyse von Ferrocen[73], ist formal ebenfalls ein konjugiertes Alkylradikal. Die Wechselwirkung des Radikalelektrons mit den beiden Doppelbindungen ist so groß, daß die Spindichte über das ganze Molekül gleichmäßig verteilt erscheint. Dementsprechend zeigt das ESR-Spektrum sechs äquidistante Linien mit einer Aufspaltung von 5,98 G.

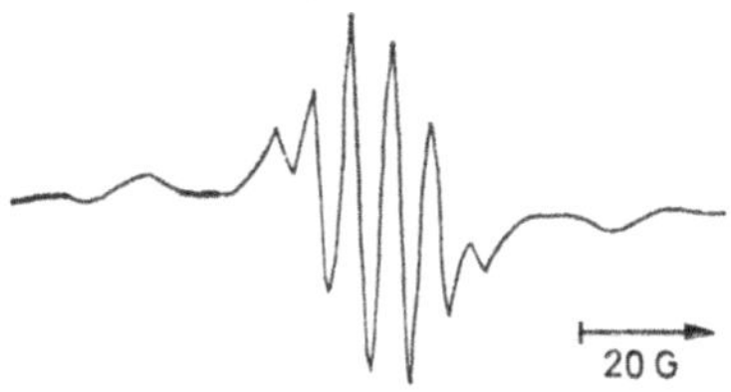

Abb. 107. ESR-Spektrum des Cyclopentadienyl-Radikals[71]

[71] S. OHNISHI, and I. NITTA: J. Chem. Phys. **39**, 2848 (1963).
[72] siehe Fußnote 71.
[73] P. S. ZANDSTRA: J. Chem. Phys. **40**, 612 (1964).

Zu den vollständig konjugierten Alkylradikalen ist formal auch das *Perinaphthenyl* zu rechnen. ESR-spektroskopische Untersuchungen[74,75]

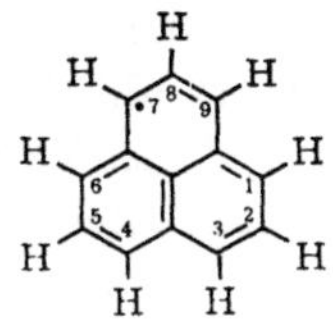

zeigten eine Wechselwirkung des freien Elektrons mit allen im Molekül vorhandenen Protonen. Die Protonenkopplungsfaktoren[76] wurden wie folgt bestimmt und zugeordnet: $a_1 = a_3 = a_4 = a_6 = a_7 = a_9 = 6{,}29$ G; $a_2 = a_5 = a_8 = 1{,}805$ G. Darüber hinaus konnten in nematischen Phasen die Vorzeichen der Spindichten ermittelt werden[77,78]. Ähnliche Kopplungskonstanten sind für die aromatischen Protonen des *1,2,3-Trihydropyrenyls* gefunden worden. Auf Grund der verschiedenen Konformationen der Methylenbrücke ist ihre HFS temperaturabhängig[79].

Entsprechend diesen Erfahrungen läßt sich im *Cyclohexadienyl-Radikal*, durch Bestrahlung von Benzol[80,81] oder Cyclohexadien[82,83] erhältlich, eine starke Wechselwirkung des freien Elektrons mit dem im Molekül vorhandenen π-System nachweisen. Es konnten folgende Kopplungsparameter ermittelt werden:

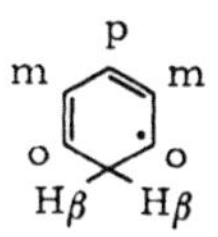

$a_{H\beta} = 47{,}71$ G $\quad a_{H_m} = 2{,}65$ G

$a_{H_o} = 8{,}99$ G $\quad a_{H_p} = 13{,}04$ G

Überraschend ist die große Aufspaltung der β-Protonen. Mehrfach wurden theoretische Interpretationen[84–86] dafür angegeben (s. S. 173).

---

[74] P. B. Sogo, M. Nakazaki, and M. Calvin: J. Chem. Phys. **26**, 1343 (1957).

[75] F. C. Stehling, and K. W. Bartz: J. Chem. Phys. **34**, 1076 (1961).

[76] F. Gerson: Helv. chim. Acta **49**, 1463 (1966).

[77] H. R. Falle, and G. R. Luckhurst: Mol. Phys. **11**, 299 (1966).

[78] S. H. Glarum, and J. H. Marshall: J. Chem. Phys. **44**, 2884 (1966).

[79] F. Gerson, E. Heilbronner, H. A. Reddoch u. D. H. Paskovich: Helv. chim. Acta **50**, 813 (1967).

[80] H. Fischer: J. Chem. Phys. **37**, 1094 (1962)

[81] S. Ohnishi, T. Tanel, and I. Nitta: J. Chem. Phys. **37**, 2402 (1962).

[82] siehe Fußnote 2, S. 282.

[83] R. W. Fessenden, and R. H. Schuler: J. Chem. Phys. **38**, 773 (1963).

[84] siehe Fußnote 80.

[85] J. P. Colpa, and E. deBoer: Mol. Phys. **7**, 333 (1964).

[86] D. H. Whiffen: Mol. Phys. **6**, 223 (1963).

Die ESR-spektroskopische Untersuchung des *Cycloheptatrienyl-Radikals*[87–90] erbrachte keine wesentlichen neuen Gesichtspunkte, jedoch zeigen die Protonenkopplungskonstanten und *g*-Faktoren verschiedener tert.-butylierter Radikale eine ungewöhnlich große Temperaturabhängigkeit[91].

Das strukturell einfachste Alkylradikal, daß mit einem aromatischen Rest substituiert ist, ist das *Benzyl-Radikal*[92]. Die theoretisch ermittelten Spindichte-Verteilungen lassen sich leicht experimentell nachprüfen, da alle Kohlenstoffatome mit Ausnahme von C_2 mit Wasserstoffkernen direkt verknüpft sind. Die Kopplungsparameter sind also ein direktes Maß für die Spindichten an den Kohlenstoffatomen. ESR-Spektren hinreichend guter Auflösung wurden von W. T. Dixon u. R. O. C. Norman[93,94] sowie von A. Carrington u. I. C. P. Smith[95] angegeben. Ihre Kopplungsparameter weichen nur gering von anderen Literaturwerten ab.

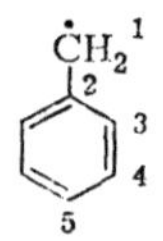

$a_1 = 16{,}35$ G $\qquad a_4 = 1{,}75$ G

$a_3 = 5{,}14$ G $\qquad a_5 = 6{,}14$ G

I.a.3.β. Phenylmethyl-Typen

Das bereits 1900 von M. Gomberg[96] entdeckte *Triphenylmethyl*, das erste freie Kohlenwasserstoff-Radikal, ist immer wieder Gegenstand theoretischer Betrachtungen gewesen[97]. S. I. Weissman u. J. C. Sowden[98] konnten

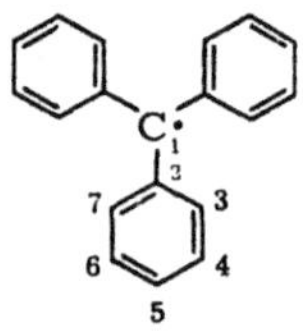

---

[87] A. Carrington, and I. C. P. Smith: Mol. Phys. **7**, 99 (1964).

[88] S. Arai, S. Shida, K. Yamaguchi, and Z. Kuri: J. Chem. Phys. **37**, 1885, (1962).

[89] J. Dos Santos-Veiga: Mol. Phys. **5**, 639 (1962).

[90] D. E. Wood, and H. M. McConnell: J. Chem. Phys. **37**, 1150 (1962).

[91] G. Vincow, M. L. Morell, F. Hunter, and H. Dauben jr.: J. Chem. Phys. **48**, 2876 (1968).

[92] A. Carrington, and I. C. P. Smith: Mol. Phys. **9**, 137 (1965).

[93] R. O. C. Norman, and R. J. Pritchett: J. Chem. Soc. **1967 B**, 926.

[94] W. T. Dixon, and R. O. C. Norman: J. Chem. Soc. **1964**, 4850.

[95] siehe Fußnote 92.

[96] M. Gomberg: Chem. Ber. **33**, 3150 (1900).

[97] vgl. E. Müller: Angew. Chem. **64**, 233 (1952) und die dort angegebene Literatur.

[98] S. I. Weissman, and J. C. Sowden: J. Amer. chem. Soc. **75**, 503 (1953).

schon 1953 in verdünnten Lösungen von Hexaphenyläthan[98a] die ESR-Signale des Triphenylmethyls und der am Methylkohlenstoff mit ^{13}C angereicherten Verbindung nachweisen.

Bei einer Wechselwirkung des freien Elektrons mit allen im Molekül vorhandenen Wasserstoffkernen (sechs H ortho zum Methylkohlenstoffatom, sechs H in meta-Stellung und schließlich drei *p*-Protonen) sind bei Gleichwertigkeit der Phenylringe $7 \cdot 7 \cdot 4 = 196$ HFS-Komponenten zu erwarten. H. S. Jarrett u. G. J. Sloan[99] konnten durch Vermessen einer 10^{-3} molaren benzolischen Lösung mehr als 72 Linien im Spektrum finden. Da diese HFS-Komponentenzahl nur durch eine Wechselwirkung mit den drei im Molekül vorhandenen Protonengruppen (*o*, *m*, *p*) erklärt werden kann, ist somit eine Delokalisation des freien Elektrons, d. h. seine endliche Aufenthaltswahrscheinlichkeit auch in den drei Phenylringen nachgewiesen.

P. Brovetti u. S. Ferroni[100] berechneten mit der VB-Methode unter Annahme einer planaren Konfiguration des Radikals die Spindichten und fanden negative Werte für die C-Atome 2, 4 und 6. Weitere Berechnungen[101], unter Berücksichtigung einer propellerförmigen Anordnung der Phenylringe, bestätigten dies. Allerdings nehmen durch das Herausdrehen der Phenylringe aus ihrer gemeinsamen Ebene um 30° die Beträge der Spindichten in den Ringen zugunsten des Methylkohlenstoffes ab (s. Abb. 109).

D. C. Reitz[102] gelang erstmalig eine Abschätzung und Zuordnung der Protonen-Kopplungsparameter durch Vermessen von Phenyl-bis-(*p*-deuterophenyl)-methyl und Diphenyl-(*m*-deuterophenyl)-methyl. Durch Vergleich der Spektren mit dem des einfachen Triphenylmethyls ergab sich in Übereinstimmung mit den Rechenergebnissen, daß die Aufspaltungen sich wie $|a_o| \approx |a_p| \approx 2|a_m|$ verhalten.

Schließlich gelang die quantitative Bestimmung der Protonen-Aufspaltungen P. B. Chesnut u. G. J. Sloan[103], nachdem ihnen durch Vermessen einer 10^{-3} molaren Lösung von Triphenylmethyl in Toluol bei —20 °C ein gut aufgelöstes Spektrum zur Verfügung stand (Abb. 108).

Von den zu erwartenden 196 Komponenten sind bei Linienbreiten von 0,05 G über 100 HFS-Komponenten sichtbar. Da zwei gleich intensive Linien symmetrisch zur Mitte auftreten, muß die größte Aufspaltung 2,77 G von einer ungeraden Anzahl von Protonen herrühren und ist also den drei *p*-Protonen zuzuordnen. Die anderen Kopplungsfaktoren von 2,53 G und 1,11 G entsprechen dann den *o*- und *m*-Protonen. Diese Zuord-

---

[98a] zur Struktur vgl. H. Lankamp, W. Th. Nauta, and C. MacLean, Tetrahedron Letters 249 (1968).

[99] H. S. Jarrett, and G. J. Sloan: J. Chem. Phys. **22**, 1783 (1954).

[100] P. Brovetto e S. Ferroni: Il Nuovo Cimento **5**, 142 (1957).

[101] F. C. Adam, and S. I. Weissman: J. Amer. chem. Soc. **80**, 2057 (1958).

[102] D. C. Reitz: J. Chem. Phys. **30**, 1364 (1959).

[103] D. B. Chesnut, and G. J. Sloan: J. Chem. Phys. **33**, 637 (1960).

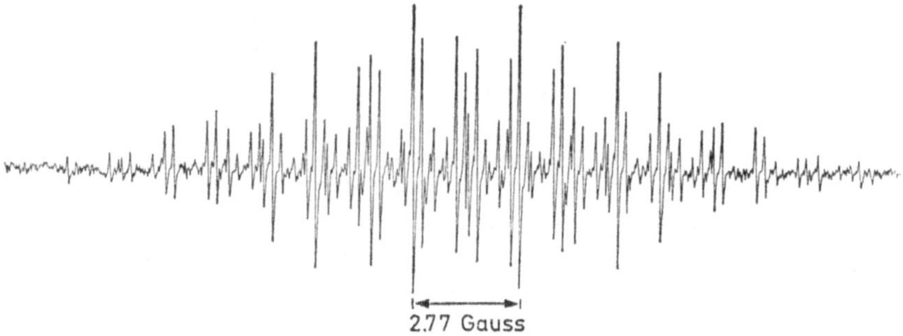

Abb. 108. ESR-Spektrum des Triphenylmethyl-Radikals [103a]

nung wird dadurch bestätigt, daß ein mit Hilfe dieser Werte simuliertes ESR-Spektrum des Triphenylmethyls recht genau mit dem gemessenen Signal übereinstimmt [104].

Die Kopplungsparameter erlauben es, unter Verwendung der S. 147 beschriebenen Q-Faktoren die Spindichten der Kohlenstoffatome in den Phenylkernen (mit Ausnahme der Verknüpfungsstelle und dem Methylkohlenstoff) zu berechnen. Eine Abschätzung für die Methylstellung gelingt durch Auswertung der ^{13}C-Aufspaltung [105, 106], die für das C_1-Atom zu 26 G experimentell bestimmt werden konnte.

Damit läßt sich nun wegen $\sum \varrho_{C_i} = 1$ auch eine Aussage über die Spindichte an den Verknüpfungsatomen gewinnen. Ein Vergleich der Ergebnisse unter Verwendung von $|Q_{CH}^{H}| = 23$ G findet sich in Abb. 109.

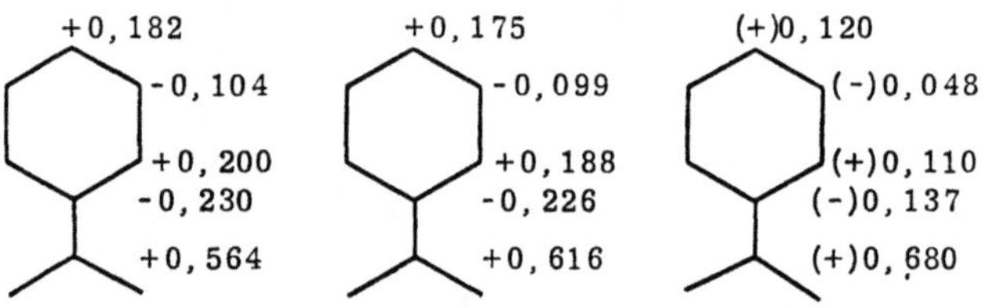

Abb. 109. Spindichten des Triphenylmethyls a) für planare Anordnung [106a], b) für propellerförmige Anordnung [106a], c) experimentell

Der Vergleich zeigt, daß nur die relativen Größenverhältnisse von der Theorie richtig wiedergegeben werden.

Eine Bestätigung der experimentellen Aufspaltungskonstanten gelang in neuerer Zeit mit dem ENDOR-Verfahren (s. S. 274) [107]. Da bei dieser

[103a] siehe Fußnote 103, S. 301.
[104] P. B. Ayscough, A. P. McCann, and R. Wilson: Proc. Chem. Soc. **1961**, 16.
[105] siehe Fußnote 101, S. 301.
[106] M. Karplus, and G. K. Fraenkel: J. Chem. Phys. **35**, 1312 (1961).
[106a] siehe Fußnote 101, S. 301.
[107] J. S. Hyde: J. Chem. Phys. **43**, 1806 (1965).

Doppelresonanzmethode sich die Linienzahl von ursprünglich 196 ESR-Komponenten auf die drei Signale entsprechend den drei Protonensorten reduziert, wird die Ermittlung der Kopplungsparameter erheblich vereinfacht und damit im vorliegenden Falle wesentlich sicherer.

Bei dem wesentlich komplizierteren *Tris-[biphenyl]-methyl-Radikal* ist das ESR-Spektrum nur in Verbindung mit den ENDOR-Signalen interpretierbar[108].

Tabelle 18. *Kopplungskonstanten [G] von Triphenylmethyl-Radikalen*

Radikal	a_{H_p}	a_{H_m}	a_{H_o}	$a_{H_{Alkyl}}$	a_N	g-Faktor	Lit.
(*p*-sec.-Butyl-phenyl)-diphenyl-methyl	2,67	1,19	2,67	1,19	–	–	109
Tris-(*p*-chlor-phenyl)-methyl	–	1,32	2,64	–	–	2,00332	110, 111
Tris-(*p*-methoxy-phenyl)-methyl	–	1,05	2,89	0,34	–	–	110, 111
Tris-(*p*-nitro-phenyl)-methyl	–	1,14	2,50	–	^{14}N 0,66	–	112, 111
						2,0037	113
					^{15}N 0,95		114
Triphenyl-methyl	2,77	1,11	2,53	–	–	2,00260	115, 116
(*o*-Methyl-phenyl)-diphenyl-methyl	2,8	1,1	2,5	2,2	–	–	110, 111
2,6,2′,6′,2″,6″-Hexamethoxy-triphenylmethyl	2,26	1,06	–	0,14	–	2,00280	117
Sesquixanthydryl	3,17	0,89	–	–	–	2,00311	118
Tris-(pentafluor-phenyl)-methyl	6,80	1,61	2,76	–	–	2,0033	119, 111

108 A. Maki, R. D. Allendoerfer, J. C. Danner, and R. Keys: J. Amer. chem. Soc. **90**, 4225 (1968).
109 F. Schneider u. K. Moebius: Z. Naturforsch. **18b**, 1111 (1963).
110 H. Judeikis, and D. Kivelson: J. Amer. chem. Soc. **84**, 1132 (1962).
111 J. Sinclair, and D. Kivelson: J. Amer. chem. Soc. **90**, 5074 (1968).
112 M. T. Jones: J. Chem. Phys. **35**, 1146 (1961).
113 T. L. Chu, G. E. Pake, D. E. Paul, M. G. Townsend, and S. I. Weissmann: J. Phys. Chem. **57**, 504 (1953).
114 J. P. Loyd, and G. E. Pake: Phys. Rev. **92**, 1576 (1953).
115 siehe Fußnote 103, S. 301.
116 B. G. Segal, M. Kaplan, and G. K. Fraenkel: J. Chem. Phys. **43**, 4191 (1965).
117 M. J. Sabacky, C. S. Johnson jr., R. C. Smith, H. S. Gutowsky, and J. C. Martin: J. Amer. chem. Soc. **89**, 2054 (1967).
118 E. Müller, A. Moosmayer, A. Rieker, and K. Scheffler: Tetrahedron Letters **1967**, 3877.
119 C. Trapp, C. S. Wang, and R. Filler: J. Chem. Phys. **45**, 3472 (1966).

Ein Vergleich des Triphenylmethyls mit seinen *p*-substituierten Verbindungen zeigt, daß offenbar die π-Dichteverteilung im Molekül nur wenig beeinflußt wird[120]. Relativ groß sind die Veränderungen der Protonenkopplungen, wenn durch mehrfache Substitution in den *o*-Stellungen die Molekülgeometrie beeinflußt wird[120a]. So läßt sich die Abnahme der *p*-Protonen-Aufspaltung im Hexamethoxy-triphenylmethyl durch eine starke Verdrillung der Phenylringe und die Zunahme beim Sesquixanthydryl durch eine stärkere Einebnung der aromatischen Substituenten interpretieren[121].

Die Kopplungen des *Perfluor-triphenylmethyl-Radikals* lassen sich mit den entsprechenden Protonenaufspaltungen nicht korrelieren, weil keine lineare Beziehung zwischen Fluoraufspaltung und freier π-Dichte am benachbarten Kohlenstoffatom existiert.

Die Geschwindigkeitskonstanten und Aktivierungsenergien für die Reaktion

$$R\cdot + R^{\ominus}M^{\oplus} \rightleftharpoons R^{\ominus}M^{\oplus} + R\cdot \qquad M = K \text{ oder } Na$$

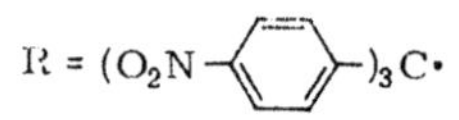

also den Elektronenaustausch zwischen Radikal und dem zugehörigen Anion, bestimmten in verschiedenen Lösungsmitteln durch Vermessung der Linienbreiten M. T. Jones u. S. I. Weissman[122]. Je nach Lösungsmittel und Alkalimetall fanden sie für die Geschwindigkeitskonstanten bei 25°C Werte zwischen 10^7 und 10^9 l mol^{-1} sec^{-1}, während die Aktivierungsenergien zwischen 0,9 und 2,3 kcal mol^{-1} liegen.

Bei den *Diarylmethyl-Radikalen* ist die Spindichte am zentralen C-Atom leicht zu erhalten. Mit Ausnahme des Diphenylmethyls[123] werden je nach Substituenten Protonenkopplungen zwischen 15 und 17 Gauß gefunden, was etwa einer freien π-Dichte von 0,65 bis 0,74 entspricht. Die Werte stimmen gut mit der am Triphenylmethyl auf Grund der ^{13}C-Kopplung ermittelten Spindichte überein.

Systematische Untersuchungen[124,125] *o*-substituierter Verbindungen haben in Übereinstimmung mit π-Dichteberechnungen gezeigt, daß die Phenylkerne aus ihrer gemeinsamen Ebene herausgedreht sind. Besonders das *Dimesitylmethyl*[126] ist eingehend untersucht worden.

---

[120] siehe Fußnote 111, S. 303.

[120a] R. Allendoerfer, and A. H. Maki: J. Amer. chem. Soc. **91**, 1088 (1969).

[121] siehe Fußnote 118, S. 303.

[122] M. T. Jones, and S. I. Weissman: J. Amer. chem. Soc. **84**, 4269 (1962).

[123] D. R. Dalton, S. A. Lieberman, and H. Waldman: Tetrahedron Letters **1968**, 145.

[124] J. deJong, K. H. Fleurke et R. van Hardeveld: Recueil Trav. Chim. Pays-Bas **85**, 285 (1966).

[125] H. R. Falle, and F. C. Adam: Canad. J. Chem. **44**, 1387 (1966).

[126] siehe Fußnote 99, S. 301.

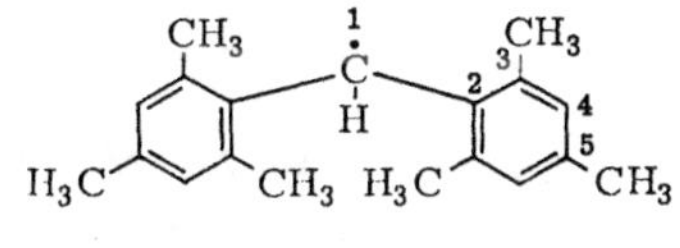

Nachdem es D. B. Chesnut u. G. J. Sloan[127] gelungen war, von den theoretisch zu erwartenden 910 HFS-Komponenten nahezu 300 Linien im Spektrum aufzufinden, war ein Vergleich der experimentellen Kopplungen mit berechneten Werten[128] möglich geworden.

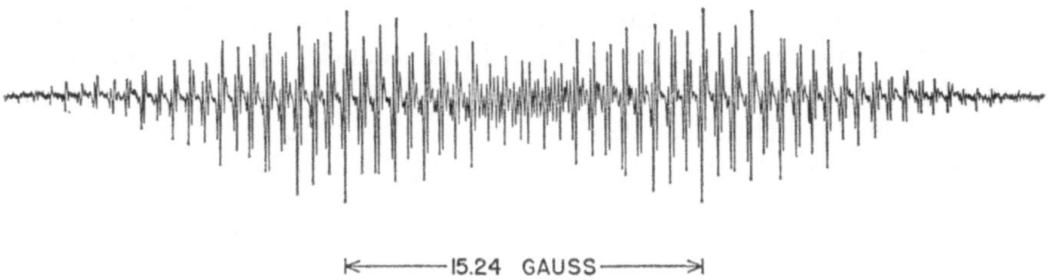

Abb. 110. ESR-Spektrum des Dimesitylmethyls[127]

Tabelle 19. *Kopplungskonstanten und Spindichten des Dimesitylmethyls*

C-Atom	a_H [G]	$\varrho_{C_{exp.}}$*	$\varrho_{C_{ber.}}$[128] $\Theta = 0$	$\varrho_{C_{ber.}}$[128] $\Theta = 60 - 70°$
1	15,24	(+) 0,663	+ 0,605	+ 1,000
2	—	(−) 0,009	− 0,263	− 0,069
3	2,07	(+) 0,083	+ 0,243	+ 0,054
4	1,38	(−) 0,060	− 0,128	− 0,040
5	3,31	(+) 0,132	+ 0,230	+ 0,043

Analog dem Triphenylmethyl zeigen theoretische und beobachtete Spindichten auch bei Variation der Verdrillungswinkel nur größenordnungsmäßig Übereinstimmung. Die Befunde machen eine Konstellation wahrscheinlich, in der die Phenylringe nicht in einer gemeinsamen Ebene liegen.

Über weitere Diarylmethyl-Radikale berichten H. Reimlinger et al.[129] sowie W. Theilacker u. F. Koch[130].

* $|Q^H_{CH}| = 23$ G; $\frac{1}{2}\, B^H_{C-CH_3} = 25$ G.

[127] D. B. Chesnut, and G. J. Sloan: J. Chem. Phys. **35**, 443 (1961).

[128] A. D. McLachlan: J. Chem. Phys. **32**, 1488 (1960).

[129] H. Reimlinger, J. P. Golstein, J. Jadot u. P. Jung: Chem. Ber. **97**, 349 (1964).

[130] W. Theilacker u. F. Koch: Angew. Chem. **78**, 207 (1966).

I.a.4. σ-Radikale *

Unter σ-Radikale seien paramagnetische Verbindungen verstanden, bei denen die Elektronenkonfiguration des Grundmoleküls nach Abspaltung eines Wasserstoffatoms weitgehend erhalten geblieben ist. Das freie Elektron verbleibt hier vorwiegend in dem Zustand, den es als Bindungselektron besetzt hatte. Sicherlich wird dies nicht ganz exakt der Fall sein, denn durch die Homolyse einer Bindung wird die Gesamtelektronenkonfiguration des Moleküls verändert werden. Jedoch gibt es Hinweise dafür, daß es sich bei den zu beschreibenden paramagnetischen Molekülen nicht um π-Radikale im Sinne der Alkylradikale handelt, bei denen das freie Elektron im wesentlichen durch ein senkrecht zu den σ-Bindungen stehendes π-Orbital beschrieben werden kann. Auf Ansätze zur theoretischen Behandlung der σ-Radikale kann nicht eingegangen werden[131, 132].

Ein einfaches Kohlenwasserstoff-„Nicht-π-Radikal" haben R. W. FESSENDEN u. R. H. SCHULER[133] durch Bestrahlung von Äthylen mit 2,8 MeV Elektronen erhalten. Das ESR-Spektrum, welches dem *Vinylradikal* zugeordnet wird, zeigt vier Komponenten im Intensitätsverhältnis 1 : 1 : 1 : 1 mit Kopplungskonstanten von 102,44 und 13,39 G, die weitgehend temperaturunabhängig sind. In Übereinstimmung damit liefert das perdeuterierte Vinylradikal neun gleichintensive HFS-Komponenten ($I_D = 1$; $I_H = 1/2$) mit Aufspaltungsparametern von 15,53 und 2,15 G. Mithin sollten von den drei im Molekül vorhandenen Wasserstoff- bzw. Deuteriumkernen nur zwei maßgeblich mit dem freien Elektron in Wechselwirkung treten. Eine genaue Bestimmung der *g*-Faktoren unter Berücksichtigung des „second order shift" der Spektrenzentren (s. S. 53) zeigt jedoch, daß es sich bei dem Spektrum nicht um das vollständige ESR-Signal handeln kann, sondern daß offenbar nur die äußeren Linien registriert werden, während die mittleren Komponenten unter den Versuchsbedingungen (—180 °C) nicht sichtbar sind. Das läßt sich unter der Annahme verstehen, daß das Radikal in zwei äquivalenten Formen vorliegen kann[134],

die in bezug auf die ESR-Zeitskala mit mittlerer Geschwindigkeit ineinander übergehen (vgl. Cyclohexylradikal, s. S. 295).

* Ebenfalls um σ-Radikale handelt es sich bei den auf S. 329 beschriebenen Oxydationsprodukten der Oxime.

[131] R. S. DRAGO, and H. PETERSEN JR.: J. Amer. chem. Soc. **89**, 5774 (1967).
[132] N. M. ATHERTON, and A. HINCHLIFFE: Mol. Phys. **12**, 349 (1967).
[133] R. W. FESSENDEN, and R. H. SCHULER: J. Chem. Phys. **39**, 2147 (1963).
[134] siehe Fußnote 131.

Tatsächlich läßt sich bei 4 °K die Umwandlungsgeschwindigkeit so herabsetzen, daß ein 8-Komponenten-Spektrum gemäß der Wechselwirkung mit drei nicht-äquivalenten Protonen ($a_\alpha = 15{,}7$, $a_{\beta_1} = 34{,}2$ und $a_{\beta_2} = 68{,}5$ G), wie es im unteren Teil der Abb. 111 dargestellt ist, resul-

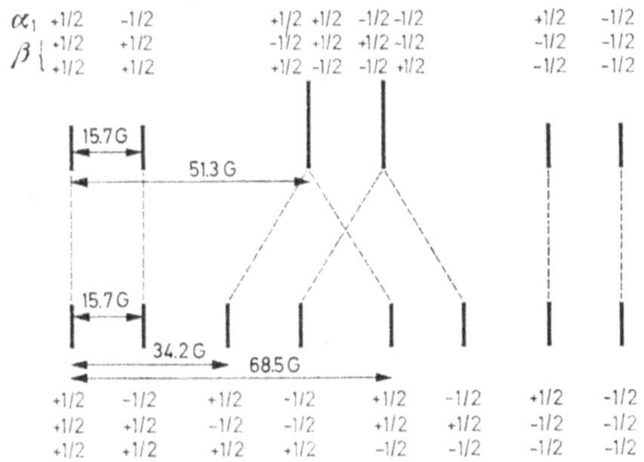

Abb. 111. ESR-Spektrum des Vinylradikals (schematisch)

tiert[135]. M. KARPLUS u. F. J. ADRIAN konnten durch Rechnung zeigen, daß die größere Aufspaltung dem in trans-Stellung zum ungepaarten Elektron befindlichen Wasserstoffkern zuzuordnen ist [136].

Wird die Inversionsgeschwindigkeit bei hohen Temperaturen hinreichend schnell, so werden die beiden Protonen äquivalent. Die Aufspaltungen wären dann $a_H = 1/2\ (a_{\beta_1} + a_{\beta_2})$, und das Spektrum würde dem oberen Schema der Abb. 111 entsprechen. Allerdings läßt sich dieser Fall wegen der geringen Radikalstabilität nicht verwirklichen. Die Substitution eines Wasserstoffatoms durch eine Methylgruppe setzt die Inversionsgeschwindigkeit soweit herab, daß schon bei —172 °C ein vollständiges Spektrum des *Methylvinylradikals* erhalten werden kann. Die Kopplungsparameter $a_{CH_3} = 19{,}48$, $a_{\beta_1} = 32{,}92$ und $a_{\beta_2} = 57{,}89$ G entsprechen weitgehend denen des Vinylradikals. Auch hier sind unterschiedliche β-Aufspaltungen ein Hinweis auf eine nicht lineare Struktur des Radikals und gegen das Vorliegen eines reinen „π-Radikals" zu werten.

Um ein σ-Radikal dürfte es sich auch bei dem *Formyl-Radikal* handeln[137–140]. Aus den optischen Spektren geht hervor, daß im Grundzustand

[135] E. L. COCHRAN, F. J. ADRIAN, and V. A. BOWERS: J. Chem. Phys. **40**, 213 (1964).
[136] F. J. ADRIAN, and M. KARPLUS: J. Chem. Phys. **41**, 56 (1964).
[137] F. J. ADRIAN, E. L. COCHRAN, and V. A. BOWERS: J. Chem. Phys. **36**, 1661 (1962).
[138] E. L. COCHRAN, F. J. ADRIAN, and V. A. BOWERS: J. Chem. Phys. **44**, 4626 (1966).
[139] P. D. SULLIVAN, and W. S. KOSKI: J. Amer. chem. Soc. **84**, 1 (1962).
[140] J. A. BRIVATTI, N. KEEN, and M. C. R. SYMONS: J. Chem. Soc. **1962**, 237.

der H—C—O-Bindungswinkel 120° beträgt. Damit in Einklang stehen die Protonen- und ^{13}C-Aufspaltungen der ESR-Spektren ($a_H = 137$, $a_{^{13}C} = 134{,}8$ G), die erheblich von den Werten normaler π-Radikale abweichen. Ähnlich liegen offenbar die Verhältnisse beim $HCN^{\ominus\bullet}$ Radikal[141].

Um weitere σ-Radikale dürfte es sich beim Äthinylradikal[142] HC ≡ C• mit $a_H = 16{,}1$ G, dem 1-Naphthylradikal[143] $a_{H_2} = 17{,}9$ G und dem photolytisch dargestellten[144] Phenylradikal handeln.

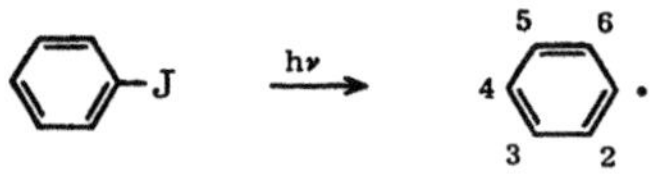

$$a_2 = a_6 = 18\text{ G}$$
$$a_3 = a_5 = 7\text{ G}$$
$$a_4 \approx 0\text{ G}$$

Zu etwa dem gleichen Ergebnis gelangen J. E. Bennett et al.[145, 146] bei der Umsetzung von Jodbenzol mit Natrium. Sie konnten durch Einführung von Chlor in die beiden *o*-Stellungen die Kopplungen in der angegebenen Weise zuordnen. Der Unterschied dieser Phenyl-σ-Radikale gegenüber den aromatischen Ionenradikalen besteht im wesentlichen darin, daß im vorliegenden Falle das freie Elektron in einem sp^2-Orbital lokalisiert ist und somit vorwiegend geometrische Parameter für die einzelnen unterschiedlichen Protonenaufspaltungen verantwortlich sind.

I.b. Heterosubstituierte Alkylradikale

Gut aufgelöste ESR-Spektren von Alkylradikalen, in denen der dreibindige Kohlenstoff direkt mit Heteroatomen verknüpft ist, sind vorwiegend von Alkoholen, Carbonsäuren bzw. deren funktionellen Derivaten und einigen Fluorverbindungen bekannt.

Bei der Oxydation von Alkoholen in einem „flow system" konnten W. T. Dixon u. R. O. C. Norman[147] die Spektren von Alkylradikalen registrieren, die eine Hydroxygruppe als Substituenten enthalten. So entsteht aus Methanol das *Hydroxymethylradikal.*

---

[141] K. D. J. Root, M. C. R. Symons, and B. C. Weatherley: Mol. Phys. **11**, 161 (1966).

[142] siehe Fußnote 135, S. 307.

[143] R. V. Lloyd, F. Magnotta, and D. E. Wood: J. Amer. chem. Soc. **90**, 7142 (1968).

[144] V. A. Tolkatschev, I. I. Chekheidze u. N. Y. A. Buben: Zh. Strukt. Khim. **3**, 709 (1962).

[145] J. E. Bennett, B. Mile, and A. Thomas: Chem. Commun. **1965**, 265.

[146] J. E. Bennett, B. Mile, and A. Thomas: Proc. Roy. Soc. **A 293**, 246 (1966).

[147] W. T. Dixon, and R. O. C. Norman: J. Chem. Soc. **1963**, 3119.

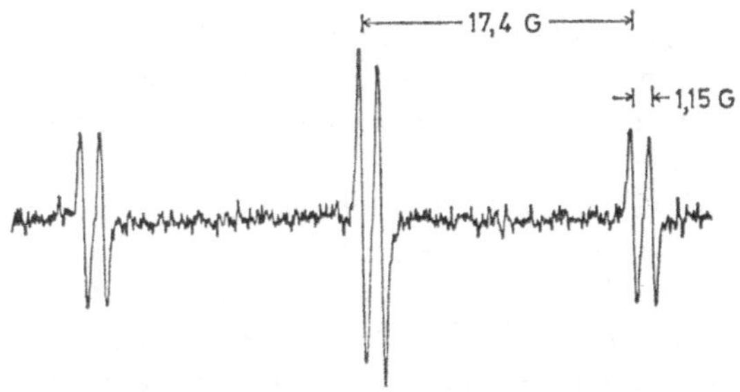

Abb. 112. ESR-Spektrum des Hydroxymethylradikals[154]

Die HFS besteht zunächst aus einem Triplett, das für eine Wechselwirkung des freien Elektrons mit den beiden direkt an das C-Atom gebundenen Protonen spricht. Die Aufspaltung beträgt etwa 17 G, ein Wert, der auch mit anderen Untersuchungen[148–152] gut übereinstimmt. Darüber hinaus ist jede Linie entsprechend einer schwachen Kopplung des Radikalelektrons mit dem Proton der OH-Gruppe noch einmal in ein Dublett aufgespalten.

Diese Aufspaltung zeigt starke Abhängigkeit sowohl vom p_H-Wert[153] als auch von der Meßtemperatur[154] und liegt je nach Reaktionsbedingungen zwischen 0 und 2 G. Für die Variation der OH-Protonenkopplung dürften sowohl Austauschreaktionen als auch Veränderungen der Molekülgeometrie verantwortlich sein (vgl. auch S. 110 u. S. 177).

Tab. 20. *Hydroxyalkylradikale*[155]

Radikal	Kopplungskonstanten [G]	
	a_{H_α}	a_{H_β}
$\cdot CH_2OH$	17,2	–
$CH_3\dot{C}HOH$	15,0	22,0
$HO(CH_2)_2\dot{C}HOH$	16,0	19,0
$(CH_3)_2\dot{C}OH$	–	20,0

Bei den Hydroxyalkylradikalen sind allgemein die Kopplungsparameter kleiner als bei den entsprechenden Kohlenwasserstoffradikalen. Das kann

148 C. F. Luck, and W. Gordy: J. Amer. chem. Soc. **78**, 3240 (1956).
149 P. J. Sullivan, and W. S. Koski: J. Amer. chem. Soc. **84**, 1 (1962).
150 H. Zeldes, and R. Livingston: J. Chem. Phys. **30**, 40 (1959).
151 B. Smaller, and M. S. Matheson: J. Chem. Phys. **28**, 1169 (1958).
152 P. Smith, J. T. Pearson, P. B. Wodd, and T. C. Smith: J. Chem. Phys. **43**, 1535 (1965).
153 H. Fischer: Mol. Phys. **9**, 149 (1965).
154 R. Livingston, and H. Zeldes: J. Chem. Phys. **44**, 1245 (1966).
155 siehe Fußnote 147, S. 308.

mit einer Abnahme der Spindichte am α-Kohlenstoffatom durch eine mesomere Beteiligung des Sauerstoffs erklärt werden. Damit in Übereinstimmung stehen die gemessenen *g*-Faktoren, die zwischen 2,00298 und 2,00334 liegen (vgl. S. 293).

Ähnliche Ergebnisse erhielten auch andere Autoren[156,157], die Mischungen der Alkohole mit Peroxyden im Durchflußsystem belichteten. Spektren, die bei 77 °K in fester Phase aufgenommen wurden, waren wesentlich schlechter aufgelöst[158,159]. Bei Belichtung aromatischer Aldehyde oder Ketone in protischen Solventien entstehen die protonisierten Ketyle, also ebenfalls Hydroxyalkylradikale[160].

Die Oxydation von *Zuckern*[161] gibt zunächst ebenfalls die Hydroxyalkylradikale, die sich jedoch sehr schnell unter Wasserabspaltung in Carbonylverbindungen umwandeln. Analog sind mit der Oxydation von Diolen und Chloralkoholen Sekundärreaktionen verbunden, so daß schließlich Carbonylalkylradikale entstehen[162].

Konjugierte Hydroxyalkylradikale lassen sich durch Addition von ·OH an Benzol und seine Derivate[163,164] oder durch Protonenabstraktion aus Allylalkohol[165] darstellen. In diesen Molekülen ist die freie π-Dichte weitgehend mesomer verteilt, so daß analoge Verhältnisse wie beim Cyclohexadienyl (s. S. 299) bzw. Allylradikal (s. S. 297) vorliegen.

Die ESR-Spektren der *Alkoxyalkylradikale*[166,167] zeigen wesentlich kleinere α-Protonenaufspaltungen als die entsprechenden Alkylradikale und demgegenüber eine verhältnismäßig große β-Protonenkopplung.

$$\underset{21{,}90}{CH_3}-\underset{13{,}8}{\dot{C}H}-O-\underset{1{,}49\,G}{CH_2}-CH_3$$

In diesen Radikalen dürfte ein Teil der freien π-Dichte am Sauerstoff lokalisiert sein, so daß von hier aus über einen Hyperkonjugationsmechanismus der Betrag der α-Protonenkopplung verkleinert wird (vgl. S. 309).

[156] siehe Fußnote 154, S. 309.
[157] J. Q. Adams: J. Amer. chem. Soc. **90**, 5363 (1968).
[158] J. F. Gibson, M. C. R. Symons, and M. G. Townsend: J. Chem. Soc. **1959**, 269.
[159] M. C. R. Symons: J. Chem. Soc. **1959**, 277.
[160] R. Wilson: J. Chem. Soc. **B 1968**, 84.
[161] R. O. C. Norman, and R. J. Pritchett: J. Chem. Soc. **B 1967**, 1329.
[162] A. L. Buley, R. O. C. Norman, and R. J. Pritchett: J. Chem. Soc. **B 1966**, 849.
[163] W. T. Dixon, and R. O. C. Norman: J. Chem. Soc. **1964**, 4857.
[164] C. R. E. Jefcoate, and R. O. C. Norman: J. Chem. Soc. **B 1968**, 48.
[165] P. Smith, and P. B. Wood: Can. J. Chem. **45**, 649 (1967).
[166] W. T. Dixon, R. O. C. Norman, and A. L. Buley: J. Chem. Soc. **1964**, 3625.
[167] P. L. Kolker: J. Chem. Soc. **1964**, 5929.

Analoge Verhältnisse werden auch bei *cyclischen Ätherradikalen*[168] gefunden, doch sind hier die Spektren teilweise noch durch die verschiedenen möglichen Radikalkonformationen (vgl. Cyclohexylradikal S. 295) kompliziert.

Oxycarbonyl-substituierte Alkylradikale lassen sich nach Oxydation von Carbonsäuren und deren Ester mit Hilfe von Durchflußmessungen ESR-spektroskopisch nachweisen[169–171].

Tabelle 21. *Kopplungsparameter verschiedener Carbonsäureesterradikale*

Radikal	ESR-Komponenten	Kopplungsparameter [G] Alkoxyrest a_α	Alkoxyrest a_β	Acylrest a_α	Acylrest a_β
$HCOO\dot{C}H_2$	3×2	20,9	–	2,5	–
$HCOO\dot{C}HCH_3$	$4 \times 2 \times 2$	19,6	24,5	2,4	–
$CH_3COO\dot{C}H_2$	3×4	20,0	–	1,4	–
$CH_3COO\dot{C}HCH_3$	$4 \times 2 \times 4$	18,8	24,0	1,4	–
$CH_3\dot{C}HCOOCH_3$	$4 \times 2 \times 4$	1,3	–	20,3	24,9
$(CH_3)_2\dot{C}COOCH_3$	7×4	1,4	–	–	21,3

Unabhängig davon, ob das ungesättigte Kohlenstoffatom zum Alkoxyl- oder zum Acylrest des Esters gehört, ist eine Kopplung über die Estergruppierung hinweg möglich. Die Beträge dieser Aufspaltung sind klein. Sie haben etwa dieselbe Größe wie γ-Aufspaltungen in reinen Kohlenwasserstoffradikalen (vgl. S. 291). Diese „long range coupling" wird durch Beteiligung des π-Elektronensystems der Oxycarbonylgruppe an der Radikalmesomerie erklärt.

H. Fischer[172] konnte bei Untersuchungen der Redoxpolymerisation verschiedener Monomerer mit einem $TiCl_3/H_2O_2$-Durchflußsystem eine Reihe substituierter Alkylradikale herstellen und recht genau ESR-spektroskopisch vermessen.

Da sich hier im allg. ein Radikal X an eine ungesättigte Verbindung nach folgendem Schema addiert

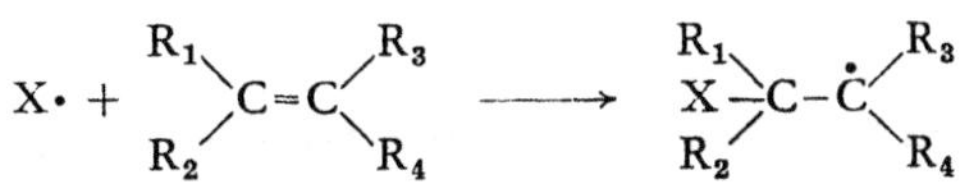

[168] W. T. Dixon, and R. O. C. Norman: J. Chem. Soc. **1964**, 4850.
[169] siehe Fußnote 152, S. 309.
[170] W. Armstrong, and W. Humphreys: Can. J. Chem. **45**, 2589 (1967).
[171] C. Corvaja, P. Nordio, and G. Giacometti: Trans. Faraday Soc. **62**, 3400 (1966).
[172] H. Fischer: Z. Naturforsch. **19a**, 267 (1964); **19a**, 866 (1964); **20a**, 428 (1965).

wobei X = $\cdot OH$[173, 174], $\cdot NH_2$[175] oder $HO\dot{C}H_2$[175] sein kann, sind auf diesem Wege eine große Zahl substituierte Alkylradikale zugänglich.

Tabelle 22. *ESR-Kopplungsparameter substituierter Alkylradikale*

Radikal	ϱ_α*	a_{H_α} [G]	a_{HCH_3} [G]	a_{H_β} [G]	$a_{Nitril, Amin oder Ester}$ [G]
CH_3 $HOCH_2C\cdot$ CN	0,721	–	21,12	23,92	$a_N = 3,44$
H $HOCH_2C\cdot$ CN	0,785	22,10	–	28,15	$a_N = 3,53$
CH_3 $HOCH_2C\cdot$ $COOCH_3$	0,785	–	23,01	20,12	$a_{CH_3} = 1,48$
CH_3 $HOOCC\cdot$ H	0,853	20,18	24,98	–	–
H $HOCH_2C\cdot$ $COOCH_3$	0,854	20,19	–	26,62	$a_{CH_3} = 1,14$
$H\ \ CH_3$ $HOC-C\cdot$ $HOOC\ \ H$	0,881	21,86	25,81	16,17	–

* Direkt oder indirekt berechnet aus den Wasserstoffaufspaltungen der CH_3-Gruppe mit $\frac{B^{CH_3}_{C-CH_3}}{2} = 29,30$ G.

[173] siehe Fußnote 172, S. 311.

[174] W. E. Griffiths, G. F. Longster, J. Myatt, and P. F. Todd: J. Chem. Soc. **B 1967**, 530.

[175] C. Corvaja, H. Fischer u. G. Giacometti: Z. Phys. Chem. NF **45**, 1 (1965).

Tabelle 22. (Fortsetzung)

Radikal	ϱ_α*	a_{H_α} [G]	a_{HCH_3} [G]	a_{H_β} [G]	$a_{Nitril, Amin oder Ester}$ [G]
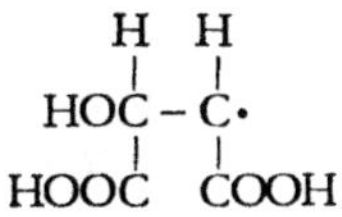	0,890	20,76	–	12,53	–
$HOO\dot{C}CH_2CH_3$	0,920	22,39	–	26,81	–
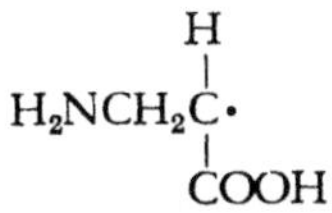	0,896	21,17	–	25,03	$a_N = 3{,}40$
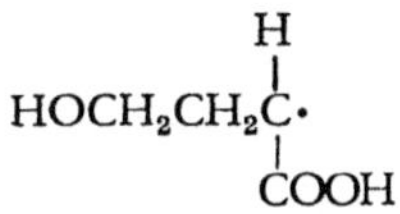	0,843	20,23	–	22,81	–
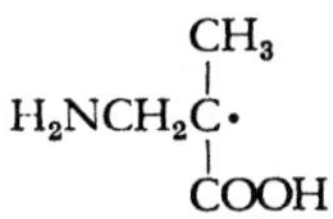	0,826	–	24,19	16,98	$a_N = 4{,}96$
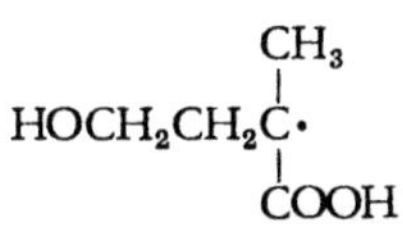	0,760	–	22,27	14,45	–

Tabelle 22 zeigt in der zweiten Spalte die aus den CH_3-Protonenkopplungen berechneten Spindichten an den ungesättigten Kohlenstoffatomen. Offenbar hängt sie relativ stark von den Substituenten ab. H. FISCHER[176] hat unter Verwendung der bei den reinen Kohlenwasserstoffradikalen (s. S. 285 ff.) aufgefundenen Ergebnissen und der Voraussetzung, daß Wasserstoffatome die Spindichte am ungesättigten Zentrum nicht verändern, diese Substituenteneinflüsse quantitativ erfaßt. Der Autor gibt Δ-Werte an, die für die einzelnen Reste konstant sind und die durch sie verursachte Verringerung der Spindichte am α-C-Atom ausdrücken. Inzwischen sind diese Δ-Werte durch Arbeiten anderer Autoren ergänzt worden[177–180].

[176] siehe Fußnote 172, S. 311.
[177] A. R. METCALFE, and W. A. WATERS: J. Chem. Soc. **B 1967**, 340.
[178] E. A. C. LUCKEN: J. Chem. Soc. **A 1966**, 1354.
[179] E. A. C. LUCKEN: J. Chem. Soc. **A 1966**, 1357.
[180] K. MÖBIUS, K. HOFFMANN u. M. PLATO: Z. Naturforsch. **23 a,** 1209 (1968).

$\Delta[-O-CH_2CH_3]$	$= 0{,}172$	$\Delta[-CH_2COOH]$	$= 0{,}080$
$\Delta[-OH]$	$= 0{,}160$	$\Delta[-CH_2OH]$	$= 0{,}079$
$\Delta[-Cl]$	$= 0{,}16$	$\Delta[-COOCH_3]$	$= 0{,}073$
$\Delta[-C\equiv N]$	$= 0{,}148$	$\Delta[-COOH]$	$= 0{,}072$
$\Delta[-OPO(H)OR]$	$= 0{,}109$	$\Delta[-C(OH)(H)(CH_3)]$	$= 0{,}050$
$\Delta[-OPO(OR)_2]$	$= 0{,}094$	$\Delta[-C(OH)(H)(COOH)]$	$= 0{,}041$
$\Delta[-OPO(OR)(R)]$	$= 0{,}090$	$\Delta[-CH_2NH_2]$	$= 0{,}034$
$\Delta[-CH_3]$	$= 0{,}081$	$\Delta[-H]$	$= 0{,}000$

Ist ein α-C-Atom mehrfach substituiert, so sind die Δ-Werte aller beteiligter Reste zu berücksichtigen. Ganz allgemein gilt:

$$\varrho_{C_\alpha} = \prod_{i=1}^{3} [1 - \Delta(X_i)]$$

Die Aufspaltung der α-Protonen (s. Tab. 22, Spalte 3) lassen sich nicht direkt zur Bestimmung von ϱ_{C_α} benutzen, da Q^{H}_{C-H} mit verschiedenen Substituenten am C_α zu variieren scheint, während $B^{H}_{C-CH_3}$ offenbar weitgehend unempfindlich gegen Substitution ist. Dafür können die Kopplungsparameter für β-Protonen (vgl. S. 176 u. S. 290) eine Funktion der Meßtemperatur sein, wenn die freie Drehbarkeit des betrachteten C-Atoms um die C_α—C_β-Bindung eingeschränkt ist. In den betrachteten Fällen konnte der Autor jedoch nachweisen, daß die CH_3-Gruppen frei drehbar sind, während für die $HO—CH_2$-Substituenten (Tab. 22, Spalte 5) bevorzugte Konstellationen im Molekül vorhanden sind.

Es war möglich[181–183], analog dem oben dargestellten Verfahren, Δ-Werte für *phosphorhaltige* Alkylradikale mit verschiedenen Substituenten

Tabelle 23. *Kopplungsparameter einiger phosphorhaltiger Alkylradikale*

Radikal	a_{H_α} [G]	a_{H_β} [G]	a_P [G]	a_{PH} [G]	Lit.
$(C_2H_5O)_2P(O)\dot{C}HCH_3$	17,9	24,4	14,2	—	184
$(C_2H_5)(C_2H_5O)P(O)\dot{C}HCH_3$	18,0	24,2	13,8	—	184
$(C_2H_5O)(H)P(O)\dot{C}HCH_3$	17,7	24,6	17,7	—	185
$(HOCH_2)_2P\dot{C}HOH$	14,8	—	29,1	—	186
$(HOCH_2)_2(H)\overset{\oplus}{P}\dot{C}HOH$	17,5	—	25,7	8,4	186
$(HOCH_2)_3\overset{\oplus}{P}\dot{C}HOH$	17,6	—	33,8	—	186

[181] siehe Fußnote 177, S. 313.
[182] siehe Fußnote 178, S. 313.
[183] siehe Fußnote 179, S. 313.
[184] siehe Fußnote 178, S. 313.
[185] siehe Fußnote 177, S. 313.
[186] siehe Fußnote 179, S. 313.

zu errechnen. Allerdings scheinen die Beträge etwas mit den äußeren Bedingungen, unter denen die Radikale dargestellt wurden, zu variieren.

Von den Halogenalkylradikalen sind die Fluor- und Chlorverbindungen untersucht. Die *Fluormethylradikale* sind durch Bestrahlung entspr. Methane mit schnellen Elektronen zugänglich[187], während die Alkohole chemisch in die Radikale überführt wurden.

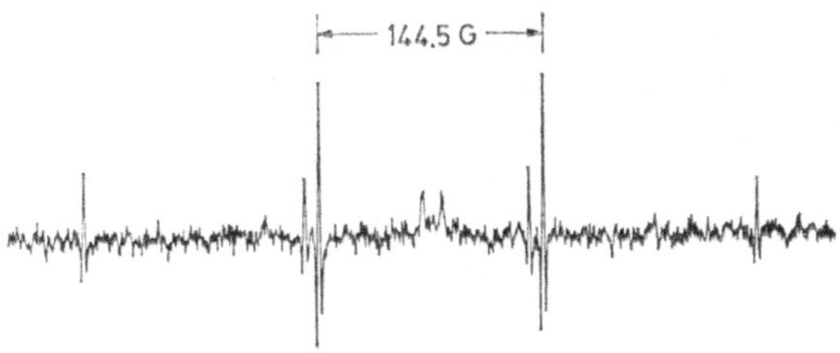

Abb. 113. ESR-Spektrum des Trifluormethyl-Radikals 2. Ableitung[187]

Tabelle 24. *HFS-Konstanten einiger Halogenalkylradikale*

Radikal	a_H [G]	$a_{Hal.}$ [G]	$a_{^{13}C_\alpha}$ [G]	Lit.
$\dot{C}F_3$	–	144,5	271,6	187
$\dot{C}HF_2$	22,2	84,2	148,8	187
$\dot{C}H_2F$	21,1	64,3	54,8	187
$HO-\dot{C}(H)-CF_3$	18,1	31,8	–	188
$HO-CH_2-\dot{C}HCl$	17,7	3,0	($a_{H\beta}$ = 14,4)	189

Aus den mit zunehmendem Fluorgehalt stark steigenden ^{13}C-Kopplungskonstanten schließen die Autoren, daß die Methylradikale nicht mehr planar sind, das Einzelelektron sich also in einem Zustand mit erheblichem *s*-Anteil befinden muß. Somit handelt es sich nicht mehr um reine π-Radikale. Demgegenüber scheint ein Trifluormethyl-Substituent am ungesättigten Zentrum keine wesentlichen Änderungen hervorzurufen.

Bei dem durch Bestrahlung von Teflon® dargestellten Radikal[190],

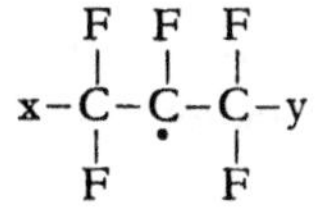

bei dem x und y die Reste des Teflonpolymerisats bedeuten, lassen sich so-

[187] R. W. Fessenden, and R. H. Schuler: J. Chem. Phys. **43**, 2704 (1965).
[188] P. Smith, J. T. Pearson, and R. V. Tsina: Can. J. Chem. **44**, 753 (1966).
[189] siehe Fußnote 174, S. 312.
[190] H. N. Rexroad, and W. Gordy: J. Chem. Phys. **30**, 399 (1959).

wohl α- und β-Fluorkopplungen in einem Molekül beobachten. Die Aufspaltungskonstanten $a_{F_\alpha} = 92$, $a_{F_\beta} = 33$ G sind mit den in Tab. 24 angegebenen Werten nur hinsichtlich der β-Kopplung in guter Übereinstimmung.

Die Abweichung der relativen und absoluten Größe der Fluorkopplungen von den an den entsprechenden Wasserstoffverbindungen ermittelten Werten dürfte auf die vollständig anderen elektronischen Verhältnisse beim Fluor zurückzuführen sein.

Eine Reihe von Chlor-haltigen Alkylradikalen wurden von K. Möbius et al.[191] hinsichtlich der π-σ-Parameter (s. S. 198) und g-Faktoren (s. S. 223) systematisch untersucht.

Die Einführung von *Cyangruppen* hat offenbar keinen besonderen Einfluß auf das Radikalzentrum, so daß die beobachteten α- und β-Protonenaufspaltungen sich mit der S. 313f. erwähnten Vorstellung verstehen lassen.

Tabelle 25. *HFS-Konstanten einiger Cyan-alkylradikale*

Radikal	a_{H_α} [G]	a_{H_β} [G]	a_N [G]	Lit.
$NC-\dot{C}-(CH_3)_2$	–	21,5	3,6	192
$NC-\dot{C}(H)-CN$	22,0	–	9,5	193
$\dot{C}H_2-C(H)(CH_3)-CN$	22,2	25,1	–	192

Durch *Amidgruppierungen* substituierte Alkylradikale lassen sich sowohl durch Photolyse[194] als auch durch Oxydation[195] von Säureamiden darstellen. Während aus Formamid durch Protonenabstraktion am Carbonylkohlenstoff ein „non-π-Radikal“ (s. S. 306) entsteht, findet bei N-Alkylamiden die Oxydation am aliphatischen Substituenten statt. Die für N-Methylformamid gefundenen Kopplungsparameter sind nachstehend angegeben.

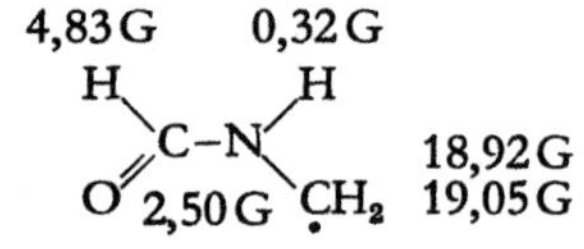

Die unterschiedlichen Werte für die direkt an das Radikalzentrum gebundenen Protonen deutet auf eine behinderte Rotation um die C—N-Bindung hin.

---

[191] siehe Fußnote 180, S. 313.

[192] J. T. Pearson, P. Smith, and T. C. Smith: Can. J. Chem. **42**, 2022 (1964).

[193] P. B. Ayscough, R. G. Collins, and T. J. Kemp: J. Phys. Chem. **70**, 2220 (1966).

[194] R. Livingston, and H. Zeldes: J. Chem. Phys. **47**, 4173 (1967).

[195] P. Smith, and P. B. Wood: Can. J. Chem. **44**, 3085 (1966).

Wesentlich einfachere Verhältnisse liegen beim Methylammonium-Radikal vor[196]. Aus experimentellen Kopplungsparametern geht hervor, daß praktisch

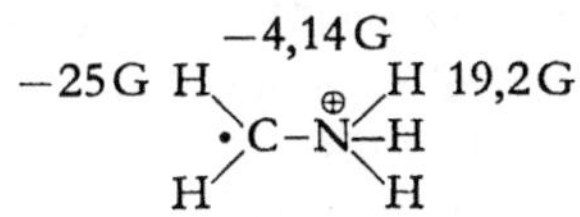

die gesamte freie π-Dichte am Kohlenstoff lokalisiert ist, so daß $\mathcal{Q}^{N\oplus}_{C-N\oplus}$ und $B^{H}_{C-\overset{\oplus}{N}H_3}$ direkt zugänglich sind (vgl. a. S. 176 u. 192).

I.c. Funktionelle Stickstoffverbindungen

I.c.1. Pikrylhydrazyle

Diphenylpikrylhydrazyl haben zuerst S. Goldschmidt u. K. Renn[197] 1922 dargestellt. Die Hydrazyle sind im allgemeinen stabile Radikale. Sie lassen sich durch Dehydrierung der entsprechenden Hydrazine mit Bleidioxyd in Tetrachlormethan, Chloroform oder Benzol darstellen[198–200].

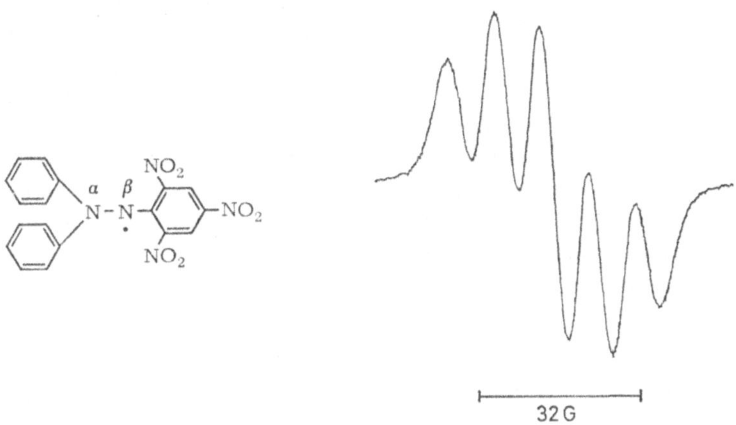

Abb. 114. ESR-Spektrum des Diphenylpikrylhydrazyls in Benzol[200a]

Das *Diphenylpikrylhydrazyl* war das erste organische Radikal, dessen ESR-HFS experimentell aufgefunden werden konnte und das heute sehr

[196] R. P. Kohin, and P. G. Nadeau: J. Chem. Phys. **44**, 691 (1966).

[197] S. Goldschmidt u. K. Renn: Ber. dtsch. chem. Ges. **55**, 628 (1922).

[198] R. H. Poivier, E. J. Kahler, and F. Benington: J. Org. Chem. **17**, 1437 (1952); R. H. Poivier, and F. Benington: J. Org. Chem. **19**, 1157 (1954).

[199] M. M. Chen, A. F. D. Adamo jr., and R. I. Walter: J. Org. Chem. **26**, 2721 (1961).

[200] B. M. Kozyrev, Y. Yablokov, R. O. Matevosyan, M. Ikrina, A. V. Ilmyasov, Y. M. Ryzhmanov, L. I. Staskov u. L. F. Shatrukov: Opt. Spekr. **15**, **33**, 340 (1963).

[200a] siehe Fußnote 205, S. 318.

intensiv untersucht worden ist[201, 202]. In verdünnten benzolischen Lösungen konnten fünf Komponenten mit einem annähernden Intensitätsverhältnis von 1 : 2 : 3 : 2 : 1 gefunden werden[203], was für eine nahezu äquivalente Kopplung der beiden Stickstoffkerne mit dem freien Elektron spricht, soweit aus einer derartig schlecht auflösbaren HFS auf die Beträge der Kopplungsfaktoren geschlossen werden kann. Eine vollständige Gleichwertigkeit des α- und β-ständigen Stickstoffs ist nicht zu erwarten. Aus diesem Grunde haben R. M. Deal u. W. Koski[204] Spektren mit verschiedenen Kopplungsfaktoren a_{N_α} und a_{N_β} simuliert und fanden für ein Verhältnis von $a_{N_\alpha}/a_{N_\beta} = 0{,}82$ die beste Übereinstimmung mit den experimentellen Befunden. Damit konnte eine unterschiedliche Spindichte an den Stickstoffatomen nachgewiesen werden. N. W. Lord u. S. M. Blinder[205] haben daraufhin die isotropen und anisotropen Anteile der HFS untersucht und durch Vergleich mit konstruierten Spektren Absolutwerte für die isotropen Aufspaltungen in Benzol zu $a_{N_1} = 9{,}35$ G und $a_{N_2} = 7{,}85$ G ermittelt. Schließlich konnten M. M. Chen et al.[206] mit ^{15}N markiertem Diphenylpikrylhydrazyl experimentell eine eindeutige Zuordnung der Kopplungskonstanten treffen. Sie fanden für sauerstofffreie benzolische Lösungen $a_{N_\alpha} = 7{,}63$ G und $a_{N_\beta} = 9{,}90$ G, so daß die größere Kopplungskonstante auf das mit dem Pikrylrest verbundene Stickstoffatom zurückgeführt werden muß. Darüber hinaus konnte Y. Deguchi[207] durch Verwendung hochgereinigter Lösungsmittel eine weitere Aufspaltung der fünf Stickstofflinien nachweisen, die er in Übereinstimmung mit anderen Untersuchungen[208, 209] als Protonen-HFS interpretiert. Durch Untersuchungen in Lösungsmittelgemischen konnte die Auflösung der Spektren gesteigert werden, so daß der folgende Satz Kopplungskonstanten[210] ermittelt wurde.

$a^1_{NO_2} = 0{,}754$	$a_{H_3} = 1{,}885$	$a_{H_5} = 1{,}885$	$a_{N_\alpha} = 9{,}084$
$a^2_{NO_2} = 0{,}377$	$a_{H_4} = 0{,}754$	$a_{H_6} = 0{,}377$	$a_{N_\beta} = 9{,}084$

201 D. H. Whiffen: Quart. Rev. **12**, 250 (1958).

202 R. W. Holmberg, R. Livingston, and W. T. Smith jr.: J. Chem. Phys, **33**, 541 (1960).

203 C. A. Hutchison, R. C. Pastor, and A. G. Kowalsky: J. Chem. Phys. **20**, 534 (1952).

204 R. M. Deal, and W. S. Koski: J. Chem. Phys. **31**, 1138 (1959).

205 N. W. Lord, and S. M. Blinder: J. Chem. Phys. **34**, 1693 (1961).

206 M. M. Chen, K. V. Sane, R. I. Walter, and J. A. Weil: J. Phys. Chem. **65**, 713 (1961).

207 Y. Deguchi: J. Chem. Phys. **32**, 1584 (1960).

208 H. G. Beljers, van der Kint, and J. S. Wieringen: Phys. Rev. **95**, 1683 (1954).

209 H. S. Gutowsky, H. Kusomoto, T. H. Brown, and D. H. Anderson: J. Chem. Phys. **30**, 860 (1959).

210 Z. Haniotis u. Hs. H. Günthard: Helv. chim. Acta **51**, 561 (1968).

Überraschenderweise sind nach diesen Messungen die zentralen N-Kerne äquivalent.

Da DPPH außerordentlich stabil ist und sogar im Handel käuflich erworben werden kann, läßt es sich bequem als Bezugspunkt sowohl zur Ermittlung von *g*-Faktoren als auch zur Bestimmung von Radikalkonzentrationen verwenden. Allerdings ist die Bestimmung von *g*-Faktoren mit Hilfe des DPPH infolge der großen Linienbreite der Signale sowohl in fester als auch in gelöster Form recht ungenau, so daß hierfür wesentlich geeignetere Substanzen vorgeschlagen werden (s. S. 124). Die Literatur-Werte für *g*-Faktoren von polykristallinen Proben schwanken erheblich. Im allgemeinen wird ein Wert von 2,0036 $\pm$ 0,0002 angenommen[211].

Zur Bestimmung von Radikalkonzentrationen werden die Messungen stets in irgendeiner Form an eine bestimmte Einwaage von DPPH in einem Verdünnungsmittel angeschlossen. Hierbei ist besonders darauf zu achten, daß die Radikalproben nicht nur rein, sondern auch frei von Lösungsmittelmolekülen sind. Bekannt ist der außerordentlich stabile Komplex mit Benzol[212], der auch im Vakuum nur sehr langsam zerstört werden kann, ein Ergebnis, das vielfach[213–215] bestätigt werden konnte. Für ESR-spektroskopische Zwecke ist eine Umkristallisation von DPPH aus Schwefelkohlenstoff am günstigsten[213]. Da das DPPH jedoch nicht unbegrenzt haltbar ist, sollten für quantitative Zwecke stets nur frisch umkristallisierte Proben, von deren Reinheit man sich überzeugt hat, verwendet werden.

Das *N-Pikryl-9-aminocarbazyl* wurde schon frühzeitig untersucht[216,217]. N. W. Lord u. S. M. Blinder geben für die beiden Stickstoffatome die Kopplungen $a_{N1} = 10{,}2$ G und $a_{N2} = 5{,}8$ G an. Analog zu den Arbeiten von M. M. Chen[218] darf angenommen werden, daß die größere Stickstoffaufspaltung dem mit der Pikrylgruppe verbundenen Stickstoff zugeordnet werden muß. Messungen in sehr verdünnten Lösungen ergaben etwas größere Stickstoffkopplungen. Ferner konnten auch Protonen und Nitrogruppen HFS aufgelöst werden[219].

Der Einfluß, den Substituenten in den Phenylringen auf die ESR-Spektren bzw. die Stickstoffaufspaltungen ausüben, wurde von R. I. Walter[220–222] untersucht. Trotz verschiedener Ansätze war es nicht

[211] H. Fischer. In: Landolt-Börnstein, Neue Serie II/1, S. 46. Berlin-Heidelberg-New York: Springer 1965.

[212] E. Müller, I. Müller-Rodloff u. W. Bunge: Liebigs Ann. Chem. **520**, 235 (1935).

[213] J. J. Lothe u. G. Eia: Acta Chem. Scand. **12**, 1535 (1958).

[214] J. A. Lyons, and W. F. Pearson: J. Polymer. Sci. **18**, 141 (1955).

[215] D. E. Williams: J. Amer. chem. Soc. **88**, 5665 (1966).

[216] H. S. Jarrett: J. Chem. Phys. **21**, 761 (1953).

[217] N. W. Lord, and S. M. Blinder: J. Chem. Phys. **34**, 1693 (1961).

[218] siehe Fußnote 206, S. 318.

[219] H. Makino, H. Nishiguchi, Y. Deguchi, and H. Takaki: Tetrahedron Letters **1968**, 2267.

[220] siehe Fußnote 206, S. 318.

[221] R. I. Walter: J. Amer. chem. Soc. **88**, 1923 (1966).

[222] R. I. Walter: J. Amer. chem. Soc. **88**, 1930 (1966).

möglich, eine quantitative Beziehung der verschiedenen Effekte aufzufinden. Ebenfalls beschränkten sich die Untersuchungen von B. M. Kozyrev und Mitarbb.[223], die außerdem auch noch die Substituenten im Pikrylrest variierten und auch die *g*-Faktoren in ihre Untersuchungen einbezogen, auf mehr oder weniger qualitative Aussagen. Im allgemeinen zeigen auch die Spektren der verschiedenen DPPH-Substitutionsprodukte nur eine 5 Linien-HFS, so daß die Autoren zur Auswertung auf Vergleiche mit simulierten Spektren angewiesen waren. Tabelle 26 gibt eine Auswahl der so ermittelten Daten.

Tabelle 26. *Kopplungsparameter und g-Faktoren einiger Hydrazyle*

Radikal	a_{N_α}* [G]	a_{N_β} [G]	a_{N_α} + a_{N_β} [G]	*g***	Lit.
Diphenylpikryl-hydrazyl ***	7,63	9,90	17,52	2,0036	224, 225
Bis-[*p*-methyl-phenyl]-pikryl-hydrazyl	7,60	9,81	17,40	—	224, 225
Bis-[*p*-methoxy-phenyl]-pikryl-hydrazyl	7,72	9,25	16,96	—	224, 225
Phenyl-*p*-fluor-phenyl-pikryl-hydrazyl	8,05	9,59	17,64	2,0038	226
Bis-[*p*-fluor-phenyl]-pikryl-hydrazyl	7,95	9,66	17,58	—	224, 225
Bis-[*p*-brom-phenyl]-pikryl-hydrazyl	7,51	9,87	17,38	—	224, 225
Bis-[*p*-nitro-phenyl]-pikryl-hydrazyl	6,66	10,78	17,43	—	224, 225
Diphenyl-(2,6-dinitro-4-sulfophenyl)-hydrazyl	7,19	9,98	17,17	2,0036	226
Diphenyl-(2,6-dinitro-4-carboxy-phenyl)-hydrazyl	7,62	9,53	17,15	2,0036	226

* Zuordnung analog zu [224]; ** polykristallines Material; *** vgl. a. S. 319.

In letzter Zeit haben russische Autoren[227–229] eine Vielzahl von DPPH-Abkömmlingen untersucht, auch solche, in denen der Pikrylrest gegen Tri-

[223] siehe Fußnote 200, S. 317.
[224] siehe Fußnote 206, S. 318.
[225] siehe Fußnote 221, S. 319.
[226] siehe Fußnote 200, S. 317.
[227] A. A. E. Arbusov, et. al.: Dokl. Akad. Nauk. SSSR **147**, 99, 839 (1962).
[228] R. O. Matevosyan u. A. K. Tirkov: Zh. Kim. **32**, 2651 (1962).
[229] M. A. Ikrina, et. al.: Dokl. Akad. Nauk, SSSR **147**, 618 (1962).

cyanphenyl[230] ausgetauscht ist. Da die Substanzen wie auch die schon von GOLDSCHMIDT[231] dargestellten Acyldiphenylhydrazyle[232] keine prinzipiell neuen Gesichtspunkte ergaben, sei auf eine eingehende Beschreibung verzichtet.

Den Hydrazylen stehen formal die von R. KUHN et al.[233] untersuchten Tetraazapentenyle sehr nahe. Die linienreiche HFS der zum Teil recht stabilen Radikale konnte noch nicht vollständig zugeordnet werden[234].

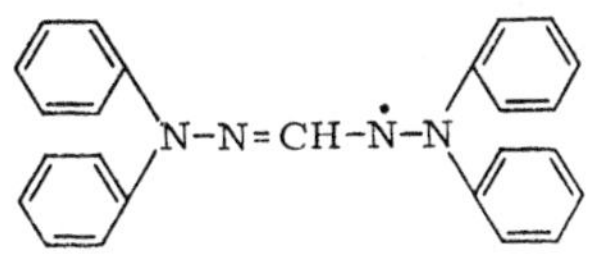

I.c.2. Stickstoffoxyd-Radikale

Unter Stickstoffoxyd- oder N-Oxydradikale werden Verbindungen der allgemeinen Formel $R\text{—}\overset{\bullet}{\underset{\underset{O}{\downarrow}}{N}}\text{—}R$ verstanden. R sind entweder Kohlenwasserstoffreste aliphatischer oder aromatischer Natur oder Wasserstoffatome. Die Lebensdauer der Radikale hängt — wie noch näher erläutert wird — sehr von den Substituenten des N-Atoms ab.

Zur Darstellung stabiler N-Oxydradikale kann man nach H. WIELAND u. M. OFFENBÄCHER[235] eine ätherische Lösung von Diphenylhydroxylamin mit Silberoxyd oxydieren und das entstandene Radikal durch Zugabe von Petroläther isolieren[236]. Praktischer ist die Oxydation sekundärer Amine mit Luftsauerstoff oder anderen Oxydantien. So konnte R. HOSKINS[237] durch Einleiten von Luft in die alkalische Lösung von Diphenylamin bequem das entspr. Stickoxydradikal erhalten und sein ESR-Spektrum aufnehmen.

Wasserstoffperoxyd sowie organische Peroxyde, Hydroperoxyde und Persäuren[238] oxydieren ebenfalls sekundäre Amine entweder beim Erhitzen

---

[230] J. BRETSCHNEIDER, and K. WALLENFELS: Tetrahedron **24**, 1063 (1968).

[231] S. GOLDSCHMIDT, et. al.: Liebigs Ann. Chem. **437**, 194 (1924); **473**, 137, (1929).

[232] J. S. CICCARELLO, T. GAROFANO e M. SANTANGELO: Nuovo Cimento **12**, 389 (1959).

[233] R. KUHN, F. A. NEUGEBAUER u. H. TRISCHMANN: Angew. Chem. **76**, 230 (1964).

[234] F. A. NEUGEBAUER u. H. TRISCHMANN: Mh. Chem. **97**, 554 (1964).

[235] H. WIELAND u. M. OFFENBÄCHER: Ber. dtsch. chem. Ges. **47**, 2111 (1914).

[236] E. G. ROZANTZEV, and M. B. NEIMAN: Tetrahedron **20**, 131 (1964).

[237] R. HOSKINS: J. Chem. Phys. **25**, 788 (1956).

[238] G. CHAPELET-LETOURNEUX, H. LEMAIRE et A. RASSAT: Bull. Soc. chim. France **1965**, 3283.

oder unter Belichtung zu N—O-Radikalen[239, 240]. Dabei ist es nicht notwendig, daß die Peroxyverbindungen als solche dem Amin zugefügt werden. Auch Systeme, in denen z. B. durch Autoxydation Perverbindungen entstehen (Kohlenwasserstoff, Amin, Azoisobuttersäuredinitril, O_2)[241] (CCl_4, Amin, O_2)[242], sind geeignet.

Als anorganische Oxydationsmittel wurden außer Silberoxyd auch Natriumwolframat und H_2O_2[243, 244] sowie Cer(IV)-[245] und Ti(III)[246]-Verbindungen in Gegenwart von H_2O_2 benutzt. Vor allem sind letztere in Verbindung mit einem Durchflußsystem[247, 248] geeignet, auch recht unbeständige N—O-Radikale hinreichend schnell zu erzeugen, um ihre Spektren aufnehmen zu können.

Schließlich seien Methoden erwähnt, bei denen von Nitro- oder Nitrosoverbindungen ausgegangen wird, die entweder durch Umsetzung mit Grignard-Verbindungen[249–252] oder mit durch Elektrolyse[253, 254] bzw. photolytisch[255–260] erzeugten Radikalen in die gewünschten Stickoxyde übergeführt werden. Auch durch Umsetzung von aromatischen Nitrosoverbindungen mit Olefinen lassen sich bequem N-Oxydradikale mit verschiedenen Substituenten im aromatischen Ring gewinnen[261]. Nitrone

---

[239] G. M. Coppinger, and J. D. Swalen: J. Amer. chem. Soc. **83**, 4900 (1961).
[240] J. G. Pannell: Mol. Phys. **5**, 291 (1962).
[241] J. R. Thomas: J. Amer. chem. Soc. **82**, 5955 (1960).
[242] J. Q. Adams, S. W. Nicksic, and J. R. Thomas: J. Chem. Phys. **45**, 654 (1966).
[243] A. Hudson, and H. A. Hussain: J. Chem. Soc. **1967 B**, 1299.
[244] siehe Fußnote 236, S. 321.
[245] R. E. Florin: J. Chem. Phys. **47**, 345 (1967).
[246] J. Q. Adams: J. Amer. chem. Soc. **89**, 6022 (1967).
[247] J. Q. Adams, and J. R. Thomas: J. Chem. Phys. **39**, 1904 (1963).
[248] vgl. S. 283.
[249] H. Lemaire, Y. Marechal, R. Ramasseul et A. Rassat: Bull. Soc. chim. France **1965**, 372 u. 385.
[250] H. Lemaire, R. Ramasseul, and A. Rassat: Mol. Phys. **8**, 557 (1964).
[251] K. Maruyama: Bull. Chem. Soc. Japan **37**, 1013 (1964).
[252] H. Lemaire, A. Rassat et A. Ravet: Bull. Soc. chim. France **1963**, 1980.
[253] A. K. Hoffmann, W. G. Hodgson, and W. H. Jura: J. Amer. chem. Soc. **83**, 4675 (1961).
[254] P. B. Ayscough, F. P. Sargent, and R. Wilson: J. Chem. Soc. **1966 B**, 903.
[255] A. Mackor, Th. A. J. W. Wajer, Th. J. de Boer, and J. D. W. van Voorst Tetrahedron Letters **1966**, 2115.
[256] E. Th. Strom, and A. L. Bluhm: Chem. Comm. **1966**, 115.
[257] C. Chachaty, and A. Forchioni: Tetrahedron Letters **1968**, 307.
[258] E. L. Mackor, Th. A. J. W. Wajer, and Th. J. de Boer: Tetrahedron **24**, 1623 (1968).
[259] C. Chachaty, and A. Forchioni: Tetrahedron Letters **1968**, 1079.
[260] G. Chaltout, M. J. Perkins, and A. Horsfield: J. Amer. chem. Soc. **90**, 7141 (1968).
[261] A. B. Sullivan: J. Org. Chem. **31**, 2811 (1966).

reagieren mit kurzlebigen Radikalen zu den entsprechenden stabilen N—O-Radikalen, so daß diese Reaktion zum Nachweis paramagnetischer Zwischenprodukte ausgenutzt werden kann[262].

Die ESR-Spektren der Alkyl-N-oxydradikale zeigen i. allg. eine Stickstoff-HFS, die entsprechend $I_N = 1$ aus 3 gleich intensiven Linien besteht. Zusätzliche Komponenten werden beobachtet, wenn entweder direkt an dem Stickstoff oder an den mit ihm verknüpften Kohlenstoffatomen Wasserstoffkerne gebunden sind. Wenn der Stickstoff mit α und die ihm benachbarten C-Atome mit β bezeichnet werden, so sind die Ver-

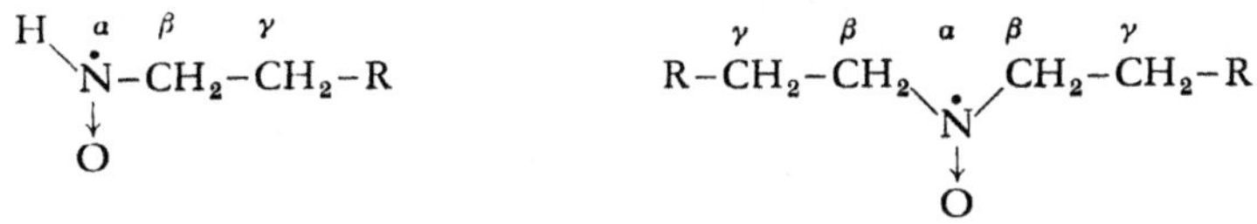

hältnisse hinsichtlich der Zahl der wechselwirkenden Protonen völlig analog den Alkylradikalen (s. S. 285f.), bei denen im wesentlichen α und β-Protonen für die HFS verantwortlich sind. Darüber hinaus konnte auch bei den N-Oxyden eine relativ kleine Aufspaltung durch die γ-Protonen ($a_H \approx 0{,}3$ G)[263–265] gefunden werden. Die Stickstoffaufspaltung liegt bei den Dialkylstickoxyden zwischen 14—17 G und ist lösungsmittelabhängig. R. Brière u. Mitarbb.[266] konnten den Lösungsmitteleinfluß mit den Kosowerschen Z-Faktoren korrelieren. Die Protonenaufspaltungen variieren sehr stark entsprechend der sterischen Lage der betreffenden Wasserstoffkerne. Tabelle 27 enthält ESR-Kopplungskonstanten einiger Radikale. Die g-Faktoren der aliphatischen N-Oxydradikale liegen bei 2,0060 und zeigen mit verschiedenen Substituenten nur geringe Abweichung.

Die Stabilität der Alkylstickoxydradikale nimmt im allgemeinen mit der Größe der Alkylreste erheblich zu, so daß die Annahme, daß sterische Faktoren dafür verantwortlich sind, nahelag. R. M. Dupeyre u. A. Rassat[267], konnten jedoch zeigen, daß das sterisch ungehinderte *Norpseudopelletierine-N-oxyd* sowohl in Lösung als auch in Substanz völlig stabil ist. Der-

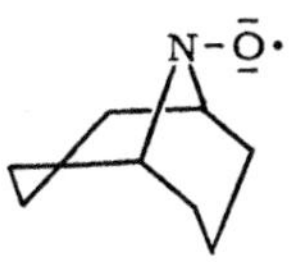

$a_N = 17{,}55$ G in Benzol

[262] E. G. Janzen, and B. J. Blackburn: J. Amer. chem. Soc. **90**, 5909 (1968).
[263] siehe Fußnote 250, S. 322.
[264] R. Brière, H. Lemaire, A. Rassat et P. Rey: Bull. Soc. chim. France **1967**, 4479.
[265] J. T. Weil, and J. J. Windle: Nature **217**, 842 (1968).
[266] R. M. Dupeyre, H. Lemaire, and A. Rassat: Tetrahedron Letters **1964**, 1781; R. Brière, H. Lemaire et A. Rassat: Bull. Soc. chim. France **11**, 3273 (1965).
[267] R. M. Dupeyre, and A. Rassat: J. Amer. chem. Soc. **88**, 3180 (1966).

Tabelle 27. *ESR-Kopplungsparameter einiger Stickoxydradikale*

Radikal	Lösungsmittel	Komponenten	a_N[G]	a_H[G]	Lit.
$H-\dot{N}(\rightarrow O)-H$	CH_3OH	5	11,9	11,9	[268, 269]
$CH_3-\dot{N}(\rightarrow O)-H$	CH_3OH	7	13,8	13,8*	[268]
$C_6H_5-\dot{N}(\rightarrow O)-H$	CH_3SOCH_3/ $(CH_3)_3COH$	—	9,1	11,9**	[270]
$CH_3-\dot{N}(\rightarrow O)-CH_3$	$CCl_4/(CH_3)_2NH$	13 (unvollständig) 3 × 7 (theor.)	15,2	12,3	[268]
$C_2H_5-\dot{N}(\rightarrow O)-C_2H_5$	C_6H_6	3 × 5	15,5	10,6	[271]
$\dot{N}(\rightarrow O)(CH_2-CH_2-CH_3)_2$	C_6H_6	3 × 5	15,7	10,5	[271]
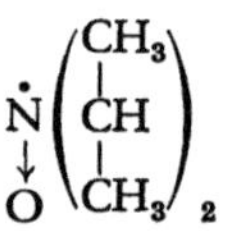	C_6H_6	3 × 3	16,0	4,7	[271]
$\dot{N}(\rightarrow O)(CH_2-C_6H_5)_2$	C_6H_6	3 × 5	15,6	9,5	[271]
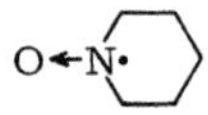	C_6H_6	3 × 5	17,4	11,7	[271]
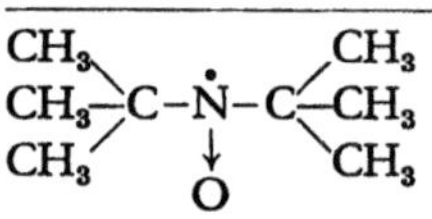	C_6H_6	3	15,18	0,107	[272, 273]

* $a_{NH} = a_{CH_3}$; ** Stickstoffprotonenaufspaltung; Phenylprotonen: $a_{Ho} = a_{Hp} = 3{,}00$, $a_{Hm} = 1{,}14$ G.

[268] siehe Fußnote 242, S. 322.

[269] C. J. W. Gutch, and W. A. Waters: J. Chem. Soc. **1965**, 751.

[270] E. J. Geels, R. Konanka, and G. A. Russel: Chem. Comm. **1965**, 13.

[271] siehe Fußnote 239, S. 322.

[272] siehe Fußnote 250, S. 322.

[273] Die Aufspaltung der tert.-Butyl-protonen wurde von K. Hausser, H. Brunner, and J. C. Jochims: Mol. Phys. **10**, 253 (1966), aus dem NMR-Spektrum ermittelt.

artige Radikale erleiden offenbar eine Zersetzungsreaktion über einen Mechanismus, bei dem sich eine Doppelbindung zwischen Stickstoff und Kohlenstoff ausbildet. Wird durch Substituenten oder wie im vorliegenden Fall auf Grund der Bredtschen Regel das Entstehen einer Doppelbindung erschwert, so nimmt die Beständigkeit erheblich zu.

Äußerst stabil ist auch das *2,2,6,6-Tetramethyl-4-piperidon-N-oxyd*[274], an dem eine Reihe chemischer Umsetzungen einschließlich der Protonisierung am Sauerstoff[274a] möglich sind, ohne daß der Radikalcharakter der Verbindung beeinträchtigt wird. Die Vorzeichen der Protonenkopplungskonstanten ($a_{H\gamma_1}$, und $a_{H\gamma_2}$ negativ; $a_{H\delta}$ positiv) konnten durch NMR-Untersuchungen bestimmt werden[275].

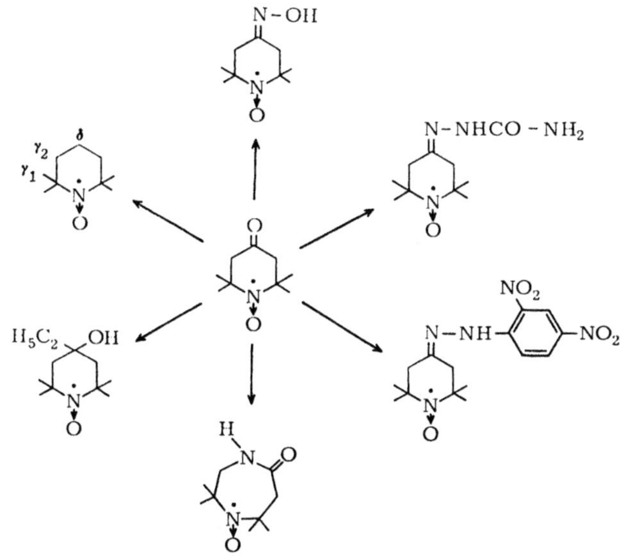

Diese *Piperidin-N-oxyde* und analoge *Pyrrolidinradikale* untersuchten hinsichtlich der Lösungsmittel- und Substituenteneinflüsse auf die Stickstoff- und ^{13}C-Kopplung A. Rassat u. Mitarbb.[276, 277]. Die Konformation alicyclischer N-Oxyd-Radikale in Abhängigkeit von der Ringgröße wurden von A. Hudson u. H. Hussain untersucht[278]. Durch Verknüpfung zweier N-Oxydradikale lassen sich bei Variation sowohl des N-Oxydrestes als

---

[274] siehe Fußnote 236, S. 321.
[274a] B. M. Hoffman, and Th. B. Eames: J. Amer. chem. Soc. **91**, 2169 (1969).
[275] siehe Fußnote 264, S. 323.
[276] R. Brière, H. Lemaire et A. Rassat: Bull. Soc. chim. France **1965**, 3273.
[277] R. M. Dupeyre, A. Rassat et P. Rey: Bull. Soc. chim. France **1965**, 3643.
[278] A. Hudson, and H. A. Hussain: J. chem. Soc. **B 1968**, 1346; 953; 251.

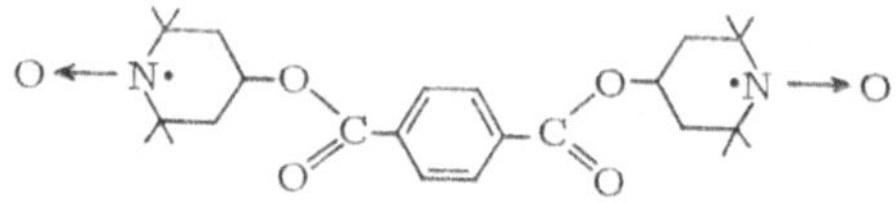

auch des Brückenglieds eine Reihe von 2-Spinsystemen darstellen[279–281], deren Triplettcharakter in nematischer Phase nachgewiesen wurde[282] (s. S. 259).

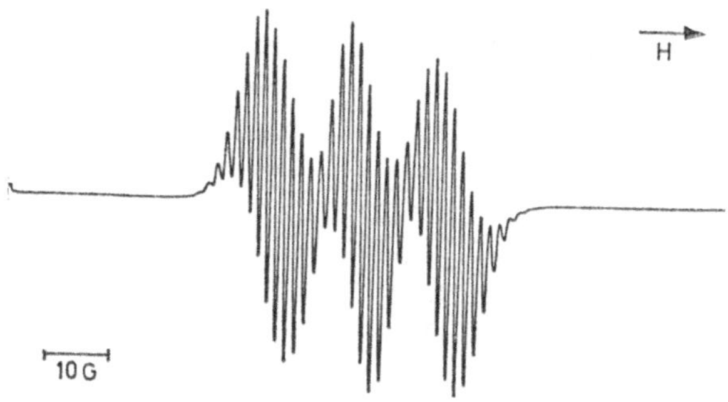

Abb. 115. ESR-Spektrum des Bis-(trichlormethyl)-N-oxyds[284]

Bis-(halogenalkyl)-N-oxyde sind viel stabiler als primäre Alkylstickoxydradikale[283]. Das ESR-Spektrum des *Bis-(trichlormethyl)-N-oxyds*[284] läßt außer den drei charakteristischen Stickstofflinien $a_N = 11{,}8$ G noch eine HFS erkennen, die offenbar durch eine magnetische Kopplung des freien Elektrons mit den beiden magnetischen Chlorisotopen $a_{Cl} = 1{,}25$ G entsteht.

Das *Bis-(trifluormethyl)-N-oxyd*[285], bei Raumtemperatur gasförmig, zeigt weitgehend lineare Abhängigkeit sowohl der Stickstoffaufspaltung als auch der Fluorkopplung von der Meßtemperatur[286]:

$$a_F = (9{,}327 - 0{,}0036\,T)\ \text{Gauß}$$
$$a_N = (8{,}776 + 0{,}0023\,T)\ \text{Gauß}$$

[279] R. M. Dupeyre, H. Lemaire, and A. Rassat: J. Amer. chem. Soc. **87**, 3771 (1965).

[280] R. Brière, R. M. Dupeyre, H. Lemaire, C. Morat, A. Rassat et P. Rey: Bull. Soc. chim. France **1965**, 3290.

[281] H. Lemaire, A. Rassat et P. Rey: Bull. Soc. chim. France **1968**, 886.

[282] H. R. Falle, G. R. Luckhurst, H. Lemaire, Y. Marechal, A. Rassat, and P. Rey: Mol. Phys. **11**, 49 (1966).

[283] W. D. Blackley: J. Amer. chem. Soc. **88**, 480 (1966).

[284] H. Sutcliffe, and H. W. Wardale: J. Amer. chem. Soc. **89**, 5487 (1967).

[285] W. D. Blackley, and R. R. Reinhardt: J. Amer. chem. Soc. **87**, 802 (1965).

[286] P. J. Scheidler, and J. R. Bolton: J. Amer. chem. Soc. **88**, 371 (1966).

Hydroxamsäuren[287–289] können in einem Durchflußsystem leicht zu paramagnetischen Verbindungen oxydiert werden.

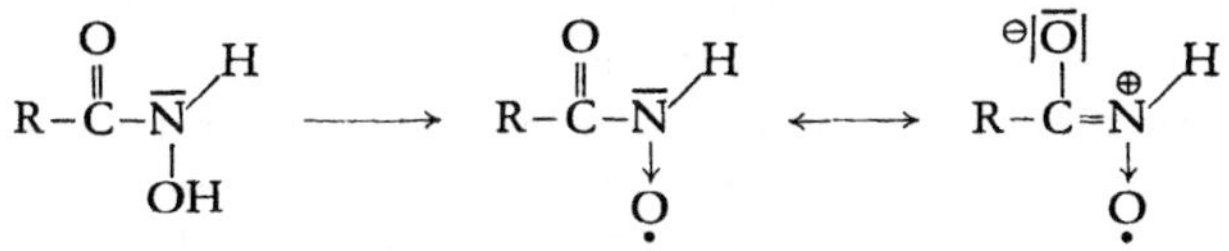

Die Stickstoffkopplungen liegen etwa bei 6 G. Die Aufspaltung des N—H-Protons, etwa 10 G, läßt sich nur im schwach sauren Medium nachweisen. Diese Werte sprechen für Acyl-N-oxyde. Allerdings hat offenbar die C—N-Bindung doch einen beträchtlichen Doppelbindungscharakter, da sich bei einer Vielzahl der untersuchten Verbindungen cis-trans-Isomere nachweisen lassen.

Stickoxydradikale, in denen einer oder beide Substituenten ein mesomeriefähiges System darstellen, zeigen gegenüber rein aliphatischen Radikalen meist eine um 4—5 G geringere Stickstoffaufspaltung und eine Protonen-HFS, die auf eine Verteilung der freien Elektronendichte über das ganze π-System hinweist (Tab. 28).

Die Kopplungsparameter sowohl des Stickstoffs als auch die der Protonen zeigen die schon bei den aliphatisch substituierten N-Oxyden erwähnte Lösungsmittelabhängigkeit[290], die für a_N, wie am *Bis-(p-methoxy-phenyl)-N-oxyd*[291] gefunden wurde, einige Gauß betragen kann. A. Rassat u. Mitarbb. konnten für einige Radikale einen linearen Zusammenhang der Stickstoffaufspaltung mit den Kosower-*Z*-Faktoren nachweisen[292,293]. Durch MO-Berechnungen[294], die wie bei den Nitroradikal-Anionen (s. S. 403) durch Variation des Coulombintegrals für den Sauerstoff durchgeführt werden, lassen sich darüber hinaus auch die Änderungen der Protonenaufspaltungen mit der Solvenspolarität simulieren. Somit ist es möglich, die Änderungen der Spindichteverteilung in verschiedenen Lösungsmitteln quantitativ in guter Näherung zu erfassen.

Die Variation sämtlicher Kopplungsfaktoren mit *p*-Substituenten in *Diphenyl-N-oxyden* untersuchten F. A. Neugebauer u. P. H. H. Fischer[295].

[287] siehe Fußnote 269, S. 324.

[288] J. V. Ramsbottom, and W. A. Waters: J. Chem. Soc. **1966 B**, 132.

[289] D. F. Minor, W. A. Waters, and J. V. Ramsbottom: J. Chem. Soc. **1967 B**, 180.

[290] Y. Deguchi: Bull. Chem. Soc. Japan **35**, 260 (1962).

[291] K. Umento, Y. Deguchi u. H. Takaki: Bull. Chem. Soc. Japan **36**, 560 (1963).

[292] G. Chapelet-Letourneux, H. Lemaire et A. Rassat: Bull. Soc. chim. France **1965**, 444.

[293] G. Chapelet-Letourneux, H. Lemaire, A. Rassat et J. P. Ravet: Bull. Soc. chim. France **1965**, 1975.

[294] B. P. Ayscough, and F. P. Sargent: J. Chem. Soc. **1966 B**, 907.

[295] P. H. H. Fischer u. F. A. Neugebauer: Z. Naturforsch. **19 a**, 1514 (1964).

Wie aus Tab. 28 ersichtlich, kann a_N um fast 2 G variieren, während die Protonenaufspaltungen offenbar wesentlich unempfindlicher sind. Quantitativ war ein linearer Zusammenhang mit den Hammett-σ-Konstanten der Substituenten nachzuweisen[296]. Bei den cyclischen Radikalen (s. Tab. 28), die sich vom *Phenothiazin* bzw. *Phenoxazin* ableiten, sind die Kopplungen der *o*- und *p*- zum Stickstoff befindlichen Protonen gegenüber dem Diphenyl-N-oxyd merklich erhöht. Offenbar bedingt die Schwefel- oder Sauerstoffbrücke eine weitgehend starre Anordnung der Phenylkerne und somit eine Änderung der π-Dichteverteilung.

Die Vorzeichen der Protonenkopplungen können aus den ESR-Spektren nicht ohne weiteres entnommen werden. Jedoch ermöglichen NMR-Untersuchungen (s. S. 263) aus der Verschiebung der Protonenresonanzsignale, auch an Stellen kleiner Spindichte den Betrag und das Vorzeichen zu bestimmen. Derart ist es gelungen[297, 298], die Protonenkopplungen von tert.-Butyl-N-oxyden zu vermessen.

Den Nachweis einer Wechselwirkung des freien Elektrons mit dem Sauerstoff konnte am *Di-[butyl-(2)]-N-oxyd*[299] und *Di-tert.-butyl-N-oxyd*[300] durch Einbau von ^{17}O erbracht werden[300].

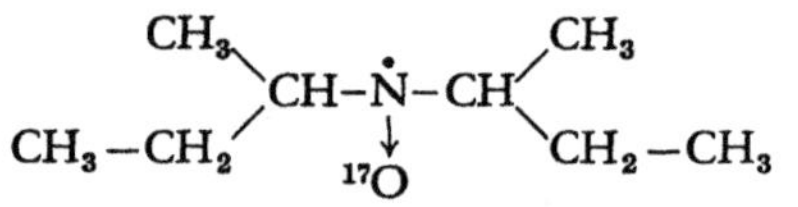

$a_N = 13{,}39$ G $a_{^{13}C} = 9{,}73$ G
$a_H = 3{,}84$ G $a_{^{17}O} = 19{,}71$ G

Durch das Auffinden von sechs zusätzlichen HFS-Komponenten, die dem ^{17}O ($I = 5/2$) zugeordnet werden, liegt zwar ein qualitativer Hinweis vor, jedoch ist eine quantitative Bestimmung der Spindichte am Sauerstoff nicht ohne weiteres möglich. Eine Abschätzung der Spinverteilung zwischen Sauerstoff- und Stickstoff in nicht konjugierten N-Oxyd-Radikalen gelingt, wenn bei Gültigkeit der Beziehung (s. S. 193)

$$a_K = Q_K \cdot \varrho_K$$

geeignete Q-Werte zur Verfügung stehen. Für den Stickstoff in N-Oxyden konnte die Unabhängigkeit der Kopplungskonstanten a_N von ϱ_0 experimentell überprüft werden[301], während beim Sauerstoff entspr. Unterlagen bislang fehlen. Wird $|Q_N|$ in Übereinstimmung mit der Literatur[302–304] zu

[296] F. A. Neugebauer u. P. H. H. Fischer: Z. Naturforsch. **21 b**, 1036 (1966).
[297] K. H. Hausser, H. Brunner, and J. C. Jochims: Mol. Phys. **10**, 253 (1966).
[298] R. W. Kreilick: J. Chem. Phys. **45**, 1922 (1966).
[299] J. C. Baird: J. Chem. Phys. **37**, 1879 (1962).
[300] R. J. Faber, F. W. Markley, and J. A. Weil: J. Chem. Phys. **46**, 1652 (1967).
[301] H. Lemaire et A. Rassat: J. Chim. Phys. **61**, 1580 (1964).
[302] A. Carrington, and J. Dos Santos-Veiga: Mol. Phys. **5**, 21 (1962).
[303] C. A. McDowell, and K. F. G. Paulus: Mol. Phys. **7**, 541 (1964).
[304] D. H. Geske, and G. R. Padmanabhan: J. Amer. chem. Soc. **87**, 1651 (1965).

etwa 25 G angesetzt, so folgt für die Spindichte am Stickstoff etwa 0,5. Aus der ^{13}C-Aufspaltung folgt mit dem entspr. $|Q^{C}_{NC}|$ von E. W. STONE u. A. H. MAKI[305] etwa der gleiche Wert, so daß bei den aliphatischen N-Oxyden offenbar die Aufenthaltswahrscheinlichkeit des freien Elektrons am Stickstoff und Sauerstoff etwa gleich groß ist. Hierfür spricht auch der ^{17}O-Kopplungsparameter, soweit er mit Literaturangaben verglichen werden kann[306, 307].

I.c.3. Oximino-Radikale

Die Oxydation von Oximen führt zu paramagnetischen Verbindungen, die formal den N-Oxydradikalen (s. S. 321 ff.) nahestehen.

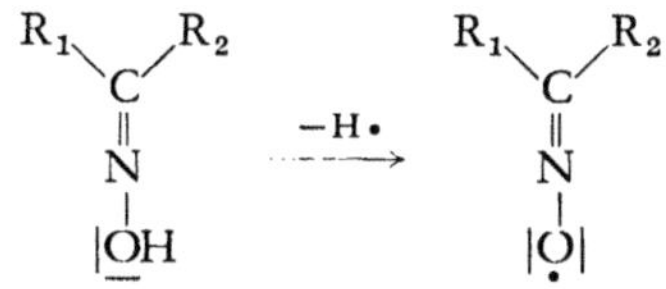

Als Oxydationsmittel wurden Blei(IV)-oxyd in Eisessig, Blei (IV)-acetat in Dichlormethan[308] oder Benzol[309, 310] sowie Cerammonitrat in Methanol[311] angewendet. Offenbar am besten hat sich Cersulfat in Aceton[312, 313] bewährt, da bei der Anwendung von Bleitetraacetat auch noch andere paramagnetische Produkte entstehen können[314]. Bei sehr kurzlebigen Oximino-Radikalen lassen sich diese Methoden mit einem Durchflußsystem wie es von W. T. DIXON u. R. O. C. NORMAN[315] beschrieben wurde (s. S. 283), kombinieren, so daß auch in diesen Fällen hinreichend gute Spektren erhalten werden können.

Aber auch bei Einwirkung von Stickstoffdioxyd auf Ketone können Oximino-Radikale entstehen[316]. Für Messungen in fester Phase hat sich

[305] E. W. STONE, and A. H. MAKI: J. Chem. Phys. **39**, 1635 (1963).
[306] A. BERNDT: Dissertation Marburg 1965.
[307] B. L. SILVER, and Z. LUZ: J. Chem. Phys. **44**, 4258 (1966).
[308] B. C. GILBERT, R. O. C. NORMAN, and D. C. PRICE: Proc. Chem. Soc. **1964**, 234.
[309] H. LEMAIRE, and A. RASSAT: Tetrahedron Letters **1964**, 2245.
[310] M. BETHOUX, H. LEMAIRE et A. RASSAT: Bull. Soc. chim. France **1964**, 1985.
[311] J. R. THOMAS: J. Amer. chem. Soc. **86**, 1446 (1964).
[312] T. J. STONE, and W. A. WATERS: J. Chem. Soc. **1964**, 213.
[313] B. C. GILBERT, and R. O. C. NORMAN: J. Chem. Soc. **1966 B**, 722.
[314] J. W. LOWN: J. Chem. Soc. **1966 B**, 441.
[315] W. T. DIXON, and R. O. C. NORMAN, J. Chem. Soc. **1963**, 3119, vgl. auch S. 27.
[316] W. M. FOX, J. A. MCRAE, and M. C. R. SYMONS: J. Chem. Soc. **1967 A**, 1773.

Tabelle 28. *ESR-Daten mesomerer Stickoxydradikale*

Radikal	a_N[G]	a_2[G]	a_3[G]	a_4[G]	a_5[G]	a_6[G]	a_7[G]	a_{Alkyl}[G]	g-Faktor	Lit.
(Methyl-diphenyl)-vinyl-phenyl-N-oxyd	10,0	2,62	0,95	2,62	—	—	—	0,6	—	317
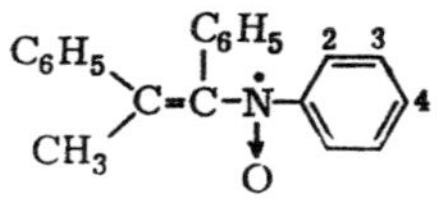										
Triphenyl-imidazolyl-N-oxyd	7,98	—	3,99	—	—	—	—	—	2,0062	318
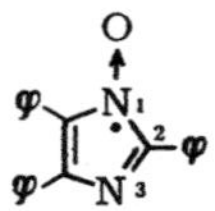										
Trimethyl-imidazolyl-N,N'-dioxyd	6,92	—	6,92	—	—	—	—	3,46	2,0067	318
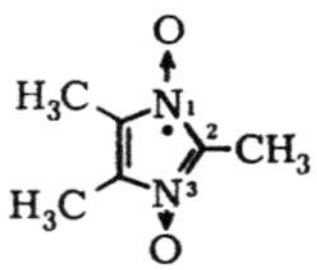										
2-Phenyl-isatogen-Radikal	9,24	—	0,48	1,05	2,97	1,05	2,97	—	—	319
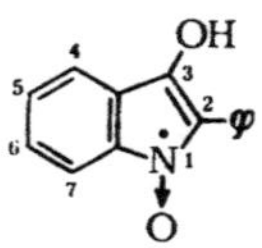										

[317] H. G. Aurich u. F. Baer: Angew. Chem. **79**, 1070 (1967); Tetrahedron Letters: **1965**, 3879.
[318] K. Volkamer, H. Baumgärtel u. H. Zimmermann: Angew. Chem. **79**, 941 (1967).
[319] L. Lunazzi, G. F. Podulli, G. Maccagnasi, and A. Mangini: J. Chem. Soc. **1967 B**, 1072.

Tabelle 28. (Fortsetzung)

Radikal	a_N[G]	a_2[G]	a_3[G]	a_4[G]	a_5[G]	a_6[G]	a_7[G]	a_{Alkyl}[G]	g-Faktor	Lit.
Nitronyl-N-oxyde	7,45	2,1	7,45	—	—	—	—	—	—	320,321
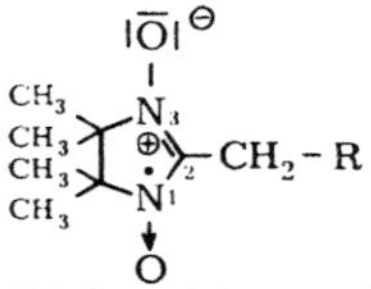										
Diphenyl-N-oxyd	9,66	1,84	0,79	1,84	—	—	—	—	2,0056	322–324
Bis-(p-methoxy-phenyl)-N-oxyd	10,07	1,89	0,74	—	—	—	—	0,21	2,0055	322
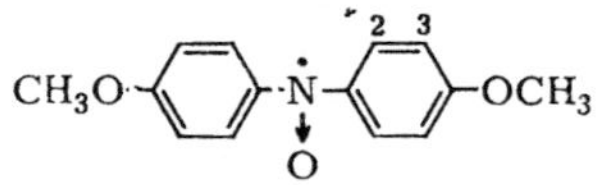										
Bis-(p-nitro-phenyl)-N-oxyd	8,38	1,75	0,81	0,42	—	—	—	—	2,0062	322
Phenothiazin-N-oxyd	9,63	2,24	0,58	2,24	0,58	—	—	—	—	325, 326
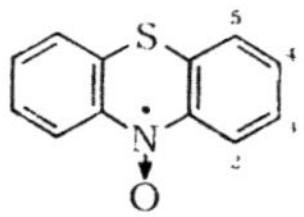										
Phenoxazin-N-oxyd	9,56	2,30	0,47	2,51	0,47	—	—	—	2,00485	327
o-Phenyl-hydroxylamino-phenyl-N-oxyd	11,30	2,40	0,90	2,40	—	—	—	—	—	328
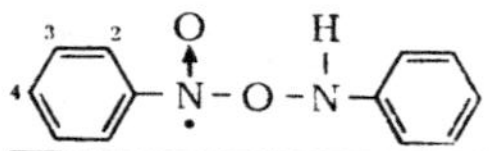										

[320] J. H. Osiecki, and E. F. Ullmann: J. Amer. chem. Soc. **90**, 1078 (1968); D. G. B. Boocock, R. Darey, and E. Ullman: J. Amer. chem. Soc. **90**, 5945 (1968).

[321] D. G. B. Boocock, and E. Ullmann: J. Amer. chem. Soc. **90**, 6873 (1968).

[322] F. A. Neugebauer u. P. H. H. Fischer: Z. Naturforsch. **21b**, 1036 (1966).

[323] K. Möbius u. F. Schneider: Z. Naturforsch. **18a**, 428 (1963).

[324] J. Pannell: Mol. Phys. **5**, 291 (1962).

[325] C. Jacksen, and N. K. D. Patel: Tetrahedron Letters **1967**, 2255.

[326] J. C. Baird, and J. R. Thomas: J. Chem. Phys. **35**, 1507 (1961).

[327] K. Scheffler, and H. B. Stegmann: Tetrahedron Letters **1968**, 3619.

[328] G. A. Russel, E. J. Geels, F. J. Smentowski, and K. Y. Chang: J. Amer. chem. Soc. **89**, 3821 (1967).

die Einwirkung von γ-Strahlen auf die entsprechenden Oxime bewährt. Es konnte nachgewiesen werden, daß diese Radikale mit den chemisch erzeugten Spezies identisch sind[329].

Die HFS der so dargestellten Radikale (s. Tab. 29) zeichnet sich durch eine ungewöhnliche große Stickstoffaufspaltung, die etwa 30 G beträgt, aus[330, 331], so daß hier völlig andere Verhältnisse als bei den N-Oxyden ($a_N \approx 15$ G) vorliegen müssen. Ein derartig großes a_N weist darauf hin, daß offenbar die beträchtliche Spindichte am Stickstoff durch ein s-Anteile enthaltendes Orbital beschrieben werden muß, so daß bei Oxydation der Oxime σ-Radikale[332] (s. S. 306f.) entstehen. Mit dieser Annahme stehen auch die zusätzlichen ESR-Aufspaltungen, die durch die Reste R_1 und R_2 hervorgerufen werden und sehr stark von deren sterischen Verhältnissen abhängen, in guter Übereinstimmung.

Tabelle 29. *Kopplungskonstanten einiger Oximino-Radikale*[333, 334]

Radikal aus			Kopplungsparameter [G]		
	a_N	$a_{H\alpha}$*	$a_{H\beta}$*	$a_{H\gamma}$*	a_x*
syn-Benzaldoxim	30,0	27,0 (1)	–	–	–
anti-Benzaldoxim	32,6	6,5 (1)	–	1,4 (2)	–
syn-p-Nitro-benzaldoxim	30,4	27,0 (1)	–	–	–
anti-p-Nitro-benzaldoxim	33,3	6,4 (1)	–	1,4 (2)	–
syn-Pyridin-(2)-aldoxim	31,0	27,4 (1)	–	–	–
anti-Pyridin-(2)-aldoxim	30,0	6,15 (1)	–	–	3,15 x = N (1)
2,6-Dichlor-benzaldoxim	29,2	26,4 (1)	–	–	1,4 x = Cl (2)
Benzophenonoxim	31,4	–	–	1,4 (2)	–
4,4'-Dinitro-benzophenonoxim	31,6	–	–	1,4 (2)	–
Campheroxim	29,8	–	2,35 (2)	2,35 (1)	–
4-tert.-Butyl-cyclohexanonoxim	31,2	–	4,3 (1) 2,0 (1)	2,0 (1)	–

Die Zahlen der wechselwirkenden Kerne sind in Klammern angegeben.

* 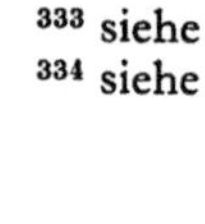

[329] W. M. Fox, and M. C. R. Symons: J. Chem. Soc. **1966 A**, 1503.
[330] siehe Fußnote 311, S. 329.
[331] B. C. Gilbert, and R. O. C. Norman: J. Chem. Soc. **1966 B**, 86.
[332] M. C. R. Symons: J. Chem. Soc. **1965**, 2276.
[333] siehe Fußnote 313, S. 329.
[334] siehe Fußnote 331.

Aldoxime (R_2 = H) können in zwei geometrischen Isomeren vorliegen[335].

syn (α) anti (β)

Dementsprechend liefert ihre Oxydation im allgemeinen zwei Radikale, eines (syn) mit der Aldehyd-Protonenaufspaltung von etwa 26 G, während das andere (anti) eine Dublettaufspaltung von etwa 7 G zeigt[336]. Die Stickstoffkopplung liegt bei den anti-Verbindungen um rund 2 G über den Werten der syn-Verbindungen.

Benzaldoxim liefert bei der Oxydation ein etwa äquimolares Gemisch beider Radikale, unabhängig davon, ob das syn- oder anti-Isomere eingesetzt wurde, während z. B. *Phenylglyoxaldoxim* ein Radikalgemisch liefert, das offenbar vorwiegend aus der anti-Verbindung besteht, so daß sich in diesem Falle die verschiedenen Spezies leicht erkennen lassen. Die sechs intensiven Linien in Abb. 116 entsprechen einer Stickstoffaufspaltung von 29,3 G

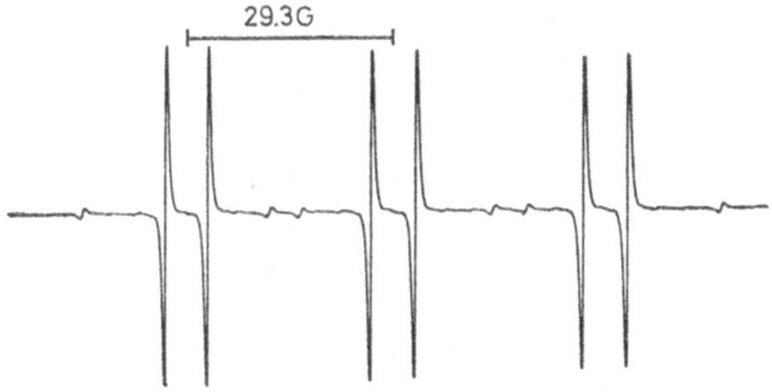

Abb. 116. ESR-Spektrum des Phenylglyoxaldoxim-Radikals in Methanol[336a]

und einer Aldehydprotonenkopplung von 6,2 G, während die wesentlich schwächeren HFS-Komponenten auf das zu etwa 2% vorhandene Isomere mit a_N = 31,3 G und a_H = 26,8 G zurückzuführen sind.

Darüber hinaus zeigen unsubstituierte aromatische Aldoxim-Radikale mit anti-Konfiguration eine Triplettaufspaltung von etwa 1,4 G, die der Wechselwirkung mit zwei äquivalenten aromatischen Protonen entspricht[337]. Durch Substitution des aromatischen Restes konnte nachgewiesen werden,

---

[335] H. Metzger: Herst. u. Umwandl. v. Oximen, Houben-Weyl-Müller: Methoden der org. Chemie, Band X/2, S. 1ff. Stuttgart: Georg Thieme 1968.

[336] siehe Fußnote 313, S. 329.

[336a] siehe Fußnote 311, S. 329.

[337] siehe Fußnote 313, S. 329.

daß es sich hier um die beiden Wasserstoffkerne in *o*-Stellung zur Oximinogruppe handelt, während das *p*-Proton ohne Einfluß auf die HFS bleibt. Auch dieses Ergebnis steht zu den Befunden an analogen π-Radikalen im Widerspruch und stützt somit die Auffassung, daß es sich um σ-Radikale handelt. Die Wechselwirkung beider *o*-Protonen deutet auf einen schnellen Wechsel zwischen den beiden coplanaren Konformeren I und II hin, wobei in jeder Form nur das dem Oximinosauerstoff benachbarte Proton zur

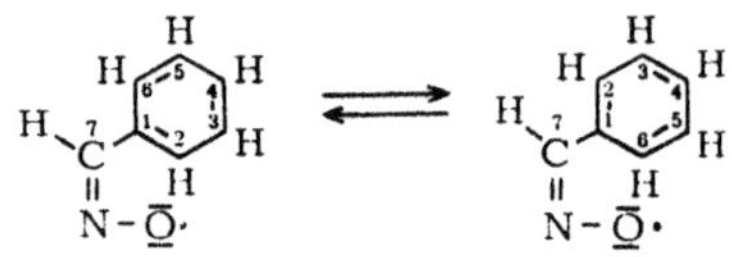

I II

Aufspaltung beiträgt. Wird die freie Drehbarkeit um die C_1—C_7-Bindung aufgehoben, etwa durch Substitution einer *o*-Stellung oder im Fluorenonoxim-Radikal, so findet man nur eine Protonenaufspaltung von 2,7 G, also etwa den doppelten Wert der frei drehbaren Radikale (vgl. S. 332).

Aromatische Aldoximradikale mit syn-Konfiguration zeigen meist keine zusätzliche Protonenaufspaltung, doch können Halogensubstituenten in 2- und 6-Stellung zur HFS der Spektren beitragen[338]. Erneut muß also ein rascher Wechsel zwischen energetisch günstigen coplanaren Konformeren angenommen werden.

Aromatische Ketoxime zeigen eine HFS, die mit den Ergebnissen an Aldoximen hinsichtlich der Konfiguration gut übereinstimmt, wenn nicht durch zusätzliche Substituenten andere sterische Verhältnisse geschaffen werden[339]. Auch die Vorstellungen von gehinderter oder freier Drehbarkeit der Substituenten am Oximinokohlenstoff lassen sich weitgehend übertragen. So liefert die Oxydation von *Phenyl-pyridyl-(2)-ketoxim* zwei Oximinoradikale:

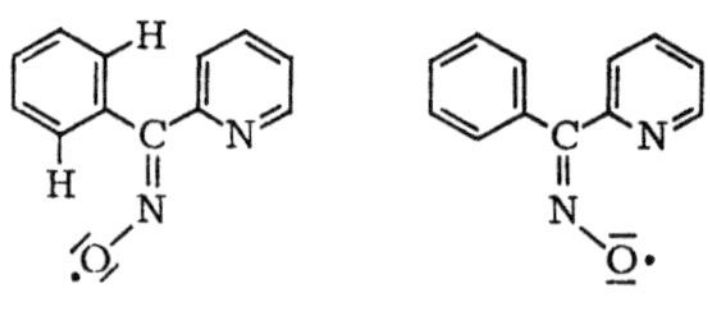

$a_H = 1{,}4$ G $a_H = 0{,}0$ G

$a_{N_{py}} = 0{,}0$ G $a_{N_{py}} = 3{,}0$ G

Auch hier spalten nur solche Kerne auf, die sich in Nachbarschaft zum Sauerstoff befinden können, darüber hinaus ist der Phenylrest, da beide

338 siehe Fußnote 313, S. 329.

339 B. C. Gilbert, and R. O. C. Norman: J. Chem. Soc. **1968 B**, 123.

o-Protonen aufspalten, frei drehbar, während der Pyridylrest offenbar die aufgezeichnete Konformation bevorzugt und somit nur eine Stickstoffkopplung und keine Protonenaufspaltung erkennen läßt. Auch substituierte *Fluorenonoxim-Radikale*[340, 341] lassen den außerordentlichen starken Einfluß der Konfiguration auf die ESR-HFS erkennen. Da praktisch ein ebenes Molekül in einer Konformation vorliegt, sind die Beträge der Aufspaltungen etwa doppelt so groß wie bei analogen Radikalen mit freidrehbaren Resten, deren Kopplungen temperatur- und lösungsmittel-abhängig[342] sein können.

Tabelle 29a. *Kopplungsparameter substituierter Fluorenonoxim-Radikale*

	R =	H	F	Cl	Br	J
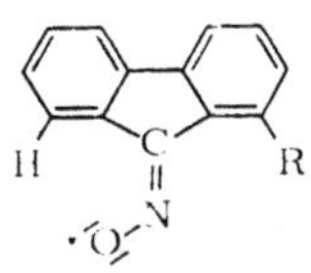	a_N	30,85	32,6	31,5	33,6	35,00
	a_H	2,7	2,85	2,7	2,9	–
	a_R	1,0	4,4	0,85	10,4	13,5
	g	2,0064	2,0061	2,0061	2,0068	2,0090
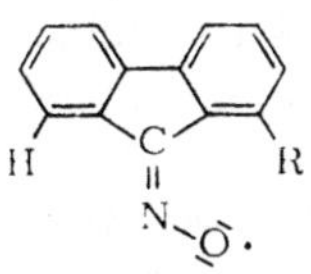	a_N	30,85	31,1	31,5		
	a_H	1,0	0,8	–		
	a_R	2,7	13,5	2,7		
	g	2,0064	2,0059	2,0061		

Die experimentell ermittelten Aufspaltungen zeigen eindeutig, daß dem Oximsauerstoff benachbarte Substituenten wesentlich stärker koppeln als solche, die geometrisch weiter entfernt sind. Damit stimmen auch die spektroskopischen Daten von Benzochinonoximen[343] überein. Aus den vorliegenden Ergebnissen könnte der Schluß gezogen werden, daß für die Wechselwirkung des Radikalelektrons mit den *o*-Substituenten aromatischer Reste eine direkte Durchdringung der Orbitale des freien Elektrons mit denen der Substituenten verantwortlich ist. Jedoch zeigte sich bei alicyclischen Oximinoradikalen[344,345], daß damit allein nicht alle beobachteten Aufspaltungen erklärt werden können. Das *Campheroxim-Radikal* besitzt z. B. eine HFS, die aus drei Quartetts (1 : 3 : 3 : 1) besteht. Es stehen also ein Stickstoffkern und drei äquivalente Protonen mit dem Radikalelektron

[340] siehe Fußnote 313, S. 329.
[341] B. C. GILBERT, and R. O. C. NORMAN: J. Chem. Soc. **1967 B**, 981.
[342] siehe Fußnote 339, S. 334.
[343] W. M. FOX, and W. A. WATERS: J. Chem. Soc. **1965**, 4628.
[344] siehe Fußnote 331, S. 332.
[345] A. CARAGHEORGHEOPOL, M. HARTMANN, R. KÜHNSTEDT, and V. E. SAHINI: Tetrahedron Letters **1967**, 4161.

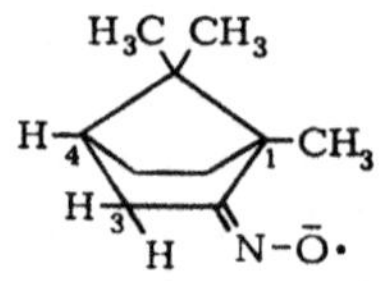

in Wechselwirkung. Es handelt sich um die beiden Wasserstoffatome am C_3 und am Brückenatom C_4. Da aber diese Protonen verschiedene Abstände von der Oximinogruppe haben und trotzdem identische Kopplungsparameter aufweisen, ist die HFS nicht ohne weiteres mit einer direkten Durchdringung der entsprechenden Orbitale zu erklären. Auch im Spektrum von *4-tert.-Butyl-cyclohexanonoxim* läßt sich eine „long-range coupling"

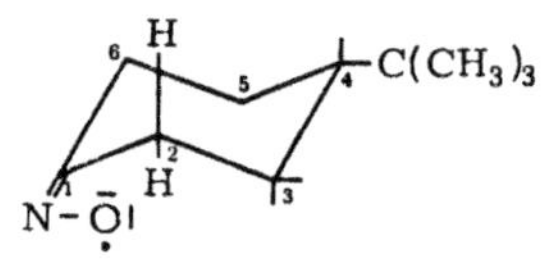

mit einem C_3-Proton nachweisen, allerdings sind die beobachteten ESR-Aufspaltungen nicht mehr äquidistant, so daß eine starke Winkelabhängigkeit der Protonenaufspaltungen angenommen werden muß. Die Kopplungsparameter $a_H = 4{,}3$ G (1) und 2,0 G (2) können dem äquatorialen C_2-Proton, dem axialen C_2-Proton und dem äquatorialen Wasserstoff am C_3 zugeordnet werden; mithin ist die Größe der Aufspaltung nicht nur von der Zahl der σ-Bindungen, sondern auch von ihrer räumlichen Lage abhängig.

Diese außerordentliche Empfindlichkeit der ESR-Kopplungen von den im Molekül vorhandenen sterischen Verhältnissen gilt ganz allgemein für derartige σ-Radikale. Diese Eigenschaft läßt sich dahingehend ausnützen, daß mit Hilfe der ESR-Spektroskopie Aussagen über Konfiguration und gegebenenfalls auch Konformationen von Oximino-Radikalen gemacht werden können.

I.c.4. Aminyle und analoge Radikale

Aminyle sind Radikale, die durch monovalente Dehydrierung prim. oder sek. aromatischer Amine oder durch Dissoziation geeigneter Hydrazine[346] entstehen:

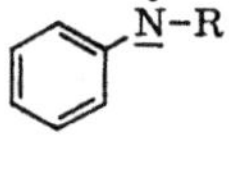

[346] U. Schmidt, K. H. Kabitzke u. K. Markau: Angew. Chem. **76**, 376 (1964).

Da Aminyle relativ unbeständig sind, wurden nur wenige untersucht. Sie lassen sich durch Oxydation von Aminlösungen mit Bleidioxyd[347] oder organischen Peroxyden[348] oder auch photolytisch[349, 350] in hinreichend hohen Konzentrationen erzeugen.

Für Aminyle aus prim. aromatischen Aminen gibt es (wenn von den Photolyseprodukten aus *o*-Aminobenzaldehyd, deren Konstitution nicht gesichert ist, abgesehen wird) nur ein Beispiel: E. Müller, A. Rieker und K. Scheffler konnten durch Einwirkung von Di-tert.-butyl-peroxalat auf *2,4,6-Tri-tert.-butyl-anilin* das entspr. Aminyl darstellen und recht genau vermessen[351].

Aus dem Spektrum lassen sich die Kopplungsparameter $a_N = 6{,}8$, $a_{NH} = 11{,}9$, $a_{H_m} = 1{,}9$ und $a_H{}^* = 0{,}29$ G ermitteln. Entsprechende Ergebnisse lieferte die „flash photolysis“[352, 353]. Auffallend ist die große Aminoprotonenaufspaltung, die auch bei ähnlichen Verbindungen[354] beobachtet wurde. Vermutlich liegen hier bei den Radikalen mit 2-bindigem Stickstoff ähnliche Hybridisierungsverhältnisse vor wie im $\dot{\underline{N}}\langle^{H}_{H}$ ·

für das allerdings bei 4,2°K $a_N = 10{,}33$ und $a_{NH} = 23{,}93$ G ermittelt wurden[355], während in Verbindungen, bei denen das N-Atom mit drei Liganden verbunden ist (s. S. 354 und 471), Stickstoff und Aminoprotonen betragsmäßig vergleichbare Aufspaltungen zeigen.

Ein sek. Aminyl, das *Diphenylaminyl*, hat J. Pannell[356] bei der Oxydation von Diphenylamin gefunden. Die Kopplungsfaktoren $a_N = 9{,}4$, $a_0 = a_p = 1{,}81$ und $a_m = 0{,}74$ G sind den Werten, die für das Diphenyl-N-oxyd-Radikal (s. S. 331) angegeben wurden, sehr ähnlich. Leider ist der *g*-Faktor für die sauerstofffreie Verbindung nicht bekannt.

Aus den vorliegenden Aufspaltungsparametern kann geschlossen werden, daß der Zusammenhang zwischen Stickstoffaufspaltung a_N und der Spindichte ϱ_N am N-Atom, also Q_N^N, sehr stark vom Bindungszustand des

---

* Vermutlich handelt es sich um die 9 Protonen der *p*-ständigen tert.-Butylgruppe.

347 E. Müller, A. Rieker u. K. Scheffler: Liebigs Ann. Chem. **645**, 92 (1961).

348 J. Pannell: Mol. Phys. **5**, 291 (1962).

349 N. M. Atherton, E. J. Land, and G. Porter: Trans. Faraday Soc. **59**, 818 (1963).

350 E. J. Land, and G. Porter: J. Chem. Soc. **1961**, 3540.

351 siehe Fußnote 347.

352 siehe Fußnote 349.

353 siehe Fußnote 350.

354 A. J. Tench, and P. Coppens: J. Phys. Chem. **67**, 1378 (1963).

355 S. N. Foner, E. L. Cochran, V. A. Bowers, and C. K. Jen: Phys. Rev. Letters **1**, 91 (1958).

356 siehe Fußnote 348.

Heteroatoms abhängig ist. Für Radikale, in denen der Stickstoff wie hier mit nur zwei Liganden verbunden ist, dürfte Q_N^N etwa 10—15 G betragen, während im 3-bindigen Falle (s. S. 192) Werte von 25 G den experimentellen Befunden besser Rechnung tragen.

Ein aliphatisches Aminyl wurde durch Oxydation von *Formamid* erhalten[357]. Nachfolgende Struktur wird angegeben:

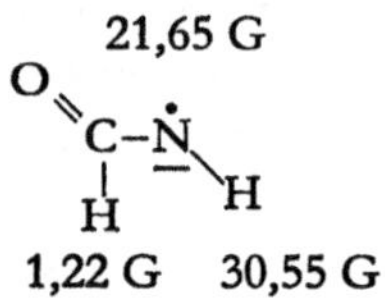

Das ungewöhnliche Verhältnis der Kopplungsparameter spricht dafür, daß es sich möglicherweise nicht mehr um ein reines π-Radikal handelt (s. S. 306).

Analog den Stickstoffradikalen lassen sich durch Homolyse jeweils einer σ-Bindung *Borradikale*[358–360], *Aluminiumradikale*[361], *Phosphorradikale*[362, 363], *Arsenradikale*[364] und *Germaniumradikale*[365] darstellen. Es handelt sich vorwiegend um mesomere Systeme, bei denen noch keine Aussagen über die Spinverteilung in den paramagnetischen Molekülen möglich sind.

I.d. Funktionelle Sauerstoffverbindungen

I.d.1. Alkoxyradikale

Die homolytische Spaltung der O—H-Bindung führt nur dann zu beständigen paramagnetischen Verbindungen, wenn die entstehenden Oxylradikale durch mesomere Reste stabilisiert sind. Aliphatische Oxyle sind offenbar so instabil, daß ein ESR-spektroskopischer Nachweis bislang nicht eindeutig möglich war. So konnten bei der Oxydation prim. oder sek.

[357] P. Smith, and P. B. Wood: Can. J. Chem. **44**, 3085 (1966).
[358] R. Köster, G. Benedikt u. H. W. Schrötter: Angew. Chem. **76**, 649 (1964).
[359] J. E. Leffler, E. Dolan, and T. Tanigaki: J. Amer. chem. Soc. **87**, 927 (1965).
[360] S. I. Weissman, and H. van Willigen: J. Amer. chem. Soc. **87**, 2285 (1965).
[361] E. Müller, P. Ziemek, and A. Rieker: Tetrahedron Letters **1964**, 207.
[362] U. Schmidt, K. Kabitzke, K. Markau u. A. Müller: Chem. Ber. **99**, 1497 (1966).
[363] D. Hellwinkel: Angew. Chem. **78**, 985 (1966).
[364] U. Schmidt: Angew. Chem. **76**, 629 (1964).
[365] K. Kühlein, W. P. Neumann u. H. P. Becker: Angew. Chem. **79**, 870 (1967).

Alkohole nur die Hydroxyalkyl-Radikale nachgewiesen werden, während das tert.-Butoxyradikal offenbar sehr rasch in Aceton und Methylradikale zerfällt.

Das *Hydroxyradikal* konnte in Lösung mit Hilfe eines Durchflußsystems nachgewiesen werden[366, 367]. Das Signal besteht aus einer Komponente von etwa 3 G Breite. Auch in fester Phase gelang es, OH-Radikale nachzuweisen und eine Kopplung des Wasserstoffs zu etwa 41 G und einen isotropen g-Faktor von 2,0094 zu ermitteln[368–370].

L. H. Piette u. W. C. Landgraf[371] haben n-, sek.- und tert.-*Butoxyradikale* durch Bestrahlung entspr. Hydroperoxyde erhalten (die Möglichkeit, daß es sich um Peroxyverbindungen handelt, ist nicht vollständig ausgeschlossen). P. D. Bartlett u. G. Guaraldi[372] konnten das Auftreten von *Oxyradikalen* $g = 2{,}009$ bei der Bestrahlung von Di-tert.-butyl-diperoxycarbonat bei tiefen Temperaturen wahrscheinlich machen.

I.d.2. Aroxyle

Unter Aroxylen seien Radikale verstanden, die durch monovalente Dehydrierung von Phenolen entstehen.

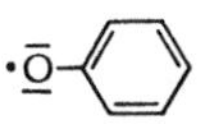

Der Phenylrest ist prinzipiell durch andere aromatische Systeme zu ersetzen.

Ausgangspunkt zahlreicher Untersuchungen auf dem Gebiet der aromatischen Oxylradikale ist die Darstellung und Isolierung des in inerter Atmosphäre sehr stabilen 2,4,6-Tri-tert.-butyl-phenoxyls durch E. Müller u. K. Ley[373, 374] gewesen. Praktisch gleichzeitig und unabhängig berichteten Cl. D. Cook[375] u. R. C. Woodworth[376] über radikalische Oxydationsprodukte sterisch gehinderter Phenole.

[366] W. T. Dixon, and R. O. C. Norman: Nature **196**, 891 (1962).
[367] W. T. Dixon, and R. O. C. Norman: J. Chem. Soc. **1963**, 3119.
[368] J. A. McMillan, M. S. Matheson, and B. Smaler: J. Chem. Phys. **33**, 609 (1960).
[369] J. Kroh, B. C. Green, and J. W. T. Spinks: Can. J. Chem. **40**, 413 (1962).
[370] T. Henriksen: Nature **193**, 371 (1962).
[371] L. H. Piette, and W. C. Landgraf: J. Chem. Phys. **32**, 1107 (1960).
[372] P. D. Bartlett, and G. Guaraldi: J. Amer. chem. Soc. **89**, 4799 (1967).
[373] E. Müller u. K. Ley: Z. Naturforsch. **8b**, 694 (1953).
[374] E. Müller u. K. Ley: Chem. Ber. **87**, 922 (1954).
[375] Cl. D. Cook: J. Org. Chem. **18**, 261 (1953); Cl. D. Cook, D. A. Kuhn, and P. Fianu: J. Amer. chem. Soc. **78**, 2002 (1956).
[376] Cl. D. Cook, and R. C. Woodworth: J. Amer. chem. Soc. **75**, 6242 (1953).

I.d.2.α. Herstellung

Zur Herstellung stabiler Phenoxyle dürfte die Oxydation des Phenols in einem organischen Solvens mit wäßrigen alkalischen Kaliumhexacyanoferrat(III) am geeignetsten sein[374, 377]. Auf diese Weise läßt sich im allgemeinen das Phenol nahezu quantitativ umsetzen und die Bildung von Nebenprodukten weitgehend vermeiden. Allerdings bleibt die Methode auf in wäßrigem Alkali weitgehend unlösliche Phenole beschränkt, und ferner scheiden alle mit Wasser mischbaren Solventien aus. In diesen Fällen haben sich entweder Schwermetalloxyde[378, 379] (PbO_2, Ag_2O) oder Perverbindungen wie Di-tert.-butyl-peroxalat bewährt. Wenn das Radikal lediglich in Lösung zur ESR-Messung erzeugt werden soll, ist in vielen Fällen eine Abtrennung des Metalloxyds nicht unbedingt notwendig[380, 381], allerdings werden praktisch in allen Fällen durch Abtrennung des Oxydationsmittels und nachfolgendem Spülen der Meßproben mit Stickstoff wesentlich geringere Linienbreiten und damit erheblich besser aufgelöste Spektren erhalten.

Unter reduktiven Bedingungen lassen sich Aroxyle dann erzeugen, wenn chinolide Halogenverbindungen zur Verfügung stehen. Diese lassen sich dann durch Reaktion mit Silberpulver leicht in die Radikale überführen[382].

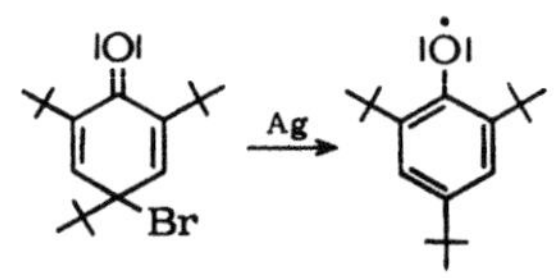

Diesem Verfahren steht auch die Komproportionierung, d. h. das Zusammengeben von Phenol und Chinon, sehr nahe[383]. Diese zunächst recht speziell erscheinende Methode kann jedoch erweitert werden, da es nicht notwendig ist, beide Oxydationsstufen ein und derselben Verbindung zu vereinigen. Allerdings muß in diesem Falle eines der entstehenden Radikale eine wesentlich kürzere Lebensdauer haben, um das Auftreten von Mischspektren zu vermeiden. Dies ist z. B. der Fall bei der Reaktion:

---

[377] E. Müller, A. Schick, R. Mayer u. K. Scheffler: Chem. Ber. **93**, 2649 (1960).

[378] E. Müller u. K. Ley: Chem. Ber. **88**, 601 (1955).

[379] E. Müller, K. Ley u. W. Kiedaisch: Chem. Ber. **87**, 1605 (1954).

[380] E. Müller, H. B. Stegmann u. K. Scheffler: Liebigs Ann. Chem. **645**, 79 (1961).

[381] J. K. Becconsall, S. Clough, and G. Scott: Trans. Faraday Soc. **56**, 459 (1960).

[382] siehe Fußnote 379.

[383] E. Müller, K. Ley u. W. Kiedaisch: Chem. Ber. **88**, 1819 (1955).

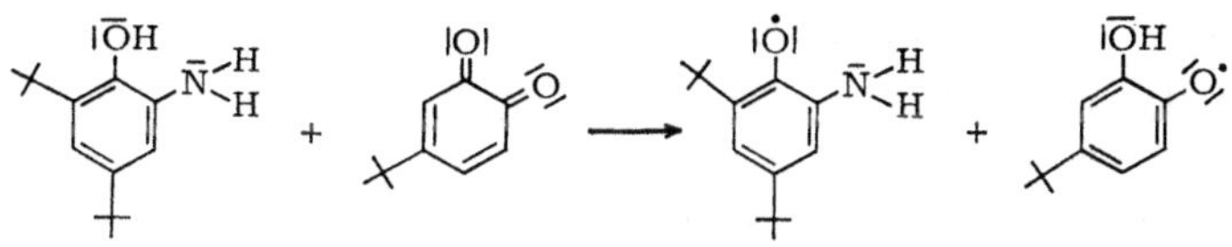

In der paramagnetischen Lösung läßt sich praktisch nur das 2-Amino-4,6-di-tert.-butyl-phenoxyl nachweisen, während das Semichinonradikal nicht zur HFS des Spektrums beiträgt. Schließlich lassen sich Phenole mit Hilfe von Aroxylen dehydrieren[384], auch hier gilt es, die Reaktionsbedingungen so zu wählen, daß möglichst keine Radikalmischungen erhalten werden.

Für stabile und auch kurzlebige Phenoxyle gleich gut geeignet ist die Radikalerzeugung mit Hilfe von Licht. Am günstigsten wird die Belichtung direkt in der „cavity" vorgenommen (selbstverständlich muß aus den Meßproben vorher der gelöste Sauerstoff entfernt sein), da sich so die Radikalkonzentration in Abhängigkeit von der Bestrahlungszeit direkt verfolgen läßt. Auch die „flash photolysis" diente mit Erfolg zur Radikalerzeugung.

Zur Untersuchung kurzlebiger Aroxyle ist neben dem auf S. 283 beschriebenen Durchflußsystem ein von W. Huysmans[385] angegebenes Verfahren sehr bequem: In einem Rohr innerhalb des Hohlraumresonators wird gepreßtes Silberoxyd angebracht, durch das die Phenollösung von unten nach oben strömt.

I.d.2.β. Spektren

Die Zahl der untersuchten Aroxyle ist heute bereits so groß, daß eine eingehende Beschreibung aller Radikale unmöglich ist.

Hinsichtlich der Stabilität der Aroxyle läßt sich allgemein sagen, daß immer dann, wenn die Phenole in 2,4,6-Stellung größere Reste tragen und das mit dem Aromaten direkt verknüpfte Atom entweder ein tert. C-Atom oder ein C-substituiertes Heteroatom ist, stabile Radikale entstehen. In allen anderen Fällen (einige Ausnahmen s. S. 354). entstehen mehr oder weniger instabile paramagnetische Verbindungen. Praktisch alle Phenoxyle liegen in einem Dimer-Monomer-Gleichgewicht vor[386, 387], das je nach den sterischen Verhältnissen mehr zu der einen oder anderen Seite verschoben ist.

---

[384] E. Müller, A. Rieker, K. Ley, R. Mayer u. K. Scheffler: Chem. Ber. **92**, 2278 (1959).

[385] W. Huysmans, and W. A. Waters: J. Chem. Soc. **1966 B**, 1047; **1967 B**, 1163.

[386] K. Scheffler: Z. Elektrochem. **65**, 439 (1961).

[387] J. Petranek, J. Pilar, and D. Doskocilova: Tetrahedron Letters **1967**, 1979.

Die g-Faktoren sind wenig charakteristisch, da sie mit den Substituenten variieren (vgl. S. 360ff.).

I.d.2.β.β_1. Phenoxyl und Alkylphenoxyle

Das völlig unsubstituierte *Phenoxyl* ist so unbeständig, daß sein ESR-Spektrum nur unter Verwendung eines Durchflußsystems erhalten werden konnte. Immer[388–390] wurden nur schwache Signale erhalten, die jedoch eine Ermittlung der Kopplungsparameter ermöglichten. Eine Zuordnung war durch die zu dieser Zeit schon recht gut untersuchten verschieden substituierten Vertreter dieser Radikalklasse leicht möglich. Die Kopplungsfaktoren betragen $a^{(2)}_{H_{2,6}} = 6{,}6$ G, $a^{(2)}_{H_{3,5}} = 1{,}8$ G, $a^{(1)}_{H_4} = 10{,}1$ G. Offenbar beeinflussen Kohlenwasserstoffsubstituenten die Spinverteilung in diesen Radikalen nur sehr wenig, denn Untersuchungen verschiedenster Radikale[388, 391] ergeben Kopplungsfaktoren, die nur kleine Abweichungen von den oben angegebenen Meßwerten zeigen.

Wesentlich unbefriedigender ist ein Vergleich der experimentellen Kopplungsparameter und der daraus ermittelten Spindichten mit den nach verschiedenen Methoden berechneten Werten. Ein Vergleich der aus den

Tabelle 30. *Spindichten des Phenoxyradikals*

	O	C_1	$C_{2,6}$	$C_{3,5}$	C_4	Lit.
exp.	0,25 *	–	0,264	0,072	0,404	392–394
McLachlan	0,198	0,125	0,253	−0,071	0,315	395
HMO	0,183	0,135	0,193	0,018	0,261	395
SCF	0,556	−0,006	0,211	−0,0921	0,223	396
C. I.	0,170	0,227	0,154	−0,022	0,338	397

* abgeschätzt aus den ^{17}O-Kopplungen des 2,4,6-Tri-tert.-butyl- bzw. 2,4,6-Triphenyl-phenoxyls. $|a_{^{17}O}| \approx 10$ G. Über K^{17O}_{O} (s. S. 194).

[388] T. J. Stone, and W. A. Waters: Proc. Chem. Soc. **1962**, 253; J. Chem. Soc. **1964**, 213.

[389] W. T. Dixon, and R. O. C. Norman: Proc. Chem. Soc. **1963**, 97; J. Chem. Soc. **1964**, 4857.

[390] B. T. Allen, and W. Vanneste: Nature **204**, 991 (1964).

[391] siehe Fußnote 386, S. 341

[392] siehe Fußnote 388.

[393] siehe Fußnote 389.

[394] siehe Fußnote 390.

[395] K. Dimroth, A. Berndt, F. Bär, R. Volland u. A. Schweig: Angew. Chem. **79**, 69 (1967).

[396] G. Berthier et J. Bandet: J. Chim. Phys. **61**, 1598 (1964).

[397] N. M. Atherton, E. J. Land, and G. Porter: Trans. Faraday Soc. **59**, 818 (1963).

experimentellen Werten mit $|Q^{H}_{C-H}| = 25$ G aufgefundenen Spindichten mit einigen Ergebnissen verschiedener Rechenverfahren ist in Tab. 30 zusammengestellt.

Wesentlich größere Schwierigkeiten sind mit der Berechnung von arylierten Phenoxylen verbunden, da dann die mittleren Winkel zwischen den Achsen der verschiedenen π-Elektronensysteme, die im allgemeinen nicht bekannt sind, einen wesentlichen Einfluß auf die Ergebnisse ausüben.

Qualitativ läßt sich die Wechselwirkung des Aroxylsystems mit Kohlenwasserstoffresten immer dann leicht nachweisen, wenn das Verknüpfungsatom mindestens mit einem Wasserstoffkern direkt verbunden ist. So kann sowohl im *2-Methyl-* als auch im *4-Methyl-phenoxyl*[398] in der HFS jeweils ein Quartett gefunden werden, das auf eine Kopplung mit den Methylprotonen zurückzuführen ist. Die Beträge der Aufspaltungen entsprechen etwa den Werten, die für die betreffenden Stellungen im unsubstituierten Phenoxyl gefunden wurden, so daß bei den Aroxylen in grober Näherung $|Q^{H}_{C-H}| \approx |\frac{1}{2}B^{H}_{C-CH_3}|$ gilt. Bei den am Verknüpfungsatom verzweigten Alkylresten wie den *4-Äthyl-*, *4-Propyl-* oder *4-Isopropylverbindungen*[398] zeigen die β-Protonen wesentlich kleinere Kopplungen, wofür u. a. sterische Gründe verantwortlich sind. Eine genaue Untersuchung der Verhältnisse ist bei den monoalkylierten Phenoxylen wegen ihrer geringen Stabilität außerordentlich erschwert. Durch Substitution mit weiteren Alkylgruppen steigt die Stabilität erheblich, so daß sogar Meßtemperaturen bis etwa +180°C angewendet werden können. So fanden z. B. E. MÜLLER[399] und K. SCHEFFLER[400] bei dem *4-Cyclohexyl-2,6-di-tert.-butyl-phenoxyl* für das einzelne α-Proton am Cyclohexylring eine Aufspaltung von 4,6 G. N. M. ATHERTON u. R. S. F. HARDING[401]

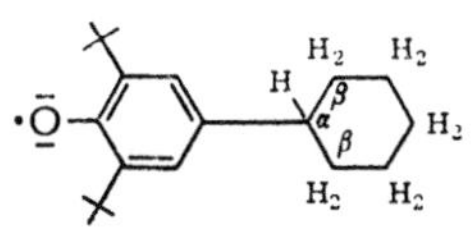

konnten zeigen, daß diese Kopplung zwischen etwa —50°C und +180°C von 4,1 G auf 5,3 G steigt. Sie führen diesen Temperatureffekt auf eine sterische Hinderung zwischen den β-Wasserstoffatomen des Cyclohexylrings und den *m*-Protonen des Aroxylrestes zurück, die bei tiefer Temperatur eine Anordnung des Moleküls bewirkt, bei der das α-Proton sich in der Nähe der Aroxyl-Ebene aufhält. Bei Energiezufuhr wird eine Torsionsschwingung um die $C_{arom.}-C_{cyclohexyl}$-Bindung angeregt, durch die

[398] siehe Fußnote 388, S. 342.

[399] E. MÜLLER, A. SCHICK, R. MAYER u. K. SCHEFFLER: Chem. Ber. **93**, 2649 (1960).

[400] siehe Fußnote 386, S. 341.

[401] N. M. ATHERTON, and R. S. F. HARDING: Nature **198**, 987 (1963).

das betrachtete Proton immer mehr in eine für einen Hyperkonjugationsmechanismus günstigere Lage gelangt, so daß damit der experimentell gefundene Anstieg von a_{H_α} mit der Temperatur erklärt werden kann.

Darüber hinaus ist im Spektrum des 4-Cyclohexyl-2,6-di-tert.-butylphenoxyls noch eine weitere kleine Aufspaltung zu erkennen, welche die

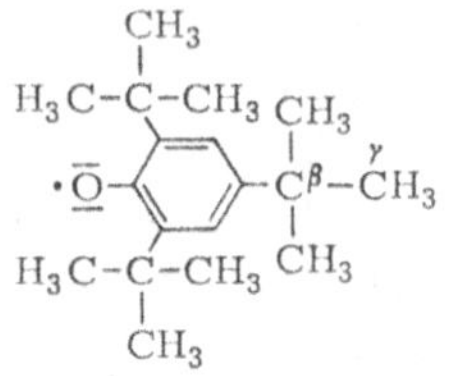

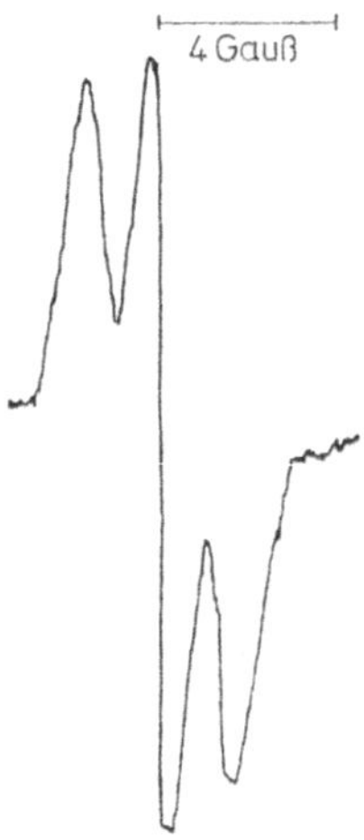

Abb. 117. ESR-Spektrum des 2,4,6-Tri-tert.-butyl-phenoxyls bei mäßiger Auflösung in Benzol[401a]

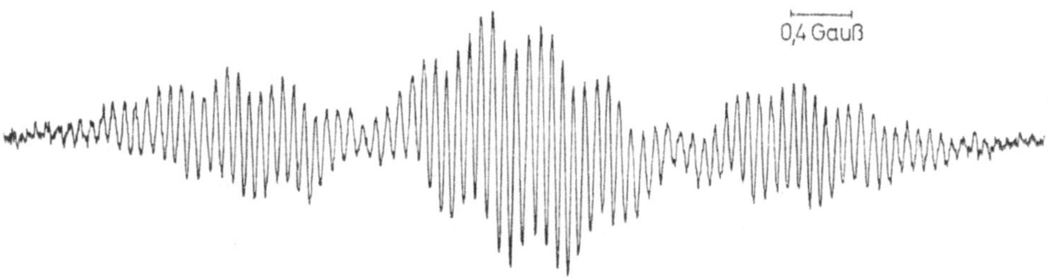

Abb. 118. ESR-Spektrum des 2,4,6-Tri-tert.-butyl-phenoxyls nach vollständiger Entfernung des gelösten Sauerstoffs in Benzol[401a]

[401a] siehe Fußnote 407, S. 345.

Autoren[402–404] auf eine Wechselwirkung des Radikalelektrons mit den 4-Protonen in den β-Stellungen des Cyclohexylrestes zurückführen, sie beträgt etwa 0,5 G. Derartige kleine Kopplungen wurden schon als γ-Aufspaltungen bei den Alkylradikalen gefunden und lassen sich auch bei Aroxylen immer wieder beobachten. So ist beim *2,4,6-Tri-tert.-butyl-phenoxyl* die zunächst durch die beiden *m*-Protonen hervorgerufene Triplett-HFS[405] (Abb. 117) mit einer weiteren kleinen Struktur überlagert (Abb. 118), wie durch Vermessung absolut sauerstofffreier Lösungen nachgewiesen werden konnte.

Das Beispiel zeigt sehr anschaulich, wie wesentlich die Auflösung eines ESR-Spektrums von dem Gehalt an Luftsauerstoff in der Meßprobe beeinflußt werden kann. Mit dem Spektrum der Abb. 118 und seiner Linienbreite von 33 mG ist die Auflösungsgrenze für eine mit 100 kHz = 35 mG arbeitenden ESR-Apparatur erreicht. Eine größere Auflösung ohne Intensitätsverlust ist mit einem Superheterodynzusatz und niederfrequenter Modulation zu erzielen, wie K. H. HAUSSER[406] und andere am selben Radikal zeigen konnten. Die aus den Spektren ermittelten Kopplungsparameter zeigt Tab. 31.

Tabelle 31. *ESR-Kopplungen des 2,4,6-Tri-tert.-butyl-phenoxyls*

Methode	ΔH	$a_{H_{3,5}}$	$a_{H_{\text{tert.-butyl}(4)}}$	$a_{H_{\text{tert.-butyl}(2,6)}}$
ESR[407] C_6H_6 +22°C	0,032	1,68	0,373	0,073
ESR[406] C_6H_6 +22°C	0,027	1,67	0,36	0,072
NMR[406] C_6D_6 +22°C	–	–	–	+0,071
ENDOR[408] Heptan −80°C	0,025	1,764	0,456	0,089

Die unter verschiedenen apparativen Voraussetzungen gewonnenen Kopplungsparameter sind praktisch gleich und stimmen auch recht gut mit den aus Kernresonanzmessungen[406] und ENDOR-Untersuchungen[408] überein. Im vorliegenden Fall ist zur Ermittlung von Kopplungskonstanten

[402] siehe Fußnote 386, S. 341.
[403] siehe Fußnote 399, S. 343.
[404] siehe Fußnote 401, S. 343.
[405] E. MÜLLER, K. LEY, K. SCHEFFLER u. R. MAYER: Chem. Ber. **91**, 2682 (1958).
[406] K. H. HAUSSER, H. BRUNNER, and J. C. JOCHIMS: Mol. Phys. **10**, 253 (1966).
[407] K. SCHEFFLER: unveröffentlicht.
[408] R. D. ALLENDOERFER u. A. H. MAKI: vorläufige Privatmitteilung.

die konventionelle ESR-Methode gerade noch ausreichend, während das „superhet-Verfahren" auf Grund seiner geringeren Apparatebreite noch einige Reserven aufweist. Demgegenüber können durch NMR-Messungen an neutralen freien Radikalen Aufspaltungen ermittelt werden, die auch mit „superhet" nicht mehr bestimmbar sind. Darüber hinaus liefern derartige Untersuchungen die Vorzeichen der Kopplungen, die sonst aus Spektren gelöster Radikale nicht gewonnen werden können, während die ENDOR-Spektren sich durch ihre geringe Linienzahl auszeichnen.

Die oben angeführten Ergebnisse zeigen in recht guter Übereinstimmung für die tert.-Butylprotonen ein Aufspaltungsverhältnis $a_4/a_{2,6} \approx 5$.

Experimentelle Untersuchungen[409, 410] und Rechnungen zur Verteilung des freien Elektrons in Aroxylen (vgl. S. 342) ergeben jedoch für die Spindichten ein para zu ortho Verhältnis von 1,4. Somit besteht offenbar bei den Aroxylen kein linearer Zusammenhang zwischen γ-Protonen-Aufspaltung und der Spindichte am entsprechenden π-Zentrum.

Tabelle 32. *ESR-Kopplungsparameter verschiedener Aroxyle*

Radikal	a_{ortho}	a_{meta}	a_{para}	Lit.
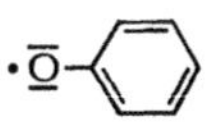	6,9	1,9	10,1	411
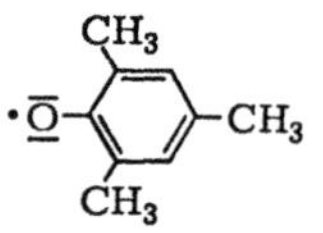	6,2	1,7	8,1	412
berechnet für				
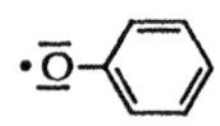	−6,77	+1,79	−9,44	413

Während sich eine freie π-Dichte in den *o*-, *m*- und *p*-Stellungen sowohl im unsubstituierten wie im substituierten Aroxyl auf Grund der HFS unmittelbar nachweisen läßt, ist das für den Sauerstoff und das mit ihm direkt verbundene C-Atom nur nach Einführung entsprechender magnetischer

[409] siehe Fußnote 399, S. 343.

[410] E. Müller, A. Rieker u. K. Scheffler: Liebigs Ann. Chem. **645**, 92 (1961).

[411] siehe Fußnote 389, S. 342.

[412] siehe Fußnote 385, S. 341.

[413] K. Scheffler: Spindichten nach McLachlan ($\alpha = 1,2$; $\alpha_O = \alpha + 2,0\beta$; $\beta_{CO} = 1,6\,\beta$) Kopplungsparameter nach Colpa-Bolton ($Q = -27$; $K = -12,8$).

Isotope möglich[414]. So konnte im *2,4,6-Tri-tert.-butyl-phenoxyl* eine ^{17}O-Aufspaltung[415] von 10,23 G und eine ^{13}C-Kopplung[416, 417] von 9,6 G nachgewiesen werden.

I.d.2.β.β₂ Aroxyle mit mesomeriefähigen Substituenten

Durch Einführung konjugationsfähiger Reste in das Aroxylsystem läßt sich prinzipiell die Radikalmesomerie auf den Substituenten ausdehnen. E. Müller u. Mitarbb.[418] konnten sowohl durch chemische als auch durch ESR-Untersuchungen bei einer Reihe Hydroxyphenyl-substituierter Äthylene eine endliche Spindichte an den Äthylenkohlenstoffatomen nachweisen. Ebenso lassen die ESR-Spektren aromatisch substituierter Aroxyle einen Einfluß des Substituenten auf die HFS erkennen. Während im *4-Phenyl-2,6-di-tert.-butyl-phenoxyl*[419, 420] eine aufgelöste Protonen-HFS, die auf den Substituenten zurückgeführt werden kann, gefunden wird, tritt bei der entsprechenden *o*-Phenyl-Verbindung[421] im wesentlichen nur eine breite Linie mit angedeuteter HFS auf. Der Grund dafür wird einmal an der geringeren Spindichte, die bei Aroxylen ganz allgemein in der 2- bzw. 6-Stellung auftritt, liegen, so daß in diesem Falle weniger freie Elektronendichte auf den Substituenten übertragen werden kann. Darüber hinaus können sterische Faktoren ausschlaggebend sein, z. B. kann der Verdrillungswinkel zwischen Aroxylebene und Phenylring für die 2- und 4-Stellung unterschiedliche Werte haben.

Eine Zuordnung der Protonenaufspaltungen im 4-Phenyl-2,6-di-tert.-butyl-phenoxyl gelingt durch selektive Deuterierung[422], ein Verfahren, das auch schon beim 2,4,6-Tri-tert.-butyl-phenoxyl angewendet wurde[423]. Damit ergeben sich folgende experimentelle Kopplungsfaktoren:

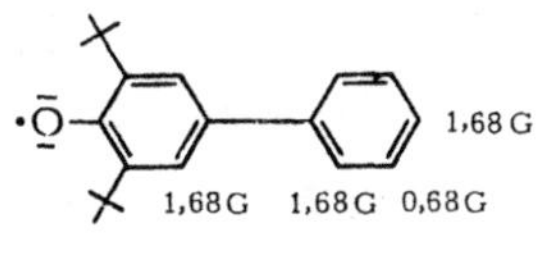

[414] A. Rieker: Z. Naturforsch. **21**, 647 (1966).
[415] A. Rieker, and K. Scheffler: Tetrahedron Letters **19**, 1337 (1965).
[416] A. Rieker, K. Scheffler u. E. Müller: Liebigs Ann. Chem. **670**, 23 (1963).
[417] L. Gilbert, and R. Kreilick: J. Chem. Phys. **48**, 3377 (1968).
[418] E. Müller, R. Mayer, H.-D. Spanagel u. K. Scheffler: Liebigs Ann. Chem. **645**, 53 (1961).
[419] E. Müller, A. Schick u. K. Scheffler: Chem. Ber. **92**, 474 (1959).
[420] C. D. Cook, and M. Fraser: J. Org. Chem. **29**, 3716 (1964).
[421] E. Müller, A. Schick, R. Mayer u. K. Scheffler: Chem. Ber. **93**, 2649 (1960).
[422] A. Rieker u. K. Scheffler: Liebigs Ann. Chem. **689**, 78 (1965).
[423] siehe Fußnote 410, S. 346.

Schließlich läßt sich durch Einführung weiterer Substituenten in den *p*-ständigen Phenylring oder durch Übergang zu dem *4-Naphthyl-(1)-phenoxyl*[422] der Einfluß der verschiedenen Reste auf die HFS studieren. Allgemein ändern jedoch Substituenten die an der Stammsubstanz ermittelten Kopplungsparameter nicht wesentlich.

Aroxyle mit mehr als einem mesomeriefähigen Substituenten haben vor allem K. Dimroth und Mitarbb. untersucht[424, 425]. Die Stammverbindung dieser Triarylphenoxyle, das *2,4,6-Triphenyl-phenoxyl*[426] ist ESR-spektroskopisch recht genau vermessen und theoretisch ausführlich behandelt worden. Das auf S. 51 abgebildete ESR-Spektrum besteht aus etwa 100 ungegliederten Protonen-HFS-Linien ungefähr gleichen Abstands. Eine Analyse gelingt durch selektive Deuterierung einzelner Phenylsubstituenten in Verbindung mit Spektrensimulation und Vergleich mit ähnlichen bereits zugeordneten Verbindungen. So ergeben sich die Kopp-

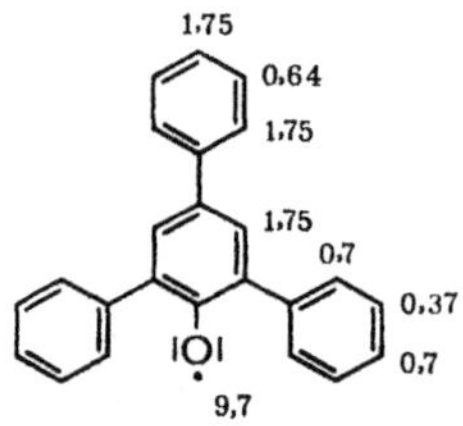

lungsparameter [G], die hinsichtlich des *p*-Substituenten recht gut mit den S. 347 angegebenen Werten übereinstimmen. Die Sauerstoffaufspaltung

Tabelle 33. *Spindichten des 2,4,6-Triphenyl-phenoxyls*[427]

Position	O	C_1	$C_{2,6}$	$C_{3,5}$	C_4
		Phenoxyl			
Spindichten exp.	–	–	–	0,065	–
ber.	0,256	0,030	0,211	–0,055	0,218
		4-Phenyl			
Spindichten exp.		–	0,065	0,024	0,065
ber.		–0,026	0,058	–0,024	0,056
		2-Phenyl			
Spindichten exp.		–	0,026	0,014	0,026
ber.		–0,013	0,026	–0,010	0,024

[424] F. W. Steuber u. K. Dimroth: Chem. Ber. **99**, 258 (1966).
[425] K. Dimroth u. K. J. Kraft: Chem. Ber. **99**, 264 (1966); Angew. Chem. **76**, 433 (1964).
[426] siehe Fußnote 395, S. 342.
[427] siehe Fußnote 395, S. 342.

wurde durch Einbau von ^{17}O in das Molekül ermittelt[428]. Aus den Protonenaufspaltungen lassen sich mit $|Q^{H}_{C-H}| = 27$ G nach McConnell (vgl. S. 146) die Spindichten der C-Atome ermitteln und mit berechneten Werten vergleichen. Eine gute Übereinstimmung zwischen experimentellen und theoretischen Werten (Tab. 33) wird für die Verdrillungswinkel $\varphi_4 = 0$ und $\varphi_{2,6} = 46°$ erhalten.

Allerdings zeigt die Rechnung für ϱ_4/ϱ_2 einen Wert von annähernd 1, während experimentell in einer Reihe von Aroxylen dieser Wert zu etwa 1,4 ermittelt wird (vgl. S. 340), ferner ergeben sich für die ^{13}C-Kopplungskonstanten, die durch die Markierung des Aroxylrings an den nicht mit Protonen verbundenen Stellen gemessen wurden, etwas größere Abweichungen zwischen vorausberechneten und experimentellen Werten. Die Sauerstoffkopplung von 9,7 G läßt sich (vgl. S. 194) gut mit der geforderten Spindichte von 0,256 vereinbaren.

Aroxyle bei denen der Substituent so stark in die Radikalmesomerie einbezogen ist, daß praktisch vollständige symmetrische Spindichtenverteilung vorliegt, sind die vom *Galvinoxyl* abgeleiteten Typen. G. M. Coppinger[429] und M. S. Kharasch[430] konnten zuerst das durch Oxydation von 3,3′,5,5′-Tetra-tert.-butyl-4,4′-dihydroxy-diphenylmethan darstellbare sauerstoffunempfindliche Radikal isolieren. Sein ESR-Spektrum [431, 432] (Abb. 25, S. 48) läßt zwei Gruppen von je fünf Komponenten erkennen,

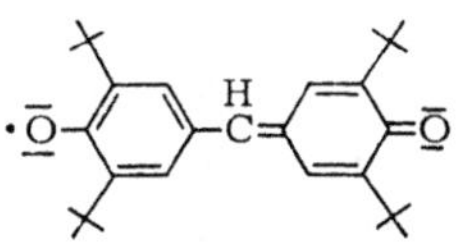

so daß die Interpretation (vier äquivalente Ringprotonen mit $a_H^{(4)} = 1,3$ G und ein Wasserstoffkern der Methylgruppe mit $a_H^{(1)} = 5,7$ G) recht einfach ist. Diese Zuordnung wird durch die Untersuchung des am zentralen Kohlenstoff mit einem Phenylring substituierten Radikals bestätigt[433]. Hier besteht die HFS nur (Abb. 119) noch aus einem Quintett (1 : 4 : 6 : 4 : 1) $a_H^{(4)} = 1,3$ G, da der Phenylkern wahrscheinlich aus sterischen Gründen nicht an der Radikalmesomerie beteiligt ist.

Die kleine Protonen-HFS ist also somit eindeutig auf die vier direkt mit den beiden Ringsystemen verbundenen Wasserstoffatomen zurückzuführen, die im vorliegenden Fall weitgehend äquivalent sind. Das Ergebnis spricht

[428] K. Dimroth, F. Bär u. A. Berndt: Angew. Chem. **77**, 217 (1965).
[429] G. M. Coppinger: J. Amer. chem. Soc. **79**, 501 (1957).
[430] M. S. Kharasch, and B. S. Joshi: J. Org. Chem. **22**, 1439 (1957).
[431] E. Müller, K. Ley, K. Scheffler u. R. Mayer: Chem. Ber. **91**, 2682 (1958).
[432] J. J. Windle, and W. H. Thurston: J. Chem. Phys. **27**, 1429 (1957).
[433] K. Ley, E. Müller u. K. Scheffler: Angew. Chem. **70**, 74 (1958).

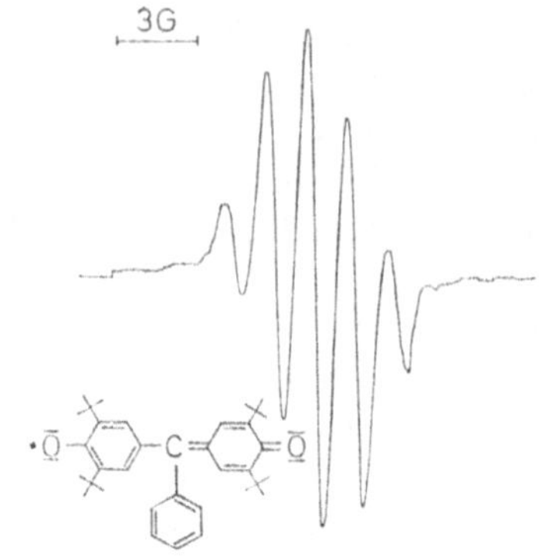

Abb. 119. ESR-Spektrum des Phenylgalvinoxyls[433a]

für eine gleichmäßige Verteilung des freien Elektrons über das ganze Molekül, so daß sich Aroxylradikal und Substituent nicht mehr unterscheiden lassen. Aussagen über die Radikalgeometrie waren durch Untersuchungen in nematischer Phase möglich[434].

Eine Bestimmung der ESR-Kopplungsparameter mit Hilfe der Kernresonanz[435, 436] und der ENDOR-Methode[437–439] bestätigt im wesentlichen die angegebenen Werte. Zu einem analogen Ergebnis kamen C. Steelink et al. [440] beim *2,6-Dimethoxy-4-(3,5-dimethoxy-4-oxo-2,5-cyclohexadien-1-ylidenmethyl)-phenoxyl*.

In neuerer Zeit sind auch Aroxyle, die durch Dehydrierung von Naphthol-Derivaten entstehen, beschrieben worden[441, 442]. Über Stunden beständig ist z.B. das folgende Dimerisationsprodukt des β-Naphthols beschrieben worden.

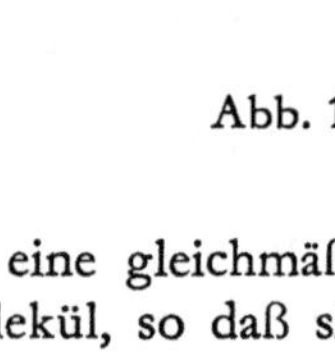

$a_{H_2} = a_{H_5} = 2{,}5$ G

[433a] siehe Fußnote 433, S. 349.

[434] G. R. Luckhurst: Mol. Phys. **11**, 205 (1966).

[435] K. H. Hausser, H. Brunner, and J. C. Jochims: Mol. Phys. **10**, 253 (1966).

[436] R. W. Kreilick: Mol. Phys. **14**, 495 (1968).

[437] J. S. Hyde, and A. H. Maki: J. Chem. Phys. **40**, 3117 (1964).

[438] J. S. Hyde: J. Chem. Phys. **43**, 1806 (1965).

[439] J. H. Freed, D. S. Leniart, and J. S. Hyde: J. Chem. Phys. **47**, 2762 (1967).

[440] C. Steelink, J. D. Fitzpatrick, L. D. Kispert, and J. S. Hyde: J. Amer. chem. Soc. **90**, 4354 (1968).

[441] A. Rieker, N. Zeller, K. Schurr u. E. Müller: Liebigs Ann. Chem. **697**, 1 (1966).

[442] D. Schulte-Frohlinde u. F. Erhardt: Liebigs Ann. Chem. **671**, 84 (1964).

Eine gewisse Stabilisierung des Primärradikals läßt sich durch Einführung von Chlorsubstituenten erreichen. So entsteht bei der Dehydrierung von 1,3,4-Trichlor-naphthol eine recht stabile paramagnetische Verbindung, deren HFS in Abb. 120 wiedergegeben ist.

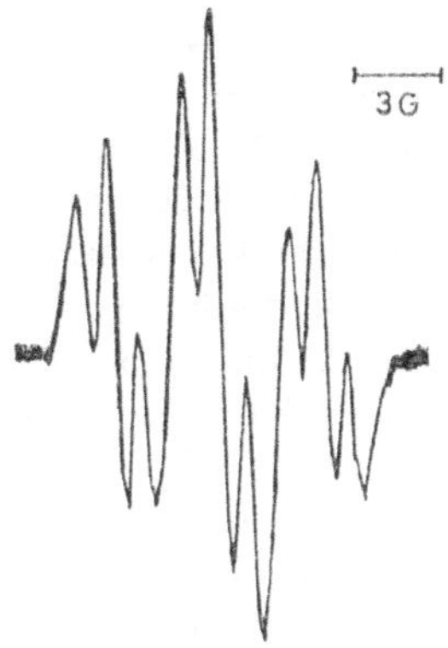

Abb. 120. ESR-Spektrum des 1,3,4-Trichlor-naphthoxyls-(2) in Benzol[442a]

Die Autoren ordnen die Triplett-Aufspaltungen den vier Protonen ($a_{H_6} = a_{H_8} = 3{,}5$ G, $a_{H_5} = a_{H_7} = 1{,}0$ G) zu.

I.d.2.β.β$_3$ Heterosubstituierte Aroxyle[443]

Heteroatome, die direkt mit dem Aroxylring verbunden sind, tragen zur HFS des betreffenden Radikals bei, wenn die Kerne ein magnetisches Moment besitzen. In allen anderen Fällen kann der Nachweis einer Spindichte am Heteroatom nur indirekt erbracht werden. Die magnetischen Kerne werden entweder die Protonen-HFS verbreitern oder Anlaß zusätzlicher definierter Komponenten mit zum Teil recht beachtlichen Kopplungsparametern sein. So werden im 2- bzw. *4-Fluor-phenoxyl*[444] Kopplungen von 17,0 bzw. 27,4 G für das Heteroatom gefunden, während die vom unsubstituierten Phenoxyl bekannte Protonen-HFS nicht wesentlich verändert wird. Auch das Verhältnis der *p*-Kopplungen zur *o*-Aufspaltung ist sowohl für a_F als auch für a_H (s. S. 346) etwa gleich und liegt bei etwa 1,4.

Die Einführung von *Chlor* in das Aroxylsystem führt nur beim *p-Chlor-phenoxyl*[445] zu einer aufgelösten HFS mit $a_{Cl} = 1{,}9$ G, $a_{Ho} = 6{,}6$ G und $a_{Hm} = 1{,}9$ G. Verglichen mit der Fluoraufspaltung ist die Chlor-

[442a] siehe Fußnote 441, S. 350.

[443] Übersicht über die verschiedenen heterosubstituierten 2,6-Di-tert.-butylphenoxyle: E. Müller, H. Eggensperger, A. Rieker, K. Scheffler, H.-D. Spanagel, H. B. Stegmann, and B. Teissier: Tetrahedron **21**, 227 (1965).

[444] siehe Fußnote 388, S. 342.

[445] B. T. Allen, and W. Vanneste: Nature **204**, 991 (1964).

kopplung verhältnismäßig klein, wofür nicht nur die unterschiedlichen magnetischen Momente und Kernspins verantwortlich sind (s. S. 32). Darüber hinaus werden die ESR-Spektren chlorsubstituierter Radikale dadurch kompliziert, daß im natürlichen Gemisch zwei magnetische Isotope im Verhältnis 1 : 3 mit relativ kleinen, aber unterschiedlichen Kernmomenten vorhanden sind (s. Tab. 1, S. 32). Dies ist u. a. auch der Grund dafür, daß eine aufgelöste Cl-HFS in Polychlorphenoxylen praktisch nicht zu erreichen ist[446]. Ähnlich liegen die Verhältnisse beim Brom. Natürliches Jod besteht zwar zu 100% aus dem Isotop ^{127}J ($I = 5/2$), doch ist durch seine geringe Bindungsfestigkeit die Stabilität der Radikale sehr gering[447]; die Spektren sind schwer auszuwerten.

Cyangruppen am Phenylkern haben offenbar einen stabilisierenden Einfluß[448], der zum Teil auf einer Beteiligung der Nitrilgruppe an der Radikalmesomerie beruht. E. Müller u. Mitarbb.[449, 450] konnten im *4-Cyan-2,6-di-tert.-butyl-phenoxyl* eine Stickstoff-HFS von $a_N = 1{,}3$ G finden und somit eine endliche Spindichte im Substituenten nachweisen.

Bei Alkoxyaroxylen ist der Nachweis einer Wechselwirkung des Radikalelektrons mit dem Sauerstoffatom nicht ohne weiteres möglich, da im natürlich vorkommenden Gemisch das magnetische Isotop ^{17}O nur zu etwa 0,04% enthalten ist. Werden jedoch an der Ätherbrücke markierte Aroxyle untersucht, so findet man leicht eine ^{17}O-Kopplung von etwa 6 G[451]. Darüber hinaus kann aus Alkoxy-Protonenaufspaltungen[452, 453], die im allgem. Werte zwischen 1 und 2 G haben, auf eine Spindichte am Sauerstoff geschlossen werden. Überraschenderweise läßt sich aber in 4-Phenoxy-substituierten Aroxylen keine Kopplung mit Protonen der Phenylgruppe nachweisen. So besteht das Signal des *4-Phenoxy-2,6-di-tert.-butyl-phenoxyls*[454] lediglich aus dem durch die *m*-Protonen hervorgerufenen Triplett $a_H = 1{,}05$ G bei einer Linienbreite von etwa 0,4 G. Offenbar wird keine wesentliche Spindichte über die Ätherbindung in den aromatischen Substituenten übertragen.

Analoge Verhältnisse wurden bei entspr. Schwefel-, Selen-, Phosphor- und Arsenverbindungen gefunden, während der Stickstoff abweichendes Verhalten zeigt.

---

[446] E. Müller, A. Rieker u. W. Beckert: Z. Naturforsch. **17b**, 567 (1962).
[447] K. Ley, E. Müller, R. Mayer u. K. Scheffler: Chem. Ber. **91**, 2670 (1958).
[448] K. Dimroth u. K. J. Kraft: Angew. Chem. **76**, 433 (1964).
[449] siehe Fußnote 431, S. 349.
[450] E. Müller, A. Rieker, K. Ley, R. Mayer u. K. Scheffler: Chem. Ber. **92**, 2278 (1959).
[451] siehe Fußnote 414, S. 347.
[452] siehe Fußnote 388, S. 342.
[453] siehe Fußnote 431, S. 349.
[454] D. A. Bolon: J. Amer. chem. Soc. **88**, 3148 (1966).

Über Alkyl- bzw. Arylmercapto-aroxyle sowie ihre Sulfoxyde und Sulfone liegen systematische Untersuchungen vor[455, 456]. Eine Schwefel-HFS ist auf Grund des geringen Gehaltes von magnetischen Kernen in natürlichem Schwefel nicht nachzuweisen, während *p*-ständige Alkylmercaptoprotonen mit etwa 2 G aufspalten. So läßt sich das 9-Komponentenspektrum des *4-Methylmercapto-aroxyls* (Abb. 121) durch eine

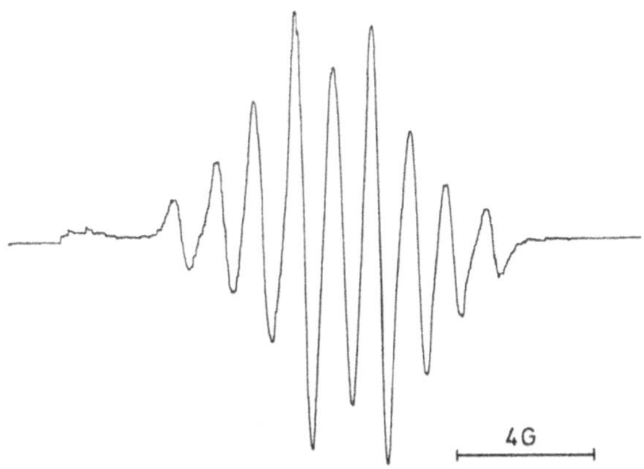

Abb. 121. ESR-Spektrum des 4-Methylmercapto-2,6-di-tert.-butyl-phenoxyls[455]

Wechselwirkung des freien Elektrons mit den *m*-Protonen $a_H = 1{,}4$ G und den drei Methylprotonen $a_H = 2{,}5$ G interpretieren. Im 4-Vinylmercapto-aroxyl koppeln sowohl das α- als auch das β-ständige Wasserstoffatom magnetisch mit dem Elektronenspin, wie durch selektive Deuterierung nachgewiesen werden konnte[456], während bei der entspr. Phenylmercaptoverbindung keine Spindichte in dem aromatischen Substituenten nachzuweisen ist. Bei den aus den Mercaptophenolen leicht zugänglichen Sulf-

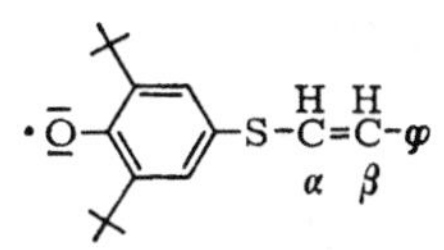

oxyden und Sulfonen tragen nach der Überführung in die Radikale ebenfalls aliphatische und olefinische Protonen zur HFS bei, während aromatische Wasserstoffkerne ohne Einfluß auf die Spektren sind. Für eine systematische Abhängigkeit der Kopplungsparameter der Radikale von der Art der schwefelhaltigen Substituenten gibt Tab. 34 Beispiele.

455 E. Müller, H. B. Stegmann u. K. Scheffler: Liebigs Ann. Chem. **645**, 79 (1961).

456 H. B. Stegmann, K. Scheffler u. E. Müller: Liebigs Ann. Chem. **677**, 59 (1964).

Tabelle 34. *ESR-Kopplungsparameter schwefelhaltiger Aroxyle*

Radikal	a_{Hm} [G]	a_{H_α} [G]	a_{H_β} [G]
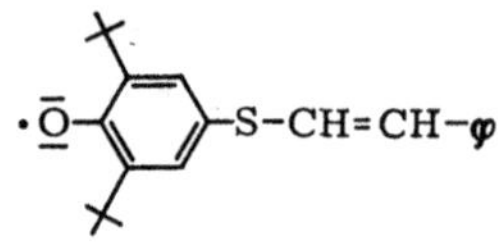	1,30	1,30	1,30
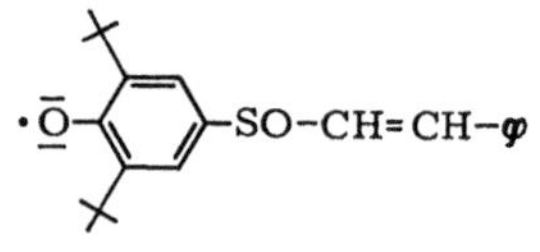	1,60	1,60	0,95
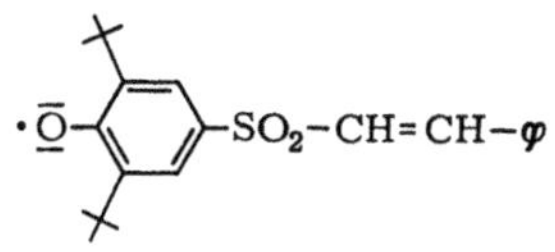	2,3	1,0	0,0

Bei Ersatz des Schwefels in den erwähnten Mercaptoverbindungen durch Selen, das im natürlichen Isotopengemisch etwa 7,6% ^{77}Se mit dem Kernspin $I = 1/2$ enthält, lassen sich in den ESR-Spektren außer der Protonen-HFS eindeutig Komponenten finden, die durch das magnetische *Selenisotop* hervorgerufen werden. Der Abstand des Selendubletts beträgt etwa 11 G[457].

Über *o*- und *p-Aminophenoxyle*, die sowohl am Stickstoff als auch am Aromaten substituiert sind, liegt ein umfangreiches Untersuchungsmaterial vor. Das unsubstituierte Radikal, das durch Oxydation von *p*-Aminophenol[457a] im stationären System dargestellt werden kann, zeigt das in Abb. 122 wiedergegebene Signal.

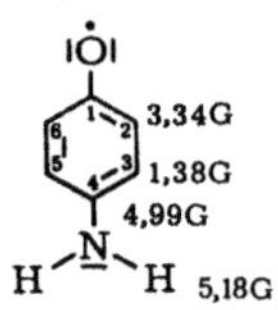

Die daraus ermittelten Kopplungsparameter sind gegenüber dem unsubstituierten Phenoxyl deutlich unterschieden ($a_{H_{2,6}} = 6{,}4$, $a_{H_{3,5}} = 1{,}7$ G). Offenbar ist der Einfluß der Aminogruppe auf das Aroxylsystem

[457] E. Müller, H. B. Stegmann u. K. Scheffler: Liebigs Ann. Chem. **657**, 5 (1962).
[457a] H. B. Stegmann u. K. Scheffler: Z. Naturforsch. **19b**, 537 (1964).

erheblich. Er zeigt sich auch in einem Zuwachs in der Radikalstabilität. Abweichungen bei *p-Dialkylamino-phenoxylen* (Kopplungsparameter[458] a_N = 7,45, $a_{H_{2,6}} = a_{H_{3,5}}$ = 2,1 G) können nicht allein durch Lösungsmitteleinflüsse erklärt werden.

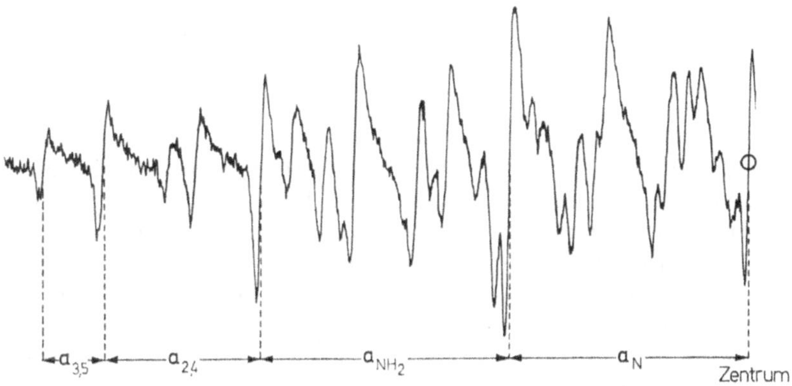

Abb. 122. ESR-Spektrum des *p*-Amino-phenoxyls[458a] (l. f. Seite)

Am *4-Amino-2,6-di-tert.-butyl-phenoxyl*[459] und seinen N-Alkyl-Derivaten[460] wurde die Lösungsmittelabhängigkeit der Kopplungsparameter systematisch untersucht. Die Stickstoffaufspaltung beträgt hier etwa 4 G und ändert sich maximal um 15% in einem relativ großen DK-Bereich zwischen ε = 1,88 und ε = 41,2. Hingegen variieren die Aminoprotonenaufspaltungen unter denselben Bedingungen zwischen 1,70 und 3,90 G. Darüber hinaus sind die Spektren der *p*-Aminophenoxyle stark temperaturabhängig, insbes. hinsichtlich der Aminoprotonenkopplungen[461].

Eine systematische Untersuchung der Stickstoff- und Protonenaufspaltungen einer Reihe von stickstoffhaltigen Aroxylen in Abhängigkeit vom Bindungszustand des N-Atoms wurde von A. Rieker et al.[462] durchgeführt. Im Phenylamino-2,6-di-tert.-butyl-phenoxyl läßt sich im Gegensatz zu entspr. Radikalen, in denen sich an der Stelle des Stickstoffs Sauerstoff, Schwefel, Selen oder Phosphor befindet, eine Beteiligung der Phenylprotonen an der HFS[463] nachweisen, allerdings war eine Zuordnung noch nicht möglich.

---

[458] P. J. Zandstra, and E. M. Evleth: J. Amer. chem. Soc. **86**, 2664 (1964).

[458a] siehe Fußnote 457a, S. 354.

[459] K. Scheffler u. H. B. Stegmann: Z. Phys. Chem. NF **44**, 353 (1965).

[460] H. Längst: Ingenieurarbeit Technikum für Chemie u. Physik. Isny/Allgäu 1967.

[461] K. Scheffler, and H. B. Stegmann: Tetrahedron Letters **40**, 3035 (1964).

[462] A. Rieker, K. Scheffler, R. Mayer, B. Narr u. E. Müller: Liebigs Ann. Chem. **693**, 10 (1966).

[463] Unveröffentlichte Beobachtungen der Autoren.

Dreibindiger Stickstoff, wie er in dem von G. M. COPPINGER[464] dargestellten Radikal vorliegt, ermöglicht analog dem Galvinoxyl eine vollständige Delokalisation der freien π-Dichte über das ganze Molekül.

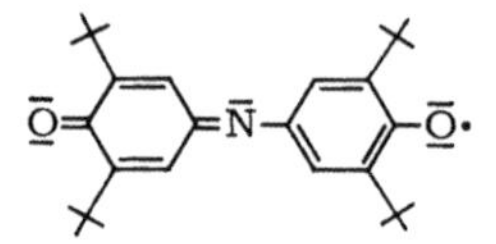

In den ESR-Spektren der *p-Trialkylammonium-phenoxyle* sind keine Hinweise für eine magnetische Kopplung des ^{14}N-Kerns mit dem freien Elektron zu finden. Offenbar ist das nicht bindende Elektronenpaar am Stickstoff eine notwendige Voraussetzung für das Auftreten einer Spindichte an diesem Kern. Diese Ergebnisse befinden sich auch in Übereinstimmung mit der Erfahrung (siehe S. 192) daß Q^{N}_{C-N} einen Betrag von maximal wenigen Gauß hat, so daß bei mesomeren Radikalen ein π-σ-Mechanismus praktisch nicht für das Auftreten einer Stickstoffkopplung verantwortlich ist. Im Gegensatz dazu zeigen Phosphoniumaroxyle (siehe S. 357) eine relativ große Wechselwirkung mit dem Heteroatom, so daß hier offenbar andere Verhältnisse vorliegen.

2-Amino-4,6-dialkyl-phenoxyle sind leicht durch Oxydation der entsprechenden Phenole erhältlich. Typisch ist[465], daß die 4-ständigen Alkylgruppen zur HFS beitragen, so daß meist recht komplizierte Signale erhalten werden.

Natürlicher *Phosphor* besteht zu 100% aus dem ^{31}P mit $I = 1/2$, so daß in Aroxylen, bei denen Elektronen- und Phosphorkernspin koppeln, eine Verdopplung der Protonen-HFS zu erwarten ist. Diese läßt sich bei einer Reihe mit phosphorhaltigen Gruppen substituierten 2,6-Di-tert.-butylphenoxylen experimentell nachweisen[466, 467] (Tab. 35).

Die große Aufspaltung bei dem Thiophosphorsäureester bewirkt, daß in seinem ESR-Spektrum (s. S. 48) zwischen den beiden Tripletts 18,3 G leer sind. In diesem Bereich können bequem Signale anderer Radikale registriert werden, weshalb es möglich ist, g-Faktoren mit geringem experimentellen Aufwand und großer Genauigkeit zu ermitteln[468] (s. S. 127).

---

[464] G. M. COPPINGER: Tetrahedron **18**, 61 (1962).

[465] H. B. STEGMANN, K. SCHEFFLER, F. STÖCKER u. H. BÜRK: Chem. Ber. **101**, 262 (1968).

[466] E. MÜLLER, H. EGGENSPERGER u. K. SCHEFFLER: Liebigs Ann. Chem. **658**, 103 (1962).

[467] A. RIEKER: Z. Naturforsch. **21b**, 647 (1966).

[468] K. SCHEFFLER u. H. B. STEGMANN: Ber. Bunsenges. Phys. Chem. **67**, 864 (1963).

Tabelle 35. *ESR-Kopplungsparameter phosphorhaltiger Aroxyle*

Struktur	a_P [G]	a_{H_m} [G]
$R-P(C_6H_5)_2$	6,8	1,6
$R-\overset{\overset{O}{\uparrow}}{P}(C_6H_5)_2$	14,7	2,0
$R-\overset{\overset{S}{\uparrow}}{P}(C_6H_5)_2$	15,4	2,0
$R-\overset{\oplus}{P}(C_6H_5)_2CH_2OH$	15,1	2,15
$R-\overset{\oplus}{P}(C_6H_5)_2C_2H_5$	16,8	2,35
$R-O-\overset{\overset{O}{\uparrow}}{P}(OC_6H_5)_2$	10,1	1,68
$R-S-\overset{\overset{O}{\uparrow}}{P}(OC_6H_5)_2$	20,0	1,85

R = 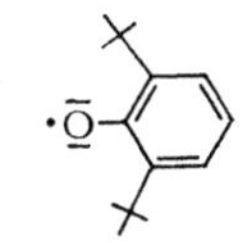

Ein Teil der den oben beschriebenen Phosphor-aroxylen analogen *Arsen-Radikale* wurde ebenfalls von E. MÜLLER u. Mitarbb.[469, 470] untersucht. Da natürliches Arsen aus dem Isotop ^{75}As mit $I = 3/2$ besteht, zeigen die Spektren eine Quartett-Struktur, die durch Protonenkopplungen weiter aufgespalten ist. Die Halbwertszeiten derartiger Radikale liegen in der Größenordnung von Minuten, so daß gerade noch in statischen Systemen gemessen werden kann. Schließlich konnte auch die magnetische Kopplung des freien Elektrons mit einem *Schwermetallkern* nachgewiesen werden. Im [4-Oxyl-3,5-di-tert.-butyl-phenyl-(4)]-tri-phenylstannan tritt eine HFS auf, die sich über 60 G erstreckt[471].

Zinn besitzt drei magnetische Isotope mit jeweils $I = 1/2$. aber unterschiedlichen magnetischen Momenten (s. S. 32), die alle zur HFS beitragen

[469] E. MÜLLER, H. EGGENSPERGER, B. TEISSIER u. K. SCHEFFLER: Z. Naturforsch. **19b**, 1079 (1964).

[470] E. MÜLLER, B. TEISSIER, H. EGGENSPERGER, A. RIEKER u. K. SCHEFFLER: Liebigs Ann. Chem. **701**, 492 (1967).

[471] H. B. STEGMANN, and K. SCHEFFLER: Tetrahedron Letters **46**, 3387 (1964).

können. Allerdings tritt ^{115}Sn nur mit 0,33% Häufigkeit auf, so daß seine Komponenten aus Intensitätsgründen gegenüber den anderen Linien praktisch vernachlässigt werden können, während ^{117}Sn und ^{119}Sn zusammen für die Quartettstruktur an den Seiten des Spektrums verantwort-

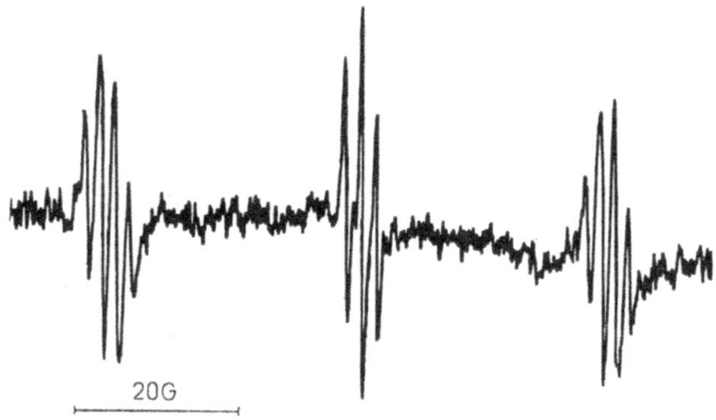

Abb. 123. ESR-Spektrum des [4-Oxyl-3,5-di-tert.-butyl-phenyl-(4)]-triphenyl-stannans[471a]

lich zu machen ist. Das mittlere Triplett (mit geringerer Empfindlichkeit registriert) wird von Radikalen ohne magnetische Sn-Kerne hervorgerufen.

Zur Diskussion der hier leicht meßbaren Verschiebung 2. Ordnung s. S. 53.

Die den Aroxylen analogen Schwefel-[472,473] Selen-[474] und Tellur-Radikale[472] sind wesentlich weniger beständig und lassen im allgem. keine Protonen-HFS, die auf eine endliche Aufenthaltswahrscheinlichkeit des freien Elektrons im Aromaten schließen lassen, erkennen. Lediglich die Größe der vermessenen *g*-Faktoren und die Kopplung[475, 475a] mit angereichertem ^{33}S sprechen für das Vorliegen von Radikalen, in denen das freie Elektron weitgehend am Schwefel lokalisiert ist[476–478]. Bei einigen aliphatischen Schwefelradikalen, wie sie durch Oxydation von geeigneten Aminosäuren im Durchflußsystem entstehen, läßt sich eine Kopplung mit benachbarten Protonen nachweisen[479], wofür vermutlich ein Hyperkonju-

[471a] siehe Fußnote 471, S. 357.
[472] U. Schmidt: Angew. Chem. **76**, 629 (1964).
[473] P. J. Zandstra, and J. D. Michaelsen: J. Chem. Phys. **39**, 933 (1963).
[474] U. Schmidt u. A. Müller: Angew. Chem. **75**, 299 (1963).
[475] W. Rundel u. K. Scheffler: Angew. Chem. **77**, 220 (1965).
[475a] W. Rundel: Chem. Ber. **102**, 359 (1969), **102**, 1649 (1969).
[476] Y. Kurita, and W. Gordy: J. Chem. Phys. **34**, 282 (1961).
[477] K. Akasaka: J. Chem. Phys. **45**, 90 (1966).
[478] J. J. Windle, A. K. Wieserma, and A. L. Tappel: J. Chem. Phys. **41**, 1996 (1964).
[479] W. A. Armstrong, and W. Humphreys: Can. J. Chem. **45**, 2589 (1967).

gationsmechanismus verantwortlich ist. Hinweise für eine Delokalisation des freien Elektrons ergibt die Untersuchung des *2,2,6,6-Tetramethyl-piperidyl-1-thiyls*[480]. Die HFS dieses Radikals besteht aus einem Triplett $a_N = 11{,}4$ G. Der *g*-Faktor beträgt 2,0173.

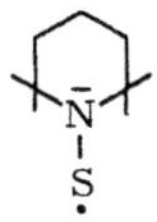

Die Oxydation substituierter Benzolsulfinsäuren führt zu paramagnetischen *Arylsulfonylradikalen*[481]. Offenbar ermöglicht hier der gegenüber den aromatischen Thiylradikalen wesentlich andere Bindungszustand des Schwefels eine Wechselwirkung mit den Ringprotonen.

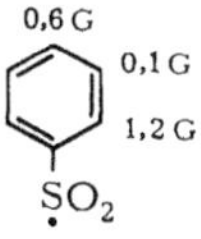

I.d.3. Peroxyradikale

Peroxyradikale sind chemisch sehr interessant. Eine Isolierung ist nicht möglich, so daß sie im allgemeinen im Resonator erzeugt werden müssen. In Betracht kommen erstens die Umsetzung von Alkylradikalen mit

$$R\cdot + O_2 \rightleftharpoons ROO\cdot$$

Sauerstoff[482, 483], die, wenn R• eine hinreichende Stabilität besitzt, reversibel ist[484], zweitens die Einwirkung von Alkoxyradikalen auf Hydroperoxyde[485].

$$RO\cdot + ROOH \longrightarrow ROH + ROO\cdot$$

Die Ausgangsradikale R• und RO• lassen sich bequem durch Bestrahlung geeigneter diamagnetischer Verbindungen erzeugen, so daß es damit leicht möglich ist, genügende Konzentrationen an Peroxyradikalen zu erhalten. Schließlich lassen sich auch Peroxyverbindungen mit Schwermetallsalzen[486] insbes. Wasserstoffperoxyd mit Ce^{IV} oder Ti^{III}-Ionen in einem Durchflußsystem (vgl. S. 283) in die Radikale überführen[487, 488].

[480] J. E. Bennett, H. Sieper, and P. Tavs: Tetrahedron **23**, 1697 (1967).
[481] M. McMillan, and P. Stiles: J. Chem. Soc. **1966 B**, 422.
[482] R. W. Fessenden, and R. H. Schuler: J. Chem. Phys. **39**, 2147 (1963).
[483] R. Livingston, and H. Eyring: J. Chem. Phys. **44**, 1245 (1966).
[484] C. L. Ayers, E. G. Janzen, and F. J. Johnston: J. Amer. chem. Soc. **88**, 2610 (1966).
[485] K. U. Ingold, and J. R. Morton: J. Amer. chem. Soc. **86**, 3400 (1964).
[486] R. W. Brandon, and C. S. Elliott: Tetrahedron Letters **1967**, 4375.
[487] E. Saito, and B. H. J. Bielski: J. Amer. chem. Soc. **83**, 4467 (1961).
[488] W. T. Dixon, and R. O. C. Norman: J. Chem. Soc. **1963**, 3119.

Tabelle 36. *ESR-Daten einiger Phenoxyle*

Phenoxyl	a_2 [G]	a_3 [G]	a_4 [G]	a_5 [G]	a_6 [G]	a_β [G]	a_γ [G]	g-Faktor	Lit.
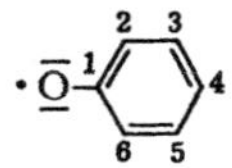	6,65	1,8	10,1	1,8	6,65	—	—	—	489
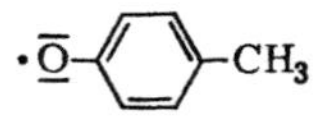	6,0	1,45	—	1,45	6,0	(4) 11,95	—	—	489
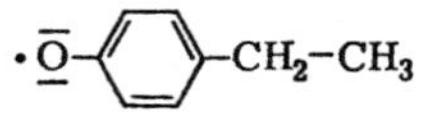	6,0	1,5	—	1,5	6,0	(4) 10,15	—	—	489
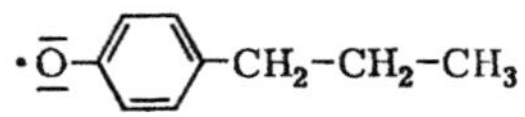	6,1	1,45	—	1,45	6,1	(4) 8,7	—	—	489
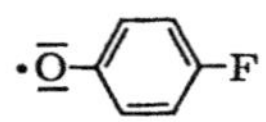	6,5	1,6	27,4	1,6	6,5	—	—	—	489
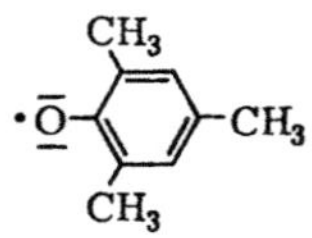	—	1,4	—	1,4	—	(2,6) 6,0 (4) 11,95	—	—	489
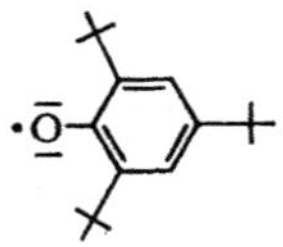	—	1,66	—	1,66	—	—	(2,6) 0,077 (4) 0,373	2,00447	490

Tabelle 36 (Fortsetzung)

Phenoxyl	a_2[G]	a_3[G]	a_4[G]	a_5[G]	a_6[G]	a_β[G]	a_γ[G]	g-Faktor	Lit.
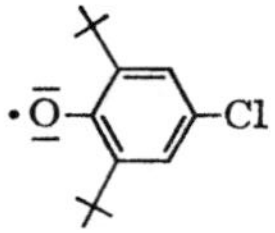	–	1,65	1,65	1,65	–	–	–	2,005631	490
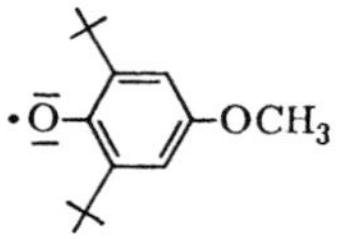	–	1,0	–	1,0	–	(4) 1,6	–	2,004597	491
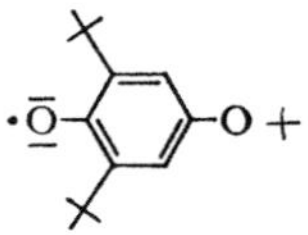	–	1,0	–	1,0	–	–	–	2,004627	491
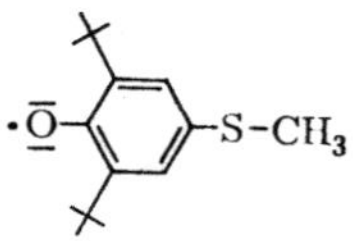	–	1,4	–	1,4	–	(4) 2,5	–	2,005353	492
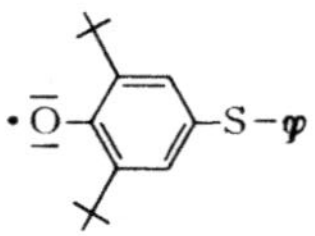	–	1,4	–	1,4	–	–	–	2,005210	492
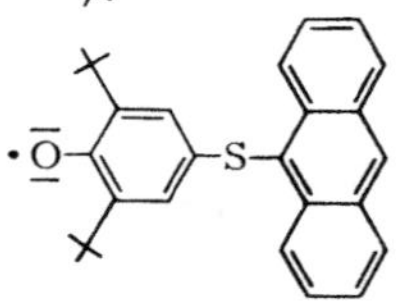	–	1,35	–	1,35	–	–	–	2,005322	490

Tabelle 36 (Fortsetzung)

Phenoxyl	a_2[G]	a_3[G]	a_4[G]	a_5[G]	a_6[G]	a_β [G]	a_γ [G]	g-Faktor	Lit.
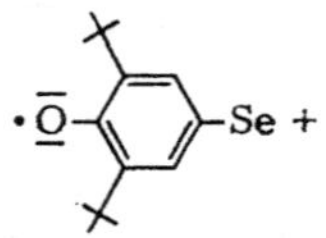	—	1,6	11,1	1,6	—	—	—	2,008460	493
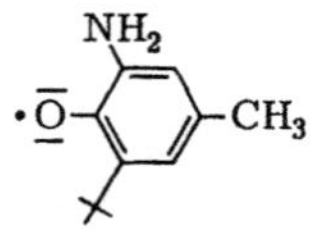	2,43	0,80	—	1,29	—	(4) 7,93 (2) 2,75	—	2,00401	494
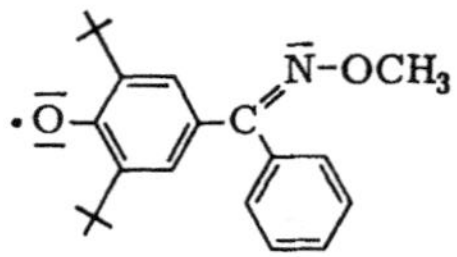	—	1,72	—	1,72	—	—	$a_N = 3,60$ $a_{OCH_3} = 0,92$	—	495
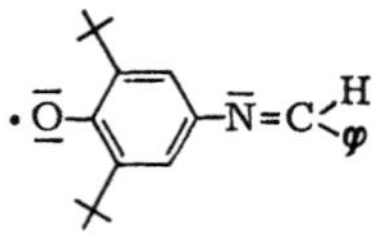	—	1,15	4,02	1,15	—	—	—	2,004138	490
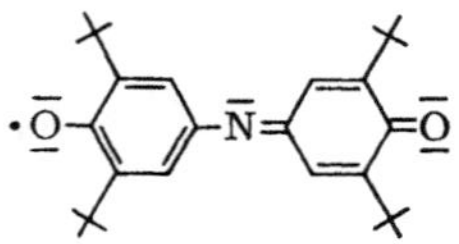	—	1,13	2,25	1,13	—	—	—	2,0024	496
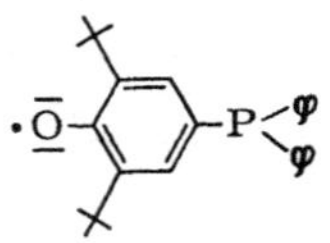	—	1,6	6,8	1,6	—	—	—	2,004734	497

Tabelle 36. (Fortsetzung)

Phenoxyl	a_2[G]	a_3[G]	a_4[G]	a_5[G]	a_6[G]	a_β [G]	a_γ [G]	g-Faktor	Lit.
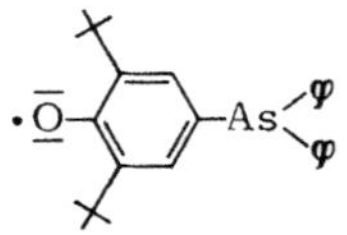	—	1,83	24,7	1,83	—	—	—	2,0051	498
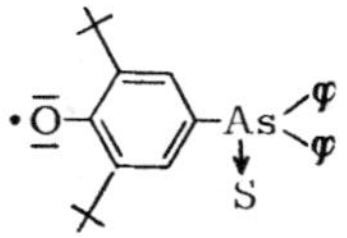	—	2,0	14,5	2,0	—	—	—	2,0047	498
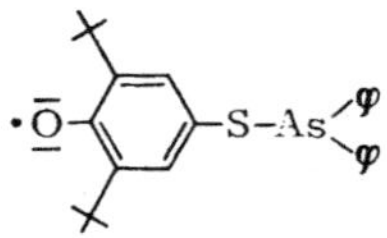	—	1,5	2,7	1,5	—	—	—	2,0052	498

Die mit $a_2 - a_6$ bezeichneten Kopplungen beziehen sich auf die mit dem Aroxyl direkt verbundenen Atome in den angegebenen Stellungen. Mit β und γ werden die Wasserstoffatome des Substituenten von der Verknüpfungsstelle aus bezeichnet, die Zahlen in Klammern geben die Stellung des Substituenten an.

[489] siehe Fußnote 388, S. 342.
[490] Unveröffentlichte Untersuchungen der Autoren.
[491] siehe Fußnote 432, S. 349.
[492] siehe Fußnote 455, S. 353.
[493] siehe Fußnote 457, S. 354.
[494] siehe Fußnote 465, S. 356.
[495] R. W. KREILICK: J. Amer. chem. Soc. **88**, 5284 (1966).
[496] G. M. COPPINGER: Tetrahedron **18**, 61 (1962).
[497] siehe Fußnote 466, S. 356.
[498] siehe Fußnote 470, S. 357.

Das *Hydroperoxyradikal* wurde in Lösung[498a, 498b, 499, 500] und in fester Phase[501, 502] untersucht. Das nur aus einer Komponente bestehende Signal ist mit etwa 20 G relativ breit und hat einen g-Faktor von 2,015—2,016. Die Linienbreite hängt von der Temperatur ab. Eine HFS konnte in Lösung nicht aufgefunden werden, was sich durch einen sehr schnellen Austausch der Peroxyprotonen in saurem Medium erklären läßt, während in neutraler Lösung das Gleichgewicht

$$HOO\cdot \rightleftharpoons H^{\oplus} + O_2\cdot^{\ominus}$$

zugunsten der rechten Seite verschoben sein soll[503, 504].

Alkylperoxyradikale wurden bei der Bestrahlung von Kohlenwasserstoffen[505], die nicht von gelöstem Sauerstoff befreit worden waren, erhalten. Man beobachtet eine rasche Abnahme der zunächst auftretenden Alkylradikal-HFS zugunsten einer einzelnen breiten Linie mit $g = 2{,}0148$ bis 2,0155. Für diese Signale, die nur bei höheren Kohlenwasserstoffen entstehen, sollen Peroxyradikale verantwortlich sein, die durch Reaktion der Alkylradikale mit Sauerstoff gebildet werden. Analog lassen sich Hydroxyalkylradikale, wie sie bei Bestrahlung von Alkoholen in Gegenwart von Wasserstoffperoxyd entstehen, in Gegenwart von Luftsauerstoff in die paramagnetischen Peroxyverbindungen überführen[506]. Die g-Faktoren entsprechen völlig den von R. W. Fessenden u. R. H. Schuler[505] angegebenen Werten. Darüber hinaus konnten, wenn Allyl-, n-Propyl- und Äthylalkohol als Ausgangsprodukte gewählt wurden, Dublettaufspaltungen von einigen Gauß beobachtet werden, die auf eine Kopplung mit dem Wasserstoffkern, der an das gleiche C-Atom wie die Peroxygruppe gebunden ist, zurückgeführt werden.

Nach Bestrahlung von CF_3OF oder CF_3OOCF_3 bei tiefen Temperaturen kann man ESR-Signale nachweisen, die[507] dem *Trifluormethyl-peroxyl* zugeordnet werden. Die HFS aus zwei Tripletts, ($a_F^{(1)} = 6{,}72$ G; $a_F^{(2)} = 0{,}54$ G) läßt auf eine gehinderte Rotation um die C—O-Bindung schließen. Der g-Faktor, 2,0041, ist erheblich kleiner als bei anderen Peroxyden. Wird die Photolyse in Gegenwart von Sauerstoff vorgenommen, entsteht $CF_3OOO\cdot$[508].

[498a] siehe Fußnote 483, S. 359.
[498b] siehe Fußnote 487, S. 359.
[499] G. Czapski, and B. H. J. Bielski: J. Phys. Chem. **67**, 2180 (1963).
[500] G. Czapski, and L. M. Dorfman: J. Phys. Chem. **68**, 1169 (1964).
[501] J. Kroh, J. W. T. Spinks, and B. C. Green: J. Amer. chem. Soc. **83**, 2201 (1961)
[502] R. C. Smith, and S. J. Wyard: J. Chem. Phys. **35**, 2254 (1961).
[503] siehe Fußnote 499.
[504] siehe Fußnote 500.
[505] siehe Fußnote 482, S. 359.
[506] siehe Fußnote 483, S. 359.
[507] N. Vanderkooi, and W. H. Fox: J. Chem. Phys. **47**, 3634 (1967).
[508] R. W. Fessenden: J. Chem. Phys. **48**, 3725 (1968).

Tert.-Butylperoxy-Radikale entstehen durch Bestrahlung von Di-tert.-butyl-peroxyd, das etwa 1% tert.-Butylhydroperoxyd enthält. J. C. W. CHIEN u. C. R. BOSS[509] fanden eine Abhängigkeit des *g*-Faktors, der Linienbreite und der Radikalkonzentration von der Temperatur zwischen —157° und +20°C. Bei ähnlichen Untersuchungen hat J. R. THOMAS[510] die Ursachen für die Variation der Linienbreite mit Temperatur und Viskosität diskutiert und eine Relaxation über Spin-Bahn-Kopplungseffekte wahrscheinlich gemacht.

K. U. INGOLD u. J. R. MORTON[511] untersuchten tert.-Butylperoxy-Radikale, die sie in festem tert.-Butylhydroperoxyd durch Bestrahlung erzeugt hatten. Die Kinetik der Zersetzungsreaktion ist erster Ordnung, und die Halbwertszeit bei —21°C beträgt 60 sec. Als *g*-Faktor geben sie 2,0137 ± 0,0002 an. Analog lassen sich entspr. Peroxyradikale durch Bestrahlen von Cumyl-[512], Isopropyl-[511] und Äthylhydroperoxyd[511] darstellen. Es wurde keine Protonen-HFS beobachtet; die *g*-Faktoren liegen in den von FESSENDEN und SCHULER angegebenen Grenzen, können also als charakteristisch angesehen werden.

P. D. BARTLETT u. G. GUARALDI[513] konnten bei Untersuchungen zur Entstehung von Di-tert.-butyl-trioxyd und Di-tert.-butyl-tetroxyd intermediär tert.-Butyl-peroxy-Radikale nachweisen.

Triphenylmethyl-Radikale, wie sie beim Bestrahlen von kristallinen Triphenylmethyl-chlorid, -bromid oder Triphenylessigsäure in fester Phase entstehen, können mit Sauerstoff reagieren[514, 515]. Das zunächst bei $g = 2{,}0024$[516] auftretende Signal, von den Bearbeitern dem Alkylradikal zugeordnet, nimmt in Gegenwart von Sauerstoff ab und es tritt ein neuer peak bei kleinerem Feld im Spektrum auf, der dem *Triphenylmethylperoxy-Radikal* entspricht. Beim Erwärmen der Meßprobe nimmt die Intensität des Peroxy-Signals ab, dafür wird der Triphenylmethyl-Peak größer. Zwischen 25 und 130°C sind diese Erscheinungen mehrfach reversibel, ohne daß die Gesamtradikalkonzentration abnimmt. Daher wird das Gleichgewicht

$$(C_6H_5)_3COO\cdot \rightleftharpoons (C_6H_5)_3C\cdot + O_2$$

---

[509] J. C. W. CHIEN, and C. R. BOSS: J. Amer. chem. Soc. **89**, 571 (1967).

[510] J. R. THOMAS: J. Amer. chem. Soc. **88**, 2064 (1966).

[511] siehe Fußnote 485, S. 359.

[512] siehe Fußnote 509.

[513] P. D. BARTLETT, and G. GUARALDI: J. Amer. chem. Soc. **89**, 4799 (1967).

[514] F. M. SCHIMMEL u. F. W. HEINIKEN: Physica **23**, 781 (1957).

[515] C. L. AYERS, E. G. JANZEN, and F. J. JOHNSTON: J. Amer. chem. Soc. **88**, 2610 (1966).

[516] der isotrope *g*-Faktor in Lösung beträgt 2,0047.

angenommen[516a] und die Reaktionsenthalpie zu $\Delta H = 9{,}0 \pm 0{,}4$ Kcal/mol angegeben. Ähnliche Verhältnisse wurden auch bei der Bestrahlung von Polymeren[517, 518] in Gegenwart von Luftsauerstoff beobachtet.

I. e. Heterocyclen

I.e.1. Pyridinyle

Pyridinylradikale lassen sich elektrolytisch[519] oder chemisch durch Einwirkung verschiedener Metalle[520] auf Pyridiniumsalze[521, 522] darstellen.

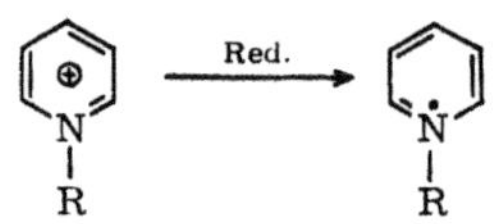

Zur Herstellung von *1-Äthyl-4-carbomethoxy-pyridinyl* hat sich Zinkstaub[523] am besten bewährt. Es gelang das entsprechende Pyridiniumjodid in Ausbeuten bis 15% zu reduzieren und die Struktur des Radikals, das sich durch Destillation (Kp. 40°C bei 10^{-6} Torr) reinigen läßt, durch spektroskopische Methoden und Elementaranalyse zu sichern. Das ESR-Spektrum besteht aus 143 HFS-Komponenten, die sich allerdings nicht vollständig auflösen lassen und die mit Ausnahme der Stickstoffkopplung ($a_N = 5{,}0$ G) nicht zugeordnet werden können. Das Radikal läßt sich mit Luftsauerstoff[523], Disulfiden[523] und Halogenkohlenwasserstoffen[524] umsetzen. Ähnliche Pyridinylradikale haben M. Itoh u. S. Nagakura[525] erhalten.

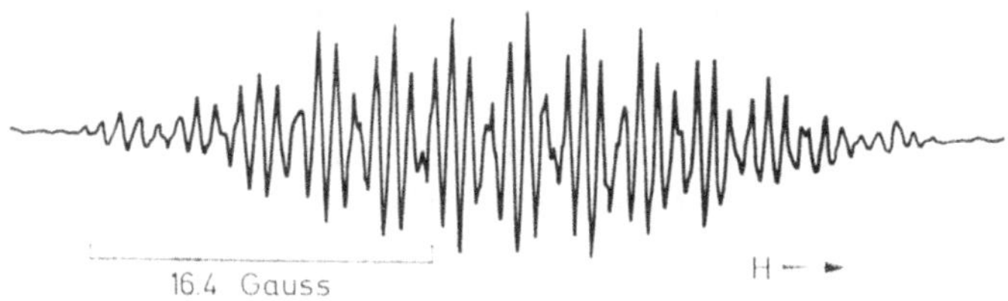

Abb. 124. ESR-Spektren des 1-Methyl-4-carbomethoxy-pyridinyls

[516a] siehe Fußnote 515, S. 365.
[517] W. B. Ard, and W. Gordy: J. Chem. Phys. **23**, 1727 (1955).
[518] R. J. Abraham, and D. H. Whiffen: Trans. Faraday Soc. **54**, 1291 (1958).
[519] W. M. Schwarz, E. M. Kosower, and I. Shain: J. Amer. chem. Soc. **83**, 3164 (1961).
[520] E. M. Kosower, and E. J. Poziomek: J. Amer. chem. Soc. **85**, 2035 (1963).
[521] E. Weitz: Angew. Chem. **66**, 658 (1954).
[522] K. Wallenfels u. M. Gellrich: Liebigs Ann. Chem. **621**, 198 (1959); Chem. Ber. **92**, 1406 (1959).
[523] E. M. Kosower, and E. J. Poziomek: J. Amer. chem. Soc. **86**, 5515 (1964).
[524] E. M. Kosower, and I. Schwager: J. Amer. chem. Soc. **86**, 5528 (1964).
[525] M. Itoh, and S. Nagakura: Tetrahedron Letters **1965**, 417.

Durch Deuterierung des N-Alkylsubstituenten gelang ihnen eine wesentlich bessere Auflösung und damit eine Bestimmung der Kopplungsparameter, wie in Tab. 37 angegeben.

Verknüpfung zweier Pyridylradikale durch mehrere CH_2-Gruppen, die jeweils an dem Stickstoff gebunden sind, führt zu Zweispinsystemen[526], deren Eigenschaften mit der Brückenlänge variieren[527].

Tabelle 37. *ESR-Kopplungsparameter* [G] *einiger Pyridinylradikale*[528]

Struktur	a_N	a_1*	$a_{H_{2,6}}$	$a_{H_{3,5}}$	a_4
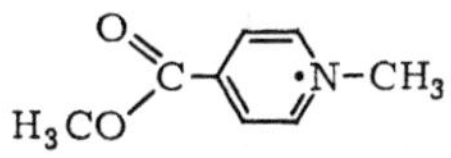	6,25	5,55	3,55	0,8	0,8
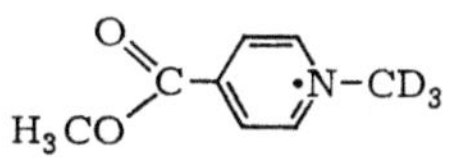	6,2	0,9	3,6	0,9	0,9
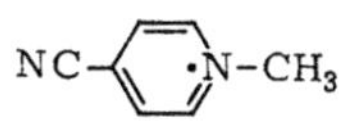	7,0	5,6	4,1	1,3	1,3
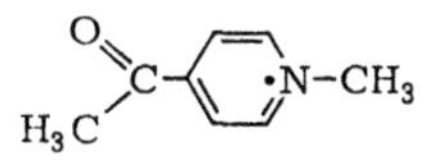	5,6	4,9	3,1	0,6	0,6

* Die Bezifferung beginnt mit 1 am Stickstoff. Die Kopplungskonstanten $a_1 - a_6$ sind die der Substituenten, die sich in den betreffenden Stellungen am Pyridin befinden.

I.e.2. Verdazyle

Verdazyle sind mesomere cyclische stickstoffhaltige Radikale, systematisch 1,2,5,6-Tetra-hydro-1,2,4,5-tetrazyle. Die außerordentlich stabilen paramagnetischen Verbindungen lassen sich durch Alkylierung von Formazanen in Gegenwart von Luftsauerstoff gewinnen[529, 530].

526 M. Itoh, and E. M. Kosower: J. Amer. chem. Soc. **89**, 3655 (1967).
527 M. Itoh, and E. M. Kosower: J. Amer. chem. Soc. **90**, 1843 (1968).
528 siehe Fußnote 526.
529 R. Kuhn u. H. Trischmann: Angew. Chem. **75**, 294 (1963).
530 R. Kuhn u. H. Trischmann: Mh. Chem. **95**, 457 (1964).

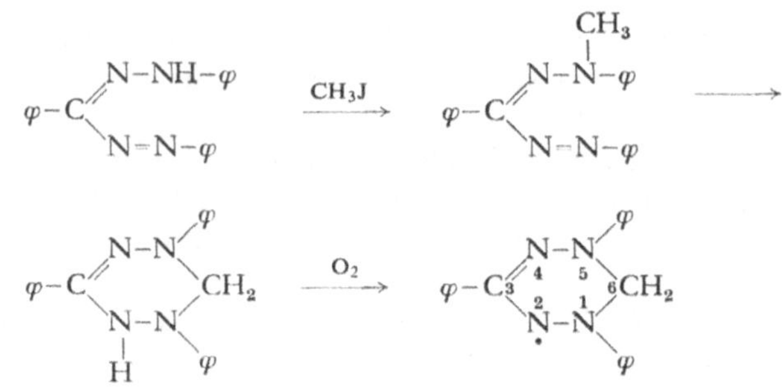

Es können aber auch Formazane der Aminoalkylierung und Tetrazoliumsalze der Ringerweiterung mit Diazoalkanen unterworfen werden, so daß auch in 6-Stellung substituierte Verdazyle synthetisiert werden können[531]. Die leichte Zugänglichkeit dieser Radikale in Verbindung mit ihrer großen Stabilität gestattet zahlreiche chemische und spektroskopische Untersuchungen[530, 532–534]. Die ESR-Spektren der Verdazyle zeigen bei $g = 2{,}0034$ zunächst neun HFS-Komponenten, entsprechend der Wechselwirkung des freien Elektrons mit vier innerhalb der Linienbreite äquivalenten ^{14}N-Kernen mit dem Intensitätsverhältnis 1:4:10:16:19:16:10:4:1. Der Kopplungsparameter für die Stickstoffaufspaltung ist recht unabhängig von den Substituenten am Grundgerüst (a_N 5,8 bis 6,3 G).

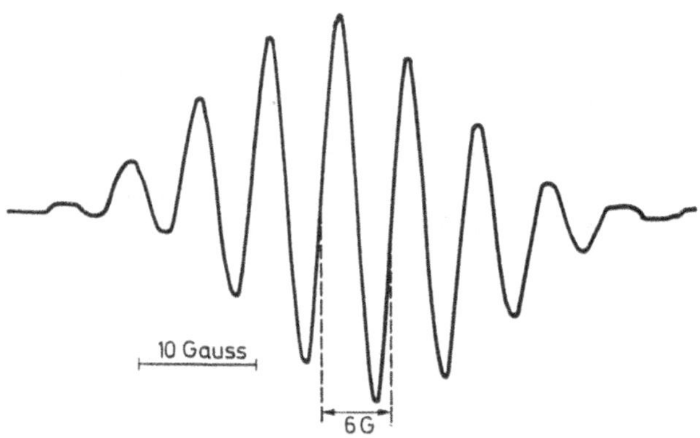

Abb. 125. ESR-Spektrum des 1,3,5-Triphenyl-verdazyls[530a]

[530a] siehe Fußnote 530, S. 367.

[531] R. Kuhn, F. A. Neugebauer u. H. Trischmann: Mh. Chem. **97**, 846 (1966).

[532] F. A. Neugebauer: Mh. Chem. **97**, 853 (1966).

[533] R. Kuhn, F. A. Neugebauer u. H. Trischmann: Mh. Chem. **97**, 1280 (1966).

[534] F. A. Neugebauer: Angew. Chem. **81**, 496 (1969).

Die ESR-Spektren der 1,5-Diphenyl-verdazyle, bei denen die *m*-Stellungen der Substituenten durch Chlor oder Brom besetzt sind, lassen eine weitere Aufspaltung der neun Stickstofflinien erkennen. Diese HFS ist teils auf verschiedene Protonen und teils in einigen Fällen auf die Nichtäquivalenz der ^{14}N-Kerne zurückzuführen[535]. Damit ist es möglich, bei den Verdazylen berechnete Spindichten mit experimentellen Kopplungskonstanten zu korrelieren.

Bi- und Triverdazyle[536] erweisen sich als Mehrspinsysteme mit einer schwachen Wechselwirkung der in den verschiedenen Molekülteilen vorhandenen ungepaarten Elektronen. Infolgedessen ist die Stickstoff-HFS ($g = 2{,}0033$) schlecht aufgelöst.

Spektroskopisch sind den Verdazylen die durch Reduktion von 2,3,5-Triphenyl-tetrazoliumchloriden entstehenden Radikale[537] sehr ähnlich.

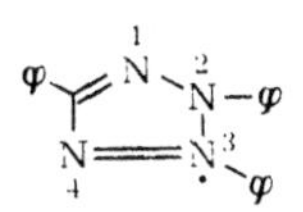

Die HFS spricht für die magnetische Kopplung des freien Elektrons mit zwei Paaren äquivalenter ^{14}N-Kerne ($a^{(1)}_{N_{1,4}} = 5{,}6$; $a^{(2)}_{N_{2,3}} = 7{,}5$ G); der *g*-Faktor beträgt 2,0037. Die Zuordnung der Stickstoffaufspaltungen konnte durch Markierung mit ^{15}N vorgenommen werden[538].

I.e.3. Phenoxazinyle

Phenoxazine lassen sich mit Luftsauerstoff oder mit Schwermetalloxyden sehr leicht zu den entsprechenden Phenoxazinylradikalen dehydrieren. Während die tert.-butylierten Verbindungen außerordentlich stabil sind und in Substanz isoliert werden können[539], kann man das unsubsti-

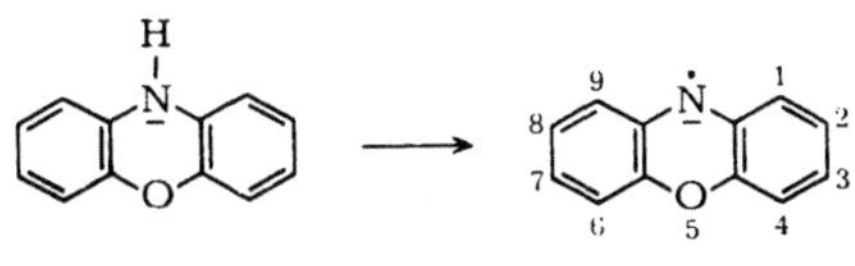

tuierte Phenoxazinyl durch einen Überschuß an Oxydationsmittel leicht in das N-Oxydradikal überführen (s. S. 331). Im ESR-Spektrum werden von den theoretisch zu erwartenden 243 Komponenten bei einer Linienbreite von 60 mG 213 gefunden[540].

[535] F. NEUGEBAUER: Mh. Chem. **98**, 231 (1967).
[536] R. KUHN, F. A. NEUGEBAUER u. H. TRISCHMANN: Mh. Chem. **97**, 525 (1966).
[537] Y. DEGUCHI, and Y. TAKAGI: Tetrahedron Letters **1967**, 3179.
[538] F. A. NEUGEBAUER, and G. RUSSEL: J. Org. Chem. **33**, 2744 (1968).
[539] H. B. STEGMANN, K. SCHEFFLER, F. STÖCKER u. H. BÜRK: Chem. Ber. 101, 262 (1968).
[540] K. SCHEFFLER, and H. B. STEGMANN: Tetrahedron Letters **1968**, 3619.

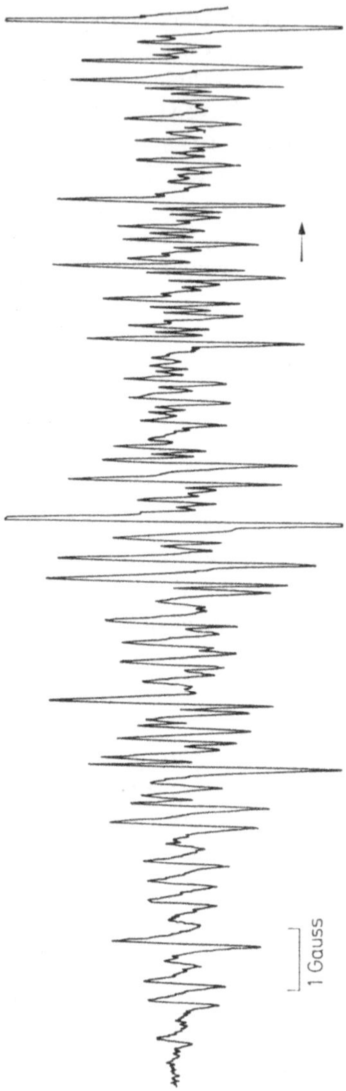

Abb. 126. ESR-Spektrum des Phenoxazinyl-Radikals in Äthanol[540a] (l. f. Seite)

Diese HFS-Struktur läßt sich durch Wechselwirkung des Elektrons mit einem ^{14}N und allen im Molekül vorhandenen Protonen interpretieren. Die Kopplungsparameter betragen: $a_N = 8{,}03$, $a_{H_{1,9}} = 2{,}88$, $a_{H_{2,8}} = 0{,}97$, $a_{H_{3,7}} = 3{,}97$, $a_{H_{4,6}} = 0{,}65$ G (Zuordnung auf Grund theoretischer Überlegungen). Entsprechende Wasserstoffaufspaltungen auch beim 2,4,6,8- bzw. 2,4,7,9-Tetra-tert.-butyl-phenoxazinyl[539, 540] stützen diese Interpre-

[540a] siehe Fußnote 540, S. 369.

tation. Die HFS der alkylierten Radikale ändert sich sehr wesentlich, wenn ihren neutralen alkoholischen oder benzolischen Lösungen etwas Trifluoressigsäure zugesetzt wird. Neben einer Abnahme aller Protonenaufspaltungen ist vor allen Dingen eine Wechselwirkung des freien Elektrons mit einem zusätzlichen Wasserstoffkern zu beobachten, dessen Kopplung etwa der des Stickstoffs entspricht[541]. Da diese HFS-Komponenten durch Neutralisieren wieder gelöscht werden können, handelt es sich um eine reversible Protonisierung der Phenoxazinyl-Radikale, offenbar vorwiegend am Stickstoffatom. Die g-Faktoren der Phenoxazinyl-Radikale liegen bei 2,0034 und ändern sich durch die Protonisierung nur geringfügig, wie sich u. a. auch an Phenoxazinylen, die als Farbstoffe verwendet werden, zeigte[542]. Die Kopplungsparameter für Stickstoff und das Aminiumproton entsprechen weitgehend den bei den tert.-butylierten Verbindungen beobachteten Werten.

I.e.4. Phenothiazinyle

Neutrale Radikale, die sich vom Phenothiazin ableiten, haben zuerst H. J. Shine u. E. E. Mach[543] bei der Bestrahlung von Phenothiazin in Äthanol gefunden. Eine Analyse des ESR-Spektrums und die Zuordnung der Kopplungsparameter durch Vergleich mit MO-Rechnungen gelang wenig später[544]. Die Kopplungen sind lösungsmittelabhängig, so daß gelegentlich [545, 546] etwas abweichende Werte angegeben werden.

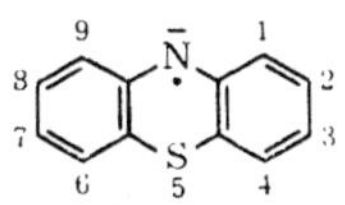

$a_N = 7{,}06$ G $\quad a_{H_{1,9}} = 2{,}68$ G
$a_{H_{2,8}} = 1{,}00$ G $\quad a_{H_{3,7}} = 3{,}64$ G
$a_{H_{4,6}} = 0{,}73$ G $\quad g = 2{,}0053$

Das neutrale Phenothiazinyl-Radikal läßt sich auch aus seiner protonisierten Form, wie sie durch Elektrolyse von Phenothiazoniumsalzen entsteht (s. S. 470), durch Neutralisation gewinnen; über die rückläufige Reaktion ist nichts bekannt. Bei substituierten Phenothiazinylradikalen, die sich von den Phenothiazinfarbstoffen ableiten, werden in neutraler Lösung Stickstoffaufspaltungen von 7 G beobachtet[547]. In saurem Milieu ist analog

[541] siehe Fußnote 539, S. 369.
[542] F. W. Heiniken, M. Bruin, and F. Bruin: J. Chem. Phys. **37**, 1479 (1962).
[543] H. J. Shine, and E. E. Mach: J. Org. Chem. **30**, 2130 (1965).
[544] B. C. Gilbert, P. Hanson, R. O. C. Normann, and B. T. Sutcliffe: Chem. Comm. **1966**, 161.
[545] H. J. Shine, C. Veneziani, and E. E. Mach: J. Org. Chem. **31**, 3395 (1966).
[546] C. Jacksen, and N. K. D. Patel: Tetrahedron Letters **1967**, 2255.
[547] siehe Fußnote 542.

den Phenoxazinylen ein weiterer Wasserstoffkern an der HFS beteiligt, der auf eine Protonisierung am N-Atom hinweist. Weitere HFS-Komponenten konnten nicht zugeordnet werden.

I.e.5. Thioindigo-Radikale

Für das Redoxsystem

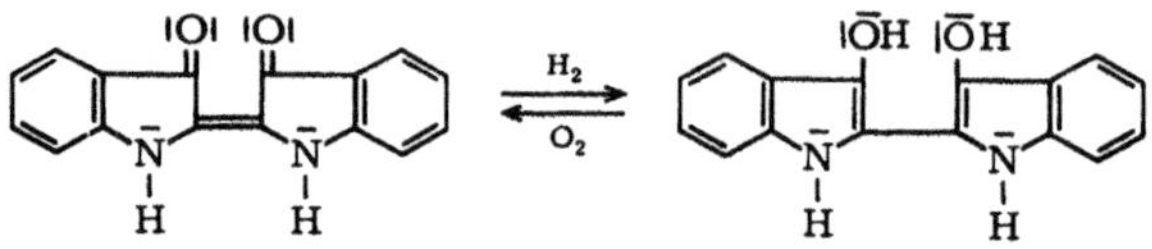

Indigo Indigweiß

wurden schon früh radikalische Zwischenstufen angenommen[548], wie sie bei Einelektronen-Reaktionen auftreten würden. Bei einer Reihe kommerzieller Thioindigo-Farbstoffe gelang es[549], derartige paramagnetische Zwischenprodukte zu finden und ihre ESR-Spektren zu interpretieren. So besteht die HFS des Thioindigo-Radikals aus vier sich überlagernden Tripletts mit etwa 70 mG Linienbreite.

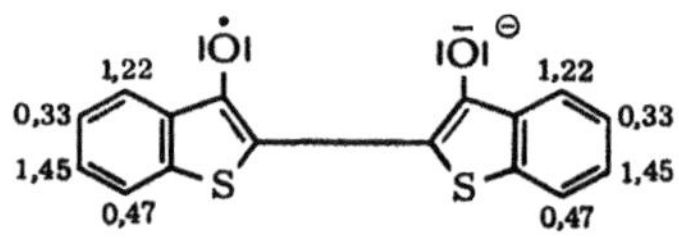

Als Substituenten wurden Cl, Br, Methyl- und Alkoxygruppen in verschiedene Positionen des Grundkörpers eingeführt. Im Falle der halogenierten Radikale zeigten sich keine Komponenten, die auf eine Spindichte am Chlor oder Brom hinweisen, doch ist eine Verbreiterung der Protonen-HFS zu beobachten. Bei den Methylthioindigoradikalen läßt sich eine den zusätzlichen drei Protonen entsprechende HFS mit vergleichbaren Kopplungskonstanten beobachten. Alkoxygruppen bewirken zunächst ein Ausbleiben der in der unsubstituierten Verbindung vorhandenen Aufspaltung, doch lassen sich bei höherer Auflösung weitere Linien mit annähernd 1/10 der ursprünglichen Kopplung nachweisen, die den Alkoxyprotonen zugeordnet werden können. Insgesamt besteht gute Übereinstimmung mit den an anderen Neutralradikalen gesammelten Erfahrungen.

---

[548] L. Michaelis, and E. S. Hill: J. Amer. chem. Soc. **55**, 1481 (1933).

[549] M. Bruin, F. Bruin, and F. W. Heiniken: J. Chem. Phys. **37**, 135 (1962).

II. Radikal-Anionen

II.a. Isocyclische konjugierte Systeme

II.a.1. Herstellung der Radikale

Für ESR-spektroskopische Zwecke hat sich die Umsetzung des Kohlenwasserstoffes mit Alkalimetallen in Lösungsmitteln (Dialkyläther, Tetrahydrofuran, Dimethoxyäthan, flüss. Ammoniak) bewährt. Dabei entstehen oft Gleichgewichte folgender Art,

$$R + Me\cdot \rightleftharpoons [R\cdot^{\ominus}Me^{\oplus}]$$

$$[Me^{\oplus}\, R\cdot^{\ominus}] + Me\cdot \rightleftharpoons R^{2\ominus} + 2\, Me^{\oplus}$$

deren Lage vom Gesamtsystem incl. Lösungsmittel abhängt[1].

Radikalanionen aromatischer Verbindungen sind außerordentlich reaktionsfreudig, weshalb sie unter völligem Ausschluß von Sauerstoff, Feuchtigkeit, CO_2 etc. dargestellt werden müssen[2]. Darüber hinaus sind an die Lösungsmittel extreme Reinheitsforderungen zu stellen, und eine sorgfältige Vorbereitung ist unerläßlich. Werden dazu Metallketyle herangezogen, so ist bei der abschließenden Rektifikation besonders darauf zu achten, daß das Destillat keine Spuren des zur Reinigung verwendeten Ketons enthält, da andernfalls in den Meßproben Ketylradikale auftreten können. Da ein Mitreißen von Benzophenon oder ähnlichen Verbindungen nicht immer ausgeschlossen werden kann, empfiehlt es sich, die Lösungsmittel lediglich mehrfach über Natrium unter Stickstoff oder Argon zu destillieren und die Reinheitsprüfung mit Hilfe von Ketylen in einer gesonderten Probe durchzuführen.

Zur Radikalerzeugung wird eine geschlossene Hochvakuumapparatur benutzt[3, 4], in die zuvor unter strömenden Stickstoff der hochgereinigte Kohlenwasserstoff, das Lösungsmittel und das Alkalimetall eingeführt worden sind. Man läßt die Kohlenwasserstoff-Lösung mit dem durch Sublimation hergestellten Alkalimetallspiegel reagieren und kann sie nach Filtration über eine eingeschmolzene Fritte zur ESR-Messung verwenden. Einfacher, allerdings ohne Möglichkeit definierte Konzentrationsänderungen durchzuführen, lassen sich Radikalionen mit Hilfe eines einfachen Doppelschlenkrohres herstellen.

---

[1] B. J. McClelland: Chem. Rev. **64**, 301 (1964).

[2] vgl. H. Metzger u. E. Müller, in: Houben-Weyl-Müller, Methoden der organischen Chemie, Band I/2, S. 321. Stuttgart: Georg Thieme 1959.

[3] P. Balk, G. J. Hoijtink u. J. W. H. Schreurs: Rec. Trav. Chim. Pays-Bas **76**, 813 (1957).

[4] D. E. Paul, D. Lipkin, and S. I. Weissman: J. Amer chem. Soc. **78**, 116 (1956).

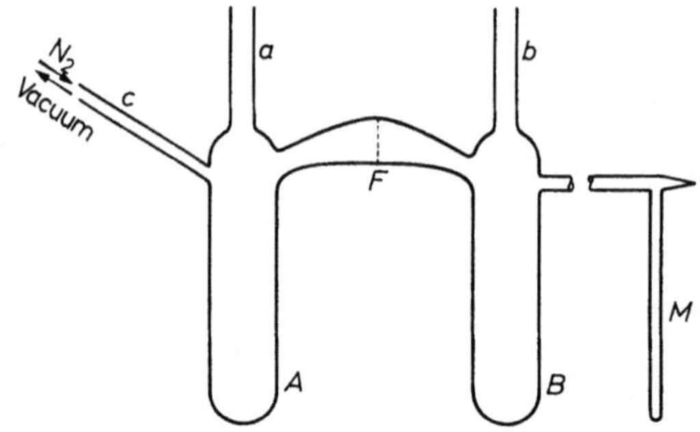

Abb. 127. Schlenkrohr

Über den Ansatz *c* wird das System durch mehrfaches Evakuieren und Einströmenlassen von Stickstoff sorgfältig vom Sauerstoff befreit. Danach wird unter strömenden Stickstoff der Schenkel *B* bei *b* geöffnet, die abgewogene Menge Kohlenwasserstoff eingeführt und wieder abgeschmolzen. Nun wird in den Schenkel *A* durch *a* das Lösungsmittel gegeben und gleichzeitig das Alkalimetall (zweckmäßig als Draht) eingepreßt. Nun wird das Schlenkrohr bei *a* sorgfältig abgeschmolzen, der Schenkel *A* gut gekühlt und nochmals wechselweise evakuiert und mit N_2 gefüllt. Schließlich wird unter Hochvakuum der Ansatz *c* zugeschmolzen. Nach Erwärmen von A kann das Lösungsmittel durch die Fritte *F* bei entsprechender Neigung des Systems in *B* gelangen und den Kohlenwasserstoff lösen. Danach wird ein Teil der Lösung zurück zu *A* dekantiert und durch Schütteln zur Reaktion mit dem Metall gebracht. Schließlich wird die Radikallösung durch *F* filtriert und in das Meßröhrchen *M*, das direkt in die „cavity" eingeführt werden kann, eingebracht. Ist der Radikalgehalt zu gering, läßt man ein Teil der Lösung nochmals mit dem Metall reagieren. Soll die Konzentration erniedrigt werden, wird der größte Teil der Lösung nach *A* gebracht und neues Lösungsmittel durch Kühlen von *B* überdestilliert. Durch Kühlen bzw. Erwärmen einzelner Schenkel läßt sich leicht ein unerwünschtes Überströmen von Flüssigkeit beim Neigen des Rohres vermeiden.

Selbstverständlich läßt sich die Methode auf die Verwendung von Amalgamen oder Legierungen[5] ausdehnen, dadurch ist in Verbindung mit Lösungsmittelgemischen, z. B. THF : DMÄ = 2 : 1, die Aufnahme der ESR-Spektren bis —150° möglich[6]. Bei dieser Art der Radikalerzeugung muß einerseits eine Weiterreaktion, die zu diamagnetischen Dianionen führt, und andererseits ein zu großer Überschuß an Kohlenwasserstoff wegen der damit verbundenen Austauschverbreiterung (s. S. 95ff.) vermieden werden.

Werden metallorganische Verbindungen wie Butyl- oder Phenyllithium mit Lösungen der Kohlenwasserstoffe zusammengegeben, so sind nach kurzer Zeit gleichfalls entspr. ESR-Signale zu beobachten[7]. Belichtung

---

[5] J. R. Bolton: Mol. Phys. **6**, 219 (1963).

[6] K. W. Bowers, G. J. Nolfi jr., and F. D. Green: J. Amer. chem. Soc. **85**, 3707 (1963).

[7] H. W. Brown, and R. C. Jones: J. Chem. Phys. **36**, 2809 (1962).

derartiger Mischungen z. B. mit einer Hanau PL 313-Lampe soll die Radikalkonzentration erhöhen, so daß sie auf diesem Wege sehr leicht kontrolliert werden kann[8,9].

Schließlich können elektrolytische Verfahren zur Herstellung isocyclischer Radikalionen dienen[10–13]. Verfahren bei denen die Elektrolyse, sowohl direkt in der „cavity"[14,15] als auch außerhalb des Resonators[16,17] durchgeführt wird, sind bekannt. Geeignete Lösungsmittel sind Acetonitril, N.N-Dimethylformamid oder Dimethylsulfoxyd, aber auch verschiedene Äther. Als Leitsalz wird Tetra-n-propyl- bzw. -n-butyl-ammoniumperchlorat verwendet. Flüssiges Ammoniak ist als Lösungsmittel mit Tetramethylammoniumjodid als Leitsalz brauchbar[18,19]. Die elektrolytische Radikalerzeugung hat gegenüber der Reduktion mit Metallen den Vorteil, das mit großen Kationen und Lösungsmitteln hoher DK gearbeitet werden kann, eine Ionenpaarbildung damit weitgehend zurückgedrängt wird.

II.a.2. Spektren

II.a.2α. Monocyclen

Das *Benzolradikal-Anion* ist wegen seiner hohen Symmetrie in theoretischer Hinsicht besonders interessant. Einmal ist es geeignet, um experimentell den $Q_{\pi\text{-}\sigma}$-Wert für ein C—H-Fragment im Radikalanion zu ermitteln und mit theoretisch abgeleiteten Werten zu vergleichen (S. 376), zum andern bietet es mit seinen Alkylderivaten die Möglichkeit, die Aussagen der HMO-Methode zu prüfen[20].

Das ESR-Spektrum des Benzol-Anionradikals zeigt sieben Komponenten[21,22] bei [23] $g = 2{,}002854$ mit dem Intensitätsverhältnis 1 : 6 : 15 :

[8] H. J. S. Winkler, H. Winkler, and R. Bollinger: Chem. Comm. **1966**, 70.

[9] H. J. S. Winkler, and H. Winkler: J. Org. Chem. **32**, 1695 (1967).

[10] I. Bernal, P. H. Rieger, and G. K. Fraenkel: J. Chem. Phys. **37**, 1489, (1962).

[11] D. E. G. Austen, P. H. Given, D. J. E. Ingram, and M. E. Peover: Nature **182**, 1784 (1958).

[12] J. C. M. Henning: J. Chem. Phys. **44**, 2139 (1966).

[13] K. Möbius u. M. Plato: Z. Naturforsch. **22a**, 929 (1967).

[14] D. H. Geske, and A. H. Maki: J. Amer. chem. Soc. **82**, 2671 (1960).

[15] K. Möbius: Z. Naturforsch. **20**a, 1093 (1965).

[16] P. H. Rieger, I. Bernal, W. H. Reinmuth, and G. K. Fraenkel: J. Amer. chem. Soc. **85**, 683 (1963).

[17] J. R. Bolton, and G. K. Fraenkel: J. Chem. Phys. **40**, 3307 (1964).

[18] D. H. Levy, and R. J. Myers: J. Chem. Phys. **41**, 1062 (1964).

[19] D. H. Levy, and R. J. Myers: J. Chem. Phys. **43**, 3063 (1965).

[20] A. Carrington: Quart. Rev. **17**, 67 (1963).

[21] M. G. Townsend, and S. I. Weissman: J. Chem. Phys. **32**, 309 (1960).

[22] T. R. Tuttle jr., and S. I. Weissman: J. Amer. chem. Soc. **80**, 5342 (1958).

[23] B. G. Segal, M. Kaplan, and G. K. Fraenkel: J. Chem. Phys. **43**, 4191 (1965).

20 : 15 : 6 : 1 (s. S. 149). Diese HFS läßt sich leicht durch eine Wechselwirkung mit sechs hinsichtlich ihrer Aufspaltung äquivalenten Protonen verstehen. Die Protonenkopplungskonstante beträgt $a_H = 3{,}75$ G, und damit ergibt sich nach der McConnell-Näherung mit $a_H = |Q| \cdot \varrho$; $Q = 22{,}5$ G eine Spindichte von 0,167 pro Kohlenstoffatom. Die π-Dichte ist also gleichmäßig über das Molekül verteilt.

Nach der HMO-Theorie lassen sich die sechs 2p-Atomfunktionen im Benzol zu sechs Molekülbahnen kombinieren, von denen drei bindend und die anderen drei antibindend sind. Dabei besitzen die beiden höchsten bindenden und die zwei tiefsten antibindenden Orbitale jeweils die gleiche

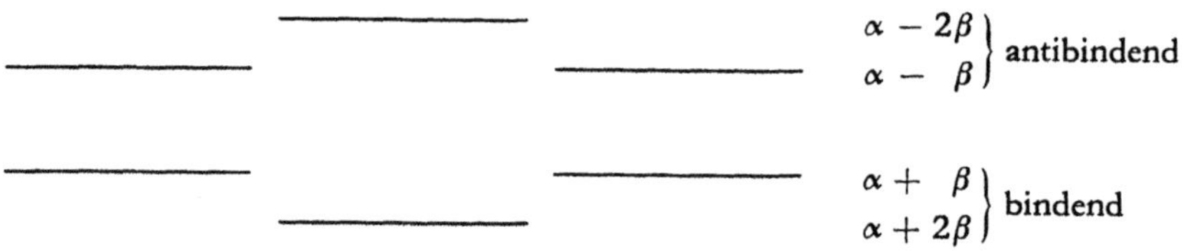

relative Energie. Die beiden entarteten Niveaus unterscheiden sich jedoch hinsichtlich ihrer Symmetrie. Die Werte der Elektronenverteilung, wie sie sich aus der Hückel-Rechnung für die entarteten symmetrischen und antisymmetrischen Orbitale ergeben, gelten sowohl für die entspr. antibindenden als auch für die bindenden Niveaus.

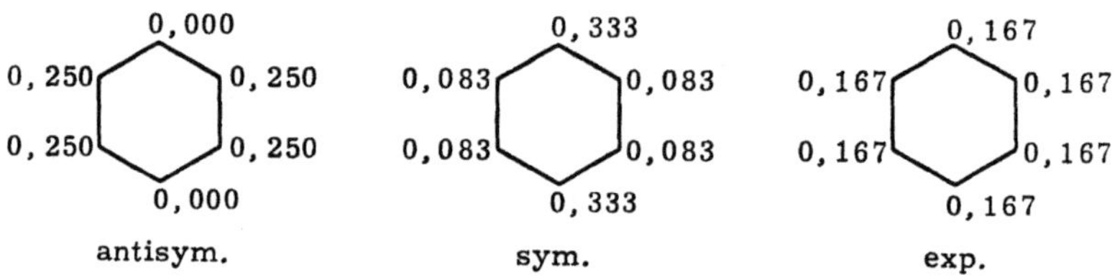

Da die Energiedifferenz zwischen den entarteten MOs gleich Null ist, wird das freie Elektron sich gleichmäßig auf sie verteilen. Damit ist erst der Mittelwert aus den beiden theoretischen Spinverteilungen, der sich für alle C-Atome des Benzols zu 0,167 ergibt, mit den experimentell bestimmten Werten zum Vergleich geeignet.

Da im Benzol alle bindenden Orbitale mit Elektronen doppelt besetzt sind, wird im Anionradikal das zusätzliche einzelne Elektron durch die beiden entarteten antibindenden Orbitale beschrieben, so daß damit auch die experimentell gefundene gleichmäßige freie π-Dichteverteilung erklärt werden kann. Durch Einführung eines *Deuterium*-Atoms[24] werden die Ver-

[24] R. G. Lawler, J. R. Bolton, G. K. Fraenkel, and Th. H. Brown: J. Amer. chem. Soc. **86**, 520 (1964).

hältnisse maßgeblich verändert. Das ESR-Spektrum (Abb. 128) läßt sich durch eine Wechselwirkung des Radikalelektrons mit dem Deuteriumkern, einem Wasserstoffkern und vier äquivalenten Protonen interpretieren.

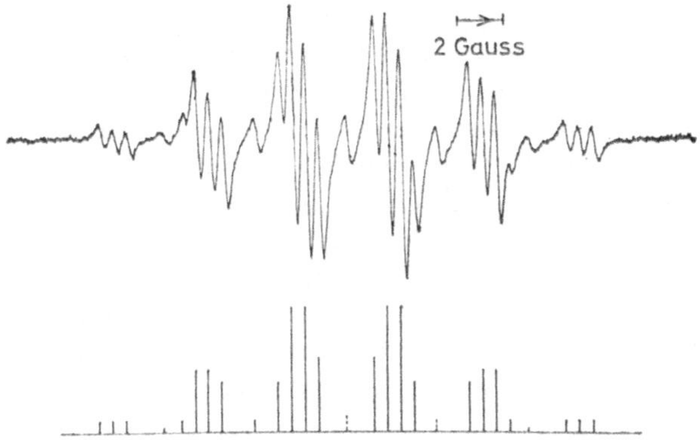

Abb. 128. ESR-Spektrum des Monodeutero-benzolanionradikals (im konstruierten Spektrum entsprechen die gestrichelten Linien einer 4%igen Verunreinigung von $C_6H_6^{\ominus}$)[24a]

Die Spindichten ergeben sich nun wie folgt:

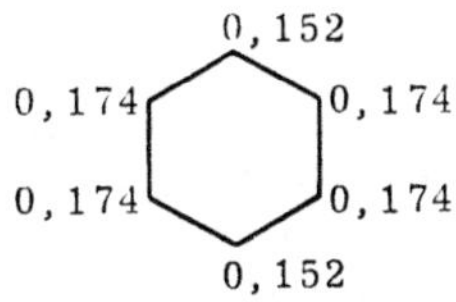

Die Spindichten in 1- und 4-Stellung haben also gegenüber dem Benzolradikal abgenommen, während sie an den Kohlenstoffatomen 2,3,5,6 gewachsen sind. Offenbar genügt ein Deuterium-Atom, um die Entartung des Benzol-Termschemas aufzuheben. Das heißt also, daß das antisymmetrische Orbital energetisch etwas begünstigt wird, im Vergleich zum undeuterierten Benzol sein Anteil zur Beschreibung der Spindichteverteilung auf Kosten des symmetrischen Orbitals etwas steigt. Die Untersuchungen mehrfach deuterierter Benzolanionen haben diese Vorstellungen bestätigt[25].

J. R. Bolton u. A. Carrington[26] konnten die Kopplungsparameter des *Toluol-anionradikals*[27,28] recht genau ermitteln (Spindichten s. u.). Die

[24a] siehe Fußnote 24, S. 376.
[25] R. Lawler, and G. Fraenkel: J. Chem. Phys. **49**, 1126 (1968).
[26] J. R. Bolton, and A. Carrington: Mol. Phys. **4**, 497 (1961).
[27] T. R. Tuttle jr., and S. I. Weissman: J. Amer. chem. Soc. **80**, 5342 (1958).
[28] T. R. Tuttle jr.: J. Amer. chem. Soc. **84**, 1492 (1962).

Verteilung des Einzelelektrons liegt hier sehr nahe den für das antisymmetrische Orbital geforderten Werten. Offenbar wird durch eine Methylgruppe der Energieunterschied zwischen dem symmetrischen und dem antisymmetrischen antibindenden Orbitalen so groß, daß praktisch das letztere allein die Spindichteverteilung bestimmt.

Damit steht im Einklang, daß Alkylgruppen als Elektronendonatoren aufzufassen sind. Dieser elektronenabstoßenden Eigenschaft kommt das antisymmetrische Orbital besonders entgegen, so daß dieses durch Alkylsubstitution des Benzols energetisch begünstigt wird. Wenn diese Vorstellungen richtig sind, so müßten im *p-Xylol-anionradikal* völlig analoge Verhältnisse vorliegen, während im *o-Xylol* und *m-Xylol* die symmetrischen Orbitale vorwiegend besetzt sein sollten, damit in diesen Fällen die Spindichten in Nachbarschaft zu den Methylgruppen möglichst klein sind. Die experimentellen Ergebnisse[29,30] haben diese mit Hilfe der einfachen HMO zugänglichen Voraussagen im wesentlichen gut bestätigt.

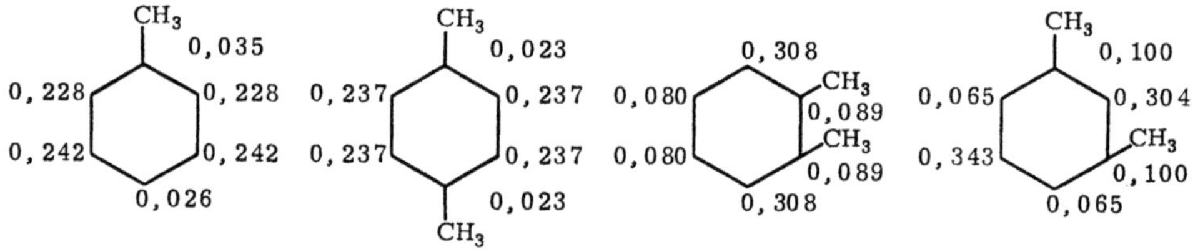

Die relativ geringen Abweichungen zwischen experimentellen und berechneten Werten dürften im wesentlichen auf zwei Ursachen zurückzuführen sein. Einmal handelt es sich bei den substituierten Radikalen nicht mehr um das Benzol, von dem die ursprünglichen Hückel-Koeffizienten übernommen worden sind, und zum anderen wird die Energiedifferenz zwischen antisymmetrischen und symmetrischen Orbitalen auch nach Einführung von Substituenten relativ klein sein. Infolgedessen wird streng genommen nicht nur eines der beiden Orbitale die Elektronenverteilung im Molekül bestimmen, sondern stets beide, allerdings mit stark unterschiedlichen Gewichten. Interessant ist auch das negative Vorzeichen für die Alkylprotonenaufspaltungen im *p*-Xylol- und *p*-Diäthylbenzolanion, die durch NMR-Untersuchungen[31] ermittelt worden sind, da in der einfachen Hückel-Rechnung keine diesem Befund entsprechende negativen Spindichten auftreten. Auf die Erklärung der Abweichungen von den einfachen Modellvorstellungen kann hier nicht eingegangen werden[31–33].

Die Überlegungen gelten ebenso bei Einführung größerer Alkylreste wie *Äthyl-*, *Isopropyl-* und *tert.-Butyl-Gruppen*[32]. Aber auch bei Elektronen-anziehenden Substituenten, in diesem Fall sollte das freie Elektron vorwie-

---

[29] siehe Fußnote 26, S. 377.
[30] J. R. Bolton: J. Chem. Phys. **41**, 2455 (1964).
[31] E. deBoer, and C. McLean: J. Chem. Phys. **44**, 1334 (1966).
[32] J. R. Bolton, A. Carrington, A. Forman, and L. E. Orgel: Mol. Phys. **5**, 43 (1962).
[33] J. K. Brown, and D. R. Burnham: Mol. Phys. **15**, 173 (1968).

gend das symmetrische Orbital besetzen, wird die π-Dichteverteilung durch die Theorie schon in der hier benutzten groben Näherung prinzipiell richtig beschrieben. Auf Grund experimenteller Kopplungskonstanten für das *Phenyltrimethylsilan-*, das *Phenyltrimethylgerman-*[34] und das *Bis-[1,4-trimethylsilyl]-benzolanionradikal*[35,36] errechnen sich nachstehende Spindichten:

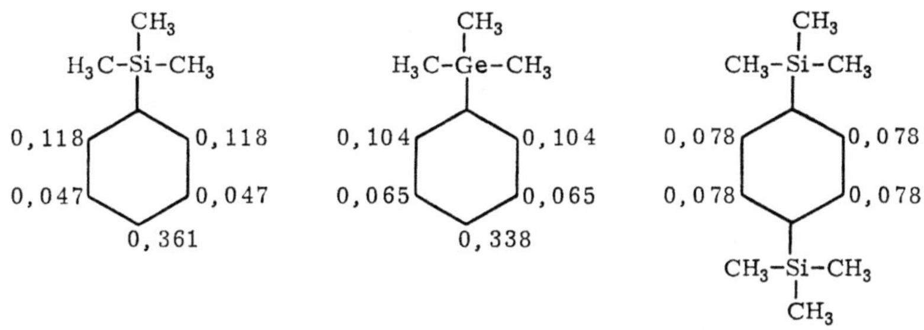

Offenbar ist die zweifache Entartung des tiefsten antibindenden Benzolorbitals aufgehoben und das symmetrische Niveau besitzt die kleinere Energie.

In anderer Hinsicht sind das Benzol-anionradikal und seine Alkylderivate interessant. Da die Spindichteverteilungen bekannt sind, eignen sie sich auch zur Untersuchung der ^{13}C-Aufspaltungen (s. S. 181). Dabei konnte eine gute Übereinstimmung der von M. KARPLUS u. G. K. FRAENKEL[37] berechneten Werte mit den experimentellen Daten[38] nachgewiesen werden.

Stark mesomeriefähige Substituenten im Benzolmolekül bedeuten eine derartig große Störung für das 6- bzw. 7-π-Elektronensystem, daß Vergleiche mit den Alkylbenzolradikalen sinnlos werden. Schon bei den relativ einfachen Anionradikalen vom Typ des *Stilbens*[39] konnten erhebliche Spindichten in den Substituenten nachgewiesen werden. Darüber hinaus fand man sowohl für die *o*- als auch für die *m*-Protonen jeweils zwei verschiedene Aufspaltungen. Das weist auf eine gehinderte Rotation der Phenylringe um die $C_{Arom.}-C_{Äthylen}$-Bindung hin. Schließlich findet bei diesen Radikalen offenbar auch eine cis-trans-Isomerisierung statt (Rotation um $C_{Äthylen}-C_{Äthylen}$-Bindung), da die Spektren, die aus den Isomeren erhalten werden, identisch sind.

---

[34] J. A. BEDFORD, J. R. BOLTON, A. CARRINGTON, and R. H. PRICE: Trans. Faraday Soc. **59**, 53 (1963).

[35] H. ALT, H. BOCK, F. GERSON u. J. HEINZER: Angew. Chem. **79**, 933 (1967).

[36] F. GERSON, J. HEINZER, H. BOCK, H. ALT u. U. SEIDL: Helv. chim. Acta **51**, 707 (1968).

[37] M. KARPLUS, and G. K. FRAENKEL: J. Chem. Phys. **35**, 1312 (1961).

[38] J. R. BOLTON: Mol. Phys. **6**, 219 (1963).

[39] C. S. JOHNSON JR., and R. CHANG: J. Chem. Phys. **43**, 3183 (1965).

Die ESR-Spektren des *Biphenyl-*[40–43] und des *Terphenylanionradikals*[44,45] wurden von verschiedenen Autoren registriert und die experimentellen Kopplungsparameter in recht guter Übereinstimmung ermittelt. Allerdings stimmen die daraus mit für alle Zentren gleichen Q-Werten (zwischen 22 und 28 G) errechneten Spindichten nur mäßig mit denen von der Hückelschen Theorie vorausgesagten Werten überein. Dies ist zu erwarten, da einerseits eine Verdrillung der beiden Phenylkerne in Betracht gezogen werden muß[46, 47] und andererseits die McConnell-Gleichung nur für neutrale C—H-Fragmente gilt, während in Radikalionen stets eine Überschußladung vorhanden ist. Der Einfluß tritt sehr deutlich hervor, wenn z. B. Aufspaltungen von aromatischen Kationen- und Anionenradikalen miteinander verglichen werden. Die Unterschiede in den Kopplungsparametern können mehr als 1 G betragen. Beim Benzol war der dadurch bedingte Fehler nicht so schwerwiegend, da sich der hohen Symmetrie wegen die Ladung gleichmäßig auf alle Kohlenstoffatome verteilt und somit stets die gleichen Abweichungen auftraten. Bei komplizierten Kohlenwasserstoffen treten unterschiedliche Ladungen an den einzelnen C-Atomen auf, dadurch gewinnen diese Einflüsse so große Bedeutung, daß sie nicht mehr vernachlässigt werden dürfen (ausführliche Beschreibung s. S. 159).

Eine Vergrößerung der Ringgliederzahl unter weitgehender Erhaltung der gleichmäßigen Verteilung von Ladung und Spindichte, wie sie beim Übergang vom Benzol über Cycloheptatrien- zum Cyclo-octatetraen-Anionradikal stattfindet, läßt sich leider nicht unmittelbar zum Studium der Ladungseffekte heranziehen, da bei letzteren das Vorliegen ebener sp^2-hybridisierter Kohlenstoffatome von vornherein nicht feststeht und nach Berechnung von KARPLUS u. FRAENKEL[48] das Q in der McConnell-Beziehung stark winkelabhängig ist (vgl. S. 156). Das ESR-Spektrum des Cyclo-octatetraen-Anionradikals[49–51] zeigt[52] bei $g = 2{,}002583$ neun Komponenten mit dem Abstand von 3,25 G und damit ergibt sich ein Q von

[40] J. C. M. HENNING: J. Chem. Phys. **44**, 2139 (1966).

[41] K. MÖBIUS: Z. Naturforsch. **20a**, 1093 (1965).

[42] T. W. LAPP, J. G. BURR, and R. N. INGALLS: J. Chem. Phys. **43**, 4183 (1965).

[43] A. CARRINGTON, and J. DOSSANTOS-VEIGA: Mol. Phys. **5**, 21 (1962).

[44] K. H. HAUSSER, L. MONGINI u. R. VAN STEENWINKEL: Z. Naturforsch. **19a**, 777 (1964).

[45] E. DEBOER, and S. I. WEISSMAN: J. Amer. chem. Soc. **80**, 4549 (1958).

[46] A. D. MCLACHLAN: Mol. Phys. **3**, 233 (1960).

[47] K. MÖBIUS: Z. Naturforsch. **20a**, 1117 (1965).

[48] M. KARPLUS, and G. K. FRAENKEL: J. Chem. Phys. **35**, 1312 (1961).

[49] T. J. KATZ, and H. L. STRAUSS: J. Chem. Phys. **32**, 1873 (1960).

[50] H. L. STRAUSS, T. J. KATZ, and G. K. FRAENKEL: J. Amer. chem. Soc. **85**, 2360 (1963).

[51] F. J. SMENTOWSKI, and G. R. STEVENSON: J. Amer. chem. Soc. **89**, 5120 (1967); **90**, 4661 (1968).

[52] siehe Fußnote 23, S. 375.

25,7 G, der von dem beim Benzol gefundenen Wert von 22,5 G nicht wesentlich abweicht. Es dürfte also entweder das Cyclooctatetraen-Anionradikal nicht planar sein, jedoch weitgehend ebene CH-Fragmente besitzen (dafür sprechen die ^{13}C-Kopplungen[53]), oder es ist die Winkelabhängigkeit der Wasserstoffaufspaltung nur gering (s. S. 156). Eine eindeutige Klärung war, trotz Untersuchung sowohl der unsubstituierten Verbindung als auch einiger Alkylderivate[54] und Vergleich mit den nach einfacher HMO gewonnenen Ergebnissen, bislang nicht möglich.

Die Substitution eines Wasserstoffatoms durch Deuterium im Cyclooctatetraen-Anionradikal[55] führt nicht zu einer durchgreifenden Veränderung der π-Dichteverteilung, sondern alle Kopplungen entsprechen der nicht-deuterierten Verbindung.

Monohomocyclooctatetraene liefern bei der Reduktion unterschiedliche Anionradikale, je nachdem ob vom cis- oder trans-*Bicyclo-[6.1.0-]nonatrien*-(2,4,6) ausgegangen wird.

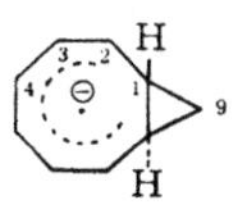

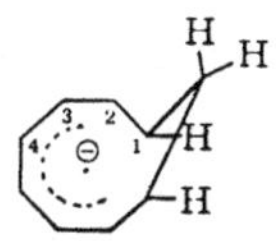

trans	cis
$a_{H_1} = 5{,}61$ G	$a_{H_1} = 5{,}72$ G
$a_{H_2} = 8{,}11$ G	$a_{H_2} = 0{,}87$ G
$a_{H_3} = <0{,}10$ G	$a_{H_3} = 5{,}12$ G
$a_{H_4} = 4{,}22$ G	$a_{H_4} = 1{,}99$ G
$a_{H_9} = 0{,}46$ G	$a_{H_9} = 4{,}54;\ 12{,}18$ G

Die Differenzen der Kopplungsparameter werden auf das Vorliegen einer klassischen Struktur für das trans-Radikal und eines nichtklassischen Ions für die cis-Verbindung zurückgeführt[56,57].

Im Cycloheptatrienyl-Radikal (s. S. 300) und im Cycloheptatrienyldianionradikal[58,59] sollte weitgehend dasselbe σ-Gerüst vorliegen und auch eine ähnliche π-Dichteverteilung ist auf Grund der HMO zu erwarten.

Tatsächlich zeigen die ESR-Spektren übereinstimmend die Kopplung mit sieben äquivalenten Protonen. Die Abstände der einzelnen Komponenten

[53] H. L. Strauss, and G. K. Fraenkel: J. Chem. Phys. **35**, 1738 (1961).
[54] A. Carrington, and P. F. Todd: Mol. Phys. **7**, 533 (1964).
[55] A. Carrington, H. C. Longuet-Higgins, R. E. Mossa, and P. F. Todd: Mol. Phys. **9**, 187 (1964/65).
[56] G. Moshuk, G. Petrowski, and S. Winstein: J. Amer. chem. Soc. **90**, 2179 (1968).
[57] F. J. Smentowski, R. Owens, and B. Faubion: J. Amer. chem. Soc. **90**, 1537 (1968).
[58] N. L. Bauld, and M. S. Brown: J. Amer. chem. Soc. **87**, 4390 (1965).
[59] N. L. Bauld, and M. S. Brown: J. Amer. chem. Soc. **89**, 5417 (1967).

betragen jedoch für das Cycloheptatrienyl 3,92 G, während für das Dianion 3,52 G gemessen wurden. Die Ursache dürften Ladungseffekte sein, die sich auch quantitativ mit der Colpa-Bolton-Näherung erfassen lassen.

Weitere vollkommen konjugierte höhergliedrige Ringsysteme (π-Elektronen-Perimeter) wurden hinsichtlich ihrer ESR-Spektren untersucht[60–62]. Allerdings sind die experimentellen Ergebnisse wegen der komplizierteren Molekülgeometrie nicht mehr so einfach zu übersehen. Sie stehen aber durchaus mit der auf Grund der HMO-Theorie gewonnenen Vorstellung im Einklang.

II.a.2.β. Kondensierte Systeme

Das *Naphthalin-Anionradikal* wurde frühzeitig untersucht[63,64]. Die Kopplungsfaktoren von $a_{H_\alpha} = 4{,}90$ G und $a_{H\beta} = 1{,}83$ G stimmen recht gut auch mit den in neuerer Zeit[65] gemessenen Werten überein. Die Zuordnung der aus den Spektren bei[66] $g = 2{,}002557$ zugänglichen beiden Aufspaltungen, die jeweils vier äquivalenten Protonen entsprechen (Abb. 129), konnten durch Deuterierung[67,68] gesichert werden.

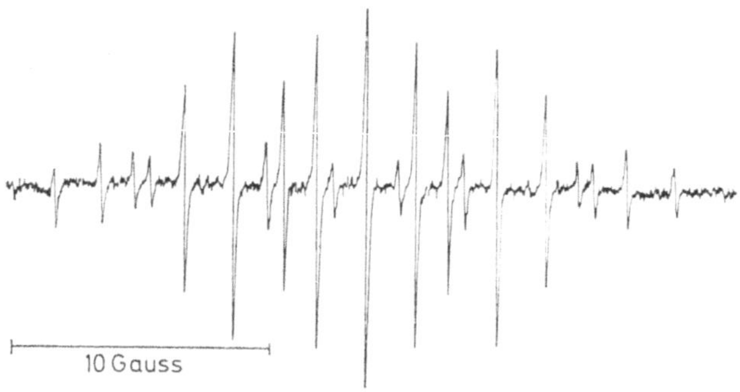

Abb. 129. ESR-Spektrum des Naphthalin-Anionradikals[65]

[60] F. Gerson, E. Heilbronner u. V. Boekelheide: Helv. chim. Acta **47**, 1123 (1964).

[61] F. Gerson, E. Heilbronner, W. A. Böll u. E. Vogel: Helv. chim. Acta **48**, 1494 (1965).

[62] N. M. Atherton, R. Mason, and R. J. Written: Mol. Phys. **11**, 525 (1966).

[63] T. R. Tuttle jr., R. L. Ward, and S. I. Weissman: J. Chem. Phys. **25**, 189 (1956).

[64] A. Carrington, F. Dravnieks, and M. C. R. Symons: J. Chem. Soc. **1959**, 947.

[65] K. Möbius: Z. Naturforsch. **20a**, 1102 (1965).

[66] siehe Fußnote 23, S. 375.

[67] T. R. Tuttle jr., R. L. Ward, and S. I. Weissman: J. Chem. Phys. **25**, 189 (1956).

[68] S. I. Weissman, T. R. Tuttle jr., and E. de Boer: J. Phys. Chem. **61**, 28 (1957).

Allerdings ist der Quotient a_H/a_D nicht exakt gleich 6,514, wie er auf Grund der magnetischen Momente (s. S. 289) zu erwarten ist. Jedoch beeinträchtigen die geringen Veränderungen der freien π-Dichte-Verteilung [69], die durch die Deuterium-Substitution hervorgerufen werden, die Zuordnung nicht. Darüber hinaus gibt eine einfache HMO-Rechnung das Verhältnis der Spindichten an den Kohlenstoffatomen 1 und 2 richtig wieder [70], während für die Positionen 3 experimentell selbstverständlich keine Spindichten erhalten werden. Demgegenüber ergibt sich auf Grund der McConnell-Beziehung mit dem am Benzol experimentell gewonnenen Q-Wert in Verbindung mit $\sum \varrho_i = 1$ für die Kondensationsstellen eine negative Spindichte (vgl. S. 152 und S. 297). Mit welcher Berechtigung dieser Wert auf andere Aromatenanionen, insbes. solche niederer Symmetrie übertragen werden darf, läßt sich nicht übersehen.

Tabelle 38. *ESR-Daten des Naphthalin-Anions*

Position	Protonen-kopplung[G]	$\varrho_{exp.}$ ($\lvert Q \rvert = 23{,}72$)	$\varrho_{Hückel}$	ϱ_{VB}	^{13}C-Kopplung [71] [G]
1	4,95	0,2087	0,181	0,187	(+) 7,3
2	1,87	0,0786	0,069	0,072	(−) 1,0
3	—	(−)0,0746	0,00	−0,018	(−) 5,6

Eine Überprüfung der auf Grund verschiedener Theorien zugänglichen Spindichten mit Hilfe der ^{13}C-Kopplungen [72,73] ist wegen der Unsicherheit der Konstanten in der Karplus-Fraenkel-Gleichung ebenfalls nicht exakt möglich.

Eine Reihe symmetrischer Dimethylnaphthalin-Anionenradikale [74,75] haben systematisch F. Gerson et al. [76] untersucht. Sie konnten die experimentelle Methylaufspaltung mit den nach einem modifizierten HMO-Verfahren berechneten Spindichten korrelieren. Für den Hyperkonjugationsparameter B/2 fanden sie 22,4 G. Dieser Wert liegt beträchtlich unterhalb der am neutralen Äthylradikal gefundenen Methylprotonenaufspaltung von 26,9 G, so daß offenbar B/2 stark ladungsabhängig ist. Bei einigen mit

[69] R. G. Lawler, J. R. Bolton, M. Karplus, and G. K. Fraenkel: J. Chem. Phys. **47**, 2149 (1967).
[70] J. C. M. Henning: J. Chem. Phys. **44**, 2139 (1966).
[71] K. Markau u. W. Maier: Z. Naturforsch. **16a**, 636 (1961).
[72] R. L. Ward, and S. I. Weissman: J. Amer. chem. Soc. **79**, 2086 (1957).
[73] N. M. Atherton, and S. I. Weissman: J. Amer. chem. Soc. **83**, 1330 (1961).
[74] E. Brunner u. F. Dörr: Z. Elektrochem. **68**, 468 (1964).
[75] R. D. Rieke, C. F. Meares, and L. I. Rieke: Tetrahedron Letters **1968**, 5275.
[76] F. Gerson, B. Weidmann u. E. Heilbronner: Helv. Chim Acta. **47**, 1951 (1964).

größeren Alkylresten substituierten Naphthalin-Anionenradikalen wurden Spindichtebestimmungen im Substituenten mit Hilfe von NMR-Messungen durchgeführt und mit den ESR-spektroskopischen Werten verglichen[77].

Die Linienbreite der Protonen-HFS beim Naphthalin und einigen anderen aromatischen Ionenradikalen hängt von den Versuchsbedingungen ab. Im vorliegenden Beispiel kann sie zwischen 150 mG und einigen Gauß variieren, so daß im Extremfall keinerlei HFS mehr erkennbar ist. R. L. Ward u. S. I. Weissman[78] konnten nachweisen, daß die Linienverbreiterung mit der Anwesenheit von unumgesetztem Naphthalin im Zusammenhang steht. Als Mechanismus wird ein Elektronenübergang zwischen dem Radikal und der diamagnetischen Ausgangsverbindung angenommen[79] (s. S. 111), der bei hinreichender Geschwindigkeit (also großer Naphthalin-Konzentration) zu einem Zusammenfallen der HFS führen kann. Durch Bestimmung der Geschwindigkeitskonstanten gelang es, eine Abhängigkeit der Austauschreaktion sowohl vom Lösungsmittel als auch vom Alkalimetall quantitativ nachzuweisen.

Bei der Herstellung von Radikalionen durch Reduktion mit Metallen ist also nicht nur eine Dianionenbildung (die im allgemeinen zu diamagnetischen Produkten führt) zu vermeiden, sondern auch ein Überschuß an Kohlenwasserstoff. Gegebenenfalls kann ein Wechsel von Metall und Lösungsmittel die Austauschgeschwindigkeit so beeinflussen, daß eine bessere Auflösung resultiert.

Bei der Alkalimetallreduktion von Kohlenwasserstoffen können die ESR-Spektren durch das Auftreten zusätzlicher HFS-Linien kompliziert werden. N. M. Atherton u. S. I. Weissman[80] konnten beim Naphthalin nachweisen, daß die Aufspaltungen eine Folge der Wechselwirkung des freien Elektrons mit dem Natriumkation sind. Derartige Metall-HFS, es können sogar zwei Alkalimetallkerne an ein Anion gebunden sein[81], konnten auch bei anderen Anionen und Kationen[82] untersucht werden[83,84]. Die Anzahl der Komponenten wird durch den Kernspin des betreffenden Kations bestimmt. Die Kopplungen zeigen meist starke Lösungsmittel- und Temperaturabhängigkeit und variieren zwischen 0 und 2 Gauß[85].

---

[77] E. de Boer, and C. McLean: Mol. Phys. **9**, 191 (1964/65).
[78] siehe Fußnote 72, S. 383.
[79] P. J. Zandstra, and S. I. Weissman: J. Amer. chem. Soc. **84**, 4408 (1962).
[80] siehe Fußnote 73, S. 383.
[81] A. H. Reddoch: J. Chem. Phys. **43**, 3411 (1965).
[82] W. H. Bruning, G. Henrici-Olivé u. S. Olivé: Z. Phys. Chem. NF **47**, 114 (1965).
[83] E. deBoer: Rec. Trav. Chim. Pays-Bas **84**, 609 (1965).
[84] H. v. Willigen, J. A. vanBroekhoven, and E. deBoer: Mol. Phys. **12**, 533 (1967).
[85] C. L. Dodson, and A. H. Reddoch: J. Chem. Phys. **48**, 3226 (1968).

N. Hirota konnte durch umfangreiche systematische Untersuchungen der Alkalimetall- und Protonenaufspaltungen der Radikalionen des *Naphthalins*[86] und *Anthracens*[87] das Vorliegen verschiedener Ionenpaare nachweisen. Diese Ionenpaare stehen miteinander in einem Gleichgewicht. Die Umwandlungsgeschwindigkeit hängt von den äußeren Bedingungen ab und ist im allgem. bezüglich der ESR-Zeitskala schnell[88].

Während beim Naphthalin-Anionradikal sämtliche C—C—C-Bindungswinkel weitgehend gleich sind, sollten im isomeren *Azulen-Anionradikal* bei ebener Anordnung diese Winkel recht unterschiedlich sein. I. Bernal et al. haben[89] Azulenderivate untersucht und die Kopplungskonstanten ermittelt, um Rückschlüsse auf die Winkelabhängigkeit[90] (s. S. 156) des *Q*-Wertes ziehen zu können. Eine eindeutige Klärung war nicht möglich.

Radikallösungen, die durch Reduktion von Azulen mit Lithium in DMÄ dargestellt wurden, zeigen eine Variation der Protonenaufspaltungen mit der Temperatur[91] (vgl Abb. 130) und der Radikalkonzentration.

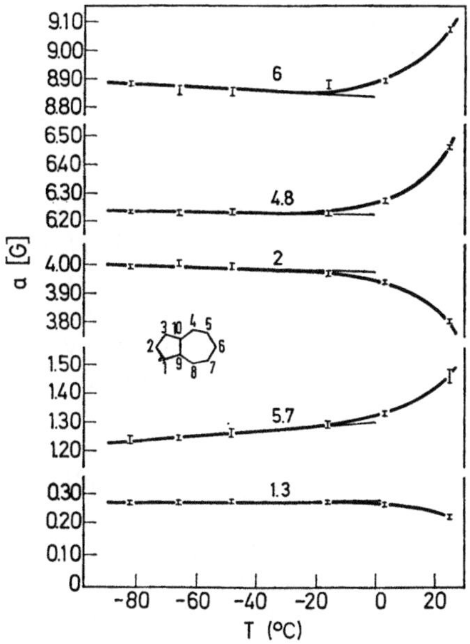

Abb. 130. Temperaturabhängigkeit der Protonen-HFS im Azulenanionradikal[91]

---

[86] N. Hirota: J. Amer. chem. Soc. **90**, 3603 (1968).

[87] N. Hirota, and W. Kreilick: J. Amer. chem. Soc. **88**, 614 (1968).

[88] N. Hirota, R. Carraway, and W. Schook: J. Amer. chem. Soc. **90**, 3611 (1968).

[89] I. Bernal, P. H. Rieger, and G. K. Fraenkel: J. Chem. Phys. **37**, 1489 (1962).

[90] siehe Fußnote 48, S. 380.

[91] A. H. Reddoch: J. Chem. Phys. **41**, 444 (1964).

Auch hier können diese Effekte durch Gleichgewichte zwischen verschiedenen [Azulen$^{\ominus\bullet}$ Li$^{\oplus}$]-Ionenpaaren erklärt werden.

Ebenfalls sind die Lösungsmitteleinflüsse und die Abhängigkeit der Protonen-HFS des *Anthracen-Ions* von dem bei der Radikal-Darstellung verwendeten Kation[92] am besten durch die Annahme derartiger Ionenpaare zu verstehen[93]. Die durch diese dynamischen Effekte bedingten Änderungen der Kopplungskonstanten liegen in der Größenordnung von einigen Prozenten (vgl. Tab. 39), so daß die Auswertung der Spektren dadurch nicht beeinträchtigt wird. Der *g*-Faktor wurde zu 2,002713 bestimmt[94], ein für Anionenradikale typischer Wert.

Tabelle 39. *Protonenkopplungskonstanten und Spindichten der Anthracenionenradikale*[91]

Stellung	$a_{H_{Kation}}$ [G] H_2SO_4	$a_{H_{Anion}}$ [G] DMÄ/Li o. Na	DMÄ/K	$\varrho_{exp.}$*	$\varrho_{Hückel}$	$\varrho_{McLachlan}$
1	3,061	2,740	2,726	0,107	0,097	0,118
2	1,379	1,509	1,513	0,054	0,048	0,032
9	6,533	5,337	5,346	0,220	0,193	0,256

* Werte aus Spalte 3 mit $|Q| = 27$ G.

Da das Anthracen ein geradzahliger alternierender Kohlenwasserstoff ist, entspricht bei seiner Beschreibung durch die HMO jedem bindenden Orbital mit der Energie $\alpha + x\beta$ ein antibindender Zustand mit $\alpha - x\beta$. Die Hückel-Koeffizienten derartiger Orbitale haben dieselben Beträge, jedoch nicht unbedingt gleiche Vorzeichen. Die Verteilung eines freien Elektrons in einem solchen Molekül wird jedoch durch die Koeffizientenquadrate bestimmt, so daß Anionen und Kationen die gleichen Elektronenverteilungen aufweisen sollten. Dieses Postulat, das auch für nicht-geradzahlige alternierende Kohlenwasserstoffe gelten sollte, wird allgemein als „pairing theorem" bezeichnet (s. S. 458). Für die UV-Spektroskopie wurde es vollauf bestätigt. Demgegenüber zeigen die ESR-Spektren entsprechender unterschiedlicher Ionen[95] nur in erster Näherung eine Übereinstimmung. Zum Beispiel treten beim *Anthracen* (vgl. Tab. 39) Differenzen bei den Kopplungsparametern der verschieden geladenen Ionen von mehr als 1 G auf. Das könnte bedeuten, daß das „pairing theorem" bezüglich der ESR-Spektren nicht streng gültig ist. Allerdings kann aber auch die π-Dichteverteilung trotz der unterschiedlichen Kopplungsparameter

[92] J. R. Bolton, and G. K. Fraenkel: J. Chem. Phys. **40**, 3307 (1964).
[93] siehe Fußnote 86, S. 385.
[94] siehe Fußnote 23, S. 375.
[95] siehe Fußnote 64, S. 382.

in beiden Ionen gleich sein, wenn die π—σ-Konstante Q der Protonenaufspaltung für Kation und Anion unterschiedliche Beträge annimmt. Eine Entscheidung ist auf Grund der zusätzlichen ^{13}C-Aufspaltung möglich, vorausgesetzt in der Karplus-Fraenkel-Beziehung (s. S. 181) sind die π—σ-Parameter praktisch unempfindlich gegenüber Ladungseffekten. J. R. Bolton u. G. K. Fraenkel[96] konnten experimentell diese Kopplungen für beide Ionen des Anthracens auffinden und zuordnen. Die für Kation und Anion erhaltenen Werte sind nahezu identisch, so daß das „pairing theorem“ hinsichtlich der ESR-Spektren für Radikalionen doch gültig ist. Die Differenzen der Protonenaufspaltungen sind also nicht auf unterschiedliche π-Dichten zurückzuführen. Damit in Übereinstimmung befinden sich auch die Ergebnisse, die für korrespondierende Ionenradikale des *Diphenylens*[97] aufgefunden worden sind. Wesentlich größere Unterschiede werden bei Kationen- und Anionenradikalen für Alkylprotonenaufspaltungen beobachter[98,99] (Tab. 40).

Tabelle 40. *Kopplungsparameter der 9-Methyl- bzw. 9,10-Dimethylanthracenradikale*

Kohlenwasserstoff	Stellung	$a_H^{\oplus}$ [G]	$a_H^{\ominus}$ [G]
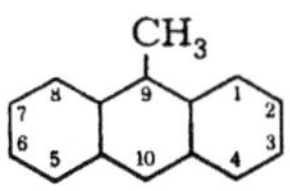	1	2,81	2,94
	2	1,46	1,39
	3	1,19	1,73
	4	2,85	2,77
	9	7,79	4,27
	10	7,03	5,16
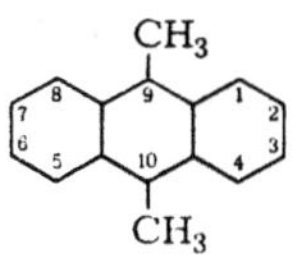	1	2,54	2,90
	2	1,19	1,52
	3	1,19	1,52
	4	2,54	2,90
	9	8,00	3,88
	10	8,00	3,88

Ein Vergleich mit den am unsubstituierten Anthracen ermittelten Kopplungsparametern (s. S. 386) und mit von anderer Seite ermittelten Werten[100] zeigt für die Stellungen 1 bis 4 nur eine geringe durch die Sub-

[96] siehe Fußnote 92, S. 386.
[97] P. Hindle, J. dos Santos-Veiga, and J. R. Bolton: J. Chem. Phys. **48**, 4703 (1968).
[98] J. R. Bolton, A. Carrington, and A. D. McLachlan: Mol. Phys. **5**, 31 (1962).
[99] D. Bachmann: Z. Phys. Chem. **43**, 198 (1964).
[100] K. Möbius: Z. Naturforsch. **20a**, 1102 (1965).

stituenten bedingte Variation. Demgegenüber sind die Unterschiede zwischen den Aufspaltungen der Methylprotonen untereinander und den an den entspr. Stellen gemesssenen Kopplungen der CH-Fragmente erheblich größer. Das ist überraschend, weil die Beträge von Q bzw. $B/2$ in der McConnell-Gleichung bzw. in der für Hyperkonjugation allgemein verwendeten Beziehung (s. S. 146 u. 169) für Neutralradikale sehr ähnlich sind. Offenbar sind beide Proportionalitätsfaktoren ladungsabhängig, wobei $B/2$ wesentlich empfindlicher ist. Trotz mehrfacher theoretischer Interpretationen[101–103] dieser Verhältnisse steht eine allgemeingültige Klärung noch aus.

Analoge Unterschiede für die Alkylprotonenkopplungen der korrespondierenden Ionenradikale sind für Acenaphthen[104], Pyracen[104] und 1,2,3,6,7,8-Hexahydropyren[105] gefunden worden. J. P. Colpa u. E. de Boer[104] interpretieren diese β-Protonenaufspaltungen sowohl für die Kationen als auch für die Anionen mit einem Hyperkonjugationsmechanismus. Das Studium der Ionenpaarbildung am Pyracen-Anionradikal[106,107]. führte zu exakten Vorstellungen über die Geometrie derartiger Assoziate und dem Mechanismus der Alkalimetallkopplung.

Gemischt aliphatisch-aromatische Anionenradikale vom Typ C_6H_5—$(CH_2)_m$—C_6H_5 und auch die Paracyclophane zeigen Elektronenaustausch[108–111] zwischen den beiden aromatischen Molekülteilen. Die damit verbundene Auswirkung auf die HFS der Radikale wird S. 116 diskutiert.

Es wurden eine Reihe weiterer Anionen-radikale orthokondensierter aromatischer Kohlenwasserstoffe ESR-spektroskopisch untersucht, doch keine wesentlichen neuen Gesichtspunkte gewonnen.

Die Reduktion von *Fluoren* mit Alkalimetallen in DMÄ[112] oder THF[113] führt zunächst zum entspr. Anionenradikal, das bei weiterer Einwirkung des Reduktionsmittels in das bei Raumtemperatur stabile Dianionradikal übergeht. Die experimentellen Kopplungsparameter wurden durch Deuterierung zugeordnet (Tab. 41).

---

[101] siehe Fußnote 98, S. 387.
[102] C. D. L. Ward, and J. C. M. Henning: Phys. Letters **4**, 31 (1963).
[103] siehe Fußnote 99, S. 387.
[104] J. P. Colpa, and E. deBoer: Mol. Phys. **7**, 333 (1964).
[105] E. deBoer, and A. P. Praat: Mol. Phys. **8**, 291 (1964).
[106] E. deBoer, and E. L. Mackor: J. Amer. chem. Soc. **86**, 1513 (1964).
[107] E. deBoer: Rec. Trav. Chim. Pays-Bas **84**, 609 (1965).
[108] A. Ishitani, and S. Nagakura: Mol. Phys. **12**, 1 (1967).
[109] S. I. Weissman: J. Amer. chem. Soc. **80**, 6462 (1958).
[110] H. M. McConnell: J. Chem. Phys. **35**, 508 (1961).
[111] F. Gerson, and W. B. Martin jr.: J. Amer. chem. Soc. **91**, 1883 (1969).
[112] R. L. Kugel, W. G. Hodgson, and H. R. Allcock: Chem. u. Ind. **37**, 1649 (1962).
[113] E. G. Janzen, J. Pacifici, and J. L. Gerlock: J. Phys. Chem. **70**, 3021 (1966).

Tabelle 41. *Kopplungskonstanten des Fluoren-Dianionradikals*[114]*

Stellung	$a_{H_{exp.}}$ [G]	$a_{H_{Hückel}}$ [G]	$a_{H_{McLachlan}}$ [G]	$a_{H_{SCF}}$ [G]
1	3,20	−3,13	−3,70	−3,56
2	3,20	−3,04	−3,49	−2,89
3	0,36	−0,13	+1,13	+0,88
4	4,74	−4,11	−5,22	−5,00
9	0,36	−0,57	−0,37	−0,71

* Die Kopplungskonstanten wurden nach Colpa-Bolton berechnet.

Die experimentellen und die theoretischen Werte stimmen sehr gut überein, so daß der zur Ermittlung von Spindichten und Kopplungsfaktoren verwendete Formalismus auch bei doppelt geladenen Radikalen (vgl a. S. 381 f.) die Verhältnisse in guter Näherung beschreibt. Bei anderen Dianionenradikalen[115, 116] stehen entsprechende Rechnungen zum Teil noch aus.

Radikalanionen höhermolekularer Kohlenwasserstoffe, insbesondere perikondensierter Systeme sind in der Literatur[117–120]. beschrieben. Im wesentlichen wurden diese Untersuchungen zum Vergleich der experimentellen Ergebnisse mit theoretischen Vorstellungen über die Spinverteilungen bei derartigen Radikalen durchgeführt.

Besonders erwähnt seien in diesem Zusammenhang die Ergebnisse von F. Gerson u. J. Heinzer[121], die an den negativen und positiven Radikalionen des Acepleiadylens (AP) und des Acenapth(1,2-a)acenaphthylens (AN) gewonnen wurden. Es handelt sich um nicht-alternierende Systeme, für die das „pairing theorem" (s. S. 386, 458) nicht gilt. Infolgedessen sollten sich

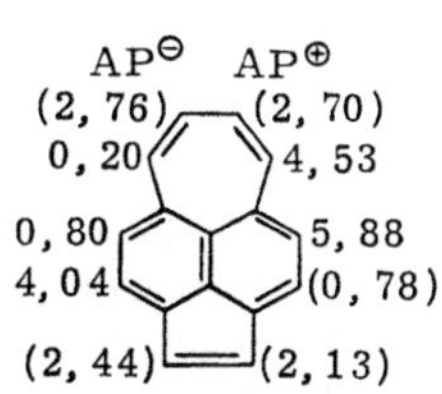

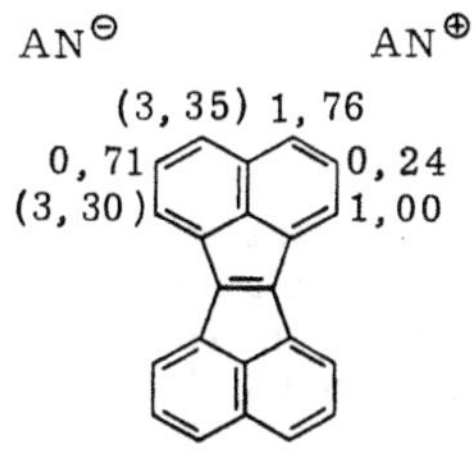

[114] N. L. Bauld, and J. H. Zoeller jr.: Tetrahedron Letters **1967**, 885.
[115] P. Dowd: J. Amer. chem. Soc. **87**, 4968 (1965).
[116] siehe Fußnote 113, S. 388.
[117] siehe Fußnote 64, S. 382.
[118] siehe Fußnote 65, S. 382.
[119] E. deBoer, and S. I. Weissman: J. Amer. chem. Soc. **80**, 4549 (1958).
[120] I. C. Lewis, and L. S. Singer: J. Chem. Phys. **44**, 2082 (1966).
[121] F. Gerson u. J. Heinzer: Helv. chim. Acta **49**; Fasc. E. Cherbuliez, 7 (1966).

die Spindichten an den einzelnen C-Atomen der entspr. Kationen von denen der korrespondierenden Anionen erheblich unterscheiden. Die gemessenen Kopplungsfaktoren bestätigen diese Voraussage deutlich.

Von diesen prinzipiellen Unterschieden abgesehen, ist die Übereinstimmung der experimentellen Werte mit den auf Grund der MO-Theorie und ihrer Varianten gemachten Voraussagen hinsichtlich der Spinverteilung ganz allgemein bei nicht-alternierenden Kohlenwasserstoffen erheblich schlechter[122] als bei alternierenden Systemen. Trotzdem werden die relativen Größenverhältnisse der Kopplungen richtig angegeben, so daß die HMO-Theorie als Stütze für die Zuordnung verwendet werden kann. Durch Untersuchung alkylierter nicht-alternierender Kohlenwasserstoffe konnten im wesentlichen die an den nicht-substituierten Verbindungen gewonnenen Ergebnisse bestätigt werden[123].

Tabelle 42. *ESR-Kopplungsparameter* einiger aromatischer Radikalanionen*

Radikal aus	a_1 [G]	a_2 [G]	a_3 [G]	a_4 [G]	a_5 [G]	Lit.
Hexatrifluormethylbenzol 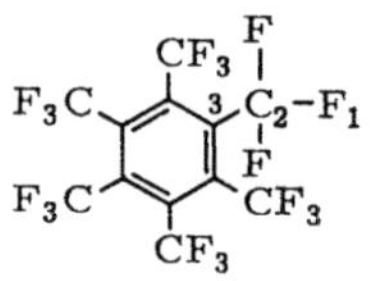	7,83	4,11	5,34	–	–	124
Diphenyl $g = 2{,}00277$ 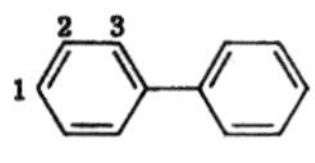	5,26	0,43	2,63	–	–	125–129
4-tert.-Butyl-diphenyl 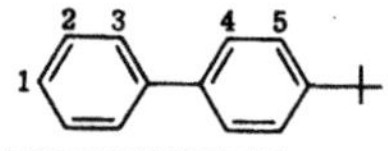	5,6	2,7	0,6	2,7	–	128

* Die Kopplungsfaktoren sind in G angegeben. Da diese etwas von den experimentellen Bedingungen abhängig sind, beziehen sich die angegebenen Werte auf die an erster Stelle zitierte Literatur. Die Bezifferung dient nur zur Zuordnung der Kopplungen, symmetrische Stellungen wurden nicht in die Zahlenfolge einbezogen.

122 siehe Fußnote 13, S. 375.

123 F. Gerson u. J. Heinzer: Helv. chim. Acta **50**, 1852 (1967).

124 J. C. Danner, and A. H. Maki: J. Amer. chem. Soc. **88**, 4297 (1966).

125 K. Möbius: Z. Naturforsch. **20a**, 1102 (1965).

126 J. C. M. Henning: J. Chem. Phys. **44**, 2139 (1966).

127 T. W. Lapp, J. G. Burr, and R. N. Ingalls: J. Chem. Phys. **43**, 4183 (1965).

128 M. D. Curtis, and A. L. Allred: J. Amer. chem. Soc. **87**, 2554 (1965).

129 A. Carrington, and J. dos Santos-Veiga: Mol. Phys. **5**, 21 (1962).

Tabelle 42 (Fortsetzung)

Radikal aus	a_1[G]	a_2[G]	a_3[G]	a_4[G]	a_5[G]	Lit.
4,4'-Di-tert.-butyl-diphenyl 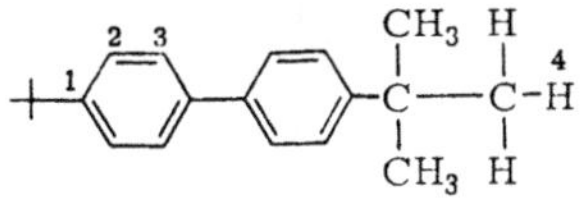	—	0,6	2,64	0,10	—	[128]
p-Terphenyl 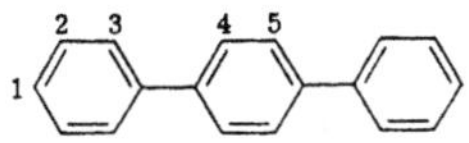	2,47	0,46	1,61	1,20	1,20	[130–132]
Diphenylen 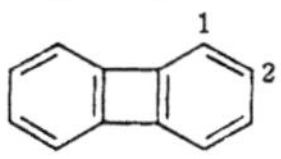	0,206	2,76	—	—	—	[133–135]
Binaphthylen 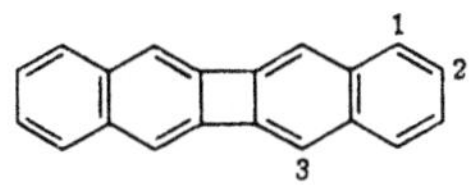	1,62	0,93	4,31	—	—	[134]
Tetracen $g = 2{,}002686$ 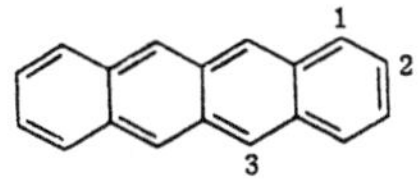	1,74	1,03	5,17	—	—	[136, 125, 137, 138]
Pentacen $g = 2{,}002690$ 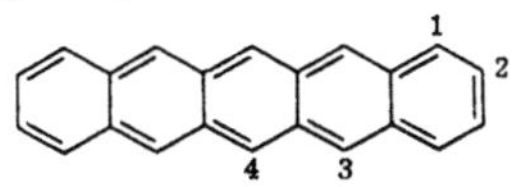	0,915	0,870	3,032	4,263	—	[139, 125, 140, 132, 138]

[130] H. Nishigushi, Y. Nakai, K. Nakamura, Y. Deguchi, and H. Takaki: J. Chem. Phys. **40,** 241 (1964); Rev. Phys. Chem. Japan **32,** 57 (1963).

[131] K. H. Hausser, L. Mangini u. R. van Steenwinkel: Z. Naturforsch. **19a**, 777 (1964).

[132] E. Brunner u. F. Dörr: Z. Elektrochem. **68,** 468 (1964).

[133] C. A. McDowell and K. F. Paulus: Can. J. Chem. **40,** 828 (1962).

[134] A. Carrington, and J. dos Santos-Veiga: Mol. Phys. **5,** 285 (1962).

[135] siehe Fußnote 97, S. 387.

[136] A. Carrington, F. Dravnieks, and M. C. R. Symons: J. Chem. Soc. **1959,** 947.

[137] J. M. Fritsch, T. P. Layloff, and R. N. Adams: J. Amer. chem. Soc. **87,** 1724 (1965).

[138] siehe Fußnote 23, S. 375.

[139] J. R. Bolton: J. Chem. Phys. **46,** 408 (1967).

[140] K. W. Bowers, and F. J. Weigert: J. Chem. Phys. **44,** 416 (1966).

Tabelle 42 (Fortsetzung)

Radikal aus	a_1[G]	a_2[G]	a_3[G]	a_4[G]	a_5[G]	Lit.
Chrysen	0,509	4,91	2,117	0,278	1,447 a_{H_6} = 1,388	141, 132
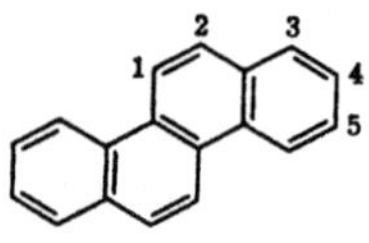						
Phenanthren $g = 2{,}00272$	0,70	2,88	0,30	3,56	4,28	125
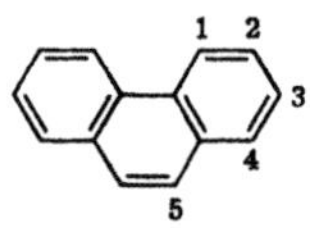						
Acenaphthylen	3,09	4,51	0,45	5,64	—	142, 132
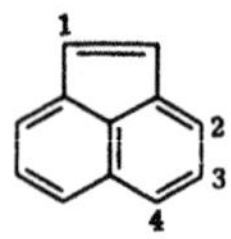						
Pyren $g = 2{,}00272$	1,93	4,45	0,97	—	—	125
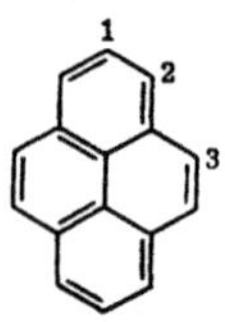						
Perylen $g = 2{,}002671$	3,57	0,45	3,11	—	—	125, 136, 138
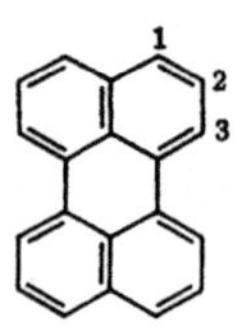						

[141] M. Plato: Z. Naturforsch. **22a**, 119 (1967).
[142] F. Gerson u. B. Weidmann: Helv. chim. Acta **49**, 1837 (1966).

Tabelle 42 (Fortsetzung)

Radikal aus	a_1[G]	a_2[G]	a_3[G]	a_4[G]	a_5[G]	Lit.
Tetrabenzo-cyclooctatetraen	1,4	0,2	—	—	—	143
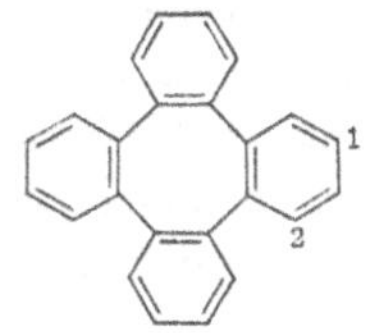						
Hexa-*m*-phenylen	0,15	1,69	0,30	—	—	144
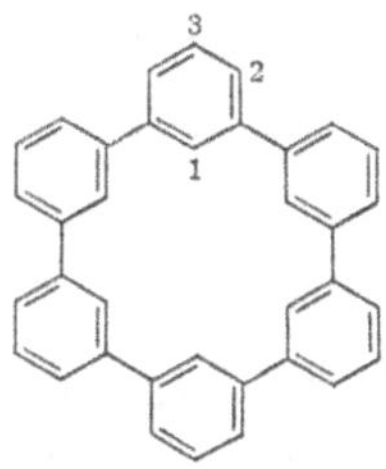						

II.b. Olefine

Konjugierte Olefine liefern analog aromatischen Kohlenwasserstoffen bei Aufnahme eines zusätzlichen Elektrons entspr. Radikale. Allerdings ist deren Lebensdauer meist gering, so daß die Erzeugungsreaktionen am besten

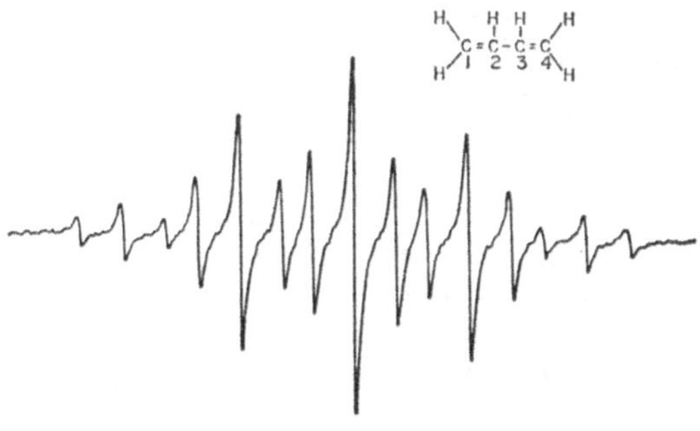

Abb. 131. ESR-Spektrum des Butadien-Anionradikals [145]

[143] A. CARRINGTON, H. C. LONGUET-HIGGINS, and P. F. TODD: Mol. Phys. **8**, 45 (1964).
[144] P. H. H. FISCHER u. K. HAUSSER: Z. Naturforsch. **19a**, 816 (1964).
[145] siehe Fußnote 146, S. 394.

in der cavity und unter Verwendung von flüssigem Ammoniak als Lösungsmittel durchgeführt werden. D. H. LEVY u. R. J. MYERS[146] haben so das Butadien-Anionradikal dargestellt und vermessen.

Die HFS läßt sich ohne weiteres durch Kopplung von 2 und 4 jeweils äquivalenten Protonen interpretieren, so daß damit auch schon die Zuordnung der Aufspaltungen gegeben ist. Da darüber hinaus infolge des Fehlens von „blinden“ Stellen auch noch der mittlere Betrag des Q-Wertes für die McConnell-Beziehung experimentell zugänglich ist, ist dieses Beispiel sehr gut zum Vergleich mit theoretischen Voraussagen hinsichtlich der Spindichten geeignet (Tab. 43).

Tabelle 43. *Spindichten des Butadien-Radikals*

Stellung	a_H [G][150a]	$\varrho_{exp.}$	$\varrho_{Hückel}$	a_{H_1}/a_{H_2}	$\varrho_1/\varrho_{2\,Hückel}$
1	7,617	0,366	0,362	2,729	2,623
2	2,791	0,134	0,138		

Wie Tab. 43 zeigt, ist die Übereinstimmung der experimentell ermittelten Spindichten mit den nach der HMO-Methode berechneten Werten ungewöhnlich gut. Andere Autoren[147] bestätigten diese Ergebnisse. Der Grund dafür ist, abgesehen von der einfachen Struktur, der Q-Wert, der hier auf Grund des Spektrums für den speziellen Fall zu 20,82 G ermittelt wurde. Aber auch ein Vergleich der Aufspaltungs- und Spindichten-Quotienten, das heißt also Werte, die ohne Einbeziehung dieses Proportionalitätsfaktors in die Betrachtung gewonnen wurden, zeigt gute Übereinstimmung und bestätigt die HMO-Theorie. Demgegenüber liegt der mit der SCF-Methode errechnete Quotient unter 2,0 und weicht somit erheblich vom experimentellen Ergebnis ab. Eine ähnliche Spindichteverteilung scheint auch im *1,4-Bis[trimethylsilyl]butadien-(1,3)-Anion* vorzuliegen[148]. Komplizierter sind die Verhältnisse beim *Norbornadien-*[149] und *Cycloheptatrien-Anionradikal*[150].

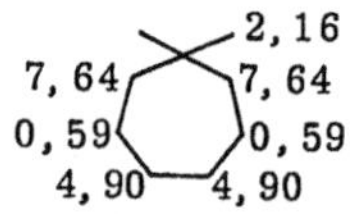

Cycloheptatrien-Anionradikal

[146] D. H. LEVY, and R. J. MYERS: J. Chem. Phys. **41**, 1062 (1964).
[147] H. HOGEVEEN et E. DEBOER: Rec. Trav. Chim. **85**, 1163 (1966).
[148] F. GERSON, J. HEINZER, H. BOCK, H. ALT u. U. SEIDL: Helv. chim. Acta **51**, 707 (1968).
[149] siehe Fußnote 147.
[150] D. H. LEVY, and R. J. MYERS: J. Chem. Phys. **43**, 3063 (1965).
[150a] W. M. TOLLES, and D. W. MOORE: J. chem. Phys. **46**, 2102 (1967).

Ein Vergleich dieser Meßergebnisse mit theoretisch berechneten Spindichten wird vor allem dadurch erschwert, daß keine genauen Informationen über die Molekülgeometrie zur Verfügung stehen. Die beste Übereinstimmung zwischen Experiment und Rechnung läßt sich erzielen, wenn eine nicht-planare bootförmige Konformation angenommen wird.

Polyolefine mit radial angeordneten Doppelbindungen (Radialene) lassen sich mit Alkalimetallen in ätherischen Solventien in die Anionenradikale überführen[151, 152]. Ihre ESR-Spektren sprechen für eine gleichmäßige Delokalisation des freien Elektrons über alle Doppelbindungen des Moleküls. Die experimentellen Kopplungen zeigen überraschenderweise sehr gute Übereinstimmung mit den auf Grund einfacher HMO berechneten Spindichten. Offenbar kompensieren sich verschiedenste Parameter (Molekülgeometrie, Substituenteneffekte, Ladungsverteilung), so daß die einfache McConnell-Gleichung anwendbar erscheint.

Phenylsubstituierte Olefine und *Acetylene* können entweder unter Verwendung von Alkalimetall oder durch Elektrolyse in die entsprechenden Radikal-

Tabelle 44. *ESR-Kopplungsparameter [G] einiger Stilben-, Tolan- und Azobenzolanionenradikale* *

Radikal aus	$a_{2,6}$	$a_{3,5}$	a_4	a_7	Lit.
Stilben	1,90; 2,96	0,30; 0,81	3,89	4,37	153, 154
1,2-Bis-(4-pyridyl)-äthylen	1,80; 2,14	0,25; 0,35	2,50	4,25	153
Azobenzol	2,03; 2,81	0,78	2,81	4,84	153–156
Tolan	2,64	0,56	4,82	—	153, 157, 158
4,4′-Dimethyl-diphenyl-acetylen	3,75	0,92	4,23	—	157

* Bezifferung

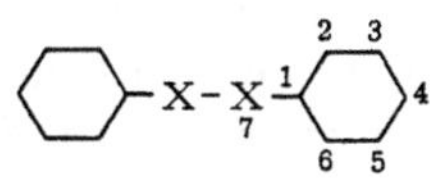

[151] F. Gerson, E. Heilbronner u. G. Köbrich: Helv. chim. Acta **48**, 1525 (1965).
[152] F. Gerson: Helv. chim. Acta **47**, 1941 (1964).
[153] C. S. Johnson jr., and R. Chang: J. Chem. Phys. **43**, 3183 (1965).
[154] N. M. Atherton, F. Gerson, and J. N. Ockwell: J. Chem. Soc. **1966 A**, 109.
[155] E. T. Strom, G. A. Russel, and R. Konaka: J. Chem. Phys. **42**, 2033 (1965).
[156] E. J. Geels, R. Konaka, and G. A. Russel: Chem. Comm. **1965**, 13.
[157] R. E. Sioda, D. O. Cowan, and W. S. Koski: J. Amer. chem. Soc. **89**, 230 (1967).
[158] J. G. Broadhurst, and E. Warhurst: J. Chem. Soc. **1966 A**, 351.

anionen überführt werden. Allerdings lassen sich diese Verbindungen auch nicht näherungsweise weder als ungesättigte Kohlenwasserstoffe noch als Aromaten im Sinne der HMO beschreiben sondern es müssen die verschiedenen π-Elektronensysteme in ihrer Gesamtheit in die Rechnungen einbezogen werden. Infolgedessen treten zusätzliche Parameter auf, die die theoretische Behandlung erschweren. Auf keinen Fall sind zur Zeit derartige Radikale geeignet, rechnerische Aussagen zu überprüfen, sondern die Theorie dient hier lediglich zur Stützung der experimentellen Ergebnisse. Bei den Stilben-Derivaten lassen sich aus den ESR-Spektren Hinweise auf eine gehinderte Rotation der Phenylringe, entsprechend unterschiedlichen Kopplungen für *o*- und *m*-Protonen, und auf eine gegenüber den neutralen Verbindungen erleichterte cis-trans-Isomerisierung finden.

II.c. Nitrile

Aliphatische und aromatische Nitrile lassen sich sowohl elektrolytisch[159, 160] als auch mit Alkalimetallen[161] zu Radikalanionen reduzieren (vgl. S. 373). Ihre Lebensdauer, die im allgemeinen nicht die Werte der unsubstituierten Kohlenwasserstoffe erreicht, gestattet ohne weiteres ESR-Messungen. Allerdings sollten die Meßlösungen möglichst durchreduziert sein, da anderenfalls ein Elektronenaustausch zwischen Radikal und Ausgangsverbindung Ursache sehr großer Linienbreiten (s. S. 111) sein kann. Auch wurden Reaktionen von Nitrilradikalen beobachtet, die zu anderen paramagnetischen Reaktionsprodukten führen können. Wenn elektrochemisch gearbeitet wird, sollten die Reduktionsreaktionen durch Messung der entspr. Potentiale kontrolliert werden. Erhaltene Signale sind kritisch zu prüfen, um Fehlinterpretationen zu vermeiden.

Die durch die Nitrilgruppe hervorgerufene Stickstoffaufspaltung liegt i. allg. zwischen 1 und 2 G, während die ^{13}C-Aufspaltung experimentell zwischen 6 und 9 G ermittelt wurde. Auf Grund dieser Ergebnisse in Verbindung mit den experimentell zugänglichen Spindichten an dem C-Atom des Kohlenwasserstoffrestes konnten die π—σ-Parameter für den Cyansubstituenten rein empirisch ermittelt werden[162]. Als Ergebnis der S. 186 näher dargelegten Verhältnisse sei hier lediglich festgestellt, daß die freie π-Elektronendichte im Substituenten relativ gering ist, so daß näherungsweise aromatische Nitrilradikale im Sinne der HMO als Benzolderivate

---

[159] P. H. Rieger, I. Bernal, W. H. Reinmuth, and G. K. Fraenkel: J. Amer. chem. Soc. **85**, 683 (1963).

[160] P. H. H. Fischer, and C. A. McDowell: J. Amer. chem. Soc. **85**, 2694 (1963).

[161] A. Carrington, and P. F. Todd: Mol. Phys. **6**, 161 (1963).

[162] P. H. Rieger, and G. K. Fraenkel: J. Chem. Phys. **37**, 2795 (1962).

aufgefaßt werden können[163]. Das MO-Termschema des Benzols und die sich hinsichtlich der ESR-Spektroskopie ergebenden Konsequenzen sind auf den Seiten 376 beschrieben. Wenn diese Voraussetzungen richtig sind, sollte im *Benzonitril-* und *Terephthalonitrilradikalanion*, da es sich um elektronenziehende Substituenten handelt, eine Elektronenverteilung vorliegen, die im wesentlichen durch das symmetrische antibindende Orbital des

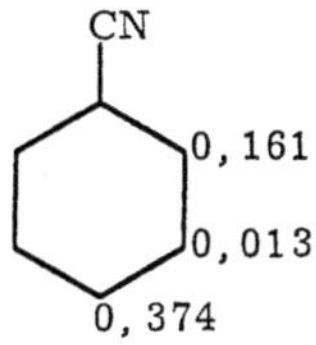

sym.

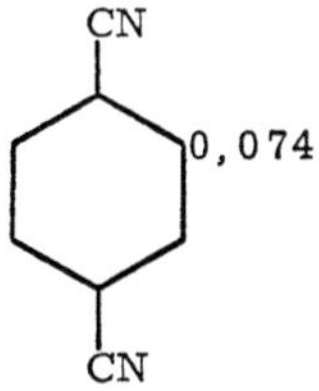

sym.

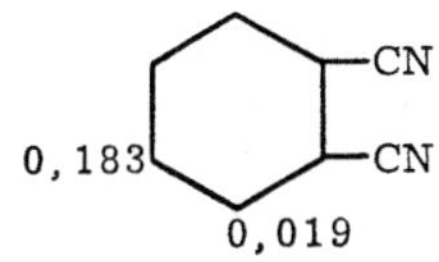

antisym.

Benzols bestimmt wird. *Im Phthalonitrilradikal* hingegen wäre eine energetische Begünstigung des antisymmetrischen MOs zu erwarten, so daß dieses im wesentlichen für die Spindichtenverteilung heranzuziehen ist. Ein Vergleich der aus den Kopplungsparametern (s. Tab. 45) mit $|Q| = 22{,}5$ G errechneten Spindichten (s. oben) mit den auf S. 376 angegebenen Werten für die symmetrischen und antisymmetrischen Benzolorbitale zeigt, daß diese Vorstellungen prinzipiell richtig sind. Eine weitergehende Übereinstimmung ist nicht zu erwarten, denn sicher ist die Beschreibung der betrachteten Nitrile durch Benzolorbitale eine außerordentlich grobe Näherung.

Analog verhalten sich in dieser Hinsicht die aromatischen *Isonitrile*[164]. Die Protonenkopplungen sind denen der korrespondierenden Nitrile sehr ähnlich, während die Stickstoffaufspaltungen infolge der anderen Bindungsverhältnisse etwa 1—2 G größer sind.

Die am *p-Methyl-benzonitril* gemessenen Kopplungsparameter und die daraus abgeleitete Spinverteilung sind zum Vergleich der Einflüsse der beiden verschiedenen Substituenten interessant. Wie auf S. 377 f. ausgeführt besetzt im Toluolanionradikal das freie Elektron das antisymmetrische Benzolorbital und infolgedessen ist die Methylaufspaltung gering. Die Einführung einer *p*-ständigen Nitrilgruppe in das Radikal bewirkt einen außerordentlichen Anstieg der Methylprotonenaufspaltung von 0,79 auf 9,38 G. Das bedeutet, daß jetzt das symmetrische Orbital energetisch begünstigt ist und damit die freie π-Dichteverteilung bestimmt. Somit erweist sich auch hinsichtlich der ESR-Spektren die Nitrilgruppierung als wesentlich stärker in ihrem Einfluß auf das π-Elektronensystem, darüber hinaus ist sie sogar in der Lage, die durch die Methylgruppe hervorgerufene Störung praktisch vollständig überzukompensieren.

---

[163] A. Carrington, and P. F. Todd: Mol. Phys. **6**, 161 (1963).
[164] G. F. Longster, J. Myatt, and P. F. Todd: J. Chem. Soc. **1967 B**, 612.

Die Untersuchung des *1,3-Bis-(dicyanmethylen)-2,2,4,4-tetramethyl-cyclobutan-Radikalanions*[165] lieferte ein zunächst überraschendes Ergebnis. Die gefundene HFS läßt sich mit einer Wechselwirkung des freien Elektrons

Tabelle 45. *Kopplungsparameter* [G] einiger cyansubstituierter Radikalanionen***

Radikal aus	$a_{\underline{C}N}$	a_{H_2}	a_{H_3}	a_{H_4}	$a_{^{13}C_1}$	$a_{^{13}C_{2'}}$	a_N	Lit.
Benzonitril	2,15	3,63	0,30	8,42	—	6,12	—	166
Terephthalonitril	1,87	1,67	1,67	—	8,81	7.83	—	166
p-Phenylen-diisonitril $CN-C_6H_4-NC$	3,10	1,31	1,31	—	—	—	—	167
1,5-Dicyan-naphthalin	1,37	2,52	1,48	4,93	—	—	—	168
1,5-Diisocyan-naphthalin	1,71	2,23	1,47	4,65	—	—	—	167
Phthalonitril	1,75	—	0,42	4,13	—	—	—	166
4,4'-Dicyan-biphenyl	1,1	0,35	2,0	—	—	—	—	168, 167
4-Methyl-benzonitril	2,08	3,86	0,53	9,29	—	—	—	166
4-Nitro-benzonitril	0,76	0,73	3,02	—	—	—	6,24	169
Tetracyan-chinodimethan 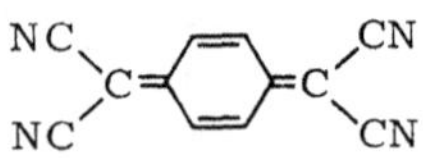	1,01	1,42	1,42	—	—	7,06	—	170, 171
Tetracyanäthylen	1,57	—	—	—	2,20	9,54	—	172, 173, 169
Azodicarbonitril NC–N=N–CN	2,11	—	—	—	—	—	7,37	174, 175

* Die Kopplungsparameter wurden aus der zuerst zitierten Literaturstelle übernommen.

** Bezifferung

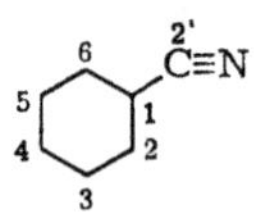

[165] M. T. JONES, E. A. LALANCETTE, and R. E. BENSON: J. Chem. Phys. **41**, 401 (1964).

[166] siehe Fußnote 159 u. 163, S. 396 u. 397.

[167] siehe Fußnote 164, S. 397.

[168] E. BRUNNER, R. MÜCKE u. F. DÖRR: Z. Phys. Chem. **50**, 30 (1966).

[169] siehe Fußnote 159, S. 396.

[170] M. T. JONES, and W. R. HERTLER: J. Amer. chem. Soc. **86**, 1881 (1964).

[171] siehe Fußnote 160, S. 396.

[172] P. H. RIEGER, I. BERNAL, and G. K. FRAENKEL: J. Amer. chem. Soc. **83**, 3918 (1961).

[173] W. D. PHILLIPS, L. C. ROWELL, and S. I. WEISSMAN: J. Chem. Phys. **33**, 626 (1960).

[174] M. T. JONES: J. Amer. chem. Soc. **88**, 227 (1966).

[175] F. D. MARSH, and M. E. HERMES: J. Amer. chem. Soc. **87**, 1819 (1965).

mit vier äquivalenten ^{14}N-Kernen ($a_N^{(4)} = 0{,}54$ G) und 12 gleichwertigen Protonen ($a_H^{(12)} = 0{,}27$ G) interpretieren. Daß die Spindichten an allen vier Stickstoffatomen gleich groß sind, läßt sich nur durch einen schnellen Elektronenaustausch zwischen den CN-Gruppen auch über den aliphatischen Ring hinweg verstehen (vgl. S. 116). Eine quantitative Beschreibung der Verhältnisse war nicht möglich. Die Äquivalenz der Methylprotonen spricht entweder für eine planare Radikalkonformation oder aber für eine schnelle Inversion zwischen zwei möglichen nicht ebenen Anordnungen der Atome.

II.d. Nitro- und Nitroso-Verbindungen

II.d.1. Konjugierte Systeme

II.d.1.α. Herstellung

Aromatische Nitroverbindungen lassen sich durch Reduktion mit Alkalimetallen in ätherischen Solventien leicht in ihre Anionenradikale überführen[176]. Allerdings sind die erhaltenen Spektren nur mäßig aufgelöst[177], bei Polynitroverbindungen wurden recht unterschiedliche Stickstoffkopplungen gefunden. Offenbar liegen Ionenpaare zwischen Nitroanionradikal und Alkalimetallkation vor, welche die Spindichteverteilung und damit die HFS wesentlich beeinflussen[178,179] und somit die Spektren komplizieren. Analoge Verhältnisse bestehen bei den durch Photolyse in neutralem Medium (THF) erzeugten aromatischen Nitroradikalen. Vermutlich bilden sich hier durch Protonenabstraktion aus dem Lösungsmittel neutrale Radikale, in denen das zusätzliche Proton an ein Sauerstoffatom der Nitrogruppe gebunden ist[180–182]. Darüber hinaus wurde die Bildung von paramagnetischen charge transfer-Komplexen diskutiert[183].

Diese Schwierigkeiten lassen sich bei einer Photolyse durch Zusatz von Basen im alkoholischen oder wäßrigen Medium vermeiden. Die Signale

---

[176] R. L. Ward: J. Amer. chem. Soc. **83**, 1296 (1961).

[177] R. L. Ward: J. Chem. Phys. **30**, 852 (1959).

[178] R. L. Ward: J. Chem. Phys. **36**, 1405 (1962); J. Amer. chem. Soc. **83**, 1296 (1961).

[179] M. J. Blandamer, T. E. Gough, J. M. Gross, and M. C. R. Symons: J. Chem. Soc. **1964**, 536.

[180] R. L. Ward: J. Chem. Phys. **38**, 2588 (1963).

[181] A. Carrington, A. Hudson, and H. C. Longuet-Higgins: Mol. Phys. **9**, 377 (1964/65).

[182] A. Tench, and P. Coppens: J. Phys. Chem. **67**, 1378 (1963).

[183] C. Lagercrantz u. M. Yhland: Acta chem. Scand. **16**, 1043 (1962); **16**, 1799 (1962).

zeigen nun wesentlich geringere Linienbreiten und können leichter ausgewertet werden[184–186]. Allerdings ist auch unter diesen Bedingungen eine Ionenpaarbildung nicht ausgeschlossen[187].

Ebenfalls recht gute Ergebnisse hinsichtlich der HFS liefert die Reduktion mit Glucose oder Zinkstaub, doch ist diese Methode auf relativ stabile Radikalanionen beschränkt[188].

In einem Durchflußsystem lassen sich Nitrobenzole mit Natriumdithionit[189] ohne weiteres zu den Radikalanionen reduzieren. Allerdings kann dabei $SO_2^{\ominus}\cdot$ entstehen, so daß Mischspektren erhalten werden.

Als ein Verfahren allgemeiner Anwendbarkeit hat sich die elektrolytische Reduktion[190] von Nitroverbindungen erwiesen. Sowohl hinsichtlich der Solventien, es können wäßrige[191] oder organische [192] Lösungen eingesetzt werden, als auch der Radikallebensdauer unterliegt diese Methode praktisch keinen Beschränkungen. Auch läßt sich die Radikalkonzentration leicht variieren, so daß recht gut aufgelöste Spektren erhalten werden. Schließlich kann die Radikalerzeugungsreaktion polarographisch kontrolliert werden, so daß die Zuordnung der Spektren zu bestimmten Radikalstrukturen erleichtert wird. Die Kopplungsparameter elektrolytisch dargestellter Radikale hängen vom Leitsalz und seiner Konzentration[193] ab.

II.d.1.β. Spektren

Über das schon frühzeitig untersuchte Nitrobenzol-Radikalanion[194] liegt außerordentlich vielfältiges Untersuchungsmaterial vor. Das ESR-Spektrum des unsubstituierten *Nitrobenzol-Anions* (vgl. Abb. 132) zeigt eine HFS, die sich leicht durch die Wechselwirkung des freien Elektrons mit einem ^{14}N-Kern (drei Komponenten 1 : 1 : 1), einem Proton, das die N-HFS verdoppelt und zweimal zwei äquivalenten Protonen interpretieren läßt. Die Zuordnung der Aufspaltungen war durch Untersuchung

---

[184] P. B. Ayscough, and F. P. Sargent: Proc. Chem. Soc. **1963**, 94.

[185] G. A. Russel, and E. J. Geels: Tetrahedron Letters **20**, 1333 (1963).

[186] H. Zeldes, and R. Livingston: J. Amer. chem. Soc. **90**, 4540 (1968).

[187] M. J. Blandamer, J. M. Gross, and M. C. R. Symons: Nature **205**, 591 (1965).

[188] P. B. Ayscough, F. P. Sargent, and R. Wilson: J. Chem. Soc. **1963**, 5418.

[189] P. L. Kolker, and W. Waters: Proc. Chem. Soc. **1963**, 55.

[190] R. Koopman u. H. Gerischer: Z. Elektrochem. **70**, 118 (1966).

[191] L. H. Piette, P. Ludwig, and R. N. Adams: Analytic. Chem. **34**, 916 (1962).

[192] D. H. Geske, and A. H. Maki: J. Amer. chem. Soc. **82**, 2671 (1960).

[193] T. Kitagawa, T. P. Layloff, and R. N. Adams: Analytic Chem. **36**, 925 (1964).

[194] R. L. Ward, and M. P. Klein: J. Chem. Phys. **28**, 518 (1958); **29**, 678 (1958).

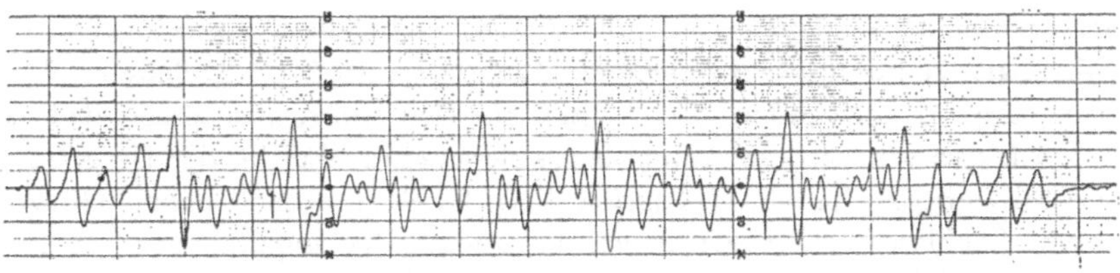

Abb. 132. ESR-Spektrum des Nitrobenzol-Anionradikals[196]

deuterierter Verbindungen möglich[195, 196]. Ein Vergleich der in der Literatur beschriebenen Kopplungskonstanten zeigt jedoch recht unterschiedliche Beträge, offenbar durch Umgebungseinflüsse, insbes. durch das Lösungsmittel bedingt.

Tabelle 46. *Kopplungsparameter des Nitrobenzol-Anionradikals [G]*

Lösungsmittel	$a_{^{14}N}$	$a_{2,6}$	$a_{3,5}$	a_4	Lit.
DMF	9,70*	3,36	1,07	4,03	197, 198
ACN	10,32	3,39	1,09	3,97	197
DMÄ	10,33	3,46	1,13	3,86	199
Wasser	13,87	3,30	1,12	3,52	200, 201
Wasser/Äthanol	14,16	3,39	1,13	3,62	202

* $a_{^{15}N} = 11{,}1$ G.

Der Solventseffekt, offenbar nicht nur auf die Stickstoffaufspaltung beschränkt[203], findet sich bei praktisch allen Nitroradikalen wieder und darf beim Vergleich von Meßergebnissen nicht unberücksichtigt bleiben.

Quantitative Aussagen über die π-Dichtenverteilung sind bei den aromatischen Nitroradikalen außerordentlich schwer möglich. Einmal sind Kopplungskonstanten, die Hinweise auf Spindichten an den C_1- und Sauerstoffatomen geben können, experimentell nicht ohne weiteres zugänglich und zum anderen fehlen zunächst für sämtliche beobachteten Aufspaltungen exakte π-σ-Parameter, um die Dichten auszurechnen. Allerdings kann die Protonenkopplung unter Verwendung der McConnell-Beziehung mit

[195] siehe Fußnote 176 u. 177, S. 399.
[196] D. H. Geske, and A. H. Maki: J. Amer. chem. Soc. **82**, 2671 (1960).
[197] P. H. Rieger, and G. K. Fraenkel: J. Chem. Phys. **39**, 609 (1963).
[198] L. Raymond, L. Ward, and M. P. Klein: J. Chem. Phys. **29**, 678 (1958).
[199] siehe Fußnote 176, S. 399.
[200] L. H. Piette, P. Ludwig, and R. N. Adams: J. Amer. chem. Soc. **84**, 4212 (1962).
[201] siehe Fußnote 189, S. 400.
[202] siehe Fußnote 181, S. 399.
[203] J. Q. Chambes III, T. Layloff, and R. N. Adams: J. Phys. Chem. **68**, 661 (1964).

der Spindichte an dem betreffenden C-Atom korreliert werden, wenn für Q^{H}_{C-H} als Näherung ein bei den Kohlenwasserstoffen abgeleiteter Wert von —23,7 G verwendet wird. Damit läßt sich sofort abschätzen, daß das freie Elektron die größte Aufenthaltswahrscheinlichkeit in der Umgebung der Nitrogruppe hat. P. H. RIEGER u. G. K. FRAENKEL[204] haben Hückel- und McLachlan-Rechnungen ausgeführt und die Rechenparameter (s. S. 188) durch Vergleich mit den Protonenkopplungen am Nitrobenzol adjustiert. Die Übereinstimmung der experimentellen mit den berechneten Daten ist bei einkernigen Aromaten überraschend gut, so daß schließlich in der nachstehenden Abhängigkeit der Stickstoffaufspaltung von ϱ_N und ϱ_O die $\pi-\sigma$-Parameter $Q^{N}_{N} = +99$ G und $Q^{N}_{O-N} = -35{,}8$ G wahrscheinlich gemacht werden konnten.

$$a_N = Q^{N}_{N}\varrho_N + 2Q^{N}_{O-N}\varrho_O \quad .$$

Allerdings sind auch andere Werte mit Erfolg benutzt worden[205]. Demgegenüber lassen sich die Spindichteverteilungen in Dinitronaphthalin-Radikalanionen[206, 207] nur näherungsweise durch MO-Rechnungen erfassen. Auch mit den obenstehenden Parametern sind bei den aromatischen Nitro-Radikalanionen experimentell immer noch keine Aussagen zur Spinverteilung über das gesamte Molekül möglich, da aus den Spektren keine Hinweise über die Größe von ϱ_O und ϱ_{C_1} zu entnehmen sind.

Die von W. M. GULICK JR. u. D. H. GESKE[208] gemessene ^{17}O-Aufspaltung der Nitrogruppe, zum Beispiel mit $a_{^{17}O} = 8{,}84$ G in DMF, kann vorerst nicht wesentlich zur Klärung dieser Problematik beitragen, da infolge des Fehlens exakter Werte für Q^{O}_{O} und Q^{O}_{N-O} diese Kopplungskonstante nicht mit der Sauerstoff-π-Dichte korreliert werden kann[209].

Recht ähnlich sind die Verhältnisse bei *Nitrosobenzol-Radikalanionen*[210, 211]. Die Aufspaltungen der Ringprotonen, für die 2,6-Stellungen muß wegen der behinderten Rotation der NO-Gruppe ein Mittelwert angenommen werden, sind dem Nitrobenzol vergleichbar, während die Stickstoffkopplungen entsprechend der unterschiedlichen Bindung des N-Atoms größere Differenzen zeigen. Die Zuordnung der Kopplungskonstanten gelang durch Deuterierung[212, 213].

---

[204] siehe Fußnote 197, S. 401.

[205] J. M. GROSS, and M. C. R. SYMONS: J. Chem. Soc. **1966 A**, 451.

[206] F. GERSON u. R. N. ADAMS: Helv. chim. Acta **48**, 1539 (1965).

[207] P. H. H. FISCHER, and C. A. McDOWELL: Can. J. Chem. **43**, 3400 (1965).

[208] W. M. GULICK JR., and D. H. GESKE: J. Amer. chem. Soc. **87**, 4049 (1965).

[209] W. M. GULICK, W. E. GEIGER JR., and D. H. GESKE: J. Amer. chem. Soc. **90**, 4218 (1968).

[210] D. H. LEVY, and R. J. MYERS: J. Chem. Phys. **42**, 3731 (1965).

[211] P. B. AYSCOUGH, F. P. SARGENT, and R. WILSON: J. Chem. Soc. **1966B**, 903.

[212] E. J. GEELS, R. KONAKA, and G. A. RUSSELL: Chem. Comm. **1965**, 13.

[213] G. A. RUSSEL, E. J. GEELS, F. J. SMENTOWSKI, and K. Y. CHANG, J. REYNOLDS and G. KAUPP: J. Amer. chem. Soc. **89**, 3821 (1967).

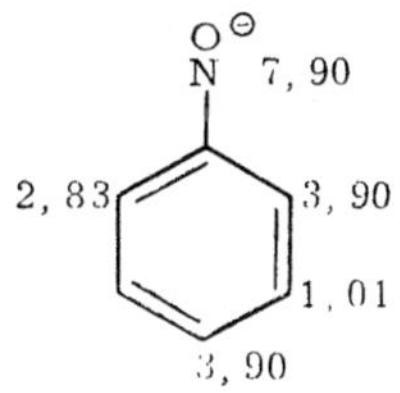

1,3-Dinitrobenzol-Radikale lassen sich auch nicht näherungsweise durch eine einfache MO-Rechnung beschreiben. G. K. FRAENKEL et al.[214–216] haben deshalb ein Modell mit fluktuierend inäquivalenten Nitrogruppen vorgeschlagen, das qualitativ die Abweichung von der Hückel-Rechnung erklärt und vermutlich auf andere disubstituierte Radikale sowie auf die Alkalimetallkomplexe des *m*-Dinitrobenzol-Radikals[217,218] übertragen werden kann. Doch von diesen Sonderfällen abgesehen, ist die MO-Theorie nicht nur in der Lage, Nitro-Anionenradikale zu beschreiben, sondern sogar Solvenseffekte und sterische Einflüsse zu erklären. So kann die aus Tab. 46 ersichtliche Lösungsmittelabhängigkeit der Kopplungsparameter des Nitrobenzolradikals und einer Reihe substituierter Nitroverbindungen[219, 220] durch Variation des Sauerstoff-Coulomb-Integrals interpretiert werden. Mit zunehmender Lösungsmittelpolarität steigt die Solvatation der Nitrogruppe. Diese Verhältnisse lassen sich durch Vergrößerung des Coulomb-Integrals simulieren. Dadurch werden die berechneten Aufspaltungen für den Stickstoff und die 3,5-Protonen größer, während die Kopplungen für die 2,6- und 4-Stellungen in qualitativer Übereinstimmung mit den experimentellen Ergebnissen ähnlicher werden.

Analog läßt sich die Temperaturabhängigkeit der Kopplungsparameter über Gleichgewichte verschieden fest gebundener Lösungsmittelkomplexe erklären.

Das *4-Methyl-nitrobenzol-Radikalanion* zeigt sowohl für den Stickstoff als auch für die Protonen praktisch die gleichen Aufspaltungen, wie sie im entsprechenden Lösungsmittel auch für das unsubstituierte Nitrobenzol beobachtet werden, so daß die Proportionalitätsfaktoren für π—σ- und Hyperkonjugationswechselwirkung weitgehend ähnliche Beträge aufweisen müssen. Bei Einführung von *Äthyl-* bzw. *Isopropyl-Gruppen*[221] in die 4-Stellung nimmt jedoch die Kopplung der β-Protonen (CH_2 bzw. CH)

214 siehe Fußnote 197, S. 401.

215 G. K. FRAENKEL: J. Chem. Phys. **42**, 4275 (1965).

216 R. J. FABER, and G. K. FRAENKEL: J. Chem. Phys. **47**, 2462 (1967).

217 siehe Fußnote 176, S. 399.

218 R. L. WARD: J. Chem. Phys. **37**, 1405 (1962).

219 E. BRUNNER, R. MÜCKE u. F. DÖRR: Z. Phys. Chem. **50**, 30 (1966).

220 W. E. GRIFFITHS, C. J. W. GUTCH, G. F. LONGSTER, J. MYATT, and P. F. TODD: J. Chem. Soc. **B 1968**, 785.

221 E. G. JANZEN, and J. L. GERLOCK: J. Org. Chem. **32**, 820 (1967).

im zunehmenden Maße ab. Dieser Befund (vgl. Aroxyle S. 339ff.), spricht für eine Behinderung der freien Drehbarkeit des Substituenten, so daß sich mit zunehmender Größe des Alkylrestes die β-Protonen immer mehr in der Aromatenebene aufhalten. Im 2-Nitro-triptycen-Anionradikal tragen schließlich die Brückenwasserstoffatome nicht mehr zur HFS bei, da die sterischen Voraussetzungen für eine Hyperkonjugationswechselwirkung nicht mehr gegeben sind.

Den Einfluß sterischer Effekte auf die Nitrogruppe haben D. GESKE et al. [222, 223] polarographisch und ESR-spektroskopisch untersucht. Eine Auswahl der Meßergebnisse zeigt Tab. 47. Den Zusammenhang zwischen Spindichteverteilung und polarographischem Halbwellenpotential diskutierten R. D. ALLENDÖRFER u. P. H. RIEGER[224].

Die experimentellen Daten zeigen eindeutig, daß die Einführung raumerfüllender Gruppen in die *o*-Stellung des Nitrobenzols ein Ansteigen der Stickstoffaufspaltung und eine Abnahme der Ringprotonenkopplungen zur Folge hat. Nach P. H. RIEGER u. G. K. FRAENKEL[225] ist die Ursache ein sterisch bedingtes Herausdrehen der Nitrogruppe aus einer mit dem Benzolring coplanaren Anordnung. Eine Konjugation zwischen den beiden π-Systemen wird erschwert. Eine Bestätigung erfuhr diese Interpretation durch das Auffinden relativ großer ^{13}C-Aufspaltungen für die *o*-Stellungen. Diese lassen sich in den verdrillten Radikalen mit einer C—C-Hyperkonjugation quantitativ erfassen[226]. Mit der MO-Theorie kann die π-Dichteverteilung durch Variation des C—N-Resonanzintegrals beschrieben werden. Als Grenzwert für $\beta_{C-N} = 0$ ergibt sich eine Stickstoffkopplung von 24,4 G, ein Wert der recht nahe den bei aliphatischen Nitroverbindungen gemessenen Aufspaltungen liegt und somit als Stütze für diese Darstellung angesehen wird. Entsprechende Annahmen lassen sich auf *Dinitro-Radikalanionen* übertragen. Bei *p-Dinitro-benzol-Radikalanionen* werden die Kopplungen der sterisch behinderten NO_2-Gruppen rasch kleiner, während alle anderen Aufspaltungen sich den für das Nitrobenzol gefundenen Werten nähern. Offenbar läßt sich somit durch sterische Faktoren die Konjugation der betreffenden Nitrogruppe mit dem π-System des Radikals weitgehend unterdrücken.

Die sterischen Einflüsse *o*-ständiger Alkylsubstituenten auf eine Nitrogruppe können so groß werden, daß Konformationsisomere, die miteinander im thermodynamischen Gleichgewicht stehen, zu beobachten sind.

---

[222] D. H. GESKE, and J. R. RAGLE: J. Amer. chem. Soc. **83**, 3532 (1961).

[223] D. H. GESKE, J. L. RAGLE, M. A. BAMBENEK, and A. L. BALCH: J. Amer. chem. Soc. **86**, 987 (1964).

[224] R. D. ALLENDOERFER, and P. H. RIEGER: J. Amer. chem. Soc. **88**, 3711 (1966).

[225] siehe Fußnote 197, S. 401.

[226] A. BERNDT: Tetrahedron Letters **1968**, 5439.

Tabelle 47. *ESR-Kopplungskonstanten verschieden substituierter Nitrobenzolradikalanionen in Acetonitril*[227]

Radikal aus	Kopplungskonstanten [G]					
	a_N	a_2	a_3	a_4	a_5	a_6
Nitrobenzol	10,32	3,39	1,09	3,97	1,09	3,39
4-Methyl-nitrobenzol	10,79	3,39	1,11	3,98	1,11	3,39
3-Methyl-nitrobenzol	10,4	3,30	1,07	3,88	1,07	3,30
2-Methyl-nitrobenzol	11,0	3,12	1,04	3,92	1,04	3,12
2,6-Dimethyl-nitrobenzol	17,8	0,85	0,88	1,41	0,88	0,85
2-tert.-Butyl-nitrobenzol	14,9	–	1,1	2,5	1,1	2,5
2,5-Di-tert.-butyl-nitrobenzol	16,6	–	0,82	2,1	–	2,1
2,4,6-Tri-tert.-butyl-nitrobenzol	18,8	–	0,85	–	0,85	–
1,4-Dinitro-benzol	1,74	1,12	1,12	1,74	1,12	1,12
Tetramethyl-1,4-dinitro-benzol	8,7	–	–	8,7	–	–
2,6-Dimethyl-1,4-dinitro-benzol	0,14	0,17	2,49	5,66	2,49	0,17
2,6-Di-tert.-butyl-1,4-dinitro-benzol	0,72	–	3,14	8,77	3,14	–
3,5-Di-tert.-butyl-4-nitro-anilin	<0,25	0,79	–	19,3	–	0,79
2,3,5,6-Tetraisopropyl-nitrobenzol[228]	23,6 22,0	–	–	–	–	–

T. M. McKinney u. D. H. Geske[229] studierten nach der Elektrolyse von *2,3,5,6-Tetraisopropyl-nitrobenzol* das in Abb. 133 dargestellte Spektrum.

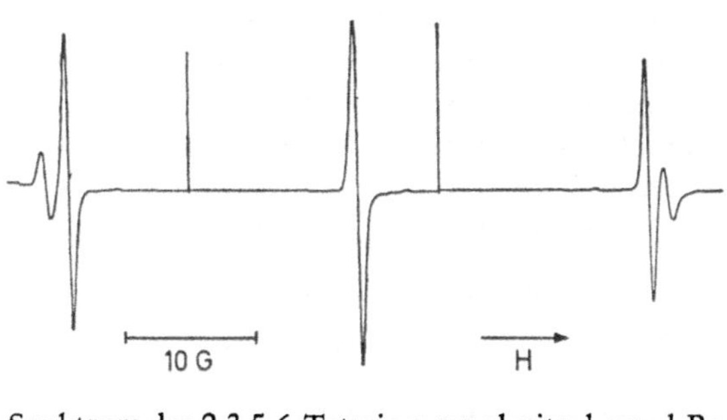

Abb. 133. ESR-Spektrum des 2,3,5,6-Tetraisopropyl-nitrobenzol-Radikalanions[228]

[227] siehe Fußnote 223, S. 404.
[228] T. M. McKinney, and D. H. Geske: J. Chem. Phys. **44**, 2277 (1966).
[229] siehe Fußnote 228.

Aus diesem 5-Komponentenspektrum kann auf zwei Radikale mit praktisch gleichem *g*-Faktor geschlossen werden. Die HFS der beiden Komponenten wird jeweils durch die Wechselwirkung des freien Elektrons mit einem ^{14}N-Kern hervorgerufen, wobei sich die mittleren Linien der beiden Tripletts überlagern. Die Kopplungskonstanten wurden in DMF zu 23,2 und 21,7 G ermittelt. Das Konzentrationsverhältnis beträgt entsprechend den relativen Intensitäten der äußeren Linien 1 : 2,5. Da die Gegenwart von Verunreinigungen ausgeschlossen ist, müssen die beiden beobachteten Spektren auf Isomere zurückzuführen sein, die dadurch entstehen, daß die Nitrogruppe in zwei definierten Verdrillungswinkeln zur Aromatenebene steht, worauf die unterschiedlichen Werte für a_N zurückzuführen sind. Das Auftreten der Konformeren ist an die Gegenwart der 3,5-Substituenten gebunden, denn das *2,4,6-Tri-isopropyl-nitrobenzolanion* und die entspr. *Tri-tert.-butyl-Verbindung* zeigen zwar die für sterisch gehinderte NO_2-Gruppen charakteristische große N-Kopplungen, geben aber innerhalb der Linienbreiten keinen Hinweis auf ähnliche Isomere.

Während *o*-ständige Alkylgruppen in Nitrobenzolanionenradikalen aus sterischen Gründen die coplanare Einstellung der Nitrogruppe je nach ihrer Größe mehr oder weniger stark behindern, lassen sich in den ESR-Spektren der entsprechenden *o-Trifluormethylradikale* Hinweise für eine gehinderte Rotation des Alkylrestes beobachten. In diesen Fällen zeigt die Stickstoff-HFS die vom unsubstituierten Nitrobenzol bekannten Werte, so daß die Anomalien der Spektren auf unterschiedliche Fluorkerne zurückgeführt werden müssen[230].

Die Substitutionsprodukte des Nitrobenzols[231] und aromatische Polynitroverbindungen[232] liefern bei der elektrolytischen Reduktion teilweise komplizierte ESR-Spektren, die auf Radikalgemische hinweisen[233, 234]. R. D. ALLENDOERFER u. P. H. RIEGER[235] konnten bei *Polynitromesitylenen* und *-durolen* nachweisen, daß schließlich Produkte entstehen, bei denen eine Nitrogruppe zur Aminogruppe reduziert worden ist.

Die ESR-Spektren von Polynitro-Radikalionen können schließlich auch durch dynamische Effekte (s. S. 89) kompliziert werden. So berichten J. H. FREED und G. K. FRAENKEL[236] von einem alternierenden Wechsel der Linienbreiten im Spektrum des *1,4-Dinitro-tetramethylbenzol-Anionradikals* (s. S. 103), der nicht mit der Entstehung von Folgeprodukten im

---

[230] E. G. JANZEN, and J. L. GERLOCK: J. Amer. chem. Soc. **89**, 4902 (1967).

[231] P. L. NORDIO, M. V. PAVAN, and C. CORVAJA: Trans. Faraday Soc. **60**, 1985 (1964).

[232] A. H. MAKI, and D. H. GESKE: J. Chem. Phys. **33**, 825 (1960).

[233] I. BERNAL, and G. K. FRAENKEL: J. Amer. chem. Soc. **86**, 1671 (1964).

[234] R. N. ADAMS: J. electroanal. Chem. **8**, 151 (1964).

[235] siehe Fußnote 224, S. 404.

[236] J. H. FREED, and G. K. FRAENKEL: J. Chem. Phys. **37**, 1156 (1962).

Zusammenhang steht[237]. Diese Variation in den Breiten der HFS-Komponenten, die auch bei anderen Polynitroverbindungen beobachtet wurde[238–240], läßt sich durch eine „out of phase"-Beziehung zwischen den beiden Kopplungsparametern der Stickstoffatome verstehen[241]. Die beiden Nitrogruppen, die unterschiedlich orientiert sind, es kann z. B. eine coplanar und die andere bezüglich der Benzolebene mehr oder weniger verdrillt sein, wechseln schnell ihre Lage, so daß a_{N_1} in a_{N_2} übergeht. Dieser „two jump"-Prozeß kann in Lösungsmittelgemischen noch von einer unterschiedlichen Solvatation der Nitrogruppen überlagert werden[242]. In einheitlichen Lösungsmitteln sind die Verhältnisse analog wie beim Cyclohexylradikal beschrieben (s. S. 295).

Infolge des polaren Charakters der Nitrogruppe bilden sich sowohl bei den Mono- als auch bei den Polynitro-Verbindungen sehr leicht *Ionenpaare* aus. Ihre Spektren enthalten meist weitere zusätzliche HFS-Komponenten, die durch eine magnetische Kopplung des freien Elektrons des Nitro-Radikalanions mit dem betr. Kation entstehen (meist Ionen der Alkalimetalle[243–245], aber auch Carbeniumionen[246, 247] können sich beteiligen). Systematische Untersuchungen von J. Gendell et al.[243] sprechen dafür, daß die Kationen für eine gegebene Zeit mit der Nitrogruppe ganz allgemein (bzw. mit einer Nitrogruppe bei Polynitro-Verbindungen) einen festen Komplex unter Beteiligung von Lösungsmittelmolekülen bilden. Die Temperaturabhängigkeit der Alkalimetallaufspaltung läßt sich durch eine relative Bewegung des Gegenions zur Nitrogruppe interpretieren.

Die Linienbreitenvariationen in den Spektren der Ionenpaare mit *o- und m-Dinitrobenzol*[248, 249] dürften auf einen Wechsel des Kations von einer Nitrogruppe zur anderen zurückzuführen sein, wobei die Lebensdauer definierter Komplexe mit den äußeren Bedingungen variiert. Ist die Lebendsauer im Sinne der ESR-Zeitskala groß (s. S. 95), so sind die

---

237 siehe Fußnote 223 u. 224, S. 404 u. 404.

238 J. H. Freed, P. H. Rieger, and G. K. Fraenkel: J. Chem. Phys. **37**, 1881 (1962).

239 I. Bernal, and G. K. Fraenkel: J. Amer. chem. Soc. **86**, 1671 (1964).

240 S. H. Glarum, and J. H. Marshall: J. Chem. Phys. **41**, 2182 (1964).

241 siehe Fußnote 197, S. 401.

242 R. D. Allendoerfer, and P. H. Rieger: J. Chem. Phys. **46**, 3410 (1967).

243 C. Ling, and J. Gendell: J. Chem. Phys. **47**, 3475 (1967).

244 R. N. Adams, and N. M. Atherton: Trans. Faraday Soc. **64**, 7 (1968).

245 M. T. Jones, and D. Zeller: J. Chem. Phys. **48**, 3341 (1968).

246 W. E. Griffiths, G. F. Longster, J. Myatt, and P. F. Todd: J. Chem. Soc. **1966B**, 1130.

247 W. E. Griffiths, G. F. Longster, J. Myatt, and P. F. Todd: J. Chem. Soc. **1967B**, 533.

248 J. Gendell: J. Chem. Phys. **46**, 4152 (1967).

249 C. Y. Ling, and J. Gendell: J. Chem. Phys. **46**, 400 (1967).

Kopplungsparameter für die beiden N-Atome unterschiedlich, wobei die größere Aufspaltung der Nitrogruppe zugeordnet werden muß, die mit dem Gegenion assoziiert ist.

Eine Reihe Nitrobenzol-Anionradikale, die in *p* - und *m*-Stellungen mit funktionell verschiedenen Gruppen substituiert sind, wurden polarographisch und ESR-spektroskopisch untersucht[250–253]. Dabei konnte eine gute lineare Beziehung zwischen Halbwellenpotential und den σ-Werten für *m*-Substituenten nachgewiesen werden, während ein Zusammenhang zwischen Halbwellenpotential und der Nitrogruppen-Stickstoffkopplungskonstanten nur qualitativ aufgezeigt werden konnte[250].

Bei allen *p*-substituierten Nitrobenzol-Radikalen ist die Summe der Kopplungen der zur Nitrogruppe *o*- und *m*- stehenden Protonen konstant

$$a_{\mathrm{H}_o} + a_{\mathrm{H}_m} = K$$

Je nach Lösungsmittel kann K verschiedene Werte annehmen, da jedoch (s. S. 401) die Abhängigkeit der Ringprotonenaufspaltungen vom Solvens nur klein ist, sind die Abweichungen von dem für Acetonitril ermittelten Wert $K = -2{,}30$ G nur gering[254].

Bei Anwendung der Gleichung bleibt zu beachten, daß die Vorzeichen der Kopplungsparameter umgekehrt gegenüber denen der Spindichten (s. S. 147) an den betreffenden C-Atomen sind. Während ϱ bei Nitrobenzolen für die 2,6-Stellung positive Werte annimmt, sind für die 3,5-Positionen, je nach Art des *p*-ständigen Substituenten negative und positive Spindichten möglich, wenn auch positive Werte für a_{H_m} die Regel sind. Unter Beachtung der Vorzeichen kann die obenstehende Beziehung sehr hilfreich bei der Zuordnung der verschieden gemessenen Kopplungen sein.

So werden zum Beispiel für das *p*-Äthyl-nitrobenzolanionradikal in wäßrigem Äthanol 3 Aufspaltungen, die jeweils 2 äquivalenten Protonen entsprechen, mit den Werten 3,4; 1,1 und 2,8 G ermittelt. Unter Verwendung der Summenbeziehung erfolgt die Zuordnung sehr leicht, und zwar in der Weise, daß die größte Aufspaltung den *o*-Protonen entspricht, während die nächstkleinere Kopplung mit der CH_2-Gruppe und schließlich die 1,1 G mit den *m*-Protonen zu korrelieren sind.

Zunächst überraschend sind die Spektren, die für die Radikalanionen von *p-Nitrobenzaldehyd* und *p-Nitroacetophenon* erhalten wurden[255]. Sie lassen sich nur interpretieren, wenn angenommen wird, daß die zur Nitro-

---

[250] A. H. Maki, and D. H. Geske: J. Amer. chem. Soc. **83**, 1852 (1961).
[251] F. Millett, and J. E. Harriman: J. Chem. Phys. **44**, 1945 (1966).
[252] P. L. Kolker, and W. A. Waters: J. Chem. Soc. **1964**, 1136.
[253] P. B. Ayscough, F. P. Sargent, and R. Wilson: J. Chem. Soc. **1963**, 5418.
[254] siehe Fußnote 252.
[255] siehe Fußnote 250.

gruppe *o*- bzw. *m*-ständigen Protonen nicht mehr äquivalent sind. Die verschiedenen von P. H. RIEGER u. G. K. FRAENKEL[256] ermittelten Kopplungsfaktoren sind im nachstehenden Schema zusammengestellt.

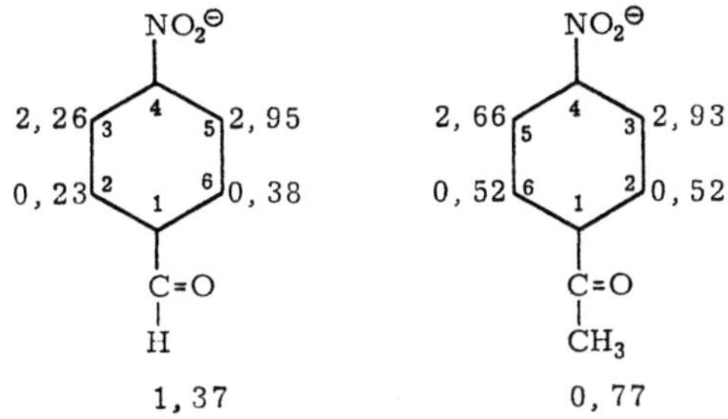

Die durch die Carbonylfunktion bedingte Abnahme der Symmetrie interpretieren die Autoren als gehinderte Rotation der Carbonylgruppe zwischen zwei bevorzugten Anordnungen, die auch bei anderen Aldehyd- und Keton-Radikalen (s. S. 416f.) nachgewiesen werden konnte[257]. Als stabile Konformationen kommen die beiden bezüglich der Aromatenebene coplanaren Anordnungen der Carbonylgruppen in Betracht. Ihre Lebensdauer läßt sich aus den Linienbreiten abschätzen. Im Prinzip ruft der Wechsel zwischen den beiden coplanaren Anordnungen der Carbonylgruppe und der damit verbundene Übergang der Protonenaufspaltungen $a_{H_3} \rightarrow a_{H_5}$ und $a_{H_5} \rightarrow a_{H_3}$ Verhältnisse hervor, wie sie am Cyclohexylradikal beschrieben wurden (s. S. 295).

Außer diesen durch Änderung der Molekülgeometrie bedingten Verbreiterungen der ESR-Linien kommen bei aromatischen Nitroverbindungen vor allem noch Einflüsse, die durch Elektronenaustausch hervorgerufen werden, in Betracht (s. S. 111, 116). Entweder kann das Radikalion mit der neutralen Ausgangsverbindung im Gleichgewicht stehen[258] (damit muß stets bei unvollständiger Reduktion gerechnet werden),

$$R-NO_2^{\ominus\bullet} + RNO_2 \rightleftharpoons RNO_2^{\ominus\bullet} + R-NO_2$$

oder aber es kann ein intramolekularer Elektronenaustausch in Verbindungen des folgenden Typs[259,260]

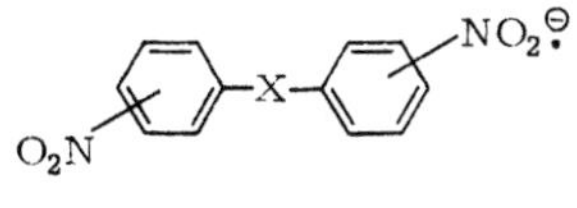

[256] P. H. RIEGER, and G. K. FRAENKEL: J. Chem. Phys. **37**, 2811 (1962).
[257] E. W. STONE, and A. H. MAKI: J. Chem. Phys. **38**, 1999 (1963).
[258] T. P. LAYLOFF, T. A. MILLER, R. N. ADAMS, H. FÄH, A. HORSFIELD, and W. PROCTOR: Nature **205**, 382 (1965).
[259] J. E. HARRIMAN, and A. H. MAKI: J. Chem. Phys. **39**, 778 (1963).
[260] R. K. GUPTA, and P. T. NARASIMHAN: J. Chem. Phys. **48**, 2453 (1968).

Tabelle 48. *ESR-Kopplungsparameter [G] von Nitro-Radikalanionen*

Radikal aus	Lösungsmittel	$a_{\underline{N}O_2}$	a_2	a_3	a_4	Lit.
4-Phenyl-nitrobenzol	Wasser/Äthanol	12,9	3,4	1,1	0,5 0,3	261
4-Fluor-nitrobenzol	Wasser/Äthanol	13,8	3,4	1,1	8,0	261, 262
4-Hydroxy-nitrobenzol	DMF	13,90	3,08	0,73	–	263
4-Methoxy-nitrobenzol	ACN	11,57	3,43	1,11	0,30	264
4-Amino-nitrobenzol	DMF	11,49	3,38	1,08	$a_N = 1{,}08$ $a_{\underline{N}H} = 0{,}89$	265
Phosphorsäure-p-nitro-phenyl-diphenylester	ACN	9,96	3,42	1,12	7,92	266
1-Nitro-benzoesäure-(4)	DMF	9,96	3,38	1,05	–	267, 268
Tri-tert.-butylnitrobenzol	ACN	19,0	–	–	–	269
2-Formyl-nitrobenzol	ACN	7,2	3,40	$a_3 = 0{,}60$ $a_6 = 0{,}30$ $a_5 = 1{,}00$	2,40	270
3-Amino-nitrobenzol	DMF	10,13	$a_2 = 3{,}01$ $a_6 = 3{,}46$	$a_N = 0{,}21$ $a_{N\underline{H}} = 0{,}31$ $a_5 = 0{,}96$	3,62	265
sym. Trinitrobenzol	DMF	2,05	4,21	2,05	4,21	271
Bis-[1-nitro-phenyl-(4)]-methan	ACN	4,82	2,22	0,2	1,17	272
Nitroäthan	Wasser	25,2	$a_{HCH_2} =$ 9,75	$a_{CH_3} =$ 0,44 [273a]	–	273
2-Nitro-propan	Wasser	25,2	4,60	0,24	–	273
2-Nitro-butanol	Wasser	24,7	3,26	–	–	273
Nitromethan	Wasser	25,8	11,4	–	–	274
9-Nitro-triptycen	DMF	25,3	–	–	–	275
Trifluornitromethan	ACN	20,2	12,71	–	–	276

[261] siehe Fußnote 253, S. 408.
[262] A. HINCHLIFFE, and J. N. MURREL: Mol. Phys. **14**, 147 (1968).
[263] siehe Fußnote 231, S. 406.
[264] siehe Fußnote 250, S. 408.
[265] siehe Fußnote 224, S. 404.
[266] W. M. GULICK JR., and D. H. GESKE: J. Amer. chem. Soc. **88**, 2928 (1966).

stattfinden. J. E. HARRIMAN u. A. H. MAKI[266a] untersuchten Radikale mit X = $(CH_2)_0$; $(CH_2)_1$; $(CH_2)_2$ und konnten eine Abhängigkeit der Elektronenübergangsgeschwindigkeit vom Bindeglied X aus den Linienbreiten ermitteln. Im Grenzfall hoher Austauschgeschwindigkeit zeigen die Verbindungen (z. B. X = CH_2 und 4,4'-Dinitro-diphenyl) eine HFS, die zwei gleichwertigen Stickstoffkernen und zweimal vier äquivalenten Protonen entspricht. Bei geringer Austauschgeschwindigkeit (X = O, S, $(CH_2)_2$) sind nur die Kopplungen einer Molekülhälfte zu beobachten (Einzelheiten vgl. S. 116).

Der Elektronenaustausch zwischen Radikalionen und neutralen Verbindungen, die zu verschiedenen Substanzklassen gehören, wurde von J. M FRITSCH et al.[277] an einigen Beispielen untersucht.

II.d.2. Nitroalkane

Die Reduktion von Nitroalkanen führt im ersten Reaktionsschritt zu recht instabilen Radikalionen, die sich, teilweise unter Erhalt der C—N-Bindung zu den verschiedenen, auch paramagnetischen Produkten, stabilisieren können[278-280]. Die ESR-Spektren der aliphatischen Nitroradikalanionen zeigen stets eine einheitliche, Lösungsmittel-unabhängige Stickstoffaufspaltung. Die Kopplungskonstanten streuen mit etwa ± 1 G um ca. 25 G, so daß die Spektren infolge des „second order shifts" (s. S. 53ff.) unsymmetrisch sein können[281]. Lediglich bei Ionenpaaren aus aliphatischen Nitroverbindungen und Hydroxyalkyl-Radikalen wurden Abweichungen von diesem Wert beobachtet[282]. Bei aromatischen Nitroverbindungen ist

---

[266a] siehe Fußnote 259, S. 409.
[267] siehe Fußnote 251, S. 408.
[268] H. KURRECK u. W. BROSER: Z. Naturforsch. **20b**, 943 (1965).
[269] siehe Fußnote 228, S. 405.
[270] siehe Fußnote 182, S. 399.
[271] siehe Fußnote 240, S. 407.
[272] siehe Fußnote 259, S. 409
[273] L. H. PIETTE, P. LUDWIG, and R. N. ADAMS: J. Amer. chem. Soc. **83**, 3909 (1961).
[273a] siehe Fußnote 186, S. 400.
[274] E. W. STONE, and A. H. MAKI: J. Chem. Phys. **37**, 1326 (1962).
[275] P. H. HELLER, and D. H. GESKE: J. Org. Chem. **31**, 4249 (1966).
[276] J. GERLOCK, and E. JANZEN: J. Amer. chem. Soc. **90**, 1652 (1968).
[277] J. M. FRITSCH, T. P. LAYLOFF, and R. N. ADAMS: J. Amer. chem. Soc. **87**, 1724 (1965).
[278] A. K. HOFFMANN, W. G. HODGSON, D. L. MARIELE, and W. H. JURA: J. Amer. chem. Soc. **86**, 631 (1964).
[279] siehe Fußnote 247, S. 407.
[280] M. MCMILLAN, and R. O. C. NORMAN: J. Chem. Soc. **1968 B**, 590.
[281] siehe Fußnote 186, S. 400.
[282] siehe Fußnote 247, S. 407 u. 280.

die Stickstoffaufspaltung unterschiedlich und sehr stark durch sterische Faktoren[282a], Zweitsubstituenten und die Lösungsmittel beeinflußt. Angenommen es sei bei den aliphatischen und cycloaliphatischen Nitroradikalanionen praktisch die gesamte Spindichte in der Nitrogruppe lokalisiert, läßt sich mit der für die aromatischen Vertreter entwickelten Formel[283] (s. S. 402) die Spindichtenverteilung in der Nitrogruppe zu $\varrho_N \approx 0{,}5$ und $\varrho_O \approx 0{,}25$ berechnen. Dabei wird allerdings vorausgesetzt, daß die π—σ-Parameter auch für den vorliegenden Fall gelten und lösungsmittelunabhängig sind. Mit der abgeschätzten Stickstoffspindichte sind die bei den geradkettigen Kohlenwasserstoffresten beobachteten Protonenaufspaltungen, die im Mittel bei 10 G liegen, vereinbar. Bei einer direkt mit der Nitrogruppe verknüpften CH_2-Gruppe handelt es sich um zur Radikalstelle β-ständige Protonen, so daß für deren Kopplung eine Hyperkonjugation (s. S. 167ff.) ähnlich der bei einer $>\dot{C}_{\alpha}—CH_{3\,\beta}$-Gruppierung (s. S. 289) in Frage kommt. Dieser Aufspaltungsmechanismus fordert die S. 171 beschriebene Winkelabhängigkeit der Protonenkopplungen. Da die CH_2-Wasserstoffkerne äquivalent und an der HFS mit etwa 10 G beteiligt sind, kann beim Typ $R—CH_2—NO_2^{\ominus}$ auf eine freie Rotation um die CH_2—N-Bindung geschlossen werden. Beim 2-Nitropropan-Anionradikal und seinen Homologen sprechen die erheblich kleineren β-Protonenaufspaltungen für ein Molekül, das im wesentlichen in einer Konformation vorliegt, bei der sich das C—H-Proton nahe der π-Knotenebene aufhält. Das heißt also, daß die in diesen Fällen freie Rotation[284] nicht mehr möglich ist.

II.e. Carbonyl-Verbindungen

Zur Darstellung von Carbonylradikalen, $>\dot{C}-\overline{O}|$, für ESR-spektroskopische Zwecke sind im wesentlichen drei Verfahren angewendet worden. Sehr bequem ist die photolytische Radikalerzeugung aus den Ketonen im alkalischen Medium[285, 286]. Hierbei ist die Radikalkonzentration durch die Belichtungsdauer in gewissen Grenzen variierbar. Nach P. B. Ayscough u. F. P. Sargent[285] entstanden stets die gleichen Radikale, wie sie durch Umsetzung der Ketone mit Metallen erzeugt werden können. Die zum Teil recht großen Schwankungen in den Kopplungsparametern müßten dann durch Lösungsmittel- und gegebenenfalls Kationeneffekte erklärt werden[287].

[282a] J. M. Gross, and M. C. R. Symons: J. Chem. Soc. **1966 A**, 451.
[283] siehe Fußnote 197, S. 401.
[284] E. W. Stone, and A. H. Maki: J. Chem. Phys. **37**, 1326 (1962).
[285] P. B. Ayscough, and F. P. Sargent: Proc. Chem. Soc. **1963**, 94.
[286] G. A. Russel, and E. J. Geels: Tetrahedron Letters **20**, 1333 (1963).
[287] R. Wilson: Can. J. Chem. **44**, 551 (1966).

Allerdings sind die bisher untersuchten Beispiele nicht zahlreich genug, um eine Entscheidung über die allgemeine Anwendbarkeit der Methode fällen zu können.

Bestrahlung von Ketonen in neutralen Alkoholen, z.B. Perinaphthenon in 2-Propanol[288] oder Benzophenon in Äthanol[289], kann zur Entstehung von O-protonisierten Ketylen[290] führen, in denen sich eine zusätzliche Kopplung mit dem Wasserstoffkern der Hydroxygruppe nachweisen läßt (weitere derartige Hydroxyalkylradikale s. S. 308f.).

Für aromatische und gemischt aliphatisch-aromatische Ketone einschließlich aromatischer Aldehyde[291, 292] haben sich zur Reduktion bereits beschriebene (s. S. 375) elektrolytische Methoden bewährt[293–296]. Einerseits können auch recht unbeständige Radikale vermessen werden, andererseits tritt keine zusätzliche Kationen-HFS (s. S. 414) auf, die oft bei der Reduktion mit Metallen die Protonen-HFS überlagert. Trotzdem ist die Umsetzung von Ketonen mit Alkali[297]- und Erdalkalimetallen[298] und sogar mit einigen Lanthaniden[299] in ätherischen Solventien die weitverbreitetste Herstellungsmethode, die schon zeitig zur Auffindung der Ketyle geführt hat[300].

Die magnetische Kopplung mit dem Kation läßt sich entweder durch Arbeiten in Solventien mit großer DK (NH_3, DMF) oder durch Verwendung unmagnetischer Isotope (Tab. 1, S. 32) unterdrücken. Im allgemeinen zeigen die Protonenkopplungsparameter bei Variation von Lösungsmittel oder Kation nur geringe Unterschiede, während die ^{13}C-Kopplung der Carbonylgruppe in aromatischen Ketylen eine starke Abhängigkeit vom Gegenion erkennen läßt[301]. In unpolaren Solventien lassen sich Ketyle nur sehr schwer oder gar nicht erzeugen. Werden jedoch die in ätherischer Lösung erzeugten Ketyle z. B. in Toluol überführt, so kann eine starke

---

288 G. P. Rabold, K. H. Bar-Eli, E. Reid, and K. Weiss: J. Chem. Phys. **42**, 2438 (1965).

289 R. Wilson: J. Chem. Soc. **1968 B**, 84.

290 J. H. Sharp, T. Kuwanna, A. Osborn, and J. N. Pitts jr.: Chem. and Ind. **1962**, 508.

291 P. H. Rieger, and G. K. Fraenkel: J. Chem. Phys. **37**, 2811 (1962).

292 E. W. Stone, and A. H. Maki: J. Chem. Phys. **38**, 1999 (1963).

293 D. H. Geske, and A. H. Maki: J. Amer. chem. Soc. **82**, 2671 (1960).

294 A. H. Maki, and D. H. Geske: J. Chem. Phys. **33**, 825 (1960).

295 P. H. Rieger, I. Bernal, W. H. Reinmuth, and G. K. Fraenkel: J. Amer. chem. Soc. **85**, 683 (1963).

296 N. Steinberger, and G. K. Fraenkel: J. Chem. Phys. **40**, 723 (1964).

297 N. Hirota, and S. I. Weissman: J. Amer. chem. Soc. **82**, 4424 (1960).

298 N. Hirota: J. Amer. chem. Soc. **89**, 32 (1967).

299 N. Hirota, and S. I. Weissman: J. Amer. chem. Soc. **86**, 2538 (1964).

300 W. Schlenk, J. Appenroth, A. Michael u. A. Thal: Ber. dtsch. chem. Ges. **47**, 473 (1914); M. Gomberg, and W. E. Bachmann: J. Amer. chem. Soc. **49**, 236 (1927).

301 N. Hirota: J. Chem. Phys. **37**, 1884 (1962).

Abnahme des Paramagnetismus beobachtet werden, die durch Zugabe von THF wieder steigt[302, 303]. Offenbar liegt ein Dimerisationsgleichgewicht vor:

$$\underset{\text{diamagnetisch}}{\text{Dimer}} \rightleftharpoons \underset{\text{paramagnetisch}}{\text{2 Monomer}} .$$

Aliphatische Ketyle, durch Reduktion von Penta- oder Hexamethylaceton erzeugt[304], zeigen neben der entspr. Protonen-HFS eine ^{13}C-Kopplung für das Carbonylkohlenstoffatom von 49,8 G. Daraus läßt sich nach KARPLUS-FRAENKEL (s. S. 181) und mit entspr. π—σ-Parametern (S. 182) die Spindichteverteilung in der Carbonylgruppe zu $\varrho_C = 0{,}84$ und $\varrho_O = 0{,}16$ abschätzen. Bei aromatischen Ketylen sind trotz der experimentell zugänglichen Werte für $a_{^{13}C-O}$ und der Protonen-HFS Aussagen über die Verteilung der freien π-Dichte auf semiempirischem Wege unmöglich, da die ESR-Spektren keinen Aufschluß über die Spindichten am Verknüpfungsatom des Ringes geben. Somit stehen hier nur theoretische π-Dichten[305–307] zur Verfügung, die meist recht begrenzte Gültigkeit haben.

Bei *cycloaliphatischen Ketylen*[308] können gemäß den axialen und äquatorialen Protonen mehrere Aufspaltungen auftreten, wenn die Lebensdauer der Konformeren groß genug ist, anderenfalls werden Mittelwerte gemessen. Die Verhältnisse lassen sich analog dem Cyclohexyl (s. S. 295) und den Semidionen (s. S. 439ff.) beschreiben.

Das Auftreten einer Kationen-HFS bei Ketyl-Lösungen, die in Solventien mittlerer Polarität durch Reduktion mit Metallen hergestellt wurden, zeigt, daß unter diesen Bedingungen Ionenpaare vorliegen. Allerdings kann es sich nicht um einfache Assoziate handeln, da je nach den Versuchsbedingungen — eingesetztes Keton, Reduktionsmittel und Solvens — keine magnetische Kopplung[309], Wechselwirkung mit einem Kation[310–312] oder Beteiligung zweier Metallionen[311, 313–315] an der HFS gefunden wurden. N. HIROTA[316] konnte nachweisen, daß in den Ketyl-Lösungen

[302] siehe Fußnote 299, S. 413.

[303] R. N. DOESCHER, and G. W. WHELAND: J. Amer. chem. Soc. **56**, 2011 (1934).

[304] N. HIROTA, and S. I. WEISSMAN: J. Amer. chem. Soc. **82**, 4424 (1960).

[305] P. H. RIEGER, and G. K. FRAENKEL: J. Chem. Phys. **37**, 2811 (1962).

[306] E. W. STONE, and A. H. MAKI: J. Chem. Phys. **38**, 1999 (1963).

[307] siehe Fußnote 296, S. 413.

[308] J. W. LOWN: Can. J. Chem. **43**, 2571 (1965).

[309] siehe Fußnote 297, S. 413.

[310] F. C. ADAM, and S. I. WEISSMAN: J. Amer. chem. Soc. **80**, 1518 (1958).

[311] N. HIROTA, and S. I. WEISSMAN: J. Amer. chem. Soc. **86**, 2538 (1964).

[312] P. S. GILL, and E. WARHURST: Trans. Faraday Soc. **64**, 293 (1968).

[313] A. H. REDDOCH: J. Chem. Phys. **43**, 3411 (1965).

[314] G. R. LUCKHURST: Mol. Phys. **9**, 179 (1964/65).

[315] siehe Fußnote 297 u. 299, S. 413.

[316] siehe Fußnote 298, S. 413.

komplizierte Gleichgewichte zwischen diamagnetischen Dimeren, Kontaktionenpaaren, Ionenquadrupletts mit unterschiedlicher Solvatation und freien Ionen vorliegen (vgl. Schema).

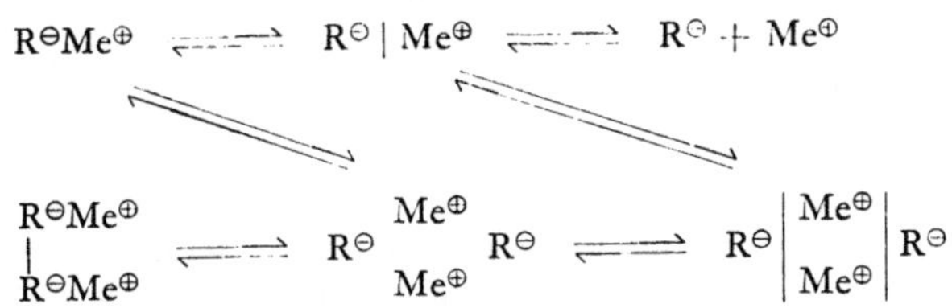

Im Schema sollen die senkrechten Striche summarisch die Solvatation andeuten, wobei sicher noch Gleichgewichte zwischen verschieden solvatisierten Ionenpaaren bestehen, die hier nicht berücksichtigt worden sind.

Die paramagnetischen Komponenten dieses Gleichgewichts rufen natürlich unterschiedliche Kationenkopplungen hervor, so daß die ESR-Spektren im wesentlichen von der oder den Spezies bestimmt werden, deren Gleichgewichtskonzentrationen am größten sind. So zeigt das Di-tert.-butylketyl-Radikalanion in THF ein Signal, das mit 18 äquivalenten Protonen $a_{\mathrm{H}}^{(18)} = 0{,}12$ G und zwei äquivalenten Na-Kernen $a_{\mathrm{Na}}^{(2)} = 1{,}58$ G interpretiert werden kann. Dasselbe Radikal in Methyltetrahydrofuran hat die gleiche Protonenkopplungskonstante, jedoch beträgt die Aufspaltung der beiden Natriumatome jetzt nur 0,65 G[317], so daß recht unterschiedliche Spektren resultieren.

In beiden Fällen dürfte zum größten Teil ein solvatisiertes Ionenquadruplett vorliegen und der Lösungsmitteleinfluß auf Unterschiede in der Solvatationshülle zurückzuführen sein. Beim Benzophenonketylnatrium in MTHF[318] läßt sich das Spektrum als Überlagerung der HFS eines Ionenquadrupletts mit der eines monomeren Ionenpaares interpretieren, die (unter den angewandten Bedingungen) in vergleichbaren Konzentrationen vorliegen. Da die paramagnetischen Spezies unterschiedliche g-Faktoren und auch Kationenkopplungen aufweisen können[319], werden linienreiche und z. T. asymmetrische Spektren verständlich[320].

Wie bei aromatischen Kohlenwasserstoffen finden Austauschreaktionen[321] sowohl hinsichtlich des Anions als auch bezüglich des Kations mit solchen Geschwindigkeiten statt, daß sie ESR-spektroskopisch verfolgt werden können.

(1) $$\mathrm{R^{\ominus}Me^{\oplus} + R \rightleftharpoons R + Me^{\oplus}R^{\ominus}}$$

(2) $$\mathrm{Me^{\oplus}R^{\ominus} + Me^{\oplus} \rightleftharpoons Me^{\oplus} + R^{\ominus}Me^{\oplus}}$$

---

[317] siehe Fußnote 314, S. 414.
[318] siehe Fußnote 311, S. 414.
[319] siehe Fußnote 313, S. 414.
[320] P. B. Ayscough, and R. Wilson: J. Chem. Soc. 1963, 5412.
[321] siehe Fußnote 311, S. 414.

Im allgem. wird dadurch zunächst eine Verbreiterung der Linien hervorgerufen, so daß es angezeigt erscheint, weitgehend durchreduzierte Meßlösungen zu verwenden, während ein Überschuß an Metallionen in der Praxis wohl kaum unbeabsichtigt vorhanden sein dürfte. Da bei den Ketylen in der Reaktion (1) das Alkalimetall und der Spin korreliert übertragen werden (Beispiel eines Spektrums s. S. 114), kann schließlich ein großer Überschuß an Keton zum Ausbleiben der Protonen-HFS führen, so daß die HFS nur noch die Metallaufspaltung zeigt. Das läßt sich ausnützen, um auf Grund des S. 415 beschriebenen Gleichgewichts auftretende Mischspektren zu vereinfachen, wenn die Austauschgeschwindigkeiten der paramagnetischen Spezies hinreichend unterschiedlich sind. Analog kann bei großer Metallionenkonzentration die Geschwindigkeit der Reaktion (2) so gesteigert werden, daß schließlich im Spektrum nur noch die Komponenten des Anions sichtbar sind.

Die elektrolytische Radikalerzeugung gestattet es auch hier, in Lösungsmitteln großer DK zu arbeiten, und zum anderen können als Kationen die relativ großen Tetraalkylammonium-Ionen dienen, so daß dem Auftreten einer Kationen-HFS entgegengewirkt wird. Darüber hinaus ermöglicht die Elektrolyse die Untersuchung empfindlicher Radikale aus Aldehyden. Allerdings können dabei erhaltene Signale von Sekundärprodukten herrühren, so entstehen aus Benzaldehyd und Acetophenon Semidione[322] (s. S. 439), wenn die Radikalerzeugung zu langsam vorgenommen wird.

Die Spektren der einfachen Carbonylverbindungen[323] wie Benzaldehyd[324], Acetophenon[324], Triphenylacetophenon und Benzophenon lassen sich im allgem. leicht interpretieren. Die Protonenkopplungskonstanten sind vergleichbar den bei Alkalimetallreduktion gefundenen Werten. Allerdings wird oft eine Nichtäquivalenz der zur Carbonylgruppe *o*- bzw. *m*-ständigen Protonen beobachtet (behinderte freie Drehbarkeit der Carbonylgruppe). Für stabile Konformationen kommen aus energetischen Gründen die beiden Anordnungen, in denen der Carbonylsauerstoff in der Aromatenebene liegt, in Betracht. Bei *p*-substituierten Aldehyden und Ketonen hängt es von der Natur des Zweitsubstituenten ab, ob die beiden coplanaren Anordnungen der Carbonylgruppe zu identischen Spezies führen oder nicht. So sind im *p-Nitro-* oder *p-Cyan-benzaldehyd* genau wie in der unsubstituierten Verbindung beide Konformeren nicht unterscheidbar, während bei Einführung einer zweiten Carbonylfunktion cis-trans-Isomere entstehen können.

Da für die Protonen der Rotationsisomeren verschiedene Kopplungskonstanten zu erwarten sind, sollte in den ESR-Spektren die HFS beider

---

[322] G. A. Russel, E. T. Strom, E. R. Talaty, and A. Weiner: J. Amer. chem. Soc. **88**, 1998 (1966).
[323] siehe Fußnote 305, S. 414.
[324] siehe Fußnote 296, S. 413.

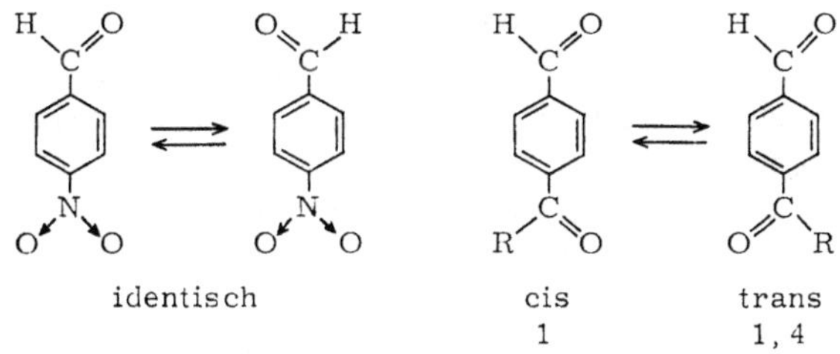

R = H, CH_3, NH_2

identisch	cis	trans
	1	1,4
	$a_H = 1{,}16$ G	$a_H = 0{,}70$ G
	$a_H = 1{,}54$ G	$a_H = 2{,}08$ G
	$a_H = 3{,}81$ G	$a_H = 3{,}89$ G

Komponenten auftreten. Das konnten A. H. MAKI[325] und E. W. STONE[326] zeigen: Bei der Untersuchung des *Terephthalaldehyd-Anionenradikals* (R = H) wird das Spektrum von zwei paramagnetischen Spezies mit den oben angegebenen Kopplungen für jeweils zwei äquivalente Protonen hervorgerufen. Deuterierung in 2,5-Stellung gestattet es, die Aufspaltungen den cis- bzw. trans-Rotameren zuzuordnen und das Konzentrationsverhältnis 1 : 1,4 zu bestimmen. Wesentlich schwieriger ist es, die Protonenaufspaltungen mit den Positionen im Molekül zu korrelieren. Da keine experimentellen Ergebnisse zur Verfügung stehen[327], kann dies nur durch Vergleich mit Spindichtenberechnung geschehen[328]. In der allgemein benutzten MO-Theorie sind Unterschiede in der Molekülgeometrie, wie sie beim Übergang von cis- zum trans-Rotameren auftreten, nicht enthalten. Sie müssen deshalb durch Einführung eines Resonanzintegrals zwischen Sauerstoff und *o*-Kohlenstoffatom oder durch Variation des C_2-Coulomb-Integrals simuliert werden. Allerdings können zwar so die Spindichten recht gut mit den gemessenen Kopplungskonstanten in Einklang gebracht werden, doch liefern beide Methoden unterschiedliche Zuordnungen. Auch die VB-Superpositionsmethode gibt nicht immer eindeutige Ergebnisse[329].

Analog den *p*-substituierten Carbonylverbindungen lassen sich auch bei entspr. *m*-Verbindungen Rotationsisomere finden. Es ist dann natürlich nicht notwendig, daß der Zweitsubstituent die oben beschriebenen geringeren Symmetrieeigenschaften aufweist. So führt im *Methyl-3-pyridylketyl*[330] die Drehung der Carbonylgruppe von einer planaren Konformation um 180° in die andere stets zu einem Isomeren unterschiedlicher Geometrie.

[325] A. H. MAKI: J. Chem. Phys. **35**, 761 (1961).
[326] siehe Fußnote 306, S. 414.
[327] siehe Fußnote 305, S. 414.
[328] siehe Fußnote 296, S. 413.
[329] siehe Fußnote 296, S. 413.
[330] P. T. COTTRELL, and P. H. RIEGER: Mol. Phys. **12**, 149 (1967).

Bei *o*-substituierten Carbonylverbindungen (z. B. *Phthalaldehyd* und *o-Nitrobenzaldehyd*) lassen sich aus den ESR-Spektren keine Hinweise auf ein Gleichgewicht zwischen Rotameren finden. Offenbar sind hier Wasserstoffbrücken energetisch so begünstigt, daß die freie Drehbarkeit der Substituenten bei Raumtemperatur praktisch aufgehoben ist.

Sterische Einflüsse auf die Carbonylgruppe wurden systematisch von H. R. Falle u. F. Adam[331] untersucht. Sie haben in zunehmender Zahl Methyl- bzw. Methoxygruppen insbes. in die *o*-Stellungen des Benzophenons eingeführt und in den Ketylen eine Abnahme der *p*-Protonenaufspaltung beobachtet. Offenbar wird durch raumfüllende *o*-Substituenten die Konjugation der Carbonylgruppe mit den aromatischen π-Systemen erschwert.

α,β-ungesättigte Ketyle sind im allgem. so unbeständig, daß sie ESR-spektroskopisch nicht nachgewiesen werden können. Lediglich vom *4,4-Dimethyl-cyclohexen-(2)-on* ist bei —30°C ein Signal mit hinreichend guter Auflösung erhalten worden[332]. Die MO-Rechnung liefert Spindichten, die leicht mit den Aufspaltungen korreliert werden können, so daß die angegebene Zuordnung wahrscheinlich ist.

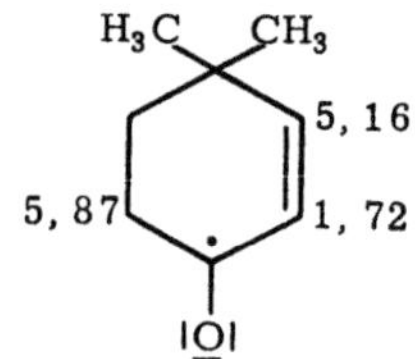

Als ungesättigte Ketyle lassen sich formal die Dianionradikale a auffassen, die durch Deprotonierung der entsprechenden Anionenradikale b zugänglich sind.

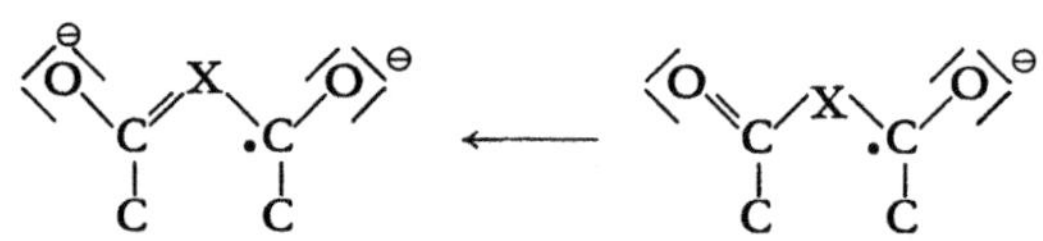

a X = CR, N

b X = CHR, NH, O, S

Die beiden endständigen C-Atome können entweder verschiedenen Alkyl- oder Arylresten[333] oder aber zusammen einem Ringsystem[334–336] angehören. Die ESR-Spektren dieser Carbonylradikale sind sehr linien-

[331] H. R. Falle, and F. C. Adam: Can. J. Chem. **44**, 1387 (1966).
[332] H. Chen, and M. Bersohn: Mol. Phys. **13**, 573 (1967).
[333] N. L. Bauld, and M. S. Brown: J. Amer. Chem. Soc. **89**, 5413 (1967).
[334] R. E. Sioda, and W. S. Koski: J. Amer. chem. Soc. **89**, 475 (1967).
[335] S. F. Nelsen: J. Amer. chem. Soc. **89**, 5256 (1967).
[336] S. F. Nelsen: J. Amer. chem. Soc. **89**, 5925 (1967).

reich. Die Kopplungsparameter (s. Tab. 49) konnten durch Substitution bestimmter Protonen zugeordnet werden. Berechnete Spindichten und experimentelle Werte stimmen nur mäßig überein.

Aromatische Thioketone lassen sich analog den Sauerstoffverbindungen mit Alkalimetallen in ätherischen Solventien zu Thioketylen reduzieren. Während die aus substituierten Thiobenzophenonen erhältlichen Radikale eine verhältnismäßig komplexe HFS zeigen, sind die Spektren der Ketyle von Xanthen-9-thion und Thioxanthen-9-thion wesentlich leichter zu interpretieren. Im nachstehenden Schema sind die experimentellen Werte für das Ketyl[337] und Thioketyl[338] des Thioxanthens gegenübergestellt. Die Zuordnung wurde im letzten Falle in Analogie zu der Sauerstoffverbindung vorgenommen.

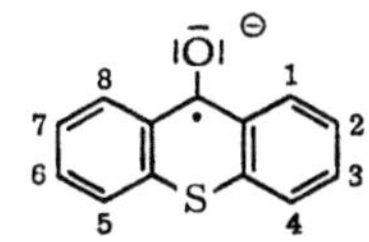

$a_{H_{1,8}} = 3{,}35$ G
$a_{H_{2,7}} = 0{,}90$ G
$a_{H_{3,6}} = 3{,}80$ G
$a_{H_{4,5}} = 0{,}45$ G
$a_{Na} = 0{,}45$ G
$g = 2{,}00348$

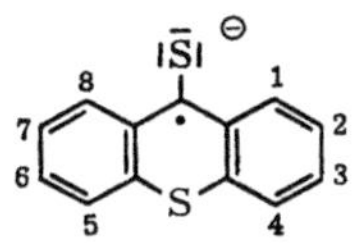

$a_{H_{1,8,3,6}} = 2{,}99$ G
$a_{H_{2,7}} = 0{,}91$ G
$a_{H_{4,5}} = 0{,}79$ G
$a_{Na} = 3{,}78$ G
$g = 2{,}00577$

Am Benzophenon und Thiobenzophenon ermittelte Ergebnisse entsprechen den aufgeführten Werten[339] (vgl. Tab. 49). Dieses Beispiel zeigt die bei Thioketylen ganz allgemeine Beobachtung, daß mit dem Austausch des Sauerstoffs gegen Schwefel die großen Protonenkopplungen abnehmen, während die Alkalimetallaufspaltung stark steigt. Offenbar herrscht in der Thiocarbonylgruppe eine größere Spindichte als in der Carbonylgruppe der entsprechenden Ketyle. Damit steht im Einklang der starke Anstieg des *g*-Faktors.

Schließlich lassen sich auch *Phosphinoxyde* mit Kalium in THF zu Anionenradikalen reduzieren.

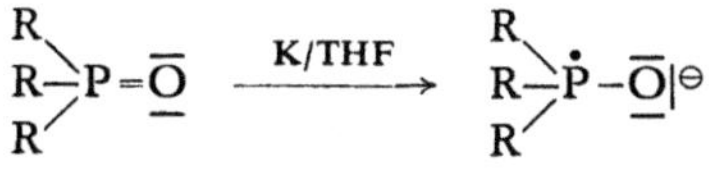

Über Radikalanionen verschiedener *Thiobenzamide* berichten J. Voss u. W. Walter[340].

Die ESR-Spektren[341] der aliphatischen Phosphyle zeigen im allgemeinen eine geringe Auflösung, so daß die Ermittlung einzelner Kopp-

[337] M. Urberg, and E. T. Kaiser: J. Amer. chem. Soc. **89**, 5179 (1967).
[338] E. G. Janzen, and C. Du Bose jr.: J. Phys. Chem. **70**, 3372 (1966).
[339] H. C. Heller: J. Amer. chem. Soc. **89**, 4288 (1967).
[340] J. Voss, and W. Walter: Tetrahedron Letters **1968**, 1751.
[341] M. I. Kabachnik: Tetrahedron **20**, 655 (1964).

Tabelle 49. *ESR-Daten [G] einiger Ketyle*

Radikal aus	Lsgsmittel/Darstell.	a_1	a_2	a_3	a_4	a_M	Lit.
Di-tert.-butylketon 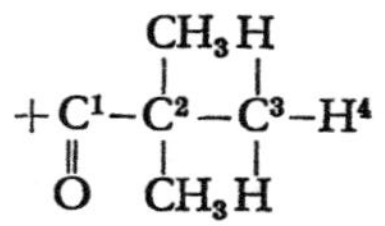	THF/Na	49,6	—	7,6	0,12	1,58	342
Tert.-butyl-isopropylketon 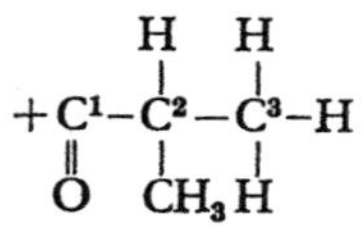	THF/K	49,8	2,38	13,0	~0,1	—	342
Azocarbonsäurediäthylester 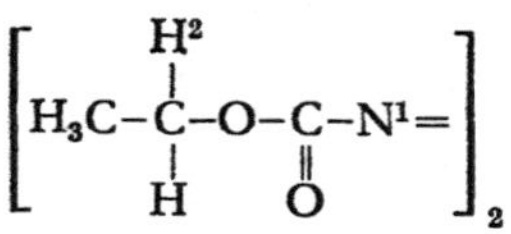	DMÄ/K	5,9	0,9	—	—	—	343
Cyclohexanon 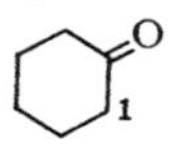	DMÄ/K	10,4	—	—	—	—	344
4-tert.-Butyl-cyclohexanon	DMÄ/K	*a* 14,4 *e* 7,2	—	—	—	—	344

[342] siehe Fußnote 304, S. 414.
[343] A. Zweig, and A. K. Hoffmann: J. Amer. chem. Soc. **85**, 2736 (1963).
[344] siehe Fußnote 308, S. 414.

Tabelle 49 (Fortsetzung)

Radikal aus	Lsgsmittel/Darstell.	a_1	a_2	a_3	a_4	a_M	Lit.
Dicyclopropylketon 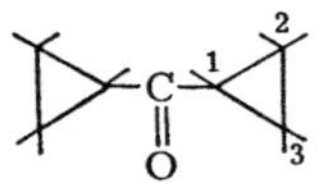	THF/K	8,37	2,79	—	—	—	345
Benzophenon 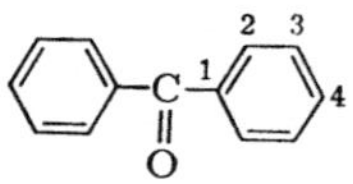	1 Li DMÄ/Li 2 Li DMÄ/Li	— —	2,712 2,855	0,938 1,017	3,536 3,567	0,673 1,125	346
4,4'-Difluor-benzophenon 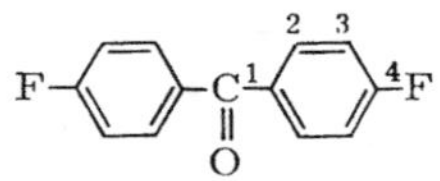	DMÄ/ACN Elektrolyse	—	2,74	0,96	7,50	—	347
4,4'-Dipyridylketon 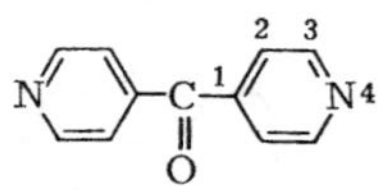	ACN/Elektrolyse	—	2,08	0,24	2,08	—	348

345 N. K. Ray, R. K. Gupta, and P. T. Narasimhan: Mol. Phys. **10**, 601 (1966).
346 siehe Fußnote 313, S. 414.
347 P. H. H. Fischer u. H. Zimmermann: Z. Naturforsch. **23a**, 1339 (1968).
348 J. C. M. Henning: J. Chem. Phys. **44**, 2139 (1966).

Tabelle 49 (Fortsetzung)

Radikal aus	Lsgsmittel/Darstell.	a_1	a_2	a_3	a_4	a_M	Lit.
Fluorenon 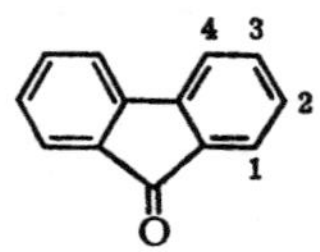	DMF/Elektrolyse	1,96	0,03	3,08	0,65	—	[349, 350]
Benzaldehyd 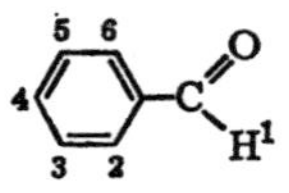	DMF/Elektrolyse	8,507	4,685	1,307	6,471	$a_5 = 0{,}750$ $a_6 = 3{,}393$	[351]
Acetophenon 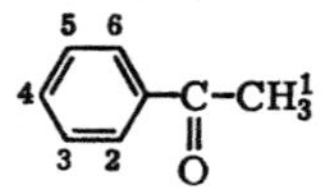	DMF/Elektrolyse	6,735	4,251	1,070	6,597	$a_5 = 0{,}875$ $a_6 = 3{,}712$	[351]
3-Cyan-acetophenon 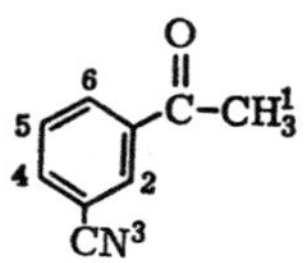	cis DMF/Elektrolyse	5,27	1,20	0,06	7,99	$a_5 = 1{,}91$ $a_6 = 5{,}70$	[352]
	trans	5,02	2,75	<0,05	7,74	$a_5 = 0{,}88$ $a_6 = 4{,}62$	

[349] R. Dehl, and G. K. Fraenkel: J. Chem. Phys. **39**, 1793 (1963).
[350] K. Möbius u. M. Plato: Z. Naturforsch. **22a**, 929 (1967).
[351] siehe Fußnote 296, S. 413.
[352] siehe Fußnote 291, S. 413.

Tabelle 49 (Fortsetzung)

Radikal aus	Lsgsmittel/Darstell.	a_1	a_2	a_3	a_4	a_M	Lit.
Thioxanthon-S,S-dioxid 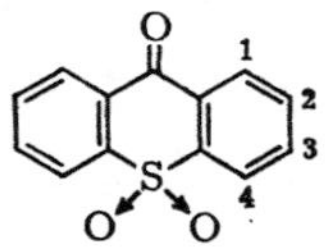	$C_2H_5OH/Na_2S_2O_4$	2,35	0,52	3,10	0,84	—	[353, 354]
Thiobenzophenon 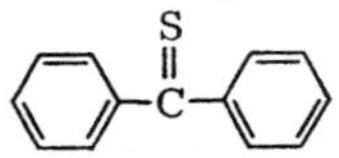	C_2H_5OH/Belichtung	—	2,57	1,04	2,86	—	[355]
Dibenzoylmethan (Dianionradikal s. S. 418) 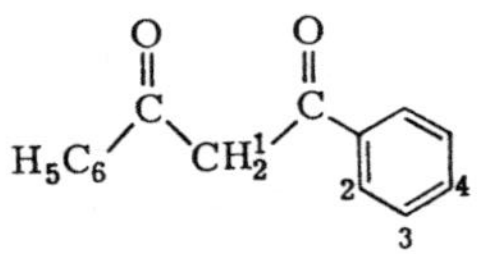	DMF/Elektrolyse	—	2,2	0,55	2,7	—	[356]
Phthalimid 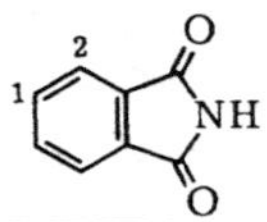	DMSO/Elektrolyse	2,40	0,205	$a_N = 2,40$	$a_{NH} = 0,41$	—	[357]

[353] G. Vincow: J. Chem. Phys. **37**, 2484 (1962).
[354] J. P. Keller, and R. G. Hayes: J. Chem. Phys. **46**, 816 (1967).
[355] siehe Fußnote 339, S. 419.
[356] siehe Fußnote 333, S. 418.
[357] siehe Fußnote 334 u. 335, S. 418.

Tabelle 49 (Fortsetzung)

Radikal aus	Lsgsmittel/Darstell.	a_1	a_2	a_3	a_4	a_M	Lit.
Naphthalin-1,8-dicarbonsäure-anhydrid 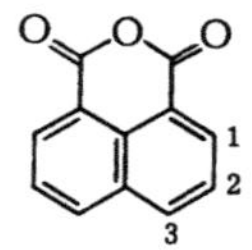	DMSO/Elektrolyse	5,13	0,91	5,80	—	—	358
Naphthalin-1,4,5,8-tetracarbon-säurediimid (Trianionradikal s. S. 418) 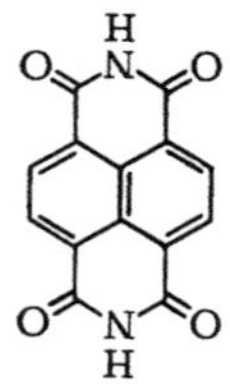	DMSO/Elektrolyse	1,27	$a_N = 0,66$	—	—	—	358
Maleinsäure-diäthylester 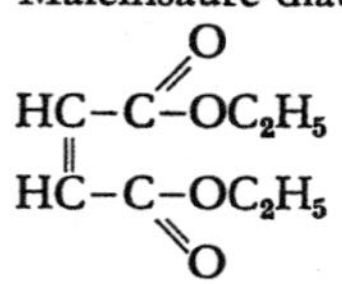	DMSO/Elektrolyse	6,65	1,10	—	—	—	359

[358] siehe Fußnote 336, S. 418.
[359] S. F. Nelsen: Tetrahedron Letters **1967**, 3795.

lungsparameter unmöglich ist. Mit Einführung aromatischer Substituenten werden jedoch definiertere Signale erhalten, so daß beim *Triphenylphosphyl* 12 HFS-Komponenten registriert werden können, die sich auf die Kopplungsparameter $a_o = 1{,}75$; $a_p = 3{,}5$ und $a_P = 5{,}25$[G] zurückführen lassen.

II.f. Semichinone

II.f.1. Herstellung

Semichinone sind instabile Zwischenprodukte, die bei der Reduktion von Chinonen oder bei der Oxydation von Hydrochinonen intermediär entstehen.

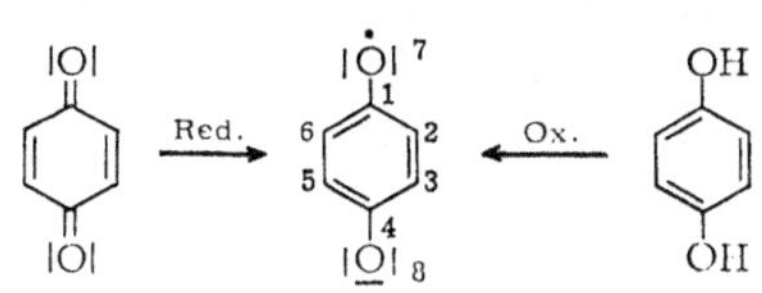

Die Reduktion von chinoiden Verbindungen wurde schon früh zur magnetischen Untersuchung der Semichinone mit statischen Methoden benutzt[360]. Als Reduktionsmittel in stark polaren Solventien wurden vorwiegend im sauren Milieu Ascorbinsäure, Zinkstaub oder Natriumdithionit[361], im basischen Milieu Glucose oder Natriumdithionit[362] verwendet. Alkalimetalle oder ihre Amalgame lassen sich in ätherischen Lösungsmitteln ebenfalls mit chinoiden Systemen zu Semichinonen umsetzen[363]. Dabei können (wie bei den Ketylen) Ionenpaare die Spektren komplizieren[364].

Die für Anionenradikale wohl allgemeinste Darstellungsmethode, die elektrolytische Reduktion[365], läßt sich in vielen Fällen auch auf Chinone anwenden.

Die Oxydation von Hydrochinonen wird meist in polaren Solventien wie Alkohol-Wassermischungen bei p_H-Werten >7 vorgenommen[366]. Als Oxydationsmittel dient gewöhnlich Luft, so daß durch eine vorgegebene Reaktionszeit die Radikalkonzentration leicht zu regulieren ist. Im all-

[360] L. Michaelis, M. P. Schubert, R. K. Reber, J. A. Kuck, and S. Granick: J. Amer. chem. Soc. **60**, 1678 (1938); L. Michaelis and S. Granick: J. Amer. chem. Soc. **70**, 624, 4275 (1948).

[361] J. R. Bolton, A. Carrington, and J. Dos Santos-Veiga: Mol. Phys. **5**, 465 (1962).

[362] M. R. Das, and G. K. Fraenkel: J. Chem. Phys. **42**, 1350 (1965).

[363] E. Müller, F. Günter, K. Scheffler, P. Ziemek u. A. Rieker: Liebigs Ann. Chem. **688**, 134 (1965).

[364] M. P. Khakhar, B. S. Prabhananda, and M. R. Das: J. Chem. Phys. **45**, 2327 (1966).

[365] D. H. Geske, and A. H. Maki: J. Amer. chem. Soc. **82**, 2671 (1960).

[366] B. Venkataraman, B. G. Segal, and G. K. Fraenkel: J. Chem. Phys. **30**, 1006 (1959).

gemeinen wird der in den Lösungen enthaltene Sauerstoff in kurzer Zeit soweit verbraucht, daß er nicht mehr zur Verbreiterung der Linien im ESR-Spektrum (s. S. 65, 69) beiträgt. Selbstverständlich lassen sich Hydrochinone auch mit Schwermetalloxyden oder $K_3[Fe(CN)_6]$ (ähnlich Aroxylen) in Radikale überführen.

Oxydations- und Reduktionsreaktionen lassen sich als „flow system" durchführen. Auch sehr instabile Semichinone[367, 368] sind deshalb der ESR-Messung zugänglich. Das ist deshalb von Bedeutung, da sowohl *p*-Semichinone[369, 370] als auch *o*-Semichinone[367] teilweise sehr schnell Veränderungen erleiden, so daß mit stationären Methoden in einigen Fällen nur ESR-Spektren von Sekundärprodukten aufgenommen werden können. Schließlich läßt sich auch die Komprotionierungsreaktion, bei der stöchiometrische Mengen Chinon und Hydrochinon zusammengegeben werden, zur Darstellung der Radikale anwenden. E. MÜLLER u. Mitarbb.[371] gelang es so *o*-Semichinone in Substanz zu isolieren.

II.f.2. Spektren

II.f.2.α. p-Semichinone

Die Mehrzahl der Untersuchungen beschäftigt sich mit grundsätzlichen Problemen, wie Relaxation[372], Spindichteverteilungen[373, 374] und den damit im Zusammenhang stehenden π—σ-Parametern sowie der Lösungsmittelabhängigkeit[375, 376] der Kopplungskonstanten.

Da diese Effekte für alle Semichinone recht ähnlich sind, sei als Beispiel das *p*-Benzosemichinon herausgegriffen. Die Protonen-HFS des *p*-Benzosemichinons wurde schon frühzeitig beobachtet[377]. Aus den fünf Komponenten (Abb. 56, S. 124) im Intensitätsverhältnis von 1 : 4 : 6 : 4 : 1 geht hervor, daß offenbar an den C-Atomen 2, 3, 5, 6 jeweils die gleiche Spindichte vorhanden ist (wie aus Symmetriegründen zu erwarten). Der Abstand der Linien hängt etwas vom Lösungsmittel ab und liegt bei etwa

[367] T. J. STONE, and W. A. WATERS: J. Chem. Soc. **1965**, 1488.
[368] T. J. STONE, and W. A. WATERS: J. Chem. Soc. **1964**, 4302.
[369] D. C. REITZ, J. R. HOLLAHAN, F. DRAVNIEKS, and J. E. WERTZ: J. Chem. Phys. **34**, 1457 (1961).
[370] E. W. STONE, and A. H. MAKI: J. Chem. Phys. **41**, 284 (1964).
[371] siehe Fußnote 363, S. 425.
[372] J. W. H. SCHREURS, and G. K. FRAENKEL: J. Chem. Phys. **34**, 756 (1961).
[373] M. R. DAS, and G. K. FRAENKEL: J. Chem. Phys. **42**, 1350 (1965).
[374] G. VINCOW, and G. K. FRAENKEL: J. Chem. Phys. **34**, 1333 (1961).
[375] J. GENDELL, J. H. FREED, and G. K. FRAENKEL: J. Chem. Phys. **37**, 2832 (1962).
[376] E. W. STONE, and A. H. MAKI: J. Chem. Phys. **36**, 1944 (1962).
[377] B. VENKATARAMAN, and G. K. FRAENKEL: J. Amer. chem. Soc. **77**, 2707 (1955); J. Chem. Phys. **23**, 588 (1955).

2,4 G. Daraus läßt sich mit Hilfe der McConnell-Gleichung eine Spindichte von 0,089 pro C-Atom abschätzen, was bedeutet, daß ca. 64% der freien π-Dichte in den Carbonylgruppen lokalisiert ist. Es wurde versucht, diese Meßergebnisse als Grundlage zur Justierung der verschiedenen Parameter (α, β), wie sie für MO-Rechnungen benötigt werden, auszuwerten[378, 379]. M. R. DAS u. G. K. FRAENKEL[380] konnten jedoch zeigen, daß auf Grund der Protonenkopplungen allein keine exakten Aussagen über die Spinverteilungen im ganzen Molekül möglich sind. Sie bezogen deshalb die ^{13}C-Aufspaltungen[381–383] für die Stellungen 1 und 2 sowohl hinsichtlich ihrer Beträge als auch bezüglich der aus den Spektren ermittelten Vorzeichen in ihre Betrachtungen mit ein. So wurde es möglich die π—σ-Parameter für die Carbonylkohlenstoffatome (s. S. 184) zu ermitteln und eine recht gute Übereinstimmung zwischen gemessenen und berechneten Spindichten zu erzielen.

Mit ^{17}O angereichertes *p*-Benzosemichinon lieferte[384–386] die Sauerstoffaufspaltungen, so daß praktisch alle Kopplungskonstanten im Molekül bekannt sind.

Tabelle 50. *ESR-Kopplungskonstanten [G] und berechnete Spindichten des p-Benzosemichinons in DMSO*

	$a_{^{13}C_1}$	$a_{^{13}C_2}$	$a_{^1H}$	$a_{^{17}O}$
Kopplung	−2,13	−0,123*	−2,419	−9,46
Spindichte	0,1487	0,08960	—	0,1721

* berechnet

Ein direkter Vergleich der experimentellen Aufspaltungen mit den nach dem MO-Verfahren berechneten Spindichten ist aber auch dadurch unmöglich, weil die Kopplungskonstanten den Spindichten lediglich proportional sind. Die Proportionalitätsfaktoren aber sind eben die verschiedenen $Q_{\pi-\sigma}$-Werte, die auf Grund dieser Messungen ermittelt wurden. Aller-

378 G. VINCOW, and G. K. FRAENKEL: J. Chem. Phys. **34**, 1333 (1961).
379 R. W. BRANDON, and E. A. C. LUCKEN: J. Chem. Soc. **1961**, 4273.
380 siehe Fußnote 373, S. 426.
381 A. v. ROGGEN: J. Chem. Phys. **33**, 1589 (1960).
381a H. L. STRAUSS, and G. K. FRAENKEL: J. Chem. Phys. **35**, 1738 (1961).
382 D. C. REITZ, F. DRAVNIEKS, and J. E. WERTZ: J. Chem. Phys. **33**, 1880 (1960).
383 E. W. STONE, and A. H. MAKI: J. Chem. Phys. **36**, 1944 (1962).
384 W. M. GULICK JR., and D. H. GESKE: J. Amer. chem. Soc. **88**, 4119 (1966).
385 B. L. SILVER, Z. LUZ, and C. EDEN: J. Chem. Phys. **44**, 4258 (1966).
386 M. BROZE, Z. LUZ, and B. L. SILVER: J. Chem. Phys. **46**, 4891 (1967).

dings zeigen die Untersuchungen am ^{17}O-Benzosemichinon eindeutig, daß die Sauerstoffaufspaltung auch von der Spindichte am C_1, und zwar in der Form

$$a_O = K_O^O \varrho_O^\pi + Q_{C-O}^O \varrho_1^\pi$$

abzuhängen scheint. Die Beträge dieser Sauerstoff-π-σ-Werte sind nicht absolut sicher, so daß die auf S. 195 angegebenen Werte Näherungen sind.

Alle in Tab. 50 angegebenen Kopplungsparameter des *p*-Benzosemichinons sind lösungsmittelabhängig. Während die Protonenaufspaltungen sich beim Übergang von aprotischen zu protischen Lösungsmitteln nur um einige 100 mG ändern und die $^{13}C_2$-Aufspaltung ohnehin meist so klein ist, daß sie nicht beobachtet werden kann, zeigen $a_{^{13}C_1}$ und $a_{^{17}O}$ Änderungen, die einige Gauß betragen können. Systematische Untersuchungen mit binären Lösungsmittelmischungen sind bekannt[387–389].

Nach J. Gendell, J. H. Freed u. G. K. Fraenkel[390] lassen sich die Lösungsmitteleffekte durch Komplexe zwischen Semichinonsauerstoff und Solvens erklären. Sie ändern die Elektronegativität des Sauerstoffs und infolgedessen die Spinverteilung im Molekül. Diese Verhältnisse lassen sich innerhalb der MO-Theorie dadurch simulieren, daß mit zunehmender Solvenspolarität α_O vergrößert wird. Dadurch ergeben sich für ϱ_O kleinere und für ϱ_{C_1} größere Werte, entsprechend den experimentellen Befunden.

In diesem Sinne lassen sich auch die Spektren der Semichinon-Kationen, wie sie durch Redoxreaktionen im stark sauren Medium erzeugt werden können, verstehen[391–395]. Die Wechselwirkungen mit dem Lösungsmittel können so groß werden, daß seine Protonen hinreichend stabile Komplexe mit dem Radikal bilden und zu wesentlichen Änderungen der HFS führen. Meist dürften Gleichgewichte vorliegen, wobei ihre Lage (s. Schema) vom Lösungsmittel[396, 397] und der Acidität[398] abhängt. Für das Auftreten der OH-Protonenaufspaltungen in den Spektren sind neben sterischen Faktoren im wesentlichen die Austauschgeschwindigkeiten ausschlaggebend. Die an

---

[387] siehe Fußnoten 383, 373, 384, 386, S. 427, 426, 427, 427.
[388] E. W. Stone, and A. H. Maki: J. Amer. chem. Soc. **87**, 454 (1965).
[389] J. Oakes, and M. C. R. Symons: Trans. Faraday Soc. **64**, 2579 (1968).
[390] J. Gendell, J. H. Freed, and G. K. Fraenkel: J. Chem. Phys. **37**, 2832 (1962).
[391] J. R. Bolton, and A. Carrington: Proc. Chem. Soc. **385**, (1961).
[392] J. R. Bolton, and A. Carrington: Mol. Phys. **5**, 161 (1962).
[393] J. R. Bolton, A. Carrington, and J. dos Santos-Veiga: Mol. Phys. **5**, 465 (1962).
[394] A. Carrington, and I. C. P. Smith: Mol. Phys. **8**, 101 (1964).
[395] J. R. Bolton, A. Carrington, and P. F. Todd: Mol. Phys. **6**, 169 (1963).
[396] T. E. Gough: Trans. Faraday Soc. **62**, 2321 (1966).
[397] T. A. Claxton, T. E. Gough, and M. C. R. Symons: Trans. Faraday Soc. **62**, 279 (1966).
[398] I. C. P. Smith, and A. Carrington: Mol. Phys. **12**, 439 (1967).

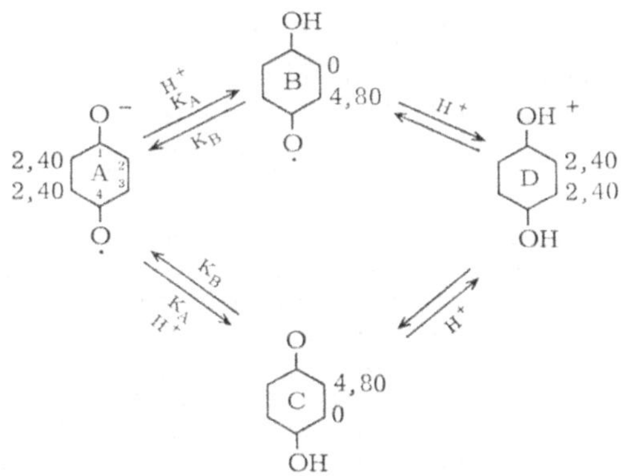

beiden Sauerstoffatomen protonisierten *p*-Semichinone können Rotationsisomere[399–401] bilden. Dadurch ergeben sich weitere Variationen der Spektren mit Lösungsmittel und Meßtemperatur.

E. W. Stone u. A. H. Maki[402] waren durch Untersuchung von mit ^{13}C in 1-Stellung angereichertem Benzosemichinon in der Lage, recht

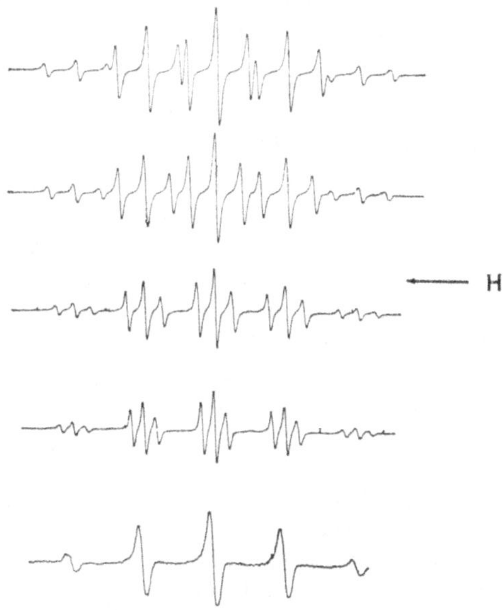

Abb. 134. ESR-Spektren des 1-^{13}C-*p*-Benzosemichinons in DMSO/H_2O-Mischungen[402]. Der Molenbruch des Wassers steigt von oben nach unten

399 A. B. Barabas, W. Forbes, and P. D. Sullivan: Can. J. chem. **45**, 267 (1967).

400 P. D. Sullivan: J. Amer. chem. Soc. **89**, 4294 (1967).

401 P. D. Sullivan, and J. R. Bolton: J. Amer. chem. Soc. **90**, 5366 (1968).

402 siehe Fußnote 388, S. 428.

genaue Meßdaten für die Variation der ^{13}C-Aufspaltung mit der Lösungsmittelzusammensetzung im System DMSO/H_2O und ACN/H_2O zu erhalten, während W. M. GULICK u. D. H. GESKE[403] durch Einbau von ^{17}O darüber hinaus auch noch die Änderung des Sauerstoffkopplungsparameters beobachten konnten.

Als Mechanismus für ein binäres Lösungsmittelsystem, das die Komponenten A und B in einem bestimmten Konzentrationsverhältnis enthält, nehmen die Autoren an, daß jedes Semichinon-Radikal S stets mit zwei Lösungsmittelmolekülen assoziiert ist. Somit liegen die Spezies ASA, ASB und BSB, denen die definierten Kopplungsparameter a_1, a_2 und a_3 zugeordnet werden, im Gleichgewicht vor. Da die Geschwindigkeiten, mit denen die verschiedenen Komplexe ineinander übergehen, im Sinne der ESR-Zeitsakla groß sind (s. S. 95), wird nur ein mittlerer Kopplungsparameter $\bar{a}$ gemessen, der sich als Summe der Kopplungsparameter der einzelnen Spezies, gewogen mit ihren Gleichgewichtskonzentrationen p_i, in der folgenden Form darstellt:

$$\bar{a} = p_1 a_1 + p_2 a_2 + p_3 a_3 \qquad \sum p_i = 1$$

Da die Gleichgewichtskonzentrationen ihrerseits mit der Lösungsmittelzusammensetzung variieren, ist damit auch die Abhängigkeit von $\bar{a}$, dem experimentellen Kopplungsparameter, theoretisch verständlich.

Bei anderen Semichinonen sind die Verhältnisse weitgehend analog.

Ionenpaarbildung zwischen Semichinonanionen und Alkalimetallkationen wurden mehrfach sowohl in ätherischen Solventien[404] als auch in tert.-Butanol[405] beobachtet. Gelegentlich lassen sich Alkalimetall-Aufspaltungen in den Spektren finden, so daß auf Kontaktionenpaare geschlossen werden kann. Systematische Untersuchungen ergaben, daß offenbar Gleichgewichte zwischen unterschiedlich solvatisierten Ionenpaaren vorliegen[406–408], wobei das Kation innerhalb des Komplexes beweglich ist[409, 410]. Mit dieser Modellvorstellung lassen sich die beobachteten Abhängigkeiten der Protonen- und Metall-HFS von Temperatur und Lösungsmittel erklären. Auch der Kationenaustausch bei Metallionenüberschuß ist untersucht worden[411]. Die Substitution eines oder mehrerer Wasserstoff-

---

[403] siehe Fußnote 384, S. 427.

[404] siehe Fußnote 364, S. 425.

[405] E. A. C. LUCKEN: J. Chem. Soc. **1964**, 4234.

[406] P. S. GILL, and T. E. GOUGH: Trans. Faraday Soc. **64**, 1997 (1968).

[407] B. S. PRABHANANDA, M. P. KHAKHAR, and M. R. DAS: J. Amer. chem. Soc. **90**, 5980 (1968).

[408] M. P. KHAKHAR, B. S. PRABHANANDA, and M. R. DAS: J. Amer. chem. Soc. **89**, 3100 (1967).

[409] J. CHIPPENDALE, and E. WARHURST: Trans. Faraday Soc. **64**, 2332 (1968).

[410] T. A. CLAXTON, J. OAKES, and M. C. R. SYMONS: Trans. Faraday Soc. **64**, 596 (1968).

[411] A. W. RUTTER, and E. WARHURST: Trans. Faraday Soc. **64**, 2338 (1968).

atome im *p*-Benzosemichinon durch Methyl-[412–415] oder Butyl-Gruppen[416] führt zu keinen prinzipiellen Änderungen gegenüber dem Grundsystem. Im allgem. tragen sämtliche direkt mit dem Ringsystem verbundenen Methylprotonen mit zur HFS bei, wobei die Wasserstoffkerne der Methyl-Gruppen äquivalent sind, so daß die Substituenten als frei drehbar anzusehen sind. Bei einigen tert.-Butyl-benzoesemichinonen konnten Aufspaltungen der tert.-Butylprotonen nachgewiesen werden. Offenbar handelt es sich um eine C—C-Hyperkonjugation in Verbindung mit einer Spinpolarisation der C—H-Bindung (vgl S. 178)[417]. Die Spindichteverteilung wird durch den oder die Alkyl-Substituenten nur mäßig verändert und läßt sich mit Hilfe der MO-Theorie quantitativ beschreiben[418]. Bei bicyclischen Semichinonen vom Typ

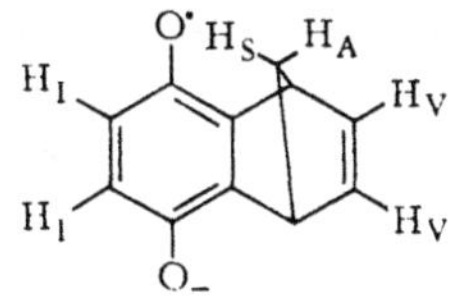

$a^{(1)}_{H_A} = 0{,}80$ G.
$a^{(2)}_{H_I} = 2{,}36$ G.
$a_{H_{S,V}} = 0{,}40$ G.

und entspr. im Substituenten gesättigten Radikalen lassen sich γ-Proton-Aufspaltungen beobachten[419–421], die deutlich größer sind als die entspr. Kopplungen bei offenkettigen Verbindungen. Ähnliche Ergebnisse wurden bei analogen Semidionen und Semifuranchinonen[422] gefunden. Offenbar ist das Auftreten dieser „long range"-Kopplung sterisch bedingt.

Auch der Einfluß von Halogensubstituenten auf die Spindichteverteilung in Semichinonen ist gering. Die Kernwasserstoffaufspaltungen

---

[412] siehe Fußnote 392, 393, S. 428.

[413] B. Venkataraman, and G. K. Fraenkel: J. Chem. Phys. **23**, 588 (1955).

[414] B. Venkataraman, B. G. Segal, and G. K. Fraenkel: J. Chem. Phys. **30**, 1006 (1959).

[415] E. W. Stone, and A. H. Maki: J. Chem. Phys. **36**, 1944 (1962).

[416] L. M. Stock, and J. Suzuki: J. Amer. chem. Soc. **87**, 3909 (1965).

[417] C. Trapp, C. A. Tyson, and G. Giacometti: J. Amer. chem. Soc. **90**, 1394 (1968).

[418] A. Fairnbourn, and E. A. C. Lucken: J. chem. Soc. **1963**, 258.

[419] D. Kosman, and L. M. Stock: Tetrahedron Letters **1967**, 1511; J. Amer. chem. Soc. **88**, 843 (1966).

[420] S. F. Nelsen, and B. M. Trost: Tetrahedron Letters **1966**, 5737.

[421] K. E. Anderson, D. Kosman, C. J. Mayers, B. P. Rueckberg, and L. M. Stock: J. Amer. chem. Soc. **90**, 7168 (1968).

[422] S. F. Nelsen, and E. Seppanen: J. Amer. chem. Soc. **89**, 5740 (1967).

ändern sich nur um einige 100 mG[423]. Während in Fluor-Derivaten[424–427] Kopplungen mit den ^{19}F-Kernen von etwa dem doppelten Betrag der entspr. Wasserstoffaufspaltungen gefunden wurden, lassen sich bei allen chlorierten Semichinonen[428, 429] keinerlei HFS-Komponenten finden, die auf ^{35}Cl und ^{37}Cl zurückzuführen sind.

Benzosemichinone, die mit *Phosphor*[430–433] *oder Schwefel*[434] substituiert sind, wurden an zahlreichen Beispielen untersucht, um die Substituenteneinflüsse auf die Spindichteverteilung zu studieren. Eine relativ gute Übereinstimmung zwischen berechneten und gemessenen Ringprotonenaufspaltungen läßt sich für die Phosphorverbindungen durch Erhöhung des Coulomb-Integrals des Verknüpfungsatoms erzielen, während bei schwefelhaltigen Substituenten dieser Wert erniedrigt werden muß. Die ESR-Spektren von Semichinonphosphaten weisen in Abhängigkeit von den *o*-Substituenten unterschiedliche P-Kopplungen auf. Es gelang[435], einen Hyperkonjugationsmechanismus für die Phosphoraufspaltung wahrscheinlich zu machen.

Entsprechend dem Kernspin der Substituentenatome lassen sich im Falle von *Phosphor* und auch bei *Amino-semichinonen*[436, 437] HFS-Komponenten finden, die auf eine magnetische Kopplung dieser Kerne mit dem freien Elektron zurückzuführen sind. Im Falle des unmagnetischen O[438, 439] und S[440] läßt sich eine endliche Spindichte am Heteroatom analog den

---

[423] siehe Fußnote 418, S. 431.

[424] siehe Fußnote 416, S. 431.

[425] D. H. ANDERSON, P. J. FRANK, and H. S. GUTOWSKY: J. Chem. Phys. **32**, 196 (1960).

[426] J. W. EASTMAN, G. M. ANDROES, and M. CALVIN: Nature **193**, 1067 (1962).

[427] P. H. H. FISCHER u. H. ZIMMERMANN: Z. Naturforsch. **23a**, 1399 (1968).

[428] siehe Fußnote 414, S. 431.

[429] J. E. WERTZ, and J. L. VIVO: J. Chem. Phys. **23**, 2441 (1955).

[430] E. A. C. LUCKEN: J. Chem. Soc. **1963**, 5123.

[431] E. A. C. LUCKEN: Z. Naturforsch. **18b**, 166 (1963).

[432] E. MÜLLER, H. EGGENSPERGER, B. TEISSIER u. K. SCHEFFLER: Z. Naturforsch. **18b**, 984 (1963).

[433] E. A. C. LUCKEN, F. RAMIREZ, V. P. CATTO, D. RUHM, and S. DERSCHOWITZ: Tetrahedron **22**, 637 (1966).

[434] E. A. C. LUCKEN: J. Chem. Soc. **1964**, 4240.

[435] B. T. ALLEN, and A. BOND: J. Phys. Chem. **68**, 2439 (1964).

[436] Y. MATSUNAGA, and C. A. MCDOWELL: Can. J. Chem. **38**, 1167 (1960).

[437] G. A. RUSSEL, R. KONAKA, E. TH. STROM, W. DANEN, K.-Y. CHANG, and G. KAUPP: J. Amer. chem. Soc. **90**, 4646 (1968).

[438] Y. MATSUNAGA, and C. A. MCDOWELL: Can. J. Chem. **38**, 1158 (1960).

[439] siehe Fußnote 369, S. 426.

[440] E. A. C. LUCKEN: J. Chem. Soc. **1964**, 4240.

Aroxylen aus dem Auftreten einer zusätzlichen Protonenaufspaltung der Alkoxy- bzw. Alkylmercapto-Wasserstoffkerne schließen. Durch Untersuchung zahlreicher Methoxy-substituierter Semichinone[441] war es sogar möglich, die beobachteten Protonenaufspaltungen mit der Spindichte am Sauerstoff zu korrelieren (vgl. S. 176). Eine Kopplung mit aromatischen Protonen in entspr. Phenoxyverbindungen konnte nicht nachgewiesen werden.

Semichinone *o*-kondensierter Systeme[442–445] wurden im wesentlichen im Zusammenhang mit Spindichtenberechnungen[446] und Lösungsmitteleinflüssen[447] untersucht. Da allerdings nur die Protonenaufspaltungen in die Betrachtungen eingeschlossen wurden, sind nach neueren Untersuchungen[448] (vgl. a. S. 427) die erzielten Ergebnisse nicht zuverlässig.

α-Methyl-substituierte Anthrasemichinone[449] besitzen eine wesentlich kompliziertere HFS, als sie auf Grund des einfachen Austausches eines Protons im Anthrasemichinon durch drei äquivalente Wasserstoffkerne der Methylgruppe zu erwarten ist. Die Ursache ist in einer sterischen Wechselwirkung zwischen dem Substituenten und dem Carbonylsauerstoff zu suchen, die nicht nur eine Änderung der Ringprotonenkopplungen hervorruft, sondern auch die freie Drehbarkeit der Methylgruppe aufhebt.

Bei Hydroxy-substituierten Semichinonen vom Typ des Naphthazarins und des Chinizarins[449a] zeigen analog den einkernigen[450] Radikalen sowohl in saurer[451] als auch in annähernd neutraler Lösung Wasserstoffbrückenbindungen, die einen starken Einfluß auf die Molekülgeometrie und damit auf die ESR-Spektren ausüben können (vgl. a. S. 107).

Die *g*-Faktoren der Semichinone bieten ein uneinheitliches Bild. Ihre Beträge hängen stark von den im Molekül vorhandenen Substituenten ab, so daß sie nicht ohne weiteres zur Charakterisierung herangezogen werden können.

---

[441] G. P. Rabold, R. T. Ogata, M. Okamura, L. H. Piette, R. E. Moore, and P. J. Scheuer: J. Chem. Phys. **46**, 1161 (1967).

[442] siehe Fußnote 393, S. 428.

[443] J. M. Fritsch, T. P. Layloff, and R. N. Adams: J. Amer. chem. Soc. **87**, 1724 (1965).

[444] J. E. Wertz, and J. L. Vivo: J. Chem. Phys. **24**, 479 (1956).

[445] T. C. Hollocher, and M. M. Weber: Nature **195**, 247 (1962).

[446] siehe Fußnote 378, S. 427.

[447] E. W. Stone, and A. H. Maki: J. Chem. Phys. **36**, 1944 (1962).

[448] siehe Fußnote 373, S. 426.

[449] R. M. Elofson, K. F. Schulz, B. E. Galbraith, and R. Newton: Can. J. Chem. **43**, 1553 (1965).

[449a] J. H. Freed, and G. K. Fraenkel: J. Chem. Phys. **38**, 2040 (1963).

[450] siehe Fußnote 394, S. 428.

[451] siehe Fußnote 395, S. 428.

II.f.2.β. o-Semichinone

Das ESR-Spektrum des o-Benzosemichinons[452, 453] besteht aus drei Tripletts mit jeweils dem Intensitätsverhältnis 1 : 2 : 1. Somit sind von den vier im Molekül vorhandenen Protonen jeweils zwei äquivalent, wobei es sich aus Symmetriegründen um die Wasserstoffe in den Positionen 3 und 6 bzw. 4 und 5 handelt.

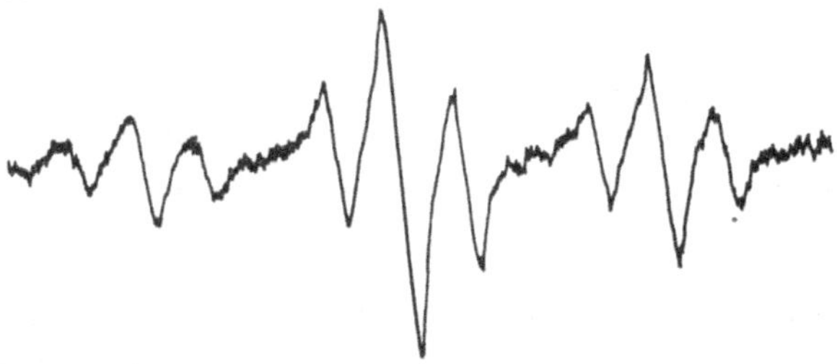

Abb. 135. ESR-Spektrum des *o*-Benzosemichinons[452]

Aus Vergleichen mit einer Reihe alkylierter *o*-Semichinone[452, 454] sowie mit Spindichteberechnungen[455] geht hervor, daß den Positionen 4 und 5 die größere Protonenkopplung zuzuschreiben ist.

Schon durch Einführung von Alkylgruppen wird die Äquivalenz innerhalb der Protonenpaare aufgehoben[456], doch sind die Änderungen relativ klein und es wird lediglich eine Zuordnung zwischen den 3- und 6- bzw. 4- und 5-Positionen in Frage gestellt.

Die offenbar für das *o*-semichinoide System allgemein gültige Spindichtenverteilung bleibt im Prinzip auch dann erhalten, wenn funktionelle Gruppen vorhanden sind. Selbstverständlich lassen sich auch Lösungsmittelabhängigkeiten der Protonenaufspaltungen beobachten. Allerdings sind die entspr. Schwankungen der Kopplungsparameter so gering, daß Schwierigkeiten bei der Zuordnung nur auftreten[456], wenn im stark sauren Medium gearbeitet wird. Da unter diesen Bedingungen definierte 1 : 1 Radikal-Protonen-Assoziate gebildet werden, können[457] deren HFS-Parameter den analogen Aroxylen mehr entsprechen, als denen der Semichinone mit zwei äquivalenten Carbonylgruppen im Molekül.

Wenn die Spektren eine HFS zeigen, die sich mit der oben skizzierten Elektronenverteilung nicht im Einklang befindet, sind Zweifel an der Konstitution der paramagnetischen Spezies angebracht[458]. T. J. Stone

[452] R. Hoskins: J. Chem. Phys. **23**, 1975 (1955).
[453] M. Adams, M. S. Blois jr., and R. H. Sands: J. Chem. Phys. **28**, 774 (1958).
[454] siehe Fußnote 363, S. 425.
[455] siehe Fußnote 433, S. 432.
[456] siehe Fußnote 367, S. 426.
[457] siehe Fußnote 398, S. 428.
[458] F. R. Hewgill, T. J. Stone, and W. A. Waters: J. Chem. Soc. **1964**, 408.

u. W. A. WATERS[459] erhielten bei 4-substituierten *o*-Semichinonen, die durch Oxydation entspr. Brenzkatechine im wäßrigen Medium dargestellt waren, nach einigen Minuten Spektren, die mit den bei Verwendung eines Durchflußsystems erhaltenen Signalen nicht identisch waren. Es gelang der Nachweis, daß bei längerer Oxydation eine weitere Hydroxygruppe in das Molekül etwa in folgender Art eintritt:

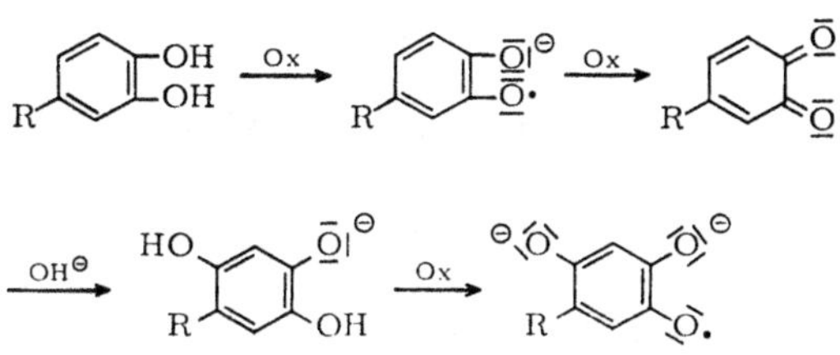

Primärradikal

Sekundärradikal

Die Stellung der neuen OH-Gruppe ist von R abhängig und läßt sich mit Hilfe der allgemeinen Substitutionstheorie verstehen. Analog wurden bei Darstellung von *p*-Benzosemichinonen in alkoholischen Lösungen Sekundärradikale nachgewiesen, die durch Substitution der Ausgangsverbindung entstehen[460, 461].

Diese Nebenreaktionen lassen sich am besten vermeiden, wenn nach E. MÜLLER[462] in ätherischen Solventien die Komproportionierungsreaktion durchgeführt wird. Eine große Zahl entspr. dargestellter substituierter Semichinone konnte sowohl magnetisch als auch chemisch genau untersucht werden.

II.f.2.γ. m-Semichinone

Resorcin und eine Reihe substituierter 1,3-Dihydroxybenzole lassen sich durch monovalente Oxydation in Radikale überführen[463]. Allerdings ist ihre Lebensdauer so klein, daß die ESR-Spektren nur mit Hilfe eines Durchflußsystems gemessen werden können. Das Spektrum des *m*-Benzosemichinons zeigt zunächst eine große Triplettaufspaltung. Jede dieser Komponenten ist in ein größeres Dublett und jede dieser Linien jeweils wieder in ein kleineres Dublett aufgespalten. (Abb. 136). Diese HFS läßt sich mit der magnetischen Kopplung zweier äquivalenter (Triplett) und zweier nichtäquivalenter Protonen (zwei Dubletts) interpretieren. Die Zuordnung der

[459] siehe Fußnote 367, S. 426.
[460] siehe Fußnote 369, S. 426.
[461] J. PILAR, I. BUBEN, and J. POSPÍŠIL: Tetrahedron Letters **1968**, 4203.
[462] siehe Fußnote 363, S. 425.
[463] siehe Fußnote 368, S. 426.

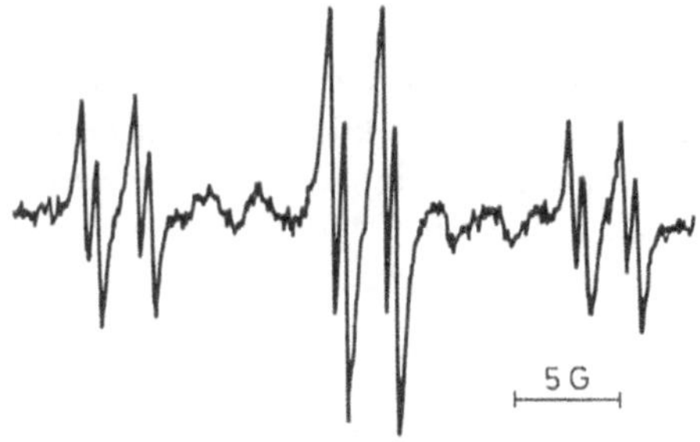

Abb. 136. ESR-Spektrum des *m*-Benzosemichinons[463a]

Triplettaufspaltung ist aus Symmetriegründen einfach, da nur die Protonen in 4-und 6-Stellung äquivalent sein können, während die beiden unterschiedlichen Protonenkopplungen nur durch Vergleich mit verschieden substituierten Radikalen definierten Stellen im Molekül zugeschrieben werden können. Es ergaben sich als Kopplungskonstanten im alkalischen Medium:

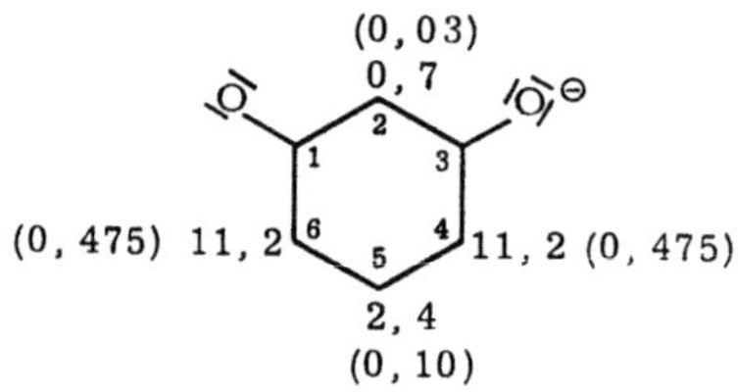

Mit der McConnell-Näherung und unter Verwendung eines $|Q^{H}_{C-H}| = 23{,}7$ G lassen sich daraus die in Klammern angegebenen Spindichten berechnen. Ihre Summe ist größer als 1, so daß offenbar negative Werte auftreten müssen, die auf Grund der Theorie für die Stellungen 2 und 5 vorausgesagt werden. Unter dieser Voraussetzung verbleiben nur rund 18% freie π-Dichte, die in den beiden C—O-Fragmenten lokalisiert sein kann. Dieser Wert ist außerordentlich verschieden von den bei *o*- und *p*-Semichinonen ermittelten Spindichten, bei denen mehr als 60% auf die Carbonylgruppen entfielen. Bei den *m*-Semichinonen ist die Beteiligung der C—O-Gruppierungen an der Radikalmesomerie sogar noch wesentlich geringer als bei den Aroxylen (s. S. 342), bei denen rund 18% auf nur ein C—O-Fragment entfallen. Mit der relativ großen Aufenthaltswahrscheinlichkeit des freien Elektrons in den Positionen 4 und 6 dürften die chemischen Eigenschaften der *m*-Semichinonradikale im Zusammenhang stehen, so daß es sich um einen speziellen Typ mesomerer Sauerstoff-Kohlenstoff-Radikale handelt.

Oxydation von 1,3-Dihydroxybenzol im sauren Medium gibt ein Radikal, das zwar auf eine gleiche Anzahl wechselwirkender Protonen schließen

---

[463a] siehe Fußnote 368, S. 426.

Tabelle 51. *ESR-Kopplungsparameter [G] einiger Semichinone*

Radikal*	a_1	a_2	a_3	a_4	a_5	a_6	$a_{^{17}O}$	Lit.
Methyl-benzosemi-chinon-(1,4)	—	1,83	1,95	—	2,70	2,44	—	464
2,5-Difluor-benzosemi-chinon-(1,4)	—	5,24	1,42	—	—	—	—	465
2,5-Dichlor-benzosemi-chinon-(1,4)	—	—	2,03	—	—	2,03	—	466
Tetrafluor-benzosemi-chinon-(1,4)	—	4,14	4,14	—	4,14	4,14	—	467, 468
2,5-Dimethoxy-benzo-semichinon-(1,4)	—	0,96	0,28	—	0,96	0,28	—	469, 470
2,5-Dibenzyl-mercapto-benzosemichinon-(1,4)	—	0,79	0,91	—	0,79	0,91	—	471
Triphenylphosphonium-benzosemichinon-(1,4)	—	a_P4,70	5,80	—	1,55	1,70	—	472
Bis-[benzo-semi-chinon-(1,4)]	—	—	2,34	—	0,82	1,13	—	473
Naphthosemi-chinon-(1,4)**	—	3,23	3,23	—	0,513	0,655	7,80	474, 475
9,10-Anthrasemichinon	0,27	0,94	—	—	—	—	7,53	475, 476
4-Methyl-benzosemi-chinon-(1,2)	—	—	0,7	4,4	3,7	1,4	—	477
4,5-Trimethylen-benzo-semichinon-(1,2)	—	—	0,5	7,47	7,47	0,5	—	478

* Bezifferungsschemata

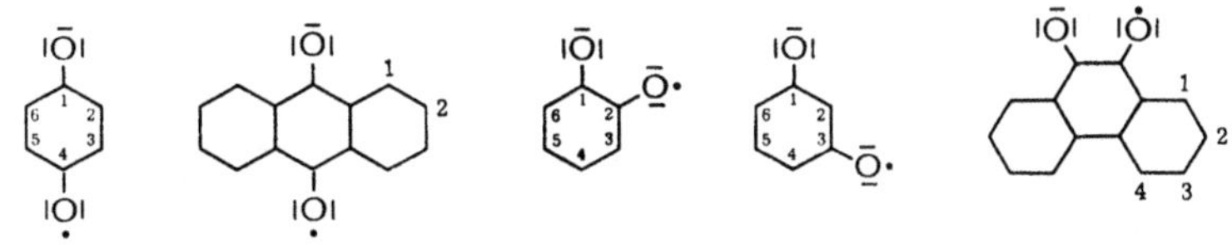

** Zuordnung nicht sicher.

[464] siehe Fußnote 447, S. 433.
[465] siehe Fußnote 427, S. 432.
[466] siehe Fußnote 414, S. 431.
[467] J. W. EASTMAN, G. M. ANDROES, and M. CALVIN: Nature **193**, 1067 (1962).
[468] D. H. ANDERSON, P. J. FRANK, and H. S. GUTOWSKY: J. Chem. Phys. **32**, 196 (1960).
[469] siehe Fußnote 369, S. 426.
[470] siehe Fußnote 438, S. 432.
[471] siehe Fußnote 440, S. 432.
[472] siehe Fußnote 430, S. 432.
[473] siehe Fußnote 370, S. 426.
[474] siehe Fußnote 393, S. 428.
[475] siehe Fußnote 386, S. 427.
[476] siehe Fußnote 443, 449, S. 433
[477] siehe Fußnote 367, S. 426.
[478] siehe Fußnote 363, S. 425.

Tabelle 51 (Fortsetzung)

Radikal*	a_1	a_2	a_3	a_4	a_5	a_6	a_{17O}	Lit.
9,10-Phenanthren-semichinon	1,35	0,20	1,67	0,42	—	—	—	479, 480
Benzosemichinon-(1,3)	—	0,7	—	11,2	2,4	11,2	—	481
4-Äthylbenzo-semichinon-(1,3)	—	—	—	10,5	2,3	10,5	—	481
4-Chlor-benzosemi-chinon-(1,3)	—	0,7	—	2,0	2,0	9,8	—	481
trans-15,16-Dimethyl-dihydropyren-semi-chinon-(2,7)	0,22	—	1,66	—	—	a_{CH_3} = 0,11	—	482

* s. S. 437.

läßt, wie sie in neutraler Lösung aufgefunden wurden, jedoch sind die Beträge der Aufspaltungen und damit, konstante *Q*-Werte vorausgesetzt, die Spindichten an den einzelnen Stellen stark unterschiedlich. Sicherlich wird im sauren Milieu die Dissoziation der nicht oxydierten OH-Gruppe weitgehend zurückgedrängt sein, so daß jetzt die Radikale mehr *m*-Hydroxy-aroxylen entsprechen. Die Verhältnisse lassen sich dadurch beschreiben, daß der Spindichteverteilung des Resorcin-Anionradikals die π-Dichteverteilung von Strukturen mit nicht-dissoziierter OH-Gruppe überlagert werden. Da die experimentellen Daten des *m*-Hydroxyaroxyls nicht bekannt sind, werden näherungsweise die Kopplungen des unsubstituierten Aroxyls benutzt.

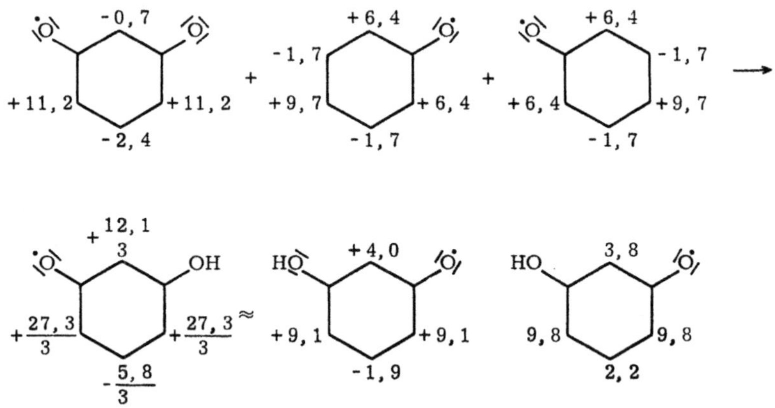

[479] R. DEHL, and G. K. FRAENKEL: J. Chem. Phys. **39**, 1793 (1963).
[480] N. L. BAULD: J. Amer. chem. Soc. **86**, 3894 (1964).
[481] siehe Fußnote 368, S. 426.
[482] F. GERSON, E. HEILBRONNER u. V. BOEKELHEIDE: Helv. chim. Acta **47**, 1123 (1964).

Die Übereinstimmung der so errechneten Kopplungsparameter mit den experimentellen Werten ist überaschend gut und kann als Stütze für die Beschreibung der mit der Protonisierung verbundenen Vorgänge angesehen werden.

II.g. Semidione

Semidione lassen sich formal als nichtcyclische konjugierte *o*-Semichinone auffassen.

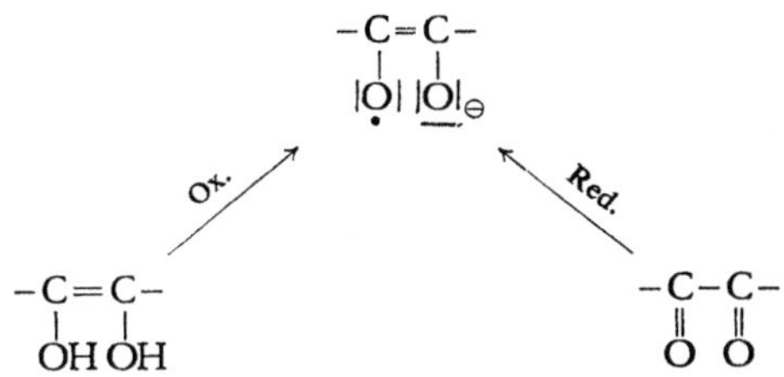

Endiol 1,2-Diketon

Dementsprechend kann ihre Darstellung analog den bei den Semichinonen eingesetzten Verfahren durch vorsichtige Oxydation bzw. Reduktion geeigneter Ausgangsverbindungen erfolgen, wobei die Endiole den Hydrochinonen und die Diketone den Chinonen entsprechen. Als Oxydationsmittel wird oft Luftsauerstoff verwendet[483], doch sind auch Schwermetallsalze[484] oder Hydroxyradikale in Verbindung mit einem Durchflußsystem[485] eingesetzt worden[484]. Die Reduktion gelingt mit Alkalimetall[486], $Na_2S_2O_4$[483] oder auch elektrolytisch[487]. Ferner lassen sich Komproportionierungsreaktionen[483], entweder mit den entspr. Endiolen und Diketonen[483] oder allgem. zwischen Elektronenakzeptoren und Carbanionen[488,489], zur Radikaldarstellung heranziehen. Die Autoxydation von Ketonen wird vor allem in Verbindung mit der Strukturuntersuchung von Ketosteroiden eingesetzt. Weitere weniger wichtige Bildungsweisen von Semidionen wurden beschrieben[490].

483 G. A. Russell, E. T. Strom, E. R. Talaty, and St. A. Weiner: J. Amer. chem. Soc. **88**, 1998 (1966).
484 J. R. Steven, and J. C. Ward: Chem. Comm. **1965,** 273.
485 R. O. C. Norman, and R. J. Pritchett: J. Chem. Soc. **B 1967**, 378.
486 G. R. Luckhurst, and L. E. Orgel: Mol. Phys. **7**, 297 (1964).
487 R. Dehl, and G. K. Fraenkel: J. Chem. Phys. **39**, 1793 (1963).
488 G. A. Russell, A. J. Moye, and K. Nagpal: J. Amer. chem. Soc. **84**, 4155 (1962).
489 G. A. Russell, E. G. Janzen, and E. T. Strom: J. Amer. chem. Soc. **86**, 1807 (1964).
490 siehe Fußnote 483.

Bei aliphatischen und cycloaliphatischen Semidionanionen ist die Spindichte praktisch vollständig in den Carbonylgruppen lokalisiert, so daß ganz allgemein $2\varrho_C + 2\varrho_O = 1$ gilt.

Experimentelle Hinweise, wie sich die π-Dichte auf die Atome verteilt, können entweder aus der ^{13}C-Aufspaltung[491,492] des Carbonylkohlenstoffatoms — sie liegt im allgemeinen bei $\sim$5,0 G — oder aus der Kopplung von Wasserstoffatomen[490,493], die direkt oder über ein weiteres C-Atom mit diesem verbunden sind, gewonnen werden. Obwohl viele Semidione bekannt sind, läßt sich infolge der Unsicherheit der verschiedenen Q-Werte die Spinverteilung nur näherungsweise angeben. Im allgemeinen dürfte $\varrho_C \sim 0,3$ und $\varrho_O \sim 0,2$ betragen. Diese Werte gelten allerdings nur für Semidionanionen.

Mit steigender Wasserstoffionenkonzentration der Lösungen ändern sich die ESR-Spektren der Semidione wesentlich, was zunächst durch die Aufnahme von einem[494] bzw. zwei Protonen[490,495] in das Radikalmolekül erklärt wurde.

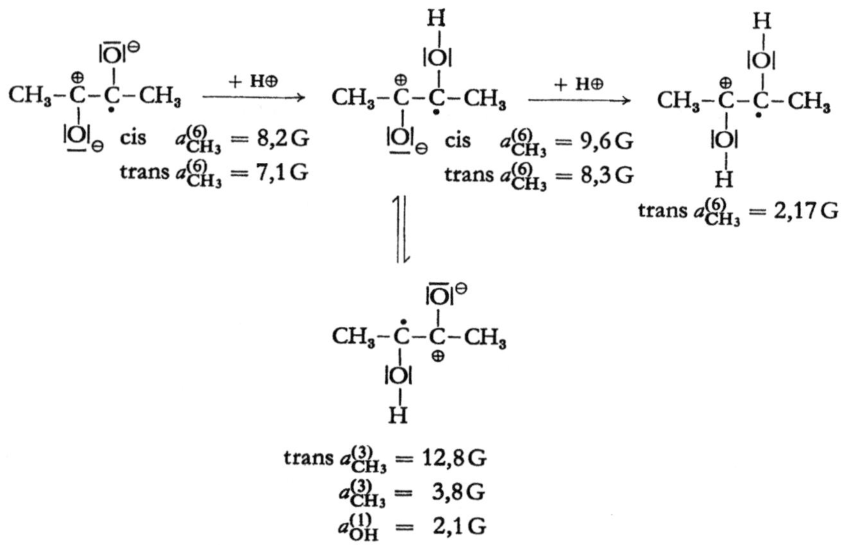

Darüber hinaus kann das monoprotonierte Semidion in den beiden angedeuteten tautomeren Formen vorliegen, deren Übergangsgeschwindig-

[491] E. T. Strom, and G. A. Russell: J. Chem. Phys. **41**, 1514 (1964).
[492] G. A. Russell, E. R. Talaty, and M. C. Young: J. Phys. Chem. **70**, 1321 (1966).
[493] W. M. Tolles, and D. W. Moore: J. Chem. Phys. **46**, 2102 (1967).
[494] siehe Fußnote 485, S. 439.
[495] G. A. Russell, E. R. Talaty, and M. C. Young: J. Phys. Chem. **70**, 1321 (1966).

keit[496] mit dem p_H-Wert variiert. So läßt sich die HFS im schwach sauren Milieu ($p_H = 3$) auf die magnetische Kopplung des freien Elektrons mit zwei unterschiedlichen Methylgruppen und einem OH-Proton zurückführen. Offenbar ist unter diesen Bedingungen die Protonenaustauschgeschwindigkeit klein bezüglich der ESR-Zeitskala. Mit Zunahme der $H^{\oplus}$-Konzentration verbreitern sich die entspr. Alkylprotonenlinien, und die OH-Kopplung läßt sich nicht mehr beobachten. Schließlich wird bei $p_H = 0{,}5$ ein aus sieben scharfen HFS-Komponenten bestehendes Signal erhalten. Unter diesen Bedingungen findet also eine schnelle Austauschreaktion statt, welche die Methylgruppen äquivalent erscheinen läßt, so daß bei dem vorliegenden „two jump"-Prozeß (vgl. S. 102) die Spektren für langsamen, mittleren und schnellen Protonenübergang registriert werden können.

Auf Grund der Delokalisation des freien Elektrons auf beide Carbonylgruppen ist der zentralen C—C-Bindung ein gewisser Doppelbindungscharakter zuzuschreiben, so daß es zu cis-trans-Isomeren kommen kann.

cis trans

Tatsächlich konnten bei einer Reihe symmetrischer[497] und unsymmetrischer[498] Semidione Hinweise auf derartige Isomere gefunden werden. Die cis-Verbindungen zeigen eine um etwa 1 G größere Protonenaufspaltung als die trans-Isomeren (vgl. z. B. Formelschema S. 440). Diese Isomerie wird auch zur Erklärung für das nur gelegentliche Auftreten von Alkalimetall-HFS in den Spektren herangezogen[499]. Die Ionenpaarbildung ist bei den Semidionen nicht so gut untersucht wie bei den Ketylen.

Die Alkylsemidione zeigen noch eine weitere Abhängigkeit der Protonenkopplung, die durch die behinderte Rotation um die $C\alpha - C\beta$-Bindung auftreten kann.

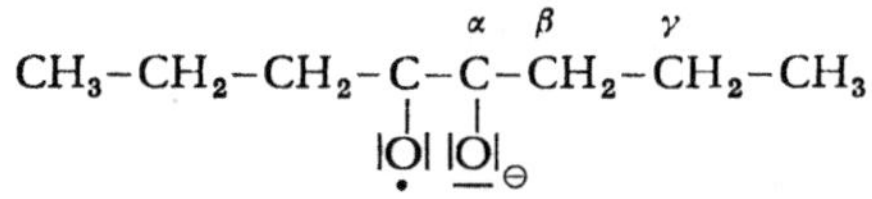

Zur Erklärung der Kopplung von β-Protonen wird im allgem. der S. 167 ff. beschriebene Hyperkonjugationsmechanismus herangezogen. Daraus folgt,

[496] R. Pritchett: Mol. Phys. **12**, 481 (1967).
[497] siehe Fußnote 492 u. 485, S. 440 u. 439.
[498] C. Corvaja, P. L. Nordio, and G. Giacometti: J. Amer. chem. Soc. **89**, 1751 (1967).
[499] siehe Fußnote 486, S. 439.

daß für die Größe der Aufspaltung bei konstanter Spindichte die relative Lage des betrachteten Protons zu dem π-Elektronensystem ausschlaggebend ist. Mit steigender Größe der Alkylgruppen und insbes. bei in β-Stellung verzweigten Resten werden erheblich kleinere Protonenaufspaltungen gemessen[500, 501], so daß offenbar hier Konformationen bevorzugt werden, bei denen die oder das β-Proton sich im zunehmenden Maße in der Nähe der Knotenebene des π-Systems aufhält. Analoge Beobachtungen werden bei vielen Radikaltypen aufgefunden (vgl. Aroxyle, Nitrobenzolanionen und Alkylradikale), wenn eine Reihe von Alkylsubstituenten z. B. Methyl-, Äthyl-, Isopropyl-, untersucht werden. Aus dem gleichen Grunde zeigen alicyclische Semidione mittlerer Ringe teilweise unterschiedliche β-Aufspaltungen gemäß der unterschiedlichen relativen Lage

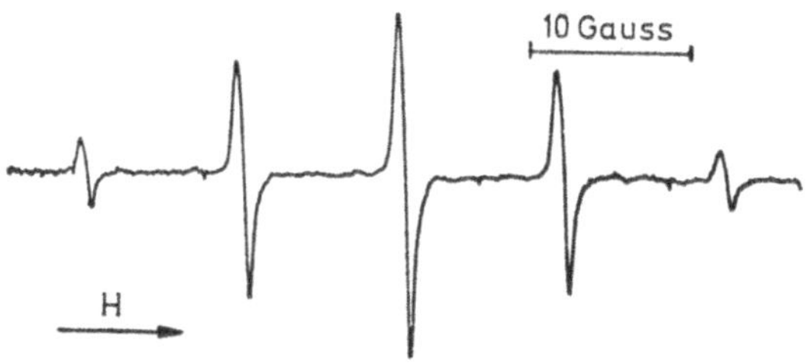

Abb. 137. ESR-Spektrum des Cyclohexansemidions-1,2[500a]

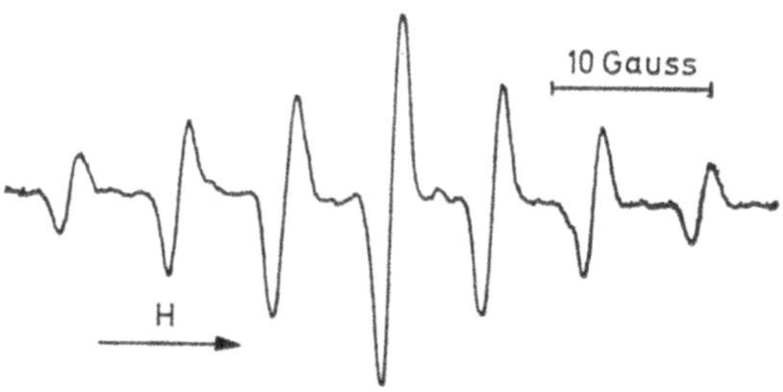

Abb. 138. ESR-Spektrum des 4-tert.-Butyl-cyclohexansemidions-1,2[500a]

von axialen und äquatorialen Protonen. Allerdings erscheinen die β-ständigen Wasserstoffe nur dann im Spektrum unterschiedlich, wenn die Lebensdauer der Konformationen relativ groß ist. Bei raschem Wechsel zwischen den Konformeren wird über die beteiligten Strukturen gemittelt, und die vier β-Protonen erscheinen äquivalent (vgl. Cyclohexylradikal S. 295).

[500] siehe Fußnote 492, S. 440.
[500a] siehe Fußnote 483, S. 439.
[501] H. C. Heller: J. Amer. chem. Soc. **86**, 5346 (1964).

Beim Cyclohexan-semidion erscheinen, entsprechend dem 5-Komponenten-Spektrum, die vier β-Protonen $a_H = 9{,}82$ G äquivalent, so daß ein schneller Wechsel zwischen den Konformeren vorliegen dürfte. Ein tert.-Butylrest verlängert die Lebensdauer der einzelnen Spezies erheblich, so daß nun die HFS durch Überlagerung zweier Tripletts mit den Kopplungsparametern 13,10 und 6,55 G und damit mit zwei unterschiedlichen Protonenpaaren erklärt werden muß.

Für eine Reihe von Semidionen mittlerer Ringgröße einschließlich verschieden alkylierter Cyclohexansemidione konnten G. RUSSEL u. Mitarbb.[502] die Enthalpiedifferenzen und die Aktivierungsenergien für die verschiedenen Radikalkonformationen bestimmen.

Kopplungen mit Wasserstoffkernen, die eine C—C-Bindung weiter entfernt von der Carbonylgruppe stehen, liegen im allgem. sowohl bei cyclischen[503] als auch bei offenkettigen[504] Semidionen um 0,2 Gauß. Diese Beträge der Aufspaltungen sind durchaus vergleichbar mit Kopplungen von γ-Protonen, wie sie z. B. bei Alkylradikalen, s. S. 291 f., aufgefunden worden sind. Daß hier im allgem. die γ-Aufspaltungen kleinere Werte zeigen, ist durchaus verständlich, da am α-Kohlenstoffatom nur etwa eine Spindichte von 0,3 vorliegt, während bei den Alkylradikalen dieser Wert in der Nähe von 1 liegt. Ungewöhnlich große γ-Aufspaltungen wurden bei einer Reihe von bicyclischen Semidionen aufgefunden[505–507].

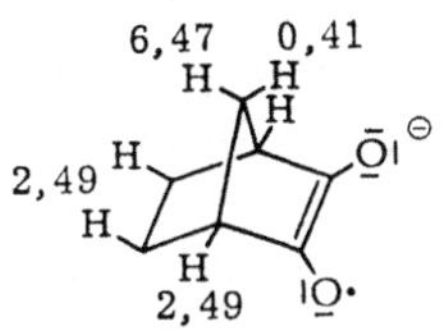

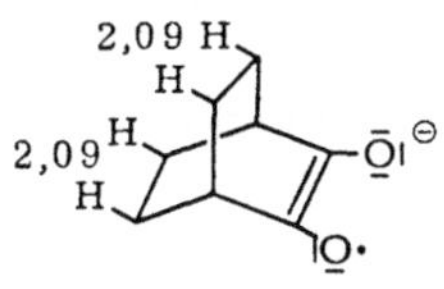

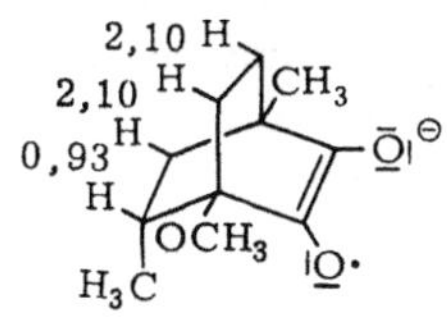

Bei derartigen Radikalen können die zwei C—C-Bindungen von den Carbonylgruppen entfernten *anti*-Protonen sogar Aufspaltungen bis zu einigen Gauß hervorrufen. „Long-range-coupling" vergleichbarer Größe sind auch bei bicyclischen Semichinonen (s. S. 431) und einigen Oximradi-

[502] G. A. RUSSELL, G. R. UNDERWOOD, and D. C. LINI: J. Amer. chem. Soc. **89**, 6636 (1967).

[503] E. R. TALATY, and G. A. RUSSELL: J. Amer. chem. Soc. **87**, 4867 (1965).

[504] E. T. STROM, G. A. RUSSELL, and R. D. STEPHENS: J. Phys. Chem. **69**, 2131 (1965).

[505] G. A. RUSSELL, and K. Y. CHANG: J. Amer. chem. Soc. **87**, 4381 (1965).

[506] G. A. RUSSELL, K. Y. CHANG, and C. W. JEFFORD: J. Amer. chem. Soc. **87**, 4383 (1965).

[507] G. A. RUSSELL, J. MCDONNELL, and P. R. WHITTLE: J. Amer. chem. Soc. **89**, 5515 (1967).

kalen (s. S. 336) beobachtet worden. Als Erklärung für diese stark von der Molekülgeometrie abhängigen Aufspaltung ist ein Homohyperkonjugationsmechanismus vorgeschlagen worden[508–510].

Wichtig ist, daß sich die Protonenaufspaltungen der Semidione auf Grund der vorstehend beschriebenen Abhängigkeiten zu Aussagen über die Struktur und Konformation heranziehen lassen. Die Methode hat insofern eine besondere Bedeutung, als bei α-Methylenketonen die entsprechenden Radikale durch Autoxydation leicht zugänglich sind, so daß derart Informationen über den Bau der verschiedensten Ketone[511] erhalten werden können. Speziell bei Ketosteroiden[512, 513] lassen sich Semidione sowohl im A-Ring[514] als auch im D-Ring [515] bequem erzeugen, und ihre ESR-Spektren können ein ausgezeichnetes Hilfsmittel bei der Zuordnung der Strukturen sein.

Bei Ersatz eines oder beider Reste im Semidion durch aromatische Substituenten erfolgen keine grundlegenden Änderungen der oben beschriebenen Verhältnisse. Selbstverständlich wird ein Teil der freien π-Dichte in das aromatische System übertragen, so daß z. B. beim Benzilsemidion die Kopplung von *p*-, *o*- und *m*-Protonen nachgewiesen werden kann.

Die Zuordnung der Aufspaltungen beruht sowohl auf theoretischen Überlegungen[516] als auch auf experimentellen Ergebnissen[517]. Stets ist der *p*-Aufspaltung der größte und den *m*-Kopplungen der kleinste Betrag zuzuschreiben.

Substituenten in den Phenylkernen aromatischer Semidione bleiben nicht ohne Einfluß auf die Spindichteverteilung. E. T. Strom[518] konnte an 1-Phenyl-1,2-propansemidionen eine Variation der Methylkopplung von annähernd 2 Gauß in Abhängigkeit von verschiedenen Phenylsubstituenten nachweisen.

Die Korrelation der experimentellen Methylkopplungskonstanten mit den σ-Werten der Substituenten führt zu den in Abb. 139 dargestellten Verhältnissen. Die Abweichungen von der Regressionsgeraden sind für die weitaus größte Zahl der untersuchten Verbindungen ungewöhnlich gering.

---

[508] G. A. Russell, G. Holland, and K. Y. Chang: J. Amer. chem. Soc. **89**, 6629 (1967).

[509] G. A. Rusell, G. Holland, K. Y. Chang, and K. L. H. Halkow: Tetrahedron Letters **1967**, 1955.

[510] G. R. Underwood, and R. S. Givens: J. Amer. chem. Soc. **90**, 3713 (1968).

[511] G. A. Russell, and E. R. Talaty: Science **148**, 1217 (1965).

[512] E. R. Talaty, and G. A. Russell: J. Amer. chem. Soc. **87**, 4867 (1965).

[513] G. A. Russell, and E. R. Talaty: J. Amer. chem. Soc. **86**, 5345 (1964).

[514] E. R. Talaty, and G. A. Russell: J. org. Chem. **31**, 3455 (1966).

[515] G. A. Russell, E. R. Talaty, and R. H. Horrocks: J. org. Chem. **32**, 353 (1967).

[516] R. Dehl, and G. K. Fraenkel: J. Chem. Phys. **39**, 1793 (1963).

[517] siehe Fußnote 483, S. 439.

[518] E. T. Strom: J. Amer. chem. Soc. **88**, 2065 (1966); **89**, 5313 (1967).

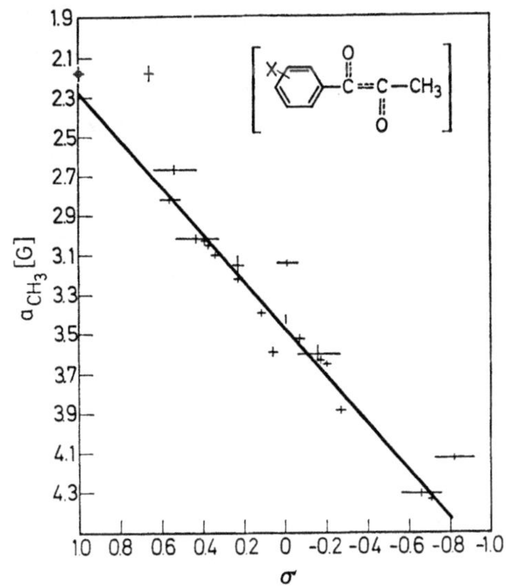

Abb. 139. Abhängigkeit der Methylprotonen HFS der 1-(X-Phenyl)-propan-1,2-semidione von den σ-X-Werten[518a]

Tabelle 52. *Methylprotonenaufspaltungen [G] substituierter 1-Phenyl-1,2-propansemidione*[518]

Substituent	a_{CH_3}	σ
p-CN	2,18	0,66 ($\sigma-$ = 1,0)
p-CF_3	2,67	0,54
m-CN	2,82	0,56
m-CF_3	3,02	0,43
m-Br	3,03	0,391
m-Cl	3,05	0,373
m-F	3,10	0,337
p-Ph	3,14	−0,01
p-Br	3,15	0,232
p-Cl	3,22	0,227
m-OCH_3	3,39	0,115
p-H	3,43	0,000
m-CH_3	3,52	−0,069
p-F	3,59	0,062
m-NH_2	3,60	−0,16
p-CH_3	3,63	−0,170
p-$C(CH_3)_3$	3,65	−0,197
p-OCH_3	3,88	−0,268
p-$N(CH_3)_2$	4,12	−0,83
p-NH_2	4,30	−0,66
m-$O^{\ominus}$	4,33	−0,708

[518a] siehe Fußnote 518, S. 444.

Bei heterocyclischen Semidionen, die z. B. Furyl- oder Thenyl-Reste[519] enthalten, ist die Zuordnung der Ringprotonenkopplungen auf Grund theoretischer Betrachtungen nicht ohne weiteres zu treffen, so daß zur Klärung der π-Dichteverteilung die Synthese geeigneter substituierter Verbindungen abgewartet werden muß.

Tabelle 53. *ESR-Daten [G] einiger Semidione*

Semidione aus		$a_{^{13}C\text{-Carbonyl}}$	$a_{H\beta}$	$a_{H\gamma}$	a_H	Lit.
Butandion-2,3	cis	—	7,0	—	—	520
	trans	4,5	5,6	—	—	520
Octandion-4,5	cis	—	5,6	0,2	—	521
	trans	4,4	4,6		—	521
Cyclobutandion-1,2		—	13,55	—	—	522
Cycloheptandion-1,2		—	a_{ax} 6,70	—	—	523
		—	a_{eq} 1,97	—	—	
Bicyclo(2,2,2)-octandion-1,2		—	—	2,09	—	524
Dekalindion-1,2		—	a_{ax} 13	—	—	525
			a_{eq} 7,09	—	—	
1-Phenyl-pentandion-1,2		—	3,12	0,11	a_p = 1,85	
					a_o = 1,62	
					a_m = 0,55	526
Benzil		—	—	—	a_p = 1,12	
					a_o = 0,99	527
					a_m = 0,36	
α-Furil		5,94	—	—	2,37 *	
					1,82	528
					0,38	
Benzocyclobutenchinon		—	—	—	a_1 = 1,87	528a
					a_2 = 3,74	

* Zuordnung nicht sicher

Als carbonyl-substituierte Semidione lassen sich Radikale, die sich vom Ninhydrin, Alloxan[529] oder Ascorbinsäure[530] ableiten, auffassen. Wiederum

[519] E. T. Strom, G. A. Russell, and J. H. Schoeb: J. Amer. chem. Soc. **88**, 2004 (1966).
[520] siehe Fußnote 492, S. 440.
[521] siehe Fußnote 504, S. 443.
[522] siehe Fußnote 502, S. 443.
[523] G. A. Russell, and E. T. Strom: J. Amer. chem. Soc. **86**, 744 (1964).
[524] siehe Fußnoten 505 u. 508, S. 443 u. 444.
[525] siehe Fußnote 512, S. 444.
[526] siehe Fußnote 483, S. 439.
[527] siehe Fußnote 516, S. 444.
[528] siehe Fußnote 519.
[528a] D. H. Geske, and A. L. Balch: J. Phys. Chem. **68**, 3423 (1964).
[529] G. A. Russell, and M. C. Young: J. Amer. chem. Soc. **88**, 2007 (1966).
[530] C. Lagercrantz: Acta chem. Scand. **18**, 562 (1964).

ist eine Verteilung des freien Elektrons über die π-Systeme der Moleküle nachzuweisen, so daß diese Anionenradikale als Semitrione[531] aufgefaßt werden können. Offenkettige Radikale dieses Typs entstehen z. B. durch Reduktion von Mesoxalsäureestern, deren ESR-Spektren jeweils eine äquivalente magnetische Kopplung mit den Alkylprotonen beider Estergruppierungen ($a_{CH_3} = 0{,}66$; $a_{CH_2} = 0{,}66$ und $a_{CH(CH_3)_2} = 0{,}42$ G) aufweisen. Allerdings sind Radikale dieses Typs recht unbeständig und reagieren im allgem. recht schnell zu diamagnetischen Folgeprodukten.

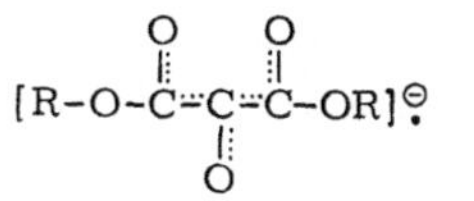

$R = -CH_3;\ -CH_2-CH_3;\ -CH(CH_3)_2$

II.h. Heterocyclen

Zur Herstellung der Radikalanionen heterocyclisch konjugierter Verbindungen für ESR-spektroskopische Zwecke stehen, analog den isocyclischen, im wesentlichen zwei Verfahren zur Verfügung. Einmal handelt es sich um die Reduktion der neutralen Ausgangsverbindungen mit Alkalimetallen in ätherischen Solventien[532, 533] oder Hexamethylphosphorsäuretriamid[534] und zum anderen kann die Radikalerzeugung elektrolytisch durchgeführt werden[535–537]. In jedem Falle ist bei der Untersuchung der „freien" Radikalanionen das elektrolytische Verfahren vorzuziehen, da einmal durch die Verwendung von großen Kationen (Tetraalkylammoniumsalze) und zum anderen durch Solventien hoher DK die Ionenpaarbildung stark zurückgedrängt wird. Auch wurden gelegentlich bei der Metallreduktion chemische Reaktionen[538] beobachtet, so daß die ESR-Signale auf Sekundärprodukte zurückzuführen waren.

Ein außerordentlich reichhaltiges experimentelles Material liegt insbes. bei den *Stickstoff-Heterocyclen*[539] und deren N-Oxyden[540] vor. Der größte

---

[531] G. A. Russell, and S. A. Weiner: J. Amer. chem. Soc. **89**, 6623 (1967).

[532] D. E. Paul, D. Lipkin, and S. I. Weissman: J. Amer. chem. Soc. **78**, 116 (1956).

[533] R. Gerdil, and E. A. C. Lucken: J. Amer. chem. Soc. **87**, 213 (1965).

[534] J. Chaudhuri, S. Kume, J. Jagur-Grodzinski, and M. Szwarc: J. Amer. chem. Soc. **90**, 6421 (1968).

[535] J. C. M. Henning: J. Chem. Phys. **44**, 2139 (1966) u. dort angegebene Lit.

[536] E. W. Stone, and A. H. Maki: J. Chem. Phys. **39**, 1635 (1963).

[537] C. L. Talcott, and R. J. Myers: Mol. Phys. **12**, 549 (1967).

[538] R. L. Ward: J. Amer. chem. Soc. **83**, 3623 (1961).

[539] siehe Fußnoten 535 u. 537.

[540] T. Kubota, K. Nishikida, H. Miyazaki, K. Iwatani, and M. Y. Oishi: J. Amer. chem. Soc. **90**, 5080 (1968).

Teil dieser Arbeiten galt der Ermittlung der π—σ-Parameter für das Heteroatom, die in der folgenden Form Stickstoffaufspaltung und Spindichte im Molekül korrelieren sollten:

$$a_{\mathrm{N}} = Q^{\mathrm{N}}_{\mathrm{N}}\,\varrho_{\mathrm{N}} + \sum_i Q^{\mathrm{N}}_{\mathrm{C-N}}\,\varrho_{\mathrm{C}_i}\,.$$

Untersuchungen an Heterocyclen mit relativ großer[541] und verhältnismäßig kleiner[542] Spindichte am Stickstoff ergaben, daß $Q^{\mathrm{N}}_{\mathrm{N}}$ sehr viel größer als $Q^{\mathrm{N}}_{\mathrm{C-N}}$ ist. Die Beträge der einzelnen Proportionalitätskonstanten zeigen jedoch für die verschiedenen Verbindungsklassen ein recht uneinheitliches Bild. Eine Diskussion der Verhältnisse im Zusammenhang mit anderen π—σ-Parametern s. S. 186ff.

Die ESR-Spektren der N-Heterocyclen mit mehreren Ringen lassen sich im allgem. leicht verstehen, da im wesentlichen ein oder mehrere CH-Fragmente ($I = 1/2$) entspr. Kohlenwasserstoffe durch N-Kerne ($I = 1$) ersetzt sind. Die Spindichtenverteilungen werden dadurch in grober Näherung nicht beeinflußt, insbes. bleibt die relative Größenordnung der einzelnen Kopplungen mit den der entsprechenden isocyclischen Verbindungen erhalten[543].

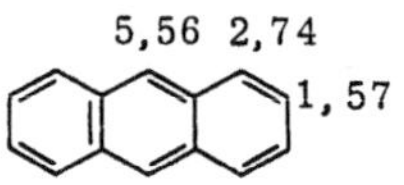

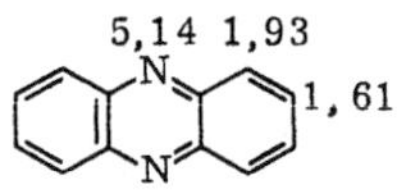

Komplizierter liegen die Verhältnisse bei Monocyclen; ein Vergleich mit dem Benzol ist nicht möglich, da durch Einführung eines Stickstoffatoms die Symmetrie des 6-Rings geändert wird. Schon beim Monodeuterobenzol ist die Störung so groß, daß markante Änderungen in der Verteilung der freien π-Dichte beobachtet werden können. Infolgedessen unterscheiden sich Benzol-Anionradikal und Stickstoffheterocyclen-Radikale tiefgreifend.

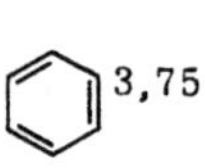

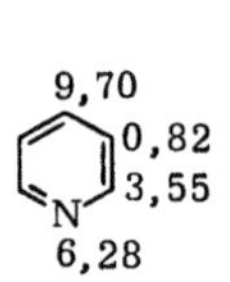

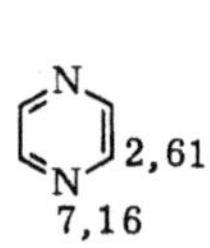

Die Protonen- und die Stickstoffaufspaltungen der rein heterocyclischen Anionradikale zeigen im allgemeinen praktisch keine Lösungsmittel- und Temperaturabhängigkeit. In Radikallösungen, die durch Reduktion der Ausgangsverbindung mit Alkalimetallen dargestellt wurden, finden sich

[541] siehe Fußnote 537, S. 447.
[542] P. T. Cottrell, and P. H. Rieger: Mol. Phys. 12, 149 (1967).
[543] A. Carrington, and J. Dos Santos-Veiga: Mol. Phys. 5, 21 (1962).

gelegentlich zusätzliche HFS-Komponenten[544–546], die auf Ionenpaare[547] schließen lassen. Die Kopplungen von Li, Na, Rb, Cs liegen zwischen 0,5—1,0 G und zeigen sowohl Temperaturabhängigkeit[548] als auch Variation mit dem Lösungsmittel[549]. Der Temperaturkoeffizient wurde für Li negativ und für die anderen Alkalimetalle positiv gefunden[550]. Die durch Kalium-Ionen hervorgerufene Kopplung[549] ist erheblich kleiner als die der anderen Alkalimetallionen, wofür unter anderem auch das kleinere magnetische Moment verantwortlich sein dürfte. Abgesehen von der Kationen-HFS zeigen auch die Protonenkopplungen eine geringe Abhängigkeit vom Gegenion[548, 551], so daß auch daraus auf eine Wechselwirkung zwischen Anion und Kation geschlossen werden muß. Auf Grund dieser Beobachtungen sind verschiedene quantitative Ansätze zur Beschreibung der Ionenpaare gemacht worden, jedoch steht eine vollständige Klärung des Problems noch aus.

Da in einem aromatischen System nach dem Austausch einer CH-Gruppe gegen Stickstoff nicht mehr von „Alternants" gesprochen werden kann, verliert auch das MO-Termschema seine „pairing-Eigenschaften" (s. S. 386, 458). Infolgedessen sind recht unterschiedliche Spektren für korrespondierende Kation- und Anionradikale heteroaromatischer Systeme zu erwarten. Überraschenderweise sind jedoch die Spektren der entspr. Ionenradikale des *1,3,6,8-Tetraazapyrens* recht ähnlich[552].

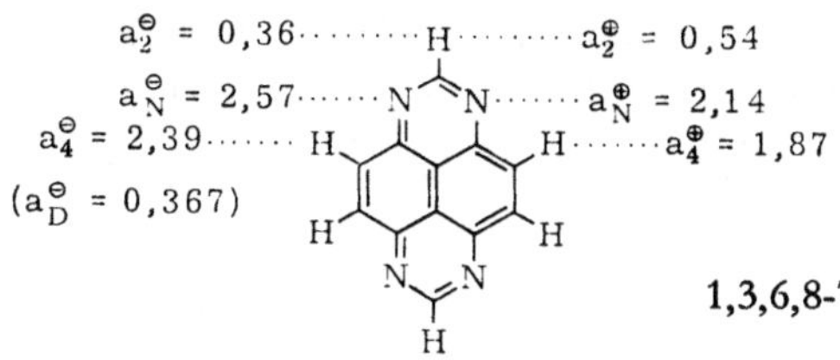

1,3,6,8-Tetraazapyren

Die Zuordnung der Aufspaltungen ist bei einfachen bzw. symmetrischen Heterocyclen-Radikalionen entweder direkt aus der HFS

---

544 siehe Fußnote 543, S. 448.

545 J. R. Bolton, A. Carrington, and J. Dos Santos-Veiga: Mol. Phys. **5**, 465 (1962).

546 C. A. McDowell, K. F. G. Paulus, and J. R. Rowlands: Proc. Chem. Soc. **3**, 60 (1962).

547 F. Gerson u. W. L. F. Armarego: Helv. chim. Acta **48**, 112 (1965).

548 J. Dos Santos-Veiga, W. L. Reynolds, and J. R. Bolton: J. Chem. Phys. **44**, 2214 (1966).

549 C. A. McDowell, and K. F. G. Paulus: Can. J. Chem. **43**, 224 (1965).

550 N. M. Atherton, and A. Gogins: Trans. Faraday Soc. **62**, 1702 (1966), **61**, 1399 (1965); Mol. Phys. **8**, 99 (1964).

551 N. M. Atherton, F. Gerson, and J. N. Murrell: Mol. Phys. **6**, 652 (1962).

552 F. Gerson: Helv. chim. Acta **47**, 1484 (1964).

zu entnehmen oder kann durch Vergleich mit berechneten Spindichten vorgenommen werden. Demgegenüber ist dieses Problem bei komplizierterem System wie dem *Cycl[3,2,2]azin*[553] nur durch selektive Deuterierung voll-

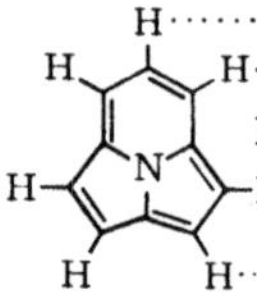

H ·········· $a_6 = 1{,}20$ G

H ······ $a_5 = a_7 = a' = 6{,}02$ G oder $a'' = 5{,}34$ G

N ·········· $a_N = 0{,}60$ G

H ··· $a_1 = a_4 = a''' = 1{,}13$ G

H ······ $a_2 = a_3 = a'' = 5{,}34$ G oder $a' = 6{,}02$ G

Cycl[3,2,2]azin

ständig zu lösen. Aber auch die Verbreiterungen der Kernresonanzabsorptionen der diamagnetischen Ausgangsverbindungen nach Zugabe des korrespondierenden Radikals (s. S. 263ff.) können zur Korrelation beobachteter Aufspaltungen mit bestimmten Protonen herangezogen werden. So gelang es, die Protonenkopplungen des 4,4'-Bi-pyridyls (Tab. 55) zuzuordnen.

Bei methyl-substituierten Heterocyclen die sich vom *Pyridin*[554, 555], *Pyrazin*[556] *und Tetrazin*[557] ableiten, konnten analog den aromatischen Anionradikalen Hinweise gefunden werden, daß die theoretisch und an Neutralradikalen abgeleitete Hyperkonjugationskontante $1/2\ B^{H}_{C-CH_3} \approx 25$ G sich nicht ohne weiteres auf Radikalionen übertragen läßt.

Außerordentlich merkwürdig sind die an *Cyan-substituierten heterocyclischen Anionradikalen* aufgefundenen Meßergebnisse A. Carrington et al.[558] erhalten nach Reduktion von Tricyan-sym-triazin mit Alkalimetallen in ätherischen Solventien das in Abb. 140 angegebene Spektrum.

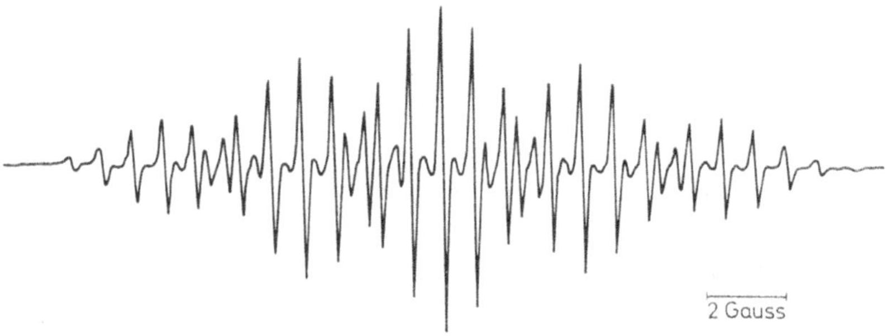

Abb. 140. ESR-Spektrum des Tricyan-sym-triazinanion-Radikals[558]

[553] F. Gerson u. J. D. W. Voorst: Helv. chim. Acta **46**, 2257 (1963).

[554] N. M. Atherton, F. Gerson, and S. N. Murrell: Mol. Phys. **5**. 509 (1962).

[555] siehe Fußnote 537, S. 447.

[556] C. A. McDowell, and K. F. G. Paulus: Mol. Phys. **7**, 541 (1964).

[557] E. T. Strom, G. A. Russell, and R. Konaka: J. Chem. Phys. **42**, 2033 (1965).

[558] A. Carrington, H. C. Longuet-Higgins, and P. F. Todd: Mol. Phys. **9**, 211 (1966).

Diese HFS läßt sich durch Wechselwirkung des freien Elektrons mit jeweils zwei äquivalenten (a_N = 3,78 G) und vier weiteren gleichwertigen Stickstoffkernen (a_N = 0,84 G) interpretieren. Das Ergebnis ist insofern überraschend, da auf Grund der Molekülsymmetrie entweder zwei Gruppen von jeweils drei äquivalenten Stickstoffkernen oder zufällige Gleichwertigkeit aller sechs im Molekül enthaltenen Heteroatome zu erwarten sind. Die Autoren ziehen zur Erklärung MO-Rechnungen heran, die für das Radikal zunächst einen zweifach entarteten Grundzustand, ähnlich wie beim Benzol, voraussagen. Die Entartung soll jedoch durch den Jahn-Teller-Effekt so aufgehoben werden, daß das symmetrische Orbital stark begünstigt ist, und dieses (in Übereinstimmung mit den experimentellen Werten) die Spindichtenverteilung im Molekül vorwiegend bestimmt. Der Interpretation stehen Ergebnisse von M. T. JONES[559] gegenüber, dessen Rechnungen mit an Tetracyan- bzw. Pentacyanpyridin-Anionradikalen benutzten Parametern keine befriedigende Erklärung des Triazin-Radikals ergeben.

Anionradikale von Sauerstoff-, Schwefel-, Selen-, Phosphor-[560] *und Silicium*[561–563] *Heterocyclen* wurden u. a. ESR-spektroskopisch vermessen, um die Beteiligung von *d*-Orbitalen an der Mesomerie zu untersuchen[564–567]. Dabei werden im allgem. die experimentell ermittelten Protonenkopplungen mit Modellen, die mit und ohne Beteiligung der *d*-Orbitale berechnet wurden, verglichen. Dieses Verfahren wird einmal dadurch erschwert, daß infolge der Kondensationsstellen die vollständige Spinverteilung experimentell nicht zugänglich ist. Zum anderen schwächt die Unsicherheit der für die Rechnungen notwendigen MO-Parameter die Aussagekraft erheblich. Somit kann es durchaus von den benutzten Coulomb- und Austauschintegralen abhängen, ob die experimentellen Kopplungen besser mit dem *p*- oder *d*-Orbitalmodell übereinstimmen.

Für die Heterocyclen des Typs

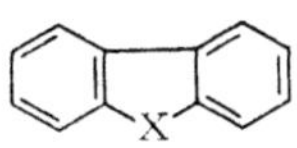

X = O, S, Se

[559] M. T. JONES: J. Amer. chem. Soc. **88**, 5060 (1966).

[560] A. D. BRITT, and E. T. KAISER: J. Org. Chem. **31**, 112 (1966).

[561] G. R. HUSK, and R. WEST: J. Amer. chem. Soc. **87**, 3993 (1965).

[562] E. G. JANZEN, J. B. PICKETT, and W. H. ATWELL: J. organometall. Chem. **10**, P 6 (1967).

[563] E. G. JANZEN, J. B. PICKETT, and W. H. ATWELL: J. Amer. chem. Soc. **90**, 2719 (1968).

[564] siehe Fußnote 533, S. 447.

[565] E. T. STROM, and G. A. RUSSELL: J. Amer. chem. Soc. **87**, 3326 (1965).

[566] R. GERDIL, and E. A. C. LUCKEN: Mol. Phys. **9**, 529 (1964/65).

[567] G. VINCOW: J. Chem. Phys. **37**, 2484 (1962).

haben R. GERDIL u. E. A. C. LUCKEN[568] die in Tab. 54 zusammengestellten Kopplungsparameter experimentell und auf Grund von Modellvorstellungen berechnet.

Tabelle 54. *ESR-Kopplungsparameter [G] des Dibenzofurans und seiner Analoge*

Kopplung \ Radikal		X = O	X = S	X = Se
	exp.	4,87	4,48	4,27
a_{H_1}	ber. *p*	4,78	3,99	
	ber. *d*		1,36	
	exp.	0,98	0,86	1,02
a_{H_2}	ber. *p*	−1,41	−1,23	
	ber. *d*		2,03	
	exp.	4,87	5,16	5,27
a_{H_3}	ber. *p*	4,80	5,03	
	ber. *d*		0,02	
	exp.	1,96	1,46	1,02
a_{H_4}	ber. *p*	1,86	0,75	
	ber. *d*		2,63	

Ein Vergleich der experimentellen Werte der drei betrachteten Verbindungen zeigt, daß zwischen den Aufspaltungen des Dibenzofurans, für Sauerstoff kommen *d*-Orbitale zweifellos nicht in Betracht, und der entspr. Schwefel- und Selen-Verbindungen keine gravierenden Unterschiede bestehen. Darüber hinaus lassen sich die experimentellen Kopplungsfaktoren sowohl für X = O als auch für X = S durch eine MO-Rechnung auf Grund eines *p*-Orbitalmodells recht gut reproduzieren, während ein *d*-Orbitalmodell völlig andere Werte liefert. Es wurde der Schluß gezogen, daß in den betrachteten Anionradikalen von Schwefel- bzw. Selen-Heterocyclen Hybride mit Beteiligung von *d*-Orbitalen keine wesentliche Rolle spielen. Das gleiche Ergebnis haben auch die Untersuchungen entsprechender Sulfone[569] geliefert.

Allerdings liefern Untersuchungen am *2,1,3-Benzoxadiazol* und seinen S-Analogen Werte[570], die sich mit und ohne Berücksichtigung von *d*-Bahnen gleich gut interpretieren lassen, so daß, ähnlich wie bei Kationradikalen[571], keine eindeutige Entscheidung zwischen den beiden Modellen

[568] siehe Fußnote 533, S. 447.
[569] M. M. URBERG, and C. TENPASS: J. Amer. chem. Soc. **90**, 5477 (1968).
[570] R. L. WARD: J. Amer. chem. Soc. **84**, 332 (1962).
[571] E. A. C. LUCKEN: Theoret. chim. Acta **I**, 397 (1963).

Tabelle 55. *ESR-Daten [G] heterocyclischer Anionradikale*

Struktur*	a_1	a_2	a_3	a_4	a_5	a_6	a_7	a_8	Lit.
Pyridin	6,28	3,55	0,82	9,70	–	–	–	–	572, 573
Pyridin-N-oxyd	10,91	3,01	0,44	8,51	–	–	–	–	574
3-Nitro-pyridin	1,31	3,19	9,04	3,68	1,07	4,52	–	–	575
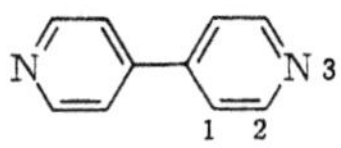 4,4′-Bipyridyl	2,32	0,45	3,64	–	–	–	–	–	576
Pyrazin	7,21	2,63	2,63	7,21	2,63	2,63	–	–	577, 588a
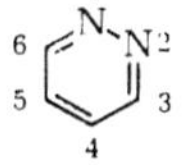 Pyridazin	5,90	5,90	0,16	6,47	6,47	0,16	–	–	578
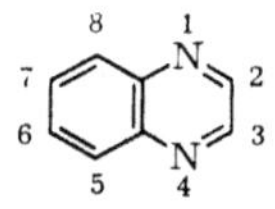 Chinoxalin	5,70	3,33	3,33	5,70	2,38	1,45	1,45	2,38	579
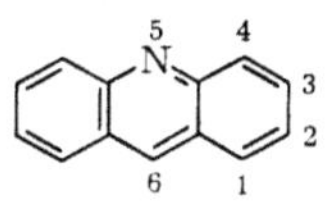 Acridin	2,73	0,81	2,19	1,60	3,48	7,74	–	–	580, 581
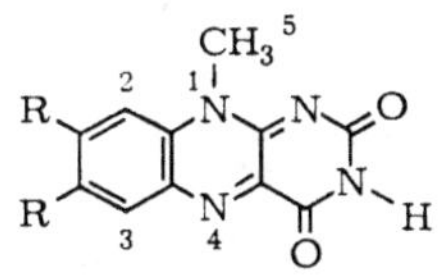 Lumiflavin	3,5	–	3,5	7,0	3,5	–	–	–	582
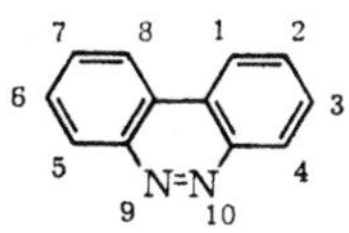 Benzo-[c]-cinnolin	0,28	2,83	0,77	3,58	3,58	0,77	2,83	0,28	583, 581
	$a_N = 5,27$								

Tabelle 55 (Fortsetzung).

Struktur*	a_1	a_2	a_3	a_4	a_5	a_6	a_7	a_8	Lit.
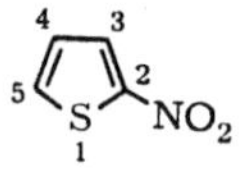 2-Nitro-thiophen	–	9.42	5.69	1,23	4,57	–	–	–	584
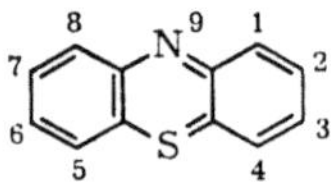 Phenothiazin	2,82	0,81	3,80	1,00	1,00	3,80	0,81	2,82	585
	a_N = 7,10								
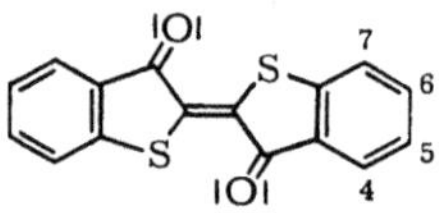 Thioindigo	–	–	–	1,30	0,39	1,50	0,48	–	586
Cyclotetraschwefeltetranitrid	3,22	–	3,22	–	3,22	–	3,22	–	587
Dodecamethylcyclohexasilan		a_{CH_3} = 0,53							588

* wenn nicht anders angegeben, beginnt die Bezifferung mit 1 am Stickstoff.

[572] siehe Fußnote 537, S. 447.
[573] siehe Fußnote 534, S. 447.
[574] siehe Fußnote 540, S. 447.
[575] siehe Fußnote 542, S. 448.
[576] G. T. Jones, and J. N. Murrell: Chem. Comm. **1965**, 28.
[577] siehe Fußnoten, 535, 543, 546, 536 u. 570, S. 447, 448, 449, 447 u. 452.
[578] siehe Fußnoten 535, 546 u. 536, S. 447, 449 u. 447.
[579] siehe Fußnoten 535 u. 543, S. 447 u. 448.
[580] H. G. Hoeve, and W. A. Yeranos: Mol. Phys. **12**, 597 (1967).
[581] siehe Fußnote 534, S. 447.
[582] L. E. G. Erikson u. A. Ehrenberg: Acta. chem. Scand. **18**, 1437 (1964).
[583] D. H. Geske, and G. R. Padmanabhan: J. Amer. chem. Soc. **87**, 1651 (1965).
[584] siehe Fußnote 573.
[585] M. Bruin, F. Bruin, and F. W. Heiniken: J. Org. Chem. **29**, 507 (1964).
[586] F. W. Heiniken, M. Bruin, and F. Bruin: J. Chem. Phys. **37**, 452 (1962).
[587] D. Chapman, R. M. Gorlding, and A. G. Massey: Proc. Chem. Soc. **1961**, 377.
[588] siehe Fußnote 561, S. 451.
[588a] J. M. Fritsch, T. P. Layloff, and R. N. Adams: J. Amer. chem. Soc. **87**, 1724 (1965).

möglich ist. Damit in Übereinstimmung befinden sich die von N. ATHERTON u. I. OCKWELL[589] an *Benzo-* bzw. *Naphthothiadiazolen* gesammelten Erfahrungen. Auch bei *Nitrothiophenen*[590] läßt sich keine eindeutige Unterscheidung zwischen *p*- und *d*-Modell treffen, so daß offenbar mit der ESR-Methode allein eine Klärung dieser Problematik nicht möglich ist.

Substituierte Phosphabenzole (vgl. a. S. 474) lassen sich durch Reduktion mit Kalium stufenweise in Mono-, Di- und Trianionen überführen[591]. Allerdings sind zur Zeit nur wenige Beispiele untersucht, so daß keine Aussagen über die π-Dichteverteilung und die damit im Zusammenhang stehenden Probleme möglich sind.

III. Radikal-Kationen

III.a. Isocyclisch konjugierte Systeme

Die Zahl der untersuchten aromatischen Radikalkationen ist relativ klein. Ein wesentlicher Grund dürfte darin liegen, daß relativ drastische Bedingungen angewendet werden müssen, um die Radikale zu erzeugen. Auch sind zunächst entstehende paramagnetische Spezies unter entsprechenden Bedingungen oft unbeständig, so daß Sekundärreaktionen den Aufbau einer hinreichend großen stationären Radikalkonzentration verhindern.

III.a.1. Darstellung

Die einfachste Methode besteht darin, daß der Kohlenwasserstoff in 96%iger Schwefelsäure in einer Konzentration von 10^{-2}—10^{-3} molar gelöst wird, wobei meist eine Farbänderung beobachtet werden kann[1–3]. Die dargestellten paramagnetischen Lösungen müssen sofort in eine Kapillare von etwa 1 mm Durchmesser überführt werden, die, an beiden Enden abgeschmolzen, spektroskopisch vermessen wird. Auch die S. 14 beschriebene Flachzelle ist verwendbar, was sich besonders dann empfiehlt, wenn sich nur Lösungen geringer Konzentration bezüglich der paramagnetischen Spezies herstellen lassen.

---

[589] N. M. ATHERTON, and J. OCKWELL: J. Chem. Soc. **A 1967**, 771.
[590] E. A. C. LUCKEN: J. Chem. Soc. **A 1966**, 991.
[591] K. DIMROTH u. F. W. STEUBER: Angew. Chem. **79**, 410 (1967).

[1] S. I. WEISSMAN: J. Chem. Phys. **26**, 963 (1957).
[2] G. J. HOIJTINK u. W. P. WEIJLAND: Rec. Trav. Chim. Pays-Bas **76**, 836 (1957).
[3] A. CARRINGTON, F. DRAVNIEKS, and M. C. R. SYMONS: J. Chem. Soc. **1959**, 947.

In einigen Fällen, bei denen durch einfaches Auflösen des Kohlenwasserstoffes in konz. H_2SO_4 keine Kationradikale nachweisbar waren, hat sich eine nachträgliche Bestrahlung mit UV-Licht bewährt[4].

Aus spektroskopischen Gründen, insbes. hinsichtlich der Linienbreite, ist es bei der Radikaldarstellung mit Hilfe von Schwefelsäure nicht notwendig, den Luftsauerstoff auszuschließen. Wieweit die Darstellungs- und die Sekundärreaktionen durch die Gegenwart von Sauerstoff beeinflußt werden, ist von Fall zu Fall zu untersuchen. Der große Vorteil des Schwefelsäureverfahrens ist sein geringer experimenteller Aufwand. Indessen können nur relativ wenig Aromaten so in definierte Ionenradikale überführt werden. Bei empfindlichen Substanzen ist eine ESR-Messung bei tiefen Temperaturen (wegen des hohen Schmelzpunktes der Schwefelsäure) unmöglich. Darüber hinaus kann die Ausgangsverbindung unter dem Einfluß der konz. Säure Veränderungen erleiden, so daß die Strukturen der eingesetzten Substanz und des gemessenen Radikals nicht mehr identisch sind[5]. In allen Fällen, in denen konzentrierte H_2SO_4 nicht zum Erfolg führt, ist es deshalb notwendig, eine der nachstehenden Präparationsmethoden zu benutzen, die auf Grund der anderen Oxydations- und Lösungsmittel gegebenenfalls günstigere Ergebnisse liefern.

Ein geeignetes System zur Darstellung von aromatischen Ionenradikallösungen ist die auf Beobachtungen von S. Hilpert und L. Wolf[6] basierende und von I. C. Lewis und L. S. Singer an einer Reihe von Kohlenwasserstoffen erprobte Kombination von Antimonpentachlorid in Dichlormethan[7]. Die verwendete Apparatur gestattet es, sowohl die Konzentration der Reaktionspartner als auch die Temperatur hinreichend zu variieren. Die Auflösung der ESR-Spektren hängt sehr stark von diesen Parametern ab, so daß von Fall zu Fall die optimalen Bedingungen gesucht werden müssen. Nach E. C. Baughan, T. P. Jones u. L. G. Stoddley[8] kann auch Antimontrichlorid benutzt werden[9]. Vermutlich sind die im verwendeten Präparat enthaltenen Spuren von $SbCl_5$ und O_2 für die Oxydation des Kohlenwasserstoffs verantwortlich.

Außer den Antimonhalogeniden lassen sich auch andere Lewissäuren in Verbindung mit stark polaren Solventien zur Radikalerzeugung heranziehen. So beschreiben eine Reihe Autoren[10,11] die Verwendung von

---

[4] R. Hulme, and M. C. R. Symons: Proc. Chem. Soc. **1963**, 241.

[5] R. Hulme, and M. C. R. Symons: J. Chem. Soc. **1966**, 446.

[6] S. Hilpert u. L. Wolf: Ber. dtsch. chem. Ges. **46**, 2215 (1913).

[7] I. C. Lewis, and L. S. Singer: J. Chem. Phys. **43**, 2712 (1965).

[8] E. C. Baughan, T. P. Jones, and L. G. Stoddley: Proc. Chem. Soc. **1963**, 274.

[9] F. Gerson u. J. Heinzer: Helv. chim. Acta **50**, 1852 (1967).

[10] H. M. Buck, W. Bloemhoff, and L. J. Oosterhoff: Tetrahedron Letters **9**, 5 (1960).

[11] J. J. Rooney, and R. C. Puik: Proc. Chem. Soc. **1961**, 142.

$AlCl_3/CH_3NO_2$. Mit diesem System konnten z. T. recht gut aufgelöste Signale mit kleinen Linienbreiten bei hoher Radikalausbeute erhalten werden[12].

Die Autoren schlagen für das Experiment ein U-Rohr vor, doch läßt sich ebensogut das S. 374 beschriebene Doppelschlenkrohr mit seitlich angesetzten ESR-Meßröhrchen verwenden. Dabei wird das Lösungsmittel in den Schenkel eingebracht, der direkt mit dem Meßröhrchen verbunden ist, während der Kohlenwasserstoff und das $AlCl_3$ in den anderen Schenkel gegeben werden. Nach Entfernung von Sauerstoff und Feuchtigkeit wird abgeschmolzen und durch Übertreiben des Lösungsmittels die Reaktion eingeleitet. Anschließend wird die paramagnetische Lösung durch die Fritte filtriert und nach Einfüllen in das Meßröhrchen untersucht.

Weitgehend analog verläuft die von E. DEBOER u. A. P. PRAAT[13] angewendete Radikalherstellung in dem System SO_2/BF_3.

Weitere Methoden[14] zur Herstellung von aromatischen Kationradikalen sind nur in speziellen Fällen eingesetzt worden oder erwiesen sich als weniger geeignet. Die elektrolytische Oxydation aromatischer Kohlenwasserstoffe ist nur selten ESR-spektroskopisch ausgenutzt worden[15].

Nach den vorliegenden Erfahrungen sind die Kopplungskonstanten der Kationradikale aromatischer Kohlenwasserstoffe vom angewandten Lösungsmittel und Gegenion weitgehend unabhängig, so daß für jedes System speziell geeignete Darstellungsbedingungen gefunden werden können und trotzdem Vergleiche zwischen Radikalen, die in verschiedenen Medien hergestellt wurden, möglich sind.

III.a.2. Spektren

Die Spektren der Kationradikale aromatischer Kohlenwasserstoffe liegen bei $g \approx 2,0025$ und zeichnen sich meist durch eine Vielzahl von HFS-Komponenten, entsprechend den zahlreichen in den paramagnetischen Molekülen vorhandenen Protonen, aus. Im allgemeinen lassen sich experimentell nicht alle theoretisch geforderten HFS-Komponenten finden, da sowohl durch Überlagerung als auch aus Intensitätsgründen linienärmere Spektren resultieren können. Die Auswertung der Signale ist daher oft nur in Verbindung mit konstruierten Strichdiagrammen möglich, wobei die Spektrenränder und die relativen Intensitäten besonders zu beachten sind. Das große Interesse an Kationradikalen ist im wesentlichen dadurch begründet, daß die aromatischen Kohlenwasserstoffe in recht guter Näherung durch einfache HMO berechnet werden können. Somit sind theore-

---

[12] W. F. FORBES, and P. D. SULLIVAN: J. Amer. chem. Soc. **88**, 2862 (1966).
[13] E. DEBOER, and A. P. PRAAT: Mol. Phys. **8**, 291 (1964).
[14] siehe Fußnote 7, S. 456.
[15] L. S. MARCOUX, J. M. FRITSCH, and R. N. ADAMS: J. Amer. chem. Soc. **89**, 5766 (1967).

tische Spindichteverteilungen zugänglich, die experimentell mit Hilfe der Elektronenresonanz überprüft werden können. Darüber hinaus fordert die einfache HMO für alternierende Kohlenwasserstoffe ein zu der Energie α symmetrisches Termschema („pairing theorem"), (s. a. S. 386), demzufolge die Spinverteilung in entspr. Anion- und Kation-Radikalen identisch sein sollte (vgl. S. 159). Eine Vielzahl von Arbeiten wurden zur Untersuchung dieser Problematik durchgeführt, so daß heute von einer Reihe von Kohlenwasserstoffen sowohl die Kation- als auch die Anionradikale vermessen und die einzelnen Aufspaltungen zugeordnet sind. Wie ein Vergleich der in Tab. 56, S. 462 angegebenen experimentellen Werte zeigt, liegen die Protonenkopplungskonstanten der Radikalkationen meist etwas über den für die entspr. Anionradikale ermittelten Beträgen. Bei einfacher Anwendung der McConnell-Gleichung könnte damit auf eine unterschiedliche Verteilung der π-Dichte des freien Elektrons geschlossen werden. Soll also an der Gültigkeit des pairing-theorems festgehalten werden, so wären in der McConnell-Beziehung für Kation- und Anionradikale formal zwei verschiedene Q^{H}_{C-H}-Werte zu benutzen. Empirisch lassen sich diese Größen aus dem Vergleich der experimentellen Kopplungen mit den theoretischen HMO-Spindichten (vgl. Abb. 141) zu $|Q^{H}_{C-H}|^{\ominus} = 28{,}6$ G und $|Q^{H}_{C-H}|^{\oplus} = 35{,}7$ G ermitteln.

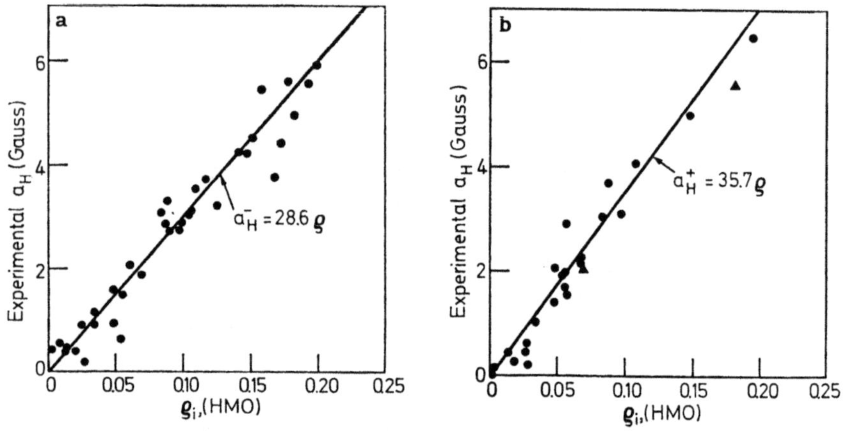

Abb. 141. Beziehung zwischen experimentell ermittelten Kopplungskonstanten und HMO-Spindichten[15a]

Selbstverständlich hängen die Beträge der π-σ-Konstanten davon ab, mit welchem Rechenverfahren die Spinverteilung ermittelt worden ist. Die angeführten Werte wurden unter Benutzung von HMO-Spindichten

[15a] siehe Fußnote 7, S. 456.

ermittelt. Mit Werten aufgrund der McLachlan-Rechnung[16] sind beide Q-Faktoren um einige Gauß geringer.

Außer diesen rein empirisch gewonnenen Proportionalitätskonstanten, die sicher nur grobe Mittelwerte für die verschiedenen Stellungen in einem Molekül sein können, sind zwei weitere Gleichungen vorgeschlagen worden, die speziell den unterschiedlichen Verhältnissen an den einzelnen Kohlenwasserstoffatomen Rechnung tragen. Einmal handelt es sich um die von J. P. Colpa u. J. R. Bolton[17, 18] angewendete Beziehung (s. S. 160), die die Überschußladung an dem betreffenden Kohlenstoffatom berück-

$$a_{H_i} = (Q + K\varepsilon_i)\,\varrho_{C_i}$$

sichtigt und zum anderen um die von G. Giacometti, P. L. Nordio u. M. V. Pavan[19] (s. S. 161) vorgeschlagene Relation zwischen Wasserstoffaufspaltung und freier π-Dichte,

$$a_{H_i} = Q_1\,\varrho_{C_i} + \sum Q_2\,\varrho_{C_{ij}}$$

die dem Einfluß der nächsten Nachbarn Rechnung trägt. Hier wie dort werden mit praktisch gleich guten Ergebnissen die Protonenaufspaltungen sowohl von Anion- als auch von Kation-Radikalen erhalten. Die für korrespondierende Kation- und Anion-Radikale ermittelten, unterschiedlichen Kopplungsparameter brauchen damit nicht auf eine wesentlich verschiedene Spinverteilung zurückgeführt werden, vielmehr sind die Ergebnisse formal eine Folge verschiedener Proportionalitätsfaktoren in der McConnell-Beziehung, so daß schließlich die ESR-Untersuchungen sich im Einklang mit dem „pairing theorem" befinden. Eine wesentlich exaktere Nachprüfung der pairing-Eigenschaften alternierender Kohlenwasserstoffe konnten J. R. Bolton u. G. K. Fraenkel[20] am *Anthracen* durch Beobachtung der ^{13}C-Aufspaltung erbringen (s. S. 387). Diese Kopplungskonstanten sind praktisch beim Anion und Kation gleich, so daß daraus auf eine recht ähnliche Spinverteilung geschlossen werden kann. Analoge Ergebnisse werden auch für die korrespondierenden *Diphenylenionenradikale* gefunden[21].

Das *Benzol-Kationradikal* ist relativ instabil, so daß sein ESR-Spektrum nur bei tiefer Temperatur in einer Matrix registriert werden kann[22]. Das

---

[16] A. D. McLachlan: Mol. Phys. **3**, 233 (1960).

[17] J. P. Colpa, and J. R. Bolton: Mol. Phys. **6**, 273 (1963).

[18] J. R. Bolton: J. Chem. Phys. **43**, 309 (1965).

[19] G. Giacometti, P. L. Nordio e M. V. Pavan: Theoret. chim. Acta **1**, 404 (1963).

[20] J. R. Bolton, and G. K. Fraenkel: J. Chem. Phys. **40**, 3307 (1964).

[21] P. Hindle, J. Dos Santos-Veiga, and J. R. Bolton: J. Chem. Phys. **48**, 4703 (1968).

[22] O. Edlund, P. O. Kinell, A. Lund and A. Shimizu: J. Chem. Phys. **46**, 3679 (1967).

Signal besteht bei $g = 2{,}00242$ aus sieben äquidistanten Linien, deren Abstand mit der Meßtemperatur variiert. Bei —150°C wurde die Protonenkopplung zu 4,44 G gemessen[23]. Damit ergibt sich als Q-Faktor für die McConnell-Beziehung ein Wert von 26,64 G, der erheblich unter dem auf S. 458 bestimmten Mittelwert für aromatische Kationradikale liegt. Ähnliche Abweichungen zeigen auch die Q-Werte für das Benzol-Anionradikal und die aus Abb. 141 entnommene Steigung der Regressionsgeraden. Als Ursache für die unerwartet großen Differenzen dürfte u. a. die Entartung der MO-Terme des Benzols (s. S. 376) anzunehmen sein, wodurch $\varrho_{C_i} = 1/6$ wie bei den obenstehenden Betrachtungen unterstellt, eine unzulässige Näherung ist. Unter Berücksichtigung dieser Verhältnisse lassen sich jedoch sowohl das Kation- als auch das Anionradikal des Benzols mit der Colpa-Bolton-Näherung recht gut beschreiben, während die Übereinstimmung der experimentellen Aufspaltungen für die korrespondierenden Ionen mit den Rechnungen nach G. Giacometti, P. L. Nordio und W. V. Pavan nur als mäßig bezeichnet werden kann.

Außer dem 7-Komponenten-Signal des Benzolkations lassen sich noch weitere HFS-Linien finden[24], die recht genau den halben Abstand der Benzollinien aufweisen. Vermutlich handelt es sich um einfach geladene, positive Ionendimere, wie sie auch beim Naphthalin und Anthracen nachgewiesen werden konnten.

Alkylsubstituierte Benzol-Kationradikale[25–28] sind schon mehrfach untersucht worden, jedoch ist die Interpretation der Ergebnisse bei Verbindungen geringer Symmetrie schwer. Beim Hexamethyl-[26, 29] und Hexaäthylbenzol-Radikalkation[29] sind die Verhältnisse leichter zu erfassen, so daß die Spektren zum Verständnis der β-Protonenkopplung, deren Temperaturabhängigkeit (s. S 176) und für die Theorie der g-Faktoren (s. S. 216ff.) ausgewertet werden können.

Das Naphthalin läßt sich mit $SbCl_5$ leicht in sein Kationradikal überführen, doch zeigt das ESR-Spektrum eine HFS, die wesentlich linienreicher ist, als es die Wechselwirkung mit 2mal vier Protonen erwarten lassen würde. Eine Interpretation des Signals gelingt, wenn eine Kopplung von jeweils acht äquivalenten Protonen mit den Aufspaltungskonstanten 2,77 und 1,03 G angenommen wird. Die Beträge der Protonenaufspaltungen sind etwa halb so groß wie die entsprechenden im Naphthalin$^{\oplus}$ ermittelten Werte, so daß es sich im vorliegenden Fall um einfach positiv geladene

---

[23] M. K. Carter, and G. Vincow: J. Chem. Phys. **47**, 292 (1967).

[24] siehe Fußnote 23 u. 22, S. 459.

[25] R. Hulme, and M. C. R. Symons: Proc. Chem. Soc. **1963**, 241.

[26] R. Hulme, and M. C. R. Symons: J. Chem. Soc. **1965**, 1120.

[27] R. Hulme, and M. C. R. Symons: J. Chem. Soc. **1966**, 446.

[28] I. R. Boutow, and A. Carrington: Proc. Chem. Soc. **1961**, 174.

[29] M. K. Carter, and G. Vincow: J. Chem. Phys. **47**, 302 (1967).

Dimere des Naphthalins handelt[30, 31]. Ähnliche Dimere wurden für Benzol, Anthracen, Coronen[32] und Tetramethylnaphthalin nachgewiesen, wobei sowohl für das Benzol-[33] als auch für das Anthracen-Kationradikal[30, 31, 34, 35] die Aufspaltungskonstanten des Monomeren experimentell zugänglich sind. Ein Vergleich der doppelten Dimerenaufspaltung mit den Kopplungen des Monomeren (vgl. Tab. 56) zeigt, daß die Abweichungen für alle Positionen nur einige Prozente betragen, so daß durch die Assoziation die Spinverteilung nicht wesentlich beeinflußt wird. Bei den höher linear anellierten Kohlenwasserstoffen wie *Tetracen*[36–39] und *Pentacen*[38–40], sind dimere Radikalkationen bisher nicht beobachtet worden, so daß die Ermittlung der Kopplungskonstanten sowohl für das Kation als auch für das Anion keinerlei prinzipielle Schwierigkeiten bereitet. Ein Vergleich der berechneten Protonenaufspaltungen mit experimentellen Werten zeigt gute Übereinstimmung und kann als Stütze für das pairing-theorem gewertet werden. Größere Differenzen treten hingegen bei nicht-linearen höher-kondensierten Kohlenwasserstoffen und bei Systemen, die recht unterschiedliche C—C-Bindungen enthalten, auf, da für solche Verbindungen die einfache Hückel-Näherung nur bedingt gilt[41].

Wesentlich drastischer als die Änderungen in den Aufspaltungen der α-Protonen korrespondierender Ionenradikale (π—σ-Mechanismus s. S. 143ff.). sind die Unterschiede für die entsprechenden β-Protonen. In Tab. 56 sind einige Beispiele zusammengestellt, aus denen leicht zu erkennen ist, daß sich die Methylprotonenkopplung beim Übergang von Anion zum Kation etwa verdoppelt, während die α-Aufspaltung vergleichbar bleibt. Aus diesem experimentellen Material läßt sich der Schluß ziehen, daß einmal durch die Einführung der Methyl-Substituenten die π-Dichteverteilung im Molekül gegenüber der Stammverbindung nicht wesentlich verändert wird, und daß zum anderen beim Übergang von Anion zum Kation in recht guter Näherung das pairing-theorem gilt. Somit ist die Erklärung für die große Abhängigkeit der β-Protonenaufspaltung von der Ladung des Moleküls in dem für diese Protonen verantwortlichen Aufspaltungsmechanismus zu

[30] siehe Fußnote 7, S. 456.

[31] O. W. Howarth, and G. K. Fraenkel: J. Amer. chem. Soc. **88**, 4515 (1966).

[32] H. v. Willigen, E. de Boer, J. T. Cooper, and W. F. Forbes: J. Chem. Phys. **49**, 1190 (1968).

[33] siehe Fußnoten 22, 23, S. 459, 460.

[34] siehe Fußnote 17, S. 459.

[35] K. Möbius: Z. Naturforsch. **20a**, 1093 (1965).

[36] siehe Fußnote 35.

[37] J. S. Hyde, and H. W. Brown: J. Chem. Phys. **37**, 368 (1962).

[38] siehe Fußnote 7, S. 456.

[39] siehe Fußnote 40.

[40] J. R. Bolton: J. Chem. Phys. **46**, 408 (1967).

[41] A. Carrington, and J. Dos Santos-Veiga: Mol. Phys. **5**, 285 (1962).

Tabelle 56. *ESR-Kopplungen [G] aromatischer Radikalionen*

Radikalion aus	Position	$a_H^{\oplus}$	$a_H^{\ominus}$	Radikalion aus	Position	$a_H^{\oplus}$	$a_H^{\ominus}$
 Benzol[42, 43]	1	4,44 4,78*	3,75	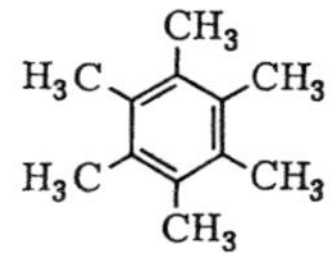 Hexamethylbenzol[47]	1	6,45	–
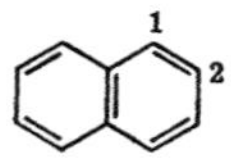 Naphthalin[44, 45, 46]	1 2	5,54* 2,06*	4,95 1,87	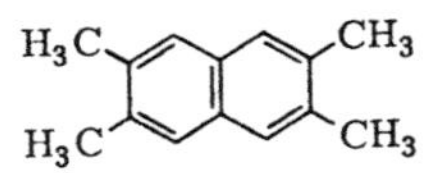 2,3,6,7-Tetramethyl-naphthalin[45]	1 2	5,57* 2,28*	4,62 1,62
				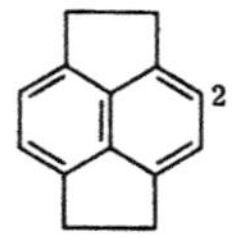 Pyracen[48, 49]	CH_2 2	12,80 2,00	6,58 1,58
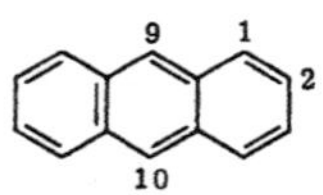 Anthracen[45, 46]	1 2 9	3,08 2,844* 1,38 1,420* 6,50 6,506*	2,74 1,51 5,34	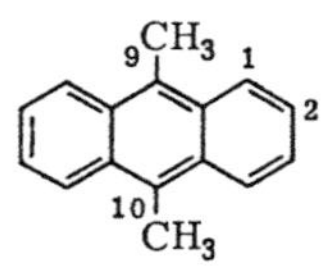 9,10-Dimethyl-anthracen[50, 44 45a]	1 2 9	2,54 1,19 8,00	2,90 1,52 3,88

* Die angegebenen Beträge sind wegen der Dimerisation[38, 39] der betreffenden Radikalionen das Zweifache der experimentellen Werte.
38 u. 39 siehe Seite 461.

suchen. Die Wechselwirkung einer Methylgruppe mit dem Ringsystem eines positiv geladenen aromatischen Radikals läßt sich[51,52] im wesentlichen durch das Hyperkonjugationsmodell (s. S. 167ff.) beschreiben. Demgemäß sollte die Protonenaufspaltung mit zunehmender positiver Ladung steigen, und wie an einer allerdings erst kleinen Zahl von Radikalen nachzuweisen ist, trifft das zu[53]. Dabei zeigte es sich, daß je nach Ladungsdichte die Werte für 1/2 B in der Gleichung für freidrehbare Methylgruppen (vgl. a. S. 169)

$$a_{CH_3} = \frac{1}{2} B^{H}_{C-CH_3} \cdot \varrho_\alpha$$

zwischen 20 und 40 Gauß liegen können, so daß bei geladenen Radikalen B nicht mehr als Konstante angesehen werden kann. Auch die an *äthylsubstituierten Anthracen-Kationradikalen*[54] beobachteten Kopplungen stehen mit diesen Vorstellungen im Einklang. Allerdings liegen die Aufspaltungen der CH_2-Protonen erheblich unter den Werten, die für Methyl-Gruppen in vergleichbaren Positionen am Ring ermittelt worden sind. Der Grund dürfte in der behinderten Rotation der Äthylgruppe zu suchen sein.

Völlig analog lassen sich auch die ESR-Spektren des *1,2,3,6,7,8-Hexahydropyren-Kations* und *-Anions* verstehen[55]. Neben dem Ladungseinfluß läßt sich in den Spektren ein temperaturabhängiges Gleichgewicht zwischen Boot- und Sesselform der Ionen nachweisen. Auf Grund der damit verbundenen Änderung der relativen Lage der aliphatischen Protonen läßt sich die Linienbreitenvariation in den Spektren, wie beim Cyclohexylradikal (s. S. 295) ausführlich beschrieben, verstehen.

Korrespondierende Ionenradikale nicht-alternierender, unsubstituierter Kohlenwasserstoffe zeigen, da für sie das pairing-theorem keine Gültig) keit hat, stark unterschiedliche ESR-Spektren (vgl. S. 466, 389). Die

[42] J. R. Bolton: Mol. Phys. **6**, 219 (1963).
[43] siehe Fußnote 23, S. 460.
[44] siehe Fußnote 7, S. 456.
[45] siehe Fußnote 31, S. 461.
[45a] J. A. Brivati, R. Hulme, and M. C. R. Symons: Proc. Chem. Soc. **1961**, 384.
[46] J. P. Colpa, and J. R. Bolton: Mol. Phys. **6**, 273 (1963).
[47] siehe Fußnoten 26 u. 29, S. 460.
[48] E. de Boer, and E. L. Mackor: Mol. Phys. **5**, 493 (1962).
[49] J. P. Colpa, and E. de Boer: Mol. Phys. **7**, 333 (1963/64).
[50] J. R. Bolton, A. Carrington, and A. D. McLachlan: Mol. Phys. **5**, 31 (1962).
[51] J. R. Bolton, A. Carrington, and A. D. McLachlan: Mol. Phys. **5**, 31 (1962).
[52] siehe Fußnote 23, S. 460.
[53] siehe Fußnote 5, S. 456.
[54] D. Bachmann: Z. f. Phys. Chem. **43**, 198 (1964).
[55] E. de Boer, and A. P. Praat: Mol. Phys. **8**, 291 (1964).

Tabelle 57. *ESR-Protonen-Kopplungen [G] einiger aromatischer Radikalkationen*

Radikal aus	a_{H_1}	a_{H_2}	a_{H_3}	a_{H_4}	Lit.
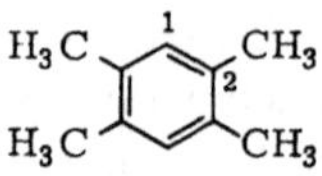 Durol	0,5	11,0	–	–	56
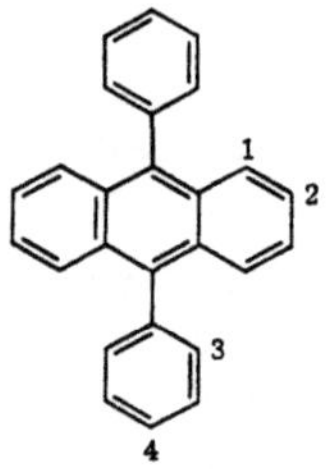 9,10-Diphenyl-anthracen	2,15	1,29	1,72	1,72	57
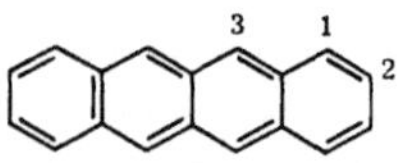 Tetracen g = 2,002604	1,65	1,01	4,97	–	58, 59, 60, 61
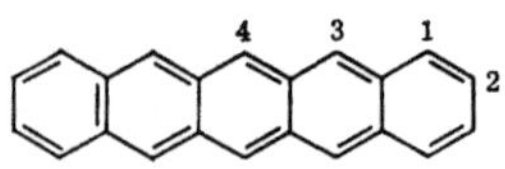 Pentacen g = 2,002610	0,98	0,76	3,56	5,08	60, 62, 61
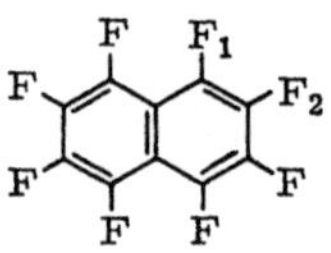 Perfluornaphthalin	19,0	4,7	–	–	63
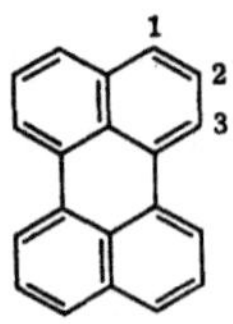 Perylen g = 2,002610	4,04	0,44	3,03	–	60, 58, 64, 61

Tabelle 57 (Fortsetzung)

Radikal aus	a_{H_1}	a_{H_2}	a_{H_3}	a_{H_4}	Lit.
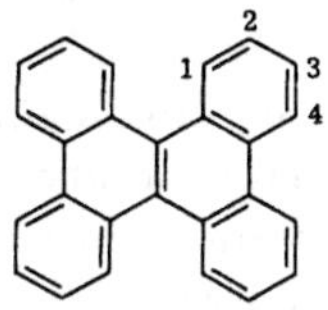 Dibenzo[a,c]-triphenylen	2,28	6,03	1,99	0,60	60
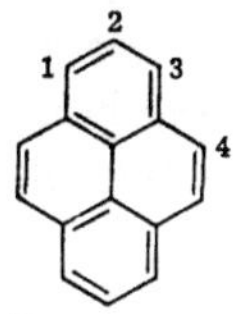 Pyren	5,38	1,18	5,38	2,12	60, 65
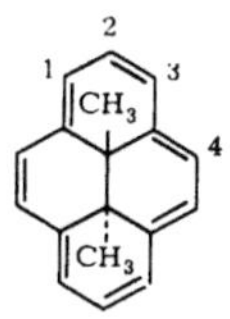 $a_{CH_3} = 0{,}092$ trans-15,16-Dimethyl-dihydropyren	1,50 oder 1,03	4,78	1,50 oder 1,03	1,03 oder 1,50	66
Coronen	1,53	–	–	–	67,68
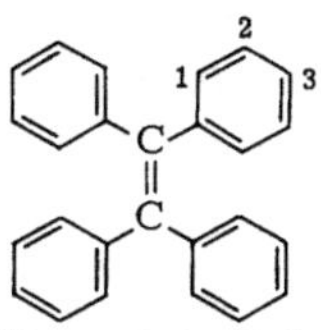 Tetraphenyläthylen	2,06	0,52	2,93	–	60
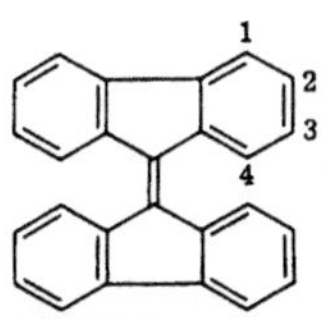 9,9-Bifluoren	0,46	1,98	0,17	2,14	60, 69
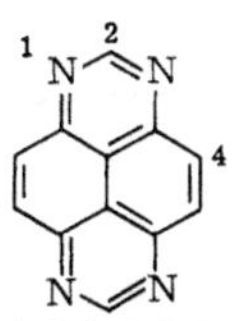 1,2,3,6,7,8-Hexahydropyren	0,40	14,70	3,64	1,90	70

56–70 siehe S. 466.

experimentelle Kopplungsparameter befinden sich jedoch in guter Übereinstimmung mit Voraussagen auf Grund der einfachen MO-Theorie. Entsprechend diesen Erfahrungen steigen bei ihren methyl-substituierten Derivaten qualitativ auch die β-Protonenkopplungen mit der Spindichte. Während bei den alternierenden Systemen die unterschiedlichen Aufspaltungen sowohl für α- und β-Wasserstoffkerne in erster Näherung lediglich auf den Einfluß der Ladung zurückgeführt werden konnten, ist nun mit dem Übergang vom Kation zum Anion gleichzeitig eine Änderung der Spindichte und der Ladungsdichte am betrachteten C-Atom des Radikals verbunden. F. GERSON u. J. HEINZER[71] konnten am *Acepleiadien* und *3,5,8,10-Tetramethylcyclopenta-[ef]heptalen* beide Effekte nachweisen. Die von ihnen ermittelten Kopplungskonstanten für das TMCP sind im nachstehenden Schema zusammengestellt.

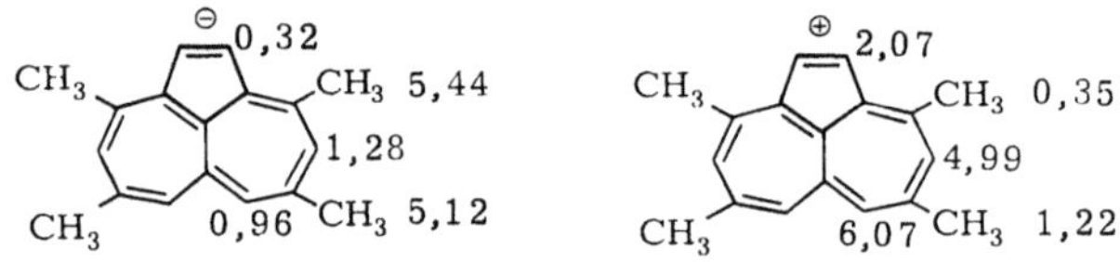

III.b. Heterocyclisch konjugierte Systeme

III.b.1. Stickstoffhaltige Heterocyclen

Die einfache Oxydation cyclisch-konjugierter Stickstoffverbindungen vom Typ des Pyridins liefert im allgemeinen keine Radikalkationen von hinreichender Stabilität, um sie ESR-spektroskopisch nachzuweisen. Bei praktisch allen bisher bekannten Kationenradikalen handelt es sich um

Literatur zu Tabelle 57

56 siehe Fußnote 26, S. 460.
57 R. E. SIODA, and W. S. KOSKI: J. Amer. chem. Soc. **87**, 5573 (1965).
58 K. MÖBIUS: Z. Naturforsch. **20a**, 1093 (1965).
59 siehe Fußnote 46, S. 463.
60 siehe Fußnote 7, S. 456.
61 B. G. SEGAL, M. KAPLAN, and G. K. FRAENKEL: J. Chem. Phys. **43**, 4191 (1965).
62 J. R. BOLTON: J. Chem. Phys. **46**, 408 (1967).
63 C. THOMSON, and W. J. MCCULLOCH: Tetrahedron Letters **56**, 5899 (1968).
64 F. SCHNEIDER u. K. MÖBIUS: Z. Naturforsch. **18b**, 1111 (1963).
65 J. T. COOPER, and W. F. FORBES: Can. J. Chem. **46**, 1158 (1968).
66 F. GERSON, E. HEILBRONNER u. V. BOEKELHEIDE: Helv. chim. Acta **47**, 1123 (1964).
67 siehe Fußnote 32, S. 461.
68 J. R. BOLTON, and A. CARRINGTON: Mol. Phys. **4**, 217 (1961).
69 K. MÖBIUS u. M. PLATO: Z. Naturforsch. **22a**, 929 (1967).
70 siehe Fußnote 55, S. 403.

[71] siehe Fußnote 9, S. 456.

stickstoffprotonisierte Verbindungen, so daß sie zunächst formal entweder aus Neutralradikalen durch Aufnahme eines Wasserstoffkerns (I) oder gegebenenfalls aus Anionradikalen durch Aufnahme zweier Protonen (II) oder schließlich durch Oxydation der vorher durch Reduktion erhaltenen Dihydro-Verbindungen (III) entstanden gedacht werden können. Dementsprechend werden prinzipiell die nachstehenden Reaktionen zur Darstellung der Radikale angewendet, wobei mit dem Formalismus nicht in allen Fällen Aussagen über den zeitlichen Ablauf der einzelnen Reaktionsschritte verbunden sein soll.

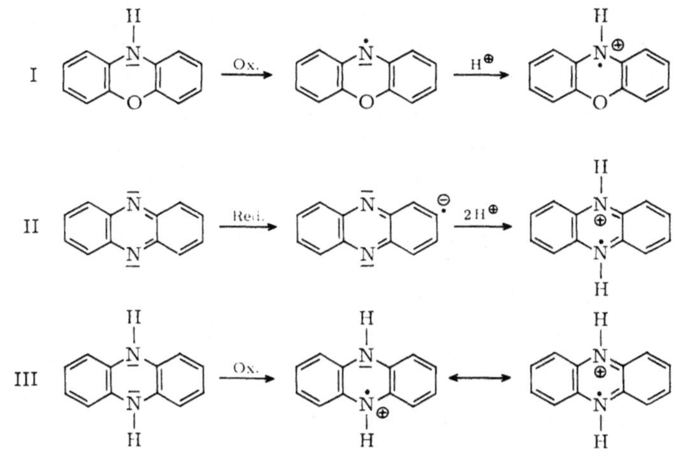

Für ESR-spektroskopische Zwecke hat sich, einmal wegen der großen Anwendungsbreite und zum anderen wegen der gutaufgelösten Spektren, die Darstellung gemäß II bewährt. Die Reduktion gelingt mit Zinkstaub und Säuren[72, 73] oder durch Elektrolyse in saurem Medium[74, 73]. Dabei kann die Elektrode sowohl innerhalb[75, 76] als auch außerhalb des Hohlraumresonators[77] angeordnet werden. In jedem Fall ist das elektrolytische Verfahren der chemischen Darstellung der Radikale überlegen, weil es auch kurzlebige Radikale in hinreichender Konzentration zu erzeugen gestattet. Selbstverständlich sollte in allen Fällen kein Luftsauerstoff in den Meßproben enthalten sein.

---

[72] J. R. Bolton, A. Carrington, and J. Dos Santos-Veiga: Mol. Phys. **5**, 465 (1962).

[73] B. L. Barton, and G. K. Fraenkel: J. Chem. Phys. **41**, 1455 (1964).

[74] E. W. Stone, and A. H. Maki: J. Chem. Phys. **39**, 1635 (1963).

[75] D. H. Geske, and A. H. Maki: J. Amer. chem. Soc. **82**, 2671 (1960).

[76] A. H. Maki, and D. H. Geske: J. Chem. Phys. **33**, 825 (1960).

[77] P. H. Rieger, I. Bernal, W. H. Reinmuth, and G. K. Fraenkel: J. Amer. chem. Soc. **85**, 683 (1963).

Die Oxydation nach III läßt sich sowohl durch Lösen der Heterocyclen in konz. H_2SO_4[78] als auch elektrochemisch durchführen[79, 80]. Allerdings läßt die Auflösung der erhaltenen Spektren im allgem. zu wünschen übrig.

Während die bisher betrachteten Radikalkationen durch zweifache Protonisierung von heterocyclischen Radikalanionen mit 2-N-Atomen im Ring entstanden sind, ist zur Überführung neutraler Radikale in die Kationen nur die Anlagerung eines Protons notwendig. Die Protonisierung von Phenoxazin[81] und Phenothiazin-Radikalen entsprechend I läßt sich leicht durch Zugabe von Säuren zu den Neutralradikalen erreichen und ist vollständig reversibel, so daß lediglich durch Variation der Wasserstoffionenkonzentration entweder das Spektrum des Kations oder des Neutralradikals registriert werden kann. Bei Farbstoffen, die sich von den beiden genannten Grundkörpern ableiten, wurden die Radikale im allgemeinen nicht isoliert, sondern die diamagnetischen Ausgangsverbindungen entweder im sauren oder basischen Medium direkt oxydiert und vermessen[82,83].

Vom *Pyrrol und Pyridin* sind bisher keine Radikalkationen in Lösung beschrieben worden. Lediglich bei —77°C läßt sich im festen Zustand durch Einwirkung von γ-Strahlen ein Pyridin-Radikalkation[84, 85] erzeugen. Sein ESR-Spektrum besteht aus einem Triplett mit $a_N = 30$ G. Auf Grund der großen Stickstoffkopplung und den am perdeuterierten Pyridin gewonnenen Ergebnissen dürfte es sich um ein σ-Radikal handeln. Somit ist dieses Molekül zum Vergleich mit anderen π-Radikalen oder berechneten freien π-Dichten ungeeignet. Auch die formal durch Dimerisation des Pyridins[86] entstehenden Viologene[87–90] sind in dieser Hinsicht nicht

---

[78] D. Gagnaire, H. Lemaire, A. Rassat et P. Servoz-Gavin: C. R. hebd. Séances Acad. Sci. **255**, 1441 (1962).

[79] K. H. Hausser, A. Häbich u. V. Franzen: Z. Naturforsch. **16a**, 836 (1961).

[80] J. P. Billow, G. Cauquis et J. Combrisson: C. R. hebd. Séances Acad. Sci. **253**, 1593 (1961).

[81] H. B. Stegmann, K. Scheffler, F. Stöcker u. H. Bürk: Chem. Ber. **101**, 262 (1962).

[82] F. W. Heiniken, M. Bruin, and F. Bruin: J. Chem. Phys. **37**, 1479 (1962).

[83] P. B. Ayscough, and C. Thomson: J. Chem. Soc. **1962**, 2055.

[84] C. David, G. Euskens, A. Verhasselt, P. Jung, and J. F. M. Oth: Mol. Phys. **11**, 257 (1966).

[85] T. Yonezawa, H. Nakatsuji, T. Kawamura, and H. Kate: Mol. Phys. **13**, 589 (1967).

[86] E. M. Kosower, and J. L. Cotter: J. Amer. chem. Soc. **86**, 5524 (1964).

[87] C. S. Johnson jr., R. E. Visco, H. S. Gutowsky, and A. M. Hartley: J. Chem. Phys. **37**, 1580 (1962).

[88] C. S. Johnson jr., and H. S. Gutowsky: J. Chem. Phys. **39**, 58 (1963).

[89] J. R. Bolton, A. Carrington, and J. Dos Santos-Veiga: Mol. Phys. **5**, 465 (1962).

[90] B. L. Barton, and G. K. Fraenkel: J. Chem. Phys. **41**, 1455 (1964).

verwendbar. Der Grund dafür liegt einerseits an den sog. blinden Stellen (π-Zentren, die nicht zur HFS beitragen), zum anderen ist durch die nicht koplanare Anordnung der beiden Pyridinringe ein zusätzlicher Parameter erforderlich. Somit lassen sich diese Verbindungen kaum zur empirischen Ermittlung von π—σ-Parametern für N-Heterocyclen heranziehen. Aber gerade die Bestimmung dieser Konstanten, einschließlich ihrer Vorzeichen, ist, genau wie bei den entsprechenden Anionradikalen, eines der Hauptanliegen, die mit der Untersuchung ihrer ESR-Spektren verbunden sind.

Wesentlich günstigere Voraussetzungen hierfür sind bei den Radikalkationen vom Typ des *Dihydropyrazins* gegeben. Hinsichtlich der π—σ-Parameter-Zahlenwerte sei auf Tab. 10, S. 192 verwiesen.

Die ESR-Spektren der Radikalkationen zeichnen sich gegenüber den nicht-protonisierten Radikalanionen zunächst einmal durch die zusätzliche Kopplung der beiden Stickstoffprotonen aus. Sie ist um etwa 10% größer als die Stickstoffaufspaltung[91–93]. Da beide Kopplungen temperaturabhängig sind und ihre Koeffizienten entgegengesetzte Vorzeichen haben[94], ist dies nur in einem bestimmten Temperaturbereich gültig. Davon abgesehen sind die ermittelten Kopplungskonstanten bei entspr. Anion- und Kationradikalen, wie das nachstehende Beispiel der *Pyrazinradikale* zeigt, recht ähnlich.

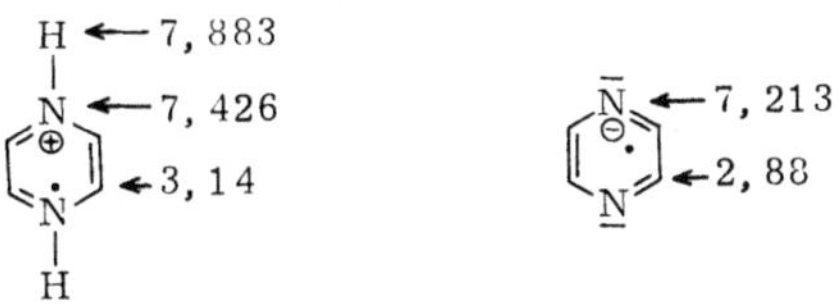

Dieses Ergebnis war zu erwarten, da es für das π-Elektronensystem ohne Bedeutung sein sollte, ob das freie sp^2-Elektronenpaar des Stickstoffs zur Bindung eines Protons herangezogen wird oder nicht. In beiden Fällen ist die Anzahl der π-Elektronen und die Anzahl der Atome, an denen eine freie π-Dichte vorliegt, gleich. Somit wird die eingangs rein formal eingeführte Auffassung, daß Kationradikale als zweifach protonisierte Anionen betrachtet werden können, auf Grund der spektroskopischen Befunde gerechtfertigt. Der wesentliche Unterschied besteht lediglich in der verschiedenen Überschußladung, die bei Vergleich von experimentellen mit berechneten Kopplungskonstanten[95] berücksichtigt werden muß.

---

[91] siehe Fußnoten 89 u. 90, S. 468.

[92] B. L. BARTON, and G. K. FRAENKEL: J. Chem. Phys. **41**, 695 (1964).

[93] E. W. STONE, and A. H. MAKI: J. Chem. Phys. **39**, 1635 (1963).

[94] M. R. DAS, and G. K. FRAENKEL: J. Chem. Phys. **42**, 792 (1965).

[95] siehe Fußnoten 89 u. 90, S. 468.

Auch bei den durch einfache Protonisierung von *Phenoxazinyl-*[96] *und Phenothiazinyl-Radikalen*[97, 98] entstehenden Kationen ist zunächst die Änderung der HFS durch das zusätzliche Proton augenfällig. Aus dem durch die magnetische Kopplung des Einzelelektrons mit dem ^{14}N-Kern

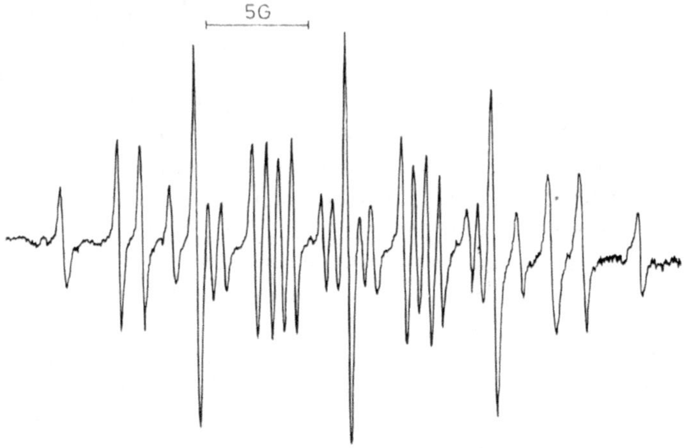

Abb. 142. ESR-Spektrum des 2,4,6,8-Tetra-tert.-butyl-phenoxazin-Neutralradikals[96]

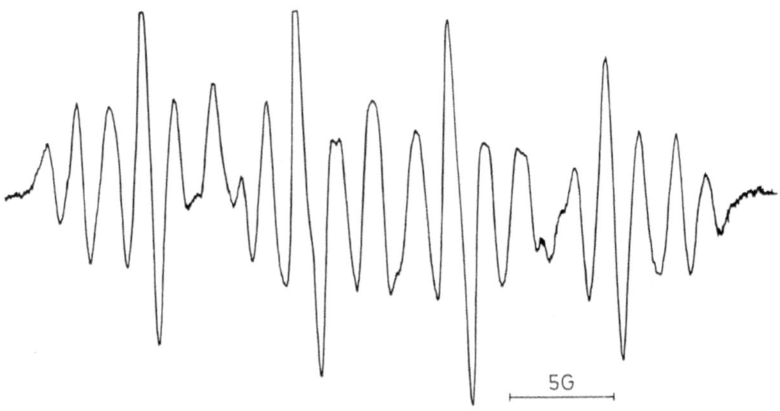

Abb. 143. ESR-Spektrum des 2,4,6,8-Tetra-tert. butyl-phenoxazin-Kationradikals[96]

---

[96] H. B. Stegmann, K. Scheffler, F. Stöcker u. H. Bürk: Chem. Ber. **101**, 262 (1968).

[97] B. C. Gilbert, P. Hanson, R. O. C. Norman, and B. T. Sutcliffe: Chem. Comm. **1966**, 161.

[98] H. J. Shine, C. Veneziani, and E. E. Mach: J. Org. Chem. **31**, 3395 (1966).

hervorgerufenen Triplett (Abb. 142), das durch die Ringprotonen weiter aufgespalten ist, wird nach der Protonisierung zunächst ein Quartett (Abb. 143), entsprechend einer betragsmäßig gleich großen Wechselwirkung mit einem Stickstoffkern und einem Proton. Die Aminoprotonenkopplung ist stark lösungsmittelabhängig und kann ebenfalls den Betrag der Stickstoffaufspaltung um rund 10% übersteigen. — Für die etwa doppelt so große Linienbreite im Spektrum des Kations könnte ein Protonenaustausch am Stickstoff verantwortlich sein.

Allerdings bleiben sowohl bei den Phenothiazinen[99] als auch bei den Phenoxazinen und Phenazinen im Gegensatz zu den oben betrachteten Pyrazinen die Aufspaltungen der Ringprotonen beim Ladungswechsel der Radikale nicht mehr näherungsweise konstant. Gründe hierfür lassen sich nicht angeben. Möglicherweise ist mit der Protonisierung eine Änderung der Molekülgeometrie verbunden.

Eine große Anzahl von Phenoxazin- und Thiazin-Kationradikalen[100–102], wurden im Zusammenhang mit der Untersuchung der Redoxsysteme entspr. Farbstoffe nachgewiesen. In allen Fällen sind allerdings die paramagnetischen Moleküle zu kompliziert, um sie für grundsätzliche ESR-Untersuchungen heranzuziehen.

Die einzigen bisher bekannten N-heterocyclischen Radikalionen, die nicht wie die oben beschriebenen Systeme durch Protonisierung, sondern durch Änderung der π-Elektronenzahl entstehen also den aromatischen Kohlenwasserstoffionenradikalen analog sind, sind die 1,4-Dihydro-s-tetrazine[102a] und das Tetraazapyren (wenn von dem cycloaliphatischen 1,4-Diazabicyclo-[2,2,2]-octan-Radikalkation[103] abgesehen wird). Nach Lösen von 1,3,6,8-Tetraazapyren in konz. H_2SO_4 konnte F. Gerson[102] ein ESR-Signal erhalten, das er dem Kationradikal zuordnet. Durch Reduktion des azaaromatischen Kohlenwasserstoffes mit Alkalimetall läßt sich das Anionradikal erzeugen. Überraschenderweise sind die Spektren von Kation und Anion sehr ähnlich, obwohl das „pairing theorem“ für Systeme die Heteroatome enthalten, keine Gültigkeit haben sollte. Eine Entscheidung, ob es sich bei diesem Beispiel um eine zufällige Ähnlichkeit der Kopplungsparameter oder um eine Gesetzmäßigkeit handelt, wird erst an Hand weiteren, experimentellen Materials getroffen werden können.

---

[99] siehe Fußnote 97, S. 470.

[100] F. W. Heiniken, M. Bruin, and F. Bruin: J. Chem. Phys. **37**, 1479 (1962).

[101] P. B. Ayscough, and C. Thomson: J. Chem. Soc. **1962**, 2055.

[102] F. Gerson: Helv. chim. Acta **47**, 1484 (1964).

[102a] W. M. Tolles, W. R. McBride, and W. E. Thun: J. Amer. chem. Soc. **91**, 2443 (1969).

[103] E. A. C. Lucken: J. Chem. Soc. **1962**, 4963.

III.b.2. Thia-aromatische Systeme

Radikalkationen von *1,4-Dithiin* sowie *1,4-Benzodithiin* und *Thianthren*[104,105] einschließlich zahlreicher Substitutionsprodukte[106,107] sind bekannt. Die Spektren zeigen, wenn mit H_2SO_4 gearbeitet wird, große Linienbreiten, so daß bei den *o*-kondensierten 1,4-Dithiin-Radikalen die Protonenkopplungen an Stellen kleiner Spindichten nicht aufgelöst werden können. So liefert das Thianthren-Kationradikal eine 5-Linien-HFS[108, 107], die den vier Protonen in 2, 3, 6- und 7-Stellung zuzuordnen ist. HFS-Komponenten, die auf eine Wechselwirkung des freien Elektrons mit Protonen oder anderen geeigneten Substituenten in den Positionen 1, 4, 5 und 8 deuten, konnten nicht nachgewiesen werden[106]. Auf Grund der Linienbreiten läßt sich für diese Protonenaufspaltung als Grenze 0,5 G abschätzen[104]. Ähnliche Ergebnisse wurden für die entspr. Sauerstoffverbindung, das Diphenylendioxyd-Kationradikal, gefunden[109, 110]. Der *g*-Faktor der Thianthren-Radikalkationen liegt bei 2,0080 und ist gegenüber Substituenten relativ unempfindlich, lediglich die Einführung von Brom an Kohlenstoffatomen mit großer Spindichte führt zu erheblichen Abweichungen von diesem Wert[106].

Wesentlich geringere Linienbreiten und damit erheblich besser aufgelöste Spektren werden bei der Oxydation der Ausgangsverbindungen mit $AlCl_3/CH_3—NO_2$ erhalten. P. D. SULLIVAN[111] konnte somit im Thianthrenkationradikal $a_{H_1} = 0{,}135$ G bestimmen und darüber hinaus die Kopplung mit ^{33}S bei einigen thiaaromatischen-Radikalen nachweisen. Q_S^S wurde aus diesen Messungen zu ~ 33 G bestimmt, vgl. a. S. 197.

Die *g*-Faktoren acyclischer Thioäther sind denen der Thianthrene vergleichbar, während für Radikalkationen, denen das Thiophen-System zugrunde liegt, Werte von 2,0036 gefunden werden, die nur eine geringe Substituenten-Abhängigkeit erkennen lassen[112].

Thiaaromatische Radikalionen haben im wesentlichen theoretisches Interesse. Ein Vergleich der experimentellen Kopplungsfaktoren mit Modellrechnungen, die mit und ohne Beteiligung der 3d-Orbitale durchgeführt worden sind[113], sollte eine Entscheidung zwischen den beiden

---

[104] E. A. C. LUCKEN: Theoret. chim. Acta **1**, 397 (1963).
[105] siehe Fußnote 103, S. 471.
[106] H. J. SHINE, C. F. DAIS, and R. J. SMALL: J. Org. Chem. **29**, 21 (1964).
[107] W. RUNDEL, and K. SCHEFFLER: Tetrahedron Letters **15**, 993 (1963).
[108] J. E. WERTZ, and J. L. VIVO: J. Chem. Phys. **23**, 2193 (1955).
[109] T. N. TOZER, and L. D. TUCK: J. Chem. Phys. **38**, 3035 (1963).
[110] R. J. WRATTEN, and M. A. ALI: Mol. Phys. **13**, 233 (1967).
[111] P. D. SULLIVAN: J. Amer. chem. Soc. **90**, 3618 (1968).
[112] U. SCHMIDT, K. H. KABITZKE, K. MARKAU u. A. MÜLLER: Liebigs Ann. Chem. **672**, 78 (1964).
[113] siehe Fußnote 104.

Tabelle 58. *Kopplungsparameter [G] einiger heterocyclischer Radikalkationen*

Radikal aus	a_1	a_2	a_3	a_4	a_N	Lit.
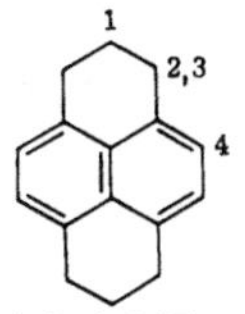 1,3,6,8-Tetraazapyren	–	0,54	–	1,87	2,14	114
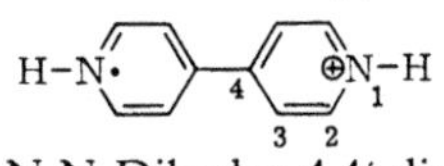 N,N-Dihydro-4,4′-dipyridyl	4,06	1,61	1,45	–	3,56	115
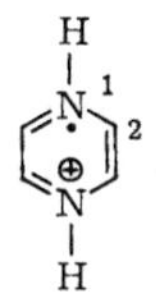 Tetramethyldihydropyrazin	6,95	2,53	–	–	6,64	115
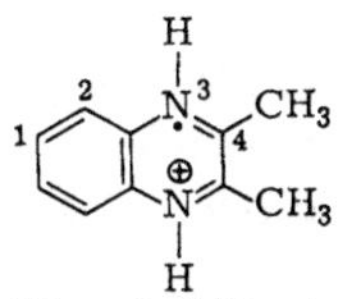 Dimethyldihydrochinoxalin	1,24	0,78	6,60	3,99	6,12	115
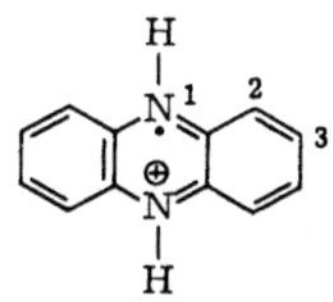 Dihydrophenazin g = 2,0026	6,49	0,66	1,71	–	6,14	115, 116
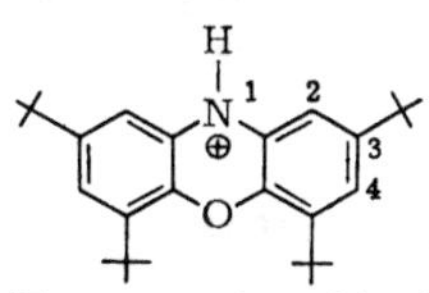 Tetra-tert·-butyl-hydro-phenoxazin g = 2,00323	8,76	1,44	–	3,51	7,49	117
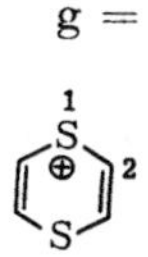 1,4-Dithiin	$a_{^{33}S}$ = 9,84	2,82	–	–	–	118, 119

Tabelle 58 (Fortsetzung)

Radikal aus	a_1	a_2	a_3	a_4	a_N	Lit.
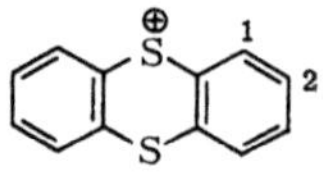 Thianthren $g = 2{,}0081$	0,135	1,28	—	—	$a_{^{33}S} = 9{,}15$	118–120
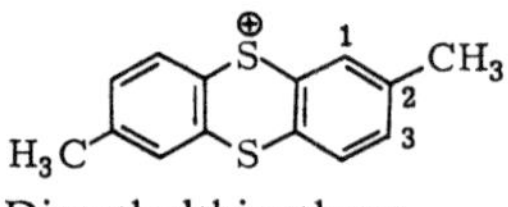 Dimethylthianthren $g = 2{,}0088$	$<0{,}5$	$\approx 1{,}4$	$\approx 1{,}4$	—	—	118, 120

Möglichkeiten erwarten lassen. Wie jedoch die verschiedenen experimentellen Ergebnisse (vgl. S. 452) gezeigt haben, kann diese Problematik mit der ESR-Methode allein nicht eindeutig gelöst werden.

III.b.3. Phospha-aromatische Systeme

Substituierte Phosphabenzole sind durch die von G. MÄRKL[121] aufgefundene Synthese leicht zugänglich. Sie lassen sich mit Oxydationsmitteln wie Schwermetallsalzen oder Aroxylen in die Radikalkationen überführen[122, 123].

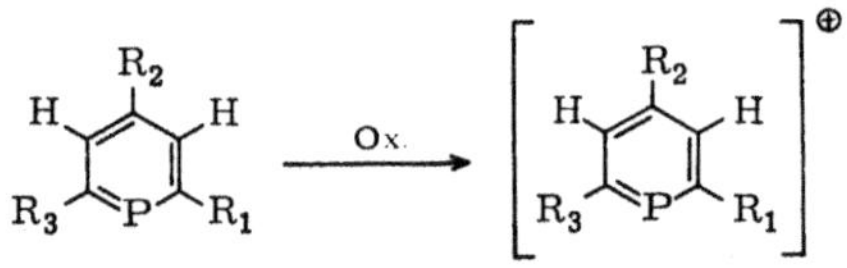

Ihren ESR-Spektren ist eine Phosphor-Dublettaufspaltung von $a_P \approx 25$ G gemeinsam, die weitere HFS hängt stark von den Substituenten R_1, R_2 und R_3 ab. Im Spektrum des Triphenylphosphabenzol-Kations lassen sich etwa 70 Linien erkennen, so daß offenbar auch die Substituenten magnetisch mit dem freien Elektron koppeln. Ein Austausch aller Phenylwasserstoffe

114 siehe Fußnote 102, S. 471.
115 siehe Fußnote 90, S. 468.
116 L. D. TUCK, and D. W. SCHIESSER: J. Phys. Chem. **66**, 937 (1962).
117 siehe Fußnote 96, S. 470.
118 siehe Fußnote 104, S. 472.
119 siehe Fußnote 111, S. 472.
120 siehe Fußnote 106, S. 472.
121 G. MÄRKL: Angew. Chem. **78**, 907 (1966); **79**, 475 (1967).
122 K. DIMROTH, N. GREIF, H. PERST u. F. W. STEUBER: Angew. Chem. **79**, 58 (1967).
123 K. DIMROTH, N. GREIF, W. STÄDE u. F. W. STEUBER: Angew. Chem. **79**, 725 (1967).

gegen Deuterium führt zu einer erheblichen Vereinfachung des Spektrums: Die HFS besteht nur noch aus zwei Tripletts entsprechend $a_P = 23{,}2$ G und $a_H^{(2)} = 2{,}4$ G, so daß dadurch die Aufspaltungskonstante der direkt an den Heterocyclus gebundenen Protonen zugänglich ist.

Werden für R_1 und R_3 Reste eingesetzt, die im vorliegenden Falle ohne Einfluß auf die HFS bleiben (z. B. Pentadeuterophenyl oder tert.-Butyl), während $R_2 = C_6H_5$ ist, so bestehen die Spektren aus zwei Sextetts $a_P \approx 23{,}7$ G und $a_H^{(5)} = 2{,}4$ G. Offenbar sind die Kopplungen der beiden Heteroringprotonen und drei Substituentenwasserstoffkerne (*o*, *p*) gleich, während alle anderen Aufspaltungen innerhalb der Linienbreiten liegen.

Die ESR-Spektren aller anderen untersuchten Phosphorinradikale lieferten keine prinzipiell verschiedenen Gesichtspunkte.

III.c. Funktionelle Verbindungen

III.c.1. Amine

Aromatische Amine können durch Oxydation in Aminiumkationradikale überführt werden:

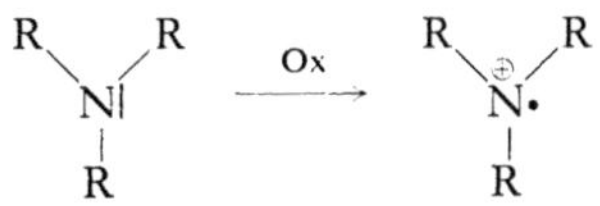

Praktisch läßt sich diese Reaktion entweder durch Lösen der Ausgangsverbindungen in Schwefeldioxyd-Bortrifluorid[124] oder durch Einwirkung von Schwermetallsalzen[125], gegebenenfalls in Verbindung mit einem Durchflußsystem[126,127], auf die Amine erreichen. Aber auch elektrochemisch[128] können diese Radikale für ESR-Messungen erzeugt werden.

Im allg. sind die Aminium-Kationen dann stabil, wenn es sich bei den drei Resten R um in *p*-Stellung substituierte Phenylkerne handelt. Mit dem Ersatz eines oder zweier aromatischer Substituenten durch Alkylreste oder Wasserstoff ist eine starke Abnahme der Lebensdauer der Radikale verbunden.

Der Stickstoffkopplungsparameter der Aminium-Radikale liegt bei etwa 10 G und variiert mit den verschiedenen Substituenten nur relativ gering (vgl. Tab. 59). Demgegenüber werden große Änderungen der Ringprotonenaufspaltungen beobachtet, wenn die Reste R ausgetauscht werden. Die Zuordnung der gemessenen Kopplungen zu den Positionen des oder der aromatischen Reste ergibt sich für die *p*-Stellung einmal aus der HFS

---

[124] H. VAN WILLIGEN: J. Amer. chem. Soc. **89**, 2229 (1967).
[125] R. I. WALTER: J. Amer. chem. Soc. **88**, 1923 (1966).
[126] T. J. STONE, and W. A. WATERS: Proc. Chem. Soc. **1962**, 253.
[127] W. FOX, and W. WATERS: J. Chem. Soc. **1964**, 6010.
[128] E. T. SEO, R. F. NELSON, J. M. FRITSCH, L. S. MARCOUX, D. W. LEEDY, and R. N. ADAMS: J. Amer. chem. Soc. **88**, 3498 (1966).

selbst und zum anderen durch Vergleich des Triphenylaminium-Radikals[129] mit entspr. *p*-substituierten Verbindungen[130]. Hingegen ist nicht zu entscheiden, ob den zum Stickstoff *o*- oder *m*-ständigen Protonen die größeren beziehungsweise kleineren Kopplungen zweier äquivalenter Protonen zugeschrieben werden muß. Allerdings ist in Analogie zu den Aroxylen und den Aminylen eine kleine, negative Spindichte für die *m*-Stellungen zu erwarten. Berechnete Spindichten[129] stehen damit in Übereinstimmung, so daß die angegebene Zuordnung als sicher gelten dürfte. Eine Auswahl der experimentellen Kopplungsparameter einiger Aminiumradikale findet sich in Tab. 59.

Tabelle 59. *ESR-Kopplungsparameter [G] von Aminiumradikalen*

Radikal aus		a_N	$a_{N-\underline{R}}$*	a_o	a_m	a_p	Lit.
Tri-*p*-tolylamin		9,45	–	2,06	1,03	3,89	131
Methyl-di-*p*-tolylamin		10,65	11,83	2,90	1,24	5,31	131
Dimethyl-*p*-tolylamin		11,06	12,20	5,30	1,35	10,00	131
p-Dimethylamino-benzaldehyd		10,8	12,7	5,4	1,8	–	132
p-Amino-benzaldehyd		7,8	9,6	5,8	1,9	–	132
1,4-Diaza-bicyclo[2,2,2]octan		16,96	7,34	–	–	–	133
Tetramethyltetrazen	$N_{1,4}$	10,93	10,45	–	–	–	134
	$N_{2,3}$	1,07	11,72	–	–	–	
Tetramethylhydrazin		13,41	12,69	–	–	–	135

* R = H oder CH_3

III.c.2. p-Phenylendiamine

Viele Radikalkationen vom Typ der Wursterschen Salze sind in neuerer Zeit ESR-spektroskopisch vermessen worden[136–138]. Zur Darstellung der Kationradikale für ESR-spektroskopische Zwecke wird vorwiegend die elektrolytische Oxydation[139,140] der Amine angewendet. Jedoch lassen sich auch in Substanz dargestellte Radikalsalze[141,142] nach Lösen und Ent-

[129] siehe Fußnote 124, S. 475.
[130] siehe Fußnote 128, S. 475.
[131] siehe Fußnote 128, S. 475.
[132] siehe Fußnote 127, S. 475.
[133] T. M. McKinney, and D. H. Geske: J. Amer. chem. Soc. **87**, 3013 (1965).
[134] W. M. Tolles, D. W. Moore, and W. E. Thun: J. Amer. chem. Soc. **88**, 3476 (1966).
[135] S. F. Nelsen: J. Amer. chem. Soc. **88**, 5666 (1966).
[136] S. I. Weissman, J. Townsend, D. E. Paul, and G. E. Pake: J. Chem Phys. **21**, 2227 (1953).
[137] S. I. Weissman: J. Chem. Phys. **22**, 1135 (1954).
[138] T. R. Tuttle jr.: J. Chem. Phys. **30**, 331 (1959).
[139] D. H. Geske, and A. H. Maki: J. Amer. chem. Soc. **82**, 2671 (1960).
[140] M. R. Das, and G. K. Fraenkel: J. Chem. Phys. **42**, 792 (1965).
[141] R. Willstätter u. K. Picard: Ber. dtsch. chem. Ges. **41**, 1458 (1908).
[142] L. Michaelis, and S. Granick: J. Amer. chem. Soc. **65**, 1747 (1943).

fernung gelösten Sauerstoffs spektroskopieren. Schließlich konnten R. D. Allendörfer u. P. H. Rieger[143] bei der Reduktion von Dinitrodurol das entspr. Diamino-Kationradikal in Lösung nachweisen. Untersuchungen an festen Diamin-Anionkomplexen wurden von M. Bose u. M. M. Labes durchgeführt[144].

Die ESR-Spektren der *p*-Phenylendiamin-Radikalionen zeigen infolge der großen Zahl magnetischer Kerne eine relativ komplizierte HFS (vgl. Abb. 144). Deshalb kam es häufig zu Fehlinterpretationen der Spektren. Eine eindeutige Zuordnung der Kopplungskonstanten war in allen fraglichen Fällen praktisch nur durch selektive Deuterierung[145] möglich.

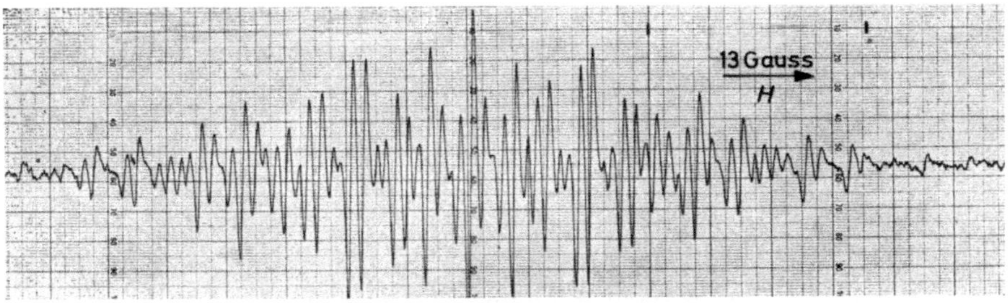

Abb. 144. ESR-Spektrum des *p*-Phenylendiamin-Kationradikals [145a]

Die HFS-Kopplungsparameter der bisher vermessenen Ionen geben ein recht einheitliches Bild mit Stickstoff- und Stickstoffsubstituentenaufspaltungen zwischen 5 und 6 Gauß und Kopplungen der Ringprotonen von etwa 2 Gauß. Die großen Aufspaltungen zeigen eine gewisse Temperatur-[146] und Lösungsmittelabhängigkeit[147,145], die allerdings noch nicht interpretiert wurden.

Bei dem *p*-Phenylendiamin-Analogen N,N,N',N'-Tetramethyl-benzidin-Kationradikal komplizieren sich die Spektren durch die größere Zahl magnetischer Kerne und die Nichtäquivalenz der Ringprotonen erheblich. Theoretisch sind 1625 HFS-Komponenten zu erwarten, die aus Intensitätsgründen nicht vollständig nachgewiesen werden können. Die Zuordnung der Aufspaltungen war durch selektive Deuterierung möglich[148]. Die verschiedenen experimentellen Kopplungsparameter [G] sind zusammen mit den entsprechenden Werten für das Wurstersche Blau[149,150] nachstehend zusammengestellt.

---

[143] R. D. Allendoerfer, and P. H. Rieger: J. Amer. chem. Soc. **88**, 3711 (1966).
[144] M. Bose, and M. M. Labes: J. Amer. chem. Soc. **83**, 4505 (1961).
[145] M. T. Melchior, and A. H. Maki: J. Chem. Phys. **34**, 471 (1961).
[145a] siehe Fußnote 147, S. 477.
[146] M. R. Das, and G. K. Fraenkel: J. Chem. Phys. **42**, 792 (1965).
[147] L. H. Piette, P. Ludwig u. R. N. Adams: Analyt. Chem. **34**, 916 (1962).
[148] J. M. Fritsch, and R. N. Adams: J. Chem. Phys. **43**, 1887 (1965).
[149] J. R. Bolton, A. Carrington, and J. Dos Santos-Veiga: Mol. Phys. **5**, 615 (1962).
[150] K. H. Hausser: Mol. Phys. **7**, 195 (1964).

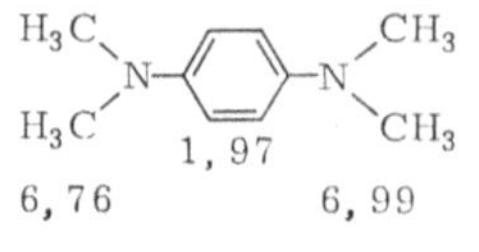

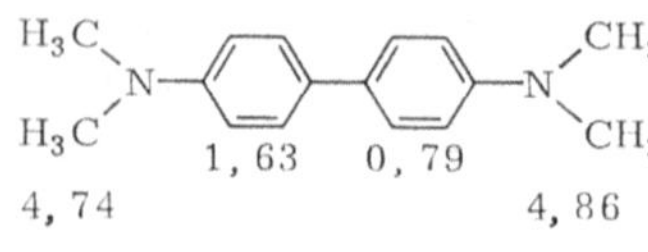

III.c.3. Äther und Thioäther

Aromatische Äther lassen sich durch Lösen in konz. Schwefelsäure in ihre Kationradikale überführen[151]. Allerdings können neben der Radikalbildung unerwünschte Reaktionen ablaufen[152]. Dieser Nachteil läßt sich vermeiden, wenn die Radikale durch Einwirkung von Aluminiumchlorid in Nitromethan dargestellt werden[153]. Dieses Verfahren hat sich bei vielen Dialkoxybenzolen[154, 155] bewährt, so daß die ESR-Spektren von Radikalen dieses Typs recht gut untersucht werden konnten.

Die HFS der Ätherradikale ist außerordentlich linienreich. So sind für das Tetramethyl-dimethoxybenzol-Kation theoretisch 91 HFS-Komponenten zu erwarten, von denen in der Abb. 145 37 zu erkennen sind.

Die Spektren der im aromatischen Ring unsubstituierten Dialkoxyverbindungen sind wesentlich unübersichtlicher und lassen sich nur interpretieren, wenn zwei paramagnetische Spezies angenommen werden[156].

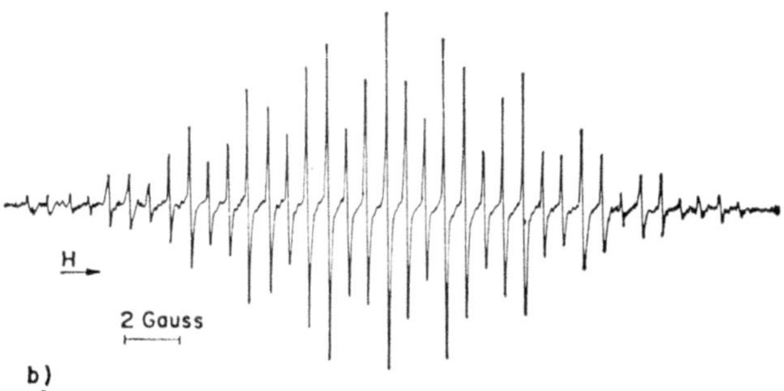

Abb. 145. ESR-Spektrum des Tetramethyl-dimethoxybenzol-Kationradikals bei −24°C[155]

Hierbei handelt es sich um die beiden Rotationsisomeren, die sich hinsichtlich der relativen Lage der Alkoxygruppen unterscheiden. Die Zuordnung der Aufspaltungen zu der cis- bzw. trans-Verbindung beruht auf Rechen-

[151] T. N. Tozer and L. D. Tuck: J. Chem. Phys. **38**, 3035 (1963).
[152] W. F. Forbes and P. D. Sullivan: Can. J. Chem. **44**, 1501 (1966).
[153] W. F. Forbes and P. D. Sullivan: J. Amer. chem. Soc. **88**, 2862 (1966).
[154] W. F. Forbes, P. D. Sullivan, and A. M. Wang: J. Amer. chem. Soc. **89**, 2705 (1967).
[155] P. D. Sullivan: J. Amer. chem. Soc. **89**, 4294 (1967).
[156] W. F. Forbes and P. D. Sullivan: Can. J. Chem. **46**, 325 (1968).

ergebnissen[157] (β-Effekt s. S. 417) und auf dem Vergleich mit den Kopplungsparametern, die für cis-2,3-Dimethyl- bzw. trans-2,5-Dimethyl-hydrochinon-Kationen ermittelt worden sind[158]. Das Konzentrationsverhältnis der Isomeren hängt etwas von der Größe des Alkylrestes ab, liegt aber nahe 1 : 1. Sowohl die Spektren der Radikale mit cis- als auch die mit trans-Geometrie zeigen eine bemerkenswerte Temperaturabhängigkeit[158, 159], die im wesentlichen auf die Änderung der Kopplungsparameter, die den Alkoxyprotonen zugeordnet werden, zurückzuführen ist. Die Autoren erklären dieses Verhalten mit einer Behinderung der Rotation um die $O—C_{Alkyl}$-Bindung, so daß sich dadurch in Verbindung mit der Winkelabhängigkeit für die β-Kopplung die verschiedenen experimentellen Temperaturkoeffizienten qualitativ verstehen lassen.

ESR-Spektren aromatischer Thioäther-Kationradikale hinreichend guter Auflösung konnten nur in wenigen Fällen erhalten werden. Meist zeigen sowohl die rein aromatischen[160] als auch die aromatisch-aliphatischen[161, 162] Sulfide Signale, die relativ großen g-Faktoren entsprechen. Daraus kann geschlossen werden, daß ein wesentlicher Teil der freien π-Dichte an dem Heteroatom lokalisiert ist. Damit im Einklang befinden sich auch die Protonenaufspaltungen der Kohlenwasserstoffreste, soweit zuverlässige Daten dafür vorliegen.

Tabelle 60. *Kopplungskonstanten [G] einiger Äther- und Thioätherkationradikale*

Radikal aus	a_1	a_2	a_3	a_4	a_5	a_6	Lit.
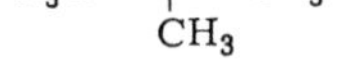 Pentamethylmethoxybenzol	2,76	2,11	–	–	–	–	163
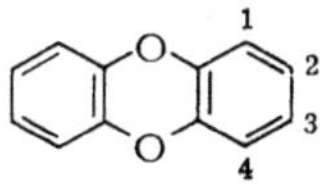 Diphenylendioxyd $g = 2{,}0034$	–	2,52	2,52	–	–	–	164, 165

[157] siehe Fußnote 152, S. 478.
[158] siehe Fußnote 154, S. 478.
[159] siehe Fußnote 155, S. 478.
[160] U. Schmidt, K. Kabitzke u. K. Markau: Liebigs Ann. Chem. **672,** 78, (1964).
[161] A. Zweig, W. G. Hodgson, W. H. Jura, and D. L. Maricle: Tetrahedron Letters **1963,** 1821.
[162] A. Zweig and W. G. Hodgson: Proc. Chem. Soc. **1964**, 417.
[163–165] siehe S. 480.

Tabelle 60 (Fortsetzung)

Radikal aus		a_1	a_2	a_3	a_4	a_5	a_6	Lit.
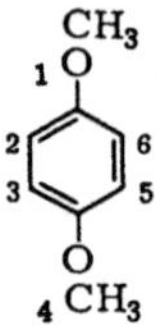 1,4-Dimethoxy-benzol $g = 2{,}00371$	cis trans	3,30 3,450	2,68 1,499	2,68 2,990	3,30 3,450	1,81 1,499	1,81 2,990	166, 167
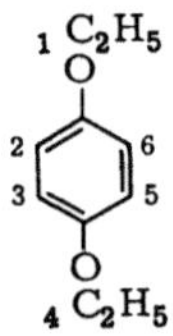 1,4-Diäthoxy-benzol $g = 2{,}00371$	cis trans	3,704 3,908	2,661 1,612	2,661 2,929	3,704 3,908	1,887 1,612	1,887 2,929	167
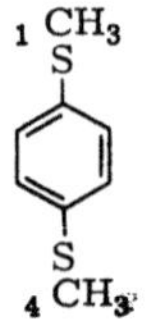 1,4-Dimethylmercapto-benzol $g = 2{,}0086$		4,56	—	—	4,56	—	—	168
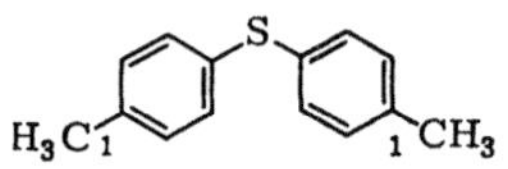 4,4′-Dimethyl-diphenylsulfid $g = 2{,}0091$		1,64	—	—	—	—	—	169
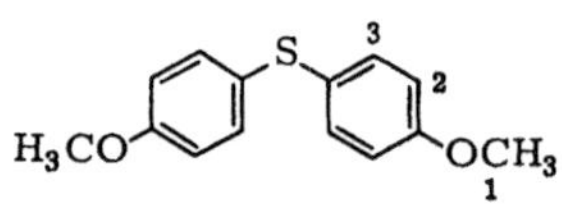 4,4′-Dimethoxy-diphenylsulfid $g = 2{,}0079$		—	1,25	1,25	—	—	—	169

[163] siehe Fußnote 153, S. 478.
[164] siehe Fußnote 151, S. 478.
[165] R. J. WRATTEN and M. A. ALI: Mol. Phys. **13**, 233 (1967).
[166] siehe Fußnote 156, S. 478.
[167] siehe Fußnote 154, S. 478.
[168] siehe Fußnote 161, S. 479.
[169] siehe Fußnote 160, S. 479.

Namenverzeichnis

Sachverzeichnis

Die mit T gekennzeichneten Verbindungen wurden als Zweispinsysteme untersucht.

Fett gedruckte Seitenzahlen verweisen auf ausführliche Beschreibungen.

C

GPSR Compliance

The European Union's (EU) General Product Safety Regulation (GPSR) is a set of rules that requires consumer products to be safe and our obligations to ensure this.

If you have any concerns about our products, you can contact us on ProductSafety@springernature.com

In case Publisher is established outside the EU, the EU authorized representative is:

Springer Nature Customer Service Center GmbH
Europaplatz 3
69115 Heidelberg, Germany

Batch number: 10682323

Printed by Printforce, the Netherlands